JN274561

復刻版　和算ノ研究　方程式論

復刻版

和算ノ研究
方程式論

加藤平左ェ門 著
佐々木　力 解説

海鳴社

著者 70 代の頃（提供：加藤敬太郎）

復刻版の序にかえて

復刻版
和算ノ研究
方程式論
解　説

加藤平左エ門
和算の近代数学的解読者

佐々木　力

(1) 加藤平左エ門とはだれか

本書『和算ノ研究　方程式論』(1957) の著者、加藤平左エ門の名前を知っている人はそれほど多くはないかもしれない。加藤は、明治 24 年 (1891) 1 月 18 日に愛知県に生まれ、昭和 51 年 (1976) 1 月 2 日に没した。彼は、一言で言えば、「和算の近代西欧数学的解読者」であった。

簡単に加藤の略歴を示せば、以下のようになる。

明治 24 年	愛知県生まれ
大正 12 年	東北帝国大学理学部数学科卒
同年	松江高等学校教授
昭和 2 年	台北高等学校教授
昭和 19 年	台北帝国大学予科長
昭和 20 年	台湾大学教授
昭和 24 年	名城大学理工学部教授
昭和 39 年	和算史の研究によって、紫綬褒章受章
昭和 41 年	勲三等瑞宝章受章
昭和 51 年	死去

加藤は、草創期の東北帝国大学で数学を学び、卒業後、数学教育に献身した。著作としては、数学プロパーの立体幾何学についての参考図書

などを著わしたのであるが、研究者としての主たる情熱は、日本数学史研究に注いだ。明治以降日本に根づいた西洋数学以前の数学を「和算」と言うが、その解読に関しては有数の学者であった、と言ってよいであろう。以下が、公刊された和算関係著書である。

和算ノ研究　行列式及円理　(開成館、1944)
和算ノ研究　方程式論　(日本学術振興会、1957)
和算ノ研究　整数論　(日本学術振興会、1964)
和算ノ研究　雑論第１・第２・第３　(日本学術振興会、1954, 55, & 56)
和算ノ研究　補遺第１・第２　(名城大学理工学部数学教室、1967 & 69)
日本数学史　上・下　(槇書店、1967 & 68)
江戸末期の大数学者和田寧の業績　(名城大学理工学部数学教室、1967)
安島直円の業績：和算中興の祖 解説 (名城大学理工学部数学教室、1971)
算聖関孝和の業績：解説　(槇書店、1972)
偉大なる和算家久留島義太の業績：解説　(槇書店、1973)
趣味の和算　(槇書店、1974)

上記の業績一覧から見てとれるように、加藤は通常の高等数学教育者・研究者であったわけでは必ずしもなく、和算の成果を近代日本に呼び戻す数学的解読者として、きわめて重要な役割を果たした。

御長男加藤敬太郎氏（昭和 3 年生・現在福岡市在住）からお寄せいただいた情報によって、もっと詳細に経歴を紹介してみよう。加藤は、愛知県の中農加藤利左衛門とつる夫婦の五男として同県西春日井郡山田村大字平田（現在は名古屋市西区山田町）に生まれた。父親は早くに亡くなったようで、明治 14 年生まれの三男栄吉が父親代わりとなった。兄栄吉が日露戦争に出征している時には、田畑を守る役目が回ったそうである。加藤はその時、13 歳ほどの少年にすぎなかった。

明治 44 年（1911）秋、愛知県第一師範学校本科を卒業、その後、ただちに地元の尋常高等小学校教員となった。大正 2 年（1913）春には勉学への熱情止みがたく広島高等師範学校（現在の広島大学）入学、同 6 年同校数物化学部卒業。その後、同研究科に進学し、同時に同高等師範学校附属中学校数学科授業の嘱託を委託された。のち同高等師範学校助教諭の地位を得た。当時、師範学校は免費であったから、苦学しながらの学業であったことが分かる。教育職を辞して、東北帝国大学理学部数学科に進学したのは、大正9年（1920）秋のことであった。

日本の西洋的高等教育は、明治10年（1877）4月開学の東京大学から始まるが、日清戦争直後の明治30年（1897）に京都帝国大学が設立されてのち、10年ほどして第三番目に創立をみたのが東北帝国大学であった。この大学は、明治40年（1907）に設置が決まり、学生を受け入れて実際に開学したのは同44年9月のことであった。最初の講義を行なったのが、理学部数学教室の林鶴一教授で、9月17日のことであったという（一説によれば、実際には12日火曜日であったという）。

東北帝国大学理学部数学科は、それゆえ、同大学の中でも名門中の名門であった。当時は、菊池大麓、藤澤利喜太郎、高木貞治などを擁する東京帝国大学の数学教室と並び立つ威信をもつ数学教室であった。外国人、女性、それから出身高等学校は理系・文系を問わず「傍系」からも受け入れたりと、異色の入学選抜システムでも知られた（東北大学『東北大学五十年史』1960 & 佐々木重夫『東北大学数学教室の歴史』東北大学数学教室同窓会、1984を参照）。高等学校卒ではない加藤も、その傍系入学の恩恵にあずかったかもしれない。

加藤は、その教室で、創立時から教授であった林鶴一、藤原松三郎、それに、大正7年から講師を務めていた高須鶴三郎らの教育を受け、大正12年（1923）春に卒業した。その後、早速、松江高等学校で数学の教鞭をとった。

昭和2年（1927）4月には、当時日本の植民地であった台湾に移り、台北で数学を教えることとなった。台湾総督府台北高等学校教授としてである。昭和19年秋には、台北帝国大学予科教授、補予科長に就任した。ただし、台湾に移住したころから、あるいはそれ以前から、研究関心は和算史だったように思われる。台湾にはまともな和算史料も多くはなく、史料探索に苦労しながらの研究だったようである。しかしながら、台湾在住時代に『和算ノ研究　行列式及円理』(1944)を世に問うている。著者の加藤はこの時、すでに50歳を超えていた。

そもそも、東北帝国大学数学教室は、正規の数学教育に加えて、数学史研究にも力点を置いたことで有名である。かくいう私も、戦後の東北大学数学教室の出身(昭和44年卒)で、大学院で代数学を修めてのち、数学史研究に転じた学徒である。数学教室の創設者であった林は、東京帝国大学学生時代から、和算史に関心を寄せ、また、高木貞治と並んで戦前日本の代表的数学者であった藤原は、林が昭和10年に急逝するや、和算史研究にただならぬ関心をもちはじめ、帝国学士院会員として、『明治前日本数学史』全5巻(岩波書店)を完成させた。私自身にも、不肖にして菲才の身ながら、彼らの数学史研究への情熱が伝わっているかもしれない。ちなみに、東北大学附属図書館に収蔵された東アジア数学史関係資料の質と量は、日本学士院や東京大学の蔵書をはるかに上回り、世界で断然トップの座にある。

加藤は、日本の敗戦に伴って、台湾を引き揚げ、昭和22年5月8日に佐世保上陸、その後、生誕地に近い名古屋市の名城大学理工学部数学教授の職を得、その大学の数学教育の中心的存在となった。加藤にとっては数学教育と和算史研究が終生の仕事であったわけである。

(2) 和算とはどういう数学であったのか

それでは、加藤が情熱を込めて研究対象とした和算とはいかなる数学であったのであろうか。16世紀以前、日本の数学文化は、古代に流入していた中国数学の衛星的位置しかもっていなかった。

ところが、16世紀末に朝鮮と中国から中国数学書がもたらされ、さらに江戸期になって平和な時代が到来するとともに、数学熱が、下は農・工・商の平民から、上は徳川将軍家の高官武士にまで広がっていった。珠算が普及し、さらに中国数学には見られなかったような独創的な高等数学の形態までもが生まれるにいたった。

民衆の中に普及したのは珠算であり、その教則本として吉田光由の『塵劫記』(寛永4・1627)が書かれ、その類書も陸続と出版され、ひとびとの間で熱心にひもとかれた。

武士階層の間では、中国宋元時代に生まれた算籌（ないし算木）を利用しての天元術と呼ばれた器械的代数技法が定着していった。朝鮮数学＝東算の影響であったものと考えてよい。その代数は、いわば「略記代数」であった。日本人数学者は、その解読・定着に成功しただけではなく、新しい形態の代数をも創造するにいたった。その立役者が、関孝和と彼の高弟建部賢弘兄弟であった。彼らは、「略記代数」と規定できる天元術を自家薬籠のものとしたにとどまらず、代数方程式の未知数だけではなく係数をも記号化して、「傍書法」という日本独自の記号代数を創造した。その代数は、後年、「點竄術」という名称を授けられた。

近世西欧で、記号代数を創始したのは、フランソワ・ヴィエト François Viète（1540-1603）であり、彼の『解析技法序論』（1591）においてであった。さらにむしろ哲学者として著名なルネ・デカルト René Descartes（1596-1650）は、『幾何学』（1637）においてヴィエトのをはるかに凌ぐ簡明な記号代数システムを発明した。じつに、近代西欧数学の興隆の秘密の要諦は、彼らの記号代数的言語の開発に拠ると言っても過言ではない。

そうすると、江戸時代の和算が新規に創造したのは、西欧の記号代数と類似的な「點竄術」であり、それこそ近世日本数学の技法的高水準を用意した主たる理由であったことになる。その特異な記号代数があったればこその、世界で最初の行列式概念の胚胎、それに、特異な無限小算法と特徴づけできる「円理」であったわけなのである。

（3）加藤和算史学の特徴はいかなるものなのか

加藤が和算史書として最初に本格的に手を染めたのは、行列式と円理についての著作であった。続いて、楕円、順列・組合せ、級数についての『雑論第１』、測量術、対数、逐索、簾術、累円術などについての『雑論第２』、それに、極形術・変形術・算変法、初等幾何学、方陣・円攅、算脱・験符など、和算に影響した中国古算書概観についての『雑論第３』を出版した。次いで公刊されたのが、本書『和算ノ研究　方程式論』なのであった。この本の前身としては、1943 年 12 月に台北で刊行された私家版『和算ノ方程式論』がある。その大幅な改訂版が本書なのである。

私は、本書にこそ「和算の近代西欧数学的解読者」としての加藤の真面目が現われ出ていると強調したい。というのも、略記代数としての天元術を介して日本人が創造した独創的記号代数としての「點竄術」成立の詳細を中国的先蹤まで含めてものの見事に記述しえているからにほかならない。近世西欧数学を専門分野とする私は、『数学史』（岩波書店、2010）を世に問い、さらにその姉妹編として『日本数学史——伝統から近代へ』を現在、執筆中である。その準備のために、図書館で手に取ったのが本書であった。私は目を見張った。私が今、書こうとしている「関孝和＝近世日本のフランソワ・ヴィエト」といった標題の節にとって格好の素材を本書は提供してくれているのであった。私は早速、古書店に発注しないわけにはゆかなかった。箱入りの上質本で3万円もした。本書復刻版製作はその本を基にしている。一般に古本市場で今、加藤本には高い値段がついている。私が加藤和算史学の復権に熱心である第一の理由である。

本書は、天元術と「方程」の中国的起源から説きほぐし、点竄代数の発明という和算にとって枢要な事件を克明に解説して、関孝和の方程式論の卓越性を解き明かし、さらにその後への展望を見ている。和算の高等数学部門の技法的根底についてじつに簡明に記述した和算史入門書であると言うことができるであろう。

近世日本の記号代数たる「點竄術」は、主君の磐城国平城主内藤政樹の要請を受けての松永良弼（よしすけ）による呼称であるが、関の時代には「傍書演段術」と呼ばれていたものと考えられる。ヴィエトの「代数解析」に相当する概念と言うことができる。和算の「點竄術」は、近代西欧数学の記号代数に容易に翻訳可能である。近代西欧数学の中枢部分は記号代数的数学として規定できるが、近世日本数学は、それに類似の「點竄術」という記号代数をもっていたがゆえに、「翻訳的適応」をかなり成功裏に実行することができた。それこそ、幕末・明治初期の日本人が、西洋数学を簡単に受け入れえた技法上の理由であった。縦書きの和算を横書きの洋算へと転換する作業は、江戸の「點竄術」を装備した人間にとって、それほど難しくはなかった。もっとも、現在では、関自身の事蹟と関の後継者の貢献を厳密に区別して見る傾向が定着しつつあるので、その点では若干の修訂が必要であろう。

加藤の本書は、関の遺稿『解隠題之法』に見える代数方程式の近似数値解法の解説から、『解伏題之法』で説かれる行列式論を経て、円理綴術、すなわち、求積法の無限小代数解析に相当する技法をも射程に収めている。いずれも、和算の記号代数たる「點竄術」があってこその数学技法であったことに注意されたい。最後は、三次・四次の代数方程式の解法が和算の伝統内で十分に可能であったことを確認して本書は締めくくられている。

それでは、和算は近世西欧の微分積分学のレヴェルまで到達しえたのであろうか。残念ながら、そうではない。和算が、幾何学図形に対する素朴なレヴェルでの直観的論証法はもっていたにしても、厳密な帰謬法を駆使しての、アルキメデス的な無限小幾何学的論証法までには到達していなかったこと、そして、帰納法的推論が、不完全な段階にとどまり、数学的（ないし完全）帰納法にまではいたっていなかったことなどの不十分性が指摘されなければならないであろう。

一般に、加藤による和算の解説は、和算の功績を顕彰することに急で、和算の欠点を説くことは少ない。そういった点の指摘は、後生のわれわれによってこそ明解になされなければならないであろう。

加藤が単行書を捧げて世に問うたのは、「算聖」関孝和であれ、「偉大な和算家」久留島義太であれ、「和算中興の祖」安島直円であれ、「江戸末期の大数学者」和田寧であれ、弟子を多くもって世知に長け、一世を風靡した数学者というよりは、むしろ世に隠れた孤高の独創的学者であった。そこにまた、加藤の目のつけどころの特異性があり、センスがある。

『和算ノ研究　補遺』は、第１·第２のいずれもが論文集の体裁をとっている。

『趣味の和算』も味わい深い。和算書のあるものは高度であったが、たいていの書は江戸民衆を楽しませる愉快さをもっている。中根法舳（名を彦循、字を元循）の『勘者御伽双紙』（寛保 3・1743）は、挿絵も綺麗で、内容もじつにおもしろい。現代数学の砂を噛むような書物などはとても及びもつかない魅力ある算書である。そこにまた、和算文化の軽視しがたい卓越性がある。

一般読者向けの『日本数学史』上・下は、長年の研究歴にものをいわせた作品であると言えるであろう。和算史へのよき入門書である。

今、数学教育界、数学者の間で、和算史ブームと言ってもいいほどの江戸数学再評価の風潮が起こっている。現代に直結する西欧の近代とはひと味違った「もうひとつの近世」を求めてのことであろう。

本書をはじめ、加藤平左エ門の著作が江湖に迎えられ、その業績の上に立って江戸数学のおもしろさが国際的視野で解明されんことを！

和算ノ研究

方程式論

名城大学教授
理学博士
加藤平左ェ門著

日本学術振興会刊

序

本書は和算家の方程式に関する研究を蒐集し之を整理統合したものである。

和算の方程式論は徳川時代の初期に支那から伝来した天元術を基として発展したものである。この天元術は数字方程式を算木で解く術で遠く支那の宋元時代に起つたものであるがこれを伝えた支那の書物には方程式の立て方は記載されて居るが肝腎な解き方は記されて居らぬ。このために之を本当に理解するまでには随分苦労したものである。しかしながら和算家は短日月の間によくこの困難を克服して薬籠中のものとしたのみならず更にこれに工夫改良を加えて遂に点竄術をも創案した。それは実に関孝和である。天元術では方程式を算木で表わして計算を進めて行くために一元方程式より取扱えず，これでは面倒な問題は到底処理することが出来ないのである。そこで孝和は補助未知数を使い連立方程式の考え方で処理することを工夫した。そして今日の代数学のように文字を以て未知数を表わし算木によらず筆算で解くことを案出したのである。その上未知数のみならず代数式の計算にも文字を使つて行うようになり玆に和算の代数学である点竄術が誕生を見るに至つたのである。この方法は支那でも我が国でもかつて見なかつたもので全く前人未発のものである。爾来この解法は関の演段と呼ばれ我が国の数学界を風靡したものである。このために和算は長足の進歩発展を遂げることが出来た。そして支那数学からは全く脱却して我が国独自の形態を備えるようになつたのである。誠にこの発見こそは孝和の和算史上不朽の功績と云わねばならぬものである。西洋でも今日のような専ら文字を使う代数学がその形態を整えるに至つたのは漸く此の頃のことである。

猶高次方程式を解く孝和の方法も支那の天元術を更に工夫改良したものであるがこの支那の天元術は大体において今日数字方程式解法に用いられている Horner の方法と類似しているが孝和の方法に至つては全く同一であると云つてよい。Horner がこの方法を発表したのは 1819 年であるに対し孝和はすでに 1680 年頃の著書に盛んに之を用いているのである。更にこの計算中に用いている近似計算法は Newton の近似法と同一であることも奇である。

孝和は点竄術を発明して高次方程式を必要とする問題の解法に一新紀元を画したに止らずさらに高次連立方程式解法中の未知数消去の方法に新工夫を凝して遂に行列式の概念にまで到達したのである。これを詳述したものが彼の著解伏題之法で実に 1683 年以前のことであり，これが世界で始めて発表された行列式に関する書物である。外国では行列式を始めて考えたのは独の Leibniz であると云われる。彼が 1693 年友人 L' Hospital に送つた書翰中に記した一次の連立方程式解法中の消去法にそれを用いていると云ふことであるがこれは 1850 年頃までは全く知られて居らず，この研究の起つたのは漸く 1750 年以後のことである。しかるに我が国では Leibniz の書翰よりも少くとも 10 年以前に解伏題之法が作られて居り，また大坂に於ては 1690 年に井関知辰の行列式を取扱つた算法発揮という書物が刊行されているのである。行列式研究に先鞭をつけたのは正に我が国の和算家である。これは我が国数学の大に誇りとする所である。本書の始め三章はこれら歴史的発展の跡を仔細に検討したものである。

孝和の方程式論に関する業績は此の外猶広汎多岐に亙つて居る。その中でも彼の著開方算式，開方飜変は最も注目すべきものである。前者では高次方程式の根を適当に定める方法，根が不尽数である場合その微数を究める方法，及びその不尽の処理法等を考究し更に方程式解法の際屢便法として利用せられる方程式変換の方法を数種説いている。後者では根の虚実等による方程式の分類，及びその検証法，そして本書の本論である正根を持たない場合に或係数の絶対値をかえて正根を持つようにする所謂適尽法を詳論して居る。そこには虚根に関する陳述があり，導函数に該当する函数が利用されて居り，五次方程式までの判別式が列挙されて利用されて居り，係数の限界を定める所には和算の極大極小論の基礎となる事項が論述されて居る。全く劃期的な研究と云わざるを得ない。それらには多少の誤りも見られるが，かような前人未到の新分野開拓であり然かも彼の研究は極めて広範囲に亙つていたために止むを得ない事である。本書の第四章ではこれらの研究を巨細に亙り忠実に検討した。猶本章には彼の病題研究をも附記して和算家の嗜好の一端を窺うこととした。

和算では開法並に方程式の根を求めるに無限級数の展開を利用する。かかる算法を綴術と云う。その由来は有名な関流の祕書乾坤之巻や円理弧背術にある。後には一般高次方程式やn乗根を求める開法にまで及ぶのである。実に安島直円の綴術括法は$(1\pm x)^{\pm\frac{1}{n}}$の無限級数展開を取扱つたものである。

和算では又諸書に反復法で方程式を解いて居る。その最初の文献は延宝，貞享の頃のに見られる。即ち村瀬義益の算法勿憚改，礒村吉徳の算法闕疑抄，関孝和の題術辨議がそれである。次で盈朒術から起つた反復法に中根彦循の開方盈朒術，坂部広胖の立方盈朒術等がある。巧みに方程式の近似的解法を試みて居り極めて近代的な内容を持つ。即ち Newton の近似的解法に類似の方法であつて幾何学的には Newton の方法が接線を用いて居るのに対しこれは弦を用いて居るだけの相違である。更に和算には内容的には全く Newton の方法と同一の反復法も行われて居る。久留島義太の久氏弧背草，会田安明の重乗算顆術，川井久徳の開式新法がそれである。これらは恐らく前述の孝和の著にその源を発して居りそれを更に前進させたものと考えられる。特に久留島は弧背に関する極値を求める問題に出てくる超越方程式の解法にそれを利用して居るのである。

猶開式新法は専ら一般高次方程式の近似的解法を極めて広汎に論じたもので而かも極めて論理的であつて速かに根に收斂せしめんとして色々の工夫を凝らして居るあたりは到底他の追随を許さぬものがある。

弧背に関する問題は和算では諸所に取扱われて居る。そしてそれが極値に関するものであると屢超越方程式を解かねばならぬような術路に遭遇する。和算家はこの解法には非常な苦心を払つたもので初等超越函数など少しも使わず唯無限級数だけで切抜けて居るのである。和田寧の方法，斎藤宜義の還累術の如きはその出色のものである。又久留島の弧背草や著者不明の円理綴術等に見る無限級数の反転法による解法等も注目すべきものである。本書の五，六，七，章はこれら一般方程式解法に関する和算家の成果を集録し之を詳細に検討批判してその解明に力を致したのである。そして最後に和算では極めて珍らしい三次及び四次方程式の代数的解法を紹介して本稿を結んだのである。

以上が私の集め得た和算家の方程式に関する研究成果である。之を見ただけでも彼等が如何に独創的な才能に富んで居たかが窺ひ知られるのである。和算家の業績中には此の外猶歴史的に世界にも誇り得るものが多々ある。誠にこれらの業績こそは我が国人が科学的独創力の豊かな民族であることを実証してくれたよい記念物であり我が文化史上決して閑却することの出来ない事柄である。然るに此の内容は我が国人には余りよく知られていない。戦後資料の入手は益々困難を極めつつある。此の儘で推移すれば或は遠からず和算の内容は世間から全く忘れ去られんやも測り難い。これ非才をも顧みず国庫の補助を仰いで本書を刊行せんと欲する所以である。

(本書の出版は文部省の昭和 31 年度研究成果刊行補助費によつたものである)。

(本書の出版は文部省の昭和 31 年度研究成果刊行補助費によつたものである)。

昭和三十一年十二月

著　者　識　す

目　　次

第三章　点　竄　術

和算ノ研究　方程式論

第一章　天元術

1.　天元術概説

（i）　天元術

天元術トハ天元ノ一ヲ立テテ問ウ所ノ数トシ，与エラレタ条件ニヨツテ方程式ヲ立テ，之ヲ或方法デ解クコトデアル．天元ノ一ハ現行ノ未知数ノコトデアリ，又天元術ノ名称ハ天元ノ一ヲ立テルト云ウ語ヲ使ウ所カラ来テ居ルコトハ云ウマデモナイ．猶詳シク云ウナラバ天元ノ一トハ太極ノ下ニ一算ヲ立テルヲ云ウ．〇｜〇ハ太極，｜ハ一算デアル．前者ノ位ハ実級（絶対項）後者ノ位ハ法級（xノ一次ノ項）デアル．現今ノ記号ヲ以テスレバ $0+x$ ニ相当スル．天元モ太極モ共ニ天地ガ未ダ分レナイ以前ノ混沌タル状態ニ於ケル万物生成ノ根元ヲ云ウ．今求メントスル未知数ヲ此ノ根元ニ擬エタモノデアル．

此ノ術ハ遠ク支那ノ宋元時代ニ創メラレタモノデ，之ヲ使ツテ居ル最初ノ書ハ宋ノ秦九韶ノ数書九章（1247），元ノ李治ノ測円海鏡（1248），及ビ益古演段（1259）等デアル．所ガ李治ノ書ニハ天元ノ一ヲ立テルト云ウ語ハアリ，方程式ヲ立テル道筋ハ示サレテ居ルガ肝腎ナ方程式ノ解法ニ就テハ何等説明シテ居ラヌノデアル．之ヲ詳シク説イテ居ルノハ宋ノ秦九韶ノ数書九章デアル．其ノ方法ハ今日洋算デ Horner ノ方法ト称スルモノト大体似通ツテ居ル．Horner ガ此ノ方法ヲ発表シタノハ漸ク 1819 年ノコトデアルガ，支那デハソレヨリズツト前ニ此ノ方法ガ発明サレテ盛ンニ使用サレテ居タモノデアル．コレハ誠ニ支那数学ノ誇トスルニ足ル事柄デアル．（支那ニ於ケル方程式解法ノ歴史ハ次節 2 デ述ベル）

天元術ガ我国ニ伝ツタノハ元ノ朱世傑ノ著シタ算学啓蒙（1299）ニヨツテデ

アル．此ノ書ハ豊臣秀吉ノ朝鮮役ノトキ其ノ朝鮮版ガ我国へ輸入サレタモノデアル．シカシ此ノ書モ方程式ノ解法ニ就テハ何モ説明ヲ加エテ居ラヌノデアル．（但シ開法ノ説明ハアル）和算家ハ此ノ書ニヨツテ天元術ヲ会得スルノニハ相当長イ年月ヲ要シ且ツ随分ト苦労シタ形跡ガ見ラレル．シカシ遂ニソノ真意ヲ了得シテ自己薬籠中ノモノトシタノミナラズ，更ニ之ヲ発展サセテ点竄術ヲ創案シ，カクシテ和算独特ノ数学ヲ形作ルニ至ツタノデアル．（第3節我国ノ天元術及ビ第二章点竄術参照）本節デハ先ズ天元術ガ如何ナルモノデアルカノ概説ヲ試ミル．

和算書デ天元術ヲ詳説シテ居ルモノハ，西脇利忠ノ算法天元録（元祿十年，1697）佐藤茂春ノ算法天元指南（元祿十一年，1698）中村政栄ノ算法天元樵談集（元祿十四年，1701）等ガアル．シカシ後ニハ天元術ハ点竄術ノ中ニ吸収サレ独立シタ天元術ノ書ト云ウモノハ殆ド見当ラナイ．

（ii） 算　木

天元術ノ計算ニハ算木ヲ使用スル．支那デハコレヲ籌ト云イ古クカラ計算ニ使用サレタ．始メハ策トモ云ツタガコレラノ字ノ示スヨウニ竹デ作ラレタ細イ棒デアル．後ニハ木デ作リ計算ノ際転ラヌヨウ四角ニシタ，随書律暦志ニハ長サ三寸トアルガ，コレハ今日ノ二寸乃至二寸四分位デアル．我国デ江戸時代ニ使ワレタモノハ一寸二分乃至一寸五分，切ロハ方2分位ノモノデアル．コレデ1，2，……9ヲ表ワスニハ 𝍠 𝍡 𝍢 𝍣 𝍤 𝍥 𝍦 𝍧 𝍨 ノヨウニ列ベル．幾桁モノ数ヲ表ワスニハ横列ニソレヲナラベ，今日ノヨウニ左ヲ高位トスル．但シ紙ニ書クトキハ混雑ヲ避ケルタメニ一位ハ縦，十位ハ横，百位以上ハ交互ニ縦横ニ書ク．横ニ書クトキハ 𝍩 𝍪 𝍫 𝍬 𝍭 𝍮 𝍯 𝍰 𝍱 ノ如クスル．一位以下ノ方モ同様デアル．ソシテ空位ニハ ○ ト書ク．例エバ132ハ𝍠𝍫𝍡，3905ハ𝍫𝍨○𝍤ノヨウニスル．算木デ計算スルトキハコレヲ算盤（サンバン）ノ上デ布列スルカラ皆縦ニ列ベ空位ニハ何モ置カナイ．

此ノ算木ノ置方ニツイテハ孫子算経ニ

凡算之法先識ニ其位一，一縦，十横，百立，千僵（倒），千十相望，万百相当．トアル．又六不レ積，五不レ隻トアル．ソノ意ハ六ヲ |||||| トカ五ヲ — ノヨウニ置カヌト云ウコトデアル．

算木ニハ赤ト黒トノ二種ガアル．コレデ正負ヲ区別スル．即チ赤ノ算木デハ正数ヲ表ワシ，黒ノ算木デハ負数ヲ表ワスノデアル．紙上ニ書クトキハ負数ニハ斜線ヲ引イテ区別スル．例エバ -8 ナラバ ，-3713 ナラバ トスル．斜線ハ九章算術ヤ孫子算経ノヨウナ古算書ニハマダ現ワレテ居ラヌガ，宋元時代ノ書物ニナルト明瞭ニ示サレテ居ルノデアル．但シ九章算術ノ劉注（263）ニハ正算赤，負算黒，否則以ニ邪正一トアルガ或ハ此ノ意味カモシレナイ．

算盤ハ図ノヨウニ（P. 6参照）紙面又ハ板面上ニ方眼ヲ画キ，上欄ニ位取リヲ，右端ニ商，実，法，……ト開方式ノ商ト級トヲ記シタモノデ，コノ上デ算木計算ヲ行ウノデアル．（商，実，法……ハ一位ト分位ノ間ニ記スコトモアル）

（註） 三上義夫，東西数学史 P. 83 ニ次ノヨウナコトガ記サレテ居ル．

一十百千万億ノ字デ一ト百ト万ニハ何レモ横ノ一画ガアリ（百ノ白ハ音標），十ト千ト億ニハ何レモ縦ノ一画ガアル（億ノ意ハ音標）．コレハ一，百，万ノ諸桁ハ横ニ列べ，十，千，億ノ諸桁ハ縦ニ列ベルコトヲ云イ表ワシテ居リ，一桁置キニ交互ニ縦横ニスルコトハ此等ノ文字ノ作ラレタ頃カラ行ワレタモノト見エル．後ニ一位ヲ横ニ列ベルコトカラ縦ニ列ベルコトニ列べ方ガ変遷シタトハ云エ，一桁毎ニ交互ニカエルコトハコノ変遷ノタメニ変ワラナカツタ．

（iii） 算木ニヨル計算法

（イ） 整数ノ四則

寄セ算ヤ引キ算ニ就テ説明ヲ加エテ居ル古算書ハ見当ラナイガシカシコレハ大体推定スルコトガ出来ル．掛算，割算ニ就テハ孫子算経ニ次ノヨウニ説明サレテ居ル．

凡乗之法重ニ置其位上下ー相ニ観上位ー有レ十歩シテ至レ十、有レ百歩至レ百、有レ千歩至レ千、以レ上命レ下所レ得之数列ニ於中位ー言レ十即過、不レ満自如セヨ、上位乗訖レバ者先去レ之、下位乗訖者則倶退レ之、六不レ積、五不レ隻、上下相乗至レ盡則已、

凡除之法与レ乗正異、乗得在ニ中央ー除得在ニ上方ー、仮令六為レ法百為レ実、以レ六除レ百、当下進レ之二等令上在ニ正百下ー、以レ六除レ一則法多而実少不レ可レ除、故当下退就ニ十位ー以レ法除上実、言ニ一六ー而折レ百為ニ四十ー故可レ除、若実多法少自当レ百レ之不レ当ニ復退ー、故或歩レ法十者置ニ於十位ー、百者置ニ於百位ー（上位有ニ空絶ー者法退ニ二位ー）余法皆如ニ乗時ー実有レ余者以レ法命レ之以レ法為レ母実ノ余為レ子、

234×6 ヲ例ニトツテ掛算ノ方法ヲ示スト次ノヨウニナル（コノ計算ヲ算盤上デスルト，算盤ニハ被乗数，積，乗数ニ当ル欄ハナイガ，商，実，法ノ欄ヲ使エバヨイ.）

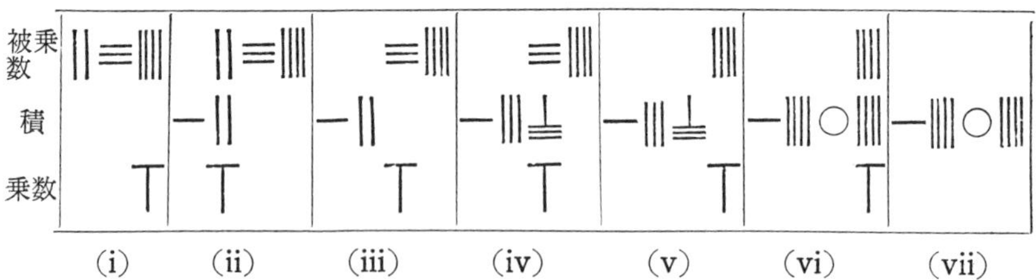

(i) (ii) (iii) (iv) (v) (vi) (vii)

先ズ図ノ (i) ノヨウニ 234 ヲ上ニ，6 ヲ下ニ置ク．次ニ 6 ヲ被乗数ノ百ノ位ノ下ニ移シ，2 ト 6 トヲ掛ケテ積 12 ヲ中央ニオク((ii) 図)．次ニ被乗数ノ 2 ヲ取除キ乗数ノ 6 ヲ一位右ニ移ス（(iii) 図）次ニ 6 ト 3 トヲ掛ケテ積 18 ヲ中位ニオク．カクシテ中位ハ 138 トナル（(iv) 図）次ニ被乗数ノ 3 ヲ取除キ乗数 6 ヲ更ニ一位右ニ移シ 4 ト 6 トヲ掛ケテ積 24 ヲ中位ニ加エ 1404 ヲ得テ答トスル.

又 1404÷6 ノ計算ハ次ノヨウニスル.

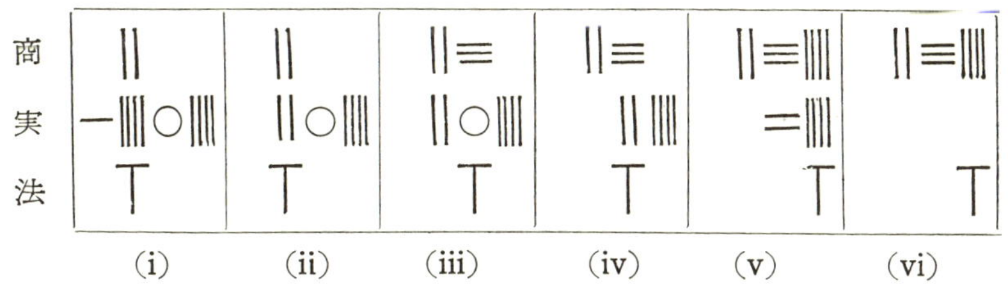

除法デハ商ヲ上位ニ，実ヲ中位ニ，法ヲ下位ニ置ク．先ズ6ヲ 1404 ノ百ノ位ノ下マデ進メ，14 ヲ 6 デ割ツテ商2ヲ4ノ上ノ百ノ位ニ立テ，実カラ $200\times6=1200$ ヲ引ク（(ii) 図)．次ニ 6 ヲ一位右ニ移シ 20 ヲ 6 デ割ツテ商 3 ヲ実ノ 0 ノ上ニ立テ $30\times6=180$ ヲ実カラ引ク（(iv) 図)．次ニ更ニ 6 ヲ一位右ニ移シ 24 ヲ 6 デ割ツテ商 4 ヲ実ノ 4 ノ上ニ立テ $4\times6=24$ ヲ実カラ引ケバ実ハ 0 トナリ，カクシテ商 234 ヲ得ル．

（ロ）開　法

九章算術ニ記載サレタ方法ニヨツテ $\sqrt{55225}$ ノ計算法ヲ示セバ次ノヨウデアル.（下図ハ便宜ノタメ算木形式ヲヤメテ数字デ表ワシタモノデアル．借算ハ上記ノ算盤デハ廉ノ欄ニ当ル.）

(i)

		2			商
5	5	2	2	5	実
2					法
1 (百)		(十)		(一)	借算

(ii)

		2	3		商
1	5	2	2	5	実
	4				法
(百)		1 (十)		(一)	借算

(iii)

		2	3		商
	2	3	2	5	実
	4	3			法
(百)		1 (十)		(一)	借算

(iv)

		2	3	5	商
	2	3	2	5	実
		4	6		法
(百)		(十)		1 (一)	借算

55225 ヲ実ノ所ニ置キ次ニ借算ノ（一）ノ所ニ 1 ヲ置キ之ヲ一桁置キニ左ニ進メ，一十百……ト位取リシテ百ニ至ツテ止メル．（コノ 1 ヲ一算又ハ借算ト云

ウ.）次ニ実 5 ヲ見テ商 2 ヲ立テ之ヲ商ノ百ノ位ノ所ニ置キ一算ト掛合セテ 2 ヲ得コレヲ法ノ所ニ置キ，コレト商 2 ト掛合セテ積 40000 ヲ実カラ引ク.

次ニ法 2 ニ 2 ヲ加エ定法トシ一桁下ゲル. 又借算ヲ二桁下ゲ（十）ノ所ニ置キ実 152 ヲ見テ次ノ商 3 ヲ立テル（(ii) 図）コレト一算トヲ掛ケタ積 3 ヲ定法ニ加エ 43 トシ，コレト商ノ 3 トヲ掛ケテ積 129 ヲ実 152 カラ引ク.（(iii) 図）

次ニ 3 ヲ 43 ニ加エテ 46 ヲ得，コレヲ定法トシ一桁下ゲル. 又借算ヲ二桁下ゲ，（一）ノ所ニオキ実 2325 ヲ見テ次ノ商 5 ヲ立テル（(iv) 図）. コレト一算トヲ掛ケテ定法ニ加エテ 465 トシコレト商ノ 5 トヲ掛ケタ積 2325 ヲ実カラ引ケバ実ハ 0 トナル. カクシテ商 235 ヲ得ル.（平方ニ開イタ場合ノ根デモ商ト云ウ.）

開平剰余（r）ノアル場合ニハコレヲ商（a）デ割ツタ$\dfrac{r}{a}$ヲ商ニ附加スル.

又帯分数ヲ平方ニ開ク場合ニハ之ヲ仮分数ニシ分子，分母ヲ平方ニ開イタ後割算ヲスル. 若シ分母ガ開キ切レナイ時ハ分子ニ分母ヲ掛ケタモノヲ平方ニ開イテ元ノ分母デ割ルト云ウヨウニ説明シテ居ル.

開立方ノ計算法ハ省略スルガ現今行ワレテ居ル方法ト殆ド同ジデアル.

（ハ） 正数負数及ビ整式ノ四則算法

算法天元指南巻之四相減定例ニ正数負数ノ減法ニツキ次ノヨウニ述ベテ居ル.

「謂（イハク）此巻ニハ相減ズル事ヲ述ルナリ. 然ルニ正負ニ依テ相加フル事アリ. 既ニ定例ニ異名ハ相加フルト云ヘリ. 初学ノ族（トモガラ）必ズコレニ迷フ. 相減ノトキハ定リテ異名ハ相加フル也. 加ヘテ則減ジタル理ニ相合ナリ. 五ノ巻ノ相加ノ定例ヲ見ル

図之盤算

千	百	十	万	千	百	十	一	分	厘	
										商
										実
										法
										廉
										隅
										三乗
										四乗

ベシ．異名ハ相減ズルトアリ．是ハ又減ジテ則加ヘタル理ニ相合ナリ．此両用交考分別スベシ．異名ノトキハ減ズレバ加ヘタルト云フモノナリ．又加フレバ減ジタルト云モノナリ．委ク定例ヲ明メテ以テ和解図式ニ引合テ之ヲ習フベシ．」

次デ計算法ヲ次ノヨウニ示ス．

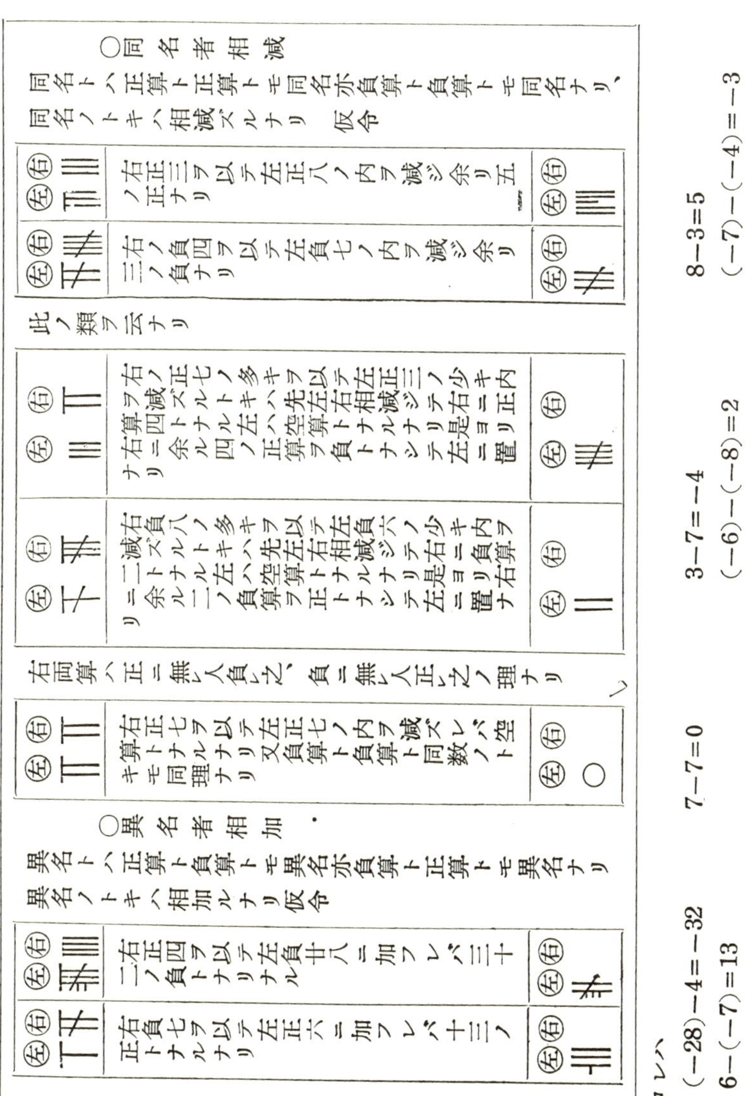

等ノ計算ヲ説明シタモノデアル．実際算木デヤルトキハ上ノ結果ヲ下ノ㊧ニ表ワスノデハナク直チニ上ノ㊧ニ表ワスノデアル．

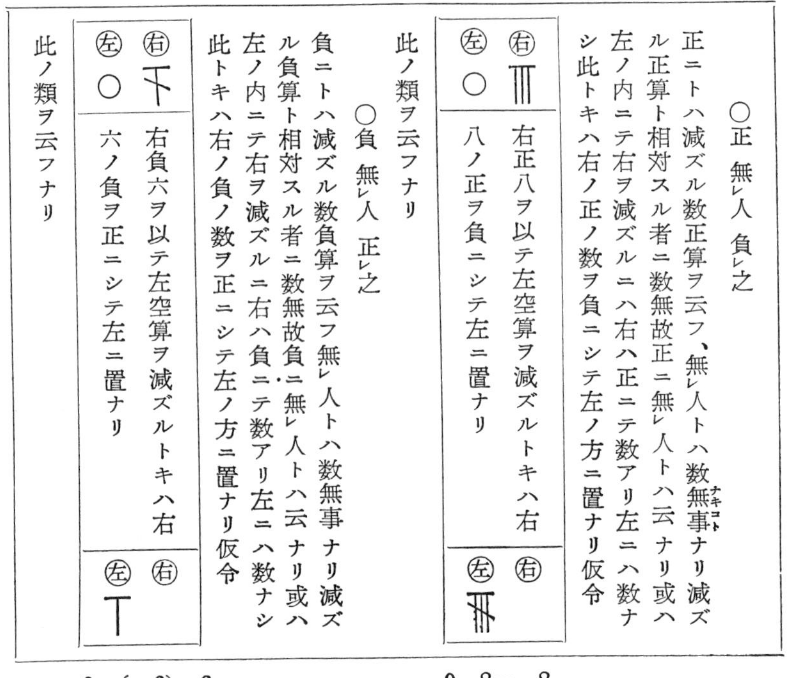
○正 無レ人 負レ之

正ニトハ減ズル数正算ヲ云フ、無レ人トハ数無事(ナキコト)ナリ減ズル正算ト相対スル者ニ数無故正ニ無レ人トハ云ナリ或ハ左ノ内ニテ右ヲ減ズルニハ右ハ正ニテ数アリ左ニハ数ナシ此トキハ右ノ正ノ数ヲ負ニシテ左ノ方ニ置ナリ仮令

㊨ ||| 　㊧ ○

右正八ヲ以テ左空算ヲ減ズルトキハ右八ノ正ヲ負ニシテ左ニ置ナリ

㊨ 　㊧ (負八)

此ノ類ヲ云フナリ

○負 無レ人 正レ之

負ニトハ減ズル数負算ヲ云フ無レ人トハ数無事ナリ減ズル負算ト相対スル者ニ数無故負ニ無レ人トハ云ナリ或ハ左ノ内ニテ右ヲ減ズルニハ右ハ負ニテ数アリ左ニハ数ナシ此トキハ右ノ負ノ数ヲ正ニシテ左ノ方ニ置ナリ仮令

㊨ (負六)　㊧ ○

右負六ヲ以テ左空算ヲ減ズルトキハ右六ノ負ヲ正ニシテ左ニ置ナリ

㊨ 　㊧ ⊤

此ノ類ヲ云フナリ

$0-(-6)=6$　　　　$0-8=-8$

次ニ相減和解図式ト云ウ条ニ整式ノ減法ヲ示ス．上ノ如ク一々詳シク説明ヲ加エテ居ルノデアルガ，余リニ紙数ヲ要スル故，図式ダケ示スコトトスル．以下ハ何レモ皆㊧カラ㊨ヲ減ズルノデアリ，又下ニ示シタノハ差デ実際ニハ上ノ㊧ニ表ワスベキモノデアル．

（註）無レ人ハ支那ノ古算書（例エバ九章算術）ニハ無レ入トアリ，入レルモノガ無イト云ウコトデアルガ活字デハ人ト入トガ似テ居ルタメニ何時シカ誤リ伝エラレテ和算ノ書物ニハ殆ド無人トナツテ居ル．

(1) ハ

$$(18-3x)-(6+2x)=12-5x$$

又ハ　$$(18a-3b)-(6a+2b)=12a-5b$$

(2) ハ

$$(-14+3x)-(-5-4x)=-9+7x$$

又ハ　$(-14a+3b)-(-5a-4b)=-9a+7b$

(3) ハ$(88+34x)-(24-13x+8x^2-6x^3)$

$=64+47x-8x^2+6x^3$

(4) ハ$(-88+33x-24x^2+15x^3)-$

$(-88+77x+22x^2-33x^3)=$

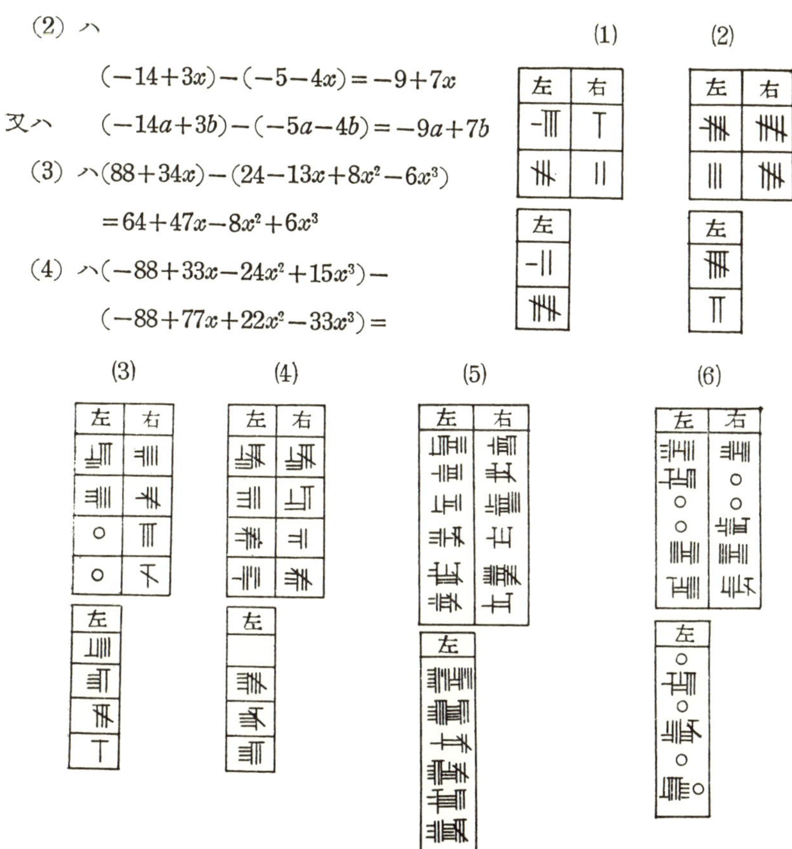

$-44x-46x^2+48x^3$

(5) ハ$(6823+1332x+6122x^2-3217x^3-2686x^4-2232x^5)-(1248-3626x$

$+7244x^2+1666x^3-5334x^4+1126x^5)=5575+4958x-1122x^2$

$-4883x^3+2648x^4-3358x^5)$

(6) ハ$(3263+1678x+423x^4+674x^5)-(3263+7336x^3+423x^4-6266x^5)$

$=1678x-7336x^3+6940x^5$

斯様ナ例ヲマダ沢山挙ゲテ居ル．之デ巻之四ヲ終リ次ハ巻之五相加定例トナルノデアルガ相加ノ場合ハ相減ノ場合ト同様ニ進ンデ居ルカラ上掲ノモノカラ類推サレタイ．

巻之六ニハ乗法ヲ述ベテ居ル．今其ノ大要ヲ抜記スル．

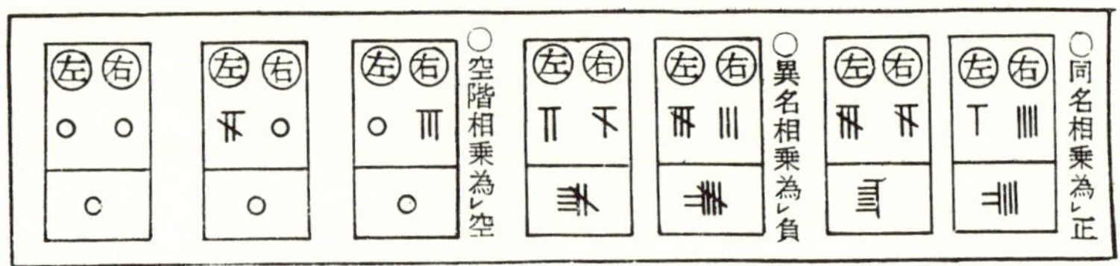

次ニ多項式ノ乗法ニ入ル．之ハ算法天元録ノ形式デ示スコトトスル．

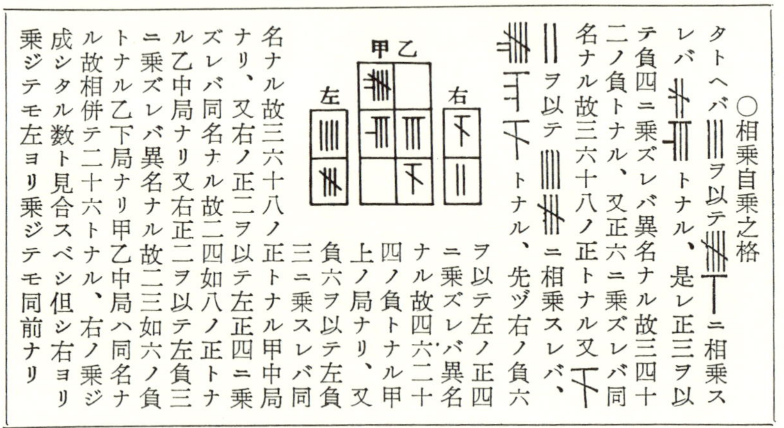

斯様ニシテ右 $-6+2x$ ト左 $4-3x$ ト掛ケテ中央ニ $-24+26x-6x^2$ ヲ得ルノデアル．以下ハ説明ヲ省キ算法ノ形式ノミヲ示ス．

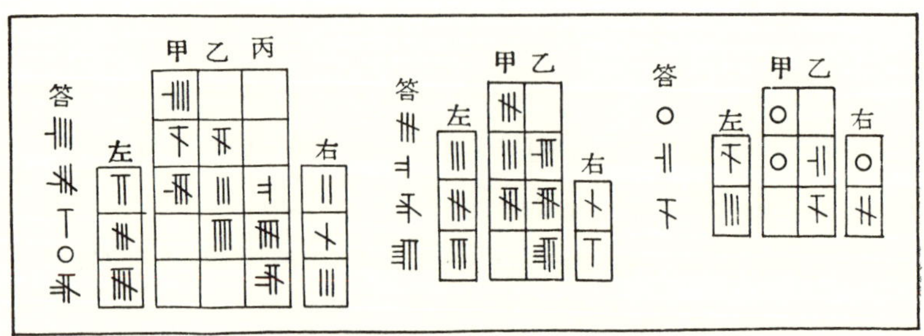

$(7-3x-9x^2)(2-x+3x^2)$ $(3-3x+8x^2)(-1+6x)$ $(-6+3x)(-2x)$

$=14-13x+6x^2-27x^4$ $=-3+21x-26x^2+48x^3$ $=12x-6x^2$

之ヲ横ニシテ見ルト現今ノ乗法形式ト殆ド同ジデアルコトガワカル．実際ニハ甲，乙，丙ト区別シテ算木ヲ置クノデハナク甲ノ所へ乙ヲ加エテ置キ，ソコへ又丙ヲ加エテ置クノデアルカラ図ノヨウニ場所ヲトラナイノデアル.

猶高次ノ式ノ掛算ヤ自乗，三乗等ノ計算ヲ沢山示シテ居ルガ一々之ヲ紹介スルノ要ハナカロウ．唯二三ノ例ヲ洋式デ示スニ止メル.

$$(29-38x+13x^2-4x^3)(23-17x-32x^2+7x^3)=667-1367x+17x^2+1106x^3-614x^4+219x^5-28x^6$$

$$(-74+44x^2-27x^3)(16x-3x^3)=-1184x+926x^3-432x^4-132x^5+81x^6$$

$$(37-28x+23x^2-12x^3)^2=1369-2072x+2486x^2-2176x^3+1201x^4-552x^5+144x^6$$

$$(-25+22x-17x^2)^3=-15625+41250x-68175x^2+66704x^3-46359x^4+19074x^5-4913x^6$$

$$(7-3x)^4=2401-4116x+2646x^2-756x^3+81x^4$$

整式ノ除法ハ天元術デモ点竄術デモ其ノ必要ガ起ラヌ故，ヤツテ居ラヌノデアル.（但シ点竄術ノ帰除綴術ハ除法ニ相当スルガ之ハ無限級数ニ展開スルノデアル.）

（ニ） **方程式ノ解法**

方程式ヲ算木デ布列スルニハ常数項カラ始メテ縦ニ列ベル．ソシテ常数項ヲ実，一次ノ項ヲ方，二次ノ項ヲ廉，三次ノ項ヲ隅，四次以上順次三乗四乗……ト云ウ（今日ノ呼方ヨリ一乗下ル）．或ハ実，方，上廉，下廉，隅，四乗，五乗……又ハ実，方，初廉，次廉，三廉……最後ヲ隅ト云ウコトモアル．又根ハ商ト云ウ．除法ノ結果ト同名デアル.

図ノヨウナ方程式ハ $-27+6x-2x^3=0$ デアル.
$=0$ ヲ表ワサナイガ前後ノ関係デ代数式ト間違ウコトハナイ.

次ニ解法ヲ述ベル．以下説明ノタメニ色々ト図ヲカエテ書クガ算盤上デヤルトキハ珠算ノ如ク一箇所デヤルカラ面積モトラズ又簡単デアル.

（図ハ算盤上ノ一部分ヲ示ス）

(1) **帰 除 式（一次方程式）**

（例一） $-100+16x=0$ ノ解法

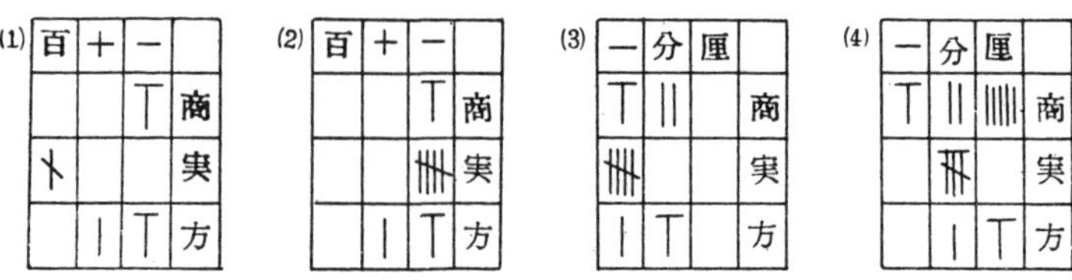

(1) 図ノ如ク -100 ヲ実ニ，16 ヲ方ニ置キ先ズ商 6 ヲ立テル．次ニ商 6 ト方 16 トヲ掛ケテ実ニ加エ実ハ -4 トナル．此ノ時（(2) 図）ノ掛算ハ一六ガ六，六六三十六ト頭カラスル．次ニ方 16 ヲ一位退キ実ヲ見テ商 2 ヲ立テル．（(3) 図）．商 2 ト方 16 トヲ掛ケテ実ニ加エ実 -0.8 トナル．次ニ又方 16 ヲ一位退キ商 5 ヲ立テ之ト方 16 トヲ掛ケテ実ニ加ウレバ実 0 トナリ，カクシテ商 6.25 ヲ得ル．

（例二） $-1190+28x=0$ ノ解法

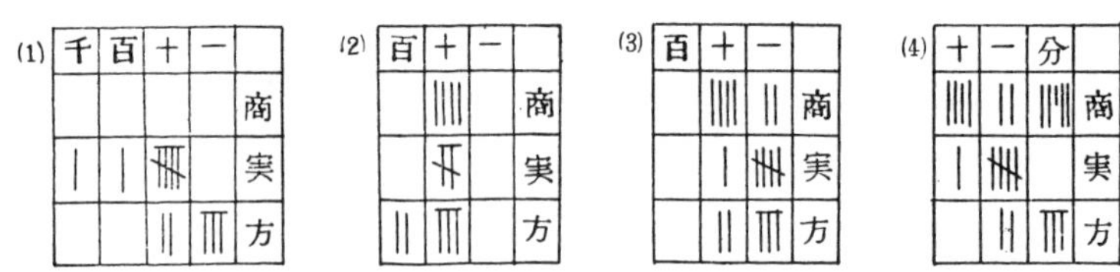

先ズ (1) 図ノ如ク実ト方トヲ置キ，次ニ方ヲ一位進メテ商 4 ヲ立テ十ノ位ニ置ク．(方ヲ一位進メタ故商ハ十ノ位ニ置ク．) ソシテ商 4 ト方 28 トヲカケテ実ニ加エ実 -70 トナル（(2) 図）．次ニ方ヲ一退シテ商 2 ヲ立テ商 2 ト方 28 トヲカケテ実ニ加エ実 -14 トナル（(3) 図）．更ニ方ヲ一退シテ商 5 ヲ立テ分ノ位ニ置キ 5 ト28トヲカケ実ニ加エルト実 0 トナリ，カクシテ商 42.5 ヲ得ル．

（例三） $-787.5+6.25x=0$ ノ解法

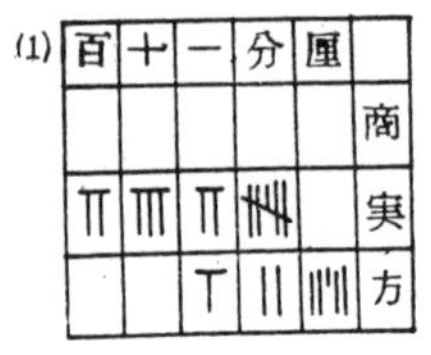

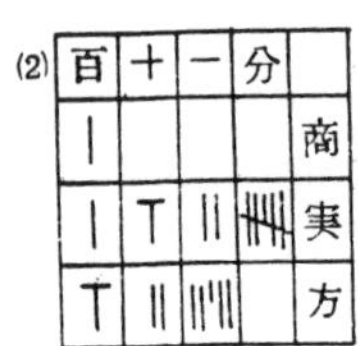

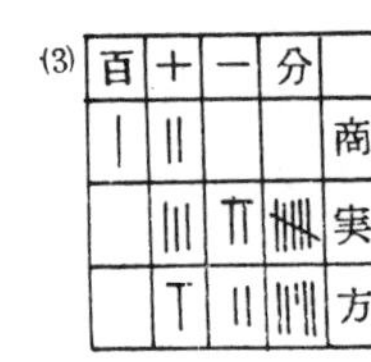

先ズ方ヲ二位進メテ商 1 ヲ立テ百ノ位ニ置ク．(方ヲ二位進メタ

(4)

百	十	一	分	厘	
1	2	6			商
	3	7	−5		実
		6	2	5	方

故百ノ位ニ置ク.）ソシテ1ト625トヲカケテ実ニ加エ実 −162.5 トナル((2)図). 以下同前.

(2) 平 方 式（二次程方式）

（例一） 645.16 ノ平方根ヲ求ム（$-645.16+x^2=0$ ノ解方）

方程式ノ解法ハ Horner ノ方法ト同様ノ方法ニヨルノデアルカラ, 平方根立方根……ヲ求メルノモ二次方程式三次方程式……ヲ解クノモ同一ノ方法デアル. 依テ洋算ノ法ト天元術トヲ対比シテ書イテ見ヨウ.

（甲）	1	0	−645.16	20
		20	400	
(i)……	1	20	−245.16	
		20		
(ii)……	1	40	−245.16	5
		5	225	
(iii)……	1	45	−20.16	
		5		
	1	50	−20.16	.4
		.4	20.16	
（乙）	1	50.4	0	

(1)

万	千	百	十	一	分	厘	
							商
		6	4	5	1	−6	実
							方
百		十		1 一			廉

(2)

百	十	一	分	厘	
	2				商
2	4	5	1	−6	実
2					方
1					廉

(3)

百	十	一	分	厘	
	2				商
2	4	5	1	−6	実
4					方
1					廉

(4)

百	十	一	分	厘	
	2	5			商
2	4	5	1	−6	実
	4				方
		1			廉

廉1ヲ一ツ置キニ左ニ進メ一, 十, 百ト位取リヲスル. 実ハ百ノ位ニハナイカラ十ノ位デ止メ, 実ノ6ヲ見テ商2ヲ立テ, 商ノ十位ニ置ク. 商ノ2ト廉ノ1トヲ掛ケ2ヲ方ニ加エ, 次ニ商ノ2ト

(5)

百	十	一	分	厘	
	𝍡	𝍤			商
	𝍡		𝍠	𝍥̸	実
	𝍣	𝍤			方
		𝍠			廉

(6)

百	十	一	分	厘	
	𝍡	𝍤	𝍣		商
	𝍡		𝍠	𝍥̸	実
		𝍤			方
				𝍠	廉

方ノ2トヲ掛ケ4ヲ実ニ加エ実ハ−245.16トナル．((2)図，此ノ結果ハ（甲）ノ(i)ニアタル)

次ニ商2ト廉1トヲ掛ケ2ヲ方ニ加エ方ハ4トナル．((3)図，此ノ結果ハ(甲)ノ(ii)ニアタル)

次ニ廉ハ二位右ニ退キ，方ハ一位右ニ退ク．(之ハ二次ノ場合ノ定則デアル)ソシテ商ニ5ヲ立テ商ノ一位ニ置ク．((4)図)

次ニ商5ト廉1トヲ掛ケ5ヲ方ニ加エ方45トナリ，次ニ商5ト方45トヲ掛ケ225ヲ実ニ加エ実ハ−20.16トナル．((5)図，此ノ結果ハ（甲）ノ(iii)ニアタル．)

次ニ商5ト廉1トヲ掛ケ5ヲ方ニ加エ方ハ50トナル．

次ニ廉ハ再ビ二位右ニ退キ方ハ一位右ニ退ク．ソシテ商ニ4ヲ立テ商ノ分位ニ置ク．((6)図)

次ニ商4ト廉1トヲ掛ケ4ヲ方ニ加エ方ハ5.04トナリ，次ニ商4ト方5.04トヲ掛ケ20.16ヲ実ニ加エレバ実0トナル．

仍テ求メル平方根ハ25.4デアル．

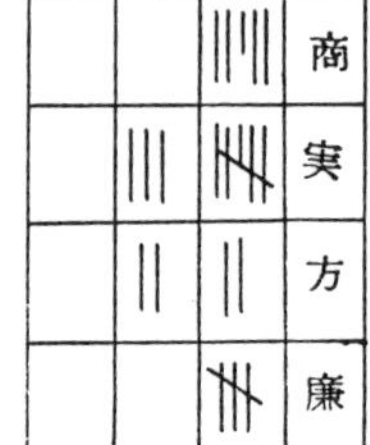

百	十	一	
		𝍤	商
	𝍢	𝍤̸	実
	𝍡	𝍡	方
		𝍢̸	廉

（例二）　$-35+22x-3x^2=0$　ノ解法

直チニ商5ヲ立テル．ソシテ商5ト廉−3トヲ掛ケ，−15ヲ方ニ加エ方ハ7トナル．次ニ商5ト方7トヲ掛ケ35ヲ実ニ加エレバ実0トナル．故ニ根ハ5デアル．

（例三）　$-644+5x+x^2=0$　ノ解法

廉1ヲ一ツ置キニ左ニ進メ十ノ位デ止メ，従テ方ハ一ツ左ニ進メル．(廉ハ一ツ置キニ進ミ，方ハ一ツ宛進ム．ソシテ廉ガ一桁進メバ方モ一桁進ム，退クトキモ同様デアル．)次ニ実ノ6ヲ見テ商ニ2ヲ立テ十ノ位ニ置ク．((2)図)

次ニ商ノ2ト廉ノ1トヲ掛ケ2ヲ方ニ加エ方25トナル．次ニ方ノ25ト商ノ2トヲ掛ケ50ヲ実ニ加エルト実ハ −144 トナル((3)図)．

次ニ商2ト廉1トヲ掛ケ2ヲ方ニ加エ方45トナル．

次ニ廉ハ右ニ二位退キ方ハ右ニ一位退キ商3ヲ立テ一ノ位ニ置ク（(4)図)．ソシテ商3ト廉1トヲ掛ケ3ヲ方ニ加エ方48トナル．次ニ商3ト方48トヲ掛ケ144 ヲ実ニ加エルト実0トナル．

仍テ根ハ23デアル．

（例四） $-35+18x-x^2=0$ ノ解法

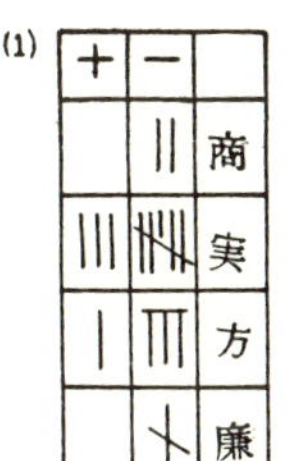

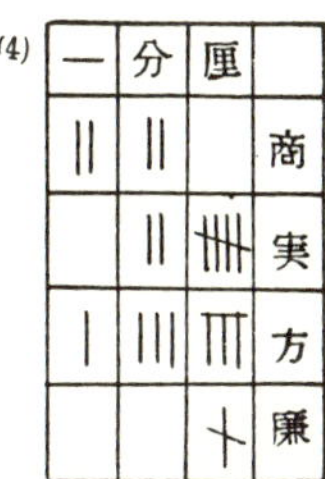

直チニ商2ヲ立テ一ノ位ニ置キ商2ト廉 −1 トヲカケテ −2 ヲ方ニ加エ方16トナル．次ニ商2ト方16トヲカケテ32ヲ実ニ加エルト実ハ −3 トナル((2)図)．次ニ商2ト廉 −1 トヲカケテ −2 ヲ方ニ加エ方14トナル．

次ニ廉ハ右ニ二位退キ方ハ右ニ一位退キ商2ヲ立テ分位ニ置ク((3)図)．ソシテ商2ト廉 −1 トヲカケテ −2 ヲ方ニ加エ方138

トナリ，次ニ商2ト方138トヲカケテ276ヲ実ニ加エルト実ハ −24 トナル((4)図)．次ニ商2ト廉 −1 トヲカケ −2 ヲ方ニ加エ方136トナル．

次ニ廉ハ更ニ右ニ二位退キ方ハ右ニ一位退キ商1ヲ立テ，匣位ニ置ク((5)図)． ソシテ商1ト廉 −1 トヲカケテ −1 ヲ方ニ加エルト方ハ1359トナリ，次ニ商1ト1359トヲカケテ実ニ加エルト実ハ −1041 トナル．

カクシテ実ハ何時迄モ0トナラヌカラ此ノ辺デ計算ヲ止メル．依テ根ハ2.21……デアル．

(3) 立 方 式（三次方程式）

（例一） $-2304+4x^2+x^3=0$ ノ解法

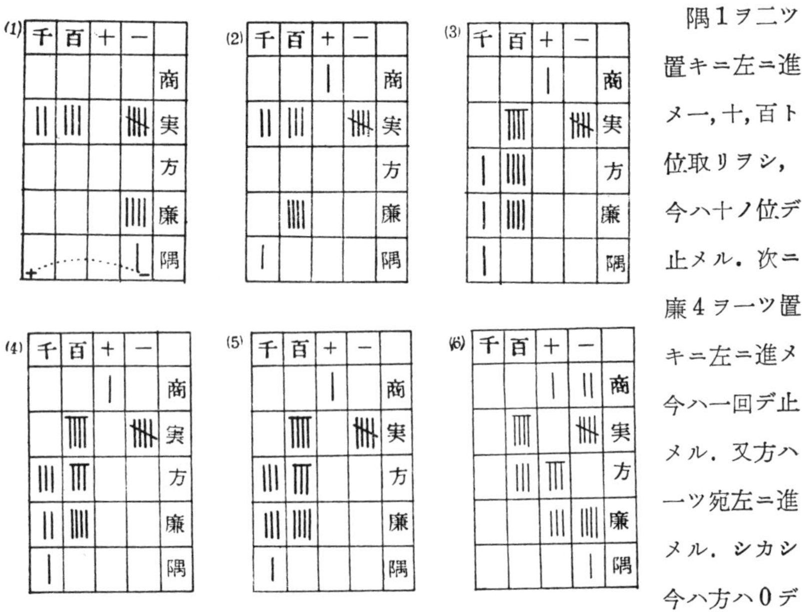

隅1ヲ二ツ置キニ左ニ進メ一，十，百ト位取リヲシ，今ハ十ノ位デ止メル．次ニ廉4ヲ一ツ置キニ左ニ進メ今ハ一回デ止メル．又方ハ一ツ宛左ニ進メル．シカシ今ハ方ハ0デアルカラ其ノ要ハナイ．次ニ実ノ2ヲ見テ商1ヲ立テル((2)図)．

次ニ商1ト隅1トヲ掛ケテ1ヲ廉ニ加エルト廉ハ14トナル．次ニ商1ト14トヲ掛ケテ方ニ加エルト方ハ14トナル．次ニ商1ト方14トヲ掛ケテ実ニ加エルト実ハ −904 トナル((3)図)．

次ニ商1ト隅1トヲ掛ケテ廉ニ加エルト廉ハ24トナル．次ニ商1ト24トヲ掛ケテ方ニ加エルト方ハ38トナル((4)図).

次ニ商1ト隅1トヲ掛ケテ廉ニ加エルト廉ハ34トナル((5)図).

次ニ隅ハ三位右ニ退キ廉ハ二位右ニ退キ方ハ一位右ニ退ク.(之ハ三次方程式ヲ解クトキノ定則デアル）ソシテ商2ヲ立テル((6)図).

次ニ商2ト隅1トヲ掛ケテ廉ニ加エルト廉ハ36トナル. 次ニ商2ト36トヲ掛ケテ方ニ加エルト方ハ452トナル. 次ニ商2ト452トヲ掛ケ904ヲ実ニ加エルト実ハ0トナル.

依テ根ハ12デアル.

支那ヤ我国ノ数学ニ於テハ方程式ヲ解ク場合ニ「平方飜法ニ之ヲ開ク」トカ「立方飜法ニ之ヲ開ク」トカ云ウ語ヲ屢使ウ. 之レハ計算ノ途中デ実, 方……ガ正カラ負又ハ負カラ正ニ符号ヲカエル場合ノ開方ヲ云ウノデアル. 次例ニ之レヲ示ス.(実ガ符号ヲ変エルノハ今求メテ居ル商ヨリ猶小サイ正根ガ存在スル場合ニ起ルノデアル.)

（例二）$88192-164x-433x^2+11x^3=0$ ノ解法

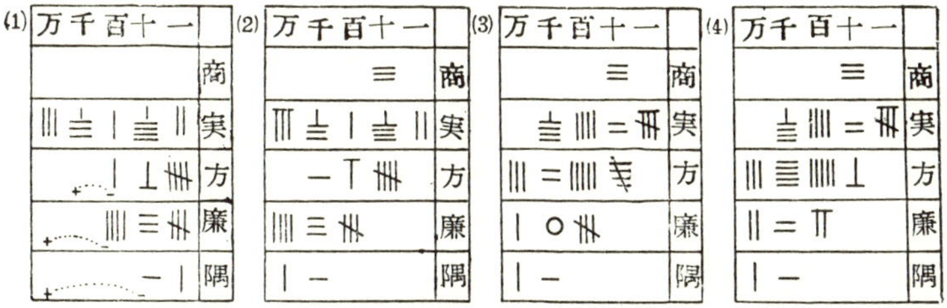

(1)　(2)　(3)　(4)

万千百十一	
	商
	実
	方
	廉
	隅

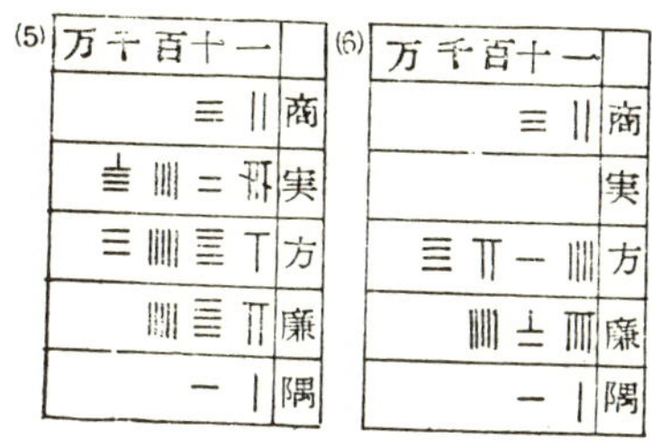

隅ヲ二ツ置キニ左ニ進メテ位取リシ十ノ位デ止メ, 廉方モ亦各一位進メ商ニ三十ヲ立テル((2)図). 次ニ商3ト隅11トヲ掛ケテ33ヲ廉ニ加エルト廉ハ-103トナル. 次ニ商3ト-103トヲ掛ケテ方ニ加エルト方ハ-3254トナル. 次ニ商3ト-3254トヲ掛ケテ実ニ加エルト実ハ符号ヲ変ジ-2428トナ

ル((3)図).

次ニ商3ト隅トヲ掛ケテ廉ニ加エルト廉ハ又符号ヲ変ジ227トナル．次ニ商3ト227トヲ掛ケテ方ニ加エルト方モ亦符号ヲ変ジ3556トナル((4)図).

次ニ商3ト隅トヲ掛ケテ廉ニ加エルト557トナル．次ニ隅ハ三退，廉ハ二退，方ハ一退シ（(5)図） 次デ次商2ヲ立テ，前ノ如ク進メバ実ハ0トナリ根32ヲ得ル.

（註） 飜法ニ開クトキヲ逆ニ開クト云イ，然ラザルトキヲ順ニ開クト云ウ「開レ之トキニ順アリ逆アリ，逆ハ則飜法ナリ」ト天元指南ニ云ツテ居ル.

以上デ方程式解法ノ大略ヲ述ベタノデアルガ，之ヲ実際算盤上デ算木ヲ使ツテヤツテ見ルト案外簡単ナコトガワカルノデアル．猶根ガ幾桁カノ数ニナツタリ，方程式ノ次数ガ高クナツタリシテモ，ヤリ方ニハ何等異ツタコトハナク，唯計算ガ複雑ニナルト云ウダケデアル.

サテ上ノ計算ニ於テ商ニ或数ヲ選ンダトキ．ソレガ大キ過ギタリ又ハ小サ過ギタリスルコトガ起リ得ル訳デアルガ，カカル場合ヲ如何ニシテ見分ケ又如何ニ処理シテ行クカ．之ニ就テハ関孝和ハ其ノ著開方算式ノ課商ト云ウ所ニ次ノヨウニ云ツテ居ル.

先ズ大体ニ商ヲ立テテ見テ上ノ計算ヲヤツテ見ル．ソノ時実ノ余リ（例二デ云エバ商1ヲ立テタトキ実ニ出テ来ル 904）ガアマリニ大キ過ギルトキハソレハ商ガ小サ過ギタノデアルカラ更ニ商ヲ追加シテ立テル.（此ノ時ノ計算ハ前ノヲヤリカエルノデハナク，例エバ例二ノ1ガ小サ過ギタ場合ニハ図(5)デ更ニ1ナリ2ナリ立テテ前ト同様ノ計算ヲスル.）若シ又誤ツテアマリ商ヲ大キク立テ過ギルト各項ノ符号ガカワツテ次ノ商ガ立タナクナル.（正根ヲ求メル場合ニ各項ガ皆同符号ニナツタリ，負根ヲ求メル場合ニ各項ノ符号ガ＋－＋－……トナツタリスル.）此ノ時ハ異名ノ商ヲ立テ，又計算スル．ソシテ各項ノ符号ガ旧ニ復シタナラバ又前ト同号ノ商ヲ立テテ進ム．カクシテ最後ニソレラノ商ノ代数和ヲ求メテ求ムル商トスル(第四章参照)．此ノコトハ関ノ解隠題之法ト云ウ書ニモ書イテアル.

ソシテ之ニ就テ実例ヲアゲテ示シテ居ル．シカシコレダケデハマダ商ノ適数ヲ得ル十分ノ研究ニハナラナイガ，ヨク考エタモノデアル．猶同書ノ窮商ノ所ニハ次々ノ商ヲ定メルノニ実ヲ方デ割ツテ得ル商ニヨルコトヲ述ベテ居ルガ，之ハ現ニ洋算デモヤツテ居ルコトデ之等ヲ見テモ和算ガマダ十分発達シテ居ラヌ当時ニ於テ如何ニ関孝和ノ能力ガ卓越シテ居タカガ伺ワレルノデアル．

猶川井久徳ノ開式新法（享和3年1803）ノ替商ノ所ニハ根ノ存在スル範囲ニ就テノ詳シイ研究ガアルガ之等ニ就テハ第六章，第七章ニ於テ詳シク説クコトトスル．

（ホ） **問題ノ解法**

天元術ハ問題ヲ解クニアタリ算術的ニ容易ニ解決出来ナイ場合ニ対シ工夫サレタ術デアル．次ニ如何様ニ天元ノ一ヲ立テテ方程式ヲ構成シタカヲ紹介スル．

（一）今有㆓縦横平㆒寸平積一十五歩、只云縦横和而八寸、問㆓縦横各幾何㆒、
答曰、縦五寸、横三寸
術曰立㆓天元一㆒為㆑縦〇𝍠、以㆑之減㆓只云数㆒余為㆑横𝍧𝍠̸、以㆑縦乗㆑之為㆓直積㆒寄㆑左〇𝍧𝍠̸、列㆑積与㆑寄㆑左相消得㆓開方式㆒𝍩𝍤̸𝍧𝍠̸、平方飜法開㆑之得㆑縦、以㆑之減㆑和余即横也、合㆑問、

（一） 縦横平ハ矩形ノコトデアル．或ハ直トモ云ウ．寸平積ハ平方寸ヲ単位トシタ面積デアル．矩形ノ面積ガ15平方寸，縦横ノ和ガ8寸デアルトキ縦横各幾何カト云ウ問題デアル．

「天元一ヲ立テ縦ト為ス」ハ現今ノ語ヲ以テスレバ縦ヲ x デ表ワスト云ウコトデアル．只云数ハ問題ニ云ウ縦横ノ和8寸ノコトデアル．即チ横ハ $8-x$ トナリ仍テ $x(8-x)$ ヲ矩形ノ面積トスルノデアル．寄左ハ今得タ式ヲ少頃左ノ方ヘ寄セテ置クト云ウ意デアル．相消ハ積15歩ト今得タ式トヲ相消スト云ウコトデ，

$$x(8-x)-15=0$$

トスルコトデアル．和算デハ方程式（開方式）ハ

$$-15+8x-x^2=0$$

ノヨウニ常ニ絶対項カラ始メテ書ク．之レヲ解イテ縦5寸ヲ得，和8寸カラ之ヲ減ジテ横3寸ヲ得ルト云ウノデアル．

佐藤ノ天元指南ニハ寄左，相消ニツイテ次ノ如ク説ク．

「寄左数ト相消ノ数トハ乃適当（相等）ナリ，此両式相消シテ開方ノ式ヲ得ルナリ．」

「凡天元ノ法術ハ寄レ左数ト相消ノ数トヲ求ムルコトヲ専要トスルナリ．其ノ寄ルト消ストヲ求メンガ為メニ或ハ相加ヘ相減ジ或ハ自乗シ相乗シテ其機ニ随ヒ変ニ応ジテ寄レ左数ト相消ノ数トノ両式ヲ求ムルナリ．」

「凡左ニ寄ル物ハ乃相消ノ数ト適当ノ物ニシテ而モ相消ノ数ヲ待受ル位ナリ．

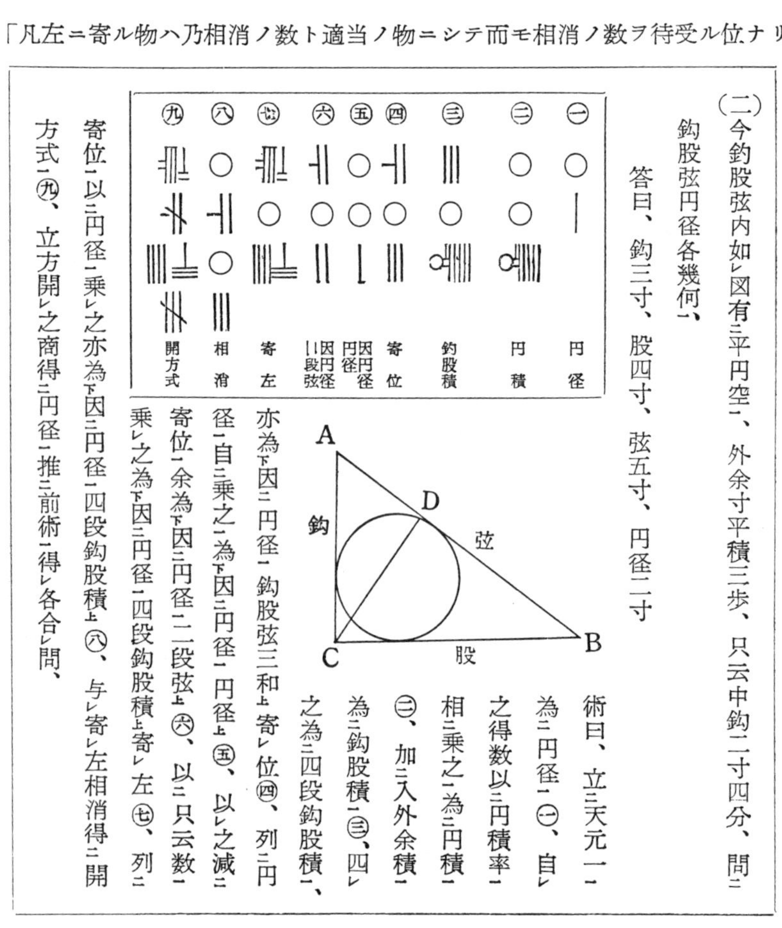
（二）今鈎股弦内如レ図有二平円空一、外余寸平積三歩、只云中鈎二寸四分、問二鈎股弦円径各幾何一、

答曰、鈎三寸、股四寸、弦五寸、円径二寸

㊀ 円径
㊁ 円積
㊂ 鈎股積
㊃ 寄位
㊄ 因円径円径
㊅ 因円径二段弦
㊆ 寄左
㊇ 相消
㊈ 開方式

術曰、立二天元一一為二円径一㊀、自レ乗之得数以二円積率一相二乗之一為二円積一㊁、加二入外余積一為二鈎股積一㊂、四レ之為二四段鈎股積一、亦為下因二円径一鈎股弦三和上寄レ位㊃、列二円径一自二乗之一為下因二円径一円径上㊄、以レ之減二寄位一余為下因二円径一二段弦上㊅、以二只云数一乗レ之為下因二円径一四段鈎股積上寄レ左㊆、列二寄位一以二円径一乗レ之亦為下因二円径一四段鈎股積上㊇、与レ寄レ左相消得二開方式一㊈、立方開レ之商得二円径一推二前術一得レ各合レ問、

此ノ故ニ相消ノ数ノ求メ易キ所ヲ見立テ則之ヲ求メテ左ニ寄ルナリ」

「然ルニ相減ト相消トノ名目ノ異ル事ハ何ノ内ニテ何ヲ減ズルト云フ定マリアリ．仮令縦横ノ和ノ内ニテ横ヲ減ズルト云フガ如シ．横ノ内ニテ和ヲ減ズルコトハ不ㇾ成ナリ．相減ニハ如ㇾ此ノ定リアリ．今又相消ハ横ニテ横ヲ減ズルガ如シ．適当ナルモノヲ相減スルガ故ニ右ヨリ左ヲ減ジテモ亦左ヨリ右ヲ減ジテモ同ジ事ナリ．減ジ尽スノ理ニテ相消ト云ナリ．相減ト相消トノ名目ノ違ヒ如ㇾ此」

（二）ハ天元指南巻九ノ十番デアル．

上欄ノ式ハ下ノ術文中ノ同番号ノ場所ニ入ルベキモノデアル．

外余積ハ三角形ノ面積カラ円ノ面積ヲ減ジタ余リデアル．又中鈎ハ CD デアル．

円径ヲ x トスレバ

$$4(0.75x^2+3)=12+3x^2$$

ハ鈎股積ノ四倍デアル．（寄位）

円積率ハ $\dfrac{\pi}{4}$ ヲ云ウ．従テ今ハ $\pi=3$ トシテ居ル．

次ニ鈎，股，弦ヲ夫々 a, b, c デ表ワセバ

$$x(a+b+c)\cdots\cdots\text{四段積},$$

故ニコレハ $12+3x^2$ トナル．

又　$x(a+b+c)-x^2=x(a+b+c-x)=2cx=12+2x^2$

所ガ　$2c\times\overline{\mathrm{CD}}\cdots\cdots$四段積

$\overline{\mathrm{CD}}=2.4$

∴　$2c\,\overline{\mathrm{CD}}x=28.8+4.8x^2\cdots\cdots$四段積×円径　（寄左）

ヨツテ寄位ニ円径ヲ掛ケ寄左ト相消シテ

$$28.8+4.8x^2-x(12+3x^2)=0$$

即チ　$28.8-12x+4.8x^2-3x^3=0$

之レヲ解イテ $x=2$ ヲ得．次デ前ノ問題ニヨツテ鈎股弦ヲ求メルト云ウノデアル．

李治ノ益古演段巻上第二問ニ次ノ問題ガアル．(此ノ書ハ斯様ナ問題許リ取扱ツテ居ル．)

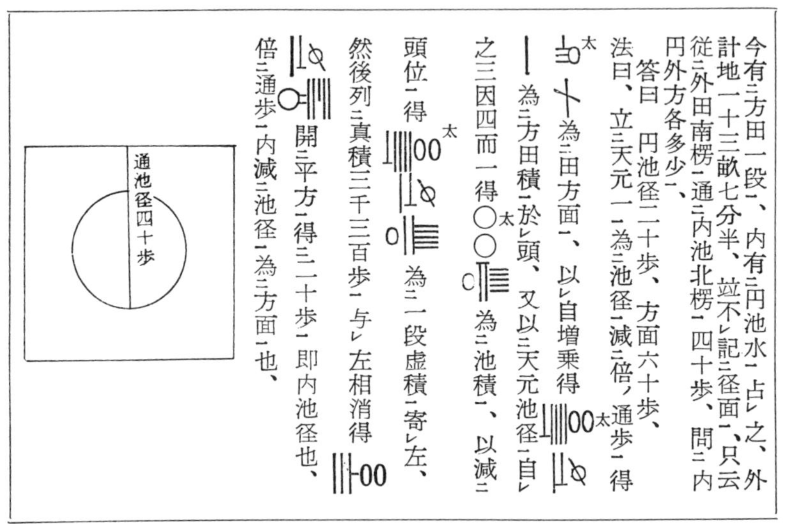
今有方田一段、内有円池水占之、外計地一十三畝七分半、並不記径面、只云従外田南楞通内池北楞四十歩、問内円外方各多少、
答曰　円池径二十歩、方面六十歩、
法曰、立天元一為池径、減倍通歩得　為田方面、以自増乗得　為方田積於頭、又以天元池径自之三因四而一得　為池積、以減頭位得　為一段虚積寄左、然後列真積三千三百歩与左相消得　開平方得二十歩即内池径也、倍通歩内減池径為方面也、

(式ノ傍ニ太トアルハ太極ノ太デ絶対項ヲ表ワス．)

池径ヲ x トスル

$40\times2-x$……田方面(方田ノ一辺)

$(80-x)^2$……方田積

$\frac{3}{4}x^2$…………池積 ($\pi=3$ トシテ居ル)

$(80-x)^2-\frac{3}{4}x^2=6400-160x+0.25x^2$……外計地

(x ヲ以テ表ワシタ積故与エラレタ積 (真積) ニ対シテ虚積ト云ウ．)

真積ト相消シテ

$$6400-160x+0.25x^2-3300=0$$

即チ　$3100-160x+0.25x^2=0$

之レヲ解イテ　$x=20$

算学啓蒙ノ下巻第五ハ開方釈鎖門デ此ノ章ノ問題ノ解法ハ殆ド天元術ニヨツテ居ルガ，天元ノ語ハ既ニ下巻第四方程正負門ノ第九問ニモ現ワレテ居ル．

次ニ掲ゲタモノハ開方釈鎖門ノ第二十九問デアル．本書ニハ四次，五次ノ方程式ニナル場合ヲモ取扱ツテ居ル．

> 今有二円台一所一計積五千四十尺、只云上下周相和得二一百八尺一高不レ及二上周一一十六尺、問二上中周及高幾何一、
> 答曰、上周三十六尺、下周七十二尺、高二十尺
> 術曰、立二天元一一為二台高一、加二十六尺一為二上周一、以減二於相和数一為二下周一、自乗、又上周自乗、又上下周相乗、三位併レ之又以レ高乗レ之為二三十六段円台積一寄レ左、列レ積以二三十六一乗レ之与レ寄レ左相消得二開方数式一立方開レ之得二台高一加二不及一即上周、又上周減二相和数一得二下周一也、

先ニモ述ベタヨウニ本書ハ我国ヘ天元術ヲ伝エタ有名ナ書物デアル．従テ和算初期ノ天元術ノ書ヲ見ルト本書ノ問題ヤ解法ノ体裁等ガ其ノ儘取入レラレテ居ル．ソシテ上掲ノ如キ書振リハ長ク和算家ノ間ニ踏襲サレタルモノデアル．

> 仮令平方立方各々一アリ共寸平立冪一十七坪、只云平立方面寸和シテ五寸、問二平立方間各々幾何一
> 答曰　平方面三寸　立方面二寸
> 又答曰　平方面四寸　立方面一寸

問題ニ飜狂ト云ワレルモノガアル，天元指南ニ「飜狂ト云ハ順ニ開ク商モ逆ニ開ク商モ好ノ員数ニ合ナリ，二様ニ答ヘラレル故飜狂ト云ナリ，無法ニハアラズ，無法ト云ハ十色百品幾様ニモ答ヘラル，故ニ無法ト云ナリ」トアル．答ガ二様ニモ三様ニモ得ラレル問題ヲ云ウノデアル．無法ハ答ガ不定トナル問題デアル．題辞ガ不足シテ居ルタメ解答スル法ノ無イモノヲ云ウ．

同書ノ飜狂問答ノ条ニハ上ノヨウナ問題ガアリ「右二様トモニ好ノ員数ニ合故飜狂ト云フナリ」ト云ツテ居ル．

飜狂ノ語ハ既ニ古今算法記ノ巻四平円解空門ノ第一題（根源記百五十好問ノ第十六番）ニ見エル．本書ニハ天元一ヲ立テテ得タ四次方程式ヲ解イテ二答得

ラレルコトガ指摘シテアリ如㆑此其好寸尺出㆓二様㆒故飜狂好也，トアル． 猶此ノ外ニ百五十好問中ニハ 14 題飜狂好ガアルコトヲ述べ，故替㆓好之員数㆒亦或加㆑辞而術㆑是ト云ツテ居ル．

算法闕疑抄巻五，六十一丁ノ頭書ニモ態々二答得ラレル勾殳玄ノ問題ヲ入レテ其ノ答ヲ示シ「右之通不㆓無法㆒而乱好有可㆓心得㆒事也．問云ク右ノ好ヲ尋則ハ乱好ト難㆑云何レノ尺ヲ答ン哉．答曰両擔(タン)ナレバ両品トモニ答ルヲ慥ト云ン」ト云ツテ居ル．乱好ト云ウノモ色々ノ答ガ得ラレル問題ヲ指スノデアル．支那ノ算書デモ従来ノ和算書デモ数答アルモノハ嘗テ見ズ，答ハ唯一ツデアルト思ツテ居タ所ヘコノヨウナコトニ直面シテ当惑シタ有様ガヨク窺ワレルノデアル．コレモ天元術発達ノ結果当然起ルベキコトデアル．ソシテ此等ガ原トナツテ関孝和ノ方程式論ガ発生スルノデアル．

2 支那ニ於ケル天元術

(i) 起 原

既ニ述べタ様ニ天元術ハ支邦ノ宋元ノ頃ニ起ツタモノデアル．此頃ノ支那ノ算書中ニハ失ワレテ伝ラナイモノモ少クナイガ，伝ツテ居ルモノノ中デ天元術ノ見エルモノハ元ノ李治ノ測円海鏡.益古漁段,宋ノ秦九詔ノ数書九章等デアル.

サテ天元術ニヨレバ a ノ平方根ヲ求メルコトハ $x^2-a=0$ ヲ解クコトデアリ，a ノ立方根ヲ求メルコトハ $x^3-a=0$ ヲ解クコトデアリ,……何レモ一様ノ方法ニヨルノデアル.ノミナラズ二次方程式モ三次方程式モ其ノ他ノ高次方程式モ皆一様ノ方法デ解クノデアル．所謂天元ノ一ヲ立テテ方程式ヲ解クコトヲ論ジ出シタモノハ以上ノ諸書ニ始マルガ，此ノ計算法ハ元々平方根立方根ヲ求メル算法ニ其ノ源ヲ発シテ居ルノデアル．従テ其ノ算法ノ形式，方法ハモツト古イ所ニ其ノ跡ガ認メラレル．即チ支那ノ最モ古イ算書ノ一ツト云ワレル九章算術ノ開平方，開立方ニ記サレテ居ル方法ハ，天元術算法ノ根源ヲナスモノト認メルコトガ出来ル．此ノ頃ノ方法ハ秦九韶ノ書ニ見ルヨウナ整ツタ形式デハナイガ，考エ方ハ全ク同ジデアル .以後ノ古算書ニ於テモ，此ノ方法ハ一部踏襲サレ，一部改良サレ，次第ニ変遷シテ遂ニ秦九韶ノ書ニ見ルヨウナ Horner ノ方法ト大体似通ツタモノニナルノデアル．

今此等支那ノ古算書ヲ繙イテ如何様ニ変遷シテ天元術ガ出来上ツタカヲ調ベテ見ルコトトスル．

支那最古ノ算書周髀算経ニ既ニ平方根ヲ求メル計算ガ行ワレテ居タト思ワレル事実ガ見エル．シカシ乍ラ算法ガ示サレテ居ラヌカラ如何様ニ計算シタモノカ明カデナイ．計算法ノ示サレテ居ル最古ノモノハ九章算術デアル．

(ii)　九章算術

九章算術ハ支那ノ古算書トシテハ最モ有名ナモノデアル．此ノ書ガ何時頃出来タカ作者ガ誰デアルカ等ハ全ク知ラレテ居ナイ．本書ニハ魏ノ劉徽ノ注（景元四年 263）及ビ唐ノ李淳風ノ注ガアル．又巻頭ノ劉徽九章算術註原序ノ中ニ右ノヨウニ云ツテ居ル所カラ見ルトタトエ幾多ノ変遷ハアツタトシテモ随分古クカラ存在シテ居タコトガ知ラレル．又本書ハ唐代明算科用書ノ一ツデアリ，且ツ我国ニモ早ク伝ワリ，養老令ノ学令中ニハ算道ノ教科書トシテ記サレテ居ル程デアル．

> 按周公制㆑礼而有㆓九数㆒、九数之流則九章是矣、往者暴秦焚㆑書経術散壊、自時厥後、漢北平候張蒼、大司農中丞耿寿昌皆以善㆑算、命世蒼等因㆓旧文之遺残㆒各称㆓删補㆒、故校㆓其目㆒則与㆑古或異而所㆑論者多㆓近語㆒也、…………

本書ハ九章ヨリ成ツテ居ル．其ノ第四少広章ニ正方形ノ面積ヲ与エテ一辺ヲ求メル問題ガ五題アリ，次ニ開方ノ算法ガ下ノヨウニ記サレテ居ル．

> 今有㆓積五万五千二百二十五歩㆒、問㆓為㆑方幾何㆒、
> 荅曰　二百三十五歩
> …………
> 開方
> 術曰、置㆑積為㆑実、借㆓一算㆒、歩㆑之超㆓一等㆒、議(1)所㆑得、以一㆓乗所㆑借一算㆒為㆑法而以除、除已、倍㆑法、為㆓定法㆒、(3)其復除折法而下、復置㆓借算㆒、歩㆑之如㆑初、以㆓復(2)議㆒、一㆓乗之㆒、所㆑得副以加㆓定法㆒、以除、以㆑所㆑得副従㆓定法㆒、復除折下如㆑前、若開㆑之不㆑尽者為㆑不㆑可㆑開、当㆓以㆑面命㆑之㆒、若実有㆑分者、通分内子、為㆓定実㆒、乃開㆑之、訖開㆓其母㆒報除、若母不㆑可㆑開者、又以㆑母再(4)乗㆓定実㆒、乃開㆑之、訖令㆓加㆑母而一㆒、

積 55225 ノ平方根ヲ求メルノデアル. 積ヲ置キ実トスル. 次ニ一算ヲ借リ之レヲ一桁置キニ左ニ進メ一十百………ト位取リシ百ニ至ツテ止メル.

(1)

		2			商
5	5	2	2	5	実
2					法
1 百		十		一	借 算

(2)

		2	3		商
1	5	2	2	5	実
	4				定 法
百		1 十		一	借 算

(3)

		2	3		商
	2	3	2	5	実
	4	3			定 法
百		1 十		一	借 算

漢雲門ノ九章算術細草図説ニ (1)「議即商也. 議所得者初商之数也」(2)「復議次商也」 (3)「其復除折法而下者方一退也」 (4)「再乗定実再字衍」トアリ.

実ヲ見テ商 200 ヲ立テ, 一算ト掛合セテ 200 ヲ得之ヲ法トシ, 商 200 ト掛合セテ 40000 ヲヲ実カラ引ク (之ヲ除ト云ウ). 次ニ法ヲ倍シテ定法トナシ一桁下ゲル. 又借算ヲ置イテ之ヲ一桁置キニ左ニ進メ十ニ至ツテ止メル. ソシテ実ヲ見テ次商 30 ヲ立テル. 之ト一算トヲ掛合セ積 30 ヲ定法ニ加エ 430 ヲ得ル. 之ト商 30 トヲ掛ケテ 12900 ヲ実カラ引キ 2325 ヲ得ル. 次ニ 30 ヲ法 430 ニ加エ 460 ヲ得テ之ヲ定法トシ一桁下ゲル. 又借算ヲ置イテ前ノヨウニ計算ヲ進メ, カクシテ商 235 ヲ得ル.

開キ切レナイ場合ハ, 剰余ヲ r, 商ヲ a トスレバ $\frac{r}{a}$ トシテ商ニ附加スル. 又積ガ帯分数デアルトキハ之レヲ仮分数ニシ分母子ヲ開イテ割算ヲスル. モシ分母ガ開キ切レヌトキハ分子ニ分母ヲ掛ケテ開キ, 之レヲ元ノ分母デ割ルト云ウノデアル.

同ジク少広章ニ立方体ノ体積ヲ与エテ一稜ヲ求メル問題ガ四題アリ, 次デ開立方ノ算法ヲ次ノ如ク記ス.

今有ニ積一百八十六万八百六十七尺一、問下為ニ立方一幾何上、

答曰　一百二十三尺

……………………

開立方

術曰置レ積為レ実、借ニ一算一歩レ之超ニ一等一、議所得、以再ニ乗所レ借一算一、為レ法而除レ之、除已、三レ之、為ニ定法一、復除折而下、以レ三乗ニ所得数一、置ニ中行一、復借ニ一算一置ニ下行一歩レ之中超レ一、下超ニ二位一、復置レ議、以一ニ乗中一、再ニ乗下一、皆副以加ニ定法一、以ニ定法一除、除已、倍レ下并レ中従ニ定法一復除折下如レ前、開レ之不レ尽者、亦為レ不レ可レ開、若積有レ分者、通分内子為ニ定実一、定実乃開レ之、訖開ニ其母一、以報除、若母不レ可レ開者、又以レ母再ニ乗定実一、乃開レ之、訖令ニ如レ母而一一、

積 1860867 ノ立法根ヲ求メルノデアル.

積ヲ置キ実トスル．一算ヲ借リ之ヲ二桁置キニ左ニ進メテ位取リシ

(i)

				1			商
1	8	6	0	8	6	7	実
1							法
1 百			十			一	借算

(ii)

				1			商
	8	6	0	8	6	7	実
	3						法
				3			中
						1	下（借算）

(iii)

				1	2		商
	8	6	0	8	6	7	実
	3						法
		3					中
			1				下

(vi)

				1	2		商
	1	3	2	8	6	7	実
	3	6	4				法
		3					中
			1				下

(v)

				1	2		商
	1	3	2	8	6	7	実
		4	3	2			法
				3	6	0	中
						1	下

百ニ至ツテ止メル．実ヲ見テ商 100 ヲ立テ，商ノ自乗ヲ一算ニ掛ケテ法トシ，法ト商トノ積ヲ実カラ引ク．次ニ法ヲ三倍シ定法トシテ一桁下ゲル (ii)．次ニ商 100 ヲ三倍シテ中行ニ置キ，又一算ヲ借リテ下桁ニ置キ，下行ハ二桁置キ，中行ハ一桁置キニ左ニ進メ，共ニ十位ニ至ツテ止メル．ソシテ実ヲ見テ次商 20 ヲ立テル (iii)．次ニ此ノ商ヲ中行ニ掛ケ (6000)，又此ノ商ノ自乗ヲ下行ニ掛ケ (400) 共ニ定法ニ加エ 36400 ヲ得ル．之ト商 20 トノ積 728000 ヲ実カラ減ジ，132867 ヲ得ル (iv)． 次ニ下行 (400) ヲ二倍シ中行 (6000) ニ加エソノ和ヲ更ニ定法ニ加エ 43200 ヲ得， 之ヲ定法トシ一桁下ゲ前ノ如ク計算ヲ進メル．(即チ次ニ商 120 ヲ三倍シテ中行ニ置キ又一算ヲ借リテ下行ニ置キ，商 3 ヲ立テル．ソシテ中行ニ此商ヲカケタ 1080 ト下行ニ此商ノ自乗ヲカケタ 9 トヲ法ニ加エテ 44289 ヲ得，之ト商 3 トノ積ヲ実カラ引クト実ハ恰度 0 トナル．カクシテ立方根 123 ヲ得ル)

以上ノ方法ヲ見ルト Horner ノ方法ヨリモ寧ロ平方根立方根ヲ求メル今日ノ方法ニ髣髴トシテ得ル．

本書ニハ方程式ヲ使ツテ解ク問題ガ唯一ケ所ニ見ラレル．即チ巻九句股章ニ右ノヨウニアル．

今有レ邑、方不レ知二大小一、各中開レ門、出二北門一二十歩有レ木、出二南門一十四歩 折而西行一千七百七十五歩見レ木、問二邑方幾何一
荅曰 二百五十歩
術曰、以下出二北門一歩数上、乗二西行歩数一倍レ之為レ実、并下出二南門一歩数上為二従法一開方除レ之即邑方、

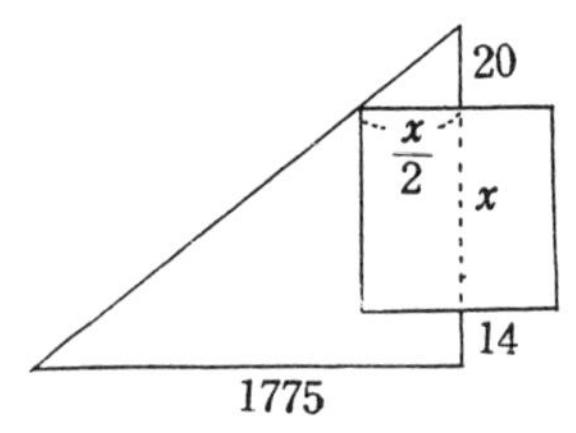

術文ハ　$-1775\times20\times2+(14+20)x+x^2=0$

ヲ解クコトヲ述ベタモノデアル．ココニ実ハ絶対項，従法ハ x ノ係数ヲ云ウ（後ニハコノ解法ヲ帯従開平ト云ウ）之レヲ如何ニシテ解クカハ何トモ述ベテ居ラヌ．又劉徽ノ注ニモ何トモ云ツテ居ラヌノデアル．恐ラク開平ト類似ナ方法ニヨツタモノデアラウト思ワレル．（後ニ述ベル揚輝算法ノ帯従開法参照）

(ii) 孫子算経

本書モ支那最古ノ算書ノ一ツデアル．周ノ孫武ノ作トモ云ワレルガ確カナ証拠ハナイ．清ノ戴震，阮元等ノ説ニヨレバ漢以後ノモノデアルト云ウ．九章算術ノヨウニ唐代明算科用書ノ一ツデアリ，我ガ国ヘモ早ク伝ツテ養老令ノ学令中ニハ算道教科書トサレテ居ル．

本書ニハ次ノヨウニ開平ノ算法ガ詳シク記サレテ居ル．但シ開立ヤ帯従開平ヲ要スル問題ハナイ．

今有㆓積二十三万四千五百六十七歩㆒、問㆓為㆑方幾何㆒、
答曰　四百八十四歩九百六十八
分歩之三百一十一
術曰、置㆓積二十三万四千五百六十七歩㆒為㆑実、次借㆓一算㆒為㆓下法㆒、歩㆑之超㆓一位㆒至㆑百而止、上商置㆓四百於実之上㆒、副㆓置四万於実之下下法之上㆒、名為㆓方法㆒、命㆓上商四百㆒除㆑実、除訖倍㆓方法㆒、方法一退下法再退、復置㆓上商八十㆒以次㆓前商㆒、副㆓置八百於方法之下下法之上㆒、名為㆓廉法㆒、方法廉法各命㆓上商八十㆒以除㆑実、除訖倍㆓廉法㆒上従㆓方法㆒、方法一退、下法再退、復置㆓上商四㆒以次㆑前、副㆓置四於方法之下下法之上㆒、名曰㆓隅法㆒、方廉隅各命㆓上商四㆒以除㆑実、除訖倍㆓隅法㆒従㆓方法㆒、上商得㆓四百八十四㆒、下法得㆓九百六十八㆒、不尽三百一十一、是為㆓方四百八十四歩九百六十八分歩之三百一十一㆒、

234567 ノ平方根ヲ求メル問題デアル，積 234567 ヲ置イテ実トスル．次ニ一算ヲ借リ下法トスル．之レヲ一桁置キニ右ニ進メ，一，十，百ト位取リヲ

			4			上商
2	3	4	5	6	7	実
	4					方法
	1 百		十		一	下法

			4	8		上商
	7	4	5	6	7	実
		8				方法
			8			廉法
			1			下法

			4	8	4	上商
		4	1	6	7	実
			9	6		方(廉)
					4	隅法
					1	下法

			4	8	4	上商
			3	1	1	実
			9	6	8	方(廉隅)
					1	下法

シ，百ニ至ツテ止メル．実ヲ見テ商 400 ヲ立テ実ノ上ニ置キ，40000（一算ト商トノ積）ヲ実ノ下，下法ノ上ニ置キ之ヲ方法ト云ウ．商400ト掛ケテ160000ヲ実カラ減ズル（之ヲ上商ニ命ジテ実ヲ除クト云ウ）ソシテ方法ヲ二倍シテ位ヲ一桁下ゲ，下法ハ二桁下ゲル．

次ニ商 80 ヲ立テ，先ノ商ノ次ニ置キ，又 800（一算ト商 800 トノ積）ヲ方法ノ下，下法ノ上ニ置キ，之ヲ廉法ト名ズケル．方法及廉法ヲ商 80 ニカケテ 64000 及ビ 6400 ヲ実ヨリ引ク(4167)．ソシテ廉法ヲ二倍シテ方法ニ加エ(96)其ノ位ヲ一桁下ゲル．又下法ハ二桁下ゲル．

次ニ商 4 ヲ立テ，先ノ商ノ次ニ置キ，又 4（一算ト商 4 トノ積）ヲ方法ノ下，下法ノ上ニ置キ隅法ト云ウ．方法及ビ隅法ト商 4 トヲカケテ実カラ引キ 311 ヲ余ス．次ニ隅法ヲ二倍シテ方法ニ加エ968ヲ得ル．カクシテ上商484，下法 968（方法ト云ウベキ所デアル）不尽 311ヲ得テ，答ヲ $484\frac{311}{968}$ トスルノデ

アル.

此ノ剰余ノ処理法ハ実ヲ a^2+r デ表ワスト

$$\sqrt{a^2+r}=a+\frac{r}{2a}$$

トシタコトニナルノデアル.

(v)　夏候陽算経

コレモ時代ノワカラナイ古算書ノ一ツデアル．本書上巻十二丁ニ次ノヨウナ開平ノ算法ガ記サレテ得ル.

今有㆓田二十一頃七十八畝一百八十歩㆒、問㆓為㆑
方幾何㆒、
答曰　七百二十三歩奇百七十一歩
術曰、先置㆓頃畝於上㆒、以㆓二百四十歩㆒乗㆑之、
得㆓五十二万二千七百二十歩㆒、内㆓零一百八十
歩㆒、以㆓開方㆒除㆑之、借㆓一算㆒為㆓下法㆒、歩㆑
之超㆓一位㆒至㆑百止㆓万上㆒、置㆓上商七百㆒、下亦
置㆓七万於実位之下下法上㆒、命㆓上商㆒除㆑実、
訖倍㆑方、為㆓一十四万㆒、方法一退、下法再退、
又置㆓上商二十於前商後㆒、又置㆓二百於方法之
下下法之上㆒、名曰㆓隅法㆒、以㆓方隅二法㆒皆命㆓上
商㆒以除㆑実、訖倍㆓隅法㆒為㆓四百㆒従㆑上、方法
一退、下法再退、又置㆓上商三於前商二十之後㆒、
又置㆓三歩於方法之下下法之上㆒、名曰㆓隅法㆒、
以㆓方隅二法㆒皆命㆓上商㆒除㆑実、訖倍㆑隅得㆑
六、従㆑上、方法得㆓一千四百四十六㆒、即是上方
得㆓七百二十三歩奇一百七十一歩㆒、

田 21 頃 78 畝 180歩 ノモノヲ正方形トスレバ一辺ガ幾何ニナルカト云ウ問題デアル.

$2178\times240+180=522900$

522900 ノ平方根ヲ求メルノデアル.

一算ヲ借リ下法トスル．一桁置キニ左ニ進メ百ニ至ツテ止メル． 商 700 ヲ立テ又 7 万ヲ実ノ下，下法ニ置キ， 7 トカケ 49 万ヲ実カラ引ク．次ニ方法ヲ倍シ一退スル．下法ハ再退スル．又商 20 ヲ立テ 200 ヲ方法ノ下， 下法ノ上

ニ置キ隅法ト名ヅケル．方，隅ニ商2ヲカケテ実カラ引キ 4500 ヲ得ル．次ニ隅法ヲ二倍シテ方法ニ加エ一退スル．下法ハ再退スル．又商3ヲ立テル．ソシテ3ヲ方法ノ下，下法ノ上ニ置キ隅法ト名ヅケル．方，隅ニ商3ヲカケテ実カラ引キ余リ 171 ヲ得ル．次ニ隅ヲ倍シテ方法ニ加エ 1446 ヲ得ル．カクシテ平方根ハ 723 歩，奇 171 デアル．

			7			商
5	2	2	9	0	0	実
	7					方法
	百		十		一	下法

			7	2		商
	3	2	9	0	0	実
	1	4				方法
			2			隅法
			1			下法

			7	2	3	商
		4	5	0	0	実
		1	4	4		方法
					3	隅法
					1	下法

(v)　張邱建算経

本書モ時代ノ明カデナイ古算書ノ一ツデアル．阮元ノ疇人伝ニハ夏侯陽モ張邱建モ一先ヅ晋 (265—316) ノ所ニ入レテ居ル．

巻中十八丁ニ 127449 ノ平方根ヲ求メル算法ガ記サレテ居ルガ殆ド夏侯陽ト同一デアルカラ之ハ省ク．

巻下三十一丁ニ一稜 96 尺ノ立方ヲ球ニスレバ径何程トナルカト云ウ問題ガアリ $96^3\times\frac{16}{9}=1572864$ ノ立方根ヲ求メル算法ヲ次ノヨウニ記ス．（球ノ直径ヲ d トスルト体積 v ハ $v=\frac{9}{16}d^3$ トスル.）

今有二立方一、九十六尺、欲レ為二立円一、問二径幾何一、
　答曰　一百一十六尺四万三百六十九分尺之
　　一万一千九百六十八
術曰、立方再自乗又以二十六一乗レ之、九而一、所レ得開立
方除レ之、径得九径、
草曰、置二九十六一再自乗、得二八十八万四千七百三十六一、又
以二十六一乗レ之、得二一千四百一十五万五千七百七十六一、
以レ九除レ之、得二一百五十七万二千八百六十四一、以二立方
法一除、借二一算子於下一、常超二一位一歩、至レ百而上商置二一
百一、下置二一百万於法之上一、名曰二方法一、以レ法命二上商一百一、
除二実一百万一、方法三因レ之、得二三百万一、又置二一百万於方
之下一、名曰二廉法一、三因レ之、方法一退、廉法再退、下法三
退、又置二一十於上商一百之下一、又置二一千於下法之上一、名
曰二隅法一、以二方廉隅三法一皆命二上商一十一、除レ十畢、又倍
廉法、三因之隅法、皆従二方法一、又置二一百一十於方法之
下一、三因レ之、名曰二廉法一、方法一退、廉法再退、隅法三退
又置二六於上商之下一、又置二六於下法之上一、名曰二隅法一、乃自
乗得二三十六一、又以レ六乗二廉法一得二一千九百八十一、方廉隅
三法皆命二上商六一、除レ之、除レ実畢、倍廉法、三因隅法皆
従レ方、得二一百一十六尺四万三百六十九分尺之一万一千
九百六十八一、合二前問一、

（球ノ積積ヲ求メル公式ハ $v=\frac{9}{16}d^3$ トシテ居ル）

術曰ニアル径得九径ハ得立円径ノ誤リデアロウ．

				1			商
1	5	7	2	8	6	4	実
1							方法
1 百			+			−	下法

一算ヲ下ニ借リ，之ヲ二桁置キニ左ニ進メ，百ニ至ツテ止メル．商 100 ヲ上ニ置キ，又一百万ヲ下法ノ上ニ置キ，之ヲ方法ト名ズケル．之ト商トヲカケタ一百万ヲ実カラ引ク．次ニ方法ヲ三倍シ三百万トスル．又一百万ヲ方法ノ下ニ置キ廉法ト云ウ．ソシテ之ヲ三倍シ方法ハ一退，廉法ハ再退，下法ハ三退スル．

次ニ商 10 ヲ立テ先ノ商ノ下ニ置キ，又一千ヲ下法ノ上ニ置キ之ヲ隅法ト云ウ．方，廉，隅ニ皆商 1 ノヲカケテ実カラ引キ，余リ 241864 ヲ得ル．次ニ廉

				1	1		商
	5	7	2	8	6	4	実
	3						方法
		3					廉法
			1				隅法
			1				下法

				1	1		商
	2	4	1	8	6	4	実
	3	6	3				方法
		3	3				廉法
			1				隅法
			1				下法

				1	1	6	商
	2	4	1	8	6	4	実
		3	6	3			方法
				3	3		廉法
						6	隅法
						1	下法

				1	1	6	商
		1	1	9	6	8	実
		3	6	3			方法
			1	9	8		廉法
					3	6	隅法
						1	下法

ノ二倍，隅ノ三倍ヲ方ニ加エル．方ハ 363000 トナル．又 11000（本書ニ 110 トアルノハ誤リ）ヲ方法ノ下ニ置キ，之ヲ三倍シテ廉法ト云ウ．次ニ方ハ一退，廉ハ再退，隅ハ三退スル．

次ニ商 6 ヲ立テル．又之ヲ下法ノ上ニ置キ隅法ト云ウ．次ニ隅法ノ自乗 36，廉法ノ 6 倍 1980 ヲ作リ，方，廉，隅ニ皆商 6 ヲカケテ実カラ引キ，余リ 11968 ヲ得ル．

次ニ廉ノ 2 倍，隅ノ 3 倍及ビ下法ヲ方ニ加エ，方ハ 40369 トナル．仍テ立方根ハ $116\frac{11968}{40369}$ デアル．

（本書ニハ下法ヲモ加エルトハ書イテナイガ之ヲ加エネバ 40369 トハナラヌ．此ノ次ノ問題ニモ同様ニ立方ニ開キ不尽ノアル問題ガアルガ，之ニハ算法ハ示サレテ居ラヌガ答ハヤハリ下法ヲ加エテ居ル）

之レハ

$$\sqrt[3]{a^3+r}=a+\frac{r}{2a^2+1}$$ トシタコトニナル.

又開平剰余ニ対シテハ本書デハ

$$\sqrt{a^2+r}=a+\frac{r}{2a+1}$$ トシテ居ル.

(此ノ様ニ剰余ヲ処理スルコトハ北周ノ甄鸞ノ作デアル. 五経算径ヤ周髀算経ノ甄鸞ノ注ニモ見エル)

次ニ帯従開法ハ本書ニハ二ケ所ニ見エル. 一ハ中巻二十一丁ノ弧田積及ビ弦ヲ与エテ矢ヲ求メル問題ノ解法デアル. 之ニハ術文ガ欠ケテ居ルガ残文カラ推シテ

$$矢^2+玄\cdot矢=2\cdot積$$

ナル矢ニ関スル二次方程式ヲトケト云ツテ居ルコトガ明カデアル. 他ノ一ツハ下巻九丁ノ円錐台ノ上底ノ周ト高サトヲ与エテ下底ノ周ヲ求メル問題ノ解法デアル. 円錐台ノ体積ハ本書ニハ

$$v=\frac{h}{36}(p^2+pP+P^2)$$

トシテ居ル. (p,P ハ夫々上底下底ノ周, h ハ高サ) π ノ値ヲ 3 トシテ居ルカラ此ノ式ハ正シイ.

之レヲ P ヲ未知数トシテ解クノデアル. 本書ニハ「上周尺数従而開方除レ之」トアルノミデ方程式ノ解法ハ示サレテ居ラヌガ開平ト類似ノ方法ニヨツテ計算シタモノト思ワレル.

(vi) 緝古算経

王孝通ノ緝古算経ハ算経十書中一番新シイモノデ唐初ノ作デアル. 唐代明算科用書ノ一ツニ挙ゲラレテ居ル.

王孝通ハ唐ノ高祖ノ武徳六年 (623) ニ算暦博士ノ官ニアツタ人デ後ニ通直郎大史丞トナツタ. 本書ハ始メ緝古算術ト云ツタガ宋ノ元豊京監本カラ緝古算経ト云ワレテ居ル.

本書デ取扱ツテ居ル問題ハ角錐台ヤ円錐台ノ体積ニ関スルモノデ何レモ三次

方程式ヲ解イテ答ヲ求メルモノデアル．又終リノ方ニハ勾股弦ニ関スル問題モアルガコレモ皆三次方程式ニ関スルモノデアル．三次方程式ヲ扱ツタ支那ニ於ケル最古ノ書物デアル．コノヨウニスベテ三次方程式ニ帰着サセテ答ヲ得テ居ルカラ其ノ解法ニツイテハ何等カノ形式ヲ得テ居ルコトハ明カデアルガ遺憾ナガラ方程式ヲ立テル道筋ヲ述ベテ居ルダケデ方程式解法ニ就テハ一言モ及ンデ居ラヌノデアル．

今ソノ中カラ二例ヲトツテ其ノ解法ヲ示シテ見ヨウ．

「円錐台ノ容器（円囿）ガアル．ソノ下底ノ周ト上底ノ周トノ差ハ12尺，高サハ上周ヨリ 18 尺長イ．ソシテコレニハ粟705.6斛ヲ容レルコトガ出来ル．

仮令円囿上小下大、　斛法二尺五寸、以率径一周三、上下周差一丈二尺、高多二上周一一丈八寸、容二粟七百五斛六斗一、今已運二出二百六十六石四斗一、問二粟去口、上下周、高各多少一、

答曰、上周一丈八尺、下周三丈、高三丈六尺、去口一丈八尺、粟周二丈四尺、

求二円囿上下周及高一術曰、以二斛法一乗二容粟一又三十六乗レ之、三而一、為二方亭之積一、又以二周差一自乗、三而一、為二隅陽冪一、以乗二截高一以減二亭積一余為レ実、又周差乗二截高一加二隅陽冪一為二方法一、又以二周差一加二截高一為二廉法一、従二開立方一除レ之得二上周一、加レ差而合レ所レ問、

求二粟去口一術曰……

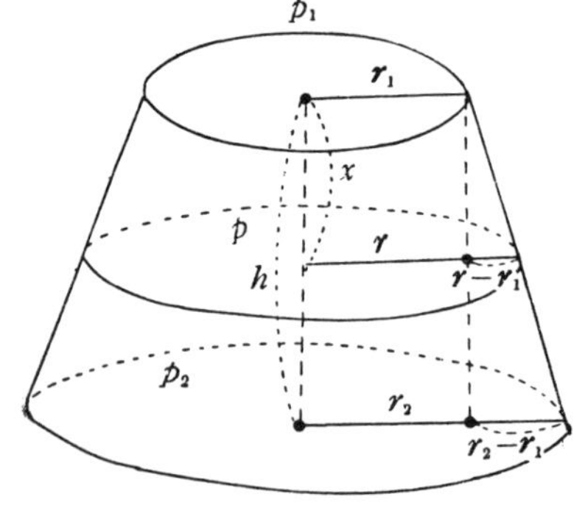

今コレニ粟ガ満シテアル時ソレカラ266.4 斛運ビ出シタナラバ残リノ粟ノ上周ハイクラカ，又容器ノ上下周及高ハイクラカ．但シ一斛ハ 2.5立方尺，円率ハ径 1，周 3 トスル．$(\pi=3)$」

上，下周ヲ p_1, p_2，高サヲ h トスレバ

$$p_2-p_1=12,\qquad h-p_1=18$$

$\therefore \quad p_2=p_1+12, \qquad h=p_1+18$

円錐台ノ体積ノ公式 $\frac{h}{36}(p_1^2+p_1p_2+p_2^2)$ ニヨツテ

$$\frac{p_1+18}{36}\left[p_1^2+p_1(p_1+12)+(p_1+12)^2\right]=705.6\times 2.5$$

コレニヨツテ p_1 ガ求メラレル．今コレヲ変形スルト

$$(p_1+18)\left[p_1^2+12p_1+\frac{12^2}{3}\right]=\frac{705.6\times 2.5\times 36}{3}$$

$$p_1^3+(18+12)p_1^2+\left(12\times 18+\frac{12^2}{3}\right)p_1=\frac{705.6\times 2.5\times 36}{3}-\frac{12^2}{3}\times 18$$

コレガ術文ニ記サレテ居ル方程式デアル．

コレヲ解イテ（開立方ニ之ヲ除ク）$p_1=18$

故ニ　$p_2=18+12=30$

$h=18+18=36$

次ニ266.4解運ビ出シタ後ノ粟ノ上周ヲ p トシ各周ノ半径ヲ r_1, r_2, r トスレバ

$$r_1=\frac{18}{6}=3, \qquad r_2=\frac{30}{6}=5, \qquad r=\frac{p}{6}$$

空ニナツタ円錐台ノ部分ノ高サヲ x トスレバ図カラ

$$\frac{x}{36}=\frac{r-r_1}{r_2-r_1}=\frac{\frac{p}{6}-3}{5-3}$$

$$x=3p-54$$

空ニナツタ円錐台ノ部分ノ体積カラ

$$\frac{x}{36}\left[18^2+18p+p^2\right]=266.4\times 2.5$$

$$(3p-54)\left[18^2+18p+p^2\right]=266.4\times 2.5\times 36$$

コレヲ解ケバ $p=24$ ヲ得ル．従テ

$$x=72-54=18\cdots\cdots\text{去口}$$

「勾股ノ積ガ $706\frac{1}{50}$，弦ハ勾ヨリ $36\frac{9}{10}$ 多イトキ勾股弦各イクラカ」

勾股弦ヲ夫々 x, y, z，勾股ノ積ヲ a，弦ト勾ノ差ヲ b，トスレバ

$$xy=a, \qquad z-x=b, \qquad x^2+y^2=z^2 \quad \text{デアルカラ}$$

$$x^2+\frac{a^2}{x^2}=(x+b)^2$$

コレカラ

$$x^3+\frac{b}{2}x^2=\frac{a^2}{2b} \qquad \left(a=706\frac{1}{50},\ b=36\frac{9}{10}\right)$$

仮令有二勾股相乗冪七百六　五十分之一一、弦多二於レ句三十六　十分之九一、問二三事各多少一、
答曰、勾十四　二十分之七
股四十九　五分之一
弦五十一　四分之一
術曰、冪自乗倍多数而一為レ実、半多数為二廉法一、従二開立方一除レ之即勾、以二弦多数一加レ之即弦、以レ勾除レ冪即股、

コレガ術文ニ記サレテ居ル方程式デアリ，之ヲ解イテ

$$x=14\frac{7}{20}$$ ヲ得ル.

従テ又 $y=49\frac{1}{5}$　$z=51\frac{1}{4}$ ヲ得ル.

コレニヨツテ見ルト恐ラク此ノ頃カラ次第ニ高次方程式解法ノ研究ガ進メラレ，ヤガテ宋元ノ時代ニナルト天元術トシテ一般的方法ガ確立サレタモノト思ワレル.

(vii) 賈憲ノ立成釈鎖法

賈憲ノ皇帝九章細草九巻(1200頃)ハ今ハ失ワレテ見ラレナイ書物デアル．其ノ中ニ立成釈鎖法ト云ウモノガアル．開平開立ノ方法ヲ説イタモノデアル．之レガ幸イニモ宋楊輝ノ詳解九章算法纂類ニ記サレテ居ルカラソレニ依ツテ紹介スルコトトスル.

賈憲立成釈鎖平方法曰、置レ積為レ実、別置二一算一、名曰二下法一、於二実数之下一自二末位一常起二一位一約レ実、(至)置二首尽一而止、実上商置二第一位得数一下法之上亦置二上商一為二方法一、以二方法一命二上商一、除レ実、二二乗方法一為二廉法一、一退、下法再退、続商第二位得数於二廉法之次一、照二上商一置レ隅、以二方廉二法一皆命二上商一除レ実、二二乗隅法一併二入廉法一、一退、下法再退、商置二第三位得数下法之上一、照二上商一置レ隅以二廉隅二法一皆命二上商一、除レ実尽、得二平方之一面之数積一、有二分子一者以二分母一乗二其全一、入二内子一、又以二分母一再二次自乗レ之積円者以二円法十二一乗レ之、開二平方一、求レ積如二分母自乗二而一
増乗開平方法曰、第一位上商得数、以乗二下法一、為二平方一、命二上商一除レ実、上商得数以乗二下法一、入二平方一、一退為レ廉(下法再退脱)第二位再商得数、以乗二下法一、為レ隅、命二上商一、除レ実訖以二上商得数一、乗二下法一入レ隅、皆名曰レ廉、一退、下法再退、以求二第三位商数一、第三位如二第二位一用レ法求レ之、

此ノ中ノ増乗開平方法ヲ示スト次ノヨウデアル．

		2			商
5	5	2	2	5	実
2					平方
1					下法
百		十		一	

		2	3		商
1	5	2	2	5	実
	4	3	(隅)		廉
		1			下

		2	3	5	商
	2	3	2	5	実
		4	6	5	廉
				1	下

55225 ヲ平方ニ開ク．

一算ヲ置キ下法ト云ウ．実ノ末位カラ一桁置キニ左ニ進メ百ニ至ッテ止メル．実ヲ見テ商 200 ヲ立テル．下法ヲ掛ケ平方トスル．之レト商トノ積ヲ実カラ引キ，実ハ 15225 トナル．次ニ商ト下法トヲ掛ケ平方ニ加エ之レヲ一退シ，廉ト名ズケル（下法ハ再退スルガ落チテ居ル）．次ニ第二位商数30ヲ立テ下法ト乗ジ廉ニ加エ之レヲ隅トスル．隅ト商トヲ掛ケ実カラ引キ実 2325 トナル．商ト下法トヲ掛ケ隅ニ加エ其ノ総体ヲ廉ト名ズケ一退スル（465）．下法ハ再退ス

買憲立成釈鎖立方法曰、置レ積為レ実別置二一算一名曰二下法一於二実数之下一自二末位一至レ首、常超二二位一上商置二第一位得数一下法之上亦置二上商一又乗置二平方一命二上商一除レ実訖 取用第二位法 三二因平方二一退、亦三因従二方面一一退為レ廉、下法三退、続商第二位得数、下法之上亦置二上商一為レ隅、以二上商数一乗二廉隅一命二上商一除レ実訖、求二第三位一即如二第二位取用一開二立円一者、先以二方法十六一乗レ積、如二円法一九而一、開二立方一除レ之、積有二分母子一者、通分内子、立円用二十六乗九除一開二立方一除レ之得レ積別置二分母一如二立方一而一、為レ法、除レ積求レ之、

増乗方法曰、実上商置二第一位得数一以二上商一乗二下法一置レ廉、乗レ廉、為レ方、除レ実訖、復以二上商一乗二下法一入レ廉、乗レ廉、入レ方、又乗二下法一入レ廉、其方一、廉二、下三退、再於二第一位商数之次、復商第二位得数一以乗二下法一入レ廉、乗レ廉、入レ方命二上商一除レ実訖、復以二次商一乗二下法一入レ廉、乗レ廉、入レ方、又乗二下法一入レ廉、其方一、廉二、下三退、如レ前、上商第三位得数、乗二下法一入レ廉、乗レ廉、入レ方、命二上商一除レ実訖、適尽、得二立方第一面之数一

ル．次ニ商ノ第三位5ヲ立テテ前ノヨウニ進ム．カクシテ商 235 ヲ得ル．

（平方，廉，隅ナドト色々ニ呼ビ，夏侯陽，張邱建ナドヨリ却テ複雑デアル）

又此ノ中ノ増乗開立方法ヲ示セバ次ノヨウデアル．

				1			商
1	8	6	0	8	6	7	実
1							方法
1							廉法
1							下法
百			十			一	

1860867 ヲ立方ニ開ク．

一算ヲ置キ下法ト云ウ．実ノ末位カラ二桁置キニ左ニ進メ百ニ至ツテ止メル．実ヲ見テ商 100 ヲ立テル．商ト下法ト掛ケ廉ニ置キ，商ト廉トヲ掛ケ方トスル．方ト商トヲ掛ケ実カラ引ク．

次ニ商ト下法トヲ掛ケ廉ニ入レ，商ヲ廉ニ掛

				1	2		商
	8	6	0	8	6	7	実
	3	6	4				方
		3	2				廉
			1				下

				1	2		商
	1	3	2	8	6	7	実
	4	3	2				方
		3	6				廉
			1				下

				1	2	3	商
						0	実
		4	4	2	8	9	方
				3	6	3	廉
						1	下

ケ之レヲ方ニ入レル．又商ヲ下法ニ掛ケ廉ニ入レ後，方ハ一退，廉ハ二退，下法ハ三退スル．

次ニ商2ヲ立テ下法ト掛ケ廉ニ入レ，廉ト掛ケ方ニ入レ，方ト商トノ積ヲ実カラ引ク．

次ニ次商ト下法トヲ掛ケ廉ニ入レ，廉ト掛ケ方ニ入レル．又下法ト掛ケ廉ニ入レル．然ル後方ハ一退，廉ハ二退，下方ハ三退スル．

次ニ商3ヲ立テル……（以下前ニ同ジ）

カクシテ実尽キ商 123 ヲ得ル．

此ノ如ク立法ニ開ク方法ハ Horner ノ方法ト殆ド同一デアル． 何故ニ平方ニ開ク場合モ此ノヨウニシナカツタカ不思議デアル．

(viii) 楊輝算法

宋ノ楊輝ハ咸淳十年(1274)乗除通変本末巻上，乗除通変算宝巻中，法算取用本末巻下，三巻ヲ作ル．翌年（徳祐元年1275）田畝比類乗除捷法二巻ヲ撰シ，同年冬又続古摘奇算法二巻ヲ撰ス．此ノ七巻ヲ併セテ楊輝算法ト云ウ．本書ノ単行本ハ容易ニ見ラレナイ．我国ニハ旧東京高等師範学校及ビ宮内省図書寮ニ漸ク一部宛アルト云ウコトデアル．以下ハ宜稼堂叢書中ノ楊輝算法ニ拠ル．其ノ田畝比類乗除捷法ノ序ニ次ノヨウニ記ス．此ノ序文ニヨルト本書ハ劉益ノ議古根源（1080頃）ニ大イニ関係ガアル．即チ帯従開方ノ法ハ已ニ劉益ガ用イテ居タコトガ知ラレ，ソレガ前古未ダ聞カザル所ダト云ツテ居ルカラ新シイ方法デアツタコトガ察セラレル．本書ノ法ハソレニヨツタモノノヨウデアル．劉益ノ議古根源ハ今ハ散逸シテ見ラレナイ書物デアル．

又巻下帯従開方ヲ説クニ先立ツテハ下ノヨウニ云ツテ居ル．此等ヲ見テモ本書ノ方程式解法ハ議古根源ニ発シテ居ルコトガ窺ハレル．

為㆓田畝算法㆒者蓋万物之体変㆑段終帰㆓於田勢㆒、諸題用術変㆑折皆帰㆓於乗除㆒、中山劉先生作㆓議古根源㆒、序曰入則諸門、出則直田、蓋此義也、譔㆓成直田演段百問㆒信知㆓田体変化無㆖㆑窮、引㆓用帯従開方正負損益之法㆒、前古之所㆑未㆑聞也、作術逾遠、罔㆑究㆓本源㆒、非㆓探㆑賾索㆖㆑隠而莫㆓能知㆖㆑之、輝択㆘可㆑作㆓関鍵題問㆒者㆖、重為㆓詳悉著述㆒、推㆓広劉君垂訓之意㆒、五曹算法題術有㆘未㆓切当㆒者㆖、僣為㆓刪改㆒以便㆓後学君子㆒、目㆑之曰㆓田畝比類乗除捷法㆒、庶少裨㆓汲引之梯径㆒云爾、旹歳在乙亥徳祐改元小暑節銭塘楊輝謹序、

中山劉先生序謂㆓算之術㆒、入則諸門、出則直田、議古根源故立㆓演段百問㆒、蓋欲㆑演㆓算之片段㆒也、知㆓片段㆒則能窮㆓根源㆒、既知㆓根源㆒而於㆑心無㆓懞昧㆒矣、姑摘㆓数問㆒詳㆓注図章㆒以明㆓後学㆒、其余自可㆓引而伸㆑之触㆑類而長㆒、不㆑待㆓尽述㆒也、

田畝比類乗除捷法巻下四丁ニ次ノ問題ガアル．

直田積八百六十四歩．只云闊不レ及レ長一十二歩．問ニ闊幾何一．

　答曰　二十四歩

術曰．置レ積為レ実．以ニ不レ及歩一為ニ従方一　開ニ平方一除レ之．

即チ闊ヲ x トスレバ

$$x(x+12)=864$$

即チ　$-864+12x+x^2=0$

ヲ解クノデアル．之レヲ帯従開法ト云ウ．此ノ解法ヲ次ノヨウニ説ク．

開方帯従段数草図

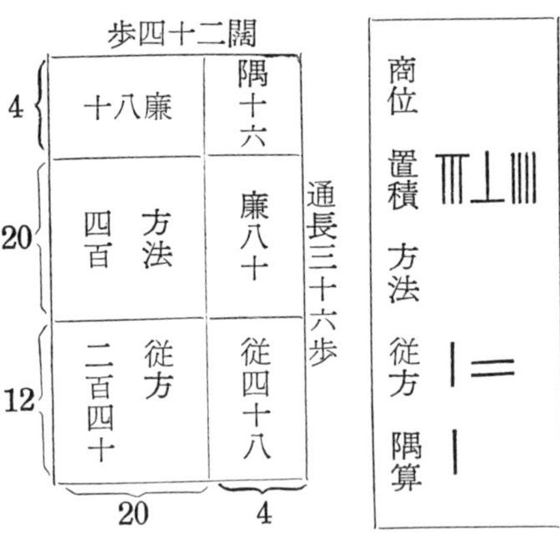

開方列位図

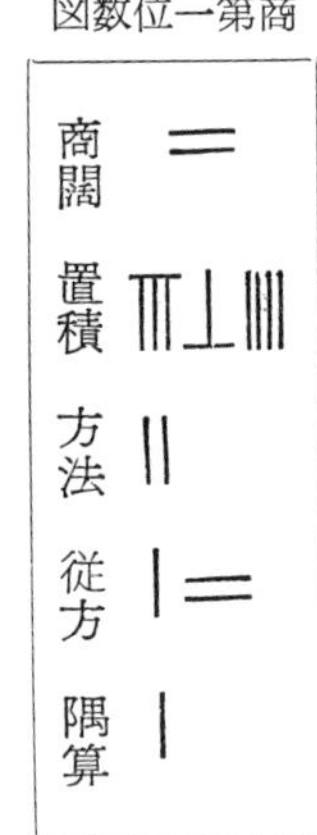

商第一位数図

商闊
置積
方法
従方
隅算

商第二位数図

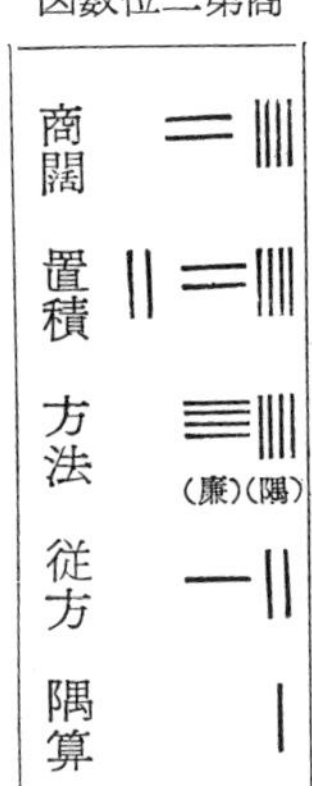

開方列位図ノ下ニハ次ノ如キ説明ヲ加エテ居ル．

積ヲ置キ実トスル．別ニ一算ヲ置キ隅ト名ズケ，実ノ一位カラ一桁置キニ左ニ進メ実ノ百位ノ下ニ至リ止マル．カクシテ商ノ位ヲ十位ト定メル．次デ商20ヲ立テ，隅算ニカケ積 20 ヲ従方ノ上ニ置キ，之レヲ方法ト名ズケル．方，従ト商トヲ掛ケ実カラ引キ実 224トナル．次ニ方法ヲ 2 倍シテ一退，之レヲ廉ト名ズケル．従法モ亦一退，隅算ハ二退スル．次ニ商 4 ヲ立テ隅算ト掛ケテ積 4 ヲ得，之レヲ廉ノ後ニ置キ，之レヲ又隅ト名ズケル．廉，従，隅ニ皆商 4 ヲ掛ケテ実カラ引キ実ハ 0 トナル．カクシテ商ヲ得ル．

$$(a+b)(a+b+c)=(a+b)^2+c(a+b)$$

$$=a^2+2ab+b^2+(ac+bc)=(a^2+ac)+(2ab+b^2+bc)$$

a^2 ガ方，$2ab$ ガ廉，b^2 ガ隅，$ac+bc$ ガ従デアル．又第一回ニ実カラ引イタモノハ a^2+ac デアリ，第二回ニ引イタモノハ $2ab+b^2+bc$ デアル．

直田積八百六十四歩．只云闊少二長十二歩一．問二長歩幾何一

答曰　三十六歩

〔**益積開方**〕 術曰，置レ積為レ実，以二不及十二歩一為二負隅一（隅ハ従ノ誤）開二平方一除レ之得レ長．

長ヲ x トスレバ

$$x(x-12)=864$$

即チ　$-864-12x+x^2=0$

ヲ解クノデアル．之レニハ開方列位図ハ示シテナイカラ補ツテ説明ヲ書ク．

法　図

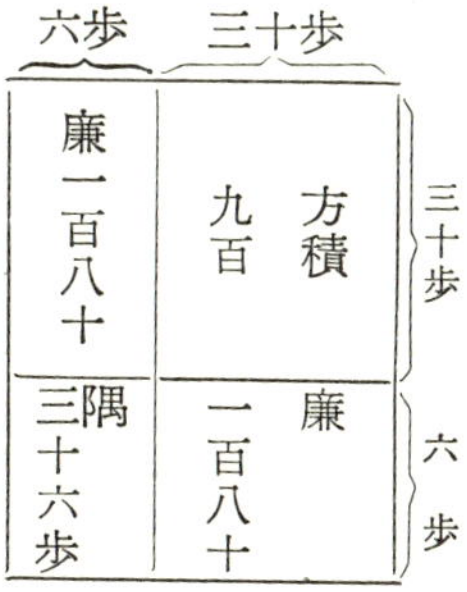

六歩	三十歩	
廉一百八十	方積九百	三十歩
隅三十六歩	廉一百八十	六歩

一級	商　3	商　3	商　36
二級	積　864	積　324	積　324
三	方　3	方　6（廉）	方　66（廉）（隅）
四	負従　12	負従　12	負従　12
五	負隅　1	負隅　1	負隅　1

積 864 ヲ第二級ニ置キ，差 12 歩ヲ第四級ニ置キ負従トスル．負隅一算ヲ第五級ニ置キ，商 3 ヲ立テテ第一級ニ置ク．ソシテ負隅ト掛ケヲ 30 ヲ第三級方法ニ置ク．次ニ商ト負従トヲ掛ケ 360 ヲ積ニ加エ 1224 ヲ得ル．ソシテ商ト方法トヲ掛ケタ 900 ヲ引ク．積ノ余リハ 324 トナル．方法ヲ二倍シテ 60，之レヲ廉法トシテ一退スル．負従モ亦一退，負隅ハ 2 退スル．

次ニ商 6 ヲ立テ，負隅 1 ニ掛ケタ 6 ヲ廉ノ次ニ置キ，之レヲ隅ト名ズケル．商 6 ト負従トヲ掛ケタ 72 ヲ積ニ加エテ 396 ヲ得ル．次ニ廉隅ト商 6 トヲ掛ケ積カラ引クト恰度 0 トナツテ商ハ 36 トナル．

$$(a+b)(a+b-c)=(a+b)^2-c(a+b)$$
$$=a^2+2ab+b^2-ac-bc$$
$$=(a^2-ac)+(2ab+b^2-bc)$$ トシタノデアル．

（註）今度ハ従方 c ハ負デアル．従テ負従ト云イ，先ニハ引イタモノヲ今度ハ加エルノデアル．

同ジ問題ヲ又次ノヨウニ解ク．

〔減従開方〕

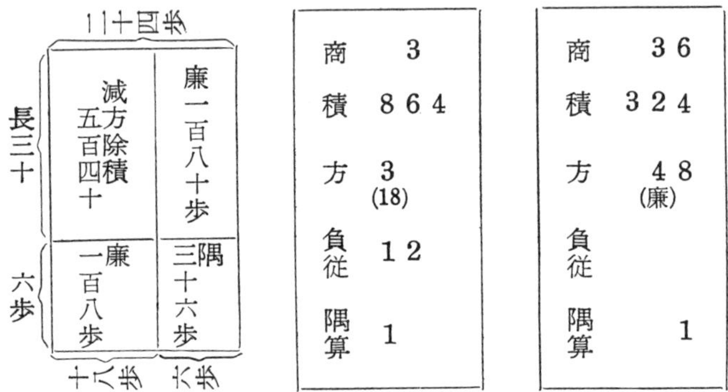

商，積，方法，負従，隅算ヲ五級ニ布キ商30ヲ立テル．商ト隅算ト掛ケタ積30ヲ方法ニ置ク，次ニ負従12ヲ方法30ヨリ減ジ余リ18，之レト商トヲ掛ケタ540ヲ積ヨリ減ジ余リ324トナル．次ニ商ト隅トヲ掛ケタ30ヲ方法ニ加エテ48トシ一退スル．ソシテ之レヲ廉トスル．又隅算ハ再退スル．

次ニ商6ヲ立テ，隅算ト掛ケタ6ヲ廉ニ加エ54トスル．ソシテ之レト商6トヲ掛ケテ積カラ減ズルト恰度0トナツテ商36ヲ得ル．

前トハ加減ノ順序ヲ少シカエタノミデアル．

直田積八百六十四歩．只云長闊共六十歩．欲ニ先求ニ闊歩一，得ニ幾何一．

　答曰　二十四歩

〔益隅〕　術曰　置レ積為レ実．共歩為ニ従方一　以レ一為ニ益隅一　開ニ平方一除レ之

〔演段〕　曰　一積止有ニ一長一若以ニ長闊共歩一為ニ従方一　正少ニ一闊一　所以用レ一為ニ益隅一　益ニ入一段闊方一以応ニ従方一除レ数．

濶ヲxトスレバ

$$x(60-x)=864$$

$$-864+60x-x^2=0$$

ヲ解クノデアル.

長三十六濶二十四　本積八百六十四歩

益濶方積　五百七十六

一長一濶共七十歩為従方

商	2	2	2 4	2 4
積	8 6 4	1 2 6 4	6 4	2 4 0
方	2	2	4 4 (廉)(隅)	4 4
従方	6	6	6	6
益隅	1	1	1	1

積 864 ヲ置キ実トスル. 別ニ一算ヲ置キ益隅トシ, 位取リヲシテ実百ノ下デ止マリ, 商ハ十位ト定メル. 次ニ商 20 ヲ立テ, 方法ニ 20 ト置キ, 商ト掛ケテ 400 ヲ得, 実ニ加エテ 1264 ヲ得ル. 次ニ従方ト商トヲ掛ケ積 1200ヲ実カラ引キ余リ 64 トナル 次ニ方法ヲ二倍シテ一退, 之レヲ廉トスル. 従方又一退, 益隅ハ二退スル.

次ニ商 4 ヲ立テ, 廉ノ下ニ隅 4 ヲ置キ, 商 4 ヲ廉及ビ隅ニ掛ケテ実ニ加エ 240 ヲ得ル. 次ニ商ト従方トヲ掛ケテ実カラ引ケバ恰度 0 トナリ, カクシテ商 24ヲ得ル.

$$(a+b)(c-a-b)=c(a+b)-(a^2+2ab+b^2)$$

$$=(ca-a^2)+b(c-2a-b)$$ トシタノデアル.

(註) 演段ハ上ノ計算ノ由テ来ル所以ヲ述ベタモノデアル. 即チ本積ハ (一長)×(一濶) デアル. 依テ(長濶共歩)×(一濶)トスレバ本積ハ一濶ニ相当スル部分即チ濶方(濶ノ自乗)ダケ少イ. 仍テ本積ニ濶方ヲ加エ, 之レヲ従方(長濶共歩)デ割レバ濶ヲ得ルト云ウノデアロウ. 即チ $60x=864+x^2$ヲ言葉デ述ベタモノデアル. 図モ亦此ノ関係ヲ示シタモノデアル.

之レヲ又次ノ如ク解ク.

〔減従〕 術曰置レ積為レ実．共歩為二従方一．以レ一為二負隅一 開二平方一除レ之．

〔演段〕 曰若不レ益レ積便用二減従一．或有二不レ可レ益レ積者一須下用二減従一開上之．

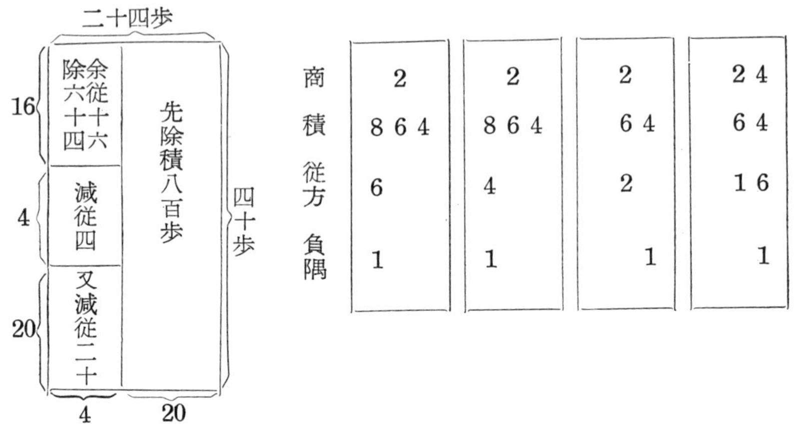

864 ヲ実トシ，60ヲ従方トシ，一算ヲ以テ負隅トスル．商 20 ヲ立テ，負隅ニ乗ジ従方カラ引ク．従方ハ 40 トナル．之レト商トヲ掛ケテ実カラ引キ余リ 64 トナル．商ト負隅トノ積ヲ従方カラ引クト 20 トナル． ソシテ一退スル．負隅ハ二退スル．

次ニ商 4 ヲ立テ負隅ト掛ケテ従方カラ引クト 16 トナル．ソシテ商ト従方トノ積ヲ実カラ引クト恰度 0 トナリ，商 24 ヲ得ル．

即チ $(a+b)(c-a-b)=(a+b)(c-a)-b(a+b)$ トシタノデアル．

直田八百六十四歩．只云長闊共六十歩．欲二先求一長歩一 問レ得二幾何一．

答曰　三十六歩

〔飜積〕 術曰．置レ積為レ実．和歩為二従方一 以レ一為二負隅一 開二平方一除レ之．

〔演段〕 曰．本積只有二長之濶一一 正少二長自之一段一 所以用為二負隅一

減二去従方一 以応二積数一．

積 864 ヲ置キ実トシ，60 ヲ以テ従方トスル．一算ヲ置キ負隅トシ， 商 30 ヲ立テル．商ト負隅トヲ掛ケ従方カラ引ク．其ノ余リト商トヲ掛ケ 900，故ニ 864 ヨリ引クコトハ出来ヌ．故ニ飜法ヲ命ジ商ノ下，積数ノ上ニ 900ト置キ，

演段図

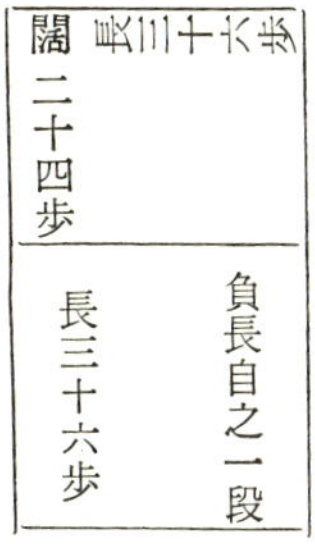

闊二十四歩　長三十六歩

負長自之一段　長三十六歩

飜法図

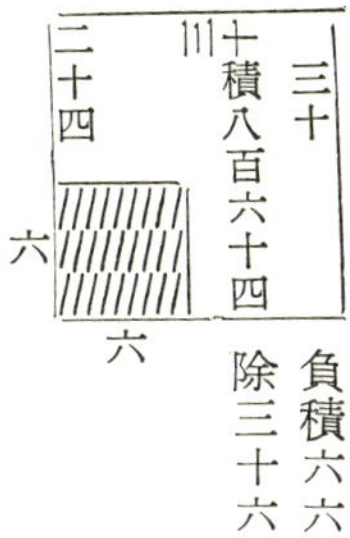

三十　積八百六十四　三十　二十四

六　六

負積六六　除三十六

商	3	3	36
（飜法）		900	36
実	864	864	6（負積）
従方	6	3	
負隅	1	1	1

反テ 864 ヲ減ジ，余リ正積 36 トナル．

次ニ商ト負隅トヲ掛ケ従ヨリ引クト従尽キテ 0 トナル．負隅二退．

又上商 6 ヲ立テ，負隅トカケ 6 トナル．之レヲ負積ニ置ク．商 6 ト掛ケ 36 ヨリ引ケバ恰度 0 トナリ，カクシテ長 36 歩ヲ得ル．

即チ　$a(c-a)-(a+b)(c-a-b)=-b(c-2a)+b^2$　トシタノデアル．

但シ今ハ $c=60$, $a=30$, $b=6$ デアルカラ $c-2a=0$ トナリ，上式ハ

$$a^2-(a+b)(c-a-b)=b^2$$

トナル．上ノ飜法図ハ之レヲ示シテ居ル．

直田積八百六十四歩．只云三長五闊共二百二十八歩．問二元闊幾何一

答曰　二十四歩

〔益積〕 術曰．三之積歩為レ実．共歩為二従方一 五為二隅算一 開二平方一除レ之．

〔演段〕 曰．題云二三長一 故三之田積是求二出三長一 比二元題一尚少二五闊一 故以レ五為二益隅一 明是暗添二入五段闊方之積方 応二従方一 除レ数．

闊ヲ x, 長ヲ y トスレバ

$$3xy=864\times 3$$

$$3y=228-5x$$

デアルカラ　$x(228-5x)=864\times 3$

$$\therefore\quad -864\times 3+228x-5x^2=0$$

ヲ解クノデアル．

三之積歩ハ積歩ノ三倍即チ 864×3，五段闊方之積方ハ $5x^2$ デアル．

商	2	2	2	24
実	2592	32	32	32
従方	228	128	28	8
負隅	5	5	5	5

積ノ三倍 2592 ヲ実トスル．五算ヲ置キ負隅トスル．一桁置キ＝左＝進メ，実ノ百ノ下デ止マリ，商ハ十位ト定メル．従方＝228 ヲ置キ位ヲ一位進メル．

商 20 ヲ立テ負隅＝掛ケ 100 ヲ従方カラ引キ，余リ 128 ト商トヲ掛ケ2560 ヲ得，実カラ引ク．余リハ 32 トナル．又商ト負隅トヲ掛ケテ従方カラ引ク．従方ノ余リハ 28 トナル．之レヲ一退シ，負隅ハ二退スル．又上商＝4 ヲ立テ負隅ト掛ケテ従方カラ引ク．従方ノ余リハ 8 トナル．8 ト商ト掛ケ 32 ヲ実カラ引クト恰度尽キテ 0 トナリ，カクテ闊 24 歩ヲ得ル．

直田積八百六十四歩．只云一長二闊三和四較共三百一十二歩．問ニ闊幾何ー

答曰　二十四歩

〔術曰〕 八因積歩為レ実．一為ニ負隅ー　共歩為ニ従方ー　開ニ平方ー除レ之．

〔演段〕 曰．三和内有ニ三長三闊ー　併ニ入一長二闊ー　又以ニ四較ー併ニ四闊ー為ニ四長ー得ニ八長一闊ー　所以用ニ八因積歩ー以応ニ八長ー　用ニ一闊ー為ニ負隅ー也．

闊ヲ x，長ヲ y トスレバ

$$y+2x+3(x+y)+4(y-x)=x+8y=312$$

$$\therefore\quad 8xy=x(312-x)=864\times 8$$

即チ　$-864\times 8+312x-x^2=0$

ヲ解クノデアル．（解法省）

直田積八百六十四歩．只云一長二闊三和四較共三百一十二歩．問ニ長幾何ー

答曰　三十六歩

〔術曰〕 一之積為レ実．共歩為ニ従方ー　八為ニ負隅ー　平方除レ之．

〔演段〕 曰．求レ長不レ得レ見レ差．用ニ闊数乗積ー　以レ長為ニ隅算ー　上問如ニ前題ー得ニ八長一闊ー　用ニ一之積ー　八為ニ負隅ー也．

$$xy=(312-8y)y=864$$

$$\therefore \quad -864+312y-8y^2=0$$

ヲ解クノデアル.

商	3	3	36	36
飜積		216	1296	1296
実	864	864		
従方	312	72	168 (負従)	216
負隅	8	8	8	8

商 30 ヲ立テ，負隅ニ掛ケ，240 ヲ従方カラ引ク．余リ 72 トナル．之レト商トヲ掛ケタ 2160 ヲ実カラ引コウトシテモ出来ナイ．故ニ飜積ヲ用イ負積 2160 カラ元積 864 ヲ引キ余リ 1296 ヲ得ル．又商ト負隅ト掛ケタ 240 ヲ従カラ引ク．所ガ従ハ 72 デ足ラナイ．依テ又飜積ヲ用イ負従 240 カラ 72 ヲ引キ余リ負従 168 トナル．カクシテ隅，従，積皆負トナル．従一退，隅二退．次ニ商 6 ヲ立テ，隅ト掛ケテ 48，之ヲ従ニ加エ従 216，之レト商ト掛ケテ実カラ引クト恰度 0 トナリ，長 36 ヲ得ル．

（註） 上例デ〔益積〕ト云ウノハ実ヲ三倍シタリ或ハ商ト従方トノ積ヲ実ニ加エタリ（従方ガ負ノトキ）シテ積ヲ益スカラカク名ズケタモノカ．

〔益隅〕 ハ隅ガ負デアルトキニ云ウ．数書九章ニハ益上廉，益下廉等ノ語ガアルガ，皆負ヲ意味スル．此ノ場合実ニ及ボス結果ハ益スコトトナル（隅ガ正ノトキニハ実カラ引ク）仍テ益隅ト云ウカ．

〔減従〕 従方ト方法トガ異符号ノトキハ，従ヨリ方ヲ減ジタリ，方ヨリ従ヲ減ジタリシ，ソレト商トノ積ヲ実ニ加減シテ計算ヲ進メル．カカル方法ヲトツタトキ減従ト云ウ．

又負従ト名ズケルノハ従ガ負ノトキデアル．所ガ負隅ト云ウノハ隅ガ負ノトキデハナク，従ト隅トガ異符号ノトキニ使ツテ居ルヨウデアル．商ト隅トノ積ハ従隅同号ナラバ従ニ加エルガ異号ナラバ減ズル．ソレ故負隅ト云ウカ．

〔飜積〕 ハ実ガ符号ヲ変エルトキニ云ウ.

此ノヨウニ方程式ノ解法ヲ色々ニ分ケテ論ジテ居ルノデアル. 当時ハ既ニ正数負数ノ計算法則ガ知ラレテ居ルノデアルカラ, モ少シ統一サレテモヨサソウニモ思エルガ此ノヨウナ解法ガ始メラレタ初期ノコトデアルカラ止ムヲ得ナイコトデモアロウ. 此ノ中飜積ノ場合ハ後々マデ区分サレ, 和算デモ此ノ場合ヲ開方飜法開㆑之ト飜法ノ文字ヲ挿入シテ区分シテ居ルノデアル.

カク本書ニ於テハ解法ガ統一サレテ居ラズ, ノミナラズソノ方法モマダ Horner ノ方法ニハナツテ居ラヌノデアル. (本書ニハ開平開立ノ算法ハ説イテ居ラヌ)

(ix) 数書九章 (秦九韶, 1248)

問有㆓尖田一段㆒、其尖長不㆑等、両大斜三十九歩、
両小斜二十五歩、中広三十歩、欲㆑知㆓其積幾何㆒、
答曰、田積八百四十歩
術曰、以㆓少広㆒、求㆑之、飜法入㆑之、置㆓半広㆒自
乗為㆓半冪㆒、与㆓小斜冪㆒相減、相乗、為㆓小率㆒、以㆓
半冪㆒与㆓大斜冪㆒相減、相乗、為㆓大率㆒、以㆓二率㆒
相減、余自乗為㆑実、併㆓二率㆒倍㆑之、為㆓従上廉㆒、
以㆑一為㆓益隅㆒、開㆓翻法三乗方㆒得㆑積、

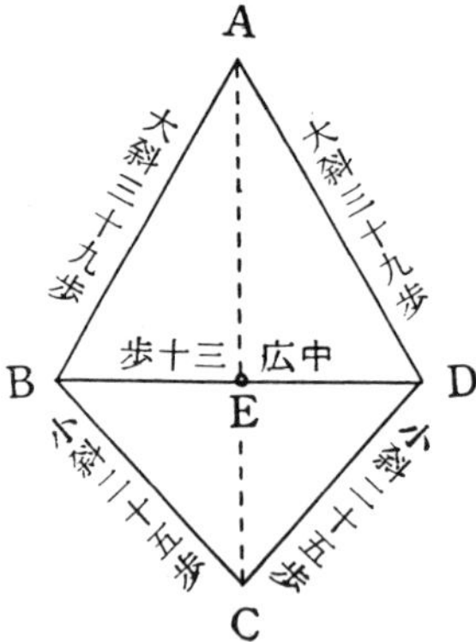

数書九章巻五田域類尖田求積ニ上ノヨウナ問題ガ解カレテ居ル

$$(BC^2-BE^2)BE^2\cdots\cdots\text{小率}$$

$$(AB^2-BE^2)BE^2\cdots\cdots\text{大率}$$

$$(\text{大率}-\text{小率})^2=BE^4(AB^2-BC^2)^2$$

$$=40642560000\cdots\cdots\text{実}$$

$$2(\text{大率}+\text{小率})=2BE^2(AE^2+CE^2)$$

$$=763200\cdots\cdots\text{従上廉}$$

$-40642560000+763200x^2-x^4=0$ ヲ解クノデアル．此ノ解法ヲ次ノヨウニ記ス．

乃以二従廉超一位、益隅超三位一、約商得レ十、今再超進、乃商置レ百、其従上廉為二七十六億三千二百万一其益隅為二一億一、約レ実、置二商八百一為二定商一、以レ商生二益隅一、得二八億一、為二益下廉一、又以レ商生二下廉一、得二六十四億一、為二益上廉一、与二従上廉七十六億三千二百万一相消、従上廉余十二億三千二百万、又与レ商相生、得二九十八億五千六百万一、為二従方一、又与レ商相生、得二七百八十八億四千八百万一、為二正積一、与二元実四百六億四千二百五十六万一相消、正積余三百八十二億五百四十四万、為二正実一、又以二益隅一億一、与レ商相生得二八億一、増二入益下廉一、為二一十六億一、又以二益下廉一与レ商相生、得二一百二十八億一、為二益上廉一、乃以二益上廉一与二従上廉一十二億三千二百万一相消、余一百十五億六千八百万、為二益上廉一、又与レ商相生、得二九百二十五億四千四百万一、為二益方一、与二従方九十八億五千六百万一相消、益方余八百二十六億八千八百万、為二益方一、又以レ商生二益隅一、得二八億一、増二入益下廉一得二二十四億一、又以レ商相生、得二一百九十二億一、入二益上廉一、得二三百七億六千八百万一、為二益上廉一、又以レ商生二益隅一億一、得二八億一、入二益下廉一、得二三十二億一畢、其益方一退、為二八十二億六千八百八十万一、益上廉再退、得二三億七百六十八万一、益下廉三退、得二三百二十万一、益隅四退、為二一万一畢、乃約二正実一続置二商四十歩一、与二益隅一万一相生、得二四万一、入二益下廉一為二三百二十四万一、又与レ商相生、得二一千二百九十六万一、入二益上廉内一為二三億二千六十四万一、又与レ商相生、得二一十二億八千二百五十六万一、入二従方内一、為二九十五億五千一百三十六万一、乃命二上続商四十一、除レ実、適尽、所レ得八百四十歩、為二田積一、

此ノ解法ヲ二十一個ノ図ニヨツテ示シテ居ルガ，余リニ煩ハシイカラ，之レヲ七個ノ図ニ縮約シテ示スコトトスル．

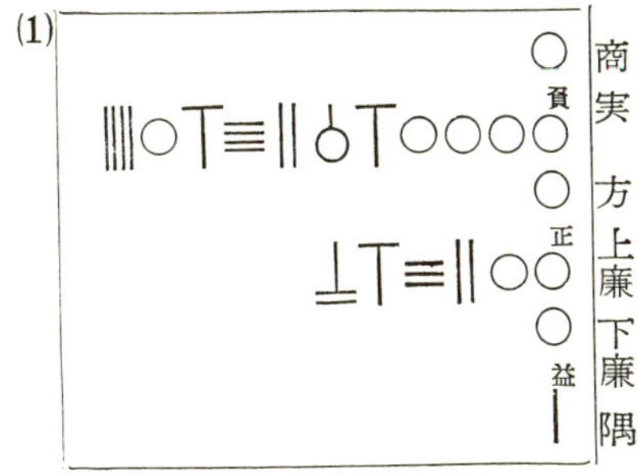

(2)

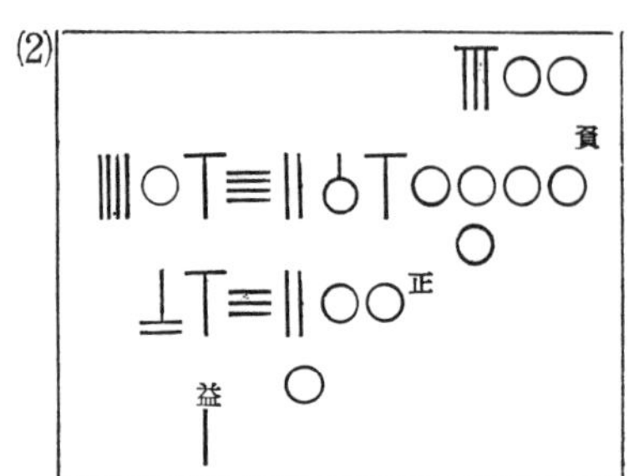

上廉ハ一桁置キニ，益隅ハ三桁置キニ進メル毎ニ商ノ位ヲ一位進メル．今ハ二度此ノ如ク進ンダ故商ノ位ハ百位デアル．ソシテ商 800 ヲ立テル．

(3)

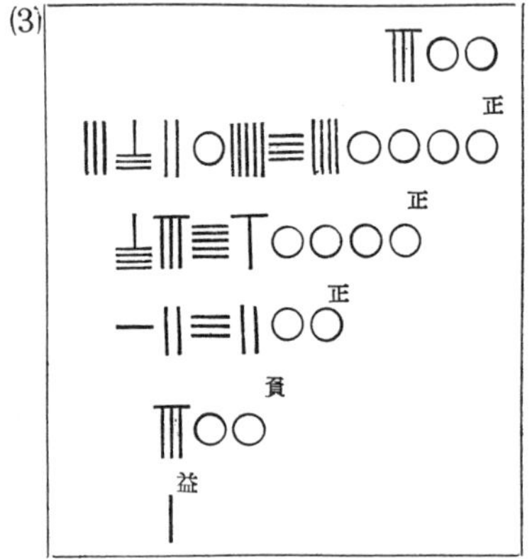

商 8 ト益隅トヲ掛ケ（生ハ乗デアル）8 億ヲ得，益下廉トスル．又商ト此ノ下廉ト掛ケ 64 億ヲ益上廉トシ，元ノ従上廉ト相消シテ 12 億 3200 万トスル．（従上廉ハ正，益上廉ハ負デアル）又之レト商ト相乗シ 98 億 5600 万ヲ得，従方トスル．又之レト商ト相乗788 億 4800 万ヲ得正積トシ元実ト相消シテ正積 382 億 544 万ヲ得，之レヲ正実トスル．

(4)

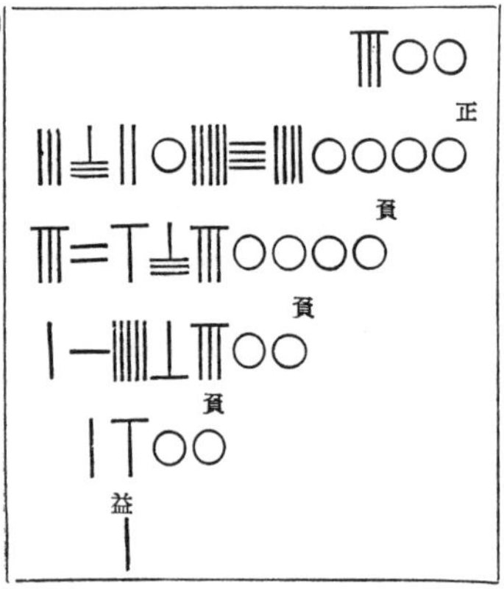

又益隅一億ト商ト掛ケ 8 億ヲ得，益下廉ニ加エ 16 億トスル．之レト商トヲ掛ケ128 億ヲ得，益上廉トシ， 従上廉 12 億3200 万ト相消シ，余リ 115 億 6800 万ヲ益上廉トスル．又之レト商トヲ掛ケ 925 億 4400 万ヲ得，益方トシ，従方 98 億 5600 万ト相消シテ余リ 826 億 8800 万ヲ得，益方トスル．

(5)
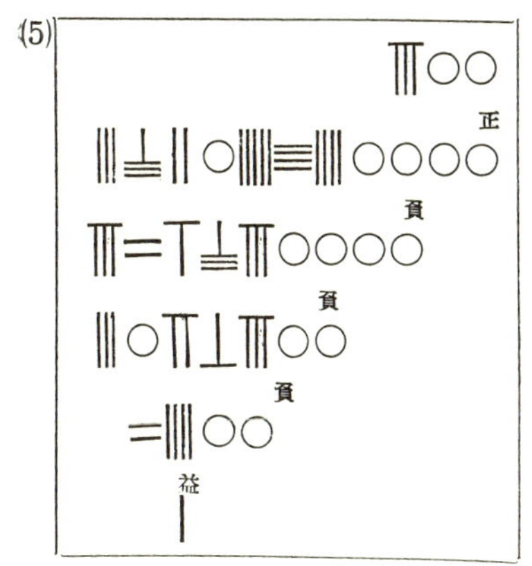

(6)
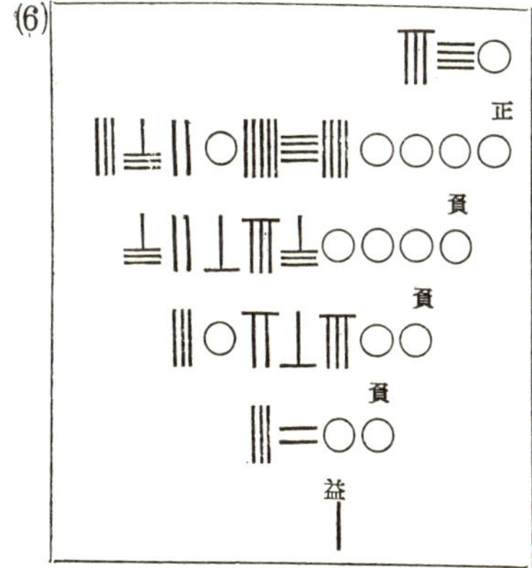

(7)
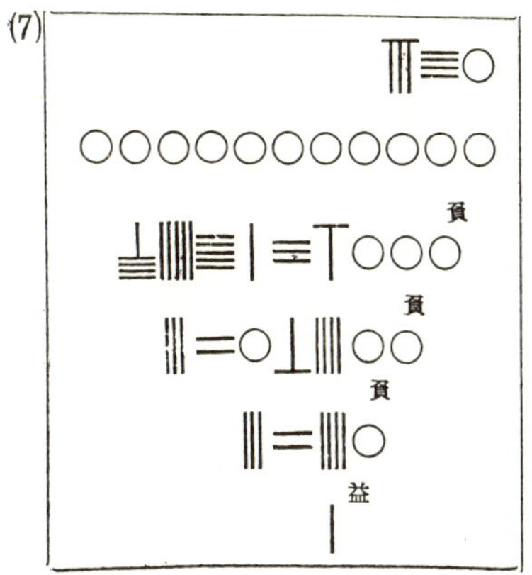

次ニ又商ト益隅トヲ掛ケ8億ヲ得，益下廉ニ加エ 24 億ヲ得ル．之レト商ト相乗シ 192 億ヲ得，益上廉ニ入レ 307 億 6800 万ヲ得，益上廉トスル．

次ニ又商ト益隅トヲ掛ケタ8億ヲ益下廉ニ入レ 32 億ヲ得，益方一退　益上廉再退，益下廉三退，益隅ハ四退スル．ソシテ商 40 ヲ立テル．ソシテ益隅1万ト掛ケ4万ヲ得テ益下廉ニ入レ，324 万ヲ得ル．之レト商ト掛ケタ 1296 万ヲ益上廉ニ入レ 32060 万ヲ得ル．之レト商ト掛ケ 128256 万ヲ得，之レヲ従方ニ入レ 955136 万ヲ得，之レト商ト掛ケタモノヲ実カラ引クト恰度0トナリ，商840 ヲ得テ之レヲ求ムル田積トスル．

之レヲ現今行ワレテ居ル Horner ノ方法ト比較スルト次ノヨウニ殆ド同ジト云ツテヨイ（左図ト次ノ計算ト同番号ノ所ヲ比較セヨ）

唯実ヲ正トシ之レカラ引イテ居ル点ガ異ルノミデアル．

	−1	0	763200	0	−40642560000	800
		−800	−640000	98560000	78848000000	
(3)……	−1	−800	123200	98560000	38205440000	
		−800	−1280000	−925440000		
(4)……	−1	−1600	−1156800	−826880000		
		−800	−1920000			
(5)……	−1	−2400	−3076800			
		−800				
(6)……	−1	−3200	−3076800	−826880000	38205440000	40
		−40	−129600	−128256000	−38205440000	
(7)……	−1	−3240	−3206400	−955136000	0	

(註1)本書ノ二十一個ノ図ハ，上ノ七個ノ図デ示シタ計算ノ順序ヲモツト精細ニ示シテ居ルニ過ギナイ．如何ニモ手数ヲ要スル計算ノヨウニ見エルガ，実ハ算木デ計算スルノデアルカラ場所ハ一ケ所デスミ，計算ノ労力モ Horner ノ方法デ紙上ニ示スヨリモ簡單ナ位デアル．

(註2)上記ノヨウニ本書ハ方程式ヲ立テルニ「立天元之一」ノ語ヲ使用シテ居ラヌ．「立天元之一」ノ語ハ巻一，大衍類ノ所ニ使ワレテ居ルガ，之レハ未知数ヲ表シテ居ラヌ．此ノ頃ハマダ天元一ノ語ガ一定ノ意味ヲ持ツテ使ワレテ居ラヌヨウデアル．

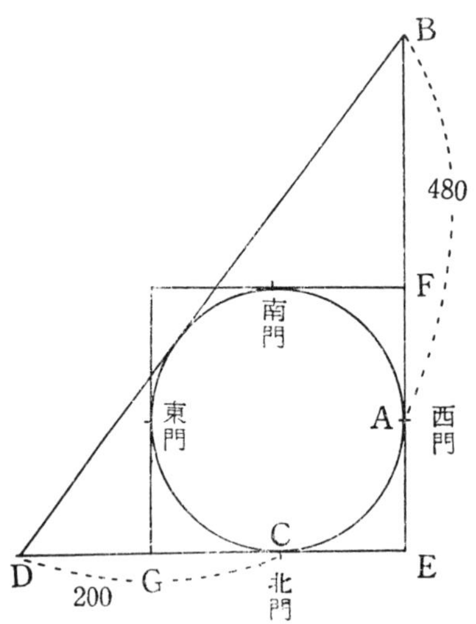

(x) 測円海鏡（李治，1248）

十二巻ヨリ成ル．図ノヨウナ円城ニ関スル問題バカリヲ 170 題取扱ツテ居リ，其ノ中ニ天元術ガ用イラレテ居ル．天元ノ一ヲ立テテ方程式ヲ作ル方法ヲ示シタ書トシテハ現存スルモノノ中デ最古ノモノデアル．今其ノ様式ヲ次ニ示ス．

巻二ノ最後ニ次ノヨウナ問題ガアリ，其ノ解法ニ始メテ天元術ガ用イラレテ居ル．同種ノ問題ガ列ンデ居ルノデ書出シガ簡略ニサレテ居リ，又問モ答モ前問ト

或問出西門南行四百八十歩、有樹、出北門東行二百歩見之、問答同前、
法曰、以二行歩相乗為実、二行歩相併為従、一歩常法得半径、
草曰、立天元一為半径、置南行歩在地、内減天元半径、得、為股円差、又置乙東行歩在地、内減天元、得下式、為勾円差、以勾円差増乗股円差得、為半段黄方冪、即城冪之半也、寄左　又置天元冪以倍之、得、亦為半段黄方冪、与左相消、得、如法開之、得半径、合問

同ジデアル．即チ問ハ城ノ直径幾何デアリ，答ハ 240 歩デアル．

半径ヲ x トスルト

$$BF = 480 - x \quad (\text{股円差})$$

$$DG = 200 - x \quad (\text{勾円差})$$

所ガ　$BF \cdot DG = 2x^2$

($BD = BF + DG + 2x$, $(BF + 2x)^2 + (DG + 2x)^2 = (BF + DG + 2x)^2$ ヨリ得ラレル)

$$\therefore \quad (480 - x)(200 - x) - 2x^2 = 0$$

即チ　$$-x^2 - 680x + 96000 = 0 \qquad (1)$$

之ヲ法ノ如ク開イテ(1)ヲ得ルト云ウノデアル．

法曰ハ此ノ結果(1)ヲ簡単ニ文章デ云イ表ワシタモノデアル．

此ノヨウニ本書ニハ方程式ヲ立テル経過ダケヲ示シ，方程式ノ解法ハ何処ニモ示シテ居ラヌノデアル．

益古演段（李治，1250）

三巻ヨリ成ル．総テ天元術ヲ用イテ解法ヲ施ス．測円海鏡ト全ク同一形式ノ書デアル．

(xi) 算学啓蒙 (元ノ朱世傑, 1299)

徳川時代ノ和算ニ最モ影響ヲ与エタモノハ本書デアル. 豊太閤ノ征韓ノ役ノ時朝鮮版ガ我国ニ伝ツタト云ウ. 我国デモ数回飜刻サレテ居リ, 又其ノ諺解モ出版サレテ居ル. 本書ハ上中下三巻二十門ヨリ成リ, 其ノ最後ノ開方釈鎖門ニ開平開立ノ算法ガ説カレテ居ル. 又天元術ハ其ノ最後ノ開方釈鎖門ニ開平開立ノ算法ガ説カレテ居ル. 又天元術ハ第十九方程正負門ノ最後ノ問題カラ開方釈鎖門ニ亘ツテ使ワレテ居ルガ算法ハ示サレテ居ラヌノデアル. 今次ニ本書ノ開平開立ノ法ヲ紹介スルガ之レモ Horner ノ方法ト殆ド同一デアル. (但シ実ヲ正トシ, 之レカラ引イテ居ル点ハ異ル) 4096 ヲ平方ニ開ク.

今有二平方羃四千九十六歩一、問下為二方面一幾何上、
荅曰　六十四歩
術曰、列二羃四千九十六歩一為レ実、借二一算於六歩之下一、名曰二廉法一、常超二一位一至二百歩之下一止、乃上二商六十一、於二廉法之上実数之下一亦置二六百一名曰二方法一、乃命二上商一除二実三千六百一、実余四百九十六、倍二方法一得二一千二百一、一退得二一百二十一、廉法再退、又上二商四歩一於二廉法上実数之下一亦置二四歩一、方法得二一百二十四一、乃命二上商一除レ実、恰尽、合レ問、

4096 ヲ置キ実トスル. 一算ヲ借リテ6ノ下ニ置キ之レヲ廉法ト云ウ. 之レヲ一桁置キニ左ニ進メ実ノ百位ノ下デ止メ, 商ニ 60 ヲ立テル. 次ニ廉法ノ上, 実数ノ下ニ 600ヲ置キ方法ト云ウ. 之レト商ト掛合セタ 3600 ヲ実カラ引キ実ノ余リハ 496 トナル. 次ニ方法ヲ二倍シテ 1200 ヲ得, 一退シテ 120トスル. 又廉法ハ再退スル. ソシテ次ノ商4ヲ立テ,

(4)		(3)		(2)		(1)	
6 4	商	6 4	商	6	商		商
0	実	4 9 6	実	4 9 6	実	4 0 9 6	実
1 2 4	方	1 2	方	6	方		方
1	廉	1	廉	1	廉	1	廉

又廉法ノ上実数ノ下ニ4ヲ置キ方法ハ 124 トナル． 之レト商4ト掛ケテ実カラ引クト実ハ恰度尽キテ0トナル．仍テ商 64 ヲ得ル．

次ハ 17576 ヲ立方ニ開ク．

17576 ヲ列シ実トスル．一算ヲ借リ6ノ下ニ置キ隅法ト云ウ．之レヲ二桁置キニ左ニ進メ実ノ千ノ位ノ下デ止メ，商20ヲ立テル．隅ト商トヲ掛ケ2000ヲ得

今有二立方冪一万七千五百七十六尺一問下為二方面一幾何上、
　荅曰、二十六尺
術曰、　列二冪一万七千五百七十六尺一為レ実、借二一算於六尺之下一、名曰二隅法一、常超二一位一約レ実、至二千尺下一止、乃上二商二十一、以二隅法一因二上商二十一、得二二千一、於二隅法之上方法之下一、名曰二廉法一、又廉法因二上商二十一、得二四千一、於二廉法之上実数之下一、名曰二方法一、乃命二上商一除二実八千一、実余九千五百七十六、以二隅法一因二上商二十一、加二入廉法一、又廉法因二上商二十一、加二入方法一、又隅法因二上商二十一、加二入廉法一、方法得二一万二千一、廉法得二六千一、方法一退、廉法再退、隅法三退、続又上二商六尺一、以二隅法一因二上商六尺一、加二入廉法一、又廉法因二上商六尺一、加二入方法一、得二一千五百九十六一、乃命二上商一除レ実恰尽合レ問、

	(4)	(3)	(2)	(1)
商	26	26	2	
実	0	9576	9576	17576
方	1596	12	4	
廉	66	6	2	
隅	1	1	1	1

隅法ノ上，方法ノ下ニ置キ，之レヲ廉法ト云ウ．次ニ廉ト商トヲ掛ケ 4000 ヲ廉法ノ上，実数ノ下ニ置キ，之レヲ方法ト云ウ．之レト商トノ積 8000 ヲ実数カラ引キ，余リハ 9576 トナル．

次ニ隅ト商トヲ掛ケ廉ニ加エル．又廉ト商トヲ掛ケテ方法ニ加エル．次ニ又隅ト商トヲ掛ケ廉ニ加エル．カクシテ方法 12000，廉法 6000 ヲ得，方ハ一退廉ハ再退，隅ハ三退スル．

次ニ商 6 ヲ立テ隅法ト掛ケテ廉ニ加エル．又廉ト商トヲ掛ケテ方ニ加エル．此ノ方ト商トヲ掛ケテ実カラ引クト実ハ恰度 0 トナル．仍テ商 26 ヲ得ル．

本書ノ天元術ノ扱ヒ方ハ李治ノ測円海鏡，益古演段ト同様デアル．一例ヲ示セバ次ノヨウデアル．

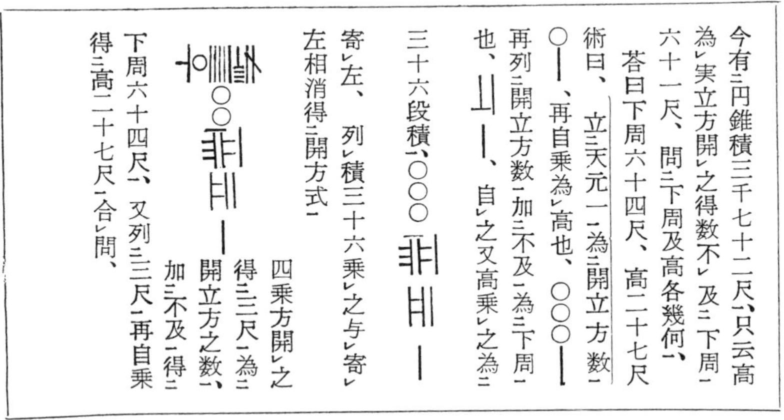
今有二円錐積三千七十二尺一、只云高為レ実立方開レ之得数不レ及二下周一六十一尺、問二下周及高各幾何一、
荅曰下周六十四尺、高二十七尺
術曰、立二天元一一為二開立方数一
○|、再自乗為レ高也、○○○|
再列二開立方数一加二不及一為二下周一也、
自レ之又高乗レ之為二三十六段積一、○○○
寄レ左、列レ積三十六乗レ之与レ寄レ左相消得二開方式一
四乗方開レ之得二三尺一為二開立方之数一、加二不及一得二下周六十四尺一、又列二三尺一再自乗得二高二十七尺一合レ問、

此ノヨウニ四乗方開之ト云ウノミデ，此ノ五次方程式ノ解法ハ示シテ居ラヌノデアル．

(xii)　算法統宗（明ノ程大位，万暦二十一年）

算学啓蒙ト殆ド同時ニ我国ニ伝ワリ，大イニ用イラレタ書デアル．吉田光由ノ塵劫記ノ跋文ニモ「汝思ノ書ヲ受ケテ之ヲ服飾トシ領袖トシテ………」トアルガ，汝思ハ程大位ノ号デ汝思ノ書トハ本書ノコトデアル．

巻之五少広章ニハ開平及ビ帯縦開平ノ方法ヲ説ク．

開平方法

法曰、置レ積為レ実、列二于算盤之中一、（居二中一段一也、）自二積之単位一起
毎二両位一為二一段一、（積有二幾段一則知三商有二幾次一、）至二積首一段一、取為二初商実一、
（首段有二両位一以レ両為二初商実一、只一位即以二一位一為二初商実一、）約二初商実一取レ之最便、（入二初商表一）以定二初商
数一、既得二初商数一、置二一位于盤左一、名曰二上商一、（以下在二積数之上一故上、）亦置二
一位于盤右一、名曰二下法一、（以下在二積数之下一故上、）以二下法一与二上商一相呼除レ
実、実尽即以二初商一為二平方一面数一、実不レ尽者、以待二次商一、
次商法、倍二下法一為二廉法一、以帰二余実一而定二次商数一、既得二次
商数一、置二一位于初商之次一、亦置二一位于廉法之次一為二隅法一、以二
廉隅法一与二続商一相呼除レ実、　実尽即合二初商次商両位一為二平
方一面数、実不レ尽以待二三商一、三商法、倍二次商ノ隅法一、続二于
次商ノ廉法下一、共為二三商廉法一、以帰二余実一而定二三商数一、既得二
三商数一置二一位于初商次商之次一、亦置二一位于三商廉法之次一
為二隅法一、以二廉隅法一与二三商一相呼除レ実、実尽即令二三次商数一
為二平方一面数一、実不レ尽以待二四商一（四商以上其法並同二三商一）命レ分法。若
已開レ至二単位一而実有二不尽一或未レ開レ至二単位一而実少不レ能レ
成二一数一者、皆以レ法命レ之、其法、倍二商得数一、加二隅一一為二
分母一、不尽数為二分子一、命為二幾分之幾一、　還原法。以二開得平方
数一之自、有二不尽一者、以二不尽之数一加二入之一、即合二原積一也、

今之レヲ本書ノ例$\sqrt{71824}$ヲトツテ説明スレバ次ノヨウデアル．

左（商上）	中（実）	右（法下）
268	7,18,24	200
	4 00 00	4 6 0
	3 18 24	（廉）（隅）
	2 76 00	400＋120＝520（三商廉法）
	42 24	
	42 24	5 2 8
	0	（廉）（隅）

実 71824 ヲ盤ノ中央ニ置キ，7,18,24 ノヨウニ二位毎ニ一段トシ，首ノ一段ヲ初商ノ実トシテ初商 200 ヲ定メル，之レヲ盤ノ左ニ置キ上商ト云ウ．又之レヲ盤ノ右ニ置キ下法ト云ウ，下法ト上商トノ積 40000 ヲ実カナ引ク，（余リガ 0 トナラバ初商ヲ平方根トスル）次ニ下法ヲ倍シテ之レヲ廉法トスル．余実

ヲ割ツテ次商 60 ヲ定メル．之レヲ初商ノ次ニ置ク．又之レヲ廉法ノ次ニ置キ隅法トスル，廉隅ト次商トヲ掛ケ積 27600 ヲ実カラ引ク．(余リガ0トナラバ初商ト次商トヲ合セタ 260 ガ平方根デアル) 次ニ次商ノ隅法 60 ヲ倍シ，廉法 400 ニ加エテ 520 ヲ得，之レヲ三商ノ廉法トスル．余実ヲ割ツテ三商8ヲ定メル．之レヲ次商ノ次ニ置ク．又廉法ノ次ニ置キ隅法トスル．廉隅ト三商トヲ掛ケ，積 4224 ヲ実カラ引クト恰度0トナル．カクシテ平方根 268ヲ得ル．

若シ実ノ最後ノ位ニ至ツテ開イテモ恰度0トナラズ余リガアツタリ，又ハ最後ノ実ガ少クテ最後ノ商ガ立タヌトキハ，得商数 (268) ヲ倍シ，之レニ隅1ヲ加エテ分母トシ，余リヲ分子トシテ命ズル．

即チ　$\sqrt{a^2+r}=a+\dfrac{r}{2a+1}$　トスル．

又還原法トシテハ得商 a ヲ自乗シ之レニ剰余 r ヲ加エ a^2+r トスレバ原積ニ合スル．

帯縦開平方法

法、先列ニ縦于積右一、既得ニ初商一以ニ初商一与レ縦相併為ニ下法一、而与ニ初商一相乗除レ積而定ニ初商一、求ニ次商一法、倍レ方而不レ倍レ縦、或以ニ初商一、加ニ入下法一為ニ廉法一、以ニ廉法一除レ積而定ニ次商一、仍以ニ次商一加ニ入廉法一、内与ニ次商一相乗、除レ積開得商数為レ濶、濶加レ縦為レ長、

今有ニ田積一千五十歩一、只云長比レ濶多一十五歩、問ニ長濶各若干一、

荅曰、長五十歩、濶三十五歩、

此ノ算法ヲ下ノ如ク図解シテ居ル．

(商ガ二位ノ場合)

次商廉隅図

廉　乙	隅丁
甲 方	丙 廉

一方両廉一隅合為ニ一大正方形一、甲為ニ初商一、乙丙為ニ次商廉一、丁為ニ次商隅一、

帯縦開平方法

濶ヲ x トスレバ

$$-1750+15x+x^2=0 \qquad (1)$$

ヲ解クコトトナル.

商 (a)	積	縦 (c)	
30	1750	15	
		+30	
	−1350 …………	45	×30
(b)		+30	
5	400	75	
		+ 5	
	−400 ………	80	× 5
	0		

法置レ積為レ実、以レ多一十五歩為レ縦列ニ于下位一以レ法除レ之初商三十置ニ于実左一、下法亦置ニ三十加ニ于縦上一、共得四十五歩与ニ上商一相呼三四一十二除レ実一千二百呼ニ三五一十五一、除レ実一百五十又以ニ初商三十一倍作六十加ニ縦多一十五共得七十五為ニ下法一、次商五列ニ于初商之次一、亦置ニ五于下法之下一、共八十皆与ニ次商五一相呼、五八得ニ四十一除レ実四百歩恰尽、得レ濶三十五歩加レ多一十五歩為レ長合レ問、

（註）$(a+b)(a+b+c)=a(a+c)+(2a+b+c)b$ トシテ積カラ減ジタト云ウマデデアル.

次ニ〔**減積開平方**〕ト云イ (1) ヲ次ノヨウニ解ク.（原文省）

商	積	減積
30	1750	15
	− 450 ………	15×30
	1300	
	− 900 ………	30×30
	400	
	− 75 ………	15×5
	325	
	− 325 ………	(30×2+5)×5
	0	

又〔**四因積歩法**〕ト云ツテコレヲ次ノヨウニ解ク.

$$4\text{積}+(\text{長}-\text{濶})^2=4\text{長}\cdot\text{濶}+(\text{長}-\text{闊})^2=(\text{長}+\text{闊})^2$$

積$=1750$　　　長$-$闊$=15$

$\therefore$　長$+$闊$=\sqrt{1750\times4+15^2}$

コレト　長$-$闊$=15$

設如有二長方池一其面積一千九百二十歩、其長闊相和九十二歩、問二長闊各若于一

答曰、長六十歩、闊三十二歩、

トヨリ長及ビ闊ヲ求メル.

又右記ノ問題ヲ〔減縦開平方法〕ト云ツテ次ノヨウニ解ク.

即チ闊ヲ x トスレバ

$$-1920+92x-x^2=0$$

ノ解法デアル.

商	積		減縦
30	1920		92
			−30
	−1860	…………	62×30
			−30
	60		32
			− 2
	− 60	…………	30×2
	0		

(註)　$(a+b)(c-a-b)=a(c-a)+b(c-2a-b)$

トシテ積カラ減ジタマデデアル.

又法トシテ　$(長+闊)^2-4積=(長-闊)^2$

$$\therefore\ 長-闊=\sqrt{92^2-1920\times4}$$

コレト　$長+闊=92$　トヨリ長, 闊ヲ求メル.

開立方法

巻六ニ開立方法及ビ開立方帯縦法ヲ説ク. 先ズ開立方法ヲ示シテ見ル.

開立方法

法。置二積於盤中一為レ実、従二実尾単位一起、共二三位一為二一段一、段一（有二幾）知二商幾次一取二実最上之一段一為二初商実一、既約レ実以定二初商一、（実一位者商一、二、実二位者商三、四、実三位者商五至レ九）既得二初商一自乗、再乗、以除レ実、余為二次商実一、初商副二置三位一（商用一為二次）一置二実左一、一置二実右一、自乗而三レ之為二方法一、一置二右下一三レ之為二泛廉一、用二方法一約二余実一而定二次商一、既得二次商一、亦置二三位一、一置二初商之次一、一乗二泛廉一為二廉法一、一自乗為二隅法一、乃以二方法廉法隅法一併為二一数一、以二次商一相呼而除二余積一恰尽者、即合二初次両商一為二開得方面数一、積有二不尽一視二原積一者只両段、只応二商両次一、其余積以レ法命レ之、若原積有二三段一、応二商三次一、則按二次商之法一以求二三

商一、其余積若少、不レ足二商一整数一
者、亦以レ法命レ之、
命分法。以二商得数一自乗而三レ之、
又以二商得数一三レ之、併二両数一加二
一数一、共為二分母一、不尽之数為二分
子一、命為二幾分之幾一、
還原法。以二立方面数一自乗、再乗、
見レ積、若原有二不尽之数一加二入之一
即合二原数一、

今之レヲ本書ノ例 $\sqrt[3]{3375}$ ヲトツテ説明スル.

左（商）	中（実）	右
十一		
１５	3375	$10^2\times3=300$（方法）
	1000	
	2375	$10\times3=30$（泛廉）
	2375	
	0	$30\times5=150$（廉法）
		$5^2=\ 25$（隅法）
		475

3375 ヲ盤ノ中央ニ置キ実トスル. 実ノ尾位ヨリ起リ，三位毎ニ一段トシ，(3, 375)，最上段 (3) ヲトツテ初商ノ実トシ，初商 10 ヲ定メル.（実ガ一桁ナラバ商ハ１カ２，実ガ二桁ナラバ商ハ 3カ4, 実ガ三桁ナラバ商ハ5, 6, ……9 デアル). 初商10ノ三乗 1000 ヲ実カラ引キ，余リ 2375 ヲ次商ノ実トスル. 次ニ初商ヲ三ケ所ニ置ク. 一ハ実ノ左，一ハ実ノ右，一ハ実ノ右下ニ置ク. 右ノ 10 ヲ自乗シ之レヲ三倍シテ方法トスル. 右下ノ10ハ三倍シテ泛廉トスル. 方法ヲ以テ余実ヲ割リ次商５ヲ定メ，之レモ三ケ所ニ置ク. 一ハ初商10ノ次，一ハ泛廉ニカケテ廉法トスル. 一ハ自乗シテ隅法トスル. 方法廉法隅法ヲ合セテ一数トシ，次商５ト掛ケテ余実カラ引ケバ恰度尽キテ０トナル. 仍テ初商次商ヲ合セ 15 ヲ立方根トスル. 若シ恰度０トナラズ余リガアリ，又原積ヲ見テモ二段デ，従テ商モ二桁ノトキハ，次ノヨウニ分数ニシテ 15 ニ加エル. 又原積ガ三段カラ成リ商ガ三桁トナルベキトキハ，次商デヤツタヨウニシテ三商ヲ求メル. 又若シ此ノトキノ余実ガ第三位ニ１ヲ立テルニモ足ラヌ程デアツタナラバ，次ノヨウニ分数ニシテ商ニ加エテ答トスル.

命分法. 上ニ云ツタ分数ニシテ加エルト云ウノハ次ノヨウニスルコトデアル. 即チ商得数（上例ナラバ15）ヲ a トスレバ，$3a^2+3a+1$ ヲ分母トシ，余実 r ヲ分子トシ

$$\sqrt[3]{a^3+r}=a+\frac{r}{3a^2+3a+1}$$

トスルコトデアル．

還原法．余実ガナイ場合ハ $a\times a\times a$ トスレバ元ノ積ニナル．余実ガアラバ a^3+r トスレバ元ノ積ニ還ル．

上ノ算法ヲ次ノヨウニ図解スル．

如レ図方者初商也、初商不尽則再商レ之、於レ是有三三平廉三長廉二一隅共七、併三初商方形二八、合レ之、成二一立方形一、

如レ図方形長濶高皆如二初商之数一、

平廉形。長濶与二初商一等、厚則如二次商数一、其形三、以輔二方形之三面一

長廉形。長如二初商数一高与レ濶皆如二次商数一、其形三、以補二三平廉之隙一、

隅。其形長濶高皆如二次商数一、其形只一、以補二三長廉之隙一、

今有二立方積一千七百八十七万五千尺一、只云高闊相等、長多レ闊三十六尺、問二立方高闊及長若干一、

答曰、長　二百八十六尺
闊　二百五十尺
高　二百五十尺

開立方帯縦法

左記ノ問題ノ解，即チ

$$x^2(x+36)=17875000$$

ヲ解クニ次ノヨウニスル．

初商ヲ約 200 トスレバ其ノ再乗ハ 800 万，

又初商ヲ 250 トスレバ其ノ再乗ハ 15625000

之レヲ積カラ引ケバ余リハ 225 万，

$$250^2\times 36=2250000$$

ソシテ

故ニ $x=250$，之レガ高及ビ闊デアル．仍テ長ハ 286 尺デアル．

次ノ問題ハ

$$x^2(x-13)=29808$$

ヲ解クノデアル．先ズ初商ヲ約 30 トスレバ再乗シテ 27000，又約商ヲ 36 トスレバ其ノ自乗ハ 1296,

今有ニ立方積二万九千八百零八尺一
高比レ方不レ及一丈三尺、問ニ高方
各若干一、
荅曰、高二丈三尺
方三丈六尺

ソシテ　$36-13=23$

$$1296\times 23=2908$$

$$\therefore\quad x=36$$

之レガ方デアル．故ニ高ハ 23 尺デアル．

此ノヨウニ本書ノ帯縦開立ノ方法ハ暗中模索的デアル．

以上ノ方法ヲ見ルニ Horner ノ方法トハ大ニ趣ヲ異ニシテ居ル．本書ハ数書九章ヤ算学啓蒙ヨリ凡ソ 300 年モ後ノモノデアルノニ，其ノ方法ハ却テ退化シテ居リ，之等ヨリモツト古イ算書ノ趣ガアル．天元術ノ如キモ本書ノ何処ニモ見ラレナイノデアル．総ジテ此ノ頃ノ数学者ニハ天元術ハ理解サレテ居ナカツタ．算学啓蒙ハ此ノ頃既ニ失ワレテ居タガ測円海鏡ヤ益古演段ノ如キ天元術ヲ記シ書ハ猶伝ツテ居タノニ当時ノ著名ナ学者デモ天元一ノ真意ヲ解スルコトガ出来ズ天元之一ヲ立テテ某トナスト云ウ語ヲ術文カラスベテ除イテ居ル有様デアル．コレガ真ニ諒解サレルニ至ツタノハ漸ク清代ニ入ツテカラデアル．コレヲ殆ド同時代ノ和算家ガ極メテ短日月ノ間ニ我ガモノトナシ更ニ発展サセテ点竄術ヲ創案シタコトニ思イヲ致ストキ誠ニ感慨ニ堪エナイモノガアル（次節参照）

3　我ガ国ニ於ケル天元術

(i)　起　原

天元術ガ支那カラ我ガ国ニ伝ツテ行ワレルヨウニナツタノハ徳川時代ニ入ツテカラデアル．元ノ朱世傑ノ著ワシタ算学啓蒙ヤ，明ノ程大位ノ著ワシタ算法統宗ハ，慶長ノ頃我国ニ伝ワツテ徳川時代ニ於ケル和算勃興ノ基ヲナシタ．ソノ中算学啓蒙ノ開方釈鎖門ニハ天元術ガ用イラレテ居ルコトハ既ニ述ベタ通リデアル．シカシナガラココニ於テモ方程式ノ解法ハ示サレテ居ラズ唯開平開立ノ方法ガ説カレテ居ルノミデアル．夫故算学啓蒙ガ輸入サレテモ直チニ天元術ガ我ガ国デ行ワレタト云フ訳デハナク，之レヲ理解スルマデニハ相当年月ヲ要シタモノデアル．ソレハ次ニ述ベル徳川初期ニ出版サレタ和算書ヲ見レバワカルノデアル．

徳川時代ニ於ケル和算ノ鼻祖ハ毛利重能デアル．毛利ハ元池田輝政ニ仕エテ居タガ後豊臣秀吉ノ臣下トナツテ明ニ留学シ算法統宗ヲ携エテ帰ツタト云ワレルガ確実ナ証拠ハナイ．後京都ニ住ンデ「天下一割算指南」ト云ウ看板ヲ掲ゲテ数学特ニ珠算ヲ伝授シタガ其ノ門ニ集マルモノハ極メテ多ク，実ニ数百人ニ及ンダト云ワレル．其ノ著ニ帰除濫觴，割算書（元和八年，1622）ノ二書ガアル．前者ハ我国デ刊行サレタ算書ノ嚆矢デアルト云ワレルガ今ハソノ伝ヲ失ヒ其ノ内容ヲ知ルコトガ出来ナイ．後者ハ幸イ現存スルガ此ノ書ニ書カレテアルコトハ所謂日用諸算デ極メテ幼稚ナモノデアル．

毛利ニハ三人ノ有名ナ門人ガアル．吉田光由，今村知商，高原吉種デアル．吉田ノ著ハシタ塵劫記（寛永四年，1627）ハ最モ有名ナ算書デ本邦デ出版サレタ算書ノ第二番目ノモノト云ワレル．本書ノ跋文ニハ「汝思ノ書ヲ受ケテ之ヲ服飾トシ領袖トシテ……」トアルガ汝思ハ程大位ノ号デアル．算法統宗ニ拠ツテ書イタモノト見エルガ，別ニ支那風ノ所モナク公式ナドモ必ズシモ算法統宗ノ儘デハナイ．毛利ノ書ナドヨリハ内容ガ豊富デ記述ガ叮嚀，初学ノモノニハ誠ニヨイ書物デアル．広ク世ニ用イラレタ算書トシテハ本書ノ右ニ出ルモノハナイ．其ノタメ偽書モ亦多ク，何々塵劫記又ハ本書類似ノ書ノ出版サレタ数ハ徳川時代ヲ通ジテ四百余積ニハ及ンデ居ル．

今村知商ニハ因帰算歌（寛永十七年，1640）竪亥録（寛永十六年1639）ノ二著ガアル．前者ハ算法ヲ歌ニシ，幼童ヲシテ嬉戯ノ間ニ算法ヲ覚エサセヨウトシタモノデアル．後者ハ漢文デ書カレテ居リ，内容モ前記ノモノヨリハ余程高尚デアル．然シナガラ此等ノ書物ニハ天元術ハマダ現ワレテ居ラズ，僅カニ開平開立，帯縦開平，帯縦開立ガ算法統宗風ニ説カレテ居ルノミデアル．

高原吉種ニハ著書ハナイヨウデアルガ其ノ門カラハ磯村吉徳，関孝和ノ如キ有名ナ算家ヲ出シテ居ル．（関ニハ算学ノ師ハナイトモ云ワレル）吉田，今村ニモ夫々多クノ門人ガアル．之等門人ノ門カラモ亦多クノ算家ヲ出シ，ソシテ之等ノ人々ニヨツテ和算書ガ次々ト著ワサレタ．カクシテ和算ハ次第ニ盛況ニ趣キ，毛利ノ算書ガ出版サレテ以来僅カ四五十年ノ間ニ可ナリノ発達ヲ見タモノデアル．

万治元年（1658）久田玄哲（吉田光由ノ門人）土師道雲ハ算学啓蒙訓点ヲ著ワシタ．天元術ノ理解ニ効果ガアツタコトト思ワレル．

寛文六年（1666）佐藤正興（今村知商ノ門人デアル隅田江雲ノ門人）ノ著シタ算法根源記ニハ各所ニ天元術ヲ使ツテ問題ヲ解イテ居ル．漸ク天元術ガ了解サレテ来タ証拠デアル．然シ乍ラ本書ニハマダ天元術ノ解説ハシテ居ラヌ．

次デ寛文十年（1670）沢口一之ノ著ワシタ古今算法記ニハ，根源記ノ遺題ガ解カレテ居ル巻四カラハ総テ天元術ヲ用イテ居ル．ソシテソノ中ニハ七次八次ノ方程式モ見エルノデアル．佐藤，沢口ノ如キハ充分天元術ヲ理解シテ之レヲ自由ニ使イコナシ得タモノト云ウコトガ出来ル．

沢口一之ハ高原吉種ノ高弟デ関孝和ノ兄弟子デアツタトモ云ワレル．少壮ノ頃ハ関ト並ビ称セラレタガ後ニ関ノ門ニ入ツテ益々研鑽シタト云ウ．第七巻ニ提出シタ自問十五好ヲ見テモ氏ノ学力ノ非凡デアツタコトガ窺ワレル．此ノ十五好問ハ頗ル難解ナモノデ最早ヤ天元術ニヨラナケレバ如何トモシ難イモノデアル．否其ノ中ノ或モノハ天元術ヲ以テシテモ猶其ノ解法ノ真意ヲ他ニ伝エルコトガ不可能ノモノデアツタ．コノヨウナ難問ヲヨク克服シテ天元術ヨリモ更ニ一段ト進歩シタ新手法ヲ以テ解答ヲ試ミタモノガ有名ナル関孝和ノ発微算法（延宝二年1674）デアル．後ニ出版サレタ建部賢弘（関ノ門人）ノ発微算法演段諺解（元禄元年1688）ニヨルト，此ノ解法ニハ関ノ発明ニカカル新手法ノ傍書式演段ガ使ワレテ居ルコトガワカツタ．コノ方法ハコレマデ，支那ニ於テモ我ガ国ニ於テモ，嘗テ試ミラレタコトノナイモノデ全ク前人未開ノモノデアル．シカモソノ中ニ用イラレタ消去法ノ如キハ実ニ巧妙ナモノデアツタ．爾後コノ方法ハ関ノ演段ト呼バレテ我ガ国ノ数学界ヲ風靡シタモノデアル．コレガ実ニ我ガ国ニ於ケル点竄術（代数学）ノ誕生デアル．

猶此ノ解法ニ一段ノ工夫ヲ凝ラシテ所謂一貫ノ神術ヲ編出シタモノガ関ノ行列式ニヨル消去法デアル．之レハ解伏題之法ト云ウ書ニ記サレテ居ルガ実ニ世界ニ於ケル行列式ノ最古ノモノデアル．関ハコレヨリ先既ニ解隠題之法ト云ウ一書ヲ著ワシテ居ルガコレニハ天元術ヲ極メテ簡潔ニ，ヨク整頓シテ説イテ居ルノデアル．

関ノ卓越シタ能力ハ極メテ多方面ニ数学ノ各分野ヲ開拓シテ目覚マシイモノガアツタ．単ニ方程式関係ノ部分ノミヲ云ツテモ其ノ業績ハ偉大ナモノデアリ最早ヤ天元術ノ如キハ彼ノ前ニハ何物デモナカツタノデアル．此ノ算聖ノ出現ニヨツテ我ガ和算界ノ水準ヲ高メタコトハ極メテ著シク．次デ輩出シタ彼ノ門下並ニ他ノ算家ニヨツテ和算ハ益々進歩発展シタモノデアル．

次ニ各書ニ就イテ仔細ニ此ノ算法ヲ調ベテ見ルコトトスル．

(ii)　諸勘分物（シヨカンブモノ）（百川治兵衛，元和八年1622）

本書ハ写本デ門弟ノタメニ著ワシタモノデアル．又此ノ流ヲ百川流ト云ウ．亀井諸算法三冊（正保二年1645印行）モ同人ノ作デアルト云ワレル．

本書ノ裏書ニ次ノ問題ガ記サレテ居ル．

間積百九十二歩有リ．是ヲ縦ヨリ横ハ四間短シ．縦横幾何ト問．

答曰．縦拾六間，横拾二間

法曰．積百九十二歩ヲ四倍シテ七百六十八歩ト成ル．是ヲ立テ差四間ヲ掛合，四四十六ヲ加ヘ積合七百八十四歩ト成ル．是ヲ開平シテ弐拾八間トナル．内四間ヲ減ジテ弐拾四間トナル．是ヲ二ツニ割レバ横十二間也．是ニ差ノ四間ヲ加ヘ縦拾六間．

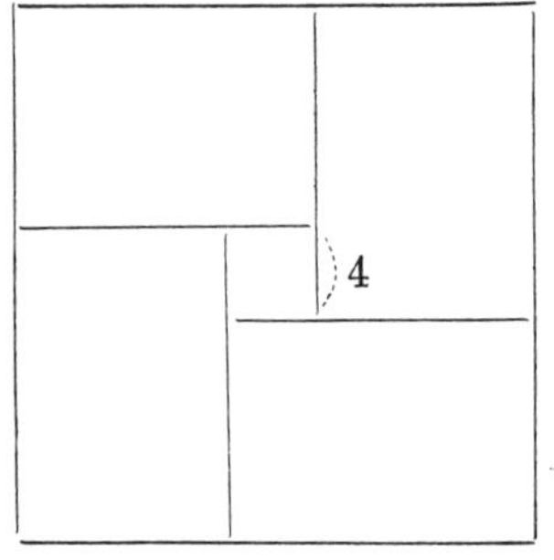

之レハ支那ノ四因積歩法ニヨツタモノデアル．

(iii) 塵劫記 (吉田光由 寛永四年 1627)

下巻第四十六開平法ノ条ニ次ノヨウナ説明ヲ見ル

坪数一万五千百廿九坪あるを四方になして一方は何程あるぞと云ふ時に

　百廿三間四方と云ふ.

法に云ふ，実に一万五千百廿五坪を置きて先づ実にて位を見る．一十百，一十百と，此の如くに数へて上がり見る時，真中を百と云ふは，百の位と定めて，商に百と置きて此の通りの下方にて一十百と数へて，上がりて百と置き，さて法にて下法の百の上の通りにて商の百と下方の百と九九に呼ぶ時一一の壱万坪と法に置きて是れを実にて引く也.

残りて五千百廿九坪あり.

1	商
1　5　1　2　9 百　十　一百　十　一	実
1	法
1 百　十　一	下法

1 2	商
5 1 2 9	実
4 4	法
2 2	下法

1 2 3	商
7 2 9	実
7 2 9	法
2 4 3	下法

十二	百	
二千坪	一万坪	百
四百坪	二千坪	二十

三	十二	百	
三百六十坪	二千坪	一万坪	百
	四百坪	二千坪	二十
九坪	坪十六百三		三

法に云ふ．商の百の続きに二十と置きて，さて下方をば一位下げて百を一倍に二百と成して，此下に二十と置く，此の二十は商に今立つるに従ひて置く也．さて法にて下法の二百に商の廿を呼ぶ，二二の四千と法に置きてまた下方

の廿に商の廿を呼ぶ．二二の四百と法に置きて是を実にて引く也

残りて七百廿九坪あり．

法に云ふ．商に二十の次に三と置きて下法には一位下げて二十を一倍にして四十と成して，此下に三と置きて，此の三は商にやく法と云ふて今立つるに従ひて置く也．さて又法に居て下法の二百に商の三を呼ぶ，三四の百廿と法に置きて，又下法の三に商の三を呼ぶ也．三三の九坪と法に置きて七百二十九坪に成る也，是れを実にて引きて引き払ふ時に，

百二十三間四方に成る也．

第四十八　開立法

坪数千七百廿八坪あり．是を竪横高さも同じ長にして何程ぞと問ふ時に

十二間六方なり．

法に云ふ，実に千七百廿八坪と置きて先づ実にて位を見る．一十，一十，一十と絵図の如くに数へて上がり見る時に十と云ふは十の位なり．先づ商に十と置きて又下方にて一十と上がりて十と置くなり，是は商の十に従ひて置くなり．さて法に居て下方の十に商の十を呼ぶ也．一一の百と置き又法の百より一十と数へて上がりて法の百に商の十を呼ぶ．一一の千坪と成る也．是を実にて引き払ふ也．

残りて七百廿八坪あり．

商に十の次に二立て，さて下方の十を三双倍に卅と置き，一位下げて又法にて下方の卅に商の十を呼ぶ．一三の卅と法に置き，又此の卅の次に居て，下方の卅に商の二を呼ぶ．二三の六と置き又法の卅より一十と数へ上り居て法の卅に商の二ばかりを卅に呼ぶ．二三の六百と置きて又法の六より一十と上り居て法の六に商の二を呼ぶ．二三の六百と置きて又法の六より一十と上り居て法の六に商の二を呼ぶ．二六の百廿と置く時七百廿に成る．是を実にて引く也．残りて八坪あり，是をば小角に引き先づ法にて商の二を法にも二と置きて，さて法の二に商の二を掛くれば二二の四と法に置きて，又是に商の二を再び掛くれば二四の八坪と成る．是を実にて引き払ふなり．

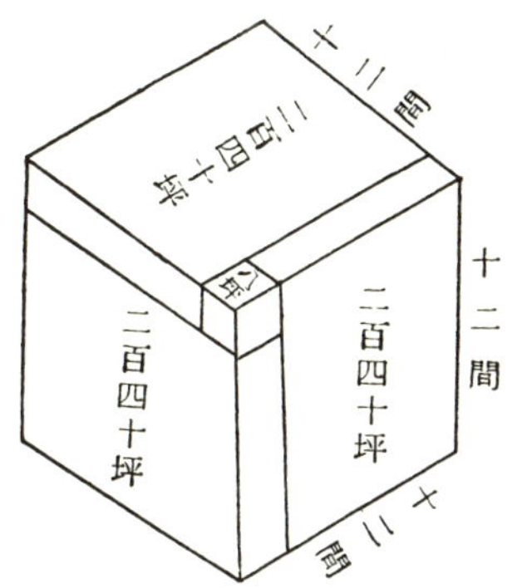

(1)

1	商
1 7 2 8 +⌒−+⌒−+⌒−	実
1 + −	法
1 + −	下

(2)

1 2	商
7 2 8	実
7 2 + −	法
3	下法

以上ノ計算ハ十露盤四台ヲ列ベテ示サレテ居ル．即チ十露盤デ計算ヲシタモノデアル．シカシ後ニ出版サレタ塵劫記ニハ頭書ニ算木ニヨル方法モ示サレテ居ルノデアル．

本書ニハ帯縦ノ開平開立ハナイ．

(iv)　**竪亥録**（今村知商　寛永十六年 1639）

> 仮令以㆓寸歩一百五十二歩二分七厘五毫六絲㆒為㆑実、（二一之一百歩除）、商一尺、止㆓余五十二歩二分七厘五毫六絲㆒（商一尺倍而得㆓二尺㆒為㆑法、一桁帰）商二寸、又隅（二二之四歩除）止㆓余八歩二分七厘五毫六絲㆒（商一尺二寸倍而得㆓二尺四寸㆒為㆑法、一桁帰除）商三分、又隅（三三之九厘除）止㆓余九分八厘五毫六絲㆒（商之一尺二寸三分倍而得㆓二尺四寸六分㆒為㆑法、一桁帰除）商四厘、又隅（四四之一毫六絲除）則商一尺二寸三分四厘、是方之寸数也、

四，開平式ノ所ニ右ノヨウニ開平ノ算法ヲ記ス．之レヲ洋式デ示セバ下ノヨウデアル．

（商）	（実）	（法）
10	152.2756	
	100	
2	52.2756	20
	40	
	12.2756	
	4	
0.3	8.2756	24
	7.2	
	1.0756	
	9	
0.04	.9856	24.6
	.984	
	.0016	
	.0016	
	0	

（註）一桁ニ帰ス又ハ一桁ニ帰除ストハ唯一桁ダケ割ルコトデアル．例エバ 52 ヲ20

デ割レバ商ハ 2.6 トナルガ今ハ唯 2 ト云ウ一桁ダケヲ知レバヨイ．之レヲ一桁ニ帰スト云ツテ居ルノデアル．

五，開立式ノ所ニモ同様ノ調子デ開立ノ算法ヲ記シテ居ル．原文ハ長イ故之ヲ省キ唯洋式デ示シテ見ル．

（商）	（実）
10	1880
	1000
2	880
	600
	280
	120
	160
	8
0.3	152
	129.6
	22.4
	3.24
	19.16
	27
0.04	19.133
	18.1548
	.9782
	5904
	.91916
	64
	.919096

$10^2\times3=300$（法）
　880 ヲ 300 デ割リ次商 2 ヲ立テル．
　カクシテ $300\times2=600$ ヲ実カラ引ク．
$2^2\times10\times3=120$（廉）
$2^3=8$（隅）

$12^2\times3=432$（法）
　152 デ 432 割リ商 3 分ヲ立テ
　$432\times0.3=129.6$ ヲ実カラ引ク
$0.3^2\times12\times3=3.24$（廉）
$0.3^3=0.027$（隅）

$12.3^2\times3=453.87$（法）
　19.133 ヲ法デワリ商 0.04 ヲ立テ
　$453.87\times0.04=18.1548$ ヲ実カラ引ク．
$0.04^2\times12.3\times3=0.05904$（廉）
　$0.04^3=.000064$（隅）

答　12.34　　　　不尽　0.919096

帯縦開平

縦ガ横ヨリ一尺五寸長ク，積ガ 1522.756 寸歩　アル矩形ノ縦横ヲ求メル．即チ

$$x(x+15)=1522.756$$

ヲ解クニ次ノヨウニシテ居ル．

（商）	（実）	
30	1522.756	30×15＝450
	900	
	622.756	
	450	30×2＋15＝75（法）
2	172.756	
	150	法ヲ以テ実ヲ除キ商2トナル.
	22.756	2^2＝4（隅）
	4	
0.2	18.756	32×2＋15＝79（法）
	15.8	法ヲ以テ実ヲ除シ商 0.2
	2.956	0.2^2＝0.04（隅）
	4	
	2.916	32.2×2＋15＝79.4（法）
0.03	2.382	商 0.03
	.534	
	9	0.03^2＝0.0009（隅）
	.5331……（不尽）	

答　横 32.23寸　縦 47.23寸

帯縦開立

底ガ正方形デアル四角墻ノ体積ガ 188000 坪アル（本書ニハ10万ヲ一億ト云イ之レヲ一億八万八千坪ト云ツテ居ル）但シ底ノ一辺ハ高サヨリ三尺小サイ．此ノ高サ及ビ底ノ一辺ヲ求メル．即チ

$x^2(x+30)=188000$　ヲ解クニ次ノ如クシテ居ル．

（商）	（実）	
40	188000	$40^2\times30=48000$
	64000	$40^2\times3=480$
	124000	
	48000	$40\times30\times2=2400$
8	76000	
	57600	7200（法）
	18400	$8^2\times40\times3=7680$（廉）
	7680	
	10720	$8^2\times30=1920$（帯縦廉）
	1920	$8^3=512$（隅）
	8800	
	512	
	8288……（不尽）	

答　方 48寸　高サ 78寸

$x=a+b$ トスレバ

$$(a+b)^3+30(a+b)^2=a^3+30a^2+(3a^2+30\times 2a)b+3ab^2+30b^2+b^3$$

トシテ計算ヲ進メテ居ルノデアル，

以上ノ解法ハ天元術ニヨル解法トハ余程趣ヲ異ニシテ居ル．

(v)　改算記（山田正重，万治元年，1658）

本書ハ塵劫記類似ノ書デ広ク用イラレタモノデアル．上中下三巻ヨリ成リ，下巻ニハ塵劫記，亀井算，参両録，因帰算歌ノ誤リヲ正シテ居ル．コレガ改算記ト云ウ題名ノ由テ来ル所以デアル．

中巻ノ始メニ正矩術（開平法）正絜術（開立法）ガアル．大体先ノモノト類似シテ居ル．依テ今開立法ダケヲ記スコトトスル．本書ノ図モ亦十露盤デ示サレテ居ル．

積五十六万千五百十五坪六分二厘五毛を四方六面にして，

　八十二間半に成．

此ノ計算ヲ次ノ如クスル．

(商)	(実)	
80	561515.625	80
	512	$80^2\times 3=19200$　デ実ヲ唯一桁割リ商ニ2ヲ立テル．
	49515.625	
2	38400	
	11115.625	$2^2(80\times 3+2)=968$
	968	
0.5	10147,625	$82^2\times 3=20172$　商 0.5 ヲ立テル．
	10086	$0.5^2(80\times 3+0.5)=61.625$
	61.625	答　八十二間半
	61.625	
	0	

又此ノ算法ヲ次ノヨウニ図解シテ居ル．

図之就成絜正

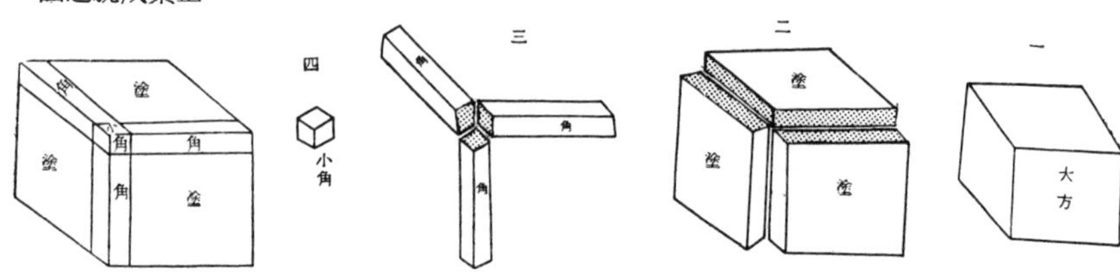

(vi) 算法闕疑抄（礒村吉徳，万治三年，1663）

説明ガ詳細懇切デ初学者ニハ誠ニ良イ書物デアル．

巻二開平法式ニ　$\sqrt{151.29}=12.3$ ヲ次ノ如ク計算シテ居ル．

（商）	（実）	（法）
10	151.29	
	100	10×2+2=22
2	51.29	
	44	12×2+0.3=24.3
0.3	7.29	
	7.29	
	0	

上ノ意趣ヲ図ニシテ示セバ右ノヨウニウル．

次ニ**帯縦開平**ガアル．

寸歩弐百四拾九歩七分五厘有．是を縦より横を五寸狭くして縦横何程宛に成ぞと問．

荅云．縦一尺八寸五分．横一尺三寸五分．

$x(x+5)=249.75$　ヲ解ク．

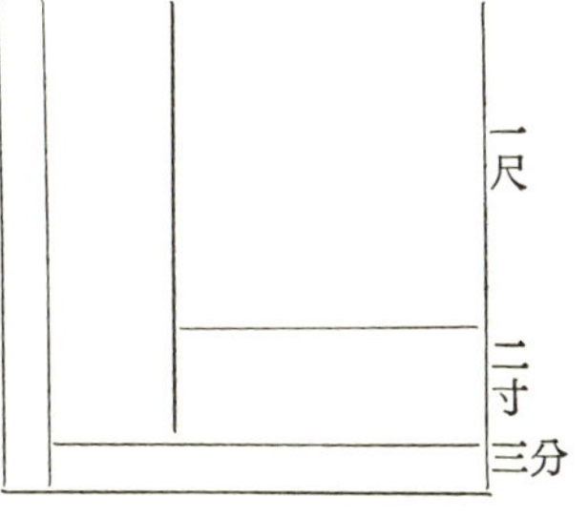

（商）	（実）	
10	249.75	10×5=50
	100	
	149.75	
	50	
3	99.75	10×2+3=23（法）
	69	
	30.75	3×5=15
	15	
0.5	15.75	13×2+0.5=26.5（法）
	13.25	
	2.50	0.5×5=2.5
	2.50	
	0	

開立

$\sqrt[3]{1860.867}=12.3$　ヲ次ノ如ク計算スル．

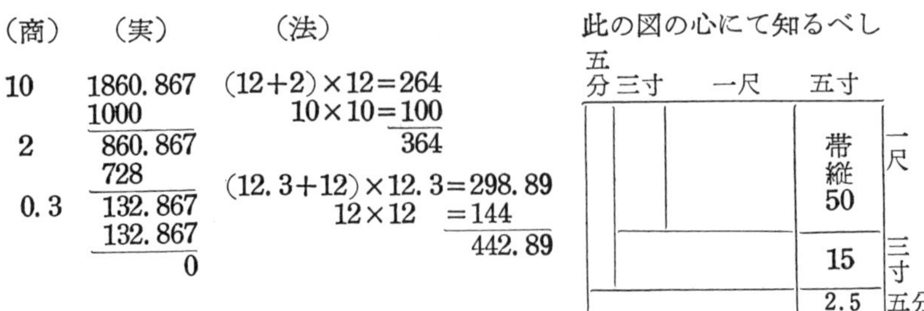

（商）	（実）	（法）
10	1860.867	$(12+2)\times 12=264$
	1000	$10\times 10=100$
2	860.867	364
	728	$(12.3+12)\times 12.3=298.89$
0.3	132.867	$12\times 12\quad =144$
	132.867	442.89
	0	

剰余アラバ其儘不尽何々ト記ス.

（解　　図）

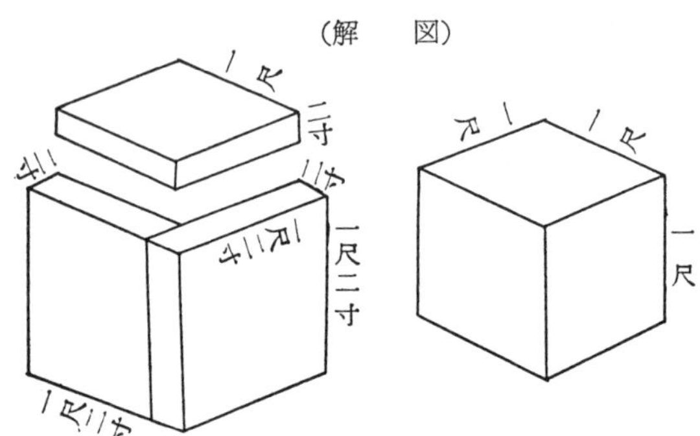

（註）此の外開平立に近き手立あり．縦令見一許り知りたる初心なる人聞給ひ，少も位の違なく只見一を割ごとくに自由に見へ申す法也，執心の方々は予が門弟に便て御習可有候．ト云ツテ居ルガ之レハ天元術ノ算法ヲ指シテ居ルヨウデアル．

帯縦開立方

寸坪弐万弐千四百六拾四坪有．是を縦横同尺にして高さは壱尺五寸長くして縦横高を問．

答云．縦横二尺四寸，高三尺九寸．

$x(x+15)=22464$　ノ解

（商）	（実）	
20	22464	$20\times 20\times 15=6000$
	8000	
	14464	$(24+20)\times 24=1056$
	6000	$20\times 20=400$
4	8464	1456
	5824	
	2640	$(24+20)\times 4\ =176$
	2640	$176\times 15=2640$
	0	

之レヲ次ノヨウニ図解シテ居ル.

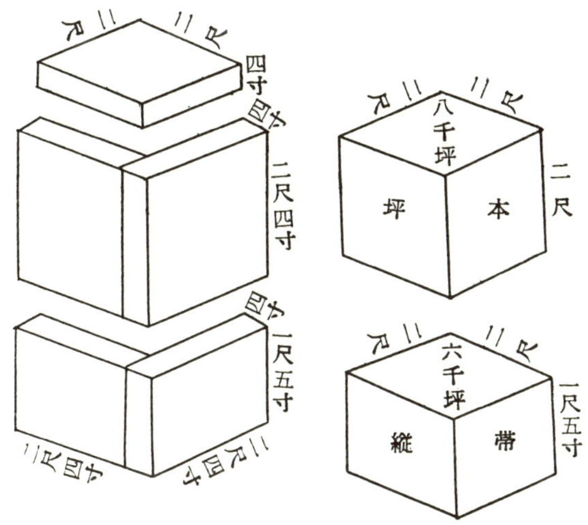

(vii) 算　俎(村松茂清，寛文三年，1663)

村松茂清ハ九太夫ト称シ，平賀保秀（今村知商ノ門人）ノ門人デアル．播州浅野長矩ニ仕エタ．其養子秀直，秀直ノ長子高直ハ共ニ四十七士ノ列ニ加ワッテ居ル．

本書ニハ沢山ノ問題ノ答術ガ施サレテ居リ開平，帯縦開平ノ問題モ沢山アルガ，方程式ノ解法ハ示サレテナイ．ソシテ又三次以上ノ方程式ヲ用イル問題ハ見当ラナイ．

又本書ニハ「天元ノ一ヲ実トナシ……」トカ「天元ノ一箇ヲ置テ内二和利ヲ減テ……」ノ語ハ見エルガ未ダ天元ノ一ノ意味ヲ正シク解シテ居ナイ．

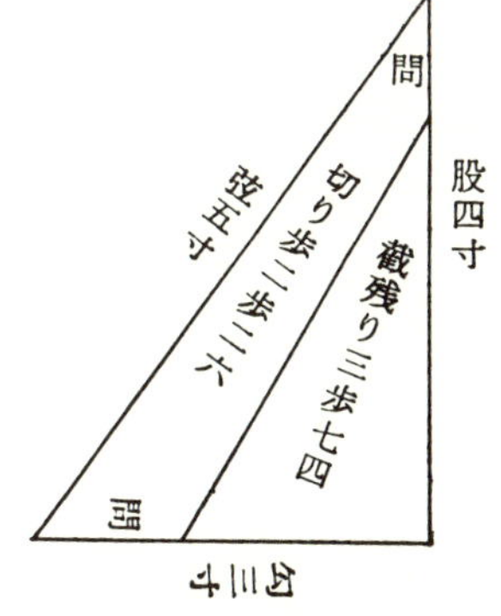

今三寸，四寸，五寸ノ勾股弦ノ弦ノ方ニテ二歩二分六厘截リ去ル時，勾ヲ一寸切テハ股ハ七分半切ル相応ニシテ（割合ニシテ）問各幾寸宛切ル．

答曰　截残 截去 勾 二寸二分 八分

術曰．置^{二}残積^{一}以^{レ}四乗^{レ}之又一五ヲ以テ乗^{レ}之為^{レ}実．別ニ三寸五分ノ法ヲ得テ帯縦ニ用テ平方開^{レ}之．置^{レ}商以^{二}一個半^{一}除^{レ}之二寸二分ニ合フ．

勾ノ截残ヲ x トスレバ

$$(3-x)\times\frac{3}{4}\text{……股截去}$$

$$4-(3-x)\times\frac{3}{4}=\frac{7}{4}+\frac{3}{4}x\text{……股截残}$$

$$\therefore \quad x\left(\frac{7}{4}+\frac{3}{4}x\right)=3.74\times2$$

両辺ニ 3 ヲカケ

$$\frac{7}{2}\cdot\frac{3}{2}x+\left(\frac{3}{2}x\right)^2=22.44$$

$\frac{3}{2}x=X$　トスレバ

$$X^2+3.5X-22.44=0$$

之レヲ解イテ　$X=3.3$　$\therefore\ x=2.2$

（又一五ヲ以テ乗^{レ}之ノ一五ハ一・五デアル）

今方台ノ積七百三十二寸坪，只云串九寸狭方八寸ニ定テ問^{二}広方幾何^{一}．

答曰　広方一尺

術曰．坪数ヲ置三ヲ以テ乗^{レ}之，又串ヲ以テ除^{レ}之二百四十四歩此内ヲ狭方ノ羃六十四歩ヲ減テ止余百八十歩実^{レ}為．狭方八寸ヲ帯縦ニ用，開平方法ニ除^{レ}之　合^{レ}答．

方台ハ上底及下底ガ共ニ正方形ナル角錐台デアル．又串ハ方台ノ高，狭方ハ狭キ底面ノ一辺デアル．

今広方ヲ x 寸トスレバ　方台ノ体積ノ公式ニヨリ

$$\frac{1}{3}\times9[64+8x+x^2]=732$$

$$64+8x+x^2=244$$

$$-180+8x+x^2=0$$

コレヲ解キ　$x=10$

(viii)　算法根源記（佐藤正興，寛文四年，1666）

上中下三巻ヨリ成リ，上巻ニハ童介抄ノ遺題一百好ノ解，中巻ニハ闕疑抄ノ遺題一百好ノ解，下巻ニハ自己提出ノ新題一百五十好ヲ載セテ居ル．上巻中巻ノ解ハ只荅術ヲ述ベテ居ルノミデアルガ，天元術ヲ各所ニ使用シテ居リ，四次五次ニ及ブ方程式モ見エルノデアル．之レニヨツテ当時天元術ガ行ワレテ居タコトガ知ラレル．但シ，天元一ノ語ハ次ノ文中ニ見ル如ク正シク解サレテ居ナイ．

今有二鈎股弦一只云寸平積六歩、従レ股弦長一寸、問二各幾何一、
荅曰、鈎三寸、股四寸、弦五寸
術曰、列二云積一四双倍為二二十四歩一平相二乗差一寸一得二二十四坪一立為二正実一、差一寸自因得二一歩一平倍レ之得二二歩一平為二正従法一、別差一寸是三双倍得三三寸一為二正廉一、立二天元一正隅一以レ各立方開レ之商得二寸、則自因得二四歩一、再為レ実、以二差一寸一除レ実得二四寸一、折半為二二寸一、内減二差一寸一是鈎股差、従レ是以三云積六歩与二止余一寸一帯縦平方開レ之知レ各合レ問．

右ハ中巻(七)ノ問題デアル．

鈎股弦ヲ夫々 a, b, c デ表ワセバ

$$\frac{ab}{2}=6$$

$$c-b=1$$

ナルトキ a, b, c ヲヲ求メルノデアル．

術文ニヨレバ先ズ

$$-2ab(c-b)+2(c-b)^2x+3(c-b)x^2+x^3=0 \qquad (1)$$

即チ

$$-24+2x+3x^2+x^3=0 \qquad (2)$$

ヲ解キ　$x=2$　ヲ得テ居ル．

此ノ x ハ内接円ノ直径デアル．鈎股弦ノ定理ハ当時ニ於テモ非常ニ沢山知ラレテ居タカラ(1)ヲ如何ニシテ作ツタカ明カデナイガ，之ガ正シイコトハ次ノヨウニシテ知ラレル．

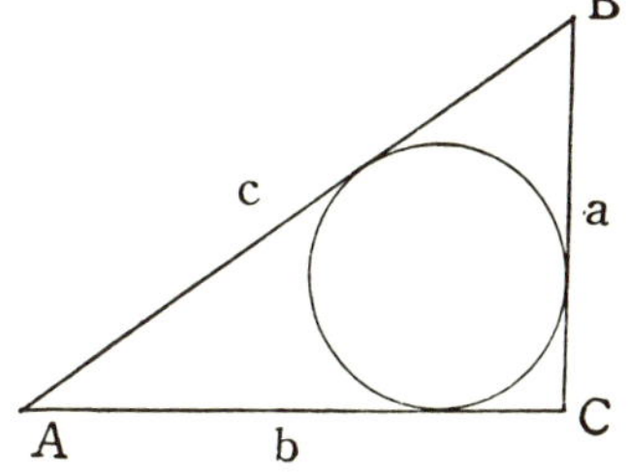

$$2ab(c-b)=x(a+b+c)(c-b)$$

$$=x[a(c-b)+c^2-b^2]$$

$$=x[a(c-b)+a^2]$$

$$=x[a(c-b+a)]$$

$$=x[(a+b-c)+(c-b)][(a+b-c)+2(c-b)]$$

然ルニ $x=a+b-c$ デアルカラ

$$=x[x+(c-b)][x+2(c-b)]$$

$$=x^3+3(c-b)x^2+2(c-b)^2x$$

次ニ $b-a$ ヲ求メテ居ル．ソレニハ

$$\frac{x^2}{2(c-a)}-(c-b)=b-a \quad トシテ居ルガ$$

$$\frac{x^2}{2(c-b)}=\frac{(a+b-c)^2}{2(c-b)}=c-a \quad トナリ \quad (c-a)-(c-b)=b-a$$

トナルカラコレモ正シイ．カクシテ $b-a=1$ ヲ得．次デ方程式

$$-\frac{ac}{2}+(b-a)x+x^2=0 \qquad (3)$$

ヲ解ク．即チ　$-6+x+x^2=0$

カラ　$x=2$

此ノ x ハ(3)カラ考エルト　$x=\dfrac{a+c-b}{2}$　デアル．

カクシテ之等カラ a, b, c ヲ求メルノデアルト云ツテ居ル．即チ与エラレタ

$c-b=1$　ト

$a+b-c=2$　トカラ　$a=3$

コレト　$b-a=1$　トカラ　$b=4$

従テ　$c=5$

此ノヨウニシテ三辺ハ定マルカラ (3) 以下ハ不要デアルガ之レヲモ用イテ出シタモノデアル．

上巻（五八）ニハ下ノヨウナ弧積ニ関スル問題ガアル

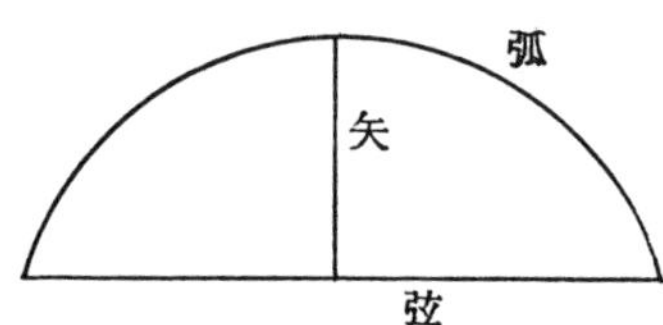

今有二平円闕一、只云弧六尺九寸五分一、寸平積七百五十三歩六分、問二矢幾何一、
答曰　矢二尺
術曰、列二積七百五十三歩六分一以二七八五一平円積法除為二九百六十歩一平自二乗之一得二九十二万千六百坪一三乗為二負実一、別弧六尺九寸五分一自乗得二四千八百三十二歩一平加二入不尽一相二乗二五六一定法為二一万二千三百六十九歩九二一平内加二入右九百六十歩倍レ之為二千九百二十歩一以二六二五一定法除得二三千〇七十二歩上共得一万五千四百四十一歩九二一為二上正廉一、別立二天元法六十二二五九二負隅一、依レ之以レ各三乗翻法開レ之商得二二尺一倍レ之矢得二一尺一合レ問、

弧長 69.51寸，弧積 753 平方寸 ヲ知ツテ矢ヲ求メルノデアル．術文ヲ式デ示スト次ノ四次方程式トナル．

$$-\left(\frac{753}{0.785}\right)^2+\left(69.51^2\times 2.56+\frac{753\times 2}{0.785\times 0.625}\right)x^2-62.2592x^4=0$$

之レヲ解イテ $x=10$，之レヲ二倍シ二尺ヲ以テ答トスルト云ウノデアル．

此ノ方程式ハ本書ニ用イテ居ル次ノ二ツノ公式

平円闕積＝〔(弦−2矢)×0.8+2矢〕矢×0.785

弧^2＝弦^2+5.83矢^2

カラ弦ヲ消去シテ得ル矢ノ四次方程式

$$-\left(\frac{積}{0.785}\right)^2+\left(0.64弧^2+\frac{0.8積}{0.785}\right)矢^2-(0.16+0.64\times 5.83)矢^4=0$$

ニ　矢$=2x$　ト置イタモノデアル．

(ix)　古今算法記（澤口一之，寛文十年，1670)

本書ハ七巻ヨリ成ル．一巻ニ於テハ日用諸算ヲ扱ヒ，二巻ニ於テハ先ズ十露盤ニテ開立及ビ帯縦ノ開平開立ヲ説キ，次デ算木ニヨル計算ニ及ンデ居ル．本書ノ方法ハヨク形式ガ整ツテ居リ，現今行ワレテ居ル Horner ノ方法ト殆ド同一デアル．次ニ之ヲ示シテ見ル．

帯縦開平

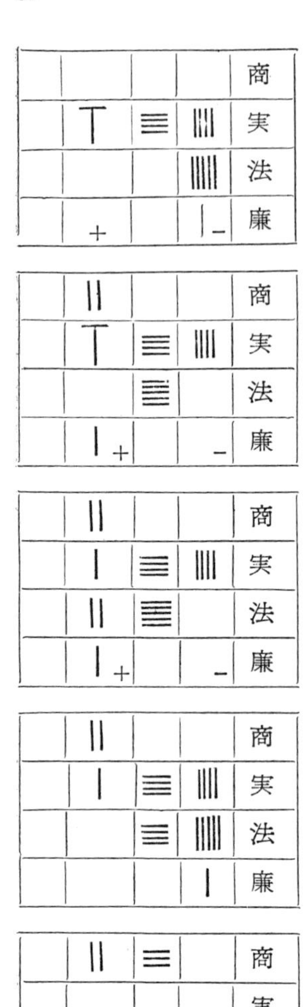

積六百四十四歩有．是を縦の間に横の間を五間短くしてはたてよこ（縦，横）の間いか程ぞと問ふ．

答曰　縦二十八間，横二十三間

（$x^2+5x-844=0$ ノ解）

積六百四十四歩を実に置，また短五間を法に置，一算を借て廉に置，扨位を見る時十の位なり，法廉各々一位上て商に二十間と立る．次の図に知す．

扨商二十間と廉と見合．九九によび一二の二を法にくはへて法二五と成る．又此法と商と見合九九によび実を引時二二ノ四百歩引，二五の百歩引と実を引也．次の図に知す．

又商と廉と見合．九九によび一二の二を法にくはへて法四五と成る．扨法廉各々一位さがるなり次の図に知す．

扨商に又三間を立，其三間と廉と見合九九によび一三の三を法にくはへて法四八と成る．此法と又立つ商三間と見合，九九によび実を引時三四の百二十歩引，又三八二十四歩引と実を皆引はらい商二十三間と知．是すなはち横なり．是にみじかき五間をくはへて縦二十八間と知也．次の図に有．

帯縦開立方

此立方の積二千三百〇四坪有．方面より高さは四間長し，此高さ方面何ほどぞと問．

荅曰．方面十二間．高サ十六間

〔$x^2(x+4)=2304$ ノ解〕

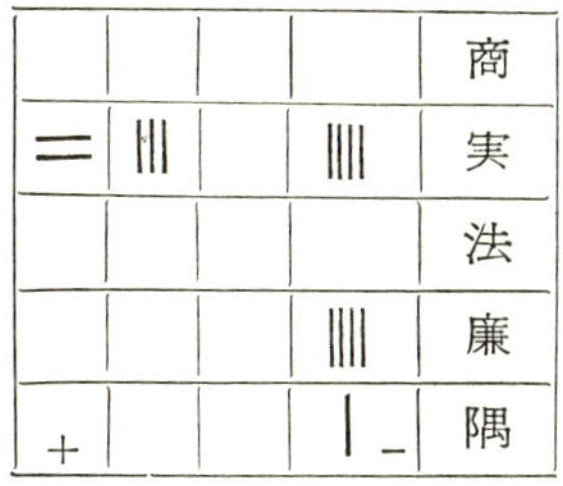

積二千三百〇四坪を実に置．又長さ四間を廉に置．一を隅に置．位を見る時十の位也．廉隅各々一位上りて商十間と立る也．

次の図に知す．

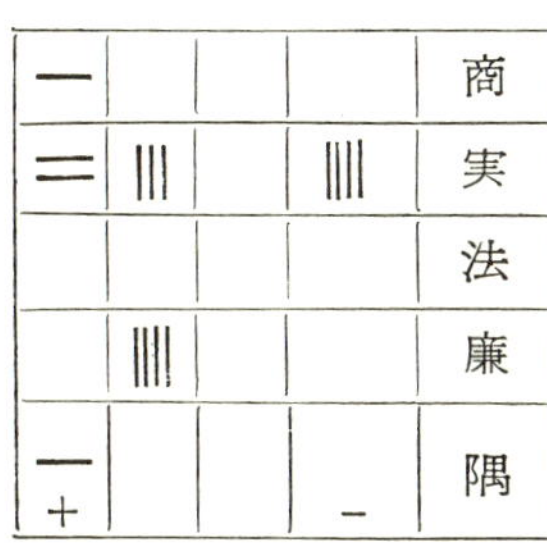

扨商と隅と見合九九によび一一の一を廉にくはへて廉一四と成る．又此廉と商と見合九九によび一一の一と一四の四とを法にくはへて法一四と成る．又此法と商と見合九九によび実を引時一一の千坪引．又一四の四百坪引と実を引也．

次の図に知す．

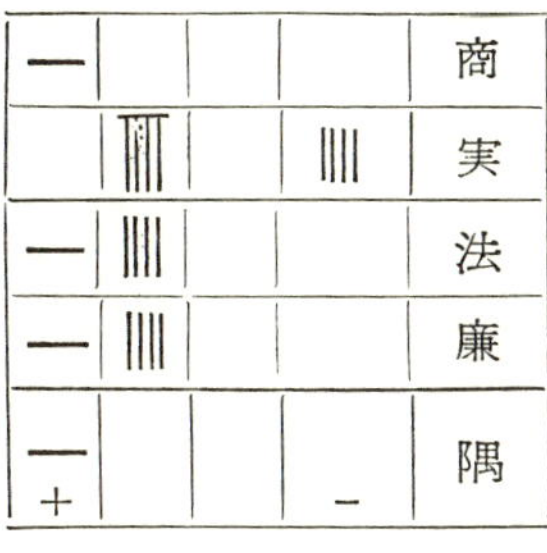

扨又商と隅と見合九九によび一一の一を廉にくはへて廉二四と成る．又此の廉と商を見合九九によび一二の二と一四の四とを法にくはへて法三八と成る．扨又商と隅と見合九九によび一一の一を廉にくはへて廉三四と成る．法廉隅各一位さがる也．次の図に知す．

𝍩				商
	𝍧		𝍣	実
	𝍢	𝍰		法
		𝍫	𝍣	廉
＋			𝍠 −	隅

扨又商に二間を立る．其二間と隅と見合九九によび一二の二を廉にくはへて廉三六と成る．又此廉と又立商と見合．九九によび二三の六と二六十二とを法にくはへて法四五二と成る．又此法と又立商二間と見合九九によび実を引時二四の八百坪引．又二五の百坪引，又二二の四坪引と実を皆引払ば商十二間となる．是即方面也．是に四間をくはへて高さ十六間と知也．次の図に有．

法廉隅は後は不用也．

𝍩	𝍡				商
					実
	𝍣	𝍬	𝍡		法
		𝍫	𝍮		廉
+				𝍠 -	隅

二巻ノ終リカラ三巻ニカケテハ求積，差分，盈朒，方程，方円直，径矢弦，……ヲ説ク．此ノ辺ハマダ天元術ハ用イラレテ居ラズ，所々ニ開平ヤ帯縦開平ガ見エル位デアル．

四，五，六巻ニハ根源記一百五十好問ノ解ヲ記ス．此処デハ第一問カラ天元術ヲ用イテ解イテ居ルノデアル．中ニハ八次方程式モ見エル．

（四）今有㆓平方内平円空㆒、只云列㆓円径寸㆒為㆑実開㆓平方㆒之見商寸加㆓入外余積㆒共寸平積百六十四歩三七四五、別方面寸与㆓円周寸㆒和而四尺三寸二分七八、問㆓方面円径幾何㆒、

答曰　円径九寸、方面一尺五寸、

術曰、立㆓天元一㆒為㆓円径㆒以㆓三一四二㆒（円周法也）乗㆑之以減㆑和余為㆓方面㆒、自㆓乗之㆒為㆓方積㆒寄㆑左〇列㆓円径㆒自乗以㆓七八五五㆒（円積法也）相㆓乗之㆒為㆓円積㆒、之加㆓入共積㆒得内減㆑寄㆑左為㆓見商寸㆒、自㆓乗之㆒為㆓円径㆒再寄〇列㆓円径㆒与㆓再寄㆒相消得㆓開方式㆒三乗飜法開㆑之得㆓円径㆒、依㆓前術㆒得㆓方面㆒、各合㆑問、

（四）

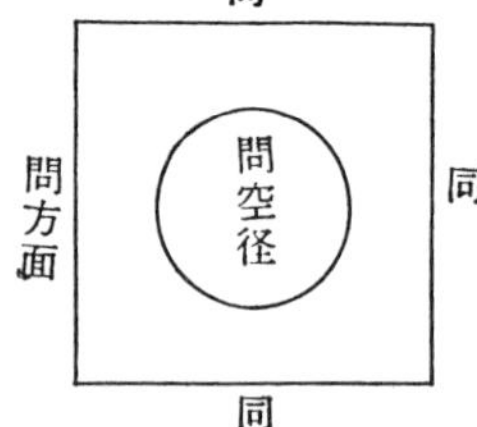

円径ヲ x トスレバ，円積$=0.7855x^2$

又　方積$=(43.278-3.142x)^2$

外余積$=(43.278-3.142x)^2-0.7855x^2$

$\therefore\quad \sqrt{x}+(43.278-3.142x)^2-0.7855x^2=164.3745$

即チ　$x=[164.3745-(43.278-3.142x)^2+0.7855x^2]^2$

此ノ四次方程式ヲトイテ円径ヲ求メルト云ウノデアル．

（四四）　矢ヲ x トスレバ

$$弦^2=4x(20-x)$$

$$\therefore\quad 4x^3(20-x)=138.24^2$$

此ノ四次方程式ヲ解イテ矢七寸二分ヲ得ル．

（四四）

今有二平円闕一、只云矢与レ弦相二乗之一寸平積一百三十八歩二分四、別云円径二尺、問二矢弦幾何一、

答曰、矢七寸二分、弦一尺九寸二分

術曰、立二天元之一一為レ矢、以減二円径一余以レ矢相乗四レ之得数亦以二矢冪一相二乗之一為下因二矢冪一弦冪上寄レ左〇列二云数一自二乗之一与レ寄レ左相消得二開方式一三乗方開レ之得レ矢、依二前術一得レ弦各合レ問.

（六四）

今有二鈎股弦一寸平積内加下入列二股寸一為レ実開二平方一之見商寸上共寸平積七歩二分三八四、只云弦六寸。問二鈎弦各幾何一、

答曰、股五寸七分六厘、鈎一寸六分八厘.

術曰．立二天元一一為レ股自レ之以減二弦冪内一余為二鈎冪一、之以二股冪一相乗為二四段積冪一、寄二甲位一〇列レ股四レ之為二四箇股一寄二乙位一〇列二共積一自二乗之一就レ分四レ之得内減下寄二甲乙位一数上余自二乗之一為二甲乙相乗四段数一寄レ左〇列二甲位一以二乙位一相乗得数四レ之与レ寄レ左相消得二開方式一七乗方飜法開レ之得レ股、依二前術一得レ鈎各合レ問.

（六四）

股ヲ x トスレバ

$$鈎=\sqrt{36-x^2}$$

$$積=\frac{x\sqrt{36-x^2}}{2}$$

$$\therefore\quad \frac{x\sqrt{36-x^2}}{2}+\sqrt{x}=7.2384$$

$$x^2(36-x^2)+4x+4x\sqrt{36-x^2}\sqrt{x}=7.2384^2\times4$$

$$\therefore\quad \{7.2384^2\times4-x^2(36-x^2)-4x\}^2=16x^3(36-x^2)$$

此ノ八次方程式ヲトイテ　$x=5.76$　ヲ得ルト云ウノデアル.

七巻ニハ自問十五好ヲ提出シテ居ル. 頗ル難解ノモノデアル. コレニ就テハ発微算法ノ条ニテ述ベルコトトスル.

之等ニヨツテ見テモ本書ハ算学啓蒙以上ノモノデアリ, 天元術ヲ知ルニハ当時ニアツテハ極メテヨイ書デアルコトガ知ラレル.

(註) 日本学士院編　明治前日本数学史第一巻 p. 81 ニ次ノ記事ガ見エル.

「淡路の広田顯三氏の家に伝はる数学記聞と題する写本 (大島喜侍に関係深き人の手記) の下巻には

日本ニテ天元之祖ハ大坂川崎之手代橋本伝兵衛 (寛永明暦之比) ナリ. 蓋シ啓蒙ニヨツテナリ.

とあつて, 天元術の最初の伝承者を橋本伝兵衛 (正数) として居る. 同じく広田家にあつた大島喜侍の測量術の書「見盤」の離巻にも

橋本伝兵衛正数　住大坂

正数與門人大坂鳥屋町之住沢口三郎右衛門相共作古今算法記, 行于世, 此本邦以天元術著書之始也

沢口一之後住京都出水, 号沢口宗隠, 終京都

とあり, これには古今算法記を正数と一之との共著としてゐる」

(v) 股鈎弦鈔 (星野実宣, 寛文十二年, 1672)

鈎股弦ニ関スル百五十ノ問題ニ荅術ヲ施シタモノデアルガ中ニ三次四次ノ方程式ガ見エル. 但シ術中ニハ天元ノ語ハ使用シテ居ラヌ.

○有二積六十歩一、只云股自乗歩勾自
乗歩相減余百六十一歩、問二鈎股差
幾何一
　荅曰　七歩
術曰、百六十一歩自乗得二二万五千九百二十一
歩一為レ実積八個得二四百八十歩一為二上廉一
以レ一為レ隅、三乗方開レ之得二股勾
差七歩一
○股十五歩、只云股勾差自乗歩勾
弦和歩共七十四歩、問二股勾差
幾何一
　荅曰　差七歩
術曰、七十四歩減二股十五歩一余五十
九自乗得二三千四百八十一歩一倚レ左、股十五歩
自乗倍レ之得二四百五十歩一直二減倚レ左余三千
三十一歩為レ実、七十四歩倍レ之百四十八歩
為二負従方一、五十九歩倍レ之百十八歩為二
正上廉一、以二一個一為二正下廉一、以レ一
為二負隅一、三乗方開レ之得二差七歩一

星野ハコレヨリ先（同年）算学啓蒙註解モ著ワシテ居ル．ココニハ天元一ノ語ヲ使ツテ居ルガ正シク理解サレテ居ラズ「以二天元一一為二正廉一為レ平」トカ「命二天元一一置二従方一」トカ云ツテ居ル．

○勾六歩、只云股弦差自乗歩弦共
十四歩、問二股弦差幾何一、
・答曰　差二歩・
術曰、勾冪自乗得二千二尺九十六歩一為レ実、十
四歩自乗得二百九十六歩一減二勾冪一余因レ四
得二六百四十歩一加二入勾冪倍七十二歩一得二七百
十二歩一為二正上廉一、十四歩因レ八加二一
個一得二百十三歩一為二負上隅一以レ四為二正
下隅一、五乗方開レ之得二股弦差二歩一、

(xi) 数学乗除統来（古郡之政，延宝二年，1674）

古郡之政ハ隅田江雲ノ門下デ後ニ池田昌意ト改メタ．暦法ニ精通シ保井春海ノ作ツタ貞享暦ノ原トナツタ暦ヲ作ツタト云ワレル．本書ニモ算木ニヨル乗除，開平，開立ガ詳記サレテ居リ天元一ノ語モ見エルガ正当ナ使イ方ヲシテ居ラヌ．例エバ 16 ノ平方根ヲ求メルニ　術に云，十六歩を負実とす算木也（くろき）天元の一を正廉とす算木也（あかき）名以一乗の法にひらき，商に四とあらはるる也．

相応開平法デハ $-48+0.75x^2=0$ 　ヲ解クニ

四十八歩を負実にして，七分五厘を天元の廉としておのおのにて平方にひらくなり．

ノヨウニ云ツテ居ル．

又帯従開平法デハ

何々を負実とし何々を正（負）法とし何々を正（負）廉となす．おのおのをもつて平方（平方飜法）に之を開き商に何々也．

ノ如ク云ツテココデハ天元ノ語ヲ使ツテ居ラヌ．（日本学士院　明治前日本数学史ニヨル）コレラヲ見テモ天元一ノ意義ヲ正シク理解スルマデニハ相当ノ年月ヲ要シタコトガ知ラレル．

(xii) 発微算法（関孝和，延宝二年，1674）

本書ノ序ニ関ハ次ノヨウニ云ツテ居ル.（原文ハ漢文）

「頃歳算学世ニ行ハルルコト甚シ. 或ハ其ノ門ヲ立テ或ハ其ノ書ヲ著ス者枚挙スベカラズ, 玆ニ古今算法記アツテ, 難題十五問ヲ設ク. 引テ発セズ. 爾来四方ノ算者之ヲ手ニスト雖モ其ノ理高遠ニシテ暁リ難キコトヲ苦ム. 且ツ未ダ其ノ答書ヲ覩ズ. 予嘗テ斯ノ道ニ志スコト有ルガ故ニ其ノ微意ヲ発シ術式ヲ註シテ深ク筥底ニ蔵シテ以テ外見ヲ恐ル. 我ガ門ノ学徒咸曰ク庶幾クバ梓ニ鋟メテ其ノ伝ヲ広クセヨ. 然ラバ則チ末学ノ徒ノ為メニ小シキ補ヒ為クンバアラズト. 仍テ文理ノ拙ヲ顧ミズ其ノ需メニ応ジテ名ケテ発微算法ト云フ. 其ノ演段精微ノ極ニ至ツテハ文繁多ニハシテ事混雑セルニ依テ省略ス. 猶後賢ノ学者ヲ俟テ正サンコトヲ欲スルノミ」

本書ノ解カレタ十五問ハ頗ル難解デ, ソノ中ノ或モノハ最早従来ノ天元術ヲ以テシテハ充分ニ解法ノ真意ヲ伝ヘ難イモノデ, 此処ニ使ツタ新手法ハ全ク嶄新ナモノデアツテ最早従来ノ天元術以上ノモノデアルコトハ既ニ述ベタ通リデアル. 従テ此処ニ出テ来ル方程式ノ次数ノ如キモ非常ニ高次ノモノデ其ノ第十四問ノ如キハ実ニ 1458 次ニナツテ居ルノデアル. 今各問ニ使ワレタ方程式ノ次数ヲ順次ニ記セバ下ノヨウデアル.

6, 9, 27, 108, 9, 18, 36, 18, 6, 10, 10, 54, 72, 1458, 16,

此ノ故ニ術ヲ記スダケデモ非常ナ長文ノモノトナリ, 紙数ガ三枚, 四枚ニ及ンデ居ルモノモ少クナイノデアル. 之等ノ問題ノ解法ニ就テハ後ニ連立方程式ヲ説クトキニ詳シク示スコトトスル.

(xiii) 解隠題之法（関孝和）

本書ハ解見題之法, 解伏題之法ト共ニ関流ノ三部抄ト呼バレテ居ル重要ナ書物デアルガソノ著作年代ハ明カデナイ. 巻末ニ

貞享乙丑八月戊申日龔書

寛保癸亥四月丙午日再写之　連貝軒

トアルノガアル．貞享乙丑（二年）ハ西暦 1685 年デアルガ解伏題之法ガ天和3年（1683）以前ノモノデアルカラコレモソレ以前ニ書カレタモノデアロウ．天元第一，加減第二，相乗第三，相消第四，開方第五ノ五条カラ成リ専ラ天元術ヲ解説シタ小冊子デ極メテ簡潔ノモノデハアルガ甚ダ要ヲ得タ書物デアル．

天元第一
立レ元(ルトハ)者立ニ天元一ニ也
大極
○𝍠

加減第二附併
加者単位者謂レ加、衆位者謂レ併、
各其異名相減則同名相加、正無レ
人正レ之、負無レ人負レ之、
仮如　右　𝍠　𝍡
　　　左　𝍠　𝍠̸
加レ之左右一級数同名相加正二、二
級数異名相減正一
得　𝍡　𝍠
仮如　右　𝍡　𝍢̸　𝍠
　　　右　○　𝍡　𝍠̸
加レ之右左一級数正無レ人故正二、
二級数異名相減負一、三級数異
名相減空
得　𝍡　𝍠̸　○
仮如　右　𝍢　𝍣̸　𝍦
　　　中　𝍤　𝍠̸　𝍢
　　　左　𝍠　𝍢̸　𝍥̸
併レ之右中左一級数同名相加正九、右中左二級数同名相加負八、右中三級数同名相加与ニ左三級数一異名相減正四、得　𝍨　𝍧̸　𝍣
減者其同名相減則異名相加、正無レ人負レ之、負无レ
人正レ之、
仮如　右　𝍠̸　𝍠
　　　左　𝍠　𝍡　以レ右減レ左
減レ之右左一級数異名相加正二、二級数同名相減正
一
得　𝍡　𝍠
仮如　右　𝍠̸　○　𝍡
　　　左　𝍡　𝍠̸　𝍣　以レ左減レ右
減レ之 右左一級数異名相加負三、二級数負無レ人故
正レ之二、三級数同名相減負二
得　𝍣̸　𝍠　𝍡̸

相乗第三　附見乗
相乗者置ニ其式於左右一以レ左自ニ上級一到ニ下級一逐遍
乗レ右同名相乗為レ正、異名相乗為レ負、乃当ニ空級一而乗者為レ空、各相ニ併之一自乗者準レ之

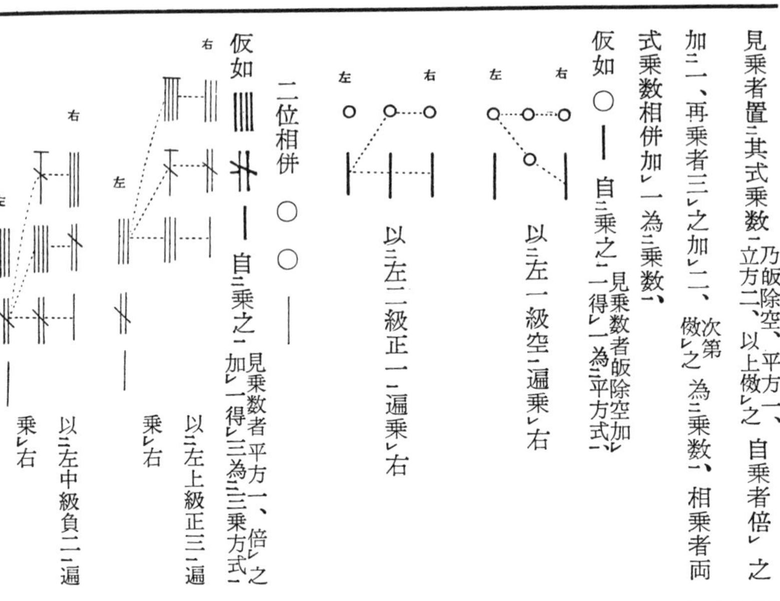
見乗者置二其式乗数一乃皈除空、平方一、立方二、以上倣レ之　自乗者倍レ之加二一、再乗者三レ之加レ二、次第倣レ之　為二乗数一、相乗者両式乗数相併加レ一為二乗数一

仮如　〇　｜　自二乗之一　見乗数者皈除空加レ一得レ一為二平方式一

以二左一級空一遍乗レ右

以二左二級正一一遍乗レ右

二位相併　〇　〇　｜

仮如　自二乗之一　見乗数者平方一、倍レ之加レ一得レ三為二三乗方式一

以二左上級正三一遍乗レ右

以二左中級負二一遍乗レ右

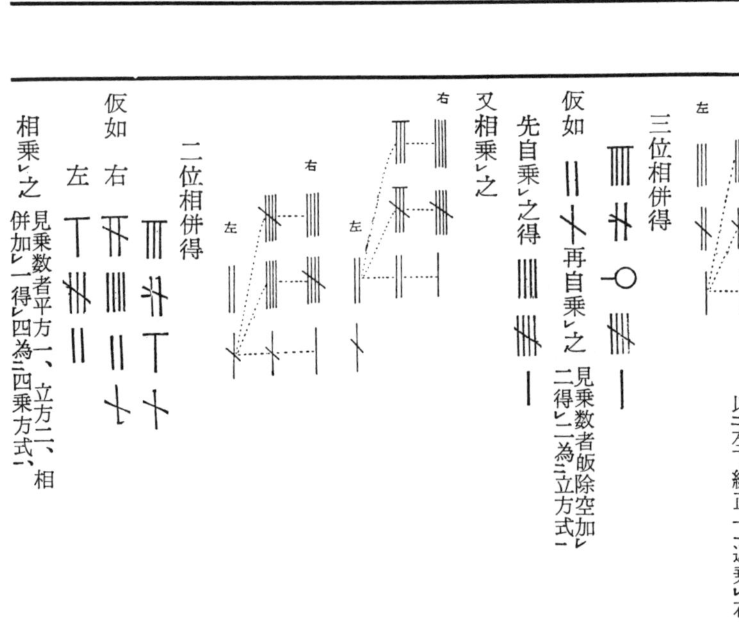

以二左下級正一一遍乗レ右

三位相併得

仮如　再自乗レ之　見乗数者皈除空加レ二得レ二為二立方式一

先自乗レ之得

又相乗レ之

二位相併得

仮如　右　左

相乗レ之　見乗数者平方一、立方二、相併加レ一得レ四為二四乗方式一

見乗ハ積ノ乗数ヲ知ルコトデアル．乗数ハ今日云ウ次数ヨリ1ヲ減ジタモノデアルカラ，帰除式（一次式）ハ0，平方式ハ1，立方式ハ2，三乗方式ハ3………デアル．

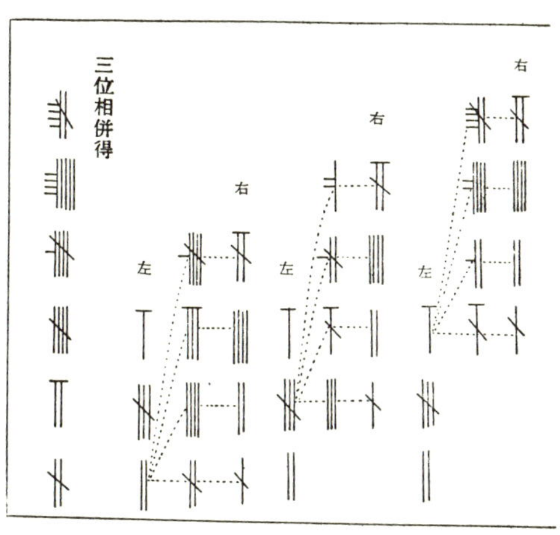

或式ヲ自乗シタトキノ乗数ハソノ式ノ乗数ノ2倍ニ1ヲ加エレバ得ラレ，再乗（三乗）シタトキノ乗数ハソノ式ノ乗数ノ3倍ニ2ヲ加エル，三乗（現今ノ四乗）シタトキノ乗数ハソノ式ノ乗数ノ4倍ニ3ヲ加エル……………………即チ

	乗 数	自 乗	再 乗	三 乗	
帰除式	0	1	2	3	
平方式	1	3	5	7	
立方式	2	5	8	11	
三乗式	3	7	11	15	
………	………	………	………	………	

又二式ヲ掛ケタトキノ積ノ乗数ハ両式ノ乗数ヲ併セテ1ヲ加エレバ得ラレル．例エバ立方式ト三乗式ノ積ノ乗数ハ 2+3+1=6 ノヨウデアル．

又前掲ノ算木計算ハ $(0+x)^2=0+0x+x^2$

$$(3-2x+x^2)^2=9-12x+10x^2-4x^3+x^4$$

$$(2-x)^3=8-12x+6x^2-x^3$$

$$(-7x+4x+2x^2-x^3)(6-3x+2x^2)=-42+45x$$

$$-14x^2-4x^3+7x^4-2x^5$$

ヲ示シテ居ルガ今日我々ノ行ウ方法ト大差ハナイコトガ知ラレル．

相消第四デハ方程式ノ立テ方ヲ述ベテ居ル．先ズ寄左数ト相消数トヲ適宜ニ求メ，ソノ何レカラ何レヲ引クモ任意デアル．ソシテ同名相減，異名相加，対スルモノガ0ノトキハ　$0-a=-a,\ 0-(-)a=a$　ニヨツテ計算シテ方程式ヲ作ル．例エバ

得数 8,　寄左 $0+2x+x^2$ デ得数ヲ以テ寄左ヲ消セバ

$$0+2x+x^2-8=-8+2x+x^2=0$$

又　得数　$-2+3x-x^2$

寄左　$-7+3x+3x^2+x^3$

デ寄左ヲ以テ得数ヲ消セバ

$$5+0x-4x^2-x^3=0$$

ヲ得ル．

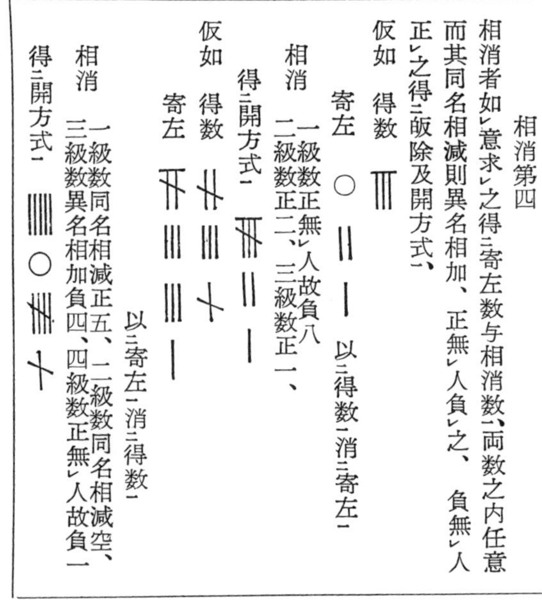

相消第四

相消者如レ意求レ之得ニ寄左数与相消数一、両数之内任意而其同名相減則異名相加、正無レ人負レ之、負無レ人正レ之得ニ皈除及開方式一、

仮如　得数

寄左　以ニ得数一消ニ寄左一

相消　一級数正無レ人故負八

二級数正二、三級数正一、

得ニ開方式一

仮如　得数

寄左　以ニ寄左一消ニ得数一

相消　一級数同名相減正五、二級数同名相減空、

三級数異名相加負四、四級数正無レ人故負一

得ニ開方式一

開方第五

開方者立レ商従レ隅平方式者従レ廉命レ之命レ之如レ常乃超レ位列実咸同加異減而開ニ尽之一諸級中正負相反者謂ニ之飜法一也

仮如開方式　𝍫𝍤̸　𝍡　𝍠

開方開レ之　立ニ商五一命レ廉同ニ加方一得ニ方正七一以ニ商五一命レ之異減実恰尽、又以ニ商五一命レ廉同ニ加方一得ニ方正一十二一

商五　〇　𝍦　𝍠

仮如開方式　𝍫〇　𝍩𝍣　𝍩𝍠̸　𝍠̸

立方飜法開レ之　立ニ商三一命レ隅同ニ加廉一得ニ廉負八一以ニ商三一命レ之異ニ減方一得ニ方負一十一、以ニ商三一命レ之異減実恰尽、又以ニ商三一命レ隅同ニ加廉一得ニ廉負一十一一以ニ商三一命レ之同ニ加方一得ニ方負四十三一、又以ニ商三一命レ隅同ニ加廉一得ニ廉負一十四、是方正反為レ負、故為ニ飜法一、

商三得商　〇　𝍫̸　𝍩𝍢̸　𝍠̸

先立ニ商一一自レ隅命レ之到レ実異減同加而実余者復立ニ商一一如レ前到レ実、逐如レ此而実尽則所レ立商相併為ニ定商一、

仮如　𝍡̸　𝍠　𝍠

先立ニ商一個一自レ廉命レ之到レ実同加異減而得

商一個　〇̸　𝍢　𝍠

復立ニ商一個一如レ前而得

商一個　𝍥̸　𝍢　𝍠

又立ニ商一個一如レ前而実尽、

商一個　〇　𝍦　𝍠

仍所レ立商相併得レ三為ニ定商一、

或実飜而不レ能レ尽者立ニ負商一如レ前到レ実異減同加而実尽別前商相併内減ニ負商一為ニ定商一、

仮如　𝍦̸　𝍧　𝍠̸　𝍡

先立ニ商一個一自レ隅命レ之到レ実異減同加而得

商一個　𝍢̸　𝍧　𝍣̸　𝍡

又立ニ商一個一如レ前而実飜而不レ能レ尽

商一個　𝍡　𝍣　𝍠　𝍡

又立ニ負商五分一如レ前異減相加而実尽

負商五分　〇　𝍣𝍫　𝍡̸　𝍡

仍所レ立商相併得ニ二個一内減ニ負商五分一余一個五分為ニ定商一、或実有ニ不尽一者以レ方随ニ開商位数一除レ

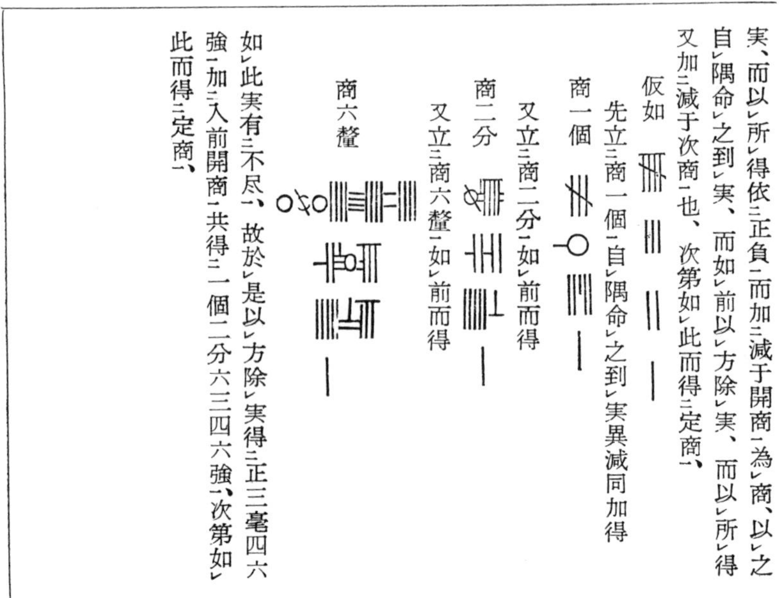
実、而以レ所レ得依ニ正負ニ而加ニ減于開商ニ為レ商、以レ之
自レ隅命レ之到レ実、而如レ前以レ方除レ実、而以レ所レ得
又加ニ減于次商ニ也、次第如レ此而得ニ定商ニ
仮如
先立ニ商一個ニ自レ隅命レ之到レ実異減同加得
商一個
又立ニ商二分ニ如レ前而得
商二分
又立ニ商六釐ニ如レ前而得
商六釐
如レ此実有ニ不尽ニ、故於レ是以レ方除レ実得ニ正三毫四六
強ニ加ニ入前開商ニ共得ニ一個二分六三四六強ニ、次第如レ
此而得ニ定商ニ

開方第五ハ方程式ノ解法ヲ記シタ重要ナ部分デアル．命ズハ掛ケルコトデアル．大成算経注ニハ命者因也トアル．隅ヨリ之ヲ命ズトハ隅カラ商ヲ掛ケテユクコトデアル．故ニ第一例ノ解法ヲ示スト次ノヨウニナル．（コレハ第一節ニ示シタヨウニ縦ニ計算ヲ進メルノデアルガ便宜ノタメ横書ニシ洋式デ示ス）

$$x^2+2x-35=0$$

1	2	−35	5
	5	35	
1	7	0	
	5		
1	12		

故ニ商 5,　変式 $y^2+12y+0=0$.

（変式ノ語ハココニハナイガ大成算経等ニハ見エル）

第二例ハ

$$-x^3-5x^2+14x+30=0$$

$$\begin{array}{rrrrl}
-1 & -5 & 14 & 30 & \underline{|\,3} \\
 & -3 & -24 & -30 & \\
\hline
-1 & -8 & -10 & 0 & \\
 & -3 & -33 & & \\
\hline
-1 & -11 & -43 & & \\
 & -3 & & & \\
\hline
-1 & -14 & & &
\end{array}$$

故ニ商 3.　変式　$-y^3-14y^2-43y+0=0.$

元ノ方程式デハ方ガ 14 デアツタガ変式デハ−43トナツテ正負ガカワツタ. 故ニ飜法ト云ウ.

次ニ立テタ商ガ小サ過ギテ実ノ余リガ大キ過ギル時ノ処理法ガ示サレテ居ル. 即チ $x^2+x-12=0$ ヲ解クニ商ニ1ヲ立テタ時

$$\begin{array}{rrrl}
1 & 1 & -12 & \underline{|\,1} \\
 & 1 & 2 & \\
\hline
1 & 2 & -10 & \\
 & 1 & & \\
\hline
1 & 3 & &
\end{array}$$

負実ガ 10 デ大キ過ギルカラ更ニ1ヲ立テ

$$\begin{array}{rrrl}
1 & 3 & -10 & \underline{|\,1} \\
 & 1 & 4 & \\
\hline
1 & 4 & -6 & \\
 & 1 & & \\
\hline
1 & 5 & &
\end{array}$$

再ビ商ニ1ヲ立テ

$$\begin{array}{rrrl}
1 & 5 & -6 & \underline{|\,1} \\
 & 1 & 6 & \\
\hline
1 & 6 & 0 &
\end{array}$$

カクシテ実ガ尽キタラコレマデニ立テタ三ツノ商ヲ加エ3ヲ以テ定商トスル. 次ニ上ノヨウニシタ時ニ若シ実ノ符号ガ変ツテ尽キナイトキハ今度ハ負商ヲ立テテ試ミル. ソシテ実ガ尽キタトキハ先ニ得タ正商ノ和カラ負商ヲ減ジテ

残リヲ定商トスル．即チ

$$2x^3-11x^2+24x-18=0$$

ニ於テ

先ズ商ニ1ヲ立テテ計算スル．

2	−11	24	−18	1
	2	−9	15	
2	−9	15	−3	
	2	−7		
2	−7	8		
	2			
2	−5			

実ヲ見テ更ニ商1ヲ立テテ見ルト

2	−5	8	−3	1
	2	−3	5	
2	−3	5	2	
	2	−1		
2	−1	4		
	2			
2	1			

変式ノ係数ガ皆正トナリ正商ガ立タナクナツタ．ソコデ負商 0.5ヲ立テテ見ルト

2	1	4	2	−0.5
	−1	0	−2	
2	0	4	0	
	−1	0.5		
2	−1	4.5		
	−1			
2	−2			

故ニ定商ハ　$1+1-0.5=1.5$

次例ハ不尽アル時ノ処理法ヲ述ベタモノデアル．

$$x^3+2x^2+3x-9=0$$

1	2	3	−9	1
	1	3	6	
1	3	6	−3	
	1	4		
1	4	10		
	1			
1	5	10	−3	0.2
	0.2	1.04	2.208	
1	5.2	11.04	−0.792	
	0.2	1.08		
1	5.4	12.12		
	0.2			
1	5.6	12.12	−0.792	0.06
	0.06	0.3396	0.747576	
1	5.66	12.4596	−0.044424	
	0.06	0.3432		
1	5.72	12.8028		
	0.06			
1	5.78	12.8028	−0.044424	

コノヨウニ実ガ小サクナツテモ尽キナイトキ，次ノ商ハ実ヲ法デ割リ

$$0.044424 \div 12.8028 = 0.00346_{+}$$

開商ガ 1.26 ト三位出シテアルカラコノ商モ三位トル．(随二 開商位数一………ハコノコトヲ云ウ) コレヲ立テテ更ニ計算ヲ進メルノデアルガ本例デハココデ中止シテ定商ヲ 1.26346_{+} トシテ居ル．猶コノコトニ就テハ開方算式ニ詳シイカラ第四章ヲ参照サレタイ．コレニヨツテ見テモ関ノ解法ハ今日行ワレテ居ル Horner ノ解法ト全ク同一デアルコトガ知ラレル．

(xiv)　増補算法闕疑抄 (礒村吉徳，貞享元年，1684)

先ニ出版シタ算疑抄ニ増補シ，之レヲ頭書ニ記シテ出版シタモノデアル．此ノ頭書ニハ新法ヤ詳シイ説明ガ加エラレ，諸種ノ率ノ如キモ改良サレタモノガ掲ゲラレテ居ル (ピタゴラスノ定理ノ幾何学的証明ガ加エラレタ．コレハ珍ラシイ．恐ラク和算書デハ始メテノ企デアロウ)．然シナガラ天元術ハ猶用イラレテ居ラズ，巻五遣題ノ解モ帯縦ノ開平開立ガ見エル位デアリ，巻二ノ開平開立ノ頭書ニモ算木ニヨル開平開立ガ示サレテ居ルダケデアル (此ノ法ハ古今算法記ノモノト変リハナイ)．

巻五ノ終リニ算家ヘノ注意ヲ記シテ居ルガ，ソノ中ニ天元術ニ就テ面白イコトヲ云ツテ居ル．次ニ述ベル改算記綱目ニハ之ニツイテ批評ヲ加エテ居ルカラ其処デ委細ヲ記スコトトスル．

(xv) 改算記綱目（持永豊次，大橋宅清撰，貞享二年 1687）

当時世ニ行ワレタ改算記ノ鼇頭ニ補足註釈ヲ加エ，或ハ其ノ非ヲ正シタモノデアル．先ニ述ベタ正矩術，正絜術ノ鼇頭ニモ算木ニヨル平方根立方根………六乗根ヲ求メル算法ヲ記シテ居ル．古今算法記ニ於ケルヨウニ殆ド Horner ノ方法ト同一デアル．上巻ノ終リニアル天元或問ノ条ニ次ノヨウニ言ウ．コレデ当時ノ算家ノ天元術ニ対スル所懐ヲ窺ウコトガ出来ル．

天元或問

或人問，頭書算法闕疑抄に礒村吉徳曰，当時の稽古と云は天元一を立て摺合塗付の法を本意にせらるると見えたり，是は見立目のことにひとしくておもしろからず，然とも紙面に記したる所は無造作に相見えて所作はめんどう也．太極見明星の見立は所作を離れたる工夫なれば見付ての後に苦労成事なし．これや仏教にまちまち有がごとく歟，たとへば天元の一を頼むは他力に乗る称名念仏のごとくならん．其故は天元は阿彌陀術は念仏にて工夫考勘の自力の修業をすて給へるぞかし．見明星の工夫は教外別伝不立文字の見立自力の修業なれば至る事なりがたけ共見付ては叉慥也．然ば車の両輪にていづれを是いづれを非とせん．所詮勘者の位にいたり心を明かにせんと思ひ給ふかたがたは大極の工夫を専一になしたまへ，叉大極に叫ひがたきとおもひ給ふかたがたは尼入道の無智の輩におなじくして智者のふるまひをせずして一向に天元の目のこにてすり合てもしり給へ．かくはあれど叉名聞を好み我知に及も不及も理不尽に志あつやきと我慢有人の為にも天元の一は重宝たるべし．其上書面の匆体は無算の目をおどろかし無双の勘者と見へければ表向を飾には是も叉可なり．去る間時の数者に勝れたる勘者なきは工夫のはげみなく天元ばかりを用給ふ故ならんと有此儀如何と問．　　（志あつやきノ文意不明）

答曰仏教は知る人にもせよ大極天元の本術式を知る人にあらず．いかにといふに天元の一を立ることは摺合塗付の法にて目のこにひとしくおもしろからずと云．又前には三乗四乗五乗等或は飜法の所作など悉く鍛錬し給へとかかれしは何ぞや此重乗飜法は大極天元の一より出たる法なり．其上彼書にかぎらず術毎に天元より不出は無之．然といへども大極を不知ゆえに前後相違して本術を失ひて其技世にもつはらなり．彼人の意を考るに天元の術に本術式と目のこの法と二品有．然る事を不知ゆへ偏屈して目のこと而已心得り．其偏を以て書をあらはし初学を惑し正術を妨る事其害甚し．惣して頃日愚勘の算者自考を以目のこ術を得て是天元の本術かと疑へり．数学の人能其正理を勘辨して大極天元に心を付給はゞ天元の一を立る事目のこにあらずして正術たることを知り給ふべし．故に商実方廉隅三乗四乗五乗の式まで手引を中巻の初に記し其外本書に無之術天元の一を立て相消開方式を得るまでの算木の立様の次第をあらはし或は真法の略術等を加ゆ算木図とを勘辨せば天元の直術深きに至る浅きを得べし．

又問天元の一を立るに本術と目のこの法と二品有よし．本術は書に有共めのこにひとしきと有を問．答曰，縦令は積百四十四歩有を四方にして方面如何程と問．術に立二天元一一為二方面一と立て則方面十二間と一列に見立自二乗之一為二方冪一積百四十四歩と等数を得て則方面を得たりとす．等数を得ざれば幾度にても一列に見立なをすなり．然は是めのこにひとしき法也，今世に鳴て人を教る算者の中にもかくのごとき術を天元術と心得て初学をまどはすを見る．又天元の一は目のこにひとしといふ人も見る大極と天元一とは車の両輪として各別とする事大極はこれ一にあらずして何ぞや．

闕疑抄ニハ上記ノ前ニ十露盤算木ヤ天元術ノ方程式解法ノ所作ナド鍛錬スルト同時ニ工夫勘考ノ必要ナルコトヲ述ベテ居ル．又太極見明星ノ見立ト云ウコトニ就テハ巻四ノ中程ニ算ノ極意ヲ尋ネラレタ答トシテ「算術の極意と申は常に心にゆだんなく考勘の鏡をとぎ，くもらぬやうにたしなみ，わかりがたきをわかち知るを大極見明星の極意とは申也……」ト述ベテ居ル所ル見ルト天元術ナドニ依ラズニ算術的ニ考エルコトヲ指シテ居ルヨウデアル．従テ上記ノ礒村ノ考エハ天元術ハ見立ガ目ノコニ等シク（商ヲ立テル場合ヲ指スカ）又紙面ニ記シタ所ハ如何ニモ無造作ニ見エルガ所作（計算法）ハ面倒デアル．一方太極見明星ノ見立ハ所作デナク工夫考勘デアルカラ之レニヨツテ解法ヲ見付ケタナラバ後ハ苦労ハナイ（算術的ニ加減乗除デ出来ルコトデアロウ）．之レヲ仏教ノ他力，自力ニ譬エタモノデアル．シカシ何レモ必要ナコトデアルカラ一方ニ偏ラヌヨウニセヨト当事ノ算家ガ天元術ニノミ傾クノヲ戒メタモノノヨウデアル．然ルニ改算記ノ批評ニハ大極天元ト云イ大極ヲ天元術ノ大極ニトツテ居ル．夫故闕疑抄ノ文意ガ妙ナモノニナル．此ノ点ヲ頻リニ攻撃シテ居ルガコレハ見当ハズレノヨウデアル．又天元術ヲ目のこにひとしト云ツタコトヲ反駁シテ居ルガ，之レハ頷ケル．シカシ礒村モ天元術ノ総テヲ目のこト云ツタノデハアルマイト思ワレル．何レニシテモ此ノ一文デ当時ノ模様ガヨク窺ワレル．

(xvi) 算学啓蒙諺解大成（建部賢弘，元禄元年 1688）

本書ハ算学啓蒙ヲ詳細ニ解説シタモノデアル．今開方釈鎖門ニ於ケル天元術ノ解説ヲ抜記シテ見ル．

今有㆓積一百十二万九千四百五十八尺六百二十五分尺之五百一十一㆒，問㆘為㆓三乗方㆒幾何㆖．

答曰　三十二尺五分尺之三

術曰　列㆓全歩㆒通㆑分内子得㆓七億五百九十一万一千七百六十一為㆑実以㆑一為㆑隅三乗方開㆑之得㆓一百六十三㆒乃毎面方積分又列㆓分母㆒為㆑実以㆑一為㆑隅開㆓三乗方㆒而一得㆑五報除合㆑問．

（以上ハ算学啓蒙ノ原文デ以下ガ建部ノ解説デアル）

「列全歩．一百一十二万九千四百五十八尺ニ六百二十五ヲ乗ジテ五百一十一ヲ加エ七億〇五百九十一万一千七百六十一尺ヲ得ルヲ実トス．一ヲ借テ尺ノ下ノ隅法ニ置キ一尺〇〇〇十万尺〇〇〇百億尺〇〇〇千万億カクノゴトク三位ズツ超テ億尺ノ下ニ至テ留テ百ノ位ト知リ又何百ゾト見ルニ一百ト知テ商ニ一百ヲ立，商ノ一百ヲ以テ隅ノ一億ニ乗ジテ一一如一億ヲ下廉法ニ置．又商一百ヲ以テ下廉ニ乗ジテ一一如一億ヲ上廉法ニ置，又商一百ヲ以テ上廉ノ一百ニ乗ジテ一一如一

(1)

	商位
𝍦○𝍤𝍱𝍠𝍩𝍦𝍮𝍠	実
	方法
	上廉
	下廉
𝍠百○○○+○○○ 尺借一	隅法

(2)

𝍠一百	上商
𝍥○𝍤𝍱𝍠𝍩𝍦 𝍮𝍠	実
𝍠	方法
𝍠	上廉
𝍠	下廉
𝍠	隅法

(3)

𝍠	商
𝍥○𝍤𝍱𝍠𝍩𝍦 𝍮𝍠	実
𝍬	方
𝍥	上廉
𝍬	下廉
𝍠	隅

(4)

𝍠𝍮 次商六十	商
𝍬○𝍬𝍤𝍩𝍦𝍮 𝍠	実
𝍱𝍡𝍬𝍥	方
𝍧𝍯𝍥	上廉
𝍬𝍥	下廉
𝍠	隅

億ヲ方法ニ置，又商一百ヲ以テ方法ノ一億ニ乗ジテ一一如一億ヲ実ノ内ニテ除キ余リ六億〇五百九十一万一千七百六十一トナル(2)．又商ノ一百ヲ以テ隅ノ一億ニ乗ジテ一一如一億ヲ下廉ノ一億ニ加エ二億トナル．又商ノ一百ヲ以テ下廉ノ二億ニ乗ジテ一二如二億ヲ上廉ノ一億ニ加エ三億トナル．又商ノ一百ヲ以テ上廉ノ三億ニ乗ジテ一三如三億ヲ方法ノ一億ニ加エ四億トナル．又商一百ヲ以テ隅ノ一億ニ乗ジテ一一如一億ヲ下廉ノ二億ニ加エ三億トナル．又商一百ヲ以テ下廉ノ三億ニ乗ジテ一三如三億ヲ上廉ノ三億ニ加エ六億トナル．又商一百ヲ以テ隅ノ一億ニ乗ジテ一一如一億ヲ下廉ノ三億ニ加エ四億トナル．方法ヲ一退シテ四千万トナル．上廉ヲ二退シテ六百万トナル．下廉ヲ三退シテ四十万トナ

ル．隅法ヲ四退シテ一万トナル(3)．

爰ニテ次ノ商六十ヲ立，商ノ六十ヲ以テ隅ノ一万ニ乗ジ一六如六万ヲ下廉ノ四十万ニ加エ四十六万トナル．又商六十ヲ以テ下廉ノ四十六万ニ乗ジテ四六二百四十万，六六三十六万ヲ上廉ノ六百万ニ加エ八百七十六万トナル．又商ノ六十ヲ以テ上廉ノ八百七十六万ニ乗ジテ六八四千八百万．六七四百二十万，六六三十六万ヲ方法ノ四千万ニ加エ九千二百五十六万トナル．又商ノ六十ヲ以テ方法九千二百五十六万ニ乗ジテ六九五億四千万，二六一千二百万，五六三百万，六六三十六万ヲ実ニテ除キ余リ五千〇五十五万一千七百六十一トナル(4)．又商六十ヲ以テ隅ノ一万ニ乗ジテ一六如六万ヲ下廉ノ四十六万ニ加エ五十二万トナル．又商六十ヲ以テ下廉ノ五十二万ニ乗ジテ五六三百万，二六一十二万ヲ上廉ノ八百七十六万ニ加エ一千一百八十八万トナル．又商六十ヲ以テ上廉一千一百八十八万ニ乗ジテ一六如六千万，一六如六百万，六八四百八十万，六八四十八万ヲ方法ノ九千二百五十六万ニ加エ一億六千三百八十四万トナル．又商六十ヲ以テ隅ノ一万ニ乗ジテ一六如六万ヲ下廉ノ五十二万ニ加エ五十八万トナル．又商六十ヲ以テ下廉五十八万ニ乗ジテ五六三百万，六八四十八万ヲ上廉ノ一千一百八十八万ニ加エ一千五百三十六万トナル．又商ノ六十ヲ以テ隅ノ一万ニ乗ジテ一六如六万ヲ下廉ノ五十八万ニ加エ六十四万トナル．方法ヲ一退シテ一千六

(5)

16	商
50551761	実
16384	方
1536	上廉
64	下廉
1	隅

(6)

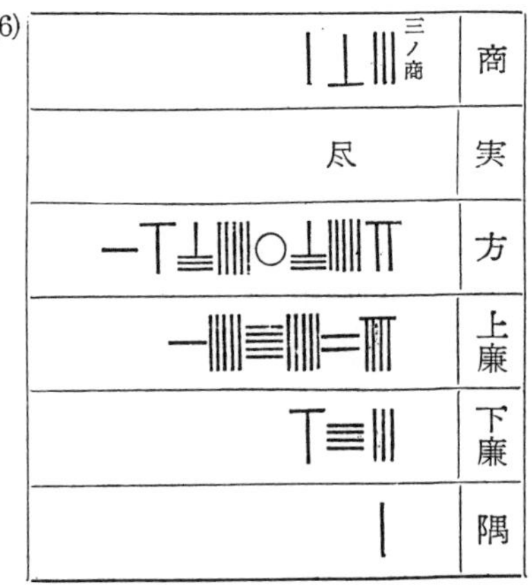

百三十八万四千トナル．上廉ヲ二退シテ一十五万三千六百トナル．下廉ヲ三退

シテ六百四十トナル．隅法ヲ四退シテ一トナル(5)．

爰ニテ三次（タビ）ノ商三尺トミテ商ニ三尺ヲ立，商ノ三ヲ以テ隅ノ一ニ乗ジテ一三如三ヲ下廉ノ六百四十ニ加エ六百四十三トナル．又商三ヲ以テ下廉ノ六百四十三ニ乗ジテ三六一千八百，三四一百二十，三三如九ヲ上廉ノ一十五万三千六百ニ加エ一十五万五千五百二十九トナル．又商三ヲ以テ上廉ノ一十五万五千五百二十九ニ乗ジテ一三如三千万，三五一十五万，三五一万五千，三五一千五百，二三如六十，三九二十七ヲ方法ノ一千六百三十八万四千ニ加ヘ一千六百八十五万〇五百八十七トナル．又商ノ三ヲ以テ方法ノ一千六百八十五万〇五百八十七ニ乗ジテ一三如三千万，三六一千八百万，三八二百四十万，三五一十五万，三五一千五百，三八二百四十，三七二十一ヲ実ニテ除ケバ皆開キ尽テ商ニ一百六十三尺ヲ得ルナル．」

八　本題ハ右記ノヨウデアル．

今有二直田八畝五分五厘一只云長平和得二九十二歩一問二長平各幾何一

荅　平三十八歩、長五十四歩

術曰、立二天元一一為レ平〇｜以減二云数一余為レ長、用レ平乗起為レ積〇[算木]寄レ左、列レ畝通レ歩与レ寄レ左相消得二開方式一[算木]平方開レ之得レ平以減二和歩一即長合レ問、

「立天元一．天元ノ一ハ太極ノ下ニ一ヲ立ルナリ．先ヅ其題ニ随テ求メント思フ物ヲ志テ仮リニ其物ト名付テ立ル．是ヨリ題中ノ辞ニシタガヒテ数ニ拘ラズシテ或ハ加エ或ハ減ジ或ハ自乗再乗ナドシテ同ジ名ノ物ヲ二色求ムルナリ．但シ式ノ同ジモノヲ二色求ムルニアラズ．只其カリノ物ノ名ト同ジウシテ式ノ異ナルヲ二式求ムルニ到テ其二式ヲ以テ相消トキハ意ハ悉ク空トナルトイエドモ仮リノ物ヲ以テスル故空ニハナラズシテ自然ニ正負備リタル全キ式ヲ得ル．爰ニ於テ其式ヲ以テ或ハ而一ニシ或ハ平方立方三乗方以上等ニ開クトキハ其求メント思フ真ノ数ヲ得ルナリ．

為レ平〇一．是ハ平ヨリ得ント思フ故平ト名ケテ立ツルナリ．平トハ云ヘドモマコトノ平ノ数ニテハナシ．故ニ実ノ級ニ立ズシテ下ノ級ニ一算ヲ立ル．

然ルニ実ノ級ニハ数ナキユヘ実ハ空ト心得ベカラズ．

以減ニ云数ㇾ，平ノ数ヲ以テ長平ノ和ノ数ヲ減ズレバ長ノ数トナル故此ココロヲ以テ仮リノ平 ○𝍩 ヲ以テ𝍱𝍡ヲ減シテ仮ノ長トス………」

此ノヨウニ説明ヲ進メテ居ル．カクシテ

$$長\cdots\cdots 92-x$$

$$積\cdots\cdots x(92-x)$$

一方　$積\cdots\cdots 240\times 8.55=2052$

故ニ相消シテ　$x(92-x)-2052=0$

即チ　$-2052+92x-x^2=0$

ヲ得ルコトヲ仔細ニ説明シテ居ル．次デ此ノ解法ヲ下ノ如ク説ク．

	商位
𝍪 ○ 𝍭 𝍡̸	実
𝍨 𝍪	方法
𝍠̸	廉法

𝍫 商三十	
𝍠 𝍱 𝍡̸	方
𝍥 𝍪	実
𝍠̸	廉

𝍫	
𝍠 𝍱 𝍡̸	実
𝍫 𝍡	方
𝍠̸	廉

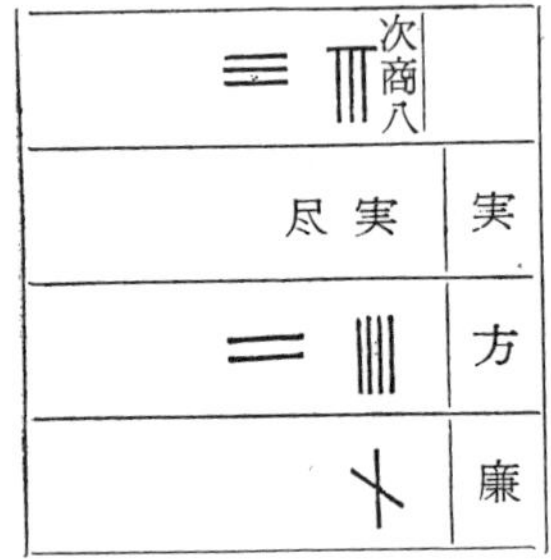

𝍫 𝍧 次商八	
尽実	実
𝍪 𝍣	方
𝍠̸	廉

「先ヅ廉ヲ一位起テ百ノ下ニ到リ，方モ位ヲ進メテ商ニ三十ヲ立，商ノ三十ヲ以テ廉ノ負一百ニ乗ジテ一三如三百ヲ方ノ正九百二十ニ加ユルニ異減シテ正六百二十トナル．又商三十ヲ以テ方ノ六百二十ニ乗ジテ三六一千八百，二三如六十ヲ実ニテ除キ余リ一百九十二アリ．又商三十ヲ以テ廉ノ負一百ニ乗ジテ一三如三百ヲ方ノ六百二十ニ異減シテ正三百二十トナル．一退シテ三十二トナル．廉ノ一百ヲ二退シテ一トシテ次ノ商八ヲ立ル．

商ノ八ヲ以テ廉ノ負一ニ乗ジテ一八如八ヲ方ノ三十二ニ異減シテ正二十四トナル．商ノ八ヲ以テ方ノ二十四ニ乗ジテ二八一百六十，四八三十二ヲ以テ実ヲ除尽シテ商ニ平三十八歩ヲ得ルナリ」

（此解法ニハ実モ負デ表ワシテ居リ．全ク Horner ノ方法ト同一ニナツテ居ル．）

（xvii）　和漢算法大成（宮城清行（旧姓柴田）元祿八年 1695）

九巻ヨリ成ル．巻一巻二ハ九章算術型ノモノデアル．巻三ニ至ツテ天元術ヲ極メテ詳細ニ説ク．巻四，五，六ハ根源記ノ一百五十好問ノ解，巻七，八，九ハ古今算法記十五問ノ苔術及ビソノ起源演段ヲ記シタモノデアル．之等ハ総テ天元術ニヨツテ居ル．猶起源演段ニハ発微算法演段諺解ノヨウニ傍書式ヲ用イテ居リ最早ヤ点竄術デアル．（巻九ハ第十四問ノ演段ダケ記シテ居ルガ之ニ要シタ紙数ハ実ニ三十枚ニ達シテ居リ，得タ方程式ノ次数ハ関ノヨウニ 1458 次デアル）天元術ヲ知ルニハ誠ニヨイ書物デアル．

（xviii）　算法天元録（西脇利忠，元祿十年 1697）

上巻ニハ天元規格ヲ説ク．此ノ或部分ハ既ニ天元術概説ノ所デ引用シタ．中巻ニ扱ツテ居ル材料ハ九章算術等ニ見エルモノデアルガ之レヲ皆天元術ニヨツテ解イテ居ル．下巻ニハ演段ヲ述ベテ居ルガコレハ連立方程式ノ消去法ヲ説イタモノデアル．中巻ノ率乗演式門ニ於テハ二次ト二次ノ連立方程式ニ於ケル消去法三例，三次ト三次ガ一例，三次ト二次ガ一例，四次ト四次ガ一例，五次ト五次ガ一例示サレテ居ル．何レモ傍書式ノ演段デアル．

（xix）　算法天元指南（佐藤茂春，元祿十一年 1698）

佐藤ハ沢口一之ノ門人デアル．本書ノ序ニ「従来各書ニ遺題ガ出ルガ之ヲ解コウトシテモ誠ニムツカシクテ世ノ算家ヲ苦シメル．沢口先生ハ天元術ヲ以テ根源記ノ百五十好問ヲ解イテ古今算法記ニノセタ．爾来算家ハ天元術デ難算ヲ解クコトヲ知ツタ．実ニ本書ハ本朝天元術ノ元師デアル．シカシナガラ幼学ノ徒ハ天元術ノ入リ難イノニ苦シム．依テ君仕ノ余暇ニ幼学ノタメニ天元ノ和解術ヲ著ワシ図解ヲノセ，正負ヲ分カチ自乗，相乗，相加，相減，同減異加，異減同加ノ部ヲ分チ天元ノ術式ヲアラワシテ本書トシタ．古今算法記ト交見スルトキハ幼学ノ補トナロウ………」ト云ツテ居ル．本書ハ九巻カラ成ツテ居ルガ殆ド全部ガ天元術ノ解説デ，問題ノ解法ハ唯範例トシテ少シク取扱ツテ居ルダケデアル．之等ノ内容ハ既ニ天元術概説デ沢山引用シテ示シタカラ最早ヤ説明ノ要ハナイ．

（註） 算法天元録，算法天元指南及ビ関孝和ノ書ノ方程式ノ解方ハ総テノ点ニ於テ現今ノ Horner ノ方法ト全ク同一ニナツテ居ル．

（xx） 何乗冪演段

発微算法演段諺解ガ出テ以来，和算デハ高次ノ方程式ヲ要スル問題ノ解法ニハ連立方程式ノ考エガ使ワレルヨウニナリ，其ノ未知数消去ニハ同書ニ使ワレタ方法ガ踏襲サレタ．当時

$$\begin{cases} x+y+z=a \\ x^{r+1}-y^{r+1}=b \\ y^{r+1}-z^{r+1}=c \end{cases}$$

ノヨウナ連立方程式カラ y, z ヲ消去スルコトヲ r 乗冪演段ト云ウ．同書ニハ $r=2$ 即チ再乗冪演段マデ記サレテ居ルガ，元祿二年（1689）柴田清行ノ著シタ明元算法ニハ更ニ之ヲ進メテ $r=5$ 即チ五乗冪演段ニマデ及ンデ居ル．次デ同年安藤吉治ノ著ハシタ一極算法ニハ六乗冪演段ヲ，又祿四年（1691）中根元圭ノ七乗冪演段ト云ウ書ニハ $r=7$ ノ場合ヲ取扱ツテ居リ，得タル方程式ノ次数ハ六十四次，上下二巻ガ悉ク此ノ演段ノ記述デアル．之等ハ何レモ点竄術デアルガ此頃此ノ方面ガ如何ニ急足ニ発展シタカガ窺ワレル．恰度此ノ頃ハ関孝和ノ全盛時代デアル．当時ノ数学ガカク急足ニ発達ヲシタノモ全ク氏ノ力ニヨルモノデアル．関ノ方程式ニ関スル著述ニハ開方飜変，開方算式，題術弁議，病題明致，解隠題之法，解伏題之法等ガアルガ之等ハ当時ニアツテハ何レモ一頭地ヲ抜イタモノデ立派ナ方程式論デアル．コレラニ就テハ第四章ニ於テ詳説スル．

第二章　方　　程

1　支那ノ算書ニ見エル方程

連立一次方程式ノ解法ニ相当スル算法ヲ方程ト云ウ．方程ト云ウ語ハ既ニ支那ノ古算書九章算術巻八方程章ニ見エル．

方ハ四角，程ハ課程，課率即チ物ノ多少ヲ云ウ語デアル．二物ナラバ再程，三物ナラバ三程，物ノ数ニ従ツテ方形ニ並ベテ解法ヲ行ウカラカク名ズケタノデアル．即チ全ク算法カラ由来シタ名称デアル．現今使ワレテ居ル方程式ナル語ハコレカラ来タノデアルガ意味ハ全ク取違エテ用イラレテ居ル．方程式ニ該当スル語ハ開方式ト云ワレテ居ルノデアル．（但シ二次以上ノ場合ニ）

九章算術巻八ニ見エル方程ノ算法ハ現行ノ方法ト頗ル類似シテ居リ且ツヨク整頓サレタモノデアル．シカモ其ノ中ニハ正数負数ガ使ワレテ居リソノ計算法則モ述ベラレテ居ルノデアル．西洋デハ負数ガ正数ト同格ニ自由ニ使ワレダシタノハヤツト 16,7 世紀ノコトデアリ文芸復興期頃マデハ負数ノ意義ヲ解スルモノガ少ク 16 世紀ノ中頃デモ猶不合理数，偽数，零以下ノ仮数ト呼バレタ程デアル．然ルニ本書ニハ既ニソノ計算法ガ示サレテ居リ巧ミニ利用サレテ居ルノデアル．コレハ天元術ト共ニ支那古代ノ算法中出色ノモノト云ワネバナラヌ．

(i)　九章算術

先ズ九章算術ノ方程章カラ調ベテ行クコトトスル．其ノ第一問及ビ解法ハ次ノヨウデアル．

方程 以御二錯糅正負一

今有二上禾三秉中禾二秉下禾一秉実三十九斗、上禾二秉中禾三秉下禾一秉実三十四斗、上禾一秉中禾二秉下禾三秉実二十六斗一、問二上中下禾実一秉各幾何一、

答曰、上禾一秉九斗四分斗之一

中禾一秉四斗四分斗之一

下禾一秉二斗四分斗之三

術曰、置二上禾三秉中禾二秉下禾一秉実三十九斗於右方一、中左禾列如二右方一、以二右行上禾一偏乗二中行一而以直除、又乗二其次一亦以直除、然以二中行中禾不尽者一偏乗二左行一而以直除、左方下禾不尽者上為レ法下為レ実、実即下禾之実、求二中禾一以レ法乗二中行下実一而除二下禾之実一、余如二中禾秉数一而一即中乗之実、求二上禾一亦以レ法乗二右行下実一而除二下禾中禾之実一、余如二上禾秉数一而一即上禾之実、実皆如レ法各得二一斗一、

此ノ術ヲ劉徽ノ注等ヲ参考シテ解説シテ見ルト次ノヨウデアル.

	上	中	下	実
右行	3	2	1	39
中行	2	3	1	34
左行	1	2	3	26

右行上禾三ヲ中行ニ偏ク掛ケ

	上	中	下	実
中行(一)	6	9	3	102

右行ヲ以テ直除シ

	上	中	下	実
中行(二)	○	5	1	24

右行上禾三ヲ左行ニ偏ク掛ケ

	上	中	下	実
左行(一)	3	6	9	78

右行ヲ以テ直除シ

	上	中	下	実
左行(二)	○	4	8	39

次ニ中行(二)ノ中禾五ヲ偏ク左行(二)ニ掛ケ

	上	中	下	実
左行(三)	○	20	40	195

中行(二)ヲ以テ直除シ

	上	中	下	実
左行(四)	○	○	36	99

此ノ余ツテ居ル下禾乗数ヲ法トシ下禾実ヲ実トシテ割算ヲ行ヒ下禾一秉ノ実ヲ得ル、……

中行(一)ニ対シ右行ヲ直除スルトハドウスルコトカ．之ニ対シ劉徽ノ注ニハ次ノ如ク記ス．

為レ術之意令三少行減二多行一反覆相減則頭位必先尽．上無二一位一此行亦闕二一物一矣．然而挙率以二相減一不レ害二余数之課一也若消二去頭位一則下去二一物之実一．如レ是畳令三左右相減審二其正負一則可レ得二而知一先令三

右行上禾乗二中行一為二齊同之意一．為二齊同一者謂三中行上禾亦乗二右行一也．従二簡易一．雖レ不レ言二齊同一以二齊同之意一観レ之其義然矣．

除ハ減ズルコトデアル．直除ハ反覆減ズルコトデアル．中行㈠ノ頭位ハ2×3右行頭位ハ3デアルカラ　中行㈠カラ右行ヲ二回減ズレバ頭位ハ0トナル．ソシテ中禾五秉ト下禾一秉ノ実ガ24斗トナル．此ノ際残式ニ於テハ上禾ガ消去サレタノミデ中下禾ノ率ハ原中行ニ於ケルト異ル所ハナイ．頭位ヲ消去スレバ斗数カラハ上禾ノ分ガ取除カレルダケデアル．

齊同トハ右行中行ノ頭位ヲ同ジクシ，ソレニ従ツテ各行ノ中禾以下ヲ齊エルコトデアル．即チ中行ニ偏ク右行上禾ノ秉数ヲ掛ケタラバ右行ニモ偏ク中行上禾ノ秉数ヲ掛ケルコトデアル．直除ハ齊同ニヨル消去ト同ジ結果ヲ得ル．即チ意ニ於テハ同ジデアル．劉徽ノ頃ニハ齊同ニヨル消去即チ現今ノ消去法ノ如キモノガ行ハレタノデアルガ此ノ頃ハ齊同ノ法ハ用イラレズ，直除即チ累減ニヨツテ消去シタモノデアル．劉徽ハ直除ヲ簡易ナ方法ト見テ居ル．

サテ左行㈣ニヨリ下禾ノ実ヲ得タラバ次ニ中禾ノ実ヲ得ルニハ如何ニスルカ．術文ニヨレバ法三十六ヲ以テ中行下実二十四斗ニ乗ジ八百六十四斗ヲ得，下禾実九十九斗ヲ減ジ，余リヲ中禾秉数五デ割リ一百五十三斗ヲ得，下禾ノ実トスル．之ヲ法三十六デ割レバ一秉ノ実四斗四分斗之一ヲ得ルト云ウノデアル．コレハ中行㈡

$$5中+下=24$$

ヘ　$下=\frac{99}{36}$　ヲ入レ

$$5中=24-\frac{99}{36}=\frac{24\times36-99}{36}=\frac{765}{36}$$

$$中=\frac{153}{36}=4\frac{1}{4}$$

トシタノデアル．

又上禾ノ実ヲ求メルニハ右行

$$3上+2中+下=39$$

ヘ　$中=\frac{153}{36}$，$下=\frac{99}{36}$　ヲ入レ

$$3上=39-\frac{153\times2}{36}-\frac{99}{36}=\frac{39\times36-153\times2-99}{36}$$

$$=\frac{999}{36}$$

$$上=\frac{333}{36}=9\frac{1}{4}$$

之ニヨツテ見レバ此ノ算法ハ頗ル現行ノモノニ類似シテ居ルノデアル．殊ニ劉徽ノ注（景元四年，263）ニ見エル方法ハ全ク現行ノモノト同一デアルト云ウコトガ出来ルノデアル．

直除即チ累減ノ法ヲ明示シテ居ルモノニ張邱建算経ガアル．本書ハ上中下三書カラ成リ九章類似ノ算書デアル．巻下ニ方程ノ問題ガ三題アル．

今有二上錦三疋　中錦二疋　下錦一疋直絹四十五疋、上錦二疋　中錦三疋下錦一疋　直絹四十三疋、上錦一疋中錦二疋　下錦三疋直絹三十五疋一、問二上中下錦各直絹幾何一。

答曰　上錦一疋　直絹九疋
中錦一疋　直絹七疋
下錦一疋　直絹四疋

術曰、如二方程一。

草曰、置二上錦三疋於右上一、中錦二疋於右中、下錦一疋於右下、直絹四十五疋於下一、又置二上錦二疋於中上、中錦三疋於中中、下錦一疋於中下、直絹四十三疋於下一、又置二上錦一疋於左上、中錦二疋於左中、下錦三疋於左下、直絹三十五疋於下一、然以二右上錦三疋一遍乗二中行一、上得レ六、中得レ九、下得レ三、直絹一百二十九、又以二右上錦三一遍乗二左行一、得二上三一、中六、下九、直絹一百五一、乃以二右上中下并直絹一再二減中行一一二減左行一、余有二中行中五下一直絹三十九、左行中四下八直絹六十一、又以二中行中五一遍乗二左行一、中得二二十一、下得二四十一、直絹三百、以二中行一四度遍減二左行一、余只有二下錦三十六直絹一百四十四一、以二下錦一為レ法除二絹一百四十四一得二四疋一、下錦一疋之直、求二中錦一以二下錦ノ絹一乗二中行下錦一疋一得レ四以減二下絹三十九一余三十五、以二中錦五疋一除レ之得二七疋一、是中錦之直、求二上錦一以二中錦価一乗二右行中錦一得二一十四一以二下錦一直乗二下錦一得レ四、共一十八、以減二下直四十五一余二十七、以二上錦三一除レ之得二九疋一合二前問一。

之レ全ク前ノ解説デ示シタ算法ヲ明瞭ニ記シタモノニ外ナラヌ．

(ii) 詳解九章算法

宋ノ揚輝ノ詳解九章算法 (1275) ノ解中ニハ次ノ如キ数図ガ入ツテ居ル.
(問題ハ前記九章算術方程章, 第一問)

上	上三	上二	上一	上三	上六	上三	上三			上三		
中	中二	中三	中二	中二	中九	中六	中二	中五	中四	中二	中五	
下	下一	下一	下三	下一	下三	下九	下一	下一	下八	下一	下一	下三十六
実	三十九斗	三十四斗	二十六斗	三十九斗	一百二斗	七十八斗	三十九斗	二十四斗	三十九斗	三十九斗	二十四斗	九十九斗

(1)

𝍩𝍣𝍯○○○	𝍩𝍣𝍯○○○	𝍩𝍣𝍯○○○
沈 𝍫𝍡○○	沈 𝍪𝍨𝍯○	沈 𝍫𝍤○○
瑇 𝍩𝍤○○	瑇 𝍡𝍩𝍢○	瑇 𝍪𝍡○○
乳 𝍫𝍦𝍭○	乳 𝍫○𝍤𝍥 子𝍠 母𝍣	乳 𝍢𝍯𝍤

(2)

𝍩𝍣𝍯○○○	𝍫𝍧𝍯○○○	𝍩𝍣𝍯○○○
沈 𝍫𝍡○○	沈 𝍠𝍩𝍧𝍯○	沈 𝍫𝍤○○
瑇 𝍩𝍤○○	瑇 𝍯𝍤𝍪○	瑇 𝍪𝍡○○
乳 𝍫𝍦𝍭○	乳 𝍠𝍪𝍡𝍪𝍤	乳 𝍢𝍯𝍤

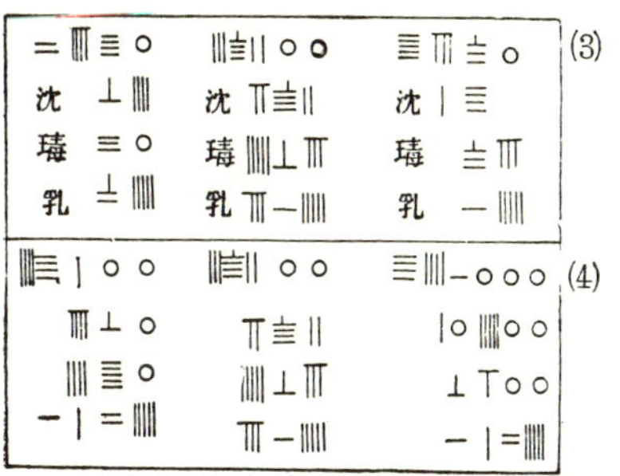

(iii) 数書九章

秦九韶ノ数書九章(1247)第十七推求物価ニ見エル方程ノ解法ハ上記ノモノトハ稍趣ヲ異ニシテ居ル

(沈香 3500裹, 瑇瑁 2200斤, 乳香 375套)
〃 2970〃 〃 2130〃 〃 3056¼〃)
〃 3200〃 〃 1500〃 〃 3750〃)

ノ価ガ何レモ 147万貫文デアル沈, 瑇, 乳ノ裹, 斤, 套価ハ各幾何カヲ解クニ右ノヨウニ布算シテ居ル.

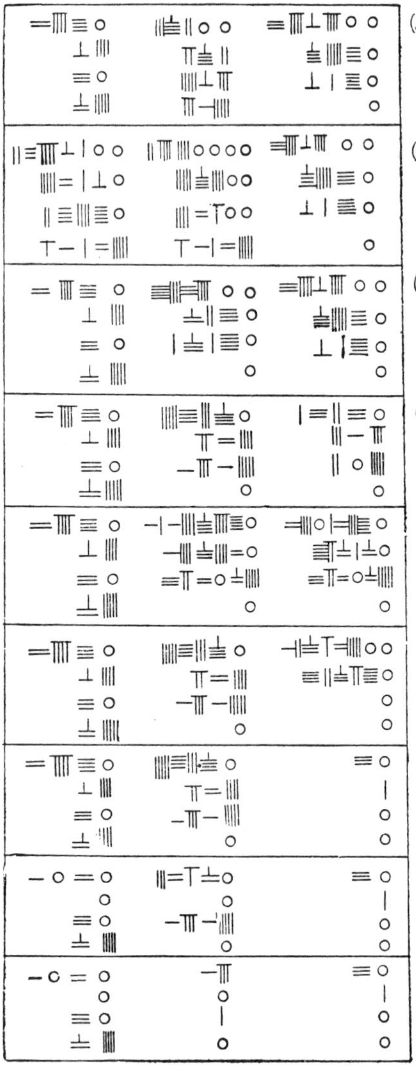

(5)

(6)

(7)

(8)

(9)

(10)

(11)

(12)

(13)

(14)

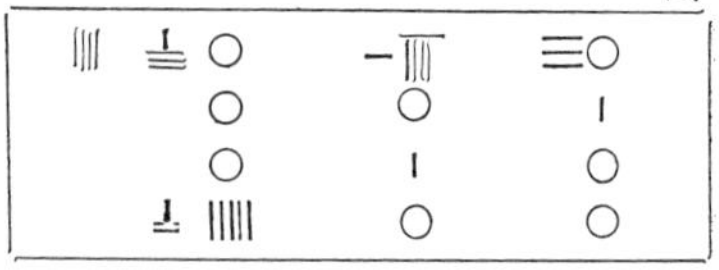

(1) ハ価ヲ一番上ニシ沈香，瑇瑁乳香ヲ題数ノ如ク布算シタモノ，

(2) ハ中行乳香ニ$\frac{1}{4}$ナル端ガアルタメ中行ダケ四倍シタモノ．

(3) ハ右行ヲ其ノ等数 25 （公約数）デ，中行ヲ其ノ等数 15 デ，左行ヲ其ノ等数 50 デ夫々約シ簡単ニシタモノ．（コレハ前記ノ書物ニハヤラレテ居ラヌコトデアル）之ヲ定率図トスル．

(4) ハ (3) ノ下位乳香ヲ消去スルタメ右乳套数 15 ヲ左行ニ，左乳套数 75 ヲ右行ニカケタモノ，此ノ時価ヲ見ルト右行ノ方ガ左行ヨリ大キイ．故ニ右行カラ左行ヲ減ジ (5) ヲ得ル．

次ニ左下75ヲ中行ニ，中下 815 ヲ左行ニカケルト (6) ニナル．其ノ中行カラ左行ヲ減ジタモノガ (7) デアル．又右行ノ等数 30，中行ノ等数 10ヲ求メ各ヲ之デ約シテ (8) ヲ得ル．

次ニ中行，右行ノ瑇瑁ヲ消去スルタメニ (8) ノ右行ニ1815，中行ニ 205 ヲカケトルト (9) トナル．右行ラカ中行ヲ引クト (10) ヲ得ル．カクシテ右行ニハ沈香ノ段数ノミ残ル．仍テ之ヲ法トシ上積ヲ割レバ沈香一裏ノ価三百貫文ヲ得ル．コレガ（11）デアル．

次ニ中行ノ沈香 724ヲ以テ三百貫ニ掛ケ之ヲ中積カラ減ジ，ソシテ沈香ノ段数ヲ0トスル．又左行ノ沈香 64 ヲ以テ三百貫ニ掛ケ，之ヲ左積カラ減ジ，ソシテ左行沈香ノ段数ヲ0トスル．之ガ（12）デアル．所ガ中行ヲ見ルト瑇瑁ノ段数ノミ残ル．仍テ之ヲ法トシ中積ヲ割レバ 180貫ヲ得ル．之ヲ瑇瑁一斤ノ価トスル．之ガ（13）デアル．又左行ニハ瑇瑁 30 斤ガアル．之ヲ 180貫ニ掛ケ左積カラ減ジ瑇瑁ノ段数ヲ0トスレバ沈香 75 套ノミ残リ，（14）トナル．仍テ之ヲ法トシ左積ヲ割レバ 64 貫ヲ得ル．之ガ乳香一套ノ価デアル．カクシテ

答　沈香毎裏　三百貫文

乳香毎套　六十四貫文

瑇瑁毎斤　一百八十貫文

ヲ得ルノデアル．

(iv)　算学啓蒙

元ノ朱世傑ノ著算学啓蒙（大徳三年，1299）ノ方程正負門ニハ術ノ始メニ左記ノヨウナ整ツタ布算ノ図ガ示サレテ居ル．

術曰依レ図布レ算

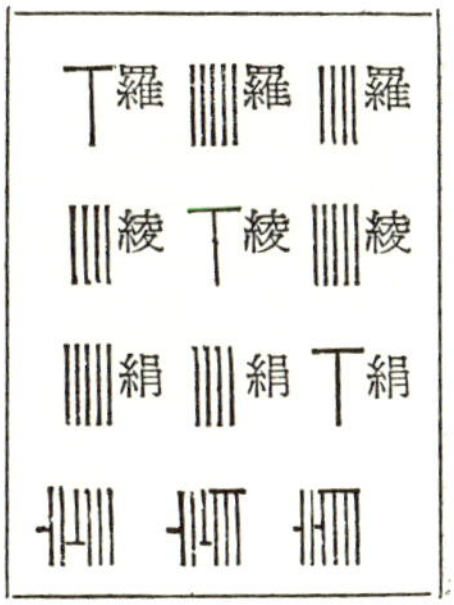

𝍥羅	𝍤羅	𝍣羅
𝍣綾	𝍥綾	𝍤綾
𝍤絹	𝍣絹	𝍥絹
1263	1268	1219

コレハ

羅四尺，綾五尺，絹六尺ノ直銭ガ一貫二百十九文，

羅五尺，綾六尺，絹四尺ノ直銭ガ一貫二百六十八文，

羅六尺，綾四尺，絹五尺ノ直銭が一貫二百六十三文，

デアル．各ノ尺価幾何カ．

ト云ウ問題ノ術ノ布算デアル．術中コレ以外ニハ布算ノ図ハ用イラレテ居ラズ其ノ解法モ始メニ中，左行カラ先ズ右行ヲ減ジテ

$$4羅+5綾+6絹=1219$$

$$1羅+1綾-2絹=49$$

2羅−1綾−1絹＝44

ヲ作リ，然ル後直除ノ法ニヨツテ居ルノデアル．

(v)　算法統宗

明ノ程太位ノ算法統宗(万暦二十一年，1593)巻八方程章ニ見エル布算図ハ算学啓蒙ノモノトハ異ツタモノデアル．即チ次ノヨウデアル．之ヲ算式デ示セバ

3綾＋4絹＝48…(1)　7綾＋2絹＝68…(2)　　(1)×7, (2)×3 ヲ作レバ

21綾＋28絹＝336…(3)　21綾＋6絹＝204…(4)　　(3)−(4)ヲ作レバ

22絹＝132,　1絹＝6,　コレヲ(1)ニ代入シ

3綾＝48−24＝24, 1綾＝8　トナルノデアル．

今有二綾三尺絹四尺　共価四銭八分、又綾七尺絹二尺　共価六銭八
分一、問二綾絹各価若干一、
荅曰、綾毎尺価八分、絹毎尺価六分、
如レ法列レ位
上中下
右　綾三尺　得廿一　絹四尺　得廿八　価四銭八分　得三両三銭六分
減尽　余廿二　余一両三銭二分
左　綾七尺　得廿一　絹二尺　得六　価六銭八分　得二両零四分
先以二右行綾三尺一遍乗二左行一得レ数、次以二左行綾七尺一遍乗二右行一
得レ数、乃相二減上位綾一各得二廿一一減尽、中位右得二廿八一内減二去左
六一余廿二為レ法、下位共価右得二三両三銭六分一内減二左二両零四分一、
余一両三銭二分為レ法除レ実得二六分一為二絹毎尺価一、以二右行絹四尺一
乗レ之得二二銭四分一於共価四銭八分内減二絹価二銭四分一、仍余二銭四
分為二綾価一、以二右行綾三尺一除レ之得二綾毎尺価八分一合レ問、

仮如考二校弓弩之力一、但云神臂弓二、弩九、小弓二、共重七百一十斤、又有二神臂弓五、弩三、小弓二一、共五百一十五斤、又有二神臂弓三、弩二、小弓八一、共五百二十五斤、問二各力一、

答曰、神臂弓力五十五斤、弩力六十斤、小弓力三十斤、

法以二和数一列レ位

	神臂	弩	小弓	力
右	神臂三（中乗得六／右乗得六　減尽）	弩二（中乗得四／右乗廿七　減余中廿三）	小弓八（中乗得十六／右乗得六　減余中十）	力五百廿五（中乗一千零五十／右乗二千一百三〇　減余中一千零八十）
中	神臂二（左乗得十）	弩九（左乗四十五）	小弓二（左乗得十）	力七百一十（左乗三千五百五十）
左	神臂五（中乗得十　減尽）	弩三（中乗得六　減余中卅九）	小弓二（中乗得四　減余中六）	力五百十五（中乗一千零三十　減余中二千五百二十）

先以二中行神臂弓二一偏乗二左右行一、次以二右行神臂三一偏乗二中行一、与二中行一対減神臂減尽、中弩廿七内減二右弩四一余廿三、中小弓六以減二右小弓十六一余十、中力二千一百三十内減二右力一千零五十一余一千零八十、以上減余分在二両行一、已変二較数一矣、即用二較数法一分二正負一列レ之、而以二弩与レ力命為二同名一、次以二左行神臂弓五一偏乗二中行一而以二中左両行一対減神臂減尽、中弩四十五内減二去左行弩六一余三十九、中行小弓十内減二去左小弓四一余六、中力三千五百五十内減二去左力一千零三十一余二千五百二十、以上減余倶在二中行一仍為二和数一也、

	余弩	小弓	力
較数	余弩正廿三（得正八百九十七）	小弓負十（得負二百九十）	力正一千〇八十（得正四万二千一百二十）
和数	余弩三十九（得正八百九十七　減尽）	小弓六（得正一百三十八）　併得五百廿八	力共二千五百二十（得正五万七千九百六十）　減余一万五千八百四十

左右互乗、依二和較雑法一命二其正負一、乃対減弩減尽、小弓異併五百廿八為レ法、力同減余一万五千八百四十為レ実、法除レ実得二三十斤一、為二小弓力一、於二左行一、共力二千五百廿斤内減二六小弓力一百八十斤一余二千三百四十斤以二左行余弩三十九一除レ之得二六十斤一為二弩力一、乃於二原列一任取二右行八小弓力二百四十斤、二努力一百二十斤一以減二其力五百二十五斤一、余一百六十五斤以二神臂三一除レ之得二五十五斤一為二神臂力一、

之等ハ　記法ハ現行ノモノト異ルガ算法ノ精神ニ於テハ全ク同一デアル

(vi) 方程ノ意義

次ニ方程ノ意義ニ就イテ少シ述ベテ見ル．

九章算術劉徽ノ注及ビ李籍音義，清ノ李潢ノ九章算術細章図説ノ李ノ注，宋楊輝ノ詳解九章算法及ビ算法統宗ノ方程ノ説明等ヲ示セバ次ノヨウデアル．

> 劉徽注
>
> 方程　程課定也、羣物総雑、各列ニ有数一、総言ニ其実一、令ニ毎行為一レ率、二物者再程、三物者三程、皆如ニ物数一程レ之、並列為レ行、故謂ニ之方程一、
>
> 九章算術李籍音義
>
> 方者左右也、程者課率也、左右課程総ニ統羣物一、故曰ニ方程一、
>
> 李潢九章算術細草図説李注
>
> 両行相並為レ方、多少相課為レ程、以レ程為ニ課程一者即方田章課分術、以レ少減レ多之謂、
>
> 楊輝詳解九章算法
>
> 謂ニ方者数之形一也、程者量度之総名、亦権衡丈尺斛斗之平法也、尤ニ課分一明ニ多寡一之義、
>
> 算法統宗
>
> 方比レ方也、程法レ程也、課程也、数有ニ雑糅一難レ知者、拠ニ現在之数一以比レ方而程ニ課之一則不レ可レ知而可レ知也、……

之等ニヨレバ方ハ四角ニ物数ヲ列ベル所カラ来タ語デアリ，程ハ課程課率，即チ物ノ多少ヲ云ウ語デアル．方田章ニ課分術ト云ウノガアルガコレハ幾ツカノ分数ノ中ノドレガドレヨリドレダケ大キイカヲ定メル術デアル．四角ニ沢山ナ物ノ率（多少ヲ示ス数）ヲ列べ，群物ヲ総統シテ術ヲ施ス故方程ト云ウノデアル．全ク計算ノ形式カラ来タ名デアル．現行ノ方程式ト云ウ語ハ此ノ語カラ来タモノデアルコトハ明カデアルガ，実ハ内容ガ全ク異ツタモノデアル．

(vii) 正 負 ノ 術

此処デ再ビ九章算術ニ戻リ本書方程章ノ他ノ問題及ビ其処ニ用イラレテ居ル**正負ノ術**ニ就イテ考察シテ見ルコトトスル．

第二問ハ

$$\begin{cases} 7上-1+2下=10 \\ 8下+1+2上=10 \end{cases}$$

即チ

$$\begin{cases} 7上+2下=11 \\ 2上+8下=9 \end{cases}$$

ヲ解クノデアルガ，唯如ニ方程一ト云ウノミデアル．第一問ノ如クセヨト云ウノデアロウ．損ㇾ之曰ㇾ益ハ始メニ実一斗ヲ損スルトアルガコレハ 7上+2下 ガ10斗ヨリ1斗多イコトヲ意味スルト云ウ説明デアル．

マダ此ノ計算ニ於テハ負数ハ現ワレテ来ヌノデアル．

今有㆓上禾七秉㆒、損㆓実一斗㆒益㆓之下禾二秉㆒
而実十斗、下禾八秉益㆓実一斗与上禾二秉㆒
而実十斗、問㆓上下禾実一秉各幾何㆒、
　答曰、上禾一秉実一斗五十二分斗之十八
　　下禾一秉実五十二分斗之四十一
術曰、如㆓方程㆒、損㆑之曰㆑益、益㆑之曰㆑損、
損㆓実一斗㆒者其実過㆓十斗㆒也、益㆓実一斗㆒
者其実不㆑満㆓十斗㆒也、

第三問ハ

$$\begin{cases} 2上+中=1 \\ 3中+下=1 \\ 4下+上=1 \end{cases}$$

ヲ解ク問題デアル．本解中ニハ正数負数ノ取扱イヲ必要トスル箇所ガアル．夫故正負術ヲ以テ之ヲ入レルト云イ，其ノ計算法則ヲ示シテ居ルノデアル．劉徽ノ注ニハ正算赤，負算黒，否則以邪正為異，ト云ツテ居ルガ此ノ時代カラ正数負数ガ取扱ワレ，其ノ表示法トシテ　正数ハ赤ノ算木，又ハ数字，負数ハ黒ノ算木又ハ数字デ表ワシタモノデアル．以後支那ニ於テモ我国ニ於テモコレガ行ワレテ居ルノデアル．猶正数負数ヲ紙上ニ表ワストキ，赤黒デ書キ分ケルコトハ面倒デアルカラ斜線ヲ用イテ負数ヲ表ワス．即チ −136ナラバ $\not|\equiv\top$ ノヨウニスル．之ガ書物ニ現ワレ出シタノハ宋元時代デ，例エバ李治ノ測円海鏡（1248），益古演段

今有㆓上禾二秉中禾三秉下禾四秉㆒、実皆不㆑
満㆑斗、上取㆑中、中取㆑下、下取㆑上各一秉
而実満㆑斗、問㆓上中下禾実一秉各幾何㆒
　答曰、上禾一秉実二十五分斗之九
　　中禾一秉実二十五分斗之七
　　下禾一秉実二十五分斗之四
術曰、如㆓方程㆒、各置㆑所㆑取、以㆓正負術㆒
入㆑之、正負術曰、同名相除、異名相益、正
無㆑入負㆑之、負無㆑入正㆑之、其異名相除、
同名相益、正無㆑入正㆑之、負無㆑入負㆑之、

(1259), 朱世傑ノ算学啓蒙 (1299) 等ニ於テデアルガ, シカシ劉徽ノ注ニ否則以ニ邪正一為レ異ト云ツテ居ル所ヲ見ルト赤黒ノ外ニ何等カノ区別ガアツタモノノヨウデアル. 邪正ヲ以テ区別スルトハ如何ナルコトカ之ヲ説明シタ書ハ見当ラナイガ或ハ斜線ヲ用イルコトデハアルマイカト思ウノデアル.

同名相除, 異名相益, 正無レ入負レ之, 負無レ入正レ之, ハ減法法則ヲ示シタモノデアル. 同名, 異名ハ同符号, 異符号, 除益ハ減加デアル. 無入ハ対スルモノノナイコトデアル(劉徽注ニ無入為無対也トアル). $0-a=-a$, $0-(-a)=a$ トスルコトヲ云ウ.

異名相除, 同名相益, 正無レ入正レ之, 負無入レ負レ之, ハ加法法則ヲ示シタモノデアル.(負数ノ乗除法則ハナイ. 此ノ頃デハマダ其ノ必要ガ起ツテ居ラヌ.)

此ノ法則ハ文章マデ此ノ儘デ後世マデ使ワレテ居ル. 李治, 秦九韶, 楊輝, 朱世傑, 程太位ノ書等皆ソウデアル. 又我ガ国ノ算書ニ於テモ同様デアル. 正数負数ノ算法ガ既ニ此ノ時代ニ確立サレテ, 連立方程式解法ニ整然ト用イラレテ居タコトハ誠ニ偉トスベキデ, 此ノ点ハ諸外国ノモノヨリ確ニ一歩進ンデ居タノデアル. ヤガテ宋元時代ニナツテ天元術ガ行ワレルヨウニナルト, 正数負数ガ更ニ一層広ク用イラレルヨウニナルコトハ既ニ述ベタ通リデアル.

サテ此ノ第三問ヲ第一問ノヨウニ解イテ見ルト次ノヨウニ負数ノ計算ガ現ワレテ来ルノデアル.

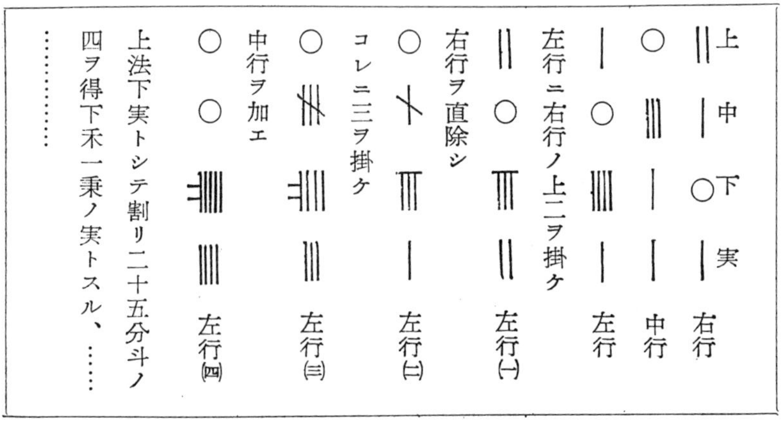

上 中 下 実

右行

中行

左行

左行ニ右行ノ上二ヲ掛ケ

左行(一)

右行ヲ直除シ

左行(二)

コレニ三ヲ掛ケ

左行(三)

中行ヲ加エ

左行(四)

上法下実トシテ割リ二十五分斗ノ四ヲ得下禾一秉ノ実トスル、……

……

第四問ノ方程式ハ

$$\begin{cases}5\text{上}-11=7\text{下}\\7\text{上}-25=5\text{下}\end{cases}\quad\text{即チ}\quad\begin{cases}5\text{上}-7\text{下}=11\\7\text{上}-5\text{下}=25\end{cases}$$

第五問ハ

$$\begin{cases}6\text{上}-18=10\text{下}\\15\text{下}-5=5\text{上}\end{cases}\quad\text{即チ}\quad\begin{cases}6\text{上}-10\text{下}=18\\-5\text{上}+15\text{下}=5\end{cases}$$

第六問ハ

$$\begin{cases}3\text{上}+6=10\text{下}\\5\text{下}+1=2\text{上}\end{cases}\quad\text{即チ}\quad\begin{matrix}3\text{上}-10\text{下}=-6\\-2\text{上}+5\text{下}=-1\end{matrix}$$

トナル．何レモ負項ノアル場合デアル．殊ニ第五第六問ハ第一項ヲ負トシテ正負術ヲ行ツテ居ルノデアル．正負ノ考エ方ガ相当ノ域ニ達シテ居タコトヲ示スモノデアル（第六問ノ実ハ負六，負一トスベキヲ正六，正一トシテ居ルコトハ誤リデアル）

㈣今有㆓上禾五秉㆒、損実一斗一升、当㆓下禾七秉㆒、上禾七秉㆒、損実二斗五升、当㆓下禾五秉㆒、問㆓上下禾実一秉各幾何㆒、
　答曰、上禾一秉五升
　　　　下禾一秉二升
術曰、如㆓方程㆒、置㆓上禾五秉正、下禾七秉負、損実一斗一升正㆒、次置㆓上禾七秉正、下禾五秉負、損実二斗五升正㆒、以㆓正負術㆒入㆑之、

㈤今有㆓上禾六秉㆒、損実一斗八升、当㆓下禾十秉㆒、下禾十五秉、損実五升、当㆓上禾五秉㆒、問㆓上下禾実一秉各幾何㆒、
　答曰、上禾一秉実八升
　　　　下禾一秉実三升
術曰、如㆓方程㆒、置㆓上禾六秉正、下禾十秉負、損実一斗八升正㆒、次置㆓上禾五秉負下禾十五秉正、損実五升正㆒、以㆓正負、術㆒入㆑之、

㈥今有㆓上禾三秉㆒、益実六斗、当㆓下禾十秉㆒、下禾五秉、益実一斗、当㆓上禾二秉㆒、問㆓上下禾実一秉各幾何㆒、
　答曰、上禾一秉実八斗
　　　　下禾一秉実三斗
術曰、如㆓方程㆒、置㆓上禾三秉正、下禾十秉負、益実六斗正㆒、次置㆓上禾二秉負、下禾五秉正、益実一斗正㆒、以㆓正負術㆒入㆑之、

本章ニ収メタ 18 題中，二元ノモノハ 8 題，三元ハ 6 題，四元五元ハ各二題デアル．其ノ中著シイモノヲ次ニ掲ゲル．

(八)今有下売二牛二羊五一以買二十三豕一有二余銭一千一、売二牛三豕三一以買二九羊一、銭適足、売二羊六豕九一以買二五牛一、銭不足六百上、問二牛羊豕価各幾何一、

荅曰、牛価一千二百、羊価五百、豕価三百

(九)今有二五雀六燕一、集称二之衡一、雀俱重、燕俱軽、一雀一燕交而処レ衡適平、并二燕雀一重一斤、問二燕雀一枚各重幾何一、

荅曰、雀重一両十九分両之十三、

燕重一両十九分両之五、

(十一)今有二三馬一牛一、価過二一万一、如二半馬之価一、一馬二牛価不レ満二一万一、如二半牛之価一、問二牛馬価各幾何一、

荅曰、馬価五千四百五十四銭十一分銭之六

牛価一千八百一十八銭十一分銭之二

(十三)今有二武馬一匹中馬二匹下馬三匹一、皆載二四十石一、至レ阪皆不レ能レ上、武馬借二中馬一匹一、中馬借二下馬一匹一、下馬借二武馬一匹一、乃皆上、問二武中下馬一匹各力引幾何一、

荅曰、武馬一匹力引二十二石七分石之六

中馬一匹力引十七石七分石之一

下馬一匹力引五石七分石之五

(十四)今有二白禾二歩、青禾三歩、黄禾四歩、黒禾五歩一、実各不レ満レ斗、白取二青黄一、青取二黄黒一、黄取二黒白一、黒取二白青一各一歩而実満レ斗、問二白青黄黒禾実一歩各幾何一、

荅曰、白禾一歩実一百一十一分斗之三十三

青禾一歩実一百一十一分斗之二十八

黄禾一歩実一百一十一分斗之十七

黒禾一歩実一百一十一分斗之十

(十六)今有二令一人、吏五人、従者十人一、食二鶏十一、令十人、吏一人、従者五人、食二鶏八一、令五人吏十人従者一人食二鶏六一、問二令吏従者食レ鶏各幾何一、

荅曰、令一人食一百二十二分鶏之四十五、

吏一人食一百二十二分鶏之四十一

従者一人食一百二十二分鶏之九十七

(十八)今有二麻九斗麦七斗菽三斗荅二斗黍五斗一、直銭一百四十、麻七斗麦六斗菽四斗荅五斗黍三斗直銭一百二十八、麻三斗麦五斗菽七斗荅六斗黍四斗直銭一百一十六、麻二斗麦五斗菽三斗荅九斗黍四斗直銭一百一十二、麻一斗麦三斗菽二斗荅八斗黍五斗直銭九十五、問二一斗直幾何一、

荅曰、麻一斗七銭

麦一斗四銭

菽一斗三銭

荅一斗五銭

黍一斗六銭

方程ノ問題ハドノ算書ヲ見テモ大同小異デアル．今和算ニ影響ヲ与エタ算学啓蒙，算法統宗ノ中カラ二三ヲ拾ツテ記シテ見ヨウ．

（算学啓蒙）

今有㆓甲乙丙㆒、持絲不㆑知㆓其数㆒、甲云得㆓乙絲強半丙絲弱半㆒満㆓一百四十八斤㆒、乙云得㆓甲絲弱半丙絲強半㆒満㆓一百二十八斤㆒、丙云得㆓甲絲強半乙絲弱半㆒満㆓一百三十二斤㆒、問㆓甲乙丙各絲幾何㆒、

答曰、甲八十四斤、乙六十八斤、丙五十二斤、

術曰

依㆑図

布㆑算

𝍢 甲分母	𝍡 強半	𝍠 弱半	[illegible] 糸
𝍠 弱半	𝍣 乙分母	𝍢 強半	[illegible] 糸
𝍢 強半	𝍠 弱半	𝍣 丙分母	[illegible] 糸

以㆓左行㆒直㆓減右行㆒、余甲正一、乙正二、丙負三、絲正一十六、又以㆓左上三㆒遍乗㆓中右二行㆒、仍以㆓左行㆒減㆑之中上甲空、乙正十一、丙正五、絲正二百五十二、右上甲空、乙正五、丙負十三、絲負八十四、又以㆓中行乙十一㆒遍乗㆓右行㆒、仍以㆓中行五次㆒同減異加、甲乙空、余丙一百六十八、絲二千一百八十四、上法下実而一得㆓一十三斤㆒、乃一分、四㆑之即丙絲、以㆓十三㆒乗㆓中行丙五㆒、以減㆓中行絲㆒余者十一除㆑之、四因、得㆓乙絲㆒、又十三乗㆓左行丙四㆒、以減㆓左行絲㆒、又減㆓乙一十七斤㆒、余以㆑三約㆑之、四因、即甲絲、合㆑問、

今有㆓紅錦四尺青錦五尺黄錦六尺㆒、価皆過㆓三百文㆒、只云紅錦四尺価過㆓青錦一尺㆒、青錦五尺価過㆓黄錦一尺㆒、黄錦六尺価過㆓紅錦一尺㆒、問㆓三色各一尺銭幾何㆒、

答曰、紅錦九十三文一百一十九分文之三十三

青錦七十三文一百一十九分文之一十三

黄錦六十五文一百一十九分文之六十五

術曰

依㆑図

布㆑算

𝍣 紅	[illegible] 負	○ 空	𝍢 三百
○ 空	𝍤 青	[illegible] 負	𝍢 三百
[illegible] 負	○ 空	𝍥 黄	𝍢 三百

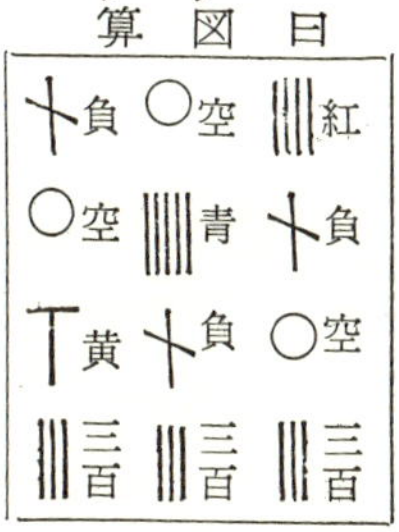

以㆓右上紅四㆒遍乗㆓左行㆒、仍用㆓右行㆒異減同加負無㆑入負左上空、青負一、黄正二十四、銭正一千五百、又以㆓中行五㆒遍乗㆓左行㆒、亦以㆓中行㆒直㆓減之㆒、余黄錦一百一十九尺銭七千八百文、上法下実而一、得㆓黄錦尺価㆒、通分内子得㆓七千八百㆒、寄㆑左、…………

今有㆑人売㆓綾三羅五㆒以買㆓十二絹㆒余銭一万、売㆓綾四絹四㆒以買㆓七羅㆒適足、売㆓羅二絹四㆒以買㆓六綾㆒少銭一万、問㆓綾羅絹価各幾何㆒、

答曰、綾二千八百、羅二千、絹七百、

術曰

依㆑図

布㆑算

𝍢 綾	𝍤 羅	[illegible] 絹	𝍠 余銭
𝍣 綾	[illegible] 羅	𝍣 絹	○ 空
[illegible] 綾	𝍡 羅	𝍣 絹	[illegible] 少銭

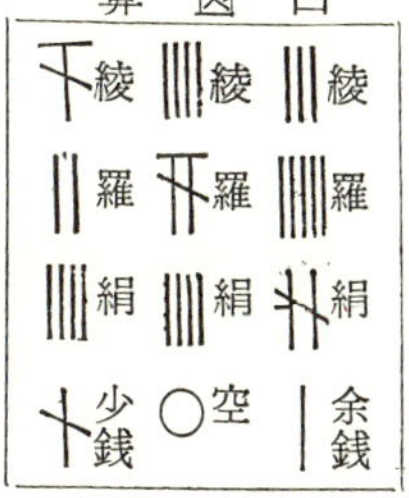

以㆓右行㆒直㆓減中行㆒同減異加依㆓正負術㆒入㆑之却三㆑之又以㆓右行㆒減㆑之、綾空、余羅四十一、絹負六十、銭正四万、又以㆓右行㆒二度直㆓減左行㆒、綾空、又以㆓中行羅四十一㆒遍乗㆓左行㆒、仍以㆓中行㆒十二度減㆑之、綾羅空、余絹一百、銭七万、上法下実而一得㆓絹価㆒……

（算法統宗）

仮如以㆓硯七枚㆒、換㆓筆三矢㆒、硯多㆓価四百八十文㆒、若以㆓筆九矢㆒換㆓硯三枚㆒筆多㆓価一百八十文㆒、問㆓筆硯価各若干㆒、

　答曰、筆毎矢価五十、硯毎枚価九十文、

仮如有㆓大小羽扇㆒不㆑知㆑価、但云㆔其大扇㆒倍㆓其小扇㆒、共三百三十文、若倍㆓大扇㆒則如㆑六㆓小扇㆒、問㆓若干㆒、

　答曰、大扇九十文、小扇三十文

問、有㆓甲乙丙三数㆒、甲加㆓七十三㆒得㆘為㆓乙丙数㆒者倍㆖、乙加㆓七十三㆒得㆘為㆓甲丙数㆒者三㆖、丙加㆓七十三㆒得㆘為㆓甲乙数㆒者四㆖、其本数各幾何、

　答曰、甲数七、乙数十七、丙数二十三、

仮如有㆓瓜二梨四㆒、共価四十文、又梨一、榴七、共価四十文、榴四、桃七、共価三十文、瓜一、桃八、共二十四文、問㆓各価若干㆒、

　答曰、瓜八文、梨六文、榴四文、桃二文、

問甲乙二窖、不㆑知㆑数、但云取㆓乙三分之一㆒益㆑甲、取㆓甲二分之一㆒益㆑乙則各足㆓一千石㆒、其甲乙原数各幾何、

　答曰、甲窖一千六百石、乙窖一千二百石、

2　和算書ニ見エル方程

方程ノ問題ガ始メテ和算書ニ現ワレタノハ吉田光由ノ塵劫記ノ遺題ニ於テデアル．塵劫記ハ非常ニ流行シタ算書デアリ吉田存命中ニモ既ニ数度出版サレテ居ルガ，其ノ中寛永十八年版ノモノニ遺題ヲ載セテ居ル．礒村吉徳ノ算法闕疑抄（1660）巻四ニ吉田光由好トシテ解イテ居ル方程ノ問題三問ハ実ニソレデアル．此ノ頃デハ之等ノ算書デモマダ本文中ニハ方程ヲ取扱ツテ居ラヌガ，間モナク二組三色トカ三組三色トカ云ウ題名ヲ以テ算書ニ現ワレルヨウニナリ，後ニハ通俗算書デモ此ノ問題ヲ見ルノガ普通トナルノデアル．

(i)　算法闕疑抄

算法闕疑抄ニ見エル問題及ビ其ノ解ハ次ノヨウデアル．

二組四色

吉田光由好テ曰

松木八拾本，檜木五拾本，　此銀合弐貫七百九拾目

松右の直と同前

松木百廿本，杉木四拾本，　此銀合弐貫三百廿二匁

杉右の直と同前

杉木九拾本，栗百五十本，　此銀合壱貫九百卅二匁

栗檜右の直と同前

栗百廿本，　檜木七本，　此銀合四百拾九匁

右之檜松杉栗各壱本に付何程そ．

予荅云　檜木壱本に付　銀三拾五匁

杉木壱本に付　銀拾九匁〇五厘

松木壱本に付　銀拾三匁

栗木壱本に付　銀壱匁四分五厘

法に云　弐番之代銀弐貫三百廿弐匁に壱番の松八十本を懸百八拾五貫七百六拾目と成，別に壱番之代銀弐貫七百九拾目に弐番之松百廿本をかけ三百三拾四貫八百目と成，此内而右之銀を引残り百四拾九貫〇四拾目に四番之檜木七本を懸，千〇四拾三貫二百八十目と成，別に四番之代銀四百拾九匁を置，是に弐番之松百廿本をかけ五拾貫〇弐百八拾目と成，是に一番の檜木五拾本をかけ弐千五百拾四貫目と成，此内にて右の千〇四拾三貫弐百八拾目を引残り千四百七拾貫〇七百廿目有，是に三番の栗百五拾本を懸二十二万〇六百〇八貫目と成，別に三番の代銀壱貫九百三十二匁を置，是に二番の松百廿本をかけ弐百三拾壱貫八百四拾目と成，是に又壱番之檜木五十本を懸，壱万千五百九拾弐貫目と成，是又四番の栗百廿本をかけ百三十九万千〇四拾貫目と成，此内にて右の廿弐万〇六百〇八貫目を引残り百拾七万〇四百三十弐貫目有，是を実に置，別に壱番の松八十本に四番の檜木七本をかけ五百六拾と成，又三番之栗百五拾本をかけ八万四千と成，又二番の杉四拾本を懸，三百三十六万と成，又別に壱番之檜木五拾本に四番の栗百廿本を懸，六千と成，又三番の杉九十本をかけ五十四万と成，又二番の松百廿本を懸，六千四百八十万と成，此内にて右之三百卅六万を引残り六千百四十四万有，是にて右之実を割は杉壱本の代銀知申也，扨是に二

番の杉四拾本を懸，是程二番の銀の内にて引，残りを二番の松百廿本にて割，松壱本の代を知，是に一番の松八十本を懸，是程一番の銀の内引，残を一番の檜木五十本にて割，ひの木一本の代と知，是に四番の檜木七本を懸，是程四番の銀の内引，残を四番の栗百廿本にて割，栗壱本之代銀と知也．

$$80松+50檜=2790 \qquad (1)$$

$$120松+40杉=2322 \qquad (2)$$

$$90杉+150栗=1932 \qquad (3)$$

$$120栗+7檜=419 \qquad (4)$$

ノ解法ヲ長々ト述立テタモノデアル．マダ式デ簡潔ニ示スコトガナサレテ居ラヌノデアル．今之ヲ式デ示スト下ノヨウナ計算トナル．

$(1)\times120-(2)\times80$

$$2790\times120-2322\times80=149040=50\times120檜-40\times80杉 \qquad (5)$$

又　$(5)\times7$

$$149040\times7=1043280=50\times120\times7檜-40\times80\times7杉$$

$(4)\times120\times50$

$$419\times120\times50=2514000=120\times120\times50栗+7\times50\times120檜$$

$$\therefore\quad 2514000-1043280=1470720=120\times120\times50栗+20\times80\times7杉$$

$$\therefore\quad 1470720\times150=220608000=120\times120\times50\times150栗+40\times80\times7\times150杉$$

$(3)\times120\times50\times120$

$$1932\times120\times50\times120=1391040000=90\times120\times50\times120杉+150\times120\times50\times120栗$$

$$\therefore\quad 1391040000-220608000=1170432000=(90\times120\times50\times120-40\times80\times7\times150)杉=61440000杉$$

$$\therefore\qquad 1杉=19.05$$

(2)ニ此ノ値ヲ入レ　$120松=2322-19.05\times40$

$$1松=13$$

(1)ニ此ノ値ヲ入レ　$50檜=2790-13\times80$

$$1檜=35$$

(4)＝此ノ値ヲ入レ　$120栗=419-35\times 7$

$$1栗=1.45$$

三組三色

檜木2本，松木4本，杉木5本，　三色銀合弐百弐拾目

檜木5本，松木3本，杉木4本，　三色銀合弐百七拾五匁
をのをの右の値と同前

檜木3本，松木6本，杉木6本，　三色銀合三百目
をのをの右の値と同前

右の檜松杉をのをの壱本に付何程そ，

予答云，　檜木壱本に付　銀三拾目

松木壱本に付　銀拾五匁

杉木壱本に付　銀弐拾目

$$2檜+4松+5杉=220 \quad (1)$$

$$5檜+3松+4杉=275 \quad (2)$$

$$3檜+6松+6杉=300 \quad (3)$$

ノ解法ヲ次ノヨウニシテ居ル．

$(2)\times\frac{2}{5}$　$2檜+1.2松+1.6杉=110$

之ヲ（1）カラ減ジ　$2.8松+3.4杉=110$　(4)

$(2)\times\frac{3}{5}$　$3檜+1.8松+2.4杉=165$

之ヲ(3)カラ減ジ　$4.2松+3.6杉=136$　(5)

カクシテ(4)(5)デ二組二色トナツタカラ其ノ解法デ進ム．

(4)×4.2　$2.8\times 4.2松+3.4\times 4.2杉=110\times 4.2$

(5)×2.8　$4.2\times 2.8松+3.6\times 2.8杉=135\times 2.8$

引算ヲシテ　$4.2杉=84$

$$1杉=20$$

檜，松ノ代銀ヲ求メルコトハ前ト同様デアル．

頭書ニ次ノヨウナ別解ヲ示シテ居ル．

三組三色は二組二色に落す手立に遅速有． 惣而組合を分るは紛らはしき物

也．然とも其毎々にしたがつてとくと考見合候得は早速の術有之物也．かの吉田氏好の三組三色を見るに中一組にかまはて後先斗にて早速知れ侍也．併爰にはよし．又別に組合の時品により用ひかたく候．先其はやき見立を爰に記置候也．

末　ひの木三本，松六本，杉六本，代銀三百目

此真中の松六本にて左右を割付候へは松壱本に付而ひの木は五分杉は壱本也．代銀は五十目に当る．

初　ひの木二本，松四本，杉五本，代銀二百廿目

此初一組の松四本に右の割付を懸候へはひの木は二本杉は四本代銀は二百目，松は直に四本此分を引取候へは杉壱本と銀廿目残申故其まゝ杉一本の代二十目と見へ申候．

(3)ハ　　0.5檜$+1$松$+1$杉$=50$

∴　　2檜$+4$松$+4$杉$=200$

之ヲ(1)カラ引ケバ直チニ

$$1杉=20$$

又別の手立に云く初一組の分を終一組の内にて引，相残る分ひの木壱本，松二本，杉壱本代銀八十目，是を又初一組の内より引也．但如ㇾ此二度引取候得者杉三本と銀六十目残る也．然は三本にて六拾目を割杉壱本に付弐拾目と知也．

右の手立両術共に中一組に接不申候．

即チ　(3)−(1)　　1檜$+2$松$+1$杉$=80$　　(4)

(1)−(4)×2　　3杉$=60$

∴　1杉$=20$

トスルト云ウノデアル．

更ニ頭書ニハ「算木の術を用るときは如左記也」トテ

米二石，大豆三石，麦四石を買申時いつれも代銀百目には不足也．然とも米に大豆壱石を加へ，大豆に麦壱石加へ，麦に米壱石加へ候得者いつれも百目宛也．銘々の直段を問．

答云　米一石ニ付三十六匁，　大豆一石ニ付二十八匁

麦一石ニ付十六匁.

コレヲ次ノヨウニ解イテ居ル.

右　米二 ‖　大豆一 |　麦空 ○　代百目 |

中　米空 ○　大豆三 |||　麦一 |　代百目 |

左　米 |　大豆空 ○　麦四 ||||　代百目 |

右の上の米二石を左一行へ因而右一行を直減すれは米は空大豆は一石を負、麦は正に八石代銀正に百目、又是へ中の大豆三石を因、中一行を以て負は減し正は加て米大麦は空位なり麦は二十五石代銀四百目也、然者四百目を二十五石に割麦壱石の代十六匁と知也、

右算木の術専世上に取あつかふといへとも或は師伝にまかせ或は書籍しだひにしていかなる故にて逢と術意を辨するは希也、故に其有増（アラマシ）を爰に記侍る也、

此ノ頭書ハ本文ヨリ二十四年後（1684）ニ増補サレタモノデアル．其ノ間ニ方程ノ算法モ大ニ理解サレテ来タ模様ガ窺ワレルノデアル．

（ii）　改算記綱目

以上塵劫記ノ遺題ハ山田正重ノ改算記（1659）ニモ闕疑抄ト殆ド同ジヨウニ解カレテ居ル．ソシテ改算記綱目（1687）ノ頭書ニハ又算木ニヨル算法ガ記サレテ居ルノデアル．猶上巻ノ頭書方程或問ニハ上記礒村ノ「右算木の術専世上に取あつかふといへども………」ニ対シ「彼人邪法を自慢して他人の正理を辨るを知らざる事あきらかなり．誠に鎰（カギ）の穴より天を窺ふに似たり．第一後書載る処非ニ正法ー故に下巻の第二十三の頭に其正術記す．是所謂方程正負之術

也」ト云ツテ居ル．今下巻頭書方程正負ノ条ヲ記スト次ノヨウデアル．

塵劫記に二組四色，三組三色，二組三色，盈朒法なととある好に本書に術を付るといへとも非二正法一，故方程正負之術を以改レ之則三組三色の自好答術を爰に記す．此一術にて千変万化の好といへとも術にかはる事なし 本書之術合紋を以各図術後に附之

仮令は㊀綸子四端，㊀縮緬二端，㊀紗綾四端，代銀合㊀三百目，又㊁綸子三端，㊁縮緬五端，㊁紗綾二端，代銀合㊂三百十匁，又㊂綸子二端，㊂縮緬一端，㊂紗綾三端，代銀合㊂百七十目也，綸子，縮緬，紗綾各壱端の代銀如何程と問．

答曰　綸子壱端四十目，縮緬壱端三十目，紗綾壱端二十目．

術に曰依レ図布レ算を

㊀綸子　㊀縮緬　㊀紗綾　㊀銀

㊁綸子　㊁縮緬　㊁綾紗　㊁銀

綸子　縮緬　紗綾　銀

綸子　縮緬　紗綾　銀

㊁綸子　㊁縮緬　㊁紗綾　㊁銀

㊂綸子　㊂縮緬　㊂紗綾　㊂銀

右上の綸子四端を左行へ悉乗合又左上の綸子三端を右へ悉乗合後数次の図に有、

如レ此図を得て同減して正無レ人負レ之綸子は等数を得る故空と成て寄二右位一又別図に曰

此ことく図を得て三組の術前に有を以て各を得て同減正無レ人負レ之則綸子は等数を得る故空と成て寄二左位一右三組の術にて右位左位を得て是より二組の術となる也、

縮緬　紗綾　銀

縮緬　紗綾　銀

右位上の縮緬十四端を左位へ悉相乗して又左位上の縮緬九反を右位へ悉相乗して各得数次の図に有、

縮緬　紗綾　銀

縮緬　紗綾　銀

如ㇾ此図を得て同減して正無ㇾ人負ㇾ之縮緬は等数を得る故空なり、残て紗綾四十二端と代銀八百四十目と成る、端数を以銀八百四十目を除は紗綾壱端の代二十目と知るなり、

縮緬を知るは前に求たる

右位　縮緬　紗綾　銀

紗綾四端に壱端の代銀二十目を乗合八十目と成を銀三百四十目の内へ加入して共に四百二十目と成を実として縮緬十四端にて除は縮緬壱反代とするなり、

綸子ノ代銀ハ㊀ノ式ヘ紗綾及ビ縮緬壱端ノ価ヲ代入シテ同様ニ得テ居ル.

(iii)　古今算法記

沢口一之ノ古今算法記（1670）巻三ノ第三方程正負ノ条ニモ之ト殆ド同程度ノ解法ガ示サレテ居ル.

（註）　柴村盛之ノ格致算書（1653）ニモ二頭二組，三頭二組，三品三組ノ三問ガアリ，何レモ方程ノ問題デアルガ其ノ解法ハ上記ノモノニ比シ不明瞭ナ拙解デアル.

(iv) 算学啓蒙諺解大成

建部賢弘ノ算学啓蒙諺解大成(1688)ハ算学啓蒙ノ術ニ更ニ諺解ヲ加エタモノデアル．従テ算木ノ計算法モ数図デ示サレ極メテ詳細ナモノデアル．今其ノ第一問(既出)ノ解ダケヲ示シテ見ル．

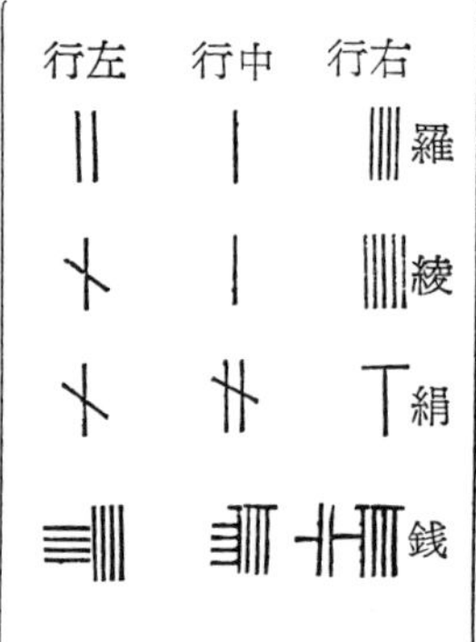

右行上四ヲ中行及ビ左行ニカケ

右行ヲ以テ中行ヲ減ジ又右行ヲ以テ左行ヲ二次減ズレバ

行左 行中 行右
羅 綾 絹 銭

又中行ニ綾十四ヲ遍クカケ之ヲ以テ左行ヲ減ズレバ

行左
羅 綾 絹 銭

上法下実而一直銭六十七文絹一尺ノ価トスル、六十七文ヲ中行ノ絹ニ乗シ九百三十八文ヲ得銭一貫二十三文ヲ減シテ余リ八十五文、綾一尺ニテ除ニ

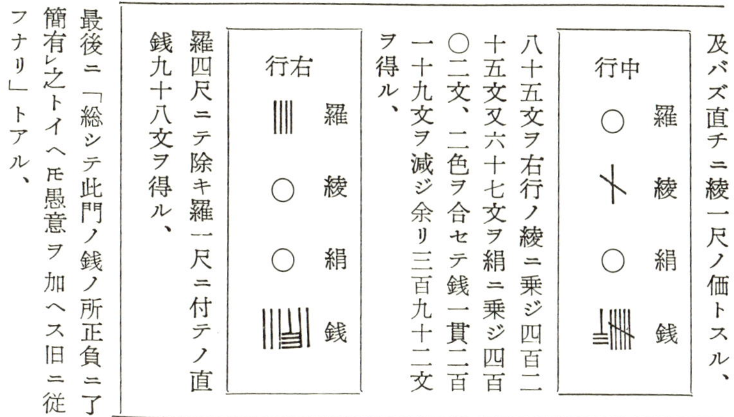

及バズ直チニ綾一尺ノ価トスル、

中行	
羅	○
綾	[illegible]
絹	○
銭	[illegible]

八十五文ヲ右行ノ綾ニ乗ジ四百二十五文又六十七文ヲ絹ニ乗ジ四百〇二文、二色ヲ合セテ銭一貫二百一十九文ヲ減ジ余リ三百九十二文ヲ得ル、

右行	
羅	||||
綾	○
絹	○
銭	[illegible]

羅四尺ニテ除キ羅一尺ニ付テノ直銭九十八文ヲ得ル、

最後ニ「総シテ此門ノ銭ノ所正負ニ了簡有レ之トイヘトモ愚意ヲ加ヘス旧ニ従フナリ」トアル、

宮城清行ノ和漢算法大成(1695), 西脇利忠ノ算法天元録 (1698) 等ニモ方程門ハアリ，ソレラニ見エル解法ハ上記ノモノヨリ次第ニ進歩シテ居ル．ソシテ最早ヤ現行ノ方法ト大差ナイマデニ至ツテ居ルノデアル．之等ノ問題ヤ解法ヲ一々列記スルコトハ余リニ煩ワシイ故此ノ辺デ筆ヲ擱クコトトスル．

(v)　方程正負意義

最後ニ方程正負ノ意義ヲ如何ニ述ベテ居ルカ，一二其ノ例ヲ示ス．

算学啓蒙諺解大成ニハ

「方ハ正ナリ．行列ヲ置クコト．正方ナリ．程ハ禾数ナリ．九章ニ諸禾ノ数ヲ以テ行列ヲ置キ，互ニ相減シテ求ムル故方程ト云ナリ．正負ノ正ハ数ノ正シキナリ．負ハ数ノカケタルナリ」

ト云ツテ居ル，「程ハ禾数ナリ」ノ禾ノ方ハ主デハナイ．

又算法天元録九章名義ノ条ニハ

「方ハ正也，程ハ数也，錯揉ハ雑ル義也．（九章算術ニ方程以御錯糅正負トアリ）正ハ正数，負ハ欠ル数ナリ，統テ此ノ章ハ諸物ヲ総併(ウカネアワセ)テ問トシ，繁ヲ去リ略セルニ就テ主トス．乃諸物繁冗，諸価錯雑シタルヲ行例ニ置テ，或ハ損益加減シテ其ヒトシキヲ求メ，少ヲ以テ多ヲ減シ，余ル物ヲ法トシ，余ル価ヲ実トシ，法実相除キテ一箇ノ価ヲ得ル法ナリ．若繁雑甚シキモノハ次第ニ求レ之．

是俗ニ組合算ト云ニ同シ」ト云ツテ居ル，九章算術ノ劉徽ノ注ニヨツタ解釈デアル．

第三章 点竄術

1 序説

既ニ述ベタヨウニ我ガ国ノ数学モ関孝和ノ頃ニナルト次第ニ勃興シ来リ，和算書ノ出版モ漸ク盛ンニナツテ来タノデアルガ，ソレニツレテ取扱ウ問題モ段々面倒ナモノトナツタ．殊ニ各書ノ巻末ニハムツカシイ問題ヲ添エテソノ解答ヲ世ニ問ウ風ガ流行シ始メタ．コレヲ好ミ，好問又ハ遺題ト云ウ．和算家ハ競ウテ之ヲ解キ或ハソノ解ヲ自己ノ書ニ掲ゲル．ソシテソノ巻末ニハ又自己ノ好問ヲ提出シテ世ニ問ウノデアル．コレニヨツテ和算家ノ研究心ヲ刺戟昂揚シタコトハ蓋シ意想外ノモノガアリ従ツテ又和算ノ進歩ガ著シク促進サレタコトモ当然デアツタ．コノ好問ノ魁ハ既ニ塵劫記ノ巻末ニ 12 題ガ見ラレル（初版ノモノニハ見ラレヌガ寛永十八年(1641)版ノ小型本ニ出テ居ル）．コレヲ解イテソノ解ヲ掲ゲタ書ニ榎並和澄ノ参両録(1653)，山田重正ノ改算記(1659)，礒村吉徳ノ算法闕疑抄（1660）等ガアル．此ノ中闕疑抄ノ遺題百問ヲ解イタモノニ野沢定長ノ童介抄(1664)，佐藤正興ノ算法根源記（1666）ガアル．根源記ニハ又童介抄ノ遺題百問モ解イテ居ル．ソシテ根源記ノ遺題百五十問ヲ解イタモノニ沢口一之ノ古今算法記(1670)，前田憲ノ算法至源記（1670）等ガアル．ソシテ古今算法記ノ遺題十五難問ヲ解イタモノニ有名ナル関孝和ノ発微算法（1674）及ビ田中正利ノ算法明解(1677)，宮城清行ノ和漢算法大成（1695）ガアル．

以上ノ遺題承継ヲ表示スレバ次ノヨウデアル(次頁)．

遺題承継ノ流レハ此ノ外ニモ猶アルガ省略スル．

コノヨウナコトガ競争的ニ行ワレタ結果提出サレル問題ハ次第ニムツカシクナリ特ニ古今算法記ノ十五問ノ如キハ極メテ高次ノ方程式ヲ解カネバナラヌモノ許リトナツタ．特ニソノ第十四問ノ解ニハ実ニ 1458 次ト云ウ驚クベキ高次ノ方程式ガ使ワレテ居ル．コレラヲ解イタ関孝和ノ発微算法ニハ普通ノ算書ノ如ク問題，答，術ノ三ツガ記サレテ居ルノミデソノ術文ニハソノ方程式ヲ立テ

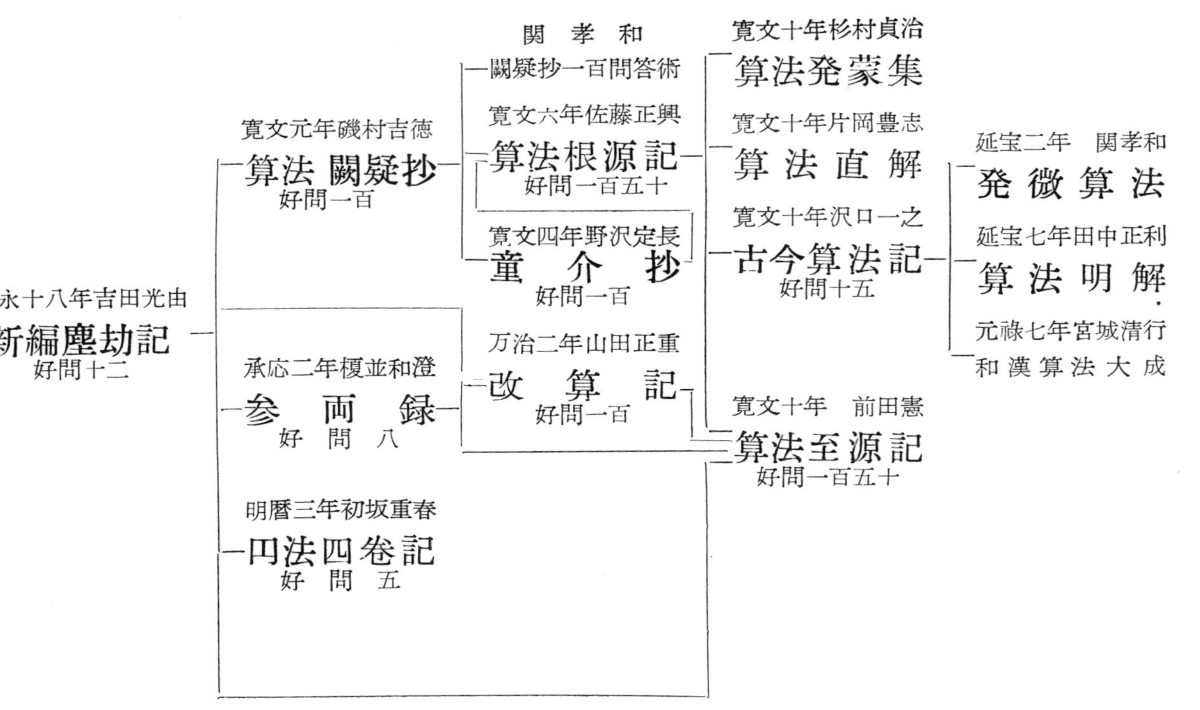
寛永十八年吉田光由
新編塵劫記
好問十二
寛文元年礒村吉徳
算法闕疑抄
好問一百
承応二年榎並和澄
参両録
好問八
明暦三年初坂重春
円法四巻記
好問五
関孝和
闕疑抄一百問答術
寛文六年佐藤正興
算法根源記
好問一百五十
寛文四年野沢定長
童介抄
好問一百
万治二年山田正重
改算記
好問一百
寛文十年杉村貞治
算法発蒙集
寛文十年片岡豊志
算法直解
寛文十年沢口一之
古今算法記
好問十五
寛文十年前田憲
算法至源記
好問一百五十
延宝二年関孝和
発微算法
延宝七年田中正利
算法明解
元禄七年宮城清行
和漢算法大成

ルニ至ツタ経路ヲゴク簡単ニ記シテ居ルノミデアル．序デニソコニ使ワレタ方程式ノ次数ヲ順次ニ記スト　6, 9, 27, 108, 9, 18, 36, 18, 6, 10, 10, 54, 72, 1458, 16 デアル．

コノヨウニ高次ノ方程式ヲ得ル場合ニハコレマデノ天元術ノヨウナ方法ヲ以テシテハ他人ニ了解セシメルコトハ頗ル困難デアル．当時ノ和算家佐治一平ノ如キハ彼ノ著，算学詳解（延宝八年，1680）ノ下巻ニ於テ発微算法ノ誤リヲ正ストテ却ツテ誤ツタ答術ヲ掲ゲテ居ル程デアル．

ソコデ世ノ蒙ヲ啓クタメニ発微算法ノ答術ニ更ニ詳シイ説明ヲ加エテ発微算法演段諺解（貞享二年，1685）ガ出版サレタ．コレハ関ノ高弟建部賢弘ガ師ノ許ヲ得テ書イタモノデ，コレニハ説明ヲ徹底サセルタメニ記法ニ新工夫ヲ凝シタ所謂関ノ傍書式演段ガ用イラレテ居リ，タメニ誠ニ了解シ易イ書トナツタノデアル．蓋シ従来ノ天元術デハ算木ヲ以テ方程式ヲ表ワシ計算ヲ進メテ行クガタメニ一元方程式ヨリ取扱エズコレデハ到底複雑ナ問題ハ処理スルコトガ出来ナイノデアル．ソコデ関孝和ハ補助未知数ヲ使イ連立方程式ノ考エ方デ処理スルコトヲ工夫シタ．ソノタメニ現行ノ代数学ノヨウニ文字ヲ使ツテ未知数ヲ表ワシ算木ニヨラナイデ筆算デ解クコトヲ工夫シタノテアル．コレガ関ノ傍書式演段ト云ワレルモノデアリ我国デ文字ヲ使ツテ数式ヲ表ワスコトノ濫觴デアル．カクシテ和算ノ点竄術（コレハ松永良弼ノ命名デアルガ）ハ誕生ヲ見ルニ至ツタノデアル．ソシテ又コレガ爾後ノ問題ノ解義ヲ示ス方法ノ範ヲナシタモノデアル．今本書ノ序文ヲ引用シテ当時ノ模様ヲ窺ツテ見ヨウ．

「発微算法ハ孝和先生古今算法記一十五問ニ答術ヲ施スノ書也，延宝甲寅ノ歳梓ニ鏤メテ世ニ行ル．後庚申ノ歳書肆ニ有レ火板泯ヒンタリ，嘗テ思フ近世都鄙ノ算者彼ノ術ノ幽微ヲ不知或ハ無術ヲ潤色セルカト疑ヒテ類問ヲ仮託シテ窺レ之或ハ術意誤レリト評シテ却テ其愚ヲ顕ス．予不敏ナリト雖先生ニ学ンデ粗得ル所有リ於レ茲世人区々ノ惑ヒヲ釈ント欲シテ発微算法ニ悉ク演段ヲ述シ本書ニ附シテ総テ四巻トナス．抑此ノ演段ハ和漢ノ算者未ニ発明一所也，誠ニ師ノ新意ノ妙旨古今ニ冠絶セリト調ツベシ．尚一貫ノ神術有レ之トイヘドモ庸学躐レ等ノ弊アランコトヲ恐ルルカ故ニ今姑ク閣レ之，此ノ書ニ載ル所潜レ心味レ之漸ク不レ差ニ庶ラン乎.」

又本書巻末ノ孝和跋文ノ一節ニハ

「一日門人建部氏三子相具来而謂曰発微算法演段諺解既成矣，欲下附二本書一而刊上之可乎，余曰雖レ未レ竭二釈鎖之奥妙一於レ啓二世人之昏蒙一如レ是者亦可也唯恐二漈伝而訛レ真而已，後学莫二忽緒一者幸甚」

トアル．釈鎖ノ奥抄トハ方程式解法ノ奥儀ヲサス．其ノ奥儀ヲ竭サズトカ，尙一貫ノ神術アリトカ云ツテ居ル所ヲ見ルト猶秘シテ全部ヲ公開シナカツタモノデアル．遠藤利貞ノ増修日本数学史ニハ「蓋シ一貫ノ神術トハ何ゾヤ．曰ク帰源整法即チ点竄法是ナリ」ト云ツテ居ルガ，之レハ当ラナイ．本書ノ方法ガ即チ点竄術デアル．

本書ノ解法ニハスベテ文字ヲ使イ高次ノ連立方程式ニヨツテ居リ未知数ノ消去ニ大努力ヲ払ツテ居ルノデアル．シカシナガラソコニ用イラレタ方法ハ問題ニヨツテ異リ，関ノ所謂釈鎖ノ奥抄ヲ尽サザルモノガアル．スベテノ問題ノ消去法ニ一貫シタ神術トハ解伏題ニ示セル消去法即チ行列式ニヨル法ヲ指スノデアル．何トナレバ関ノ行列式ハ此ノ時即ニ出来上ツテ居タカラデアル．

此ノ如ク発微算法演段諺解ニ示サレタ方法ハ全ク関ノ新工夫ニヨルモノデ真ニ古今ニ絶冠セルモノト云ウコトガ出来ル．爾来和算家ハ競ウテコレヲ学ビ恰モ燎原ノ火ノ如ク忽チニシテ和算界ニ普及シタモノデアル．コノタメ和算ハ長足ノ発展ヲ遂ゲルコトガ出来，ソシテ支那数学カラハ全ク脱却シテ和算独自ノ形態ヲ備エルヨウニナツタノデアル．実ニ此ノ点竄術ノ発見コソハ和算史上孝和ノ不朽ノ功績ト云ワネバナラヌ．コノヨウニシテ創設サレタ点竄術ハ有力ナ関ノ後継者達ニヨツテ其後次第ニ完成サレ，松永良弼ノ頃トモナレバ最早ヤ今日ノ代数学ト殆ドカワラナイ程ニ完備シタ形式ヲ備エルヨウニナルノデアル．

「点竄」ノ語ハ松永良弼ノ著シタ書物ニ始メテ見ル，緯老余算巻十ノ単伏点竄及ビ勾股再乗和点竄等デアル．ソシテ此ノ語ノ意味ヲ点竄ノ条デハ次ノヨウニ云ツテ居ル．

「点ハ仮令猶添ト云ンガ如シ，竄ハ仮令猶削ト云ガ如シ，添ハ古式数策数ヲ以テ曰フ，点ハ専ラ傍書ニ掛ル，削ハ古法正負ヲ主トス．竄ハ亦傍書ヲ重トス．意味少キ別ナリ所詮式数策数正負等ハ古法既ニ尽セリ．今新法ハ傍書ノ新術ニ有リ．故ニ点竄ト云テ添削此内ニ有リト可思」

関流見題免許目録中点竄ノ条ニハ「関夫子名曰二帰源整法一，後松永良弼蒙二岩城侯命一更名二点竄一」トアリ孝和ガ始メ帰源整法ト名ズケタモノヲ良弼ガソノ主君岩城侯内藤政樹ノ命ヲ受ケテ点竄ト改メタト云ウ．又有馬頼𩖒ノ点竄探矩法ニハ「名二之点竄法一蓋点検竄匿之義也」トアル．更ニ有馬ノ拾璣算法ニ記ス説明ヲ抜記スルト次ノヨウデアル．本書ハ点竄術ヲ，完備シタ形式デ公開シタ最初ノ書デアル．（巻之一点竄ノ条）

所謂点竄者臨レ題施レ術之始
正二術路一審二技巧一之法也、故
自二天元演段一以至二諸分諸約
招差翦管一或雖二帰除開方之浅
技一不レ顧二之于一斯則不レ識二迂
遠紛乱之舛一或不レ免二剰因過
乗之謬一、而矧シヤ於下彼辞簡而
義邃ク象蔵レテ而難レ見者上乎、雖二
達識士一或不レ免二其病一、故宜丙
先施二此技一探二術路ノ始終一訂二
其迂直邪正一而後裁二答術一撰乙
文義甲、名レ之謂二点竄一也、固良
法而非下入二関門一窺二其室一而
探二其頤一者上則奚得レ達二其妙
旨一哉、実堪レ為二秘中之秘一矣、

坂部広胖ノ算法点竄指南録（文化七年，1810）ノ凡例ニハ次ノヨウニ述ベテ居ル．

点竄の法は元祖関先生発明する所にして初め皈源整法といふ後松永良弼に至り其主君岩城侯の命を受て名を点竄と改む但し傍書の筆算を用ひ乗除加減は勿論都て矩合適当の解義を明かにする良法にして実に数学の要用なり．

之等ニヨツテ見ルモ点竄術ト云ウモノハ極メテ広範囲ニ亘ツタモノデ傍書ノ筆算デヤル諸計算ハ総テ点竄術ト云ウコトガ出来ルノデアル．大原利明ノ算法点竄指南（文化七年，1810）ノ小泉理永ノ序ニ「或ルヒト問フ点竄ト名クル義如何予対テ曰ク三国志巻中曹操与㆓韓遂㆒書ニ多ク点竄ス其ノ註ニ曰点謂㆓滅去㆒，竄謂㆓添入㆒也，トナリ………」トアリ，言海ニハ「点ハノコス，竄ハノゾク」トアル．何レニシテモ方程式ヲ解ク場合ノ主要ナ運算ヲ云ツタ語デアル．代数学 algebra，ノ語源ト似テ居ル所ハ面白イ．林博士ハ「和算ノ初歩 p. 3」ニ於テ

「蓋シ点竄術ハ和算ノ重心ニシテ全部ガ其ノ影響ヲ受ク，円理ノ如キモ点竄術ナクシテ成立スルモノニアラズ．円理綴術ノ概念ハ極限ノ観念ヲ導入セル点竄術ノ書ナリト云フモ過言ニアラズ．………」

ト云ツテ居ラレル．実際坂部ノ点竄指南録ノ如キモ和算ノアラユル部門ヲ取扱ツテ居ルノデアル．シカシ点竄術ノ特徴ハ数ヲ文字デ表ハシテ諸計算ヲ進メテ行ク所ニアルカラ，今日ノ代数学ノ如キモノデアルト云ツテモ大体ニ於テ不都合ハナイ．

斯様ニ点竄術ハ広義ニ解スレバ非常ニ広範囲ノモノトナリ，狭義ニ解シテモ猶代数学ノ全部ヲ包括スルモノトナルカラ之ヲ詳シク述ベルコトハ容易ナコトデハナイガ今ハ先ズ其ノ概略ヲ紹介スルコトトスル．（発微算法演段諺解ノ内容ニ就テハ後ニ連立方程式解法ノ処デ詳シク述ベルコトトスル）

2　整式ノ四則算法及ビ変形

(i) 記　号

甲ヲ表スニハ ｜甲，玄ヲ表ワスニハ ｜玄 ノ如クスル．

又甲ノ三倍ハ |||甲　又ハ ｜甲三，　玄ノ －5倍ハ ||||╲玄　又ハ |╲玄五

ト記ス．此ノ時3又ハ5ヲ段数ト云ウ．

正，負ヲ表ワス記号ハ天元術ノ場合ト同様デアル．又正ト正又ハ負ト負ヲ同名，正ト負又ハ負ト正ヲ異名ト云ウコトモ同ジデアル．

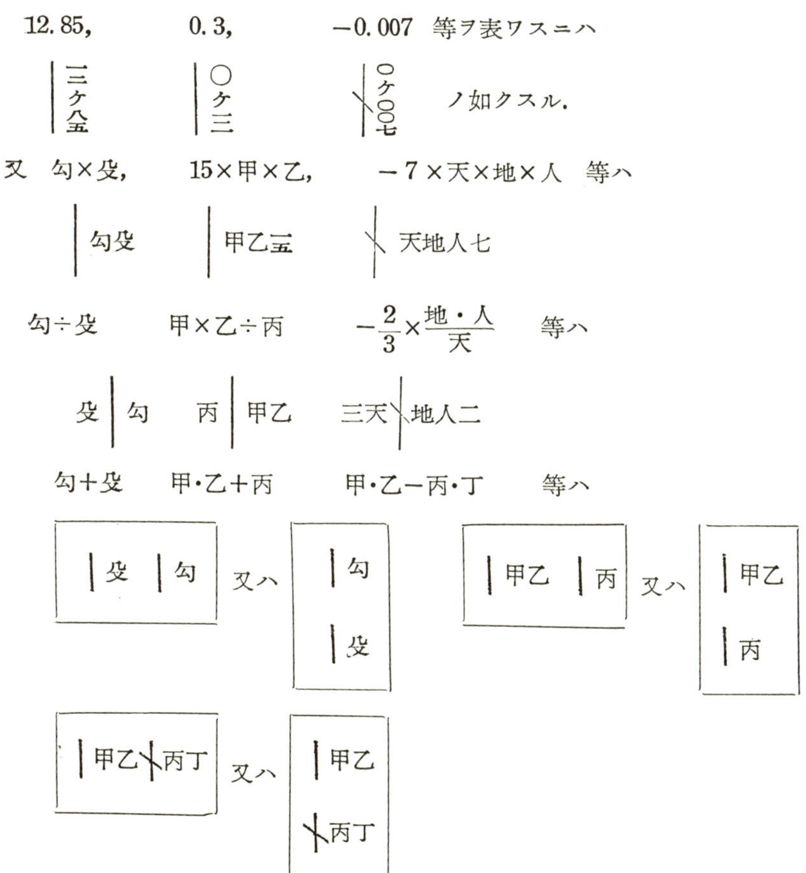

ノ如クスル. 横ニ列ベルカ縦ニ列ベルカハ其ノ時ノ都合ニヨル.

(ii) 相 加

以下ハ坂部ノ点竄指南録カラトル.

右ニ左ヲ加エ和ヲ下ニ記ス．（原本ニハ文章等アレド略ス）

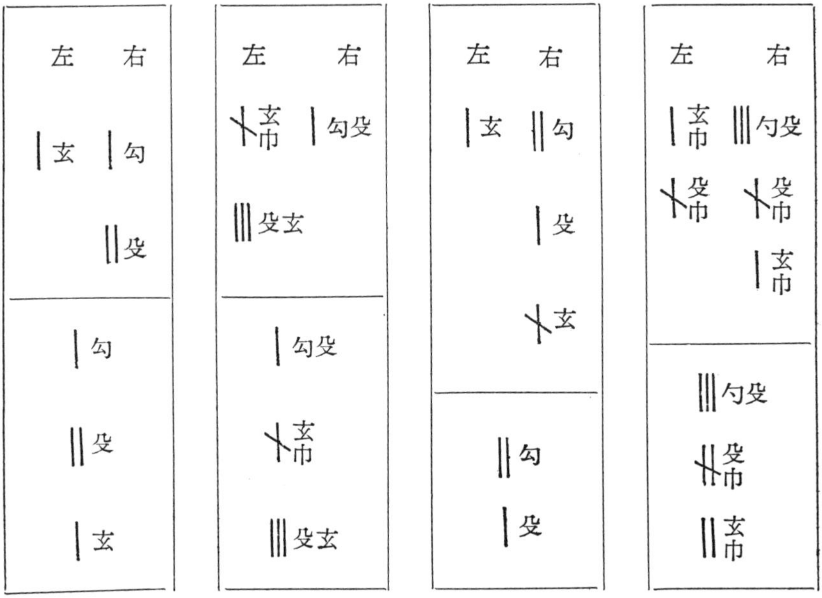

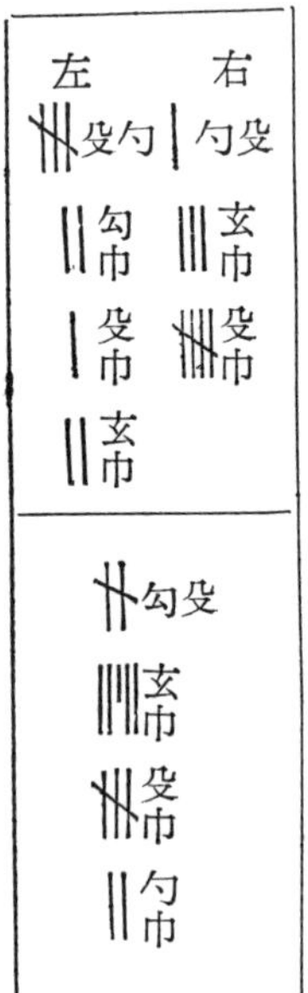

左	右
| 玄	| 勾
	|| 殳
| 勾	
|| 殳	
| 玄	

左	右
╋ 玄巾	| 勾殳
||| 殳玄	
| 勾殳	
╋ 玄巾	
||| 殳玄	

左	右
| 玄	|| 勾
	| 殳
	╋ 玄
|| 勾	
| 殳	

左	右
| 玄巾	||| 勾殳
╋ 殳巾	╋ 殳巾
	| 玄巾
||| 勾殳	
╫ 殳巾	
|| 玄巾	

左	右
╫| 殳勾	| 勾殳
|| 勾巾	||| 玄巾
| 殳巾	╫|| 殳巾
|| 玄巾	
╫ 勾殳	
|||| 玄巾	
╫| 殳巾	
|| 勾巾	

（註） 勾，殳，玄，巾ハ夫々鉤，股，弦，冪ノ略字デアル．此外和ヲ禾，積ヲ責，差ヲサメヨウニ多ク略字ヲ使ウ．

（iii）　相　減（右ヨリ左ヲ減ジ差ヲ右枠ニ記ス）

左	右
||| 勺巾	╪ 勺殳
╪ 殳巾	| 殳玄
	|| 勺玄

╪ 勺殳
| 殳玄
|| 勺玄
╪ 勺巾
|||| 殳巾

左	右
╪ 勺殳	||| 玄巾
| 玄巾	╪ 勺殳
╪ 勺巾	╥ 勺玄
	|||| 勺巾

||| 玄巾
|| 勺殳
╥ 勺玄
┬ 勺巾

左	左
|| 勺巾	╥ 勺巾
╪ 勺殳	╪ 殳勺
╥ 勺玄	╥ 玄勺
	┬ 殳玄

||| 勺巾
╤ 勺玄
┬ 殳玄

（iv）　相　乗（積ヲ下ニ記ス）

左	右
| 殳	| 勺
| 殳勺	

左	右
╤ 殳	╪ 勺巾
=|||| 勺殳巾	

左	右
|| 玄殳	╪ 勺玄
╪ 殳玄勺巾	

左	右
| 玄	| 勺殳
| 勺殳玄 亦 | 勺玄殳 亦……	

左	右
玄 ||| 勺	|| 勺殳
玄 ┬ 勺殳巾	

左	右
╪ 玄	二玄 | 勺巾
二玄 ╪ 勺玄巾 即 ╪ 勺巾	

左	右
3勾巾	3殳勾 1勾巾 −4殳巾 −1玄勾
	5殳勾再 3勾三 −4殳勾巾巾 −4玄勾再

左	右
−2殳	1勾 −1殳 −2玄 1中勾
	−2勾殳 2殳巾 5玄殳 −2中勾殳

左	右
勾7玄	2勾殳 −4勾巾
	勾8勾殳玄 勾−6勾玄巾
	即
	8殳玄 −6勾玄

左	右
1殳巾	○
	○

左	右
○	1勾
	○

左	右
−31玄	−9勾巾
	39勾玄巾 即 3勾玄巾

−2勾再 ㋦5勾玄巾 1殳玄巾 3勾玄巾	㋠5勾殳巾 −2勾殳巾 −1殳玄巾 ㋷−1勾殳玄

異減同加シテ次ノ如シ

㋩ヲ右ニ乗ジ	㋺ヲ右ニ乗ジ	㋑ヲ右ニ乗ジ
㋦−1勾玄巾 ㋷2勾殳玄 1殳玄巾 3勾玄巾	−2勾再 ㋠5勾殳巾 ㋷2殳玄勾 ㋦6勾玄巾	㋠1勾殳巾 −2勾殳巾 −1殳玄巾 ㋷−3勾玄殳

左	右
㋑−1殳	−1勾巾
㋺2勾	2勾殳
㋩1玄	1殳玄
	3勾玄

(註)㋠㋷㋦デ同類項ヲ示シテ居ル.

(v) 乗　冪

自　乗

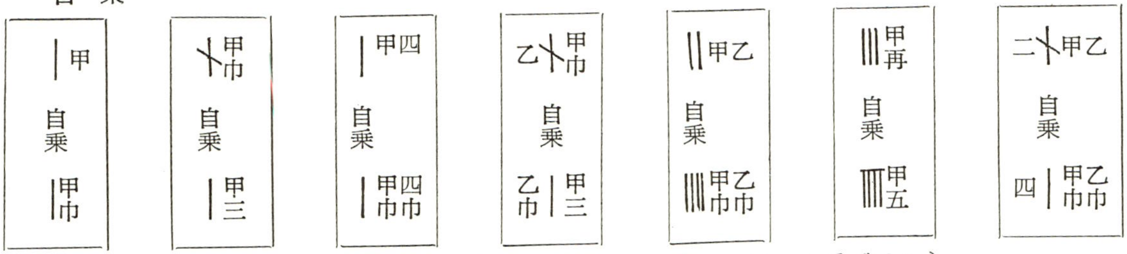

𝍠 甲 自乗 𝍠 甲巾	𝍠̸ 甲巾 自乗 𝍠 甲三	𝍠 甲四 自乗 𝍠 甲四巾	乙 𝍠̸ 甲巾 自乗 乙巾 𝍠 甲三	𝍡 甲乙 自乗 𝍣 甲乙巾巾	𝍢 甲再 自乗 𝍨 甲五	二 𝍠̸ 甲乙 自乗 四 𝍠 甲乙巾巾

(再ハ再乗ノ略デ三乗ノコト，三ハ三乗ノ略デ今ノ四乗デアル．甲五ハ甲ノ六乗デアル．)

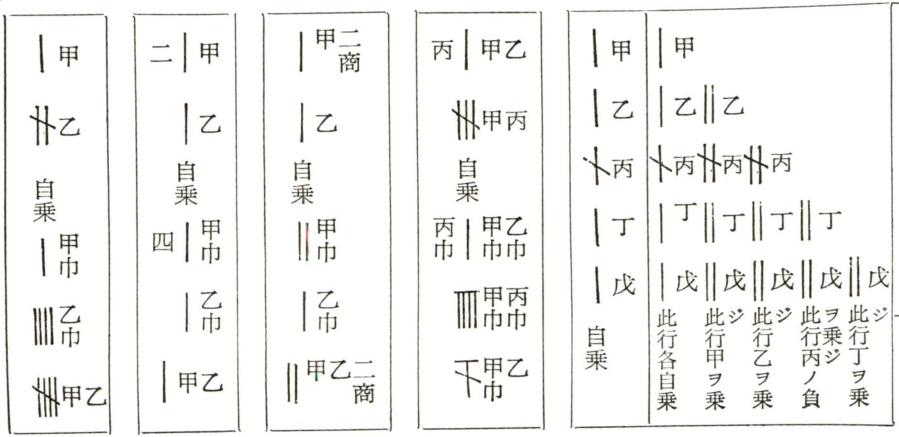

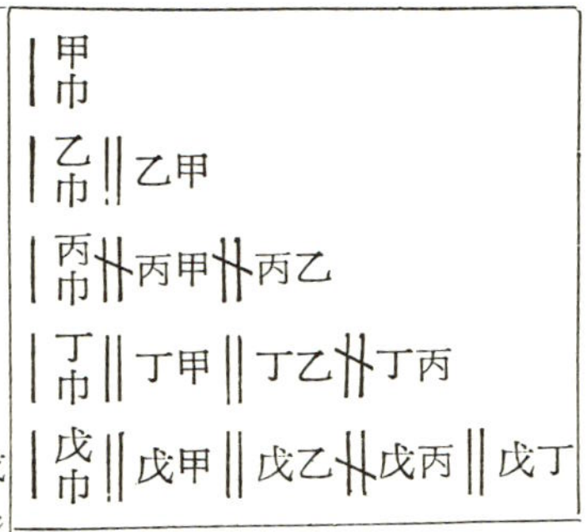

𝍠 甲 𝍡̸ 乙 自乗 𝍠 甲巾 𝍣 乙巾 𝍣̸ 甲乙	二 𝍠 甲 𝍠 乙 自乗 四 𝍠 甲巾 𝍠 乙巾 𝍠 甲乙	𝍠 甲二商 𝍠 乙 自乗 𝍡 甲巾 𝍠 乙巾 𝍡 甲乙二商	丙 𝍠 甲乙 𝍢̸ 甲丙 自乗 丙巾 𝍠 甲乙巾巾 𝍨 甲丙巾巾 𝍥̸ 甲乙丙

自乗					
𝍠 甲	𝍠 甲				
𝍠 乙	𝍠 乙	𝍡 乙			
𝍠̸ 丙	𝍠̸ 丙	𝍡̸ 丙	𝍡̸ 丙		
𝍠 丁	𝍠 丁	𝍡 丁	𝍡 丁	𝍡 丁	
𝍠 戊	𝍠 戊	𝍡 戊	𝍡 戊	𝍡 戊	𝍡 戊
自乗	此行各自乗	此行甲ヲ乗ジ	此行乙ヲ乗ジ	此行丙ノ負ヲ乗ジ	此行丁ヲ乗ジ

𝍠 甲巾				
𝍠 乙巾	𝍡 乙甲			
𝍠 丙巾	𝍡̸ 丙甲	𝍡̸ 丙乙		
𝍠 丁巾	𝍡 丁甲	𝍡 丁乙	𝍡̸ 丁丙	
𝍠 戊巾	𝍡 戊甲	𝍡 戊乙	𝍡̸ 戊丙	𝍡 戊丁

(二商ハ$\sqrt{2}$デアル)

之レト同法デ次ノ自乗ガ得ラレル.

𝍫勺殳 𝍡勺玄 𝍫殳巾 𝍢玄殳 自乗	𝍫勺殳 𝍡勺玄　𝍣勺玄 𝍫殳巾　−𝍡殳巾　−𝍡殳巾 𝍢玄殳　𝍥玄殳　𝍥玄殳　𝍥玄殳	𝍠勺巾殳巾 𝍣勺巾玄巾　−𝍣勺玄殳巾 𝍠殳三　𝍡殳勺再　−𝍣殳勺玄巾 𝍨玄巾殳巾　−𝍥玄殳勺巾　𝍪玄巾殳勺　−𝍥玄殳再

再 自 乗（三乗）

𝍠甲 𝍫乙 再自乗	𝍠甲巾　𝍠甲 𝍠乙巾　𝍫乙 −𝍡甲乙 自乗	𝍠甲再　𝍫甲乙巾 𝍠乙巾甲　𝍫乙再 −𝍡甲巾乙　𝍡甲乙巾	𝍠甲再 𝍢甲乙巾 −𝍢甲巾乙 𝍫乙再

三 自 乗（四乗）

𝍠甲 𝍫乙 三自乗	𝍠甲巾 𝍠乙巾 −𝍡甲乙 自乗	𝍠甲巾 𝍠乙巾　𝍡乙巾 −𝍡甲乙　−𝍣甲乙　−𝍣甲乙	𝍠甲三 𝍠乙三　𝍡乙巾甲巾 𝍣甲巾乙巾　−𝍣甲再乙　−𝍣甲乙再	𝍥甲巾乙巾 −𝍣甲再乙 −𝍣甲乙再 𝍠甲三 𝍠乙三

(vi) 帰　除

帰除の例は実と法と異名なるを正商とし同名なるを負商とす．相乗の例と相反す．

実法異名を得て正商を得るを常とす．実法同名を得て負商を得るを変とし常に用ひず．

トアル如クコレハ普通ノ除法デハナイ．和算デハ一次方程式 $a+bx=0$ ヲ帰除式ト云ウ．ソシテ a ヲ実，b ヲ法（又ハ方）ト云ウ．帰除トハ此ノ方程式ヲ解クトキノ算法ヲ云ウノデアル．

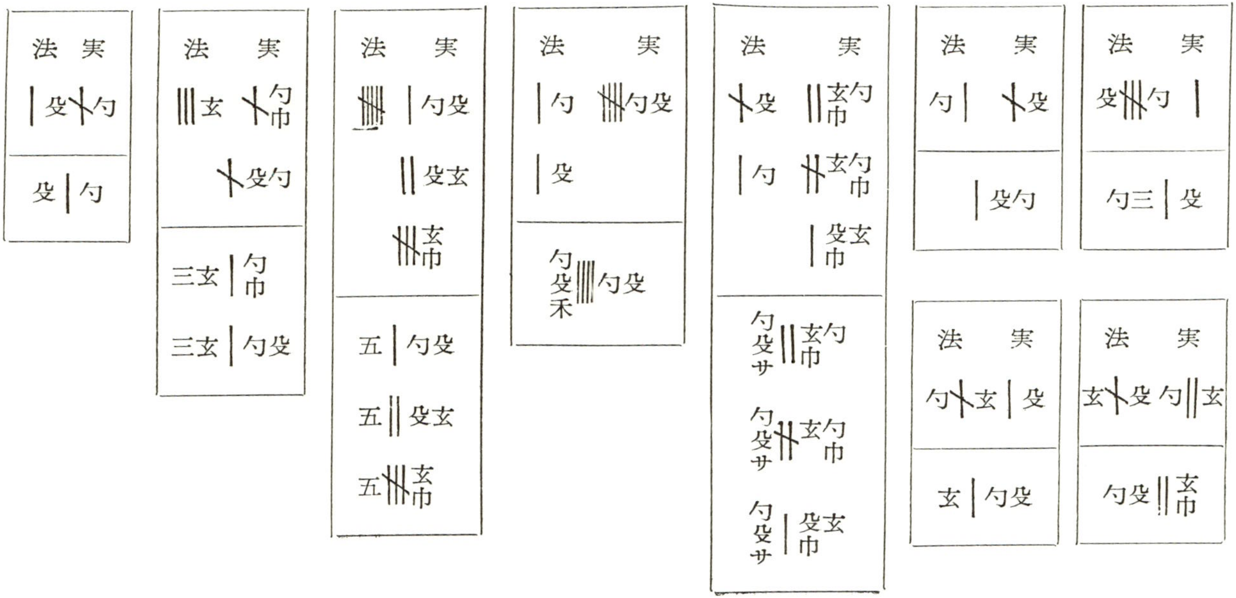

除たる物を法にして又除ときは左右の傍書相反して左傍書は右傍書となり右傍書は左傍書となるなり．

三	一
四	三
六	五
三	一
二二	三
三二	五
二二三	一四
三二二	三三
二三二	五二
三二二	四
三二二	九
三二二	一〇
三二二	三
四	一

ト云ウ説明モ加エテアル．

（vii） 遍通術（通分母）

分母とは即除数を云，幾位もありて除数各別成を齊するを分母を通ずと云ふ．

三	甲二
五	乙一
五三	甲二五
三五	乙一三
一五ヶ	甲一〇ヶ
一五ヶ	乙三ヶ

八	甲五
四	乙三
二四	甲五
四	乙三
二四	甲五
二四	乙三二
八	甲五
八	乙六

	甲三
五	甲二
三	乙二
三五	甲三五巾
三五	甲二三
三五	乙二五
一五ヶ	甲四五ヶ
一五ヶ	甲六ヶ
一五ヶ	乙一〇ヶ
一五ヶ	甲五一ヶ
一五ヶ	乙一〇ヶ

(viii)　通　分　内　子

分数ノ加減法デアル．大原利明ノ算法点竄指南（文化七年，1810）ニ次ノ諸例ガアル．

三｜甲
二｜甲
各乗ニ除数ニ
‖甲
|||甲
相加
|||甲
以ニ除数三ニ相乗ニ除レ之
六|||甲

四｜乙
五⊁乙
遍乗ニ除数ニ
||||乙
⫽||乙
相減
｜乙
以ニ除数四五ニ相乗ニ除レ之
五四｜乙

二｜甲
三⊁甲
四｜乙
五⊁乙

｜甲三四五
⊁甲二四五
｜乙二三五
⊁乙二三四

｜二十甲
｜六乙

百二〇｜二十甲
百二〇｜六乙

六〇｜十〇甲
六〇｜三乙

乙｜甲
甲｜乙

｜甲巾
｜乙巾

｜甲巾乙巾和

乙甲｜甲巾乙巾和

勾｜殳巾
‖殳
｜勾

｜殳巾
‖勾殳
｜勾巾

｜勾殳和巾

勾｜勾殳和巾

以下ハ会田安明ノ天生法指南（文化七年，1810）ニヨル．

（xi） 括（ククル）

因数分解ノヨウナモノモ此ノ中ニ含マレル．

| 勺 |
| 殳 |
| 之ヲ括 |
| 勺殳和 |

| 玄 |
| 勺 |
| 之ヲ括 |
| 玄勺サ |

| 勺巾 |
| 殳勺 |
| 殳巾 |
| 勺殳サ巾 |

| 甲巾 |
| 乙巾 |
| 甲巾乙巾サ |

| 天甲 |
| 地甲 |
| 天乙 |
| 地乙 |
| 天甲地和 |
| 天乙地和 |
| 天甲地乙和和 |

| 甲再 |
| 甲乙巾 |
| 甲乙巾 |
| 乙再 |
| 甲乙和再 |

（x） 解（トク）

括ノ逆デアル．先ノ計算ヲ下カラ上ニ進メルノデアル．

和算デハ括弧ハ使ワナイガ括弧デ括ツタリ括弧ヲ解イタリスルコトガ恰度此ノ括解ニ相当スル．

（xi） 撰（スグル）

式ヲ簡約スルコトデアル．

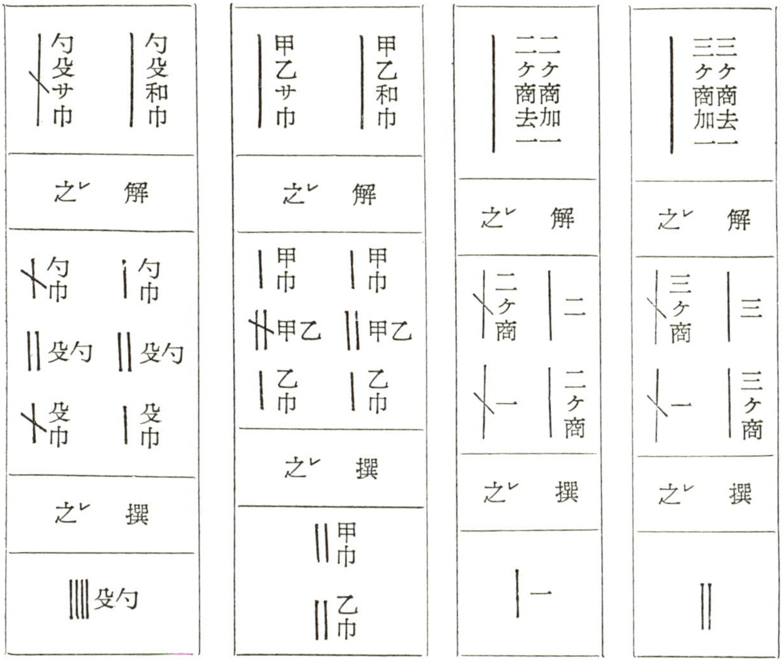

勺殳和巾	| 勺殳サ巾 (crossed rod)
之ㇾ解	
| 勺巾	| 勺巾 (crossed rod)
|| 殳勺	|| 殳勺
| 殳巾	| 殳巾 (crossed rod)
之ㇾ撰	
|||| 殳勺	

| 甲乙和巾	| 甲乙サ巾
之ㇾ解	
| 甲巾	| 甲巾
|| 甲乙	|| 甲乙 (crossed rods)
| 乙巾	| 乙巾
之ㇾ撰	
|| 甲巾	
|| 乙巾	

| 二ケ商加一	二ケ商去一
之ㇾ解	
| 二	| 二ケ商 (crossed rod)
| 二ケ商	| 一 (crossed rod)
之ㇾ撰	
| 一	

| 三ケ商去一	三ケ商加一
之ㇾ解	
| 三	| 三ケ商 (crossed rod)
| 三ケ商	| 一 (crossed rod)
之ㇾ撰	
||	

二ケ商加一ハ $\sqrt{2}+1$, 二ケ商去一ハ $\sqrt{2}-1$ デアル. 即上ノ後ノ二変化ハ

$$(\sqrt{2}+1)(\sqrt{2}-1)=2+\sqrt{2}-\sqrt{2}-1=1$$

$$(\sqrt{3}+1)(\sqrt{3}-1)=3+\sqrt{3}-\sqrt{3}-1=2$$ デアル.

又式中ノ一部分ニ撰ヲ行ウコトヲ抜ト云ッテ居ル.

(xii) 変

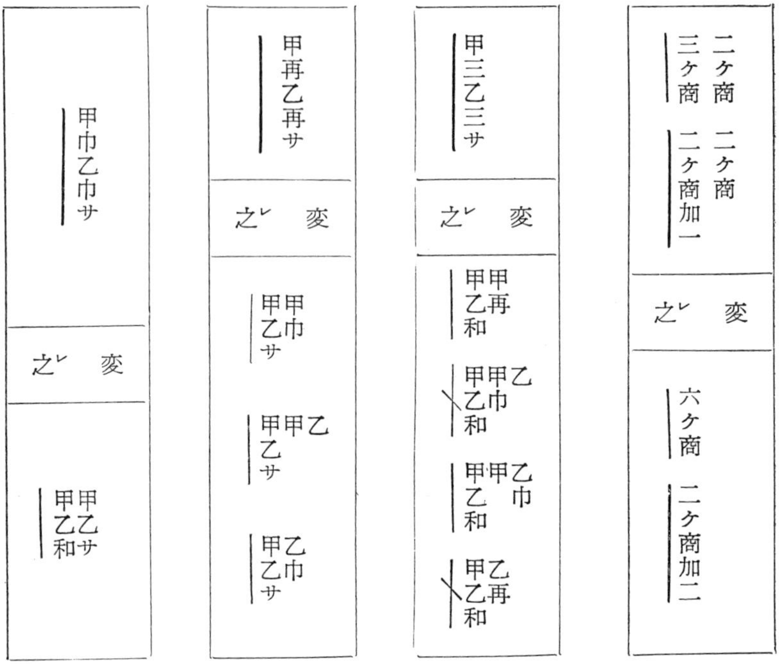

甲巾乙巾サ
変之
甲乙サ　甲乙和

甲再乙再サ
変之
甲巾　甲乙サ
乙　甲　甲乙サ
乙巾　甲乙サ

甲三乙三サ
変之
甲再　甲乙和
乙　甲巾　甲乙和
乙巾　甲　甲乙和
乙再　甲乙和

二ケ商　三ケ商
二ケ商　二ケ商加一
変之
六ケ商
二ケ商加二

之等ハ

$$x^2-y^2=(x+y)(x-y),\qquad x^3-y^3=(x-y)(x^2+xy+y^2)$$

$$x^4-y^4=(x+y)(x^3-x^2y+xy^2-y^3)$$

$$\sqrt{2}\sqrt{3}+\sqrt{2}(\sqrt{2}+1)=\sqrt{6}+(2+\sqrt{2})$$ ニアタル.

(註) 野村逸斎ノ矩合枢要（天保十年）ノ変括之法ニハ

$$a-b=(\sqrt{a}+\sqrt{b})(\sqrt{a}-\sqrt{b})$$

$$a^2-b^2=(a+b)(a-b)$$

$$a^3-b^3=(a-b)[(a+b)b+a^2]$$

$$a^4-b^4=(a^2-b^2)(a^2+b^2)$$

$$=(a-b)(a+b)(a^2+b^2)$$ ガアル.

(xiii) 解 括（トキ，ククル）

｜甲乙和巾 ｜甲乙サ巾	｜子子 　丑巾 　サ ｜子子丑 　丑 　サ ｜子丑 　丑巾 　サ	｜甲甲 　乙再 　和 ╫甲甲乙 　乙巾 　和 ｜甲甲乙 　乙　巾 　和 ╫甲乙 　乙再 　和	╫甲甲 　乙丙 　サ和 ｜甲甲 　乙丙 　和サ
解括レ之			
‖甲巾乙巾和	｜子再丑再サ	｜甲三乙三サ	‖乙甲 　丙 　サ

(xiv) 乗除シテ之ヲ括ル（以下洋式デ示スコトトスル）

$$\frac{a^2}{b}+2a+b=\frac{a^2+2ab+b^2}{b}=\frac{(a+b)^2}{b}$$

$$\frac{2b\left(b-\frac{a}{2}\right)}{a-b}+a=\frac{2b\left(b-\frac{a}{2}\right)+a(a-b)}{a-b}=\frac{b^2+(a-b)^2}{a-b}$$

$$\frac{4x^2}{y}-12x+9y=\frac{4x^2-12xy+9y^2}{y}=\frac{(2x-3y)^2}{y}$$

(xv) 加減シテ之ヲ括ル.

$$a^2+ab+b^2=(a^2+2ab+b^2)-ab=(a+b)^2-ab$$

$$a^2+2ab+b^2=(a^2-2ab+b^2)+4ab=(a-b)^2+4ab$$

$$(x-y)^2=(x-y)^2+4xy-4xy=(x+y)^2-4xy$$

$$ac^2+3bc^2-3b^2c+b^3=ac^2+c^3-c^3+3bc^2-3b^2c+b^3=c^2(a+c)+(b-c)^3$$

(xvi) 等シキ段数又ハ等象ヲ帯ルモノハ遍ク之ヲ省ク.

$3ad+3bd+3cd-6ab=0$ ナラバ 3 デ約シ $ad+bd+cd-2ab=0$ トスル.

$-(b-c)^2+(b+c)^2-4de=0$ ナラデ変形シ $4bc-4de=0$ トシ 4 ヲ省キ　$bc-de=0$ トスル.

$a^2b+ab^2-2ac^2=0$ ナラバ $ab+b^2-2c^2=0$ トスル.

$3abc-27c^2d+21a^2c=0$ ナラバ $ab-9cd+7a^2=0$ トスル.

(xvii) 之ヲ解括リ過乗ヲ省ク.

$-abc+ab^2+2c^3-2bc^2=0$ ナラバ

$ab(b-c)-2c^2(b-c)=0.$ $b-c$ ヲ省キ $ab-2c^2=0$ トスル.

$4a^4-9a^3b+13a^2b^2-11ab^3+3b^4=0$ ナラバ

$4a^3(a-b)-5a^2b(a-b)+8ab^2(a-b)-3b^3(a-b)=0$

$a-b$ ヲ省キ $4a^3-5a^2b+8ab^2-3b^3=0$

$2a^4-7a^3b+13a^2b^2-11ab^3+3b^4=0$ ナラバ

$2a^3(a-b)-5a^2b(a-b)+8ab^2(a-b)-3b^3(a-b)=0$

$2a^3-5a^2b+8ab^2-3b^3=0$

$2a^3+5a^2b+8ab^2-3b^3=0$ ナラバ

$a^2(2a-b)-2ab(2a-b)+3b^2(2a-b)=0,$ $a^2-2ab+3b^2=0$ トスル.

$c(a^2-b^2)-d^2(a-b)=0$ ナラバ $c(a+b)-d^2=0$ トスル.

此ノ外猶多少，式ノ変形ヤ比例式ノ作リ方等ヲヤツテ居ル.

以上挙ゲタヨウナコトヲ点竄術ノ入門トシテヤリ，コレカラ愈方程式解法ニ入ルノデアル.

猶参考ノタメ拾璣算法巻之一点竄ノ条ノ定則及ビ用法ヲ示スト次ノヨウデアル.

定　則

以レ所レ問命ニ一算ニ傍書者固虚数也、如レ図仮如｜勾　仮如｜玄、

加減者随レ意施ニ于上下級或同級一加者随ニ正負一同加異減、減者正負反レ之同減異加、

仮如列レ鉤加レ弦｜玄｜勾　是施ニ上級一形也　仮如列レ股減レ鉤｜殳 ╳勾

是施ニ下級一形也　仮如列レ弦減レ股｜玄╳殳　是施ニ同級一形也　仮如列レ鉤加レ股｜殳｜勾

亦施ニ同級一形也、因者用ニ右傍書一仮如列レ鉤乗レ股形｜勾殳　換中勾号｜玄　除者用ニ左傍

書一一件則直用ニ除数一若ニ二件以上者括レ之用レ号　仮如列ニ鉤股相乗一以ニ中鉤一除レ之

乃中鉤一件故直用ニ傍書一為レ弦　中勾｜勾殳　仮如列ニ鉤股相乗一以ニ鉤股和一除レ

之為ニ方面一乃鉤股二件故括レ之名レ甲　甲｜勾殳　即方面也、若因除左右之傍書也有ニ

等数一者省レ之　仮如　乙｜甲乙　省数　甲｜甲　如レ此省レ乙為レ甲皆倣レ之　段数者

画ニ其籌数一也、豫探ニ矩合一求ニ左右同数一乃両位級数不レ論ニ多少一　設ニ

寄消式一即空数也而後定ニ本式之級階一也、其例所レ得諸数無ニ虚

数一即問数者為ニ実級一有ニ虚数一者為ニ方級一、有ニ虚数冪一者為ニ

初廉級一、有ニ虚数再乗冪一者為ニ次廉級一、有ニ虚数三乗冪一者

為ニ三廉級一、次第如レ此随ニ虚数一逐下級書ニ諸数一乃以ニ最下級一名ニ隅

級ニ而後毎級省ニ虚数一作ニ本式一也、

右用法依ニ鉤股弦一示レ之如ニ左条一乃点竄固雖下不レ拘ニ縦横行一布上レ算為レ令ニ視易一今用ニ縦行一布レ算也、

仮如列レ鉤加ニ入股一為ニ鉤股和一｜勾｜殳　又列レ鉤以減レ股

余為ニ鉤股差一｜殳 ╳勾　又列レ鉤乗レ股二ニ除之一為ニ鉤股積一

二｜勾殳　又鉤冪股冪相併為ニ弦冪一｜勾巾｜殳巾　又列ニ鉤股差ニ自

乗為ニ鉤股差冪一｜勾巾 ╫殳勾 ｜殳巾　又列ニ鉤股差冪一以減ニ弦冪一余

為ニ鉤股相乗二段一╳勾巾 ‖勾殳 ╳殳巾 ｜勾巾 ｜殳巾　正負異減余為ニ

四段積一‖勾殳　換号　||||積

又鉤股和三段|||勾 |||殳　加ニ入鉤股差一得数為下四個股与ニ二

個鉤一和上||||殳 ||勾　又鉤股和三段内減ニ鉤股差一余為下四個鉤与ニ二個股一和上

|||勾 ||殳　変象　｜四勾 ｜二殳　以レ二除レ之

四勾 二殳 段数与二除数一等者省レ之 為下二個鈎与二一個股一和上

二勾 二殳 故段数之内減二除数一也

勾 殳

又有二甲乙丙物一只云甲乙和与レ丙相乗得数若干問レ丙者 甲

乙 二級括レ之名レ子 除数二級已上皆括レ之 子 以除二只云数一為レ丙

只云 丙 子 於レ是解二括号一還源者遍乗只云子 只云 丙子 解レ子括式如レ此

甲丙 乙丙 即只云数適合、

又以レ丙除二甲数一与以レ乙除二甲数一二位相乗者 甲巾 丙乙 又有レ

如レ此 甲 丙 以除レ乙者取二右傍書一書二左又取二左傍書一書レ右也除数皆倣レ之 甲 乙丙

又有レ如レ此 丙 甲 乙 丁 為レ法 子 丑 寅 為レ実而除レ之者先

括二法二級一名レ角 角 以二角号一除二実 子 角 丑 角 寅 角 寄レ左

是即商之式也以二相消数一相消得 子 角 丑 角 寅 角 相消数 於レ是解二括

式二還原者遍乗二角号一等者省レ之 左右傍書 子 丑 寅 相消数 角 解二角

号一視二此式一角乗級負也、故法二級正負反レ之 甲 丙 相消数 乙 丁 相消数 諸級布レ之如レ下 子

丑 寅 甲 丙 相消数 乙 丁 相消数 遍乗二丙丁一為二本式一 子丙丁 丑丙丁

寅丙丁 甲丁 相消数 乙丙 相消数 正三級与二負二級一適合

又如シ有二分母分子数一者仮如五分之三者 三 五 又二十五個之八分者 八

二十五 三 八 又甲之五 九分 乙之八 十五分 者 甲五 九 乙八 十五 通分内子得者

十五 甲五 乙八九 換式 甲 乙 即甲乙通分母 一百三十五 以二等数三一

約レ之 甲 乙 甲乙通分母 四十五也

3 応用問題ノ方程式(開方式)解法

点竄術デハ方程式ヲ作ルニシテモ文字ヲ使用スル．シカシ愈之ヲ解ク段ニナレバ与エラレタ数値ヲ代入シテ数係数ヲ有スル方程式ニ直シテスルノデアルカラ，之ヲ解クコトハ天元術ソノ儘デアル．時ニ問題ニ数値ガ与エラレズニ勾若干，殳若干ノ如ク云ウ場合モアルガ，カカル時ニハ方程式ヲ作ツタラバ之ヲ解イテ答ヲ得ルト云ウダケデソレ以上進マナイノデアル．（特別ノ場合ニハ文字係数デ天元術ノ解法ヲ進メテ行クコトモアル）．用語等モ天元術ニ於ケルト全ク同様デアル．唯時代ノ変遷ニ従ツテ多少変ツテ居ルモノモアル．例エバ天元ノ一ヲ立テテ何某トスト云ウ言葉ノ如キモ，後ニハ

一算ヲ設ケ何某ニ命ズ（拾璣算法）

一算ヲ立テ何某トス（点竄指南録）

一算ヲ立テ何某ヲ命ズ（点竄指南）

混沌ノ一ヲ置キ何某ヲ命ズ（天生法指南）

等色々云ツテ居ル．

一体天元術ト点竄術トハ区分サルベキモノデハナイ．後者ハ前者ヲ全ク包含シテ居ルノデアル．点竄術ヲ狭義ニトツテモ，天元術ハ最早ヤ点竄術中ノ数デ与エラレタ問題ヲトク一方法ニ過ギナイノデアル．

次ニ点竄術ニヨル問題解法ヲ二三例示シテ見ヨウ．

点竄指南録二十八，九十ハ次ノヨウデアル．

二十八、大豆七十俵と小豆五十五俵とあり、石数合せて五十石也、只云大豆一俵より少豆一俵は五升少し、大豆一俵の入何程と問・

答曰 大豆一俵四斗二升二合入

術曰、大豆の俵数を置き小豆の俵数を加へ 一二五ヶとなる 法とす只云を置小豆の俵数を掛 二ヶ七五となる 石数併せたるを加へ 五二ケ五となる 法にて割 四〇ケ二二となる 大豆一俵の升数とす、

解、一算を立て大豆俵入とす |大入

大入大表 は |大豆石数 也、

石数和の内大豆石数を減じ

石禾 | 大入大表 ╋ は |小豆石数 也、左によす

大入 ╋ 只 は |小入 也、

是に小豆俵数を掛け |小表大入 ╋ 小表只 は

|小豆石数 也、相消数とす、

左に寄ると相消 |石禾 ╋ 大入大表 ╋ 小表大入

|小表只 空数、

右空数に仍て大豆俵入を得る式を求即大豆俵入ある者是を省て法級とす

|石禾 大表

|小表只 ╋ 小表 数を以傍書に換 三二ヶ七五 実 ╋ 一〇二五 方

| 実 ╋ 方

法を以実を割大豆俵入 四斗二升二合 を得る也、故に本術の如し

九十、方の内に図の如く甲乙各二円を容るあり只云方面九寸甲円径八寸乙円径何ほどと問・

答曰 乙円径二寸

術曰 方面を置、倍して 一八ケとなる 天と云、甲円径を掛 一四四ケとなる 方に開き倍して 二四ケとなる 是を以て天と甲円径の和を減じ余 二ケとなる 乙円径とす。

解、一算を立乙径とす |乙

╋ 乙商甲商 は |子 也

|甲 |乙 ‖乙商甲商 は ‖方 也

平方に開き |甲商乙商 は |二ヶ商方面 也、

左に寄す、|二ヶ商方面 相消数、

左に寄と相消 |甲商 |乙商 ╋ 二ヶ商方面 空数

乙商を得る式

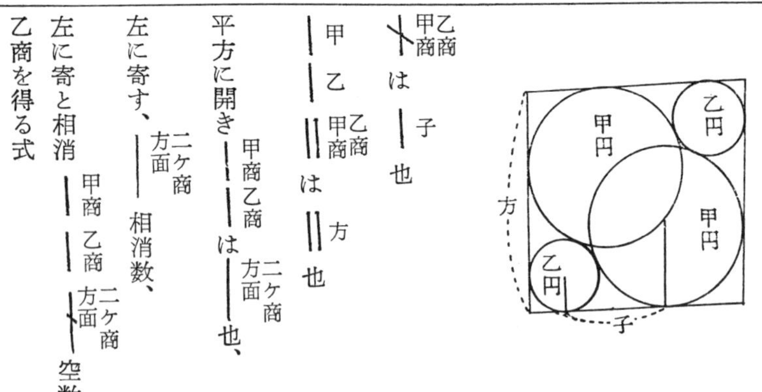

甲商方面 ｜ 法を以実を割り 方面｜ 甲商 ╋は 乙商 ｜也
実方 ╋ ｜
是を自乗して
方 ‖ 甲 ｜ 二ケ商甲商方面 ╪は 乙 ｜也
故に本術の如し

（註）甲商ハ甲円径ノ平方根，二ケ商ハ$\sqrt{2}$デアル．
又$\sqrt{甲 \cdot 乙}$＝子 ナル関係式ハ前ノ問題デ得テ居ルノデアル．

次ノ二題ハ大原ノ点竄指南ヨリトル．

今元金四百両貸二一年一利加レ利初年一百両取又二年四百五十六両取皆済也、問二年利幾何一、
答曰 年利二割
解曰、置二一算一命二年利一 ｜利割 加二一個一 ｜利割
一箇名レ甲 置二元金一乗レ甲 ｜甲元金 内減二初年取金一
｜甲元金 ╋初取 乗レ甲 ｜甲巾甲元金 ╋初取二年取金 寄レ左〇以二二年取金一与レ寄レ左相消 ｜甲巾甲元金 ╋初取 ╋二取 合矩
如レ例求レ得レ甲式一
╋二取 ╋初取 ｜元金 得レ甲式
仍施二答術一則如レ左、
術曰 以二元金一除二初取金一半レ之名レ子以二元金一除二后取金一加二子冪一開二平方一加レ子内減二一箇一得二年利一合レ問、

（註） 甲ヲ得ル式ハ $-(二取)-(初取)x+(元金)x^2=0$ ナル二次方程式デ， 術曰ハ此ノ方程式ノ解法ヲ述ベタモノデアル 即チ

$$x=\frac{(初取)+\sqrt{(初取)^2+4(二取)(元金)}}{2(元金)}=\frac{初取}{2(元金)}+\sqrt{\left(\frac{初取}{2元金}\right)^2+\left(\frac{二取}{元金}\right)}$$

ソシテ 年利$=x-1$ トシテ得ル．
之ヲ文章ニ述ベタモノデアル．

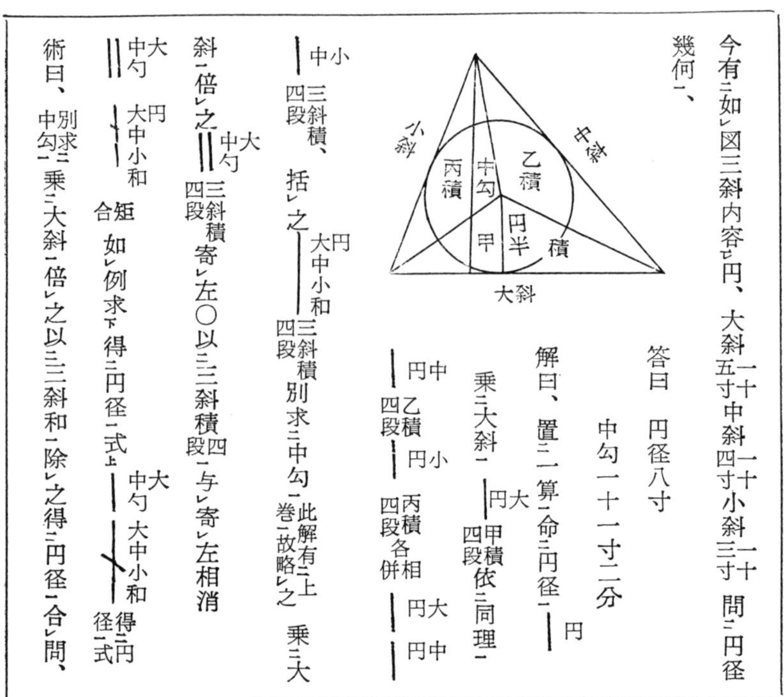
今有如図三斜内容円、大斜一十五寸中斜一十四寸小斜一十三寸 問円径幾何、

答曰 円径八寸
中勾一十一寸二分

解曰、置一算命円径 円 乗大斜 円大 甲積四段 依同理 円中 乙積四段 円小 丙積四段 各相併 円大 円中 円小 中 三斜積四段 括之 円大中小和 三斜積四段 別求中勾 此解有上巻故略之 乗大斜倍之 大中勾 三斜積四段 寄左 以三斜積四段与寄左相消 大中勾 円大中小和 合矩 如例求得円径式 大中勾 大中小和 得円径式

術曰、別求中勾乗大斜倍之以三斜和除之得円径合問、

（註） 此ノ問題ハ中巻ニアルガ，上巻ノ終リニ中勾ヲ求メル問題ガアツテ

$$中勾=\sqrt{中^2-\left(\frac{大^3+中^2-小^2}{2大}\right)^2}$$

ナル結果ヲ得テ居ル．之ハ変形スレバ

$$中勾=\frac{1}{2.大}\sqrt{(大+中+小)(大+中-小)(大-中+小)(-大+中+小)}$$

トナリ，之ヲ使ツテ三角形ノ面積ヲ求ムレバ Heron ノ公式ガ得ラレル．此ノ問題ヤ Heron ノ公式ニ相当スルモノ等ハ和算家ハ古クカラ使ツテ居ルノデアル．（伝書参較連乗ニハ $r=\frac{\sqrt{(s-a)(s-h)(s-c)}}{s}$ ガアル．）

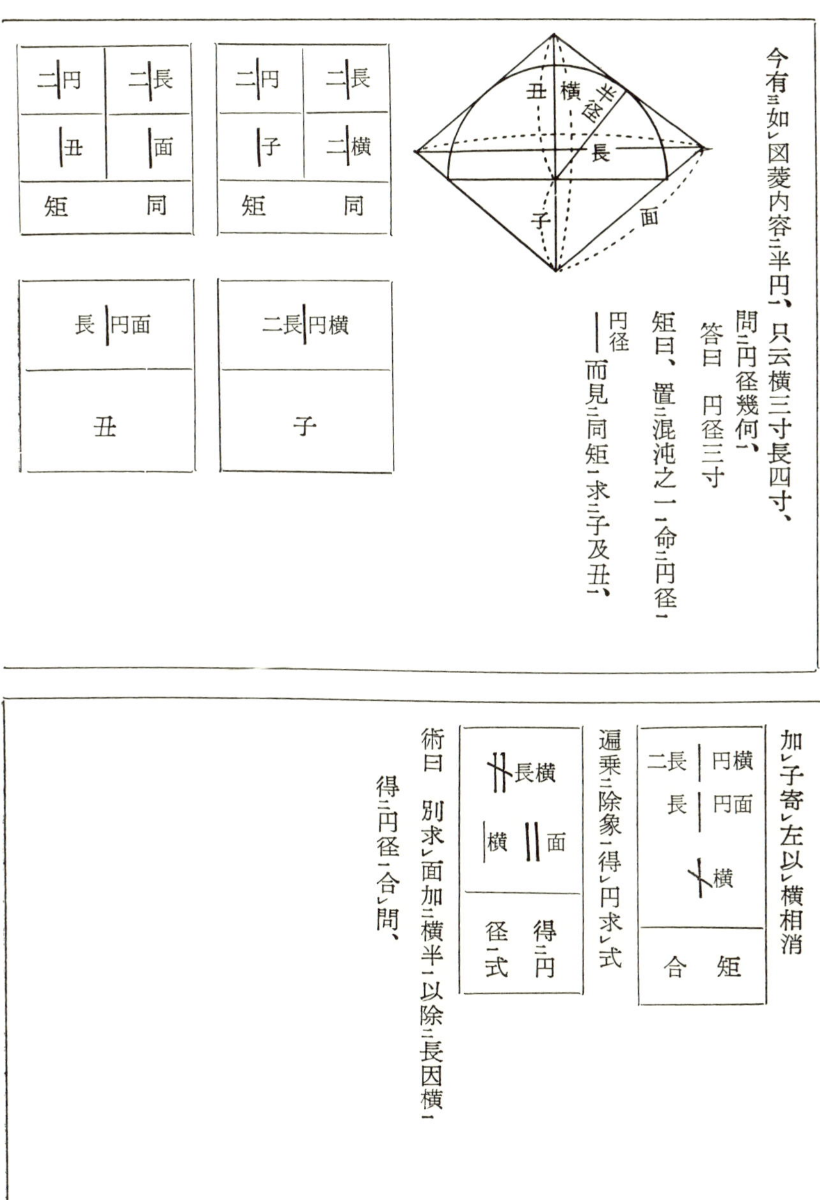
今有如図菱内容半円、只云横三寸長四寸、
問円径幾何、
答曰 円径三寸
矩曰、置混沌之一命円径
円径
而見同矩求子及丑、

加子寄左以横相消
二長 円横
長 円面
横
合 矩
遍乗除象得円求式
長横
横 面
得円 径式
術曰 別求面加横半以除長因横
得円径合問、

（註） 同矩ハ比例式デアル $\frac{長}{2}:\frac{横}{2}=\frac{円}{2}:子$ （円ハ円径）

今有二如レ図五角一、只云五角面一寸、問下得二斜面、角中径、平中径、甲、乙、丙等之諸率一術如何上。

答曰 如レ左

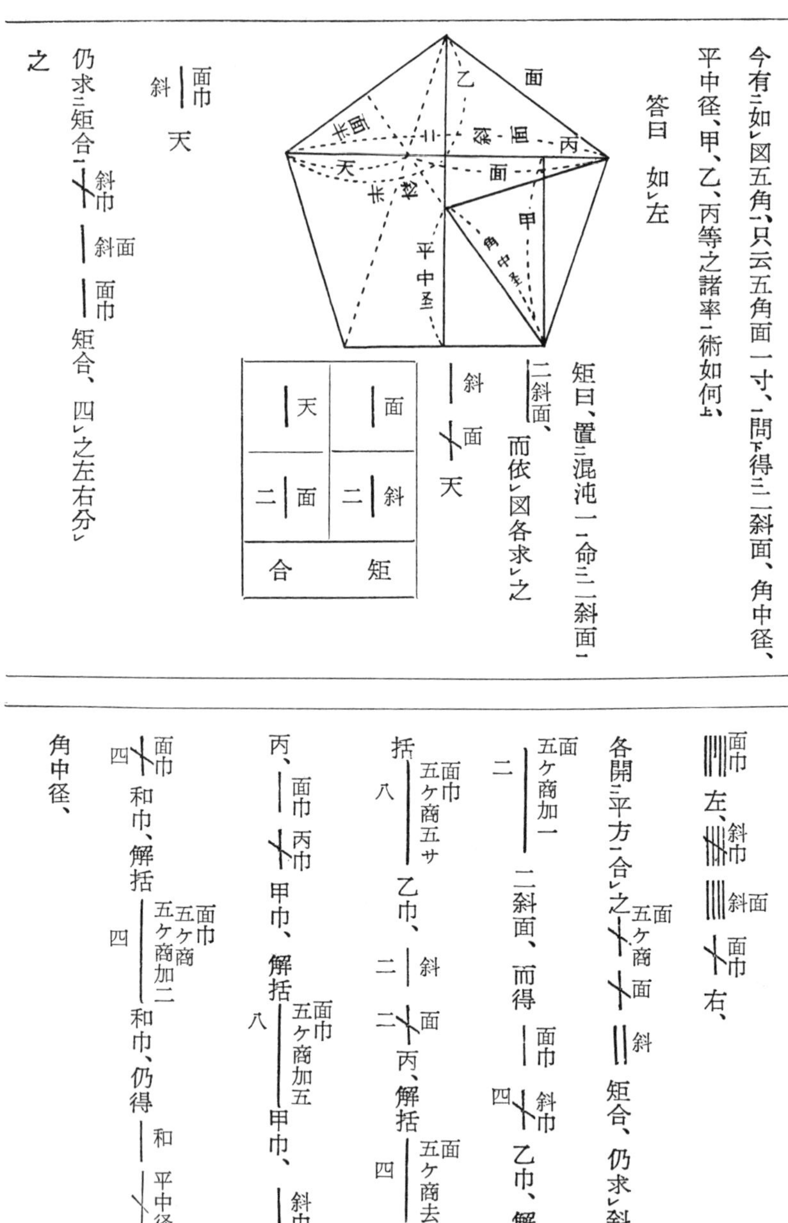

矩曰、置二混沌一一命二二斜面一二斜面、而依レ図各求レ之

仍求二矩合一 矩合、四レ之左右分レ之

各開二平方一合レ之 矩合、仍求レ斜 二斜面、而得 乙巾、解括 乙巾、丙、解括 甲巾、解括 甲巾、丙、和巾、解括 和巾、仍得

角中径、

四 面巾 平巾 角巾 矩合、

解撰 和巾 和平 四 面巾 矩合、

解二和巾一分 二 面巾 五ケ商加二 左、

和平 右、

各自レ之合解レ之

四 面三 五ケ商加二巾 平巾 面巾 五ケ商 五ケ商加二 矩合、

遍省二過乗一遍乗二五ケ商一括

面巾 五ケ商半 五ケ商加二 十 平巾 矩合、仍得

十 面巾 五ケ商半 五ケ商加二 平中

径巾、

四 面巾 平中径巾 角中径巾、

解括 十 面巾 五ケ商加五 角中径巾、

仍得二諸率一

二 五ケ商加一 二斜面率、 十 五ケ商加五 角中径率巾

十 五ケ商加二半 平中径率巾、

八 五ケ商加五 甲率巾、 八 五ケ商去五 乙率巾、

四 五ケ商去一 丙率、 四 五ケ商 五ケ商加二 和率巾、

上ノ計算ヲ洋式デ書テ見ルト次ノヨウデアル.

二斜面ヲ x, 面ヲ a デ表ワセバ

$$天=x-a,\quad 又\quad a:\frac{x}{2}=天:\frac{a}{2}\qquad\therefore\quad 天=\frac{a^2}{x}$$

$$\therefore\ x-a-\frac{a^2}{x}=0,\qquad 4x^2-4ax-4a^2=0$$

$$4x^2-4ax+a^2=5a^2,\quad 2x-a=\sqrt{5}\,a$$

$$\therefore\quad x=\frac{\sqrt{5}+1}{2}a$$

又 $乙^2=a^2-\frac{x^2}{4}=a^2-\frac{6+2\sqrt{5}}{16}a^2=\frac{5-\sqrt{5}}{8}a^2$

$$丙=\frac{x}{2}-\frac{a}{2}=\frac{\sqrt{5}+1}{4}-\frac{a}{2}=\frac{\sqrt{5}-1}{4}a$$

$$甲^2=a^2-丙^2=a^2-\frac{6-2\sqrt{5}}{16}a^2=\frac{5+\sqrt{5}}{8}a^2$$

又 $和^2=x^2-\frac{a^2}{4}=\frac{6+2\sqrt{5}}{4}a^2-\frac{a^2}{4}=\frac{5+2\sqrt{5}}{4}a^2=\frac{\sqrt{5}(\sqrt{5}+2)}{4}a^2$

（和ハ平中径ト角中径トノ和デアル．角中径，平中径ハ夫々外接円内接円ノ半径）

$角=和-平,\ 角^2=\frac{a^2}{4}+平^2$ カラ

$(和-平)^2=\frac{a^2}{4}+平^2\qquad 和^2-2\cdot和\cdot平-\frac{a^2}{4}=0$

$$\therefore\quad \frac{2+\sqrt{5}}{2}a^2=2\cdot和\cdot平$$

$$\frac{(2+\sqrt{5})^2}{4}a^4=4和^2平^2=\sqrt{5}(\sqrt{5}+3)a^2平^2$$

両辺ヲ $(2+\sqrt{5})a^2$ デ約シ且ツ $\sqrt{5}$ ヲカケ

$$\frac{\sqrt{5}(\sqrt{5}+2)a^2}{4}a^2=5\cdot平^2$$

$$\therefore\quad 平^2=\frac{\frac{\sqrt{5}}{2}(\sqrt{5}+2)}{10}a^2=\frac{\sqrt{5}+2.5}{10}a^2$$

$$角^2=\frac{a^2}{4}+平^2=\frac{\sqrt{5}+5}{10}a^2$$

カクシテ $a=1$ ト置キ

$二斜面率=\frac{\sqrt{5}+1}{2}$，$(角中径率)^2=\frac{\sqrt{5}+5}{10}$，$(平中径率)^2=\frac{\sqrt{5}+2.5}{10}$

$(甲率)^2=\frac{5+\sqrt{5}}{8}$，$(乙率)^2=\frac{5-\sqrt{5}}{8}$，$丙率=\frac{\sqrt{5}-1}{4}$，

$(和率)^2=\frac{\sqrt{5}(\sqrt{5}+2)}{4}$，

（a ガ色々ノ値ヲトルトキハソノ値又ハ a^2 ノ値ニ上ノ率ヲカケルト直チニ二斜面巾ヤ角中径巾ガ得ラレル．コノヨウナモノヲ和算デハ率ト云ウ．）

斯様ナ問題ノ解法ヲ示シテ居レバ実ニ限リガナイノデアル．ナゼナラバ点竄術ノ書ト云エバ理論ナド極メテ僅カデ専ラ此ノヨウナ問題ノ解法ノミヲヤツテ居ルカラデアル．ソシテ問題ノ種類ナドモ相当ニ多ク，使ワレテオル公式ヤ幾何学ノ定理ナドモ相当ニ広範囲ニ亘ツテ居ルノニハ全ク驚クノデアル．

4. 二次方程式ノ解法

和算デハ何次ノ方程式デモ天元術デ述ベタ方法ニヨツテ解クノガ本則デアルガ種々ノ事情ニヨリ他ノ特種ナ解法ガ試ミラレテ居ル．次ニコレヲ二次方程式ニ就テ紹介シテ見ル．

(i) 二次方程式ノ根公式

珠算ハ四則算法ニハ最モ便利デアルカラ和算家ノ間ニ之ガ行ワレタコトハ云ウ迄モナイ． 所ガ方程式ノ解法ヲ算木デヤルト珠算ノ利用ハ殆ド不可能トナル．ソコデ何トカ此ノ便利ナ珠算ヲ利用シテ方程式ヲ解クコトガ出来ナイカト云ウコトガ和算家ノ間ニ頻リニ考エラレタノデアル．カクシテ案出サレタ二次方程式ノ根ノ公式ハ今日吾々ノ使ツテ居ル公式ト同様ノモノデアル．三次方程式ニ対スル坂部ノ立方盈朒術，高次方程式ニ対スル会田ノ重畳算顆術モ亦同様ノ企テカラ創案サレタモノデアル．(「ソロバン」デ行ウカラ之ヲ算顆術ト云ウ)ココデハ先ズ二次方程式ノ根ノ公式ニ就テ述ベルコトトスル．ギリシヤ，アラビヤ等デヤラレタヨウニ和算デモ色々ノ場合ニ分ケテヤツテ居ルノデアル．

算法類聚ハ表題ニハ関孝和トアルガ，増修日本数学史ニヨレバ松永良弼（1744歿）ノ編デアルト云ウ．本書ノ巻九ハ算術起源之法ト題シ専ラ二次方程式ニ関スル算顆術ヲ述ベテ居ル．

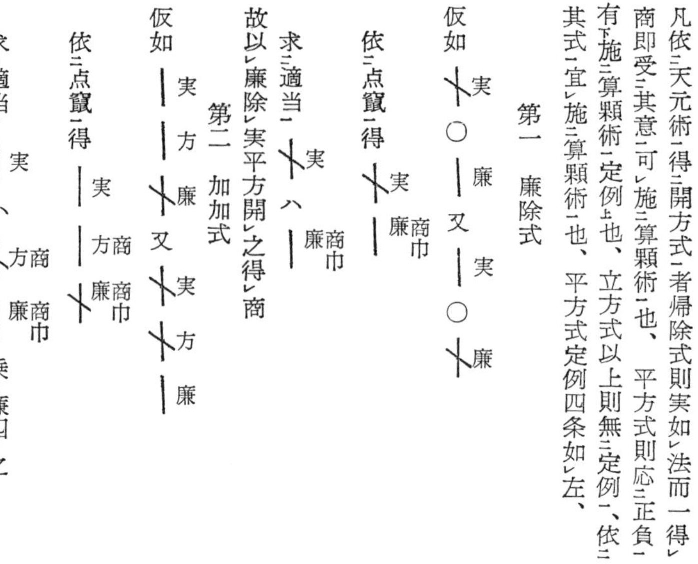

算顆術起源之法

凡依二天元術一得二開方式一者帰除式則実如レ法而一得レ商即受二其意一可レ施二算顆術一也、平方式則応二正負一有下施二算顆術一定例上也、立方式以上則無二定例一、依二其式一宜レ施二算顆術一也、平方式定例四条如レ左、

第一 廉除式

仮如 实 〇 廉 又 実 〇 廉

依二点竄一得 実 廉商巾

求二適当一 実 ハ 廉商巾

故以レ廉除レ実平方開レ之得レ商

第二 加加式

仮如 実 方 廉 又 実 方 廉

依二点竄一得 実 方商 廉商巾

求二適当一 実 ハ 方商 廉商巾 乗レ廉四レ之

実廉 ハ 方廉商 廉商巾 加二方羃一

実廉 方巾 ハ 方巾 廉商巾 廉巾 方廉商 平方開レ之

方 廉商 加レ方 廉商 即以二廉二段一除レ之得レ商、故実廉相乗四レ之加二方羃一平方開レ之加レ方以二廉二段一除レ之得レ商、又実廉相乗加二方半羃一平方開レ之加二方半一以レ廉除レ之得レ商、

第一 廉除式

$$-c+ax^2=0$$

又ハ $c-ax^2=0$

（商，商巾ハ x, x^2 ノコトデアル方程式＝ハ之ハ書カヌノデアル）

之ハ $ax^2=c \qquad \therefore\ x=\sqrt{\dfrac{c}{a}}$

第二 加加式

$$c+bx-ax^2=0$$

又ハ $-c-bx+ax^2=0$

之ハ $ax^2-bx=c,$

$\therefore\ 4a^2x^2-4abx=4ac$

$4a^2x^2-4abx+b^2=4ac+b^2$

$$2ax-b=\sqrt{4ac+b^2}$$

$$2ax=\sqrt{4ac+b^2}+b$$

$$x=\frac{\sqrt{4ac+b^2}+b}{2a}=\frac{\sqrt{ac+\left(\frac{b}{2}\right)^2}+\frac{b}{2}}{a}$$

（註） 此ノ場合 $x=\frac{b-\sqrt{b^2+4ac}}{2a}$（負根）ヲトツテ居ラヌ．所ガ関孝和ノ開方飜変ノ交商式ノ所ニハ $-2-x+x^2=0$ ノ商トシテ正商2ト負商1トヲアゲテ居ル．交商式ト云ウ名ハカク正商ト負商トヲ交エルガ故ニツケラレタ名デアル．算顆術トハ云エ負商ヲトラヌノハドウシタ訳カ．

第三 加減式（原文ハ前ト殆ド同様デアルカラ省ク）

$$c-bx-ax^2=0 \quad \text{又ハ} \quad -c+bx+ax^2=0$$

之ハ $ax^2+bx=c$, $\therefore$ $4a^2x^2+4abx=4ac$

$$4a^2x^2+4abx+b^2=4ac+b^2, \qquad 2ax+b=\sqrt{4ac+b^2}$$

$$x=\frac{\sqrt{4ac+b^2}-b}{2a}=\frac{\sqrt{ac+\left(\frac{b}{2}\right)^2}-\frac{b}{2}}{a}$$

（註） 加加式，加減式ノ名ハ根ノ分子ノ符号ガ＋＋又ハ＋－トナル所カラ付ケタモノデアル

第四

$$c-bx+ax^2=0 \quad \text{又ハ} \quad -c+bx-ax^2=0$$

之ハ $-ax^2+bx=c$ $\therefore$ $-4a^2x^2+4abx=4ac$

$$4a^2x^2-4abx+b^2=b^2-4ac$$

$$2ax-b=\sqrt{b^2-4ac} \quad \text{又ハ} \quad -2ax+b=\sqrt{b^2-4ac}$$

$$x=\frac{b+\sqrt{b^2-4ac}}{2a} \quad \text{又ハ} \quad \frac{b-\sqrt{b^2-4ac}}{2a}$$

（註） 此場合ハ実根ナラバ共ニ正トナル故二根ヲトツテ居ル．結局本書ニ於テハ負根ハトラヌコトトシテ居ルノデアル．

猶本書ニハ第四ノ場合ニ名ヲツケテ居ラヌガ，点竄指南録ニハ之ヲ「減々式または減加式と云」トアル．

カクシテ，右依ニ四条之矩合定例一受ニ其意一而可レ施ニ算顆術一也，ト結ンデ居ル．

坂部ノ点竄指南録ニハ上ノ第二，第三，第四ノ場合ヲ夫々上連，下連，断ト云イ次ノ如ク述ベテ居ル．（巻之五，十六丁）

平方式を帰除式にする定法

凡平方式の商を顆盤上に得るの法其の平方式の正負に仍て加減に同じからず故にくわしく左に是をしるす．

上連，加々式と云，上二級同名ゆへ上連と云ふ．

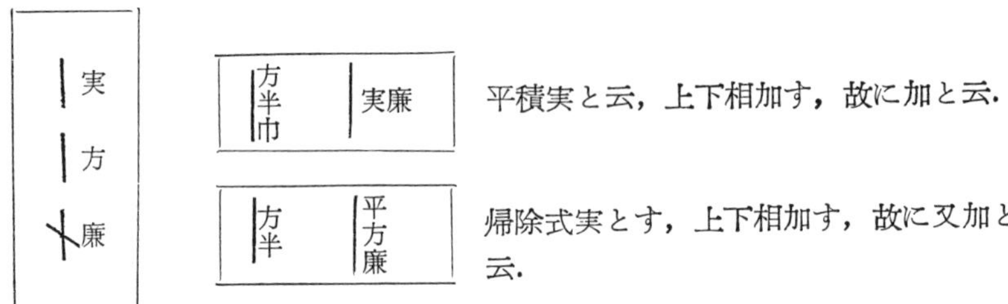

此の如く再度ともに加ふ故に加々式と云．

帰除式を作る

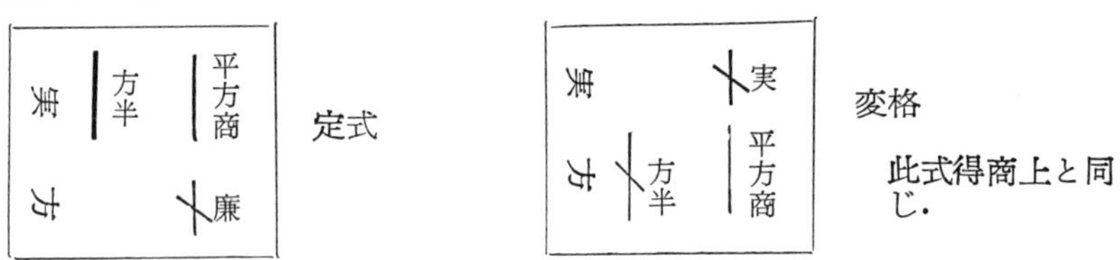

下連　加減式と云　下二段同名ゆへ下連式と云．

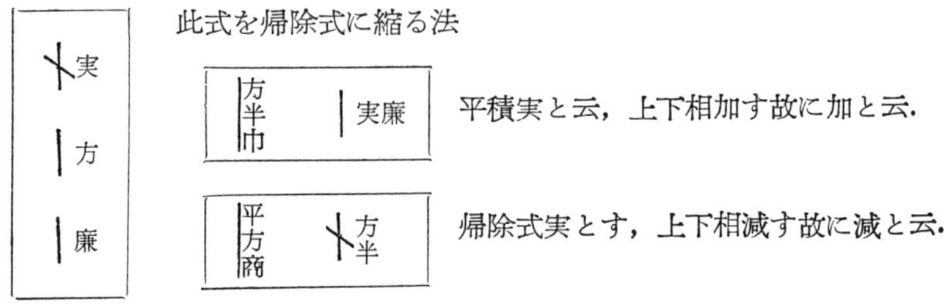

此の如く初はくわへ後は減ず故に加減式と云，

帰除式を作る

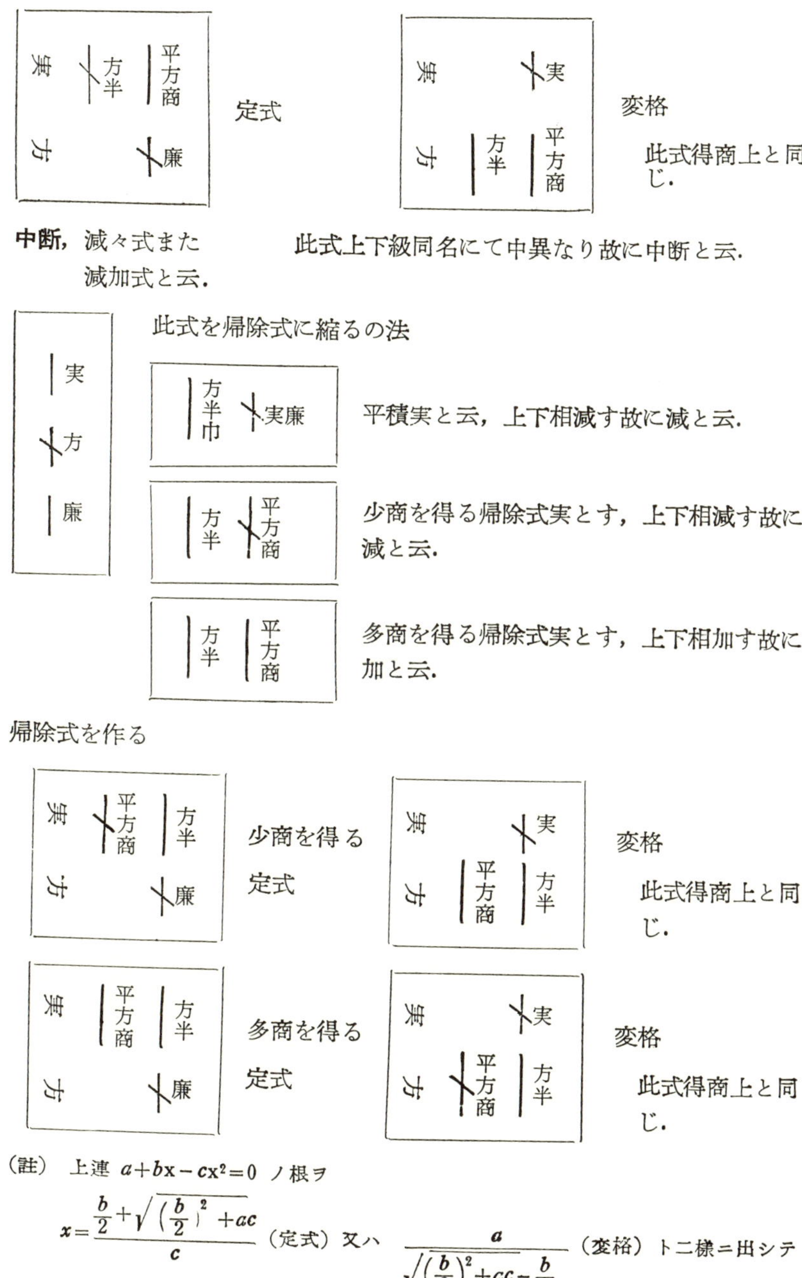

（註） 上連 $a+bx-cx^2=0$ ノ根ヲ

$$x=\frac{\frac{b}{2}+\sqrt{\left(\frac{b}{2}\right)^2+ac}}{c}\ \text{（定式）又ハ}\ \frac{a}{\sqrt{\left(\frac{b}{2}\right)^2+ac}-\frac{b}{2}}\ \text{（変格）}$$

ト二様ニ出シテ

居ル点ハ注目スベキデアル．（下連，断モ同様）

又「若この法の如く加減なりがたく却て減ずる時は虚題と知るべし」ト附言シテ居ル．却テ減ズトハ反対ニ引クコトデ虚根ヤ負根トナル場合デアル．虚題トハ，解イテ虚根ヤ負根ヲ得タリ，又ハ正根デモ題意ニ適シナイ根ヲ得タリスル問題ヲ云ウ．関ノ言ヲ借リテ云エデ，此ノヨウナモノハ病題ノ一種デ，問題ソノモノガ宜シクナイノデアル．

会田ノ天生法指南ノ定則中ニモ上ト同様三ツノ場合ヲ掲ゲテ居ル．ソノ中ニ「実，廉（a,c）異名之開方式ナルモノハ正商一件アリ………実廉同名之開方式ナルモノハ正商二件アリ………」ト云ツテ居ル．猶会田ハ此ノヨウニシテ二次方程式ヲ解クコトヲ釈鎖法ト名ズケテ居ル．

大原ノ点竄指南ニアル公式モ同様デアルガ，唯ソノ中ニ下記ノヨウナコトヲ云ツテ居ル．即チ

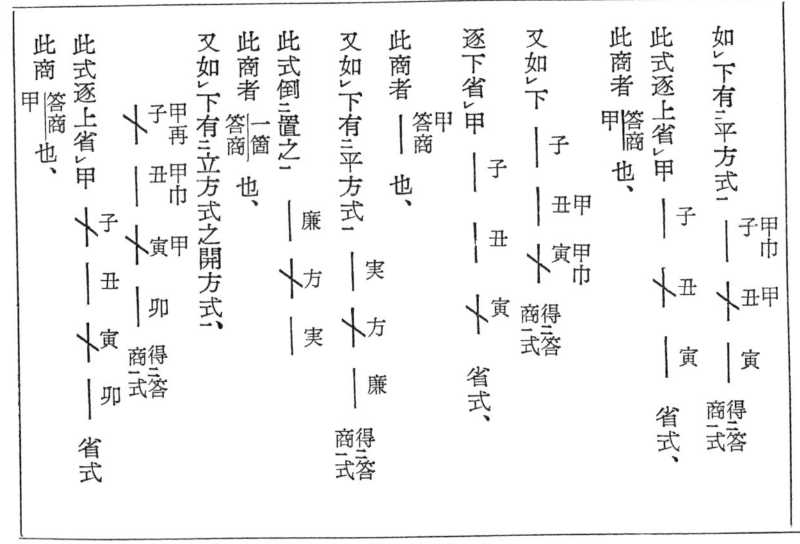

$ak^2-bkx+cx^2=0$ ノ根ヲ α トスレバ $a-bx+cx^2=0$ ノ根ハ $\dfrac{\alpha}{k}$ デアル．

$a-bkx+ck^2x^2=0$ ノ根ヲ α トスレバ $a-bx+cx^2=0$ ノ根ハ $k\alpha$ デアル．

又 $a-bx+cx^2=0$ ノ根ヲ α トスレバ

$$c-bx+ax^2=0 \quad \text{ノ根ハ}\frac{1}{\alpha}\text{デアル.}$$

又　$-ak^3+bk^2x-ckx^2+dx^3=0$ ノ根ヲ α トスレバ

$$-a+bx-cx^2+dx^3=0 \quad \text{ノ根ハ}\frac{\alpha}{k}\text{デアル.}$$

……………………………………

此ノヨウナ根ニ関スル研究ハ関ノ開方算式，川井久徳ノ開式新法（享和三年，1803）等ニハ一層詳シク記載セラレテ居ル.

千葉胤秀ノ算法新書（文政十三年，1830）巻之三ニモ二次方程式ノ根ノ公式ガ誘導サレテ居ル．之ニハ負根ノ公式モアゲラレテ居ルノデアルガ之ニ就テハ次ノ根ト係数トノ関係ノ所デ述ベルコトトスル.

（註）坂部ノ点竄指南録ノ如ク二次方程式ノ根ノ公式ニ方半$\left(\frac{b}{2}\right)$ヲ使用スル式ノ書物ニハ　　$c-2bx+x^2=0$

ノ形ノ方程式ニ対シテハ

$$x=b\pm\sqrt{b^2-c}$$

ナル公式ヲ使用シテ居ルノモ見受ケラレル.

(ii) 無限級数ノ展開ニヨル解法

関流ノ秘書乾坤之巻ヤ円理弧背術ニハ文字係数ヲ有スル二次方程式ノ根ヲ無限級数ニ展開シテ求メル方法ヲ述ベテ居ル．之レハ点竄術ガ関孝和ニヨツテ発明セラレ文字ヲ含ンダ代数計算ガ盛ンニ行ワレルヨウニナツタ結果デアル．之レニ就テハ第七章綴術ニヨル解法ノ条ニ於テ述ベルコトトスル.

(iii) 反復法ニヨル解法．(附)平方根ノ求方

坂部ノ点竄指南録巻之十一，番外，平方式類盤術ノ所ニ反復法ニヨル二次方程式ノ近似的解法ガノツテ居ル．此ノ法ハ氏ノ立方盈朒術ニテ試ミテ居ル三次方程式ノ近似的解法ト同ジデアル.

(イ)　**上連式**　　$a+bx-x^2=0$　（正商一ツ）

若シ x^2 ノ係数ガ1デナケレバ全体ヲソレデ割ツテ1ニスル．又初商（第一近似根）ヲ適当ニ定メルト早クヨイ結果ガ得ラレルガ初学者ニハ事繁多デ煩ハ

シク迷ヲ生ゼンコトヲ恐レ真数ニハ遠イガ妨ガナイカラ初商ハ常ニ1トスルト云ツテ居ル．シカシ今ハ説明ノ便宜上立方盈朒術ノ方法ニ従テ初商ヲ選ブコトトスル．

求ムル正根ヲ α トスレバ

$$\alpha=\frac{a}{\alpha}+b \qquad (1)$$

今初商ヲ　$\alpha_1=b$　トスル．　(2)

ソシテ次商ヲ　$\alpha_2=\frac{a}{\alpha_1}+b$　(3)

三商ヲ　$\alpha_3=\frac{a}{\alpha_2}+b$　(4)

四商ヲ　$\alpha_4=\frac{a}{\alpha_3}+b$　(5)

………………………………

トスレバ α_1 α_2 α_3…… ハ次第ニ α ニ近ズクト云ウノデアル．

之ヲ証明シテ見ル．（以下ニ証明トアルハ著者ノ加エタモノデアル）

(1) ト (2) トカラ　$\alpha_1<\alpha$

従テ　(1) ト (3) トカラ　$\alpha_2>\alpha$

(1) (2) (4)　カラ　$\alpha_1<\alpha_3<\alpha$

(1) (3) (5)　カラ　$\alpha_2>\alpha_4>\alpha$

……………………　……………

カクシテ　$\alpha_1<\alpha_3<\alpha_5<\cdots\cdots<\alpha$

$\alpha_2>\alpha_4>\alpha_6>\cdots\cdots>\alpha$

仍テ　$\lim_{n\to\infty}\alpha_{2n+1}$, $\lim_{n\to\infty}\alpha_{2n}$ ハ存在スル．之ヲ夫々 β,γ トスレバ

$$\beta=\frac{a}{\gamma}+b, \qquad \gamma=\frac{a}{\beta}+b$$

$$\therefore\ \beta\gamma=a+b\gamma, \qquad \beta\gamma=a+b\beta$$

$$\therefore\ \beta=\gamma \qquad \therefore\ \lim_{n\to\infty}\alpha_n=\alpha$$

本書ニハ次ノヨウニ $18+7x-x^2=0$ ニ就テ次々ノ商ヲ出シテ居ル．

此ノ第五商 9.01 ハ計算ノ誤デ実ハ 8.93 デアル．ソレニモ拘ラズ根9ニウマク近迫シテ居ル．少々ノ誤ガアツテモ続ケテヤツテ居ル中ニ又ヨイ値ニナル

ノデアル，特ニ初商次商ナドハ根トハ随分懸ケ隔レタ値デアルガソレデモカマワヌノデアル（唯初メノ中ニ計算ノムダガアル）上ニ示シタ如ク初商ヲ b (7) トスレバ直チニ右ノ三商ニ匹敵スル．

一八ケ　七ケ　定一　上連式

初商	次商	三商	四商	五商	六商	七商	八商	九商	十商
一ケ	二五ケ	七ケ七	九ケ三	九ケ〇一	八ケ九九七	九ケ〇〇〇六	八ケ九九九八六	九ケ〇〇〇〇三	八ケ九九九九九三
			一位合	二位合	三位合	四位合	四位合	五位合	六位合

(ロ)　**下連式**　　$-a+bx+x^2=0$　（正商一ツ）

$$\alpha=\frac{a}{b+\alpha}$$

$$\alpha_1=\frac{a}{b},\quad \alpha_2=\frac{a}{b+\alpha_1},\quad \alpha_3=\frac{a}{b+\alpha_2},\quad \alpha_4=\frac{a}{b+\alpha_3},\ \cdots\cdots\cdots\cdots$$

トスルト　$\alpha_1\ \alpha_2\ \alpha_3\cdots\cdots$ ハ次第ニ α ニ近ズク．何トナレバ前ノ様ニ考エルト

$$\alpha_1>\alpha_3>\alpha_5>\cdots\cdots>\alpha$$

$$\alpha_2<\alpha_4<\alpha_6<\cdots\cdots<\alpha$$

仍テ　$\lim_{n\to\infty}\alpha_{2n+1}$，$\lim_{n\to\infty}\alpha_{2n}$ ハ存在スル．コレヲ β,γ トスレバ

$$\beta=\frac{a}{b+\gamma},\qquad \gamma=\frac{a}{b+\beta}$$

$$\therefore\ b\beta+\beta\gamma=a,\qquad b\gamma+\beta\gamma=a$$

$$\therefore\ \beta=\gamma\qquad \therefore\ \lim_{n\to\infty}\alpha_n=\alpha$$

(ハ)　**中断式**　$a-bx+x^2=0$　（正商二ツ）

小サイ根ヲ α，大キイ根ヲ β トスル．

$$\alpha_1=\frac{a}{b}\qquad \beta_1=b-\alpha_1$$

$$\alpha_2=\frac{a}{\beta_1}\qquad \beta_2=b-\alpha_2$$

$$\alpha_3=\frac{a}{\beta_2}\qquad \beta_3=b-\alpha_3$$

$\cdots\cdots\cdots\cdots$　　$\cdots\cdots\cdots\cdots\cdots$

トスルト　$\alpha_1\ \alpha_2\ \alpha_3\cdots\cdots$ハ α ニ近迫シ，$\beta_1,\ \beta_2,\ \beta_3,\cdots\cdots$ハ β ニ近迫スル。

【証　明】

$$\alpha=\frac{a}{\beta,}\qquad \beta=b-\alpha,\quad \alpha<\beta,\quad \beta<b$$

$$\therefore\quad \alpha_1<\alpha\qquad\qquad \beta_1>\beta$$

従テ　$\alpha_1<\alpha_2<\alpha\qquad\qquad \beta_1>\beta_2>\beta$

従テ　$\alpha_1<\alpha_2<\alpha_3<\alpha\qquad\qquad \beta_1>\beta_2>\beta_3>\beta,$

$\cdots\cdots\cdots\cdots\cdots\cdots\qquad\qquad \cdots\cdots\cdots\cdots\cdots\cdots$

カクシテ　$\alpha_1<\alpha_2<\alpha_3<\cdots\cdots<\alpha,\quad \beta_1>\beta_2>\beta_3>\cdots\cdots>\beta,$

故ニ　$\lim_{n\to\infty}\alpha_n,\ \lim_{n\to\infty}\beta_n$ ハ存在スル．之ヲ夫々 $\alpha',\ \beta'$ トスレバ

$$\alpha'=\frac{a}{b-\alpha'}\qquad \therefore\quad a-b\alpha'+\alpha'^2=0$$

$$\therefore\quad \alpha'=\alpha\qquad \therefore\quad \lim_{n\to\infty}\alpha_n=\alpha$$

$$\therefore\quad \beta'=b-\alpha'=b-\alpha=\beta\quad \therefore\quad \lim_{n\to\infty}\beta_n=\beta$$

以上ノ解法ハ直チニ三次方程式

$$a+bx-x^3=0.\qquad -a+dx+x_3=0.\qquad a-bx+x_3=0$$

ニ適用スルコトガ出来ル．斯様ニシテ三次方程式ヲ解イテ居ルノガ坂部ノ立法盈朒術デアル，（先ズ一般ノ三次方程式ハ変式術デ必ズ上ノ形ニ導ケルコトヲ述ベ，然ル後ニ話ヲ進メテ居ル．第六章参照）

上ノ如キ方法ニヨツテ計算ヲ進メタトキ，若シ収斂ガ非常ニ遅イヨウナ場合ニハ次ノヨウナ方法ニヨルヲ可トスル旨ヲ述ベテ居ル．即チ

$$\alpha_1<\alpha_3<\alpha_5<\cdots\cdots<\alpha<\cdots\cdots<\alpha_6<\alpha_4<\alpha_2$$

カ　$\alpha_1>\alpha_3>\alpha_5>\cdots\cdots>\alpha>\cdots\cdots>\alpha_6>\alpha_4>\alpha_2$

ノヨウニ収斂スル場合ニハ

$\dfrac{\alpha_3-\alpha_2}{\alpha_4-\alpha_3}=\mathrm{R}$　ヲ率ト云イ

$\dfrac{\alpha_4\mathrm{R}+\alpha_3}{\mathrm{R}+1}=x_4$　　之レヲ定四商ト云イ，之レヲ α_4 ノ代リニ使ツテ

α_5 ヲ求メ

$$\frac{\alpha_5 R+\alpha_4}{R+1}=x_5 \qquad \text{ヲ定五商トスル.}$$

此レヲ繰返シテ x_i ヲ求ムレバ x_i ハ早ク α ニ収斂スル.

又 $\alpha_1<\alpha_2<\alpha_3<\cdots\cdots<\alpha$, 又ハ $\alpha_1>\alpha_2>\cdots\cdots>\alpha$

ノヨウニ収斂スル場合ハニ, 率ハ前ト同様ニ求メ

$$\frac{\alpha_4 R-\alpha_3}{R-1}=x_4, \qquad \frac{\alpha_5 R-\alpha_4}{R-1}=x_5, \qquad \cdots\cdots\cdots\cdots\cdots\cdots$$

ノヨウニ定商ヲ求メレバ早ク収斂スル旨ヲ述ベテ居ル. 之レハ開式新法ニ用イラレテ居ル所謂条法デアルガ第六章ニ於テ詳述スルコトトスル.

(附)平方根ノ求メ方

開式新法上下二巻ハ坂部ノ弟子, 川井久徳ノ作デアル (享和三年 1803). 其ノ下巻附録第三及ビ第四ニ平方根ノ近似値ヲ求メル新法ガ使ワレテ居ル. 今之ヲ説明スル.

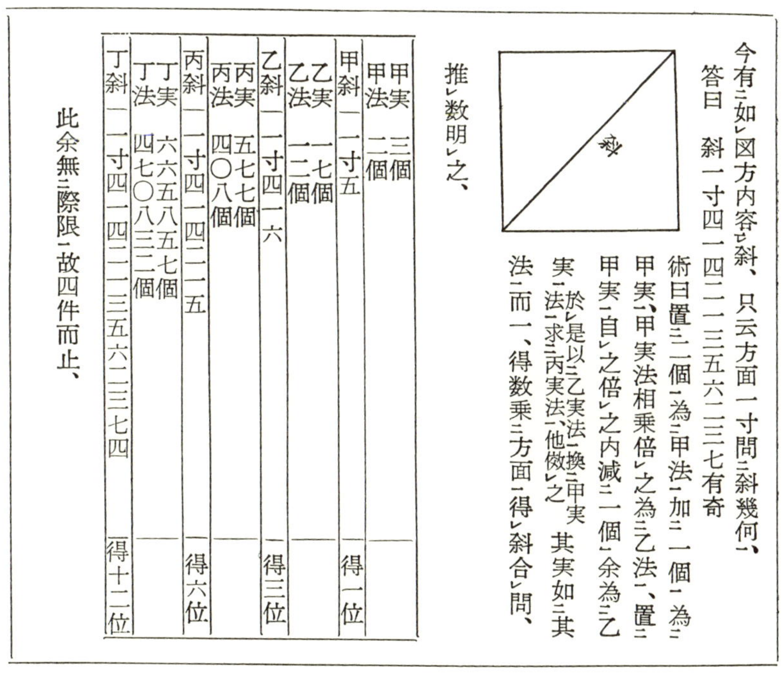

今有二如レ図方内容レ斜、只云方面一寸問二斜幾何一、
答曰　斜一寸四一四二一三五六二三七有奇
術曰置二一個一為二甲法一加二一個一為二甲実一、甲実法相乗倍レ之為二乙法一、置二甲実一自レ之倍レ之内減二一個一余為二乙実一
於レ是以二乙実法一換二甲実法一求二丙実法一、他傚レ之　其実如二其法一而一、得数乗二方面一得レ斜合レ問、

推レ数明レ之、

甲実　三個
甲法　二個
甲斜　一寸五　得一位
乙実　一七個
乙法　一二個
乙斜　一寸四一六　得三位
丙実　五七七個
丙法　四〇八個
丙斜　一寸四一四二一五　得六位
丁実　六六五八五七個
丁法　四七〇八三二個
丁斜　一寸四一四二一三五六二三七四　得十二位

此余無二際限一故四件而止、

$$x_1=\frac{3}{2} \quad (1.5) \qquad x_2=\frac{2\times3^2-1}{2\times2\times3}=\frac{17}{12} \qquad (1.416)$$

$$x_3=\frac{2\times17^2-1}{2\times12\times17}=\frac{577}{408}\qquad(1.414215)$$

$$x_4=\frac{2\times577^2-1}{2\times408\times577}=\frac{665857}{470832}\qquad(1.414213562374)$$

……………………………………………………

トスレバ　x_1 x_2 x_3……ハ次第ニ$\sqrt{2}$ニ収斂スルト云ウノデアル.

〔証　明〕

$x^2=a$ ノ根ヲ求メルニ先ズ

$$\beta_1{}^2-1=a\alpha_1{}^2\cdots\cdots\quad(1)$$

ヲ満足スル α_1, β_1 ヲ求メル. 但シ a ハ正数, α_1, β_1 ハ正ノ整数,

ソシテ

$$x_1=\frac{\beta_1}{\alpha_1}\qquad x_2=\frac{\beta_1}{\alpha_1}-\frac{1}{2\alpha_1\beta_1}=\frac{2\beta_1{}^2-1}{2\alpha_1\beta_1}=\frac{\beta_2}{\alpha_2}$$

$$x_3=\frac{2\beta_2{}^2-1}{2\alpha_2\beta_2}=\frac{\beta_3}{\alpha_3},\qquad x_4=\frac{2\beta_3{}^2-1}{2\alpha_3\beta_3}=\frac{\beta_4}{\alpha_4},\qquad\cdots\cdots\cdots\cdots$$

ヲ作レバ　$\lim_{n\to\infty}x_n=\sqrt{a}$　トナル.

∵ (1) カラ

$$a\alpha_1{}^2<\beta_1{}^2-1+\frac{1}{4\beta_1{}^2}$$

$$\therefore\quad a\alpha_1{}^2<\left(\beta_1-\frac{1}{2\beta_1}\right)^2\qquad a<\left(\frac{\beta_1}{\alpha_1}-\frac{1}{2\alpha_1\beta_1}\right)^2$$

即チ　$\sqrt{a}<\frac{\beta_1}{\alpha_1}-\frac{1}{2\alpha_1\beta_1}=\frac{\beta^2}{\alpha_2}=x_2$

此ノ α_2, β_2 モ亦 (1) ヲ満足スル. 何トナレバ

$$\frac{\beta_2{}^2}{\alpha_2{}^2}-\frac{1}{\alpha_2{}^2}=\left(\frac{2\beta_1{}^2-1}{2\alpha_1\beta_1}\right)^2-\frac{1}{4\alpha_1{}^2\beta_1{}^2}=\frac{4\beta_1{}^4-4\beta_1{}^2}{4\alpha_1{}^2\beta_1{}^2}=\frac{\beta_1{}^2}{\alpha_1{}^2}-\frac{1}{\alpha_1{}^2}=a$$

トナルカラデアル.

従テ又　$\sqrt{a}<\frac{\beta_3}{\alpha_3}=x_3,$　………………

ソシテ明カニ　$x_1>x_2>x_3>\cdots\cdots>\sqrt{a}$

且ツ　$a=\left(\frac{\beta_n}{\alpha_n}\right)^2-\frac{1}{\alpha_n{}^2}$

$n\to\infty$ ノトキ $\alpha_n\to\infty$ トナルカラ

$$\lim_{\to\infty}\frac{\beta_n}{\alpha_n}=\sqrt{a}$$

コレデ証明サレタ.

前例デハ　$\sqrt{2}=1.4\cdots\cdots<\frac{3}{2}$

今 $\alpha_1=2,\ \beta_1=3$ トトレバ条件 (1) ハ

$$9-1=8$$

トナリ満足サレル. 従ツテ先ノ如クスレバ次第ニ$\sqrt{2}$ニ収斂スルノデアル.

次ニ一辺ガ一寸ナル正三角形ノ高サ$\frac{\sqrt{3}}{2}$ノ近似値ヲ求メテ居ルガ

$$\frac{\sqrt{3}}{2}=\frac{1.7\cdots}{2}<\frac{7}{8}$$

夫故 $\alpha_1=8,\ \beta_1=7$ トスレバ条件 (1) ハ

$$49-1=48$$

トナツテ満足サレル. ヨツテ $\alpha_1,\ \beta_1$ ヲ此ノ如ク定メテ計算ヲ進メテ居ルノデアル.

5　方程式ノ, 等根, 虚根, 及ビ根ノ数ニ就テ

方程式ノ根ノ数及ビ其ノ性質ニ就テ始メテ之ヲ詳シク論ジタモノハ関孝和ノ開方飜変デアル. 其ノ開出商数ノ条ニハ次ノ如ク方程式ヲ四種ニ分ツテ居ル.

(i)　全商式

実根ヲ唯一ツ有スル方程式ヲ云ウ.

$x^2-2x+1=0$　ハ正根 1　ダケヲ有シ,

$x^3-2x^2+2x+5=0$　ハ負根　-1　ダケヲ有スル.

(虚根ハ無商ト云ウ. 従テ此ノ場合ハ根一ツトスル)

故ニ之等ハ全商式デアル. 関ハ前者ニ対シテ根 1,1 (等根) ヲ有スルトハ云ワヌガ, 後ニハコレヲ 1,1 ナル二根ヲ有スルト云ウヨウニナル.

凡開方式有ニ全、変、交、無之四商一也、
正負各開出商一件者謂ニ之全商式一也、
正負各開出商数件者謂ニ之変商式一也、
開出商正負相交者謂ニ之交商式一也、
正負各不レ得ニ開出商一者謂ニ之無商式一、

(ii) 変商式

正根ダケ又ハ負根ダケヲ二ツ以上有スルモノヲ云ウ.

$x^2-3x+2=0$ ハ正根 1 ト 2 トヲ有シ,

$x^3+6x^2+11x+6=0$ ハ負根 -1, -2, -3 ヲ有スル.

故ニ之等ハ変商式デアル.

(iii) 交商式

正根ト負根トヲ相交エテ有スル方程式ヲ云ウ.

$x^2-x-2=0$ ハ 正根 2 ト負根 -1 トヲ有シ.

$x^3-7x-6=0$ ハ 正根 3 ト負根 -1, -2 トヲ有スル,

故ニ之等ハ交商式デアル。

(iv) 無商式

実根ヲ有セザル方程式ヲ云ウ.

$x^2-2x+2=0$, $x^4-4x^3+6x^2-4x+2=0$

ノ如キデアル.

験商有無ト云ウ条ニハ与エラレタ方程式ガ上ノ何レニ属スルカヲ験メス方法(即チ正商ヲ有スルカ負商ヲ有スルカ又ハ無商ナルカヲ験メス方法)ヲ述ベテ居ル. シカシ此ノ理論ハ遺憾ナガラ完全デハナイ.

サテ与エラレタ問題ヲ解クタメニ作ツタ方程式ガ若シ正根ヲ有セズ, 又ハ正根ヲ有スルモ題意ニ背クガ如キ場合ニハ, 此ノ問題ハ病題デアルト云ツテ問題ソノモノガ宜シクナイトシテ居ル. (病題ノ研究ハ関ノ病題明致ニ委シイ. 第四章参照) カカル問題ハ数ヲ適当ニカエテ正当ナ答ヲ有スル正シイ問題ニ改メルノデアル. 即チ方程式ノ係数ヲ如何ヨウニ替エタナラバ正根ガアリ適当ナ問題ニ直シ得ルカ. 此ノ研究ヲシテ居ルノガ諸級替数ノ条デアル. ソレニハ適尽法ニヨツテ得タ結果ヲ利用スル. 適尽法ノ条ニ於テハ方程式ガ等根ヲモツ条件ヲ出シテ居ルノデアル. (但シソレハ適尽方級法デアツテ適尽廉級法………等ハソウデハナイ. ソシテ後者ニハ誤ガアル. 猶本書中ニハ等根云々ト云ウコトハ少シモ云ツテ居ラヌ)

例エバ二次方程式ニ就テ云エバ

$$a+bx+cx^2=0 \qquad (1)$$

カラ　$$b+2cx=0 \qquad (2)$$

ヲ作リ両者カラ先ズ x^2 ヲ消去スル．（之ヲ(1)ヲ一級畳ムト云ウ）

$$2a+bx=0 \qquad (3)$$

(2) ト (3) トカラ x ヲ消去スルト

$$b^2-4ac=0$$

((1) (2) カラ直チニ x ヲ消去セズ．(2) (3) ノ如ク両者共ニ一次ノ式ヲ作ッテ然ル後消去ヲ行ウノガ我国ノ行列式ニ於ケル一般法デアル．コレハ例エバ四次ト二次トカラ消去ヲ行ウヨウナ場合ニナルト斯様ニスル理由ガハッキリワカル）

之ガ適尽法ニヨッテ得タ結果デアル．

サテ　$4-3x+x^2=0 \quad (a=4,\ b=-3,\ c=1)$

ノ如キ無商式ノ係数ヲ如何ニカエテ正根ヲ有スルモノニスルカト云ウニ，先ズ実級4ヲカエルコトトシテ之ヲ y デ表ワス．ソシテ

$$b^2-4ac=0$$

ニ　$a=y,\quad b=-3,\quad c=1$　ト置クト

$$9-4y=0 \quad \text{トナリ}$$

$$y=2.25$$

故ニ a ハ 2.25 以下ナレバ正根ヲ有スルコトトナリ，以上ナレバ，ナシトスルト云ッテ居ル．コレハ $b^2-4ac\geqq 0$ ヲ満足スル a ノ限界ヲ求メタノデアル．

次ニ方級ヲカエヨウト思エバ

$$y^2-16=0 \qquad \therefore\ y=-4$$

（原式ノ方級ハ負デアルカラソレト同名ノ -4 ヲトル．係数ノ絶対値ハカエルガ符号ハカエヌヨウニスル）

ソシテ $|b|$ ハ4以上ナレバヨク，以下ナレバ不可デアルトスル．

斯様ニ係数ノトル値ノ限界ヲ論ジタ後，コレニ連関シテ正根ノ極数ヲ論ジテ

居ル．視商極数ノ条ガソレデアル．カクシテ和算ノ極数論ハ関孝和ニヨツテ始メラレタノデアル．之ハ後ニハ著シク発展シテ所謂極数術トナル．ソシテ今日吾々ガ微分デヤツテ居ルノト殆ド同様ノ方法デ而モ非常ニ高尙ナ問題ヲ取扱ウ様ニナルノデアル．関孝和ハ開方算式ヤ開方飜変等ノ中デ相当ニ深ク方程式論ヲ研究シテ居ルノデアルガ等根ヲイクツカノ根ニ数エタリ方程式ノ根ガソノ次数ダケ存在スル等云ウコトハ考エテ居ラヌノデアル．ケレドモ此ノコトハ後ニハ次第ニ考エラレルヨウニナリ書物ノ中ニモボツボツ現レテ居ルノデアル．今自分ノ目ニツイタモノヲ拾イ上ゲテ見ル．

拾璣算法巻之二　交商ノ条ノ第八問ニ

$$x^4-25x^3+219x^2-783x+52a+40b=0 \qquad (a=11,\ b=10)$$

ヲ解イテソノ根ヲ 9, 9, 4, 3 トシテ居ル．

入江修敬著天元術十二例ハ天元術ノミナラズ点竄術ヲモ包含シタ初学者ノタメノ入門書デアルガ，ソノ第四空実開除ノ条ニ n 次方程式ニハ n 個ノ根ヲモツコトガハツキリ述べテアルト云ウ．(日本学士院編，明治前日本数学史第二巻．P. 85)

藤田貞資ノ算法少女之評（寛政三年，1791）ノ算法少女中巻ヲ評ス，第一問ノ評ト云ウ所ニ次ノ如ク云ツテ居ル．

（之ハ

$$4021608000-1908102200x+361134200x^2-34070206x^3-1601620x^4-30000x^5=0$$

ヲ解テ根ヲ求メル問題デ，算法少女ニハ 10, $13\frac{1}{3}$, $10\frac{1}{250}$, $10\frac{1}{20}$ ノ四根ヲアゲテ居ル）

此式四乗方(五次方程式)也商五件ヲ得ベキモノ定例(定則)也其ノ商ヲ尽シ試ルニ十箇ノ商二件アリ其一件ヲ省キ書ス処歟，凡ソ算法ニ其開方式ヲ得テ開除スルコト其商ノ変数各尽サザレバ不叶ノコトナリ……………

多植校，開方飜変五条解（此ノ著者ハ戸板保佑デアル．姓ハ多々良，名ハ善太郎又ハ植ト云ウ）ノ四丁ニ

又極数式 $25-10x+x^2=0$，商ニ五ヲ立テ開之，　方半ハ極数也此実級ハ方面巾ノ如シ，商ニ五ヲ立テ開キ見レバ実級ハ空トナツテ残式　$0-5x+x^2=0$

如レ此ニ成ルヲ又此方ヲ実ニシテ開レ之則是モ商五ト成，元来同商ヲ得ル式ナル故也

トアル．始メノ方程式ガ5ナル等根ヲ有スルコトヲ述ベテ居ルノデアル．

会田安明ノ交商法起原ノ序ニ

平方式者交商二件，立方式者交商三件，三乗方式者交商四件逐如此，　トアル，平方式，立方式，三乗方式ハ夫々二次，三次，四次ノ方程式デアル．

川井久徳ノ開式新法（享和三年，1803）ハ高次方程式ノ解法ヲ論ジタ書デアル．和算ノ方程式論ヲ扱ツタモノデハ最モ高尚ナモノデアル．

虚問下ノ条ニ方程式ノ根ノ数ニ就テ右記ノ様ニ云ツテ居ル．即チ方程式ハ次数ガ一ツ増セバ根モ一ツ増ス．平方式ニハ二商，立方式ニハ三商…………シカシ一ツ空級ガアルト一商ヲ減ズル．二ツ空級ガアルト二商ヲ減ズル……………

> 按開方式毎レ増二一乗一乃増二一商一、故術亦随増二一術一、平方式二商則術亦二、立方式三商則術亦三、毎レ乗如レ是、然其式或空一級則依而減二一商一、空二級則減二二商一、毎レ乗如レ是、故其術亦随減……

例エバ　$-3x+5x^2=0$　　$2x^2+3x^3-x^4=0$

等デハ夫々一根，二根ヲ減ズルト云ウノデアル．ツマリ $x=0$ ト云ウ根ヲ認メテ居ラヌノデアル．コレハ途中ニ空級ノアル場合ニハ成立セヌ．例エバ

$$(x-1)(x-2)(x+3)=x^3-7x+6=0$$

ノ如キハ減ジナイノデアル．本書ノ例ニハカカル途中ニ空級ノアル場合ヲ取扱ツテ居ラヌカラ此ノ如キ場合ヲ如何ニ考エタカ不明デアル．結局 n 次方程式ニハ n 個マデノ根ヲ認メテ居ルガ必ズ n 個存在スルト主張シテ居ルノデハナイノデアル．

無商ニ就テハ無商起原ノ条ニ次ノヨウニ云ツテ居ル．

即チ無商ハ二次方程式ノ二根アルモノカラ起ル．例エバ

無商者起下於一乗方式有二二商一者上、

仮令　実　方　廉

此式有二正商二件一歟或無レ商歟、其無レ商者名二正無商一、

実　方　廉

此式有二負商二件一歟或無レ商歟、其無レ商者名二負無商一、

各方半冪内減二実廉相乗一

方半巾　実廉　此数　剰レ正則有二二商一、剰レ負則無レ商、

是故実廉相乗之数多二於方半冪一則知二是無商一也、

然至二三乗方以上式一則有二無商有商相交者一、未レ易二予弁一レ之、雖レ然無商本起二平方式一、故無下有二一件一者上、如シ其探二著商一時有下疑二無商一者上則須下試二之於他技術一以決中其有無上也．

$$a-bx+cx^2=0 \qquad (a,\ b,\ c>0)$$

ハ正根ガ二ツアルカ無商デアルカデアル．無商デアルトキ之ヲ正無商ト云ウ．

$$a+bx+cx^2=0$$

ハ負根ガ二ツアルカ無商デアルカデアル．無商デアルトキ之ヲ負無商ト云ウ．何レノ場合デモ

$$\left(\frac{b}{2}\right)^2-ac>0 \quad ノ時ハ二根ガアリ,$$

$$<0 \quad ノ時ハ無商デアル.$$

シカシ三次以上ノ方程式ニハ有商ト無商トヲ交エルモノガアツテ予メ之ヲ弁別スルコトハ易クハナイ．シカシナガラ無商ハモト二次方程式カラ起ル故無商一個ト云ウコトハナイ．モシ或ル枝術デ著商ヲ探ルトキ（或範囲内ニアル根ノ第一近似値ヲ探ルコト）無商ノ疑イガアラバ他枝術ノ著商ニ無商ノモノガナイカヲ調ベヨ，ト云ウノデアル．

斯様ニ無商ハ対ニナツテ起ルコトヲ指摘シテ居ル．且ツ又之ヲ正無商，負無商ト区別シテ居ルノデアル．但シ高次方程式ノ場合ニ於ケル正負ハ正根トナル

ベキ場合ニ無商トナラバ正無商，負根トナルベキ場合ニ無商トナラバ負無商ト云ウ（之等ニ就イテハ第六章デ詳論スル）カク此ノ頃デハ実根ヲ有スル方程式ニ於テモ無商ト云ウコトヲ考エルヨウニナリ，関ノ無商ト云ウ語ノ用法トハ余程趣ヲカエテ来タノデアル．猶関ハ其ノ著開方飜変ニ於テ無商式ハ偶数次ノ場合ニノミ起ルト述ベテ居ルコトハ注目ニ値スル．（第四章参照）

6　根ト係数トノ関係及ビ変商ノ解釈

(i)　根ト係数トノ関係

和算書ノ交商又ハ変商ト云ウ所ヲ見ルト，方程式ニ正根ガイクツカアル場合，又ハ負根ガアル場合，之等ガ与問題ニ対シ如何ナル意味ヲ有スルカノ詮索（即チ根ノ解釈）ヲシテ居ル．根ト係数トノ関係ヲ論ジテ居ルノモ多ク斯様ナ所デアル．

（関ノ開方飜変ニ始メテ交商式，変商式ト云ウ言葉ガ使ワレタコトハ先ニ述ベタガ，此ノ言葉ハ後ニハ関トハ異ツタ意味ニ使ワレテ居ル．即チ正負ニ拘ラズ根ガ多ク存在スル場合ヲ交商ト云イ，題意ニ適スル真商ニ対シテ題意ニ背ク根ヲ総テ変商ト云ウ）

抑交商法者、仮令置二混沌之一一命レ甲而依二其術意一求二定矩合適当一名二之甲矩合一、又置二混沌之一一命レ乙而求二定矩合適当一名二之乙矩合一、於レ是甲乙矩合各相等而只甲乙之名耳異者此即得二甲乙各正商一之矩合也、或甲乙矩合其象相等而正負相反者則得二正商負商之交商一矩合也、乃平方式者交商二件、立方式者交商三件、三乗方式者交商四件逐如レ此………

会田安明ノ交商法起原（寛政二年，1790）ノ序ニ上記ノヨウナ語ガアル（増修日本数学史ニヨル）即チ甲ヲ未知数トシタ方程式ト乙ヲ未知数トシタ方程式

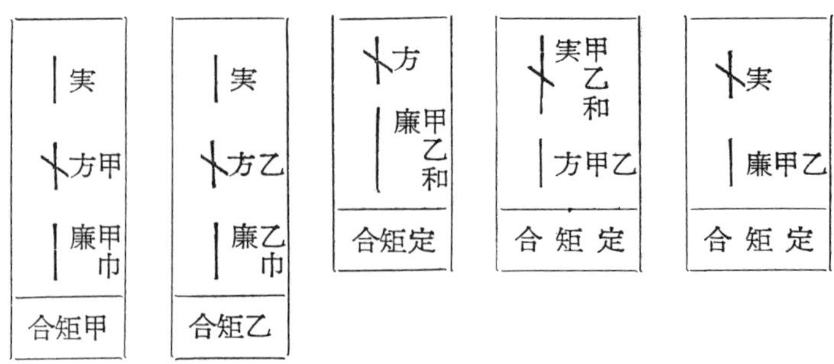

トガ全ク同一ノモノトナルナラバ，ソノ方程式ハ甲乙ヲ正根トシテ有スル方程式デアル．若シ又乙方程式ガ甲方程式ノ未知数ノ符号ノミカエタ方程式トナルナラバ甲方程式ハ甲ナル正商ト乙ナル負商トヲ有スル交商式デアルト云ウノデアル．ソシテ本文ニ於テ上記ノ左ノ二式ヲ相減ジタリ変形シタリシテ右ノ三矩合ヲ得テ居ル．

ソシテ此ノ三定矩合ヲ定則トシ，時宜ニヨリ題意ニ随テソノ答術ヲ施スモノトシテ居ル．

之ヲ洋式デ表ワセバ二次方程式　$a-bx+cx^2=0$　デ

$a-b\alpha+c\alpha^2=0,\ a-b\beta+c\beta^2=0$　ナラバ　此ノ両式カラ夫々 $a,\ b,\ c$ ヲ消去スルト

$$-b+c(\alpha+\beta)=0,\quad -a(\alpha+\beta)+b\alpha\beta=0,\quad -a+c\alpha\beta=0$$

即チ
$$\alpha+\beta=\frac{b}{c},\quad \frac{\alpha+\beta}{\alpha\beta}=\frac{b}{a},\quad \alpha\beta=\frac{a}{c}$$

トナルノデアル．

三次方程式　$a-bx+cx^2-dx^3=0$　ニ於テハ定矩合トシテ

$$-a(\alpha\beta+\beta\gamma+\gamma\alpha)+b\alpha\beta\gamma=0,\qquad -a(\alpha+\beta+\gamma)+c\alpha\beta\gamma=0$$
$$-a+d\alpha\beta\gamma=0,\qquad b(\alpha+\beta+\gamma)-c(\alpha\beta+\beta\gamma+\gamma\alpha)=0$$
$$-b+d(\alpha\beta+\beta\gamma+\gamma\alpha)=0,\qquad -c+d(\alpha+\beta+\gamma)=0$$

ノ6ツヲアゲテ居ル．即チ

$$\alpha+\beta+\gamma=\frac{c}{d},\quad \alpha\beta+\beta\gamma+\gamma\alpha=\frac{b}{d},\quad \alpha\beta\gamma=\frac{a}{d}$$

等ハ知ラレテ居タノデアル．

猶三次以上ノ場合ニモ論及シ此ノ関係ヲ問題解法ニ利用シテ居ルコトト思ワレルガ原本ヲ所有シテ居ラヌタメニ之レ以上書クコトノ出来ヌノハ遺憾デアル.

千葉胤秀ノ算法新書（文政十三年1830）巻之三ノ 九十四丁 ― 九十六丁ニ交商，変商ノコトヲ述ベテ居ル. 今之ヲ洋式デ紹介スルコトトスル.

$\alpha>\beta>0$

$\alpha-x=0\cdots\cdots(1)$　　$\alpha+x=0\cdots\cdots(2)$

$\beta-x=0\cdots\cdots(3)$　　$\beta+x=0\cdots\cdots(4)$　　トスル

（1）ト（3）トヲ乗ジ

$$(\alpha-x)(\beta-x)=\alpha\beta-(\alpha+\beta)x+x^2=0\cdots\cdots(\text{天})$$

故ニ実廉同名，法異名ナレバ二根ハ共ニ正デアル.

（1）ト（4）トヲ乗ジ

$$(\alpha-x)(\beta+x)=\alpha\beta+(\alpha-\beta)x-x^2=0\cdots\cdots(\text{地})$$

故ニ実法同名，廉異名ナレバ正根ト負根トヲ得，且ツ正根ガ負根ノ絶対値ヨリ大デアル.（正多商，負少商ト云ウ言葉デ云ッテ居ル）

（2）ト（3）トヲ乗ジ

$$(\alpha+x)(\beta-x)=\alpha\beta-(\alpha-\beta)x-x^2=0\cdots\cdots\cdots(\text{人})$$

故ニ法廉同名，実異名ナル平方式ハ正根ト負根トヲ得，且ツ正根ハ負根ノ絶対値ヨリ少デアル.

サテ　$c-bx+ax^2=0\cdots\cdots(1)$　　$(a,\ b,\ c>0)$　ニ於テ

$$\frac{c}{a}-\frac{b}{a}x+x^2=0$$　　トセバ之ハ先ノ(天)デアル.

今商　$\dfrac{b}{2a}$（コレハ二根ノ和半）ヲ立テテ開ケバ残式ハ次ノヨウニナル.

$$\begin{array}{lll|l}
1 & -\dfrac{b}{a} & \dfrac{c}{a} & \dfrac{b}{2a} \\
 & \dfrac{b}{2a} & -\dfrac{b^2}{4a^2} & \\
\hline
1 & -\dfrac{b}{2a} & \dfrac{c}{a}-\dfrac{b^2}{4a^2} & \\
 & \dfrac{b}{2a} & & \\
\hline
1 & 0 & &
\end{array}$$

$\left(\dfrac{b}{2a}\text{ダケ根ヲ小サクスル}\right)$

$$\frac{b}{2a}=\frac{\alpha+\beta}{2}\cdots\cdots\cdots(2)$$

即チ　$\left(\dfrac{c}{a}-\dfrac{b^2}{4a^2}\right)+x^2=0\cdots\cdots\cdots(3)$

所ガ　$\dfrac{b^2}{4a^2}-\dfrac{c}{a}=\dfrac{(\alpha+\beta)^2}{4}-\alpha\beta=\dfrac{(\alpha-\beta)^2}{4}$

故ニ (3) ノ根ハ$\dfrac{\alpha-\beta}{2}$デ　之ヲ $\alpha-\dfrac{\alpha+\beta}{2}$,　$-\beta+\dfrac{\alpha+\beta}{2}$ ト表セバ

$$\frac{\sqrt{\left(\frac{b}{2}\right)^2-ac}}{a}=\alpha-\frac{\alpha+\beta}{2}\ \text{又ハ}\ -\beta+\frac{\alpha+\beta}{2}$$

之ニ (2) ヲ使エバ

$$\alpha=\frac{\frac{b}{2}+\sqrt{\left(\frac{b}{2}\right)^2-ac}}{a},\qquad \beta=\frac{\frac{b}{2}-\sqrt{\left(\frac{b}{2}\right)^2-ac}}{a}$$

コレガ (1) ノ二根デアル.

次ニ　$c+bx-ax^2=0\cdots\cdots(1)$　ニ於テ

$\dfrac{c}{a}+\dfrac{b}{a}x-x^2=0$　　トセバ之レハ先ノ(地)デアル.

今商$\dfrac{b}{2a}$ヲ立テ, 前ト同様ニ開ケバ残式ハ

$$\left(\frac{c}{a}+\frac{b^2}{4a^2}\right)-x^2=0\cdots\cdots(3)'$$

但シ今度ハ　$\dfrac{b}{2a}=\dfrac{\alpha-\beta}{2}\cdots\cdots(2)'$　(負根ヲ $-\beta$ トスル)

ソシテ　$\dfrac{c}{a}+\dfrac{b^2}{4a^2}=\alpha\beta+\dfrac{(\alpha-\beta)^2}{4}=\dfrac{(\alpha+\beta)^2}{4}$

故ニ $(3)'$ ノ根ハ　$\dfrac{\alpha+\beta}{2}$デ 之ヲ $\alpha-\dfrac{\alpha-\beta}{2}$ 又ハ $\beta+\dfrac{\alpha-\beta}{2}$ トスレバ

$$\frac{\sqrt{\left(\frac{b}{2}\right)^2+ac}}{a}=\alpha-\frac{\alpha-\beta}{2}\quad\text{又ハ}\quad\beta+\frac{\alpha-\beta}{2}$$

之レニ (2)′ ヲ使エバ

$$\alpha=\frac{\frac{b}{2}+\sqrt{\left(\frac{b}{2}\right)^2+ac}}{a\alpha},\quad -\beta=\frac{\frac{b}{2}-\sqrt{\left(\frac{b}{2}\right)^2+ac}}{a}$$

之レ (1)′ ノ二根デアル，

(人)式デハ絶対値ノ大ナル根ガ負商トナルカラ(之ヲ$-\alpha$トスル) (地)ノ場合ノ符号ヲカエ

$$-\alpha=\frac{-\frac{b}{2}-\sqrt{\left(\frac{b}{2}\right)^2+ac}}{a},\qquad \beta=\frac{-\frac{b}{2}+\sqrt{\left(\frac{b}{2}\right)^2+ac}}{a}$$

トスレバヨイ．

コノヨウニ本書ハ根ト係数トノ関係カラ根ノ公式ヲ誘導シテ居ルノデアル．ソシテ負根ヲ求メル公式マデ掲ゲテ居ル点ハ他書ト異ツテ居ル所デアル．

(ii)　変商ノ解釈

本書ニハ此ノ次ニ方程式ノ根ノ解釈ヲ試ミテ居ル．方程式ガ交商式デイクツモ根ガアルト題意ニカナウモノヲ真商ト云イ，題意ニ背クモノヲ皆変商ト云ツテ居ル．ソシテ変商ガ如何ナル意味ヲモツカソノ解釈ヲシテ居ルノデアル．今之ヲ次ニ記シテ見ル．

外円の内に図の如く小円三個を容る有，外径一寸小径何程と問．

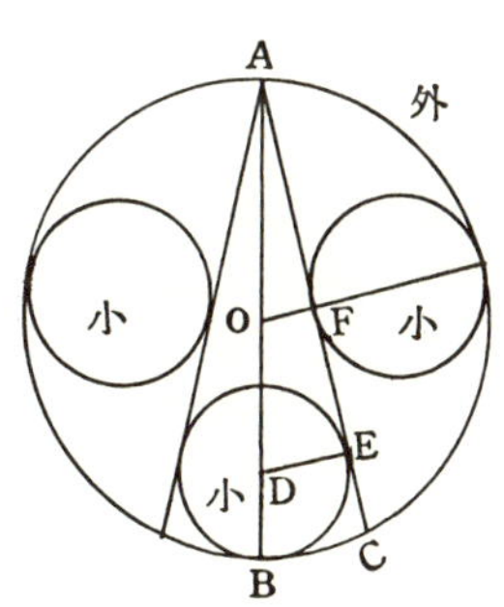

小径ヲ x，外径ヲ d トスレバ，

$$OF=\frac{d}{2}-x,\quad AD=d-\frac{x}{2}$$

$$AD:DE=AO:OF$$

$$\therefore\quad \left(d-\frac{x}{2}\right)\left(\frac{d}{2}-x\right)=\frac{x}{2}\cdot\frac{d}{2}$$

コレカラ

$$d^2-3dx+x^2=0.\qquad x=\frac{3\pm\sqrt{5}}{2}d$$

茲デ$\frac{3+\sqrt{5}}{2}d$ ハ外径ヨリ大デ題意ニ背ク，仍テ変商デアル．

故ニ$x=\frac{3-\sqrt{5}}{2}d$ ヲトリ $d=1$ ト置キ $\frac{3-\sqrt{5}}{2}$ ヲ以テ答トスル．

今　$x=\dfrac{3+\sqrt{5}}{2}d$　ノ両辺ニ　$\dfrac{3-\sqrt{5}}{2}$

ヲカケルト

$$\frac{3-\sqrt{5}}{2}x=d$$

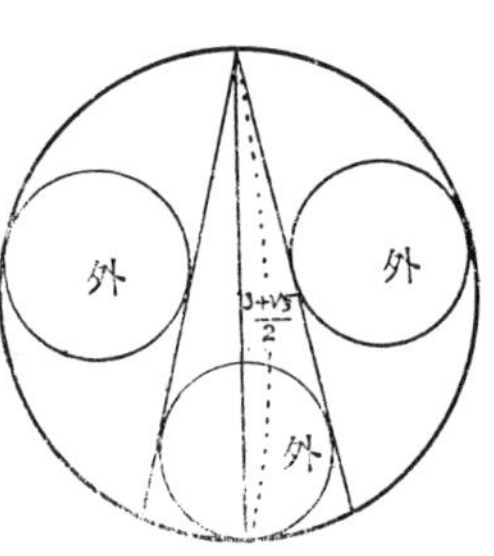

此ノ d ノカタチヲ見ルト x ヲ外径ニ擬ヘ前術ニヨツテ求メタ小径ト同ジデアル．仍テ其ノ図ハ右ノヨウデアル．

大小円各二個を以て図の如く内円を囲む有，大径一十四寸小径七寸，内円何程と問．

内径ヲ x, 小径ヲ d, 大径ヲ D, トスレバ

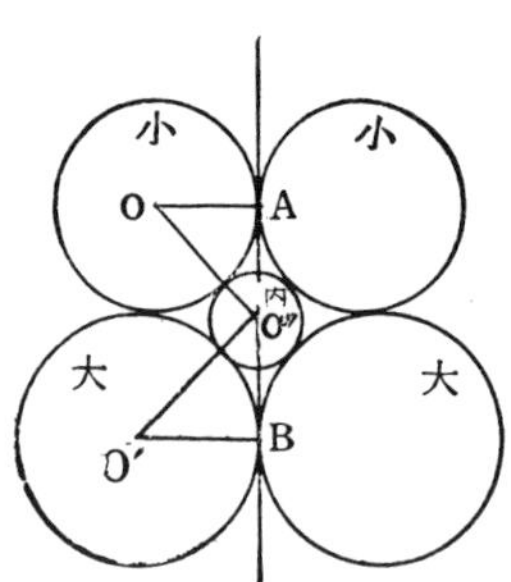

$$AO''^2=\left(\frac{x+d}{2}\right)^2-\left(\frac{d}{2}\right)^2=\frac{x(x+2d)}{4}\cdots\cdots(1)$$

$$BO''^2=\left(\frac{x+D}{2}\right)^2-\left(\frac{D}{2}\right)^2=\frac{x(x+2D)}{4}\cdots\cdots(2)$$

$$AB^2=d\cdot D$$

然ルニ　$AB^2-AO''^2-BO''^2=2AO''\cdot BO''$

$$\therefore\quad 2AO''\cdot BO''=d\cdot D-\frac{x(x+d+D)}{2}$$

$$\therefore\quad 4AO''^2\cdot BO''^2=\frac{1}{4}[2dD-x(x+d+D)]^2$$

又 (1), (2) ヨリ

$$4AO''^2\cdot BO''^2=\frac{1}{4}x^2(x+2d)(x+2D)$$

$$\therefore\quad x^2[x^2+2(d+D)x+4dD]=4d^2D^2-4dDx(x+d+D)+x^2[x^2+2x(d+D)+(d+D)^2]$$

之レカラ　$4d^2D^2-4dD(d+D)x+(D^2-6Dd+d^2)x^2=0$

之ヲ解キ　$x=\dfrac{2dD(d+D)\pm\sqrt{4d^2D^2(d^2+2dD+D^2)-4d^2D^2(D^2-6dD+d^2)}}{D^2-6dD+d^2}$

$$=\frac{2dD}{D^2-6dD+d^2}\left[d+D\pm2\sqrt{2Dd}\right]$$

$$=\frac{2dD}{(D+d)^2-8Dd}\left[D+d\pm2\sqrt{2Dd}\right]$$

$$=\frac{2dD}{D+d-2\sqrt{2Dd}} \quad 又ハ \quad \frac{2dD}{D+d+2\sqrt{2Dd}}$$

後者ノ正少商ヲトツテ答トスル．前者ハ変商デアル．

此ノ分母ハ，d,D ノ大小ニヨリ正負一定セズ

$$D+d-2\sqrt{2dD}<0$$

ノトキハ負根トナル．負根ハ常ニ変商デアル．

$$D+d-2\sqrt{2Dd}>0$$

ノトキハ正根トナルガ，d,D ノ大サニヨツテ正根トナルモノデアルカラ真商デハナイ．必ズ題意ニ背ク．ソレ故亦変商デアル．図デ示セバ次ノヨウデアル．

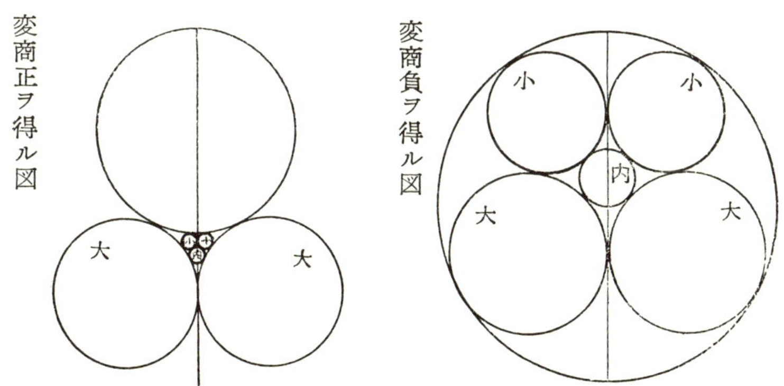

拾璣算法巻之二ノ交商ノ所ノ第八問ハ次ノヨウデアル．

$x^4-13x^3+17x^2+325x-60a-39b=0$ ノ三正根ノ和ガ 18,

$x^4-25x^3+219x^2-783x+52a+40b=0$ ノ三正根ノ和ガ 16 デアル．a, b 及ビ各式ノ常数項，及ビ根ヲ求メヨト云ウノデアル．a, b ヲ求メルコトガ要点デアル．

安島直円ノ拾璣解(年代不明)ニハ之ヲ次ノ如ク解イテ居ル．

凡ソ交商式ハ其商ヲ得ル式ヲ相乗ジタルモノデアル．故ニ其ノ商ノ和ハ隅ノ上級ニ聚ル(方程式ノ最後ノ項ノ前ノ項)例ヘバ平方式ナラバ

$\alpha-x=0$,　$\beta-x=0$ ヲ掛ケテ

今有下如図両式上、不レ知二其実数一、只云列二右式一開レ之所レ得三正商相併一十八箇、又云列二左式一開レ之所レ求三正商相和一十六箇、問下甲乙数与二各実数一及其開出商幾何上。

答曰、甲数一十箇　乙数一十箇

左実数一千〇五十箇負　右実数九百七十二箇正

右開出商七箇正五箇正　六箇正五箇負

左量出商九箇正四箇正　九箇正三箇正

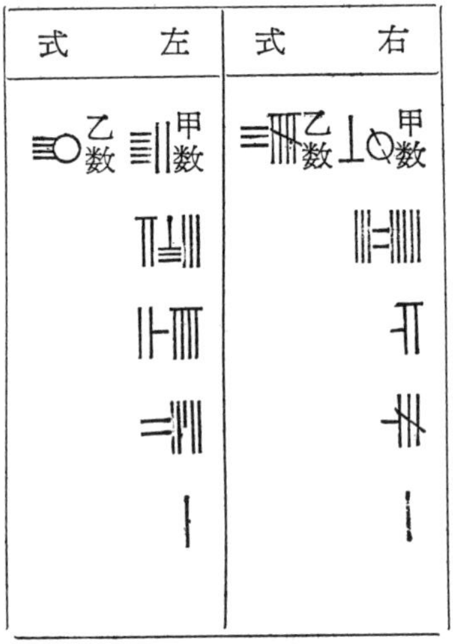

右式		左式	
甲数	乙数	甲数	乙数

$$\alpha\beta-(\alpha+\beta)x+x^2=0$$

此ノ如ク方級ガ二根ノ和 $\alpha+\beta$ トナル.

又立方式ナラバ

$$\alpha-x=0.\quad \beta+x=0,\ (\text{負商})$$

$-\gamma+x=0$ ヲ掛ケテ

$$-\alpha\beta\gamma+(\alpha\beta-\alpha\gamma-\beta\gamma)x+(\alpha-\beta+\gamma)x^2-x^3=0$$

此ノ如ク廉級ガ正商 α, γ, 負商 β ノ和トナルノデアル.

又　$-a_1+b_1x=0,\quad -a_2+b_2x=0,\quad -a_3+b_3x=0$ ヲ掛ケテ

$$-a_1a_2a_3+(a_1a_2b_3+a_1a_3b_2+a_2a_3b_1)x-(a_1b_2b_3+a_2b_1b_3+a_3b_1b_2)x^2+b_1b_2b_3x^3=0$$

此ノトキハ x^3 ノ係数デ x^2 ノ係数ヲ割ルト三商ノ和トナル.

故ニ隅級ガ 1 デナイ時ハ隅級ヲ以テソノ上級ヲ割レバ商ノ和ヲ得ルノデアル. 今本題ハ x^4 ノ係数ハ共ニ1デアルカラ, 13, 25 ハ共ニ四根ノ和デアル, ソレ故各々カラ三根ノ和 13, 16 ヲ引ケバ直チニ残リノ一根ヲ得ル. 即チ右式ニ対シテハ負商 5, 左式ニ対シテハ正商 9 ヲ得ル. 故ニ

$$(-5)^4-13(-5)^3+17(-5)^2\ +325(-5)=60a+39b$$

$$9^4-25\times9^3+219\times9^2-783\times9=-52a-40b$$

之ヲ解イテ　$a=11,\ b=10$　ヲ得ル．

カクシテ両式ノ実数ガワカリ，従テ又ソレヲ解イテ他ノ根ガ求メ得ラレルノデアル，

又　第二問ハ右ノヨウデアル．

今有ニ大中小三円一如レ図相竝其中小円ノ罅ニ容ニ至小円一、只云中円径九寸小円径四寸、問ニ大円径及容円径幾何一

答曰　大円径三十六寸
容円径一寸四分四厘

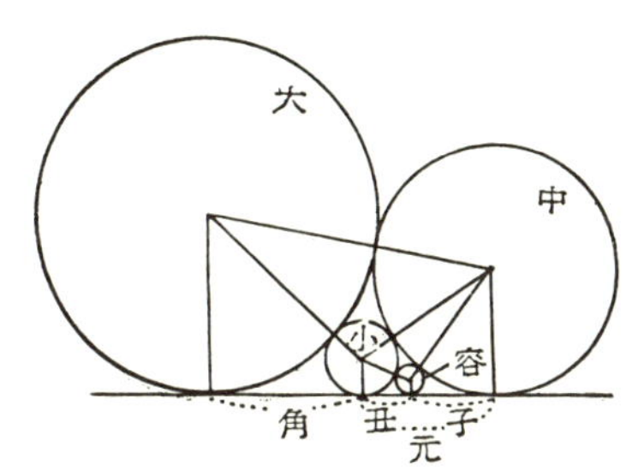

大径ヲ x, 中径ヲ D, 小径ヲ d トスルト

$$Dd=亢^2\cdots\cdots(1)\qquad dx=角^2\cdots\cdots(2)\qquad Dx=(亢+角)^2$$

$$\therefore\ Dx-Dd-dx=2\cdot角\cdot亢$$

$$\therefore\ 4亢^2\cdot角^2=(Dx-Dd-dx)^2$$

又 (1), (2) ヨリ

$$4亢^2\cdot角^2=4Dd^2x$$

$$\therefore\ (Dx-Dd-dx)^2=4Dd^2x$$

即チ　$$D^2d^2-2Dd(D+d)x+(D-d)^2x^2=0\cdots\cdots\cdots\cdots(3)$$

次ニ容円径ヲ y トスルト

$$Dy=子^2,\quad dy=丑^2,\quad Dd=(子+丑)^2$$

$$\therefore\ Dd-Dy-dy=2\ 子\cdot丑\qquad\therefore\ 4子^2\cdot丑^2=(Dd-Dy-dy)^2$$

又　$4子^2丑^2=4Ddy^2$　　$\therefore\ (Dd-Dy-dy)^2=4Ddy^2$

即チ　$D^2d^2-2Dd(D+d)y+(D-d)^2y^2=0\cdots\cdots\cdots\cdots(4)$

之ヲ視ルト (3) ト全ク同一ノ方程式デアル. 仍テ (3) ヲ解ケバ大円径ガ得ラレルト共ニ又容円径ガ得ラレルノデアル. 実際 (3) ニ数ヲ入レテ解イテ見ルト二正商 36 寸, 1.44寸ガ得ラレル. 故ニ 36 寸ヲ大円径トシ 1.44 寸ヲ容円径トスル.

又第四問ハ次ノヨウデアル.

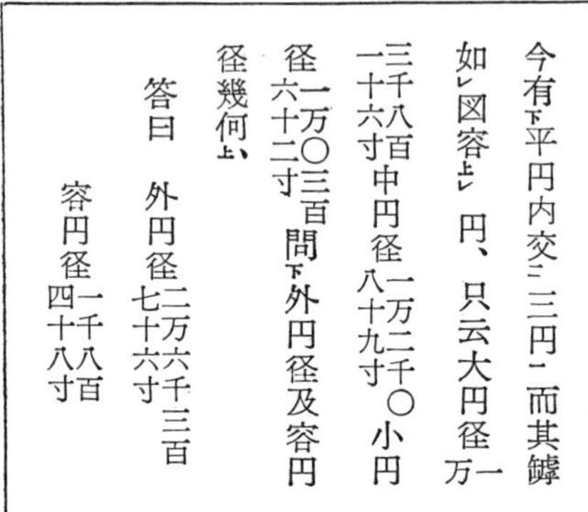
今有平円内交三円而其罅如図容円、只云大円径一万三千八百一十六寸中円径一万二千〇八十九寸小円径一万〇三百六十二寸問外円径及容円径幾何

答曰　外円径二万六千三百七十六寸
　　　容円径一千八百四十八寸

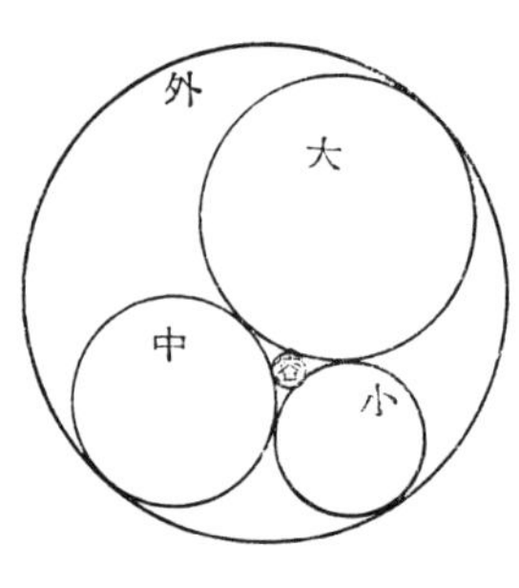

外円径ヲ x トシ大, 中, 小ノ円径ヲ夫々 a, b, c トスレバ

$$a^2b^2c^2+2abc(ab+bc+ca)x+[a^2b^2+b^2c^2+c^2a^2-2abc(a+b+c)]x^2=0\cdots(1)$$

ヲ得ル (証省). 次ニ容円径ヲ y トスルト

$$a^2b^2c^2-2abc(ab+bc+ca)y+[a^2b^2+b^2c^2+c^2a^2-2abc(a+b+c)]y^2=0\cdots(2)$$

ヲ得ル. (2) ハ (1) ノ方級ノ符号ヲカエタノミノモノデアル. 故ニ (2) ノ正根ハ (1) ノ負根デアル. 仍テ (1) ノ正負二根ヲ求メ正根ヲ外円径トシ, 負根ノ符号ヲカエタモノヲ容円径トスレバヨイ.

斯様ニ根ノ解釈ヲスルコトハ猶他書ニモ屢見受ケラレルガ (特ニ安島直円ノ安子変商稿(安永六年, 1777) ノ如キハ変商ヲ論ズルコトガ極メテ詳細デアル) 今ハ此位ニシテ次ニ移ルコトトスル.

7　高次連立方程式ノ解法

(i)　伏　題

今日我々ガ二次以上ノ連立方程式デ解ク問題ヲ和算デハ伏題ト云ウ．伏題ニ就テハ発微算法演段諺解亨巻演段起例ニ次ノ如ク云ツテ居ル．

「凡題ニ見隠伏ノ三品アリ．見題ハ全折ノ法ヲ以テ正変ノ二形ニ随テ所レ問ヲ求ム．隠題ハ天元ノ一ヲ立テ虚真ノ二数ヲ得テ所レ問ヲ求ム．此二題ノ術ハ算学啓蒙ニ其法則ヲアラハス．然レドモ天元ノ一ヲ立テ如レ意求レ之トイヘドモ相消数容易ニ見難ヲ伏題ト云ナリ．伏題ニ単伏衆伏アリ．此書ニ記ス演段ヲ以テ推ストキハ単伏衆伏共ニ皆術シ得ズト云フコトナシ．

右ニ云フ如ク相消数見難キ時本術ニ出ル所ノモノヲ皆アリトシテ別ニ天元ノ一ヲ立テ正負段数ヲ画シ傍ニ其ノ名ヲ書テ如レ常相消シテ得レ式」

又「衆伏ナルモノハ演段ノ内ニ幾度モ演段ヲ重ネテ求レ之，然リトイヘドモ半学ノ徒ハ口訣ニ非ズンバ得心成ガタカランカ」

全トハ例ヘバ正方形，矩形，直方体ノ如ク直チニ縦，横，高等ヲ以テ積ヲ得ルガ如キコトヲ云ウ．ソシテ此ノ如キ形ヲ正形ト云ウ．折トハ例エバ三角形，梯形等ノ如ク之ヲ変形シテ平行四辺形等ニ直シテソノ積ヲ得ルガ如キコトヲ云ウ．即チ見題ハ方程式ヲ立テル等ノ要ナク直チニ算術的ニ解キ得ル問題ヲ云ウノデアル．

隠題ハ一元方程式ニテ解キ得ル問題デアル．虚数真数ハ寄左数，相消数ヲ指ス．簡単ナ問題デハ未知数 x ヲ使ツテ問題中ノ或数ヲ表ワス式ヲ作ツテ左ニ寄セ，之ト与エラレタ数トヲ相消シテ方程式ヲ作ルノデアルガ，未知数ヲ以テアラワシタ式ハ実体ナキ数故之ヲ虚数ト云イ，与エラレタ数ハ実体アル数故真数ト云ウ．

伏題ハ連立方程式デ解ク如キ問題ヲ云ウ．天元一ヲ立テテヤツテ見テモ容易ニ相消ス数ヲ発見シ得ナイ時ガアル．カカル時ニハ本術ニ出ルモノヲ皆既知ノ如ク倣シ（演段ニ対シ所要ノ数ヲ求メル術ヲ本術ト云ツテ居ル）別ニ補助未知数ヲ立テテ常ノ如ク方程式ヲ立テル．ソシテ前後両式カラ補助未知数ヲ消去シテ所要ノ方程式ヲ得ルノデアル(次ニ例示スル)．単伏ハ一回ノ消去ヲ施シテ直チニ所要ノ方程式ヲ得ル場合，衆伏ハ何回モ之ヲ繰返ス場合ヲ云ウノデアル．換言スレバ二元連立方程式カラ所要ノ一元方程式ヲ得ル場合ガ単伏デ，三元以上ノ連立方程式カラ所要ノ一元方程式ヲ得ル場合ガ衆伏デアル．

猶演段起例中ニハ消去ノ方法ヲモ述ベテ居ル．今之ヲ式デ示スト次ノヨウデアル．

(1)　$x^2=k$ ナルトキ

$a+bx+cx+dx^3+ex^4+\cdots\cdots=0$ ナラバ此両式ヨリ x ヲ消去スルニハ後式ヲ

$a+bx+ck+dkx+ek^2+\cdots\cdots\cdots=0$ 　トシ，コレカラ

$(a+ck+ek^2+\cdots\cdots)+(b+dk+\cdots\cdots)x=0$

之ヲ　$A+Bx=0$ トスレバ

$B^2x^2=A^2 \qquad \therefore\ A^2-kB^2=0$

$a, b, c\cdots\cdots$ ニハ未知数ヲ含ンデ居ル．此ノ方程式ヲトイテ答ヲ得ルノデアル．之レガ何次ニナツテモ天元術ニヨツテ解キ得ルノデアル．

(2)　$x^3=k$ ナルトキ

$a+bx+cx^2+a'x^3+b'x^4+c'x^5+a''x^6+\cdots\cdots=0$ ナラバ此両式ヨリ x ヲ消去スルニハ後式ヲ

$a+bx+cx^2+a'k+b'kx+c'kx^2+a''k^2+b''k^2x+c''k^2x^2+\cdots\cdots=0$

トシ，コレカラ

$$(a+a'k+a''k^2+\cdots\cdots)+(b+b'k+b''k^2+\cdots\cdots)x+(c+c'k+c''k^2+\cdots\cdots)x^2=0$$

之ヲ　$A+Bx+Cx^2=0$ トスレバ x ヲ消去シタ式ハ

$A^3+B^3k+C^3k^2=3ABCk$

(3)　$x^4=k$ 以上ニナルト「位数繁多ナル故ニ略レ之，求レ之者消長

式ヲ以テ得ルナリ」トアル.

更ニ消去ノ方法トシテ次ノ如ク述ベテ居ル.

「又前後両式ヲ求メ方程正負ノ術ヲ用ユルコトモアリ. 維乗ノ法ヲ用ユルコトモアリ. 消長ノ式ヲ用フルコトモアリ. 天元ノ一ヲ不レ立シテ分合ノ術ヲ用ユルコトモアリ. 各所レ得ノ式ニ応ジ所レ問ノ題ニ随テ寄ルト消ストヲ求メテ術ヲ起スベシ. 諸位遍ク可レ約者ハ約レ之遍ク可レ省者ハ省レ之等シク空階ヲハサム者ハ縮レ之.」

方程正負ノ術トハ連立一次方程式ニ於ケル消去法ノコト, 維乗ノ法トハ $Ax+B=0$, $Cx+D=0$ ヨリ直チニ $AD-BC=0$ トスルノ類, 消長ノ式ヲ用フトハ次例五ニ行ウ消去法ヲサス. 分合ノ術モ一種ノ消去法デアル (次例六)(山路主住編分合術ト云ウ写本ガアル) 諸位遍ク…………ハ消去ニ先立チ方程式ヲ簡約シテ置クコトデ省ハ共通因数ヲ省クコト, 約ハ或数ガ共通因数トナツテ居ルトキ之ヲ省クコトデアル. 等シク空階ヲハサムトハ例エバ両式ガ偶数次ノミヲ有スル場合ノ如キヲ云イ, カカル場合ニハ $x^2=X$ ト置テ次数ヲ縮メテ後消去ヲ行エト云ウノデアル.

(ii) 発微算法演段諺解ノ例解

次ニ発微算法演段諺解カラ二三例ヲトツテ, 消去ノ方法ヲ示シテ見ヨウ.

（一）、今有ニ平円内如レ図平円空三箇一, 外余寸平積百二十歩、只云従ニ中円径寸一而小円径寸者短五寸、問ニ大中小円径幾何一.

(一) 外余積ハ中小円ト大円トノ間ノ面積デアル.

天元ノ一ヲ立テテ小円径トスル.

小円径……………x

従テ　中円径…………$x+5$

故ニ中円ト二小円トノ面積ノ和ノ四倍ハ

$$[2x^2+(x+5)^2]\pi$$

故ニ大円ノ面積ノ四倍ハ

$$120\times4+[2x^2+(x+5)^2]\pi\cdots\cdots\cdots\cdots(1)$$

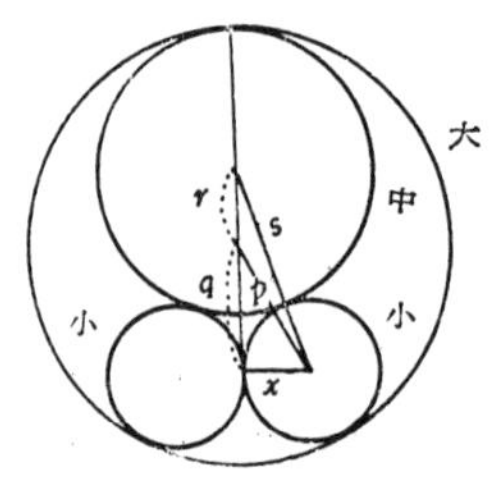

コレハ大円径ノ自乗ニxヲカケタモノデアル．即大円径ノ自乗ハxデアラワサレタ．仍テモシ此ノ外ニ大円径ノ自乗ヲxデ表ワス式ガ容易ニ得ラレルナラバ相消ガ出来テ普通ノ如ク天元術デトケルノデアル．所ガソレガ容易デナイト茲デ更メテ天元ノ一ヲ立テテ大円径トスル．

大円径…………y

コレヨリ小図径xハ已知数ノ如ク做ス．

$$(y-x)^2-x^2=4q^2 \qquad [y-(x+5)]^2=4r^2$$

$$2x+5=2s, \qquad (2x+5)^2-x^2=4(q+r)^2$$

所ガ　$$4(q+r)^2-4(q^2+r^2)=8qr$$

$$\therefore \quad [2(q+r)^2-2(q^2+r^2)]^2=16q^2r^2$$

之レニ上ノ関係ヲ入レテ，x,y デ表ワスト

$$x(x+5)^2+[2x(x+5)+4(x+5)^2]y+[x-4(x+5)]y^2=0$$

之ヲ　$a+by+cy^2=0$　ト置ク　(2)

又(1)カラ

$$y^2=\frac{120\times 4}{\pi}+[2x^2+(x+5)^2]$$

之ヲ　$y^2=d$　ト置ク　(3)

(2) (3) カラyヲ消去スルト

$$(a+cd)^2=b^2d$$

之レハxノ6次方程式トナル．之ヲ解イテ小円径ヲ求メ，次デ中円径大円径ヲ求メルノデアル．

(五)、今㆓有甲乙丙丁戊立方各一㆒．只云甲積与㆓乙積㆒相併共寸立積七百坪、又丙丁戊積各三和共寸立積五百坪、問㆓甲乙丙丁戊方面各幾何㆒．乃甲乙丙丁戊方面之差各同寸也

(五)　立方体甲乙丙丁戊ノ各方面(稜)ガ等差ヲナシ体積ハ

甲＋乙＝700

丙＋丁＋戊＝500

デアル天元ノ一ヲ立テテ戊方面トスル(x)，コレダケデハ方程式ガ立テニクイカラ少頃 x ヲ既知ノ如ク做シ更ニ天元ノ一ヲ立テテ等差(α)トスル．スルト

$x+\alpha$……丁方面，　　$x+2\alpha$……丙方面

$x^3+3x^2\alpha+3x\alpha^2+\alpha^3$………丁積

$x^3+6x^2\alpha+12x\alpha^2+8\alpha^3$……丙積

x^3 ……………戊積

$\therefore\quad 3x^3+9x^2\alpha+15x\alpha^2+9\alpha^3=500$…………前式

$x+3\alpha$………乙方面，　　$x+4\alpha$………甲方面

$x^3+9x^2\alpha+27x\alpha^2+27\alpha^3$……乙積

$x^3+12x^2\alpha+48x\alpha^2+64\alpha^3$……甲積

$\therefore\quad 2x^3+21x^2\alpha+75x\alpha^2+91\alpha^3=700$………後式

此ノ前後両式ヨリ α ヲ消去スルニ次ノ如クシテ居ル（消長ノ式ヲ用ウトハ以下ノ計算法ヲ云ウ）

後式×3－前式×7

$$-15x^3+120x\alpha^2+210\alpha^3=-1400$$

$$\therefore\quad 120x\alpha^2+210\alpha^3=15x^3-1400 \cdots\cdots(\mathrm{a})$$

前式×91－後式×9

$$255x^3+630x^2\alpha+890x\alpha^2=39200$$

$$\therefore\quad 630x^2\alpha+890x\alpha^2=39200-255x^3\cdots\cdots(\mathrm{b})$$

(a)(b)ノ右辺ヲ夫々 A, B（共ニ x ノミノ函数）ト置ケバ

$$120x\alpha^2+210\alpha^3=A$$

$$630x^2\alpha+690x\alpha^3=B$$

此ノ両式ヨリ α ヲ消去スルニ次ノ如クスル．先ズ左辺ノ第二項ヲ消去スルタメニ

$$365010x^3A^2=5256144000x^5\alpha^4+18396504000x^4\alpha^5+16096941000x^3\alpha^6 \quad (1)$$

$$49B^3=12252303000x^6\alpha^3+40257567000x^5\alpha^4+44091621000x^4\alpha^5$$

$$+16096941000x^3\alpha^6 \qquad (2)$$

(1)−(2) ヲ作レバ α^6 ノ項ハナクナル．此ノ時 α^5 ノ係数ハ −25695117000，故ニ此ノ項ヲナクスルタメニ $kABx^3$ ヲ作ル．k ハ

$$25696117000\div(210\times690)=177330$$

$$\therefore \quad 177330x^3AB=13406148000x^6\alpha^3+38143683000x^5\alpha^4$$
$$+25695117000x^4\alpha^5 \qquad (3)$$

(1)−(2)+(3) デ α^5 モ消去サレル．此ノ時 α^4 ノ係数ハ 3142260000，此ノ項ヲ消去スルタメニ $k'B^2x^3$ ヲ作ル．k' ハ

$$3142260000\div690^2=660$$

$$\therefore \quad 660x^3B^2=2619540000x^7\alpha^2+5738040000x^6\alpha^3$$
$$+3142260000x^5\alpha^4 \qquad (4)$$

(1)−(2)+(3)−(4) ヲ作レバ α^4 ハ消去サレル．此ノ時 α^3 ノ係数ハ −4584195000，此ノ α^3 ノ項ヲ消去スルタメニ $k''Ax^6$ ヲ作ル．k'' ハ

$$4584195000\div210=21829500$$

$$\therefore \quad 21829500x^6A=2919540000x^7\alpha^2+4584195000x^6\alpha^3 \qquad (5)$$

(1)−(2)+(3)−(4)+(5) ヲ作レバ右辺ハ恰度0トナリ α ハ消去セラレル．

即チ $$365010x^3A^2-49B^3+177330x^3AB-660x^3B^2+21829600x^6A=0$$

之レハ x ノ9次方程式トナル．

(六)、今有₌鈎股弦₋只云鈎再自乗得数与₌弦再自乗得数₋二数相併共寸立積七百坪、別股再自乗得数与₌弦再自乗得数₋二数相併共寸立積九百坪、問₌鈎股弦各幾何₋．

（六） 鈎，股，弦ヲ夫々 x, y, z トスレバ

$$\begin{cases} x^3+z^3=700 \\ y^3+z^3=900 \\ x^2+y^2=z^2 \end{cases}$$

ヲ解ク問題デアル．

天元ノ一ヲ立テテ鈎トスル (x)．之ヲ既知ト做セバ

$$z^3=700-x^3$$
$$y^3=900-700+x^3=200+x^3$$

デ z^3，y^3 モ既知トナル．ソシテ之等ノ間ニ存スル次ノ関係ニヨツテ容易ニ

x ノ方程式ヲ得ル．（今度ハ更メテ天元ノ一ヲ立テル必要ガナイ）

$$z^6=(x^2+y^2)^3=x^6+3x^4y^2+3x^2y^4+y^6$$

$$\therefore \quad z^6-x^6-y^6=3x^2y^2(x^2+y^2)=3x^2y^2z^2$$

$$\therefore \quad (x^6-y^6-z^6)^3=27x^6y^6z^6$$

然ルニ $z^6=(700-x^3)^2,\qquad y^6=(200+x^3)^2$

$$\therefore \quad [(700-x^3)^2-x^6-(200+x^3)^2]^3=27x^6(200+x^3)^2(700-x^3)^2$$

カクシテ y, z ヲ消去シ x ノ18次方程式ヲ得タノデアル．

斯様ナ消去法ヲ分合ノ術ト云ウ（分合ニヨツテ目的ヲ達スルト云ウ意カ）．（此ノ方法デハ始メカラ y^3, z^3 ヲ x デ表ハシテ置ケバ消去法デハナクナル）

此ノ発微算法演段諺解ノ解法ハ全ク関ノ新工夫デ文字ヲ使用シテ居ル点ト此ノ如キ消去法ヲ以テ高次方程式ヲ立テル点トハ従来ノ天元術ニハ全ク見ラレナイ所デアル．方程式ヲ立テルニハ誠ニ都合ノヨイ方法デアリ，又之ヲ読ムモノニモ誠ニ理解シ易イ良法デアル．ソレ故建部ハ其ノ序ニ「抑此ノ演段ハ和漢ノ算者未ニ発明一所也誠ニ師ノ新意ノ妙旨古今ニ絶冠セリト謂ツベシ」ト云ツテ居ル．始メハ相当ニ秘密ニシタルモノト思ワレルガ，カノ発微算法ニ対スル誤レル世評ヲ打破スルタメニ，遂ニ此レヲ発表シタモノデアル．此辺ノ消息ハ建部ノ序文中ニモ窺ワレル．此ノ書ガ一度公ニセラレルヤ和算家ハ競ツテ之ヲ学ビ，其ノ後出版サレタ和算書ニハ本書ノ序文(前掲ノモノ)ヲ引用セルモノ，解法ヲ祖述セルモノ等頗ル多イノデアル．井関知辰ノ算法発揮，(1693) 鈴木重次ノ算法重宝記(1693)，宮城清行ノ和漢算法大成(1695)，西脇利忠ノ算法天元録(1697)，河端祐著ノ演段指南 (1749) 等ヲ読ムト誠ニ其ノ感ガ深イノデアル．此ノ如ク発微算法演段諺解ニ示サレタ方法ハ従来ニ見ナイ卓越シタ方法デアルガ，猶上ニ示シタ如ク問題ニ応ジテ其ノ取ル手段ニ相違ガアツテ，関ノ所謂釈鎖ノ奥妙ヲ竭サナイモノガアル．更ニ研究ヲ重ネテ遂ニ一貫ノ神術ニ到達シタモノガ即チ関ノ行列式デアリ，之レヲ記シタモノガ解伏題之法(1683以前)デアル．実ニ本書ハ行列式ニ関スル世界最古ノ書デアル．此ノ書ノ始メノ二章ニ書カレテアルコトハ連立方程式ノ消去ニ関スルコトデ本節ニ関係ガ深イコトデアルカラ（勿論全部ガ消去ニ関スルコトデハアルガ）之ヲ紹介シテ見ル．

（iii）　解伏題之法ノ例解

本書ノ始メノ二章ハ虚真第一，両式第二トナツテ居ル．説明ノ便宜上此ノ二章ノ中ニ書カレテアルコトヲ融合シテ述ベルコトトスル．

真術トハ与エラレタ数ヲ使ツテ省チニ問題ノ要求スル数（未知数）ヲ求メル術（方程式ヲ作ル術）ヲ云イ，虚術トハ所要ノ未知数ダケデハ方程式ガ作リニクイトキ補助ノ未知数ヲトツテ之ニヨツテ方程式ヲ作ル術ヲ云ウノデアル．虚術ハヤガテ補助未知数ヲ消去シテ真術ニ達スルタメノ補助ノ術デアル．虚術ニ於テハ次ニ示ス如ク未知ノモノヲ既知ノ如ク扱ウ所カラ虚術ト云ツタノデアロウ．

（一）、仮如有二鈎股一只云勾為レ実平方開レ之得数与レ弦和若干、又云勾股和若干、問レ鈎．

（二）、仮如有二三斜一積若干、只云大斜再自乗数与二中斜再自乗数一相併共若干、亦云中斜再自乗数与二小斜再自乗数一相併共若干、問二大斜一．

此ノ両章ニ於テハ補助未知数ヲ適当ニ設ケテ前式後式ヲ作ル仕方ヲ述べ之ヲ例示シテ居ル．

（一）　$\sqrt{勾}+弦=m$，　$勾+殳=n$　トシ勾ヲ求メル．

求メルモノハ勾デアルガ已知ノ如ク見，勾ノ平方根ヲ求メル方程式ヲ作ル．今勾ヲ x トスレバ殳ハ $n-x$，　仍テ m ト x ト $n-x$ トヲ以テ勾ノ平方根（之ヲ y トスル）ヲ求メル式ヲ作ル．

$$勾\ x,\quad 殳\ n-x,\quad 弦\ m-y$$

$$\therefore\quad (m-y)^2=(n-x)^2+x^2$$

$$-(n^2-m^2-2nx+2x^2)-2my+y^2=0\cdots\cdots 前式$$

又　$$-x+y^2=0\qquad\cdots\cdots\cdots\cdots 後式$$

此ノ両式ヨリ y ヲ消去シテ x ノ方程式ヲ作ルノデアルガ本書デハソレニ交式斜乗ノ法（行列式）ヲ使ウノデアル．

（二） 三角形ノ面積ヲ s, 大斜(x)ノ三乗ト中斜ノ三乗トノ和ヲm, 中斜三乗ト小斜三乗トノ和ヲ n トスル． s, m, n ヲ知ツテ x ヲ求メルノデアル（真術）． シカシコレダケデハ方程式ガ立テニクイカラ，x ヲ已知数ノ如ク倣シ更ニ天元ノ一ヲ立テ中斜トスル（之ヲ y デ表ハスコトトスル）．ソシテ積 s, 小斜三乗 $n-y^3$, 大斜 x, 中斜 y ノ間ノ関係デ前式ヲ作ル．之ヲ今

$$f(x,y)=0\cdots\cdots\cdots\cdots\cdots\cdots\text{前式}(1)$$

トスル，後式ハ中斜三乗（y^3）ガ $m-x^3$ トナルコトカラ

$$-(m-x^3)+y^3=0\cdots\cdots\text{後式}(1)$$

此ノ両式カラ y ヲ消去シ $\varphi(x)=0$ ヲ得テ之ヲ解ク．

シカシコレデモ前式ガ立テニクイトキハ x, y ヲ已知数ノ如ク倣シ，更ニ天元ノ一ヲ立テ小斜トスル（之ヲ z デ表ハス）．ソシテ積 s, 大斜 x, 中斜 y, 小斜 z, トニヨツテ前式ヲ作ル．例エバ

$$(x^2+y^2-z^2)^2=(2x\cdot\mathrm{CD})^2$$

然ルニ　$4s^2=x^2\cdot\mathrm{AD}^2$

$$\therefore\quad 4(x^2y^2-4s^2)=4(x^2y^2-x^2\cdot\mathrm{AD}^2)=4x^2(y^2-\mathrm{AD}^2)=4x^2\cdot\mathrm{CD}^2$$

$$\therefore\quad (x^2+y^2-z^2)^2=4(x^2y^2-4s^2)$$

即　$(x^4-2x^2y^2+y^4)+16s^2-2(x^2+y^2)z^2+z^4=0\cdots\cdots\cdots$前式 (2)

又　$-(n-y^3)+z^3=0$　$\cdots\cdots\cdots$後式 (2)

此ノ両式カラ z ヲ消去スレバ

$$f(x,y)=0$$

之ヲ先ノ前式(1)トシ，之ト後式(1)トカラ y ヲ消去シテ

$$\varphi(x)=0$$

ヲ得ルト云ウ風ニ消去ヲ進メル．本書ハ斯様ニ未知数ノ選方，消去ノ方法ヲ説テ居ルノデアル．

（註） 林博士ノ和算研究集録上巻ノ p.582—p.584 ニ石黒信由ノ伏題数解ニヨル本問

題ノ消去法ガ書カレテアル．アノヨウニ換式ヲ作ツテ行列式ニ導クノガ関ノ消去デアル．

所ガアソコニ第一法，第二法ト記サレテ第一法デハ前式(2)ト後式(2)トカラ$f(x.y)=0$ ヲ得ルコトガ書カレテアリ，ソシテ「此ノ方程式ハ和算家ニハ本問題ヲトクタメニハ極メテ重要ナル如ク見エルガ自分ハ此ノ方程式カラ和算家ガ如何ニシテ x ノ値(和算研究集録デハ a ノ値)ヲ得タカ分ラナイ」ト述ベラレ，次ニ第二法トシテ前トハ全ク無関係ナル如クニ前式(1)ト後式(1)トヲ置テ第一法ト同法デ y ヲ消去シテ $\varphi(x)=0$ ヲ作リ，ソシテ之ヲトキ x ノ値ヲ得ル如ク述ベラレテアル．シカシ p. 583 ニ記サレタ $f(x,y)=0$ ト， 前式(1)トニ相当スル式トハ決シテ別物デハナク，アレヲ変形シテ見ルト前者ノ b ヲ x ニ書改メタモノガ後者デアルコトガワカル．従ツテアレハ第一法第二法デハナクー ツノ解法ノ第一階段第二階段デアル．石黒ノ伏題数解ヲ読ンデ見テモ斯様ナ意味ニ解サレルノデアル．（猶和算研究集録ノ此ノ部分ニハ文字符号ノ誤植モ少々アル）

要スルニ所要ノモノヲ未知数トシタダケデハ方程式ヲ立テルコトガ困難ノトキ，補助未知数ヲ適宜定メ，ソノ数ニ応ジ何回モ前式後式ヲ作ツテ消去ヲ繰返シ，遂ニ $f(x)=0$ ヲ得テ之ヲ解クノデアル．

(iv) 拾璣算法ノ例解

有馬頼徸ノ拾璣算法五巻（明和四年，1767）ノ第一巻ノ初メニハ点竄術ヲ相当詳シク説イテ居ル．又問題ハ九問アルガ，可ナリムツカシイモノヲ扱ツテ居ルタメ，多クハ連立方程式ノ考エニ依テ解イテ居リ，其ノ形式ハ概ネ発微算法演段諺解ノソレニ類似シテ居ル．今簡単ニ其ノ中ノ三，四問ヲ紹介スル．

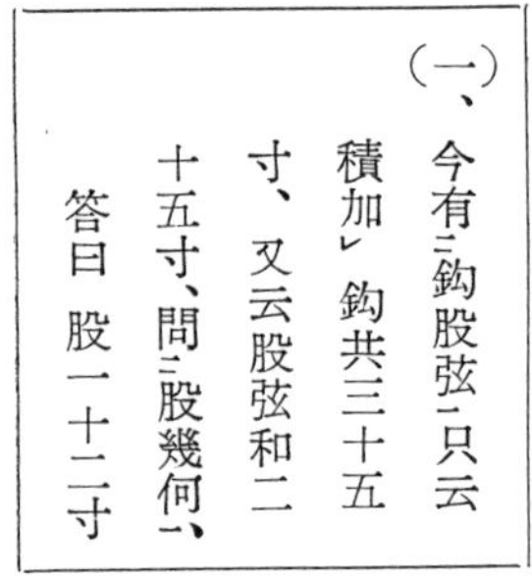
（一）、今有ニ鈎股弦一只云積加レ鈎共三十五寸、又云股弦和二十五寸、問ニ股幾何一、答曰 股一十二寸

（一） 鈎ヲ x，股ヲ y，弦ヲ z トスレバ（鈎股弦ノ問題ハ以下ニ於テモ同様ニ表ワス）

$$\begin{cases}\frac{1}{2}xy+x=35 & (1)\\ y+z=25 & (2)\\ x^2+y^2=z^2 & (3)\end{cases}$$

ヲ解クコトニナル．本書ノ解法ヲタドレバ次ノヨウニナル．

(1) カラ $xy+2x=2\times35$

之ヲ自乗シ $x^2y^2+4x^2y+4x^2=4\times35^2$ …………(4)

(2) カラ $z=25-y$

之ヲ (3) ニ代入シ $25^2-2\times 25y=x^2$ ………(5)

此ノ x^2 ヲ(4)ニ入レ

$$(y^2+4y+4)(25^2-2\times 25y)=4\times 35^2$$

即チ $(4\times 25^2-4\times 35^2)+(4\times 25^2-8\times 25)y$

$$+(25^2-8\times 25)y^2-2\times 25y^3=0$$

之ヲ解イテ $y=12$ ヲ得テ居ル.

始メニ (1) (2) (3) ヲ作ツテ居ルノデハナイガ, 之ヲ念頭ニ置イテ以上ノ如キ計算ヲ進メテ居ルノデアル. 以下モ同様デアル.

(二)今有ニ鈎股弦ニ只云鈎股和四十九寸、又云列ニ鈎寸ニ為レ実開ニ平方ニ之見商寸与ニ弦寸ニ和四十四寸ニ問ニ股幾何ニ

荅曰 股四寸、鈎九寸、弦四十一寸

(二) $\sqrt{x}=X$ ト置ケバ

$$\begin{cases}X^2+y=49 & (1)\\ X+z=44 & (2)\\ X^4+y^2=z^2 & (3)\end{cases}$$

ヲ解クコトニナル.

(2) カラ $z=44-X$ $\quad\therefore\quad z^2=44^2-2\times 44X+X^2$ ……(4)

(1) カラ $X^2=49-y$ $\quad\therefore\quad z^2=44^2-2\times 44X+49-y$

又 (3) カラ $z^2=X^4+y^2=(49-y)^2+y^2=49^2-2\times 49y+2y^2$

$$\therefore\quad 44^2-2\times 44X+49-y=49^2-2\times 49y+2y^2$$

$$2\times 44X=44^2-49^2+49+(2\times 49-1)y-2y$$

之ヲ自乗シ $X^2=49-y$ ト置ケバ

$$2^2\times 44^2(49-y)=\{44^2-49^2+49+(2\times 49-1)y-2y^2\}^2$$

之ヲ整理シ此ノ四次方程式ヲトイテ $y=41$ ヲ得ル.

(五) 求メル三角形ノ面積ヲ s トスル.

$$\begin{cases}\frac{1}{2}(x+y)w=90 & (1)\\ \frac{1}{2}(z+w)y=80 & (2)\\ \frac{1}{2}xz=1 & (3)\\ \frac{1}{2}(xw+yz+zx)=s & (4)\end{cases}$$

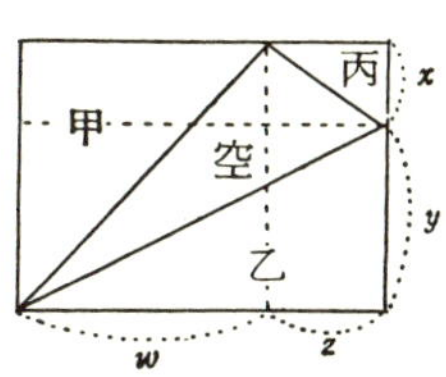

（五）、今有$_{二}$縦横平内如$_{レ}$図三斜空$_{一}$、只云甲積九十寸乙積八十寸丙積一寸、問$_{二}$三斜積幾何$_{一}$、

荅曰　三斜積二十一寸

$$\therefore \quad yw=90+80+1-s \tag{5}$$

(1) カラ　$xw=90\times2-yw$

$$=90\times2-(90+80+1-s) \tag{6}$$

(2) カラ　$yz=80\times2-yw$

$$=80\times2-(90+80+1-s) \tag{7}$$

(3) カラ　$xz=2 \quad (8)$

(5)×(8)=(6)×(7) カラ

$$2(90+80+1-s)=[90\times2-(90+80+1-s)]\times[80\times2-(90+80+1-s)]$$

此ノ二次方程式ヲトクト $s=21$ ヲ得ル.

（六） 方ヲ x, 竪ヲ y, 内斜ヲ z トスル.

$$\begin{cases} x^2y+x+y=123 & (1) \\ x+z=13 & (2) \\ 2x^2+y^2=z^2 & (3) \end{cases}$$

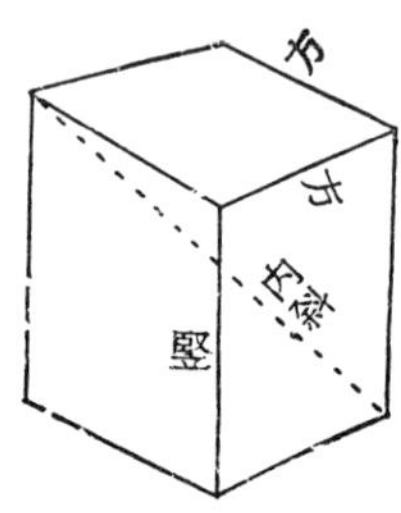

（六）今有$_{二}$方堡壔$_{一}$、只云積加$_{二}$方与$_{レ}$竪共一百二十三寸、又云内斜与$_{レ}$方和共一十三寸、問$_{二}$方面幾何$_{一}$、

荅曰　方面四寸、竪七寸、内斜九寸

(1) カラ　$y^2(x^2+1)^2=(123-x)^2 \quad (4)$

(2) カラ　$z^2=(13-x)^2$

故ニ之ト (3) トカラ　$y^2=(13-x)^2-2x^2=13^2-2\times13x-x^2$

之ヲ (4) ニ代入シ　$(13^2-2\times13x-x^2)(x^2+1)^2=(123-x)^2$

之ヲ整理シ六次方程式ヲ解ケバ $x=4$ ヲ得ル.

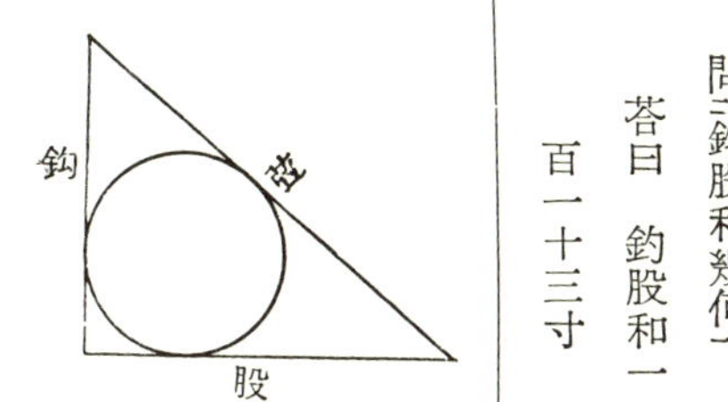

(九) 今有ニ鈎股弦内如レ図容ニ平円一、弦八十五寸、只云鈎再自乗得数与ニ股及円径再自乗得数一三数相併共五十二万五千一百四十一寸、問ニ鈎股和幾何一。
荅曰　鈎股和一百一十三寸

(九) 鈎, 股, 弦ヲ夫々 x, y, z トスレバ円径ハ $x+y-z$,

$$\therefore \begin{cases} x^3+y^3+(x+y-z)^3=525141 & (1) \\ x^2+y^2=85^2 & (2) \\ z=85 & (3) \end{cases}$$

ヲ解クコトトナル.

$$(x+y-z)^3=(x+y)^3-3(x+y)^2z+3(x+y)z^2-z^3$$
$$=x^3+y^3+3xy(x+y)-3(z^3+2xyz)+3(x+y)(x^2+y^2)-z^3$$
$$=4x^3+4y^3+6xy(x+y)-4z^3-6xyz$$

$\therefore$ (1) ハ $5x^3+5y^3+6xy(x+y)-4\times85^3-6\times85xy-525141=0$

然ルニ　$5x^3+5y^3+6xy(x+y)=5(x+y)^3-9xy(x+y)$

$$\therefore \quad 5(x+y)^3-9xy(x+y)-6\times85xy-4\times85^3-525141=0 \qquad (4)$$

又 (2) カラ　$2xy=(x+y)^2-85^2$　(5)

仍テ (4) ヲ二倍シ之ニ (5) ヲ代入スレバ

$$10(x+y)^3-9[(x+y)^3-85^2(x+y)]-6\times85[(x+y)^2-85^2]$$
$$-8\times85^3-2\times525141=0$$

即チ　$(x+y)^3-6\times85(x+y)^2+9\times85^2(x+y)-2\times85^3-2\times525141=0$

此ノ $x+y$ ニ関スル三次方程式ヲトケバ $x+y=13$ ヲ得ル.

(v) 雑　例

点竄術ニ出テ来ル一寸複雑ナ問題ハ多クハ連立方程式ノ問題デアル. 従テ此ノ如キ問題ヲ一々列挙スレバ限リガナイノデアルガ参考ノタメニ猶五, 六ノ問題ヲ掲ゲルコトトスル.

発徴算法

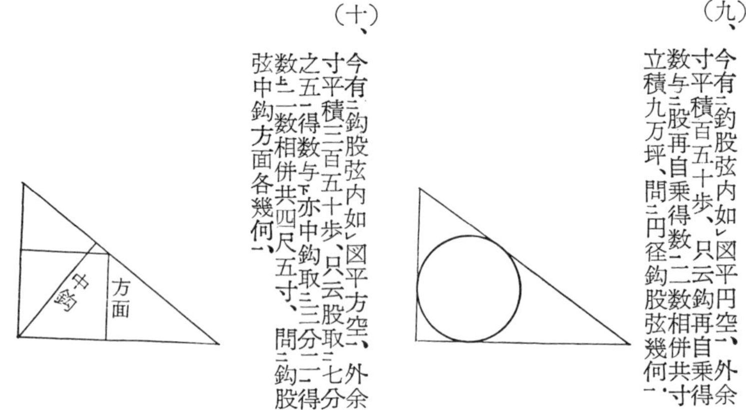

（九）、今有二鉤股弦内如レ図平円空一、外余寸平積百五十歩、只云鉤再自乗得数与二股再自乗得数一二数相併共寸立積九万坪、問二円径鉤股弦幾何一。

（十）、今有二鉤股弦内如レ図平方空一、外余寸平積三百五十歩、只云股取二七分之五一得数与下亦中鉤取二三分二一得数上二数相併共四尺五寸、問二鉤股弦中鉤方面各幾何一。

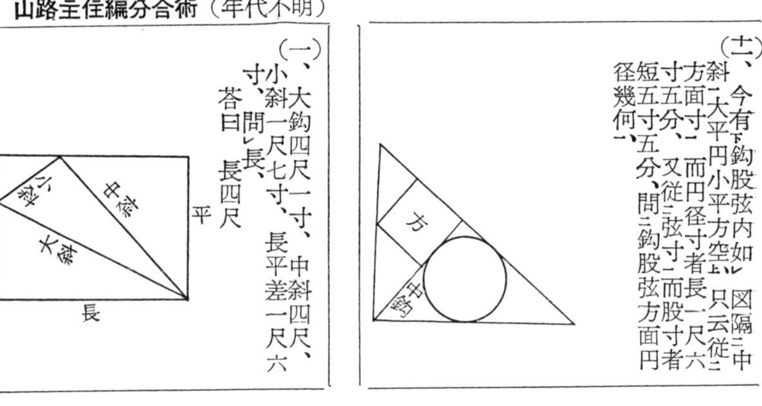

（十一）、今有下鉤股弦内如レ図隔二中斜一大平円小平方空上、只云従二方面寸一而円径寸者長一尺六寸五分、又従二弦寸一而股寸者短五寸五分、問二鉤股弦方面円径幾何一。

山路主住編分合術（年代不明）

（一）、大鉤四尺一寸、中斜四尺、小斜一尺七寸、長平差一尺六寸、問レ長、
荅曰　長四尺

（三）、外積七十六寸、矢五寸、長平和一十八寸、問レ長、
荅曰　長一十〇寸

（四）、大斜九寸、中斜八寸、小斜七寸、問二方面一、
荅曰　方面七寸八二
（図ハ(一)ノ矩形ヲ正方形トセルモノ）

（七）、面和二尺二寸、只云甲冪多二於乙冪一一十三寸、又云乙冪多二於丙冪一一十一寸、別云丙冪多二於丁冪一九寸、問二甲方面一、
荅曰　甲方面七寸

(八)、勾殳積六寸、勾二段殳七段和三尺四寸、問レ玄、
　答曰　玄五寸
(直角三角形ノ問題デアル、二段ハ二倍ノコト)

(九)、積十二寸、長再乗冪平再乗冪和九十一寸、問レ斜、
　答曰　斜五寸
(矩形ノ問題デアル、斜ハ対角線ノコト)

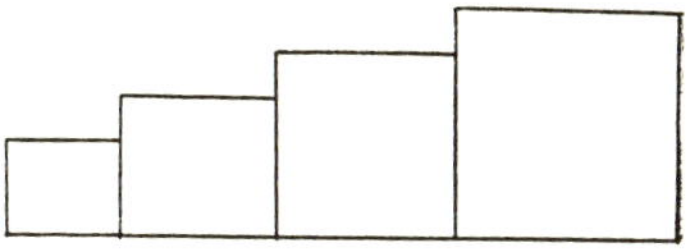

(十一)、積一十二寸、長四乗冪平四乗冪和一千二百六十七寸、問レ斜、
　答曰　斜五寸
(四乗冪ハ現今ノ五乗冪)

(十二)、積一十二寸、長五乗冪平五乗冪和四千八百二十五寸、問レ斜、
　答曰　斜五寸、

(十三)、積一十二寸、長冪与レ平和一十九寸、問レ斜、
　答曰　斜五寸、

(十五)、積一十二寸、平再乗冪長冪和四十三寸、問レ斜、
　答曰　斜五寸、

最後ニ消去ノ結果ガ非常ニ高次ナ方程式トナル二，三ノ例ヲ発微算法平形斜積門ラカ採ツテ示シテ見ヨウ．最後ノモノハ1458次トナル有名ナ問題デアル．

(十六)、今有二三斜内如レ図甲乙丙斜一、甲斜六寸乙斜四寸丙斜一寸四分四七、只云大斜再自乗得数与二小斜再自乗得数一二数相併共寸立積六百三十七坪、別中斜再自乗得数与二又大斜再自乗得数一二数相併共寸立積八百五十五坪、問二大中小斜各幾何一．

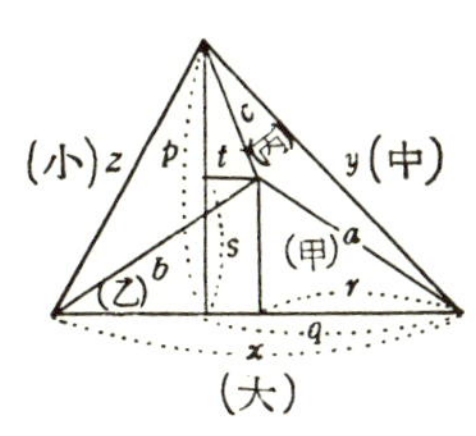

之等ノ計算ニ要シタ紙数ハ大辺ナモノデアルガ今ハ唯消去法ノ梗概ヲ示スニ止メル.

（十二） $a=6,\ b=4,\ c=1.447$

$$x^3+z^3=637 \qquad (1)$$

$$x^3+y^3=855 \qquad (2)$$

モウ一ツノ関係式ヲ得ルタメニ次ノ如クシテ居ル.

$$x^2+y^2-z^2=2qx \qquad \text{(i)}$$

$$\therefore\quad 4x^2y^2-(x^2+y^2-z^2)^2=4x^2(y^2-q^2)=4p^2x^2 \qquad \text{(ii)}$$

又 $$x^2+a^2-b^2=2rx \qquad \text{(iii)}$$

$$\therefore\quad 4a^2x^2-(x^2+a^2-b^2)^2=4s^2x^2 \qquad \text{(iv)}$$

(i)−(iii) $y^2-a^2+b^2-z^2=2tx$

之ヲ自乗シ $$y^4+a^4+b^4-2a^2y^2+2b^2y^2-2a^2b^2-2(y^2-a^2+b^2)z^2+z^4=4t^2x^2 \qquad \text{(v)}$$

$$\therefore\quad 4c^2x^2-y^4-a^4-b^4+2a^2y^2-2b^2y^2+2a^2b^2+2(y^2-a^2+b^2)z^2-z^4=4u^2x^2 \qquad \text{(vi)}$$

(ii)−〔(iv)+(v)〕ヲ作リ遍ク2デ約シ

$$a^4+b^4+x^2y^2+b^2y^2-a^2x^2-b^2x^2-a^2y^2-2c^2x^2-2a^2b^2+(x^2+a^2-b^2)z^2=2x^2(p^2-s^2-u^2)=4sux^2 \qquad \text{(vii)}$$

之ヲ自乗シタモノヲ

$$A+Bz^2+Cz^4=16s^2u^2x^4$$ ト置ク. 一方

(iv)×(vi)ヲ $$D+Ez^2+Fz^4=16s^2u^2x^4$$ ト置ク. 之レヨリ

$$(A-D)+(B-E)z^2+(C-F)z^4=0$$

之レハ $4x^2$ デ約サレル（実際ヤツテ見ルト）仍テ約シタモノヲ

$$P+Qz^2+Rz^4=0 \qquad (3)$$

トスル. P,Q,R ニハ $x,\ y$ ノミヲ含ミ z ヲ含マヌ. (1) (2) (3) カラ x,y,z ヲ求メレバヨイ. z ヲ消去スルタメニ (3) カラ

$$P^3+Q^3z^6+R^3z^{12}-3PQRz^6=0 \qquad (4)$$

ヲ作ル． 之ニ $z^3=637-x^3$ ヲ代入シテ z ヲ消去スルト y ノ12次方程式ヲ得ル（y ノ偶数次ノミヲ含ム）．之ヲ

$$f_1+f_2y^2+f_3y^4+f_4y^6+f_5y^8+f_6y^{10}+f_7y^{12}=0 \qquad \text{トスル}$$

之ヲ変形シ

$$(f_1+f_4y^6+f_7y^{12})+(f_2+f_5y^6)y^2+(f_3+f_6y^6)y^4=0$$

之ヲ　$P_1+Q_1y^2+R_1y^4=0$　トシ

$$P_1{}^3+Q_1{}^3y^6+R_1{}^3y^{12}-3P_1Q_1R_1y^6=0$$

ヲ作ツテ $y^3=855-x^3$ ヲ代入スレバ y ハ消去セラレテ x ノミノ方程式トナル，之ヲ整理スルト x ノ54次ノ方程式ヲ得ル．（此ノ消去ノ計算ニ紙数十七枚（三十四頁）ヲ費シテ居ル）

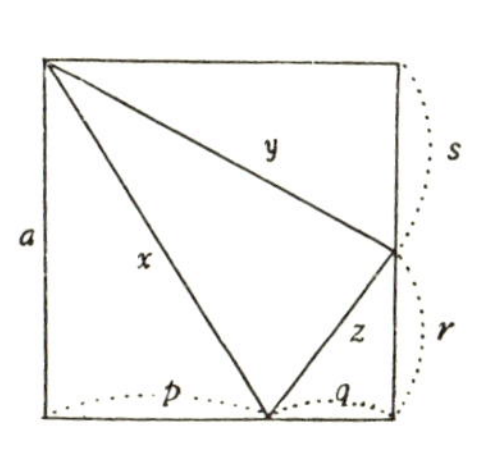

（十三）今有ニ平方内如レ図三斜一、只云大斜再自乗得数与ニ小斜再自乗得数ニ二数相併共寸立積三千八百十七坪、又云中斜再自乗得数与ニ大斜再自乗得数ニ二数相併共寸立積五千五百七十二坪、平方面一尺二寸、問ニ大中小斜幾何一、

（十三）　$a=12$

$$x^3+z^3=3817 \qquad (1)$$

$$x^3+y^3=5572 \qquad (2)$$

モウ一ツノ関係式（3）ハ次ノ如クニシテ出ス．

$$a-p=q$$

$$z^2-(a-p)^2=r^2$$

$$(z^2-a^2)+2ap-p^2=r^2 \qquad \text{(i)}$$

$$y^2-a^2=s^2 \qquad \text{(ii)}$$

$$\therefore \quad a^2-(z^2-a^2)-2ap+p^2-y^2+a^2=a^2-r^2-s^2=2rs$$

即チ　$(3a^2-y^2-z^2)-2ap+p^2=2rs$

自乗シテ　$(3a^2-y^2-z^2)^2-4a(3a^2-y^2-z^2)p+(10a^2-2y^2-2z^2)p^2$

$-4ap^3+p^4=4r^2s^2$　(iii)

$4\times$(i)$\times$(ii)　$4(y^2-a^2)(z^2-a^2)+8a(y^2-a^2)p-4(y^2-a^2)p^2$

$=4r^2s^2$　(iv)

(iii) (iv) ヲ辺々減ジ

$(5a^4+y^4+z^4-2a^2y^2-2a^2z^2-2y^2z^2)+4(az^2-a^3-ay^2)p+$

$(6a^2+2y^2-2z^2)p^2-4p^3=0$

之ヲ　$A+Bp+Cp^2+Dp^3=0$ トスレバ A, B, C, D ハ y^2, z^2 ノミヲ含ム.

之ヲ変形シ　$(A+Cp^2)+(B+Dp^2)p=0$

$(A+Cp^2)^2-(B+Dp^2)^2p^2=0$

$p^2=a^2-x^2$ ヲ代入シテ p ヲ消去スレバ, x^2, y^2, z^2 ノミヲ含ム方程式トナル. 之ヲ z ノ昇冪ニ整理スレバ

$f_1+f_2z^2+f_3z^4+f_4z^6+f_5z^8=0$　(3)

変形シテ　$(f_1+f_4z^6)+(f_2+f_5z^6)z^2+f_3z^4=0$

之ヲ　$P+Qz^2+Rz^4=0$ トスレバ P,Q,R ハ x^2, y^2, z^3 ノ函数,

$\therefore$　$P^3+Q^3z^6+R^3z^{12}+-3PQRz^6=0$

之ニ $z^3=3817-x^3$ ヲ代入スレバ z ハ消去セラレル. 之ヲ y ノ昇冪ニ整理スレバ

$\varphi_1+\varphi_2y^2+\varphi_3y^4+\varphi_4y^6+\varphi_5y^8+\varphi_6y^{10}+\varphi_7y^{12}=0$

之ヲ　$(\varphi_1+\varphi_4y^6+\varphi_7y^{12})+(\varphi_2+\varphi_5y^6)y^2+(\varphi_3+\varphi_6y^6)y^4=0$　トシ

$P_1+Q_1y^2+R_1y^4=0$　ト置キ

$P_1^3+O_1^3y^6+R_1^3y^{12}-3P_1Q_1R_1y^6=0$　ヲ作リ

之ニ $y^3=5572-x^3$ ヲ代入スレバ y ハ消去セラレテ x ノ72次ノ方程式ヲ得ル.

（此ノ消去法ニ紙数22枚ヲ要シテ居ル）

（十四）　$y^3=x^3-271$　(1)

$z^3=y^3-217$　(2)

$u^3=z^3-60.6$　(3)

(十四、今有二両平錐一、只云列二甲乙丙丁戊巳寸一各別々再自二乗之一之各其差云則者従二甲数一乙数者少寸立積二百七十一坪、従二乙数一而丙数者少寸立積二百十七坪、従二丙数一而丁数者少寸立積六十坪零八分、従二丁数一而戊数者少寸立積三百二十六坪二分、従二戊数一而巳数者少寸立積六十一坪、問二甲乙丙丁戊巳幾何一。

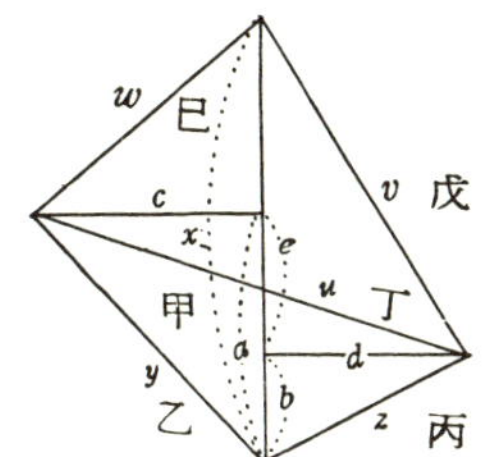

$$v^3=u^3-326.2 \qquad (4)$$

$$w^3=v^3-61 \qquad (5)$$

モウ一ツノ関係式(6)ハ次ノ如クニシテ出ス.

$$x^2+y^2-w^2=2ax \qquad \text{(i)}$$

$$x^2+z^2-v^2=2bx \qquad \text{(ii)}$$

$$\therefore \quad 4x^2y^2-(x^2+y^2-w^2)^2=4x^2y^2-4a^2x^2=4c^2x^2$$

即チ　$$-x^4-y^4+2x^2y^2+2(x^2+y^2)w^2-w^4=4c^2x^2 \qquad \text{(iii)}$$

同様ニ　$$4x^2z^2-(x^2+z^2-v^2)^2=4x^2(z^2-b^2)=4d^2x^2$$

$$-x^4-z^4+2x^2z^2+2(x^3+z^2)v^2-v^4=4d^2x^2 \qquad \text{(iv)}$$

(i)−(ii)　$$y^2-z^2+v^2-w^2=2(a-b)x=2ex$$

自乗シテ　$$y^4+z^4+v^4-2y^2z^2+2y^2v^2-2z^2v^2-2(y^2-z^2+v^2)w^2+w^4=2e^2x^2 \qquad \text{(v)}$$

$4u^2x^2$ カラ (v) ヲ減ジ

$$4u^2x^2-y^4-z^4-v^4+2y^2z^2-2y^2v^2+2z^2v^2+2(y^2-z^2+v^2)w^2-w^4$$
$$=4x^2(u^2-e^2)=4(c+d)^2x^2$$

両辺カラ (iii)+(iv) ヲ減ジ遍ク 2 デ約シ之ヲ

$$A+Bw^2=4cdx^2$$　トスル.

ソシテ　$A^2+2ABw^2+B^2w^4=16c^2B^2x^4$ ヲ作ル.

又(iii)×(iv)　$$C+Dw^2+Ew^4=16c^2d^2x^4$$

$$\therefore \quad (A^2-C)+(2AB-D)w^2+(B^2-E)w^4=0 \qquad \text{(vi)}$$

之ハ $4x^2$ デ約サレル．之ヲ簡約シタモノヲ

$$P+Qw^2+Rw^4=0$$ トスル．

仍テ $$P^2+Q^3w^6+R^3w^{12}-3P\cdot Q\cdot Rw^6=0 \qquad \text{(vii)}$$

玆デ P,Q,R ハ x^2, y^2, z^2, u^2, v^2 ノミノ函数デアル．之ニ $w^3=v^3-61$ ヲ代入スレバ w ハ消去セラレ v ノ 18 次ノ方程式ヲ得ル．之ヲ

$$f_1+f_2v+f_3v^2+f_4v^3+\cdots\cdots\cdots+f_{19}v^{18}=0$$ トスル．

変形シ $$(f_1+f_4v^3+f_7v^6+\cdots\cdots)+(f_2+{}_5v^3+f_8v^6+\cdots\cdots)v$$
$$+(f_3+f_6v^3+f_9v^6+\cdots\cdots)v^2=0$$

之ヲ $$P_1+Q_1v+R_1v^2=0$$ トシ

$$P_1{}^3+Q_1{}^3v^3+R_1{}^3v^6-3P_1Q_1R_1v^3=0$$

之ニ $v^3=u^3-326.2$ ヲ代入スレバ v ハ消去セラレ u ニ就テ 54 次ノ方程式ヲ得ル．

同様ニ進ンデ次第ニ u, z, y ヲ消去スレバ遂ニ x ノ 1458 次ト云ウ驚クベキ高次ノ方程式ヲ得ル．（此ノ消去法ハ全部ハ書カレテ居ナイガ宮城清行ノ和漢算法大成巻五ニハ紙数三十枚ヲ費シテ方程式ヲ出シテ居ル）

8 無理式及ビ無理方程式

(i) 不尽根数

支那ノ古算書ニハ正方形ノ辺ヲ知ツテ之ト等積ノ円ノ周ヲ求メルコト，円周ヲ与エ之ト等積ナル正方形ノ一辺ヲ求メルコト，正方形ノ一辺ヲ与エ対角線ヲ求メルコト，正方形ノ対角線ヲ与エ一辺ヲ求メルコト，其ノ他勾股弦ノ問題ガ多数取扱ワレテ居ル．従テ開平又ハ開立ノ結果ガ不尽数トナル場合モ所々ニ現ワレテ居ルノデアル．之等ニ対シテ如何ナル処置ヲシテ居ルカ一瞥シテ見ヨウ．

九章算術ノ中ニハ少広及ビ勾股ト云ウ章ガアリ，上ニ述ベタヨウナ問題ヲ扱

ツテイルノデアルガ，之ニハ不尽数トナル問題ガ一ツモ見当ラナイノデアル．唯巻四少広十丁開方ノ説明ノ処ニ「若開レ之不尽者為レ不レ可レ開，当二以レ面命一レ之」トアルガ之ハ開平剰余ヲ r, 原数ヲ a^2+r トスルト

$$\sqrt{a^2+r} \fallingdotseq a+\frac{r}{a}$$

トスルコトデアロウ．劉徽等ノ注デハ小数点以下何桁カ求メ，ソレヲ分数ニ直シタモノヲ答トシテ居ル．例エバ同ジク十一丁及ビ十二丁ノ所ニ

$$\begin{aligned}\sqrt{1518\times\frac{157}{50}\times 4} &= 138.1\cdots\cdots\\ &= 138\frac{1}{10}\\ \sqrt{300\times\frac{157}{50}\times 4} &= 61.38\cdots\cdots\\ &= 61\frac{19}{50}\end{aligned}$$

トシテ居ルノ類デアル．

孫子算径ニハ答ガ不尽数ニナルモノガアル．ソシテ其ノ処理ハ次ノ如クシテ居ル．

今有二積二十三万四千五百六十七歩一，問二為レ方幾何一．

答曰　四百八十四歩九百六十八分歩之三百一十一

234567　ヲ平方ニ開クノデアル．

```
              4  8  4
         √  2 3,4 5,6 7
            1 6
88            7 4 5
              7 0 4
964              4 1 6 7
                 3 8 5 6
968                3 1 1 0 0
```

次ニハ 3110 ヲ 968 デ割ツテ 3 ヲ立テル所デアルガ計算ヲ之デ打切リ答ヲ $484\frac{311}{968}$ トシタノデアル．

今有二積三万五千歩一，問二為レ円幾何一．

答曰　六百四十八歩一千二百九十六歩之九十六

面積ガ三万五千歩ナル円ノ周ヲ求メル問題デアル．之モ上ト同様ニ計算シテ居ル．但シ円周率ハ3トシテ居ルノデアル．之等ノ計算ハ

$$\sqrt{a^2+r} \fallingdotseq a+\frac{r}{2a}$$

トシタコトニナルノデアル．

$\sqrt{a^2+r}=(a^2+r)^{\frac{1}{2}}=a\left(1+\frac{r}{a^2}\right)^{\frac{1}{2}} \fallingdotseq a\left(1+\frac{1}{2}\cdot\frac{r}{a^2}\right)=a+\frac{r}{2a}$ ト一致スル．

張邱建算径 上巻十七丁ニ

今有ニ円材一径頭二尺一寸，欲ニ以為レ方，問ニ各幾何一．

答曰 一尺五寸

正方形ノ対角線ガ二尺一寸ナルコトヲ知ツテ一辺ノ長サヲ求メルノデアル．之ヲ

$$21\times\frac{5}{7}=15$$

トシテ居ル．開法ヲ用イズ $\sqrt{2}=\frac{7}{5}(=1.4)$ ヲ円周率ノ如ク定数トシテ扱ツテ居ルノデアル．

中巻十九丁ニ

今有レ田方一百二十一歩，欲ニ以為レ円，問ニ周幾何一．

答曰 四百一十九歩八百二十九分歩之一百三十一

正方形ノ一辺121歩，之ト等積ノ円ノ周ヲ求メル問題デアル．之ヲ $\sqrt{121^2\times 12}$ トシテ計算シテ居ル．

$\left(121^2=\frac{\pi d^2}{4}=\frac{(\pi d)^2}{4\pi}\right.$，$\pi$ ヲ3トスレバ $\left.\pi d=\sqrt{121^2\times 12}\right)$ 之レハ不尽数デアル．其ノ処理ヲ次ノ如クシテ居ル．

$121^2\times 12=175692$

```
          4 1 9
       √ 1 7,5 6, 9 2
         1 6
 81        1 5 6
             8 1
[829]        7 5 9 2
             7 4 6 1
 838           1 3 1
```

131 ヲ 829 デ割ツテ，答ヲ 419 $\frac{131}{829}$ トシテ居ル．

所ガ其ノ次ノ問題ニ

今有ニ円田一周三百九十六歩，欲レ為レ方，問レ得ニ幾何一．

答曰 一百一十四歩二百二十九分歩之七十二

$$\sqrt{396^2+12}=\sqrt{13068}$$

```
             1  1  4
          √ 1, 3 0 6 8
             1
 21           3 0
              2 1
 224            9 6 8
                8 9 6
[228]             7 2
```

今度ハ 228 ノ方ヲトリ之ニ1ヲ加ヘテ 229 ヲ分母トシテ居ル．

草曰（解義）ヲ読ンデ見テモ前題ニ対シテハ分母ハ 829 トナリ． 838+1＝839 デハナイ．後者ノ草曰ハ多少簡単ニ書テアリ結末ガ不明瞭デアルト云エナイコトモナイガ，シカシ答ハ 228+1 ヲ分母トシテ居ル．他ニ平方ニ開イテ不尽数ニナル場合ノ例ガナイカラ何レヲ主トシテ居ルカ判断ニ苦ムガ後ニ立方ニ開イテ不尽数トナル場合ニ1ヲ加エテ居ル例モアルカラ後者ノ方ヲ主トスルモノカトモ思ワレル．然ラバ前者ノ答ハ 839 トスベキヲ 829 ト書キ誤ツタモノデアロウカ，若シソウダトスレバ之ハ

$$\sqrt{a^2+r}=a+\frac{r}{2a+1}$$ トシタコトニナルノデアル．

下巻三十一丁ニ

今有ニ立方九十六尺一欲レ為ニ立円一，問ニ径幾何一．

答曰 一百一十六尺四万三百六十九分尺之一万一千九百六十八

之ハ $\sqrt[3]{96^3\times\frac{16}{9}}=\sqrt[3]{1572864}=116\frac{11968}{40369}$ トシタノデアル．

叉ソノ次ニ

今有ニ立円一径一百三十二尺，問下為ニ立方一幾何上．

答曰 二百八尺三万四千九百九十三分尺之三万四千二十

之ハ $\sqrt[3]{132^3\times\frac{9}{16}}=\sqrt[3]{1293732}=108\frac{34020}{34993}$ トシタノデアル．

（本書ノ答二百八尺…………ハ明ニ一百八尺…………ノ誤リデアル）

之等ハ

$$\sqrt[3]{a^3+r}=a+\frac{r}{2a^2+1}$$ トシタコトニナル.

(球ノ体積ヲ$\frac{9d^3}{16}$トシテ居ルガ$\frac{\pi d^3}{6}$トハ大分値ガチガウ)

夏侯陽算径上巻十二丁ニハ平方剰余 171 ヲ奇 171 トシテ答ニ添エテ居ル.

五経算術ハ四書五経中ニ出テ居ル数学的事項ヲ取扱ツタモノデ北周ノ甄鸞ノ作デアル. 論語千乗之国法ノ所ニ

今有^{ニ}千乗之国^{一}其地千成, 計積九十億歩, 問^{ニ}為^{レ}方幾何^{一}.

答曰 三百一十六里六十八歩一十八万九千七百三十七分歩之六万二千五百七十六

ト云ウノガアル. 一歩ハ長サヲ表ワストキハ6尺, 面積ヲ表ワストキハ6尺平方デアル.

100歩＝1畝, 100畝＝1夫, 3夫＝1屋, 3屋＝1井, 10井＝1通, 10通＝1成

成ハ革車一乗ヲ出ス. 従テ千乗ノ国ハ千成デアル. 千成ハ九十億歩トナル. 故ニ

$$\sqrt{9000000000}=94868\frac{62576}{189737}$$

1里ハ 300 歩デアルカラ上ノヨウナ答トナル.

コレモ $$\sqrt{a^2+r}=a+\frac{r}{2a+1}$$ トシテ居ルノデアル.

周髀算径ノ甄鸞ノ注ニモ同様ノ計算法ガ見エル.

元ノ朱世傑ノ算学啓蒙ニハ根ガ分数ヤ小数トナル例ハアルガ不尽数トナルモノハ見当ラヌ. シカシ彼ノ四元玉鑑ニハ上ト同様ノ計算ガアル.

此ノ公式ハ長ク用イラレタモノト見エ, 明ノ程大位ノ算法統宗ニモ使ワレテ居ル. 即チ巻五少広ノ所ニ

$$\sqrt{490}=22\frac{6}{45}.\quad \sqrt{72000}=268\frac{176}{537}$$ トシテ居ル.

又同書巻六ニハ

今有^{ニ}積六万三千二百零八尺^{一}, 欲^{レ}為^{ニ}立円^{一}, 問^{ニ}径若干^{一}.

答曰　径四十八尺

ガアル．コレハ $\sqrt[3]{63208\times\frac{16}{9}}=\sqrt[3]{112369}=48$

トシテ居ルノデアル．実ハ剰余 1777 ガアルノデアルガ捨テテ居ル．梅瑴成（清ノ梅文鼎ノ孫）ノ注ニハ之ハ $48\frac{1777}{7057}$ トスベキデ統宗ノ答ハ誤デアルトシテ居ル．之ハ

$$\sqrt[3]{a^2+r}=a+\frac{r}{3a^2+3a+1}$$ トシタノデアル．

以上デ我国ニ伝ハツタ支那ノ古算書ニ見エル不尽数ニ就テ其ノ大体ヲ述ベタ積リデアル．猶他ノ国デハ

$$\sqrt{a^2+r}=a+\frac{r}{2a}$$

ハ紀元前一世紀ノ Heron ノ書ニ見エ．

$$\sqrt{a^2+r}=a+\frac{r}{2a+1}$$

ハ 11 世紀ノ始メニあらびや人 Alnasawi ノ著シタ書ニ出テ居リ，

$$\sqrt[3]{a^3+r}=a+\frac{r}{3a^2+3a+1}$$

ハ伊太利ノ Leonardo Fibonacci ガ 13 世紀ノ始メニ使ツタト云ウコトデアル．

次ニ我国ノ古イ算書デハ開キ切レナイ場合ヲ如何ニ扱ツテ居ルカヲ述ベルコトトスル．自分ノ見聞ノ狭イタメカ以上ノ公式ハマダ見当ラナイノデアル，以下ニ示ス如ク小数点以下幾桁カヲ求メテ打切ツテ居ルノデアル．

吉田光由ノ**新編塵劫記**（寛永四年1627）中巻ニハ一辺ガ15間アル正三角形ノ面積ヲ求メルニ次ノ如クシテ居ル．

法に十五間を左右に置，かくれば二百廿五坪に成是を三角の法四三三をかくれば九十七坪四分二厘五毛になる是を田法三にてわれば三畝七歩四分二厘五毛と知るなり．

又六寸角若干長ノ材ヲ之ト同体積同長ノ丸木ニシタラバ指渡何程ニナルカト云ウ問題ニ対シテハ，6×1.125=6.75(寸)トシテ居ル．1.125ハ$\frac{4}{\pi}$デアル．

礒村吉徳ノ**算法闕疑抄**（万治三年1660）二之巻ニハ次ノ問題ガアル．

寸歩千五百拾弐歩九分有十位開平法の尺数を問.

答曰　三尺八寸八分九厘六毛，不尽一毛一糸八忽四微

之ハ小数点下三位マデ求メ開平剰余ヲアゲテ居ルノデアル．又

寸坪一万八千六百〇八坪六分七厘有リ十位開立に用方尺何程と問.

答曰　二尺六寸四分九厘九毛五糸

不尽九厘八毛三糸五忽五微一繊二五二五

同三之巻ニ正方形ノ対角線ヲ求メル問題ガアルガ，之ニハ一辺ニ角径定法 1.4142 ヲ掛ケテ居ル．又一辺ノ与エラレタ正三角形ノ面積ヲ出スニハ一辺ノ自乗ニ定法 0.433 ヲカケテ居ル．之ハ$\sqrt{3}$ヲ 1.732 トシタコトニナル.

此ノ外，内接円，外接円及ビ弧矢弦ノ問題ニ使ツテ居ル定法ハ皆不尽数ヲ何桁カトツタモノデアリ，又方程式ノ根ニモ不尽数トナル場合ヲ見受ケルノデアルガ之モ適当ノ所マデ求メテ打切ツテ居ルノデアル.

山田正重ノ**改算記**（万治二年 1649）ニハ正方形ノ対角線ニハ定法 1.41421 ヲ，正三角形ノ高サニハ定法 0.866$\left(\frac{\sqrt{3}}{2}\right)$ヲ，正八角形ノ面積ニハ定法4.8284 ヲ使ツテ居ル.

一尺四方積三百九十一坪一分〇〇四を八角にして一方の面何程に成と問，答九尺つつに成と云.

術．積数を定法四八二八四にて割ば八十一坪と成是を正矩を以て除の時八尺の面知る也，（八尺ハ八角カ又ハ九尺ノ誤リ）

開平法ノコトヲ正矩術ト云ウ．一辺一尺ナル正八角形ノ面積ガ 4.8284 平方尺デアル．之ハ $2+2\sqrt{2}$ヲ 4.8284 トシタコトニナル.

之等ノ値ハ何レモヨイ値デアルガ，円積率$\left(\frac{\pi}{4}\right)=$ 0.79 ヲ，玉積率$\left(\frac{\pi}{6}\right)=$ 0.493039 ヲ，立方体ノ対角線（$\sqrt{3}$）=1.67 ヲ使ツテ居ル如キハ感心出来ナイノデアル.

沢口一之ノ**古今算法記**（寛文十年1670）巻三第四方円直ノ所ニ次ノ問題ガアル.

○さしわたし三尺有丸板を真四角にけづりて何尺四方に成ぞといふ.

答曰　二尺一寸二分一厘三毛二糸

術曰　指わたし三尺を自乗して寸歩九百歩と成る是を折半して四百五十歩を開平法に除けば二尺一寸二分一厘三毛二糸と知也.

又曰三尺を定法一四一四二にてわりても知るなり．しかれども此術よろしからず.

○ロ二尺四角の箱有此箱の弦何程と問.

答曰　二尺八寸二分八厘四毛二糸七忽

術曰　二尺を自乗して四百歩となる是を倍して八百歩を開平方に除ば弦二尺八寸二分八厘四毛二糸七忽と知也.

又曰二尺に一四一四二をかけても知る．併此術よろしからず.

○一尺五寸四分の簿を真丸にしてはさしわたし何程に成るぞと問.

答曰　一尺六寸八分七厘六毛三糸一忽

術曰　一尺五寸を自乗して二百二十五歩と成る是を円法七九にてわれば二百八十四歩八分一厘と成る是を開平方に除ば指わたし一尺六寸八分七厘六毛三糸一忽と知也.

又曰一尺五寸に定法一一二五を掛ても知．併此術よろしからず.

○さしわたし二尺の丸薄有，是を四角にしては何尺四方に成ぞととふ.

答曰　一尺七寸七分七厘六毛三糸八忽

術曰　二尺を自乗して四百歩と成る是に円法を乗して三百十六歩と成る是を開平方に除ば一尺七寸七分七厘六毛三糸八忽と知也，又曰二尺を定法一一二五にわりても知る也しかしながら此術よろしからず.

○銀子五貫目を五年の間借時元利合二十貫目にて返弁するときは何割の利足に当るぞと問.

答曰　三わり一分九厘五毛七糸一忽

術曰　二十貫目を五貫目にて除ば四と成是を四乗の方に除ば（五乗根ヲ求メル）一三一九五七一と成此内元一つ引ば三わり一分九厘五毛七糸一忽の余と知るなり.

斯様ナ問題ハ次第ニ其ノ数ヲ増シ後ニハ通俗ノモノトナルノデアル．シカシ乍ラ無理式ノ計算ハ余リ多ク見当ラナイノデアル．

(ii)　無　理　式

発微算法演段諺解ニハ次ノ計算ガ見受ラレル．

$$(\sqrt{x^3}+\sqrt[3]{y^2})^2=x^3+2\sqrt{x^3}\ \sqrt[3]{y^2}+\sqrt[3]{y^4}$$

$$(\sqrt[3]{y^2}+\sqrt{x^3})(\sqrt[3]{y^4}+2\sqrt[3]{y^2}\sqrt{x^3})=y^2+3\sqrt{x^3}\sqrt[3]{y^4}+2x^3\sqrt[3]{y^2}$$

$$(3\sqrt{x^3}\sqrt[3]{y^4}+2x^3\sqrt[3]{y^2})^2=9x^3\sqrt[3]{y^8}+12x^3\sqrt{x^3}y^2+4x^6\sqrt[3]{y^4}$$ 等，

大原利明ノ**算法点竄指南**（文化七年1810）ニハ開[二]平方[一]商変換ト云ウ条ニ次ノ式ガアル．

$$1=(\sqrt{2}+1)(\sqrt{2}-1) \qquad 1=(\sqrt{2}+1)^2(\sqrt{2}-1)^2$$

$$2=(2+\sqrt{2})(2-\sqrt{2}) \qquad \sqrt{2}=(\sqrt{2}+2)(\sqrt{2}-1)$$

$$\sqrt{2}=(\sqrt{2}+1)((2-\sqrt{2}) \qquad 2=(\sqrt{2}+2)^2(\sqrt{2}-1)^2$$

$$2=(\sqrt{2}+1)^2(2-\sqrt{2})^2 \qquad 1=(2+\sqrt{3})(2-\sqrt{3})$$

$$2=(\sqrt{3}+1)(\sqrt{3}-1) \qquad 2=(1+\sqrt{3})^2(2-\sqrt{3})$$

$$1=(\sqrt{5}+2)(\sqrt{5}-2) \qquad 4=(\sqrt{5}+1)(\sqrt{5}-1)$$

会田安明ノ**算法天生法指南**ニハ

撰ノ条ニ

$$(\sqrt{2}-1)(\sqrt{2}+1)=2+\sqrt{2}-\sqrt{2}-1=1$$

$$(\sqrt{3}+1)(\sqrt{3}-1)=3+\sqrt{3}-\sqrt{3}-1=2$$

変ノ条ニ

$$\sqrt{2}\sqrt{3}+\sqrt{2}(\sqrt{2}+1)=\sqrt{6}+(2+\sqrt{2})$$

正五角形ノ問題ノ計算中ニ

$$a^2-\frac{(\sqrt{5}+1)^2}{16}a^2=\frac{5-\sqrt{5}}{8}a^2$$

$$\frac{\sqrt{5}+1}{4}a-\frac{1}{2}a=\frac{\sqrt{5}-1}{4}a$$

$$a^2-\frac{(\sqrt{5}-1)^2}{16}a^2=\frac{5+\sqrt{5}}{8}a^2$$

$$\frac{(\sqrt{5}+1)^2}{4}a^2-\frac{a^2}{4}=\frac{5+2\sqrt{5}}{4}a^2=\frac{\sqrt{5}(\sqrt{5}+2)}{4}a^2$$

$$\frac{(2+\sqrt{5})^2}{4}a^4=\sqrt{5}(\sqrt{5}+2)\ a^2b^2$$ カラ

$$\frac{\sqrt{5}(\sqrt{5}+2)}{4}a^2=5b^2$$

$$\frac{\frac{\sqrt{5}}{2}(\sqrt{5}+2)}{10}a^2=\frac{\sqrt{5}+2.5}{10}a^2$$

坂部広胖ノ**点竄指南録**巻之五，番外平方式ヲ帰除式ニスル定法ノ所ニ現今吾々ノ使用シテ居ル二次方程式ノ公式ヲ掲ゲ更ニ之ヲ変形シタ次ノ如キ変格ヲ出シテ居ルコトハ前ニモ述ベタ通リデアル．

上連式　$a+bx-cx^2=0$　ニ対シテハ

$$x=\frac{\frac{b}{2}+\sqrt{\left(\frac{b}{2}\right)^2+ac}}{c}\qquad \text{（定式）}$$

$$=\frac{a}{\sqrt{\left(\frac{b}{2}\right)^2+ac}-\frac{b}{2}}\qquad \text{（変格）}$$

下連式　$-a+bx+cx^2=0$　ニ対シテハ

$$x=\frac{-\frac{b}{2}+\sqrt{\left(\frac{b}{2}\right)^2+ac}}{c}\qquad \text{（定式）}$$

$$=\frac{a}{\frac{b}{2}+\sqrt{\left(\frac{b}{2}\right)^2+ac}}\qquad \text{（変格）}$$

中断式　$a-bx+cx^2=0$　ニ対シテハ

$$x=\frac{\frac{b}{2}-\sqrt{\left(\frac{b}{2}\right)^2-ac}}{c}\ \text{（少商）又ハ}\ \frac{\frac{b}{2}+\sqrt{\left(\frac{b}{2}\right)^2-ac}}{c}\ \text{（多商）}$$

（定式）

$$=\frac{a}{\frac{b}{2}+\sqrt{\left(\frac{b}{2}\right)^2-ac}}\ \text{又ハ}\ \frac{a}{\frac{b}{2}-\sqrt{\left(\frac{b}{2}\right)-ac}}\qquad \text{（変格）}$$

伝書，**等面求積**ニハ正多面体ノ体積ヲ計算ヲシテ居ル．此ノ中ノ解義ハ藤田定資ノ作カト思ウガ，ソノ中ニハ次ノヨウナ計算ガアル．

$$14a^2+6\sqrt{5}a^2=5a^2+6\sqrt{5}a^2+9a^2=(\sqrt{5}a+3a)^2$$

$$3\left(\frac{\sqrt{5}+1}{2}\right)^2-4\left(\frac{1}{2\sqrt{5}}+\frac{1}{2}\right)=\frac{9}{2}+\frac{3\sqrt{5}}{2}-\frac{2\sqrt{5}}{5}-2$$

$$=\frac{5}{2}+\frac{11\sqrt{5}}{10}$$

$$\left(\frac{125}{2}+\frac{55\sqrt{5}}{2}\right)\frac{\sqrt{5}+2.5}{10}=\frac{25\sqrt{5}}{4}+\frac{125}{8}+\frac{55}{4}+\frac{55\sqrt{5}}{8}$$

$$=\frac{105\sqrt{5}}{8}+\frac{235}{8}=\frac{210\sqrt{5}+470}{16}$$

$$=\frac{49\times5+210\sqrt{5}+225}{16}=\left(\frac{7\sqrt{5}+15}{4}\right)^2$$

(iii) 無理方程式

無理方程式ノ解法ニ相当スルモノモ亦諸書ニ現ワレテ居ル．唯和算家ハ無理方程式ヲ整方程式ト区別シテ居ラズ，之ヲ有理化スル算法ノ如キモ整方程式ヲ作ルタメノ一ツノ道程トシテ取扱ツテ居ルニ過ギナイ．従テ得タル根ヲ今日ノ如ク一々吟味ヲスル等ノコトヲ行ワナイ．以下ニ**発微算法演段諺解**ニヤツテ居ル二三ノ例ヲ以テ其ノ有理化ノ模様ヲ具体的ニ示シテ見ヨウ．

（二）天元ノ一ヲ立テテ立方面トスル．

x^3………………立方積

$(7-x)^2$ ………平方積

（二）、今有㆓大立方小平方各一㆒、只云平方積為㆑実開㆓立方㆒之見商寸与㆘立方積為㆑実開㆓平方㆒之見商寸㆖共相併一尺、別平方面寸与㆓立方面寸㆒和而七寸、問㆓平方面立方面幾何㆒、

$$\therefore\qquad \sqrt{x^3}+\sqrt[3]{(7-x)^2}=10$$

之ヲトク問題デアルガ，シカシ始メカラ斯様ナ方程式ヲ作ラズ次ノ如ク進ム．其ノ道程ガ即チ上ノ方程式ノ有理化ニ相当スルノデアル．

$$100=\left(\sqrt{x^3}+\sqrt[3]{(7-x)^2}\right)^2$$

$$=x^3+2\sqrt{x^3}\sqrt[3]{(7-x)^2}+\sqrt[3]{(7-x)^4}$$

$$100-x^3=2\sqrt{x^3}\sqrt[3]{(7-x)^2}+\sqrt[3]{(7-x)^4}$$

$$10(100-x^3)=\left[\sqrt{x^3}+\sqrt[3]{(7-x)^2}\right]$$

$$\times\left[2\sqrt{x^3}\sqrt[3]{(7-x)^2}+\sqrt[3]{(7-x)^4}\right]$$

$$=2x^3\sqrt[3]{(7-x)^2}+3\sqrt{x^3}\sqrt[3]{(7-x)^4}+(7-x)^2$$

$$10(100-x^3)-(7-x)^2=2x^3\sqrt[3]{(7-x)^2}+3\sqrt{x^3}\sqrt[3]{(7-x)^4}$$

$$[10(100-x^3)-(7-x)^2]^2=4x^6\sqrt[3]{(7-x)^4}+12x^3\sqrt{x^3}(7-x)^2+9x^3\sqrt[3]{(7-x)^8}$$

一方 $$80(7-x)^2=8(7-x)^2[\sqrt{x^3}+\sqrt[3]{(7-x)^2}]$$

$$\therefore\quad (100-x^3)^2+80(7-x)^2=[4x^3\sqrt[3]{(7-x)^4}+4\sqrt{x^3}(7-x)^2+\sqrt[3]{(7-x)^8}]+8(7-x)^2[\sqrt{x^3}+\sqrt[3]{(7-x)^2}]$$

$$=4x^3\sqrt[3]{(7-x)^4}+12\sqrt{x^3}(7-x)^2+9\sqrt[3]{(7-x)^8}$$

$$\therefore\quad [10(100-x^3)-(7-x)^2]^2=x^3[(100-x^3)^2+80(7-x)^2]$$

此ノ九次方程式ヲ解イテ立方面ヲ得，従テ又平方面ヲ得ル．

術文ニハ上ノ計算ノ左辺ノミヲ述ベテ此ノ方程式ヲ得ル筋道ヲ示シテ居ルニ過ギナイ．両辺ヲ示シテ此ノ方程式ノヨツテ来ル所以ヲ明ニシタモノハ即チ演段デアル．和算ノ所謂演段トハ此ノ如キコトヲ指スノデアル．

（三） 丁方面寸ヲ x トスレバ甲乙丙ノ方面寸ハ夫々

$x+33,\quad x+30,\quad x+23$ デアル．故ニ

$$\sqrt[3]{x+33}+\sqrt[3]{x+30}+\sqrt[3]{x+23}+\sqrt[3]{x}=55$$

ヲトケバヨイ．

此ノ演段ハ非常ニ長イモノデ紙数八枚半(17頁)ヲ費シテ居ル．今ハ其ノ要点ノミヲ示スコトトスル．

左辺ノ各項ヲ夫々 X, Y, Z, W デ表ハスコトトスル．

(i) $X+Y=s_2$ トスレバ $X=s_2-Y$

$$X^3=s_2^3-3s_2^2Y+3s_2Y^2-Y^3$$

$$\therefore\quad (-X^3-Y^3+s_2^3)-3s_2^2Y+3s_2Y^2=0$$

之ヲ $a+bY+cY^2=0$ ト思エバ

（三）、今有二甲乙丙丁平方各一一、只云従二甲方面寸一而乙方面寸者短三寸、従二乙方面一而丙方面寸者短七寸、従二丙方面寸一而丁方面寸者短二尺三寸、別列二甲乙丙丁方面寸一別々為レ実開二立方一之見商寸各四和五尺五寸、問二甲乙丙丁方面幾何一、

$$a^3+b^3Y^3+c^3Y^6-3abcY^3=0$$　　デアルカラ

$$(-X^3-Y^3-s_2{}^3)^3-27s_2{}^6Y^3+27s_2{}^3Y^6+27(-X^3-Y^3+s_2{}^3)s_2{}^3Y^3=0\cdots\cdots(1)$$

之ハ　X^3 ト Y^3 ト s_2 ノミヲ含ム式デアル.

(ii)　次ニ $X+Y+Z=s_3$ トスル. 即チ

$$s_2=s_3-Z$$　　トスル.

$$s_2{}^3=s_3{}^3-3s_3{}^2Z+3s_3Z^2-Z^3$$

之ヲ (1) ニ代入スレバ (1) ハ Z ノ 9 次ノ方程式トナリ, 係数ハ X^3, Y^3, s_3 ノ整式トナル. 今之ヲ

$$f_1+f_2Z+f_3Z^2+\cdots\cdots+f_{10}Z^9=0$$　　トスル, 之ヲ変形シ

$$(f_1+f_4Z^3+f_7Z^6+f_{10}Z^9)+(f_2+f_5Z^3+f_8Z^6)Z+(f_3+f_6Z^3+f_9Z^6Z^2=0$$

之ヲ　　$A+BZ+CZ^2=0$　トスレバ

$$A^3+B^3Z^3+C^3Z^6-3ABCZ^3=0 \qquad (2)$$

A, B, C ハ X^3, Y^3, Z^3, s_3 ノミヨリ成ル整式デアル. ソシテ

$$s_3=55-W \qquad X^3=W^3+33,$$

$$Y^3=W^3+30,$$

$$Z^3=W^3+23$$

(四)、今有二甲乙丙立方各一、只云甲積与二乙積一相併共寸立積十三万七千三百四十坪、又乙積与二丙積一相併共寸立積十二万千七百五十坪、別甲方面寸為レ実開二平方一之見商寸与下乙方面寸為レ実開二立方一之見商寸及丙方面寸為レ実開二三乗方一之見商寸上各三和一尺二寸、問二甲乙丙方面各幾何一、

故ニ (2) ニ之等ヲ代入スレバ W ニ就テノ 27次ノ整方程式トナル. 之ヲ解イテ W ヲ得, 次デ各方面ヲ求メル.

之ガ関ノ解法ノ大要デアル.

(四)　甲, 乙, 丙ノ立方面ヲ夫々 x, y, z トスレバ

$$\begin{cases} x^3+y^3=137340 & (1)\\ y^3+z^3=121750 & (2)\\ \sqrt{x}+\sqrt[3]{y}+\sqrt[4]{z}=12 & (3)\end{cases}$$

$\sqrt{x}=X,\ \sqrt[3]{y}=Y,\ \sqrt[4]{z}=Z,\ X+Y=s$

トスル.

$$Y=s-X$$

$$Y^3=s^3-3s^2X+3sX^2-X^3$$

$$\therefore\quad y^3=Y^9=s^9-9s^8X+36s^7X^2-84s^6X^3+126s^5X^4-126s^4X^5$$
$$+84s^3X^6-36s^2X^7+9sX^8-X^9$$

$$\therefore\quad (-y^3+s^9+36s^7x+126s^5x^2+84s^3x^3+9sx^4)-(9s^8+84s^6x$$
$$+126s^4x^2+36s^2x^3+x^4)X=0$$

之ヲ　$A-Bx=0$　トスレバ

$$A^2-B^2X^2=0$$

$\therefore$　$A^2-B^2x=0$　(A,B ハ x, y^3, s ノ整式)

之ヲ整理シ x^3 ノ冪数ハ已知ノ如ク見テ

$C+Dx+Ex^2=0$　トスル.

(C,D,E ハ x^3,y^3,s ノ整式デアル.)

仍テ　$C^3+D^3x^3+E^3x^6-3CDEx^3=0$　(4)

(3) ヨリ　$s=12-Z$

(2) ヨリ　$y^3=121750-Z^{12}$

(1) ヨリ　$x^3=137340-y^3=15590+Z^{12}$

之ヲ (4) ニ代入スレバ (4) ハ Z ノ 108次ノ整方程式トナル. 之ヲ解イテ Z ヲ得, 次デ x,y,z ヲ求メル, (此ノ演段ニ紙数四枚半ヲ費シテ居ル.)

(七)

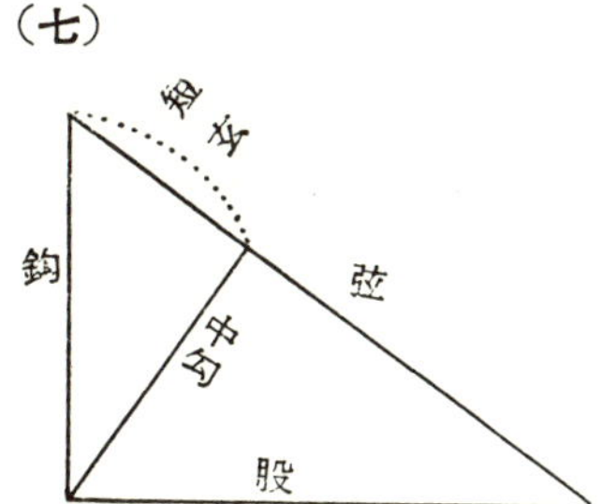

(七)、今有ニ鈎股弦一、只云弦為レ実開ニ平方一之見商寸与下股為レ実開ニ立方一之見商寸上共和二尺、別鈎為レ実開ニ立方一之見商寸与下中鈎為レ実開ニ三乗方一之見商寸上共和五寸、問ニ鈎股弦幾何一、

釣股弦及ビ中鈎ヲ夫々 x, y, z, w トスレバ

$$\begin{cases} \sqrt{z}+\sqrt[3]{y}=20 & (1) \\ \sqrt[3]{x}+\sqrt[4]{w}=5 & (2) \\ xy=wz & (3) \\ x^2+y^2=z^2 & (4) \end{cases}$$

(2) ヨリ　$w=(5-\sqrt[3]{x})^4 \cdots\cdots\cdots\cdots (5)$

又短弦ヲ t トスレバ

$$t^2=x^2-w^2=x^2-(5-\sqrt[3]{x})^8 \cdots\cdots (6)$$

且ツ　$t^2z^2=x^4 \cdots\cdots\cdots\cdots\cdots\cdots\cdots\cdots\cdots\cdots (7)$

サテ　$\sqrt[3]{y}=20-\sqrt{z}$

$$\therefore \quad xy=x(20^3-3\times20^2\sqrt{z}+3\times20z-z\sqrt{z})=wz$$

$$\therefore \quad 20^3x+(3\times20x-w)z-(3\times20^2+z)x\sqrt{z}=0$$

$$[20^3x+(3\times20x-w)z]^2-(3\times20^2+z)^2x^2z=0$$

$$20^6x^2+2\times20^3(3\times20x-w)xz+(3\times20x-w)^2z^2-9\times20^4x^2z$$
$$-6\times20^2x^2z^2-x^2z^3=0$$

之ヲ　$A+Bz+Cz^2+Dz^3=0$　　トシ，更ニ変形シテ

$(A+Cz^2)+(B+Dz^2)z=0$　　トスル．

即チ　$[20^6x^2+(3\times20^2x^2-6\times20xw+w^2)z^2]-[(2\times20^3xw$
$+3\times20^4x^2)+x^2z^2]z=0$

之ニ遍ク t^2 ヲカケ t^2z^2 ハ x^4 ニ置キカエル（(7)ニヨリ）

$$[20^6x^2t^2+(3\times20^2x^2-6\times20xw+w^2)x^4]-[2\times20^3xw$$
$$+3\times20^4x^2)t^2-x^6]z=0$$

之ヲ　$P-Qz=0$　　トスレバ，

$$P^2-Q^2z^2=0, \qquad P^2t^2-Q^2x^4=0$$

P, Q 中ニハ，t^2，w ヲ含ムガ之等ハ (5) (6) ニヨリ何レモ$\sqrt[3]{x}$デ表ハスコトガ出来ル．カクスレバ此ノ方程式ハ$\sqrt[3]{x}$ニ関シ整方程式トナリ，之ヲ実際ヤツテ見ルト$\sqrt[3]{x}$ノ18次ノ方程式トナル．之ヲ解イテ$\sqrt[3]{x}$ノ値ヲ求メ，次デ x,

y, z ノ値ヲ求メルノデアル．

之等ノ解法ヲ眺メテ見ルト，先ニ連立方程式ノ解法トシテ述ベタモノト何等ノ差異モ認メ得ナイノデアル．

9　分数式及ビ分数方程式

(i)　分数式

和算デハ分数$\frac{乙}{甲}$ヲ表ハスニ甲|乙ノ如クスル．三|二ハ$\frac{2}{3}$，三甲|乙丙ハ$\frac{乙\cdot丙}{3甲}$，

三甲巾再|乙二丙サ　ハ　$\frac{2(乙-丙)}{3^2甲^3}$　デアル，

即チ右傍ハ分子ヲ左傍ハ分母ヲ表ワス，略言スレバ右乗左除デアル．

斯様ナ形式ガ何時頃カラ現ワレタカ先ズソレニ就テ少シク述ベテ見ル．

支那ノ古算書デハ元ノ朱世傑ノ算学啓蒙ノ方程正負門ニ右傍書ガ現ワレテ居ル．即チ次ノヨウデアル，方程正負門ハ現今ノ多元一次連立方程式ニ相当スル部門デ羅，綾，絹一尺ノ価ヲ夫々 x, y, z 銭トスレバ下ノ布算ハ

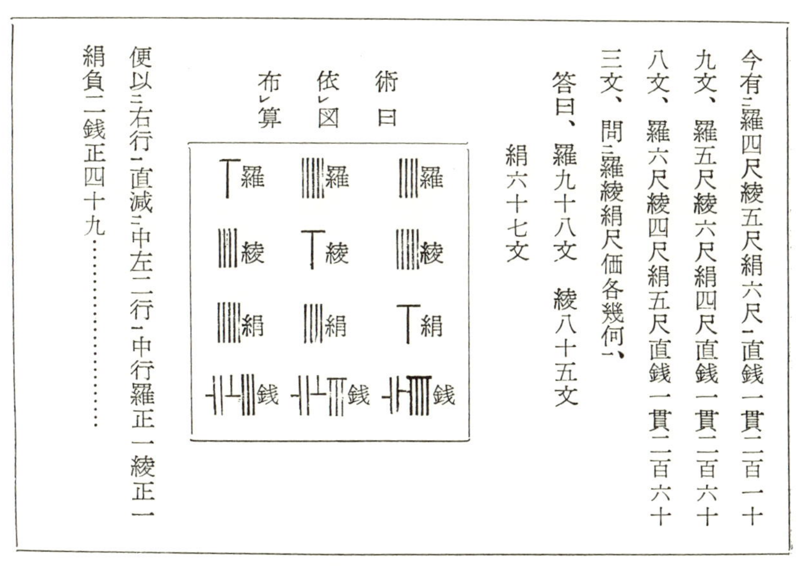
今有ニ羅四尺綾五尺絹六尺一直銭一貫二百一十九文、羅五尺綾六尺絹四尺直銭一貫二百六十八文、羅六尺綾四尺絹五尺直銭一貫二百六十三文、問ニ羅綾絹尺価各幾何一

答曰、羅九十八文　綾八十五文　絹六十七文

術曰　依レ図　布レ算

便以ニ右行一直減ニ中左二行一中行羅正一綾正一絹負二銭正四十九……

$$4x+5y+6z=1219$$

$$5x+6y+4z=1268$$

$$6x+4y+5z=1263$$

ヲ示ス．之ニ対シ現今吾々ノ行ウ様ニ消去ヲ行ツテ一元方程式ヲ作ツテ解クノデアル．

此ノ解法ノ形式ハ和算ニ於テモ踏襲サレ，ズット用イラレタモノデアル．シカシ此ノ傍書ハ単ニコレダケノモノデアルガ，之ガ発微算法演段諺解ノモノニナルト其ノ内容ハ非常ニ豊富デ例エバ

甲乙甲五
巾丙丙
　サ和
　　巾

ハ　5甲^2(乙−丙)(甲＋丙)^{2}ヲ表ワシ猶時ニハ甲乙……ハ単ニアル数ヲ表ワスノミナラズ或ハ式ヲ表ワシテ居ルコトモアルノデアル．カク関ノ傍書ハ全ク現代ノ代数的記法ト同一デアル．然シナガラ本書ニハ未ダ除法形式ハ現ワレテ居ラヌノデアル，本書ノミナラズ関孝和編著ノ何レノ書ニモ左傍書ハ見ラレナイノデアル．（門弟ノ編ンダ関ノ遺稿ト云ワレルモノハ別トシテ）

左傍書ノ現ワレテ居ルノハ井関知辰ノ算法発揮（元禄六年1693）デアル．但シ之ハ右傍書ノ説明デアツテ除法ヲ示シタモノデハナイ，例エバ下巻ニ

勾｜勾勾
巾｜再巾
㊎｜一二
一｜正正
正｜

トアルノハ右傍ノ積ガ勾巾ト角トノ積一段（何段ハ何倍デアル）トナリ，且ツ符号ガ正トナルコトヲ表ワシテ居ルノデアル．

蜂屋定章ノ円理発起（享保十三年1729）ニモ唯一箇所左傍書ガアルガ之モ除デハナク乗デアル，即チ

一｜第斜　半｜斜
段｜数数　段｜数
半｜　巾　　｜巾

トアルノハ何レモ右ノモノニ1.5，0.5ヲ掛ケルコトヲ示シテ居ルノデアル，ソシテ除ヲ表ワスニハ次ノ如キ記号ヲ用イテ居ル．

｜二大径
｜千矢
｜〇巾除
｜四
｜十
｜八
｜分
｜一

$$\left(\frac{(\text{大矢})^2}{2048\text{径}}\right)$$

久氏遺稿（久留島義太(1757 年歿）ノ遺稿ヲ門弟ガ集メタモノ）ノ天之巻ニモ左傍書ガアルガ之モ 四除之｜元巾 ｜四除之 前実 等ノ記号ガ現ワレテ居ル，又同巻ニ 七｜伍 十二｜陸 十四｜径 等トアルガ之等モ除デハナク乗デアル，地ノ巻ニハ

久氏弧背草（年代不明）ニハ

三十二分ノ一｜大径 矢巾 巾除 等ノ記号ガ沢山アルガ之ハ $\frac{1}{32}\times(\text{大矢})^2\div\text{径}^2$ デアル，又 ｜元四 除 巾之 ｜前四 除 実之 ｜四 除五 六除 除

ノ如ク除法ガ表ワサレテ居ル場合モアル．

以上ノモノハ左傍書デアツテモ除ヲ表ワサズ，又右傍書デモ却テ除ヲ表ワスト云ウ過渡期ノモノデアル．従テ何レモマダ分数記号ニハナツテ居ラヌ．ソレガ次ニ挙ゲル諸書カラハ次第ニ右乗左除ノ分数形式ニナツテ来ルノデアル．

松永良弼（1744 年歿）著ノ算法集成（年代不明）巻九立円積ノ所ニハ

剳数除｜貫 剳数再｜｜剳数巾 貫再 円積法 四 等ガ出テ居ル．

之等ハ $\frac{d}{n}$, $-\frac{2\times4\times\frac{\pi}{4}d^3n^2}{n^3}$ ヲ表ワスノデアル．

算法類聚（年代不明）ハ表題ニ関孝和トアルガ増修日本数学史ニハ松永ノ編トアル．所ガ本書ノ巻之三ノ巻末ニハ宝延辛未（1751）皐月下三日，於京都書叶之，山路主任トアリ，又此ノ巻ハ山路ノ贅式演段ト同一ノ内容デアリ，後者ノ巻末ニモ宝延辛未…………ト同様ノコトガ書カレテアル．又本書巻之四ノ終リニモ寛政甲寅（1772）秋九月菅野元健訂書トアル．コレニヨツテ見レバ本書ハ関ノ遺稿ニ関流ノ学者ノ手ガ加エラレタモノデアル．之ニハ左除ノ形式ガハツキリト現レテ居ル（但シ巻三，巻四ニハナイ）

二中勾｜勾勾殳 殳 玄 和　二｜円欠 径勾 欠 殳 玄 和　上下平径差｜下高平 面 径 率　上下面サ｜下平高角 面径 数 再率　等．

山路主任考訂，玉積真術（年代不明，山路ハ1774年歿）ニハ次ノヨウナノガアル．山路ハ松永ノ門人デアル．

六四|||截数　　截数除||径円再責法　　六截数除┬径円再責法　　三截数巾除‖径円再責法　　四截除数除┬　　二除|截数再

同ジク山路編，分合術（年代不明）ニモ唯一箇所　二除||子丑　ガアル．

猶此ノ頃ノ書ト云ワレル編者不明ノモノニ却テ右乗左除ノ形式ガ確立サレテ居ル．

有名ナ関流ノ乾坤ノ巻（仙台本）ニハ

四分ノ一|矢径　　三十二分ノ一径巾|矢再　　二除|斜数　ノ如クアル．

円理弧背術（一名円理綴術）ニハ二次方程式ノ根ヲ無限級数ニ展開スル計算ノ所ニ「左書ハ除又分母，右書ハ乗又分子」ノ注ガ記サレ

三十二径巾|矢再巾　　百五十六径再巾||||矢三巾　　四径|矢三　ノ如ク本書ニ於テハ全ク分数形式ガ整ツテ居ル．唯下巻ニハ　八六径除除除|元矢三五数乗乗乗　ノ如ク書カレテアル所ガ一箇所アル．又係数ヲ表ワスニ算木式ニヤツテ居ル所モアリ数字デシテ居ル所モアル．コレハ本書ノミナラズ分数形式ガ盛ンニ用イラレルヨウニナツタ後々マデモ行ワレタコトデアル．猶本書ハ建部賢弘ノ作デアルト云ウ説モアルガ自分ノ所有スル建部ノ著書中ニハ此ノ右乗左除ノ形式ヲトツテ居ルモノハ一ツモ見当ラヌノデアル．

方布式ハ関流ノ伝書デ作者ハ不明デアルガ松永ガ享保元文ノ間ニ定メタ別伝免許中ニ含マレテ居ルカラ 1744 年ヨリハ以前ノモノデアル．之ニモ右乗左除ノ形式ハ整ツテ居ル．

二除||||平　　五七|立三二差　　七||||立三差　　等．

右乗左除ノ分数形式ガ真ニ確立サレ盛ンニ使用サレルヨウニナツタノハ，有馬頼徸ノ拾璣算法（1766）ヤ．会田安明ノ算法天生法発端（1765）等カラデアル．拾璣算法ニ就テハ既ニ述ベタガ会田ハ天生法発端ノ序ニ次ノ如ク述ベテ居ル（増修日本数学史ニヨル）．

「天元演段等ノ術意ハ常ニ乗ズルコトノミ用ヒテ除クコトヲ不用是ヲ人体ニ譬ヘバ片手ヲ用ヒテ雙手ヲ用ユルコト不能ガ如ク鳥ニ譬ヘバ片羽ヲ以テ飛行ナサント欲スルガ如シ甚ダ不自由ナルコトヲ知ル也故ニ余仮リニ除ヲ用イテ矩合適当ヲ求メ…」会田ハ既ニ引用シタ算法天生法指南（文化七年1810）ノ序文ニモ同様ノコトヲ述ベテ居リ天生法定則中ニモ除法ノ分数形ヲ明示シテ居ルノデアル．

（ii） 分数方程式

斯様ニシテ分数形式ガ広ク使用サレルヨウニナルト勢イ問題ヲ解クニモ分数方程式ヲ使用スルヨウニナツテ来ルノハ自然ノ理デアル．シカシ其ノ解法ニ就テハ何等特筆スベキコトハナク，唯分母ヲ払ツテ整方程式ニ直シテ解クト云ウダケデ根ノ吟味ヲ試ミルト云ウヨウナコトハナイノデアル．又複雑ナ分数方程式ナドモナク，分数式ノ計算等モ先ニ記シタ通分母程度ノモノヨリ見当ラナイ．次ニ二三ヲ例示シテミル．

坂部ノ点竄指南録第八十四

上下の米あり只云上米より下米は金一両に付一斗やすし．又云上米より下米は一石に付銀二匁五分安し別云銀相場六十目なり各何ほどゝ問．

答曰　金一両に付上米一石五斗　下米一石六斗

之ヲ次ノヨウニ解ク．

一両ニツキ上米ヲ x 石トスレバ下米ハ $x+0.1$ 石デアル．

又上米一石ノ代ハ $\dfrac{60}{x}$（匁）（金一両ハ銀60匁デアルカラ）

故ニ下米一石代ハ $\dfrac{60}{x}-2.5$ デアリ又 $\dfrac{60}{x+0.1}$ デアル．仍テ

$$\frac{60}{x}-2.5=\frac{60}{x+0.1}$$

分母ヲ払イ之ヲ解イテ $x=15$ ヲ得ル.

同第九十一

新古の二田あり只云古田高より新田高は多きこと二十五石，又云古田厘七つ二分，新田厘五つ．別云古田高を以て新田取米を除く厘と新田高を以古田取米を除く厘と各ひとし．高をよび取米各いかほどゝ問.

答曰　古田高百二十石，古田取米九十石

新田高百五十石，新田取米七十五石

年貢ノ問題デアル．高ニ応ジテ取米ヲ定メル．其ノ率ヲ厘ト云ウ．七ツ二分ハ七割二分デアル．之ヲ次ノ如ク解ク.

古田高ヲ x 石トスル，新田高ハ $x+25$ 石デアル，依テ

古田取米ハ　$0.72x$.　　　新田取米ハ　$0.5(x+25)$

$$\therefore\quad \frac{0.5(x+25)}{x}=\frac{0.72x}{x+25},\qquad (x+25)^2=\frac{0.72}{0.5}x^2$$

$$x+25=\frac{\sqrt{0.72}}{\sqrt{0.5}}x,\qquad \left(\frac{\sqrt{0.72}}{\sqrt{0.5}}-1\right)x=25,\qquad x=120$$

同九十二，九十三モ同種ノ問題デアル.

会田ノ天生法指南巻之一ニハ次ノ問題ヲ解ク.

今有㆓上下米㆒只云上米一十〇石五斗下米一十三石六斗此価金三十二両又云金一両差米一斗問㆓米相場及各価金幾何㆒，

答曰　上米価金一十五両

上米ノ代金ヲ x 両トスル.

$$\frac{105}{x}\cdots\cdots\text{上米相場},\qquad \frac{105}{x}+1\cdots\cdots\text{下米相場},$$

$$\frac{136}{\frac{105}{x}+1}+x=32,\qquad \text{即チ}\qquad 136+x\left(\frac{105}{x}+1\right)=32\left(\frac{105}{x}+1\right)$$

之ヲ解イテ $x=15$ ヲ得ル.

同巻ノ二

今有^{ニ}如^{レ}図直線載^{ニ}四円^{一}，只云甲円径$\frac{二十}{五寸}$乙円径$\frac{一十}{五寸}$載高$\frac{六十}{寸}$問^{ニ}丁円径幾何^{一}，

答曰　丁円径一十六寸

此ノ前題ニ甲円径 (d_1)，乙円径 (d_2)，截高 (h) ヲ知ツテ丙円径ヲ求メル問題ガアル．ソノ結果ニヨレバ

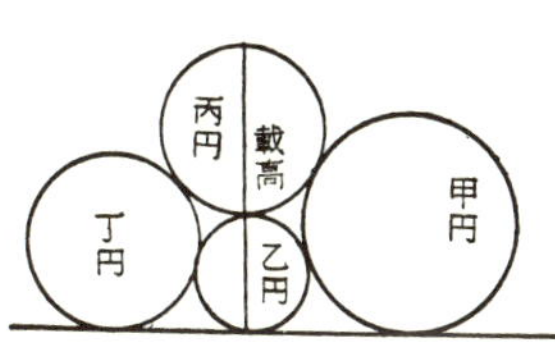

$$丙円径=\frac{[(d_1+d_2)h-d_1d_2]^2}{4d_1d_2h}$$

デアル．仍テ今丁円径ヲ y トスレバ同様ニ

$$丙円径=\frac{[(y+d_2)h-d_2y]^2}{4d_2hy}$$

此二式ヨリ

$$\frac{[(y+d_2)h-d_2y]^2}{y}=\frac{[(d_1+d_2)h-d_1d_2]^2}{d_1}$$

$$[(y+d_2)h-d_2y]\sqrt{d_1}=[(d_1+d_2)h-d_1d_2]\sqrt{y}$$

之ヲ変形シ

$$(\sqrt{d_1}-\sqrt{y})d_2\sqrt{d_1}\sqrt{y}-(\sqrt{d_1}-\sqrt{y})h\sqrt{d_1}\sqrt{y}$$
$$+(\sqrt{d_1}-\sqrt{y})hd_2=0$$

$$\therefore\quad \sqrt{d_1}(h-d_2)\sqrt{y}=hd_2$$

$$\sqrt{y}=\frac{hd_2}{\sqrt{d_1}(h-d_2)}\qquad \therefore\quad y=\frac{h^2d_2^2}{d_1(h-d_2)^2}$$

同巻ノ三ニハ

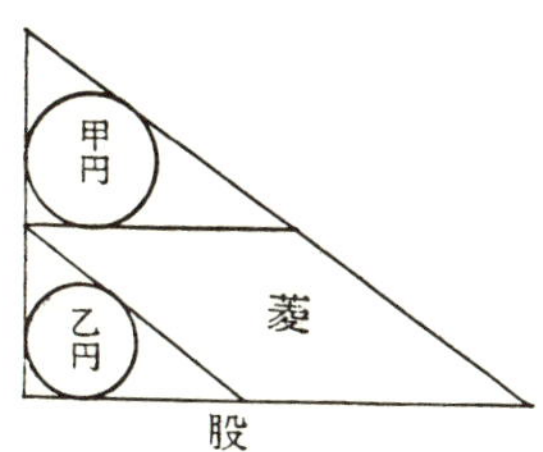

今有^{ニ}如^{レ}図勾股内容^{ニ}菱及甲乙円^{一}．只云甲円径$\frac{二十}{五寸}$乙円径$\frac{二十}{四寸}$問^{ニ}股幾何^{一}．

答曰　股一百九十六寸

勾，殳，玄ヲ x, y, z, 菱形ノ一辺ヲ w, 甲円径乙円径ヲ d_1, d_2 トスル．d_1 d_2 ヲ知

ツテ y ヲ求ムル問題デアル.

$$\frac{y}{d}=\frac{w}{d_1} \qquad \therefore \quad w=\frac{d_1y}{d} \qquad (1)$$

同様ニ $$y-w=\frac{d_2y}{d} \qquad \therefore \quad w=y-\frac{d_2y}{d} \qquad (2)$$

(1) (2) ヨリ　$d=d_1+d_2$ ………………(a)

ヲ得ル. 次ニ

$$\left.\begin{array}{l} z+d=x+y \\ x^2+y^2=z^2 \end{array}\right\}$$ ヨリ z ヲ求メルト

$$z=y+\frac{d^2}{2(y-d)} \cdots\cdots\cdots\cdots (b)$$

又　$\dfrac{z}{d}=\dfrac{w}{d_2}$　及ビ　$w=\dfrac{yz}{y+z}$　カラ

$$\frac{d_2}{d}=\frac{y}{y+z} \cdots\cdots\cdots\cdots (c)$$

$(b)(c)$ ヨリ z ヲ消去スレバ

$$dy=d_2\left(2y+\frac{d^2}{2(y-d)}\right)$$

之ヲトイテ y ヲ求メル. 分母ヲ払イ d ヲ d_1+d_2 デ置キカエルト

$$2(d_1-d_2)y^2-2(d_1-d_2)(d_1+d_2)y-d_2(d_1+d_2)^2=0$$

$$y=\frac{d_1+d_2}{2}+\frac{(d_1+d_2)\sqrt{d_1+d_2}}{2\sqrt{d_1-d_2}}$$

大原ノ点竄指南巻之中ニ

今有ニ如レ図勾股内容ニ方及中勾一. 只云大積四寸小積一寸. 問ニ方積幾何一.

答曰　方積四寸

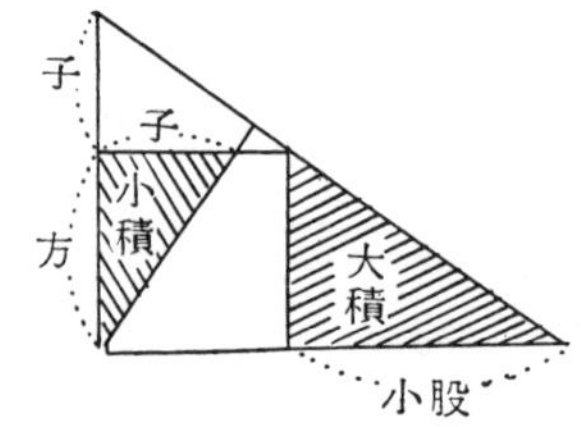

大積ヲ s_1, 小積ヲ s_2, 方ヲ x トスル.

$$小股=\frac{2s_1}{x}, \quad 子=\frac{2s_2}{x}$$

又　方：子＝小股：方　∴　方^2＝子×小股

$$\therefore \quad x^2=\frac{4s_1s_2}{x^2} \qquad \therefore \quad x^2=2\sqrt{s_1s_2}$$

10 盈朒術ト統術

(i) 序 論

過不足算ハ支那ノ古算書ニハ盈不足又ハ盈朒ト呼バレテ一ツノ部門ヲナシテ居ル．例エバ次ニ紹介スル九章算術デハ方田第一，粟米第二，衰分第三，少広第四，商功第五，均輸第六，盈不足第七，方程第八，句股第九ノ九部門ニ分ケラレテ居ル如キデアル．（算術ノ問題ヲ斯様ニ分類スルコトハ此ノ書ナドガ源ニナツテ，支那デモ，之ヲ伝ヘラレタ我国ニ於テモズツト行ハレタモノデアル．但シ時代ト共ニ多少名称ガカハツタリ部門ノ数ガ増減シタリハシテ居ル．）

支那ノ古算書ニ現ハレテ居ル過不足算ノ特徴ハ所謂過不足算ノ形式ヲ備エタ問題ノミニ限ラズ，現今ナラバ他ノ名称デ呼ビ他ノ解方ヲ以テスルヨウナ問題マデモ或仮定ノモトニ之ヲ過不足算ノ問題ニ直シテ取扱ツテ居ルコトデアル．従ツテ或ル場合ニハ其ノ解法ガ大辺面白イト思ウコトモアルガ又或場合ニハ甚ダ迂遠デ拙解デアルト思ウコトモアル．又解方ヲ一定ノ形式ニ嵌込ム故其説明ニ困難ヲ感ズルコトモ往々ニシテアルノデアル．

和算ニ於テハ単ニ支那カラ輸入シタ方法ヲ祖述シタノミニ止ラズ更ニ之ヲ大ニ発展セシメタモノデアル．元来算術ノ所謂過不足算ハ之ヲ方程式ニヨツテ解ケバ其ノ方程式ハ一次方程式トナル．所ガ和算デハ二次，三次ノ方程式ニヨツテ解クベキ問題ニ対シテモ猶或仮定ノモトニ之ヲ過不足算ニ化シ，夫々ノ公式ニヨツテ形式的ニ之ヲ解クコトヲ試ミタノデアル．松永良弼ノ統術ノ如キハソレデアル．又中根彦循ノ開方盈朒術ノ如キハ高次方程式ヤ無理方程式ノ根ヲ求メル一種ノ反復法デアルガ，其ノ考ハヤハリ過不足算ニ源ヲ発シテ居ル．三次方程式ノ近似的解法ヲ述ベタ坂部広胖ノ立方盈朒術モ亦然リ．更ニ川井久徳ノ開式新法モ盈朒術ノ発展シタモノト見ルコトガ出来ル．此ノヨウニ和算デハ所謂過不足算カラ発シテ遂ニ高遠ナル術理ヲ説ク方程式論ニマデ進展シタモノデアル．ココデハ支那古代ノモノカラ起ツテ此ノ発展ノ経過ヲ一通リ紹介シテ見タイト思ウノデアル．

(ii)　支那ノ古算書ニ見エル盈朒術

九章算術ノ巻七盈不足ニ次ノ問題ガアル．

今有㆓共買㆑物人出㆑八盈㆑三、人出㆑七不㆓足四㆒、問㆓人数物価各幾何㆒、
答曰　七人　物価五十三
今有㆓共買㆑鶏人出㆑九盈㆓十一㆒、人出㆑六不㆓足十六㆒、問㆓人数鶏価幾何㆒、
答曰　九人　鶏価七十
今有㆓共買㆑璡、人出㆑半盈㆑四、人出㆓少半㆒不㆓足三㆒、問㆓人数璡価各幾何㆒、
答曰　四十二人　璡価十七
（璡ハ玉ニ似タ一種ノ石、半ハ二分ノ一、少半ハ三分ノ一デアル）
今有㆓共買㆑牛、七家共出㆓一百九十㆒不㆓足三百三十㆒、九家共出㆓二百七十㆒盈㆓三十㆒、問㆓家数牛価各幾何㆒、
答曰　一百二十六家　牛価三千七百五十
（之等ノ問題ハ何レモ盈ト不足トノアル場合デアル、ソシテ之等ノ解方ニ就テハ次ノ如ク云ッテ居ル、）
術曰、盈不足相与同共買㆑物者、置㆓所㆑出率㆒、盈不足各居㆓其下㆒、令㆑維㆓乗所㆑出率㆒并以為㆑実、并㆓盈不足㆒為㆑法、有㆑分者通㆑之、副㆓置所㆑出率㆒以㆑少減㆑多余以約㆓法実㆒、実為㆓物価㆒、法為㆓人数㆒、
其一術曰、并㆓盈不足㆒為㆑実置㆓所㆑出率㆒以㆑少減㆑多余為㆑法、実如㆑法而一得㆓人数㆒、以㆓所㆑出率㆒乗㆑之、減㆑盈増㆓不足㆒即物価、

各人ノ出ス金額（所出率）八，七ヲ置キ其ノ下ニ各余リト不足トヲ置キ之ヲ七，八ニ維乗シテ（スジカヒニ掛ケル）積ヲ加エテ実トスル．

七	╲╱	四不足	実　$7\times3+8\times4=53$
八	╱╲	三余	余リ三ト不足四トヲ加エテ法トスル．即チ
			法　$3+4=7$

モシ分数ガ入ッテ居ルトキハ同分母ニシテ置ク，次ニ所出率ノ差ヲ作ル．

差　$8-7=1$

差デ実ヲ約セバ物価トナリ，法ヲ約セバ人数トナルト云ウノデアル．人数ヲ出ス仕方ハ分リ易イガ価ヲ出ス仕方ハ分リニクイ．維乗ト云ウコトハ支那ノ数学デモ我国ノ数学デモ色々ノ場合ニ盛ニ使ツタモノデアルガ此処ノ如キハ算術的説明ニ誠ニ困難ヲ感ズルノデアル．註ヲ読ンデ見ルト斯様ニスルノハ過不足ヲ

同数ニスルタメダトアル．即チ四倍及ビ三倍ノ物価ヲ考ウレバ

四倍ノトキ．各人三十二ヲ出セバ　十二余リ

三倍ノトキ．各人二十一ヲ出セバ　十二不足ス

仍テ七倍ノトキ．各人五十三ヲ出セバ　余リモナク不足モナイ．所デ人数ハ

$\frac{7}{4-3}$ デアルカラ物価ハ $\frac{53}{4-3}=53$ デアル．

此ノ考ニハ余程代数的ノモノガアル．次ノ第八巻ハ方程デアルガ之ハ現今ノ一次ノ連立方程式解法ニアタル．其ノ方法ハ現今ノ消去法ト全ク同様デアル．ソシテ計算ノ形式モ此処ノト類似シテ居ル．斯様ニ此ノ辺ニハ代数的ノ萠芽ガ表ワレテ居ルヨウニ思ウ．

第一術(別術)ノ人数ヲ出ス方法ハ前術ト同様デアルガ物価ヲ出ス方法ハ前ヨリ簡単デ且ツ分リ易イ．ニモ拘ラズ九章以後ノ算書ニハ多ク前術ノ方ガ採ラレテ居ルノデアル．

算学啓蒙ハ元ノ朱世傑ノ作デアル（大徳三年，一二九九）．有名ナ算書デ我ガ国ヘハ徳川ノ初期ニ入ツテ大行ニワレタモノデアル．建部賢弘ハ元祿元年（1688）ニ此ノ書ノ諺解ヲ作リ算学啓蒙諺解大成ト名付ケタ．其ノ中ニ前術ノ物価ヲ求メル方法ヲ次ノヨウニ図解シテ居ル，問題モ算学啓蒙ノモノニ拠ルコトトスル．

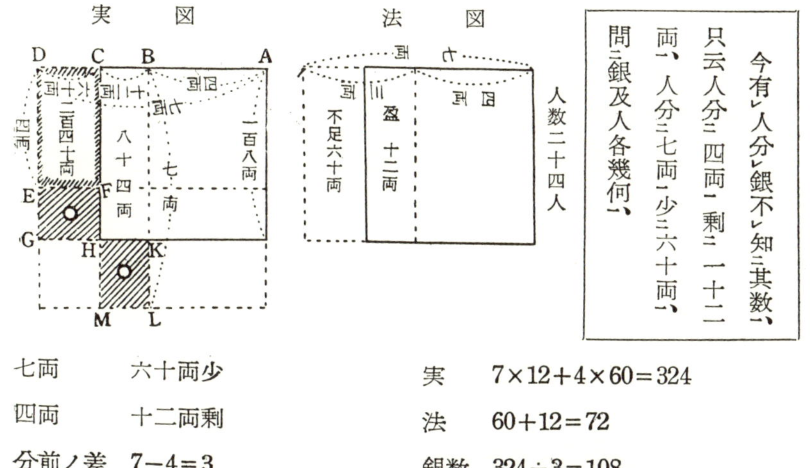

七両　　六十両少　　　実　$7\times12+4\times60=324$

四両　　十二両剰　　　法　$60+12=72$

分前ノ差　$7-4=3$　　銀数　$324\div3=108$

人数　　$72\div 3=24$

実図ハ銀数ヲ求メル図解デアル．（A, B……ハ著者ノ附加シタ記号）

AB, AD ヲ四両，七両トシテ居ルガ実ハ $4x$ 両，$7x$ 両（x ハ人数）デアル．DE, BL モ同様デアル．従テ

CBLM ノ 84両ハ　$84x$両．

DCFE ノ　240両ハ　$240x$両デアル．

○印ノ面積ハ何レモ 12×60 デアルカラ HKLM ヲ EFHG ト入レカエルト DBKG ガ $84x+240x$．之ヲ GK ノ $3x$ デワルト CH ノ長サ 108 ヲ得ル．

カク此ノ図解ハ代数的ニ考エヌト理解シニクイノデアル．人数ヲ求メル法図ノ方ハ問題ハナイ．

更ニ話ヲ九章ニ戻シテ両盈，両不足ノ場合ニ移ル．

今有㆓共買フ金．人出㆓四百㆒盈㆓三千四百㆒．人出㆓三百㆒盈㆓一百㆒．問㆓人数金価各幾何㆒．

答曰　三十三人　　金価九千八百

今有㆓共買フ羊．人出㆑五不㆓足四十五㆒．　人出㆑七不㆓足三㆒．問㆓人数羊価各幾何㆒．

答曰　二十一人　　羊価一百五十

共ニ余リ又ハ共ニ不足スル場合ヲ両盈又ハ両不足ト云ウ．此場合ニハ各人ノ出ス金額ヲ置キ其下ニ余リ又ハ不足ヲ置キ維乗シテ多ヨリ少ヲ減ジ実トスル．余リ又ハ不足ノ差ヲ法トスル．又出金額ノ差ヲ求メ之デ実ヲ約シテ物価トシ，法ヲ約シテ人数トスルノデアル．或ハ人数ヲ求メタナラバ出金額ニ之ヲ乗ジ余リヲ減ジ又ハ不足ヲ増シテ物価トスルノデアル．

今有㆓共買フ豕．人出㆓一百㆒盈㆓一百㆒人出㆓九十㆒適足．問㆓人数豕価各幾何㆒．

答曰　一十人　　豕価九百

今有㆓共買フ犬．人出㆑五不足九十．人出㆓五十㆒適足．問㆓人数犬価各幾何㆒．

答曰　二人　　犬価一百

カカル問題ヲ盈適足，不足適足ト云ウ．此ノ場合ニハ盈又ハ不足ヲ実トシ出金

額ノ差ヲ法トシテ割算ヲシ商ヲ人数トスル．ソシテ適足額ニ人数ヲカケテ物価トスルト云ツテ居ル．

以上デ過不足算ニ出テ来ル問題ノ総テノ型ヲ挙ゲテ其ノ解法ヲ示シ終ツタ訳デアル．次ニ一見過不足算ト思ワレヌ問題ヲ二ツノ仮定ノ下ニ之ヲ過不足算化シテ解ク例ヲ二三挙ゲテ見ヨウ．

（一）　今有㆔米在㆓十斗桶中㆒．不㆑知㆓其数㆒．満㆓中添㆒㆑粟而舂㆑之得㆓米七斗㆒．問㆓故米幾何㆒．

答曰　二斗五升

米ガ十斗桶中ニ若干入レテアル．ソコヘ籾（粟ハ籾ノコト）ヲ入レテ満シ後之ヲ米ニシタラバ米七斗ヲ得タト云ウ．モト有ツタ米ハ何程カト云ウ問題デアル．但シ籾一斛ノ殻ヲ去レバ米六斗ヲ得ルモノトシテ居ル．

先ズモト米ガ二斗入ツテ居タトスレバ籾ハ八斗入レタコトトナルカラ之レカラ米四斗八升ヲ得ル．モトノ米ト合セテ六斗八升トナルカラ問題ノ七斗ニ対シテハ二升不足スル．又若シモトノ米ヲ三斗トスレバ籾ハ七斗トナリ之レカラ米四斗二升ヲ得ルカラモトノ米ト合セテ七斗二升トナリ問題ノ七斗ニ対シテハ二升余ル．即チモトノ米ヲ二斗トスレバ二升不足シ，モトノ米ヲ三斗トスレバ二升余ル，仍テ過不足算デ次ノ如ク解ク．

三斗　二升余
二斗　二升不足

$$\frac{30\times2+20\times2}{2+2}=25$$

（二）　今有㆑垣．高九尺．瓜生㆓其上㆒蔓日長㆓七寸㆒．瓠生㆓其下㆒蔓日長㆓一尺㆒．問㆓幾何日相逢，瓜瓠各長幾何㆒．

答曰　五日十七分日之五，瓜長三尺七寸十七分寸之一

瓠長五尺二寸十七分寸之十六

仮リニ五日トシテ見ルト瓜ノ蔓ハ三尺五寸下ニ垂レ，瓠ノ蔓ハ五尺上ニ延ビル故，合セテ八尺五寸トナリ垣ノ高サ九尺ニ五寸足ラヌ，之ヲ若シ六日トスレバ合セテ一丈二寸トナルカラ一尺二寸余ル．仍テ

六日　一尺二寸余
五日　五寸不足

$$\frac{6\times5+5\times12}{5+12}=5\frac{5}{17}\quad(\text{日})$$

（三）今有下蒲生二一日長三尺一莞生中一日長一尺上．蒲生二日自半一莞生二日自倍一．問二幾何日而長等一

答曰　二日十三分日之六．各長四尺八寸十三分寸之六

蒲ハ初日三尺，次ノ日一尺五寸，又次ノ日七寸五分ト前日ノ半分宛延ビル（日自半）．莞ハ初日一尺，次ノ日二尺，又次ノ日四尺ト前日ノ二倍宛延ビル（日自倍）．然ラバ両者ハ何日デ等長トナルカト云ウノデアル．

仮リニ二日トスレバ蒲ハ四尺五寸莞ハ三尺トナルカラ莞ハ一尺五寸不足，之ヲ三日トスレバ蒲ハ五尺二寸半莞ハ七尺トナルカラ莞ハ一尺七寸半余ル．ヨツテ過不足算トシテ前ノヨウニ解ク．

（四）今有二醇酒一斗直銭五十，行酒一斗直銭一十一．今将三銭三十得二酒二斗一．問三醇行酒各得二幾何一．

答曰　醇酒二升半．行酒一斗七升半

仮リニ醇酒ヲ五升トシテ見ルト此ノ価ハ二十五，ソシテ行酒ハ一斗五升トナルカラ此ノ価ハ十五，合セテ四十トナツテ問題ノ銭三十ヨリ十余ル．次ニ醇酒ヲ二升トシテ見ルト行酒ハ一斗八升，価ノ合計ハ二十八デ三十ニハ二足ラヌ．仍テ

二升　二不足
五升　十余

$$\frac{2\times10+5\times2}{10+2}=2.5\quad(\text{醇酒})$$

（五）今有下大器五小器一容二三斛一．大器一小器五容中二斛上．問三大小器各容二幾何一．

答曰　大器容二十四分斛之十三，小器二十四分斛之七

仮リニ大器ガ五斗入ルトスレバ大器五小器一デ三斛入ルカラ小器モ亦五斗入ルコトトナリ，大器一小器五デハ三斗トナル．仍テ問題ノ二斛ニ比シ一斛余ルコトトナル．次ニ大器ガ五斗五升入ルトスレバ小器ハ二斗五升入ルコトトナリ大器一小器五デハ一斛八斗トナリ問題ノ二斛ニハ二斗不足スル．即チ大器ガ

五斗五升入ルトスレバ二斗不足
五斗入ルトスレバ十斗余

$$\frac{5.5\times10+5\times2}{10+2}=\frac{65}{12}(\text{斗})=\frac{13}{24}(\text{斛})$$

（六）　今有㆓玉方一寸重七両．石方一寸重六両㆒．今有㆓石立方三寸㆒中有㆑玉并㆑重十一斤．問㆓玉石重各幾何㆒．

答曰　玉十四寸重六斤二両，石十三寸重四斤十四両

（立方三寸ハ三寸立方，答ノ十四寸ハ十四立方寸ノコト，又一斤ハ十六両，一両ハ二十四銖デアル．）

仮リニ全部ヲ玉トスレバ重サガ百八十九両トナルカラ問題ノ十一斤（百七十六両）ヨリハ十三両多イ．又全部ヲ石トスレバ百六十二両トナルカラ十四両少イ．玉ト石トノ一立方寸ノ重サノ差ハ一両デアルカラ十四立方寸ヲ玉トシ十三立方寸ヲ石トスル．

（七）　今有㆓黄金九枚白銀十一枚㆒．称㆑之重適当．交㆓易其一㆒金軽㆓十三両㆒．問㆓金銀一枚各重幾何㆒．

答曰　金重二斤三両十八銖，銀重一斤十三両六銖

仮リニ金一枚ノ重サヲ三斤トスレバ銀一枚ノ重サハ二斤十一分ノ五トナルカラ一枚ヲ交換スレバ金ノ方ハ十一分ノ十二斤即チ十七両十一分ノ五軽クナル．之ヲ問題ノ十三両ニクラベルト四両十一分ノ五多イ．

次ニ金一枚ノ重サヲ二斤トスレバ金ノ方ハ十一両十一分ノ七軽クナリ，問題ノ十三両ニクラベルト一両十一分ノ四少イ．

即チ三斤トスレバ四両十一分ノ五多ク，二斤トスレバ一両十一分ノ四少イ，仍テ過不足算デ金一枚ノ重サヲ得ル．

（八）　今有㆓良馬与駑馬㆒．発㆓長安㆒至㆑齊．齊去㆓長安㆒三千里．良馬初日行㆓一百九十三里㆒日増㆓十三里㆒．駑馬初日行㆓九十七里㆒日減㆓半里㆒．良馬先至㆑齊復還迎㆓駑馬㆒．問㆓幾何日相逢及各行幾何㆒．

答日　十五日一百九十一分日之一百三十五而相逢，良馬行四千五百三十四里一百九十一分里之四十六，駑馬行一千四百六十五里一百九十一分里之一百四十五

仮リニ十五日トシテ見ルト良馬駑馬ノ行程ハ

良　馬　$\{193+(193+13\times14)\}\div2=284$　（一日平均）

$284\times15=4260$

駑　馬　$\{97+(97-0.5\times14)\}\div2=93.5$　（　〃　）

$93.5\times15=1402.5$

故ニ合計ハ六千里ニ足ライコト三百三十七里半デアル.

モシ十六日トスレバ同様ニ計算シテ一百四十里余ル. 玆ニ於テ過不足トシテ日数ヲ求メルト前記ノ答数ヲ得ル.

又両馬ノ行程ヲ出スニハ

良　馬　$193+13\times15=388$

$$4260+388\times\frac{135}{191}=4534\frac{46}{191}$$

駑馬ノ方モ同様ニ得ラレル.

以上ノ解ハ総テ本書ノ術ヤ註ニヨツテ書イタモノデアル. (三) ヤ (八) ハ級数ノ問題デアルガ(八)ノ計算中ニハ等差級数ノ和ノ公式

$$S=\frac{n}{2}(a+l)$$

ガアラワレテ居ルコトハ注目スベキデアル. 尤モ此ノ計算ハ術ノ方ニハ記サレテ居ラズ, 註ノ方ニヨツテヤツタノデアルガ兎ニ角相当古クカラ此ノ計算法ガ知ラレテ居タコトガワカル.

猶ココニ注目スベキコトハ(三)ト(八)トハ他ノ問題トハ趣ヲ異ニシテ居ルコトデアル. 之等ノ問題ヲ方程式ニヨツテ解ケバ(三)(八)以外ハ総テ一次方程式デ解ケルノデアルガ(八)ハ二次方程式, (三)ハ指数方程式ニヨラネバナラヌ. 求メル数ガ一次方程式ノ根トナルトキハ次ニ示スヨウニ総テ過不足算ノ形式デ解クコトガ出来ル.

今方程式ヲ　$f(x)=ax+b=0$　トシ

$x=x_1$ ノトキノ $f(x)$ ノ値ヲ $f(x_1)$

$x=x_2$　〃　$f(x_2)$ トスレバ

$$x=\frac{x_1f(x_2)-x_2f(x_1)}{f(x_2)-f(x_1)}\cdots\cdots\cdots\cdots\cdots\cdots\cdots(1)$$

トナル．何トナレバ

$$f(x_1)=ax_1+b,\qquad f(x_2)=ax_2+b$$

$$\therefore\qquad x_1f(x_2)-x_2f(x_1)=b(x_1-x_2)$$

$$f(x_2)-f(x_1)=a(x_2-x_1)$$

$$\therefore\qquad \frac{x_1f(x_2)-x_2f(x_1)}{f(x_2)-f(x_1)}=-\frac{b}{a}$$

即チ　$ax+b=0$　ノ根トナルカラデアル．

(1) ハ之迄トリ来ツタ計算法ヲ示ス式デアル．

此処ニ使ツタ x_1 x_2 ハ全ク任意アアル． 所ガ求メル数ガ二次方程式ノ根トナルヨウナ場合ニハ任意ノ x_1,x_2 ニ対シテ (1) ノ如ク計算シテモ決シテ根ハ得ラレナイノデアル（此ノコトハ次ノ統術デ詳シク述ベルコトトスル）例エバ(八)ヲ

二日トスレバ何里余ル．

三日トスレバ何里余ル．故ニ………

ノ如ク進ンダノデハ決シテ正シイ答数ハ得ラレヌ．此ノ場合ニハ必ズ十五日ト十六日トヲ選マネバ (1) ノ如ク計算シテモダメデアル． 即チ十五日ヲ選ムコトハ此ノ問題ノ解ニハ重要ナコトデ之ガ出来レバ此ノ問題ハ七分通リ解ケタコトニナル．

求メル日数ヲ x トシテ方程式ヲ作レバ

$$\frac{x}{2}\left[198\times2+13(x-1)\right]+\frac{x}{2}\left[97\times2-\frac{1}{2}(x-1)\right]=3000\times2$$

簡単ニシテ

$$5x^2+227x-4800=0$$

之ヲ解キ根ガ整数トナレバ直チニソレガ答数ヲ与エ，整数トナラネバ其ノ整数部分ヲトツタモノガ十五日デアル．本書ニハ之ヲ如何ニシテ求メタカハ何モ記シテナイ．

此ノ時代ニハ斯様ナ点ニ就テドノ程度迄気付テ居タカ書物ノ上カラハ何等知ルコトハ出来ナイガ，徳川時代ノ和算ニ於テハ明カニ其ノ相違ニ着眼シ，此等

ハ全ク別種ニシテ取扱ツテ居ルノデアル．此ノコトハ次ノ統術ノ所デ論ズル．

孫子算径ハ作者ハ不明デアルガ随分古イ支那ノ算書デアル．九章算術ノ如ク唐代明算科用書ノ一ツデアリ，又我国ヘモ早ク伝ツテ居ル．算法統宗ハ明ノ程大位ノ作デアル（万暦二十一年，1593），算学啓蒙ニ類シタ書デ我国ヘハ豊臣時代ニ入ツテ大ニ用イラレタモノデアル．之等ノ書ニ出テ居ル盈不足ノ問題デ一寸変ツタモノヲ抜記シテ見ル．

孫子算経

今有ミ人盗ニ庫絹一、不レ知ニ所レ失幾何一、但聞ニ草中分レ絹．人得ニ六匹一盈ニ六匹一，人得ニ七匹一不ニ足七匹一，問ミ人絹得ニ幾何一．

答曰　賊一十三人　絹八十四匹

術曰．先置ニ人得六匹於右上盈六匹於右下一，後置ニ人得七匹於左上．不足七匹以左下一，維ニ乗之一，所レ得并レ之為レ絹．并ニ下盈不足一為レ人．

（コノ問題ハ盗人算ナドト呼バレテ後々マデ伝エラレテ居ル）

今有ニ百鹿入レ城、家取ニ一鹿一不レ尽．又三家共ニ一鹿一適尽．問ニ城中家幾何一．

答曰　七十五家

（鹿百疋ヲ家毎ニ一疋宛分ケタ所ガ余ツタ、ソコデ更ニ三軒ニ一疋宛分ケタラバ恰度尽キタト云ウノデアル）

今有ニ三人共車一車空．二人共車九人歩一．問ニ人与レ車各幾何一．

答曰　一十五車　三十九人

今有レ木不レ知ニ長短一．引レ縄度レ之余ニ縄四尺五寸一，屈レ縄量レ之不ニ足一尺一．問ニ木長幾何一．

答曰　六尺五寸

算学啓蒙

今有レ人携レ酒遊レ春．不レ知ニ其数一．只云遇レ務而添レ酒一倍．逢レ花而飲三斗四升．今遇レ務逢レ花俱各四次．酒尽壺空．問ニ元携酒幾何一．

答曰　三㪷一升八合七勺半

術曰．仮令ニ元酒三㪷二升一有ニ余二升一．令ニ之元酒三㪷ニ不ニ足三㪷一．乃以ニ盈不足術一求レ之．依レ図布レ算．

三　㪷	少　三　㪷
三㪷二升	盈　二　升

維乗上二位相併得ニ一碩二升ニ為レ実．以ニ盈不足一相併得ニ三㪷二升一為レ法．実如レ法而一合レ問．

（算学啓蒙諺解大成ニハ務ニ遇ウトハ会ナドヲシテ我ガ番ニアタリタルコトナリトアル．花見ノ宴ニ自分ガ幹事トナツタカラ酒壺ヲ元入ツテ居タ分量ノ二倍ニシテ出掛ケ三斗四升飲ンデ帰ツタ．此ノ如キコトヲ四度シタトキ酒ガ全クナクナツタト云ウノデアル．）

今有二鷺鴨九十九隻一直銭九百二文．只云鷺九隻直銭一百二十三文一、鴨六隻直銭四十六文．問三二色及各価幾何一．

答曰　鷺二十四隻　直銭三百二十八文

　　　鴨七十五隻　直銭五百七十五文

算法統宗

（本書ニハ盈朒章第七ノ始メニ盈朒歌ト云ウモノガノツテ居ル、算法ヲ歌ニシタモノデアル、昔ハ算法ヲ歌ニシテ記憶スルト云ウコトガ行ワタタモノデアル．）

算家欲レ知二盈不足一．両家互乗併為レ物．併二盈不足一為二人実一．分率相減余為レ法．法除二物実一為二物価一．法除二人実一人数目．

仮如．井不レ知レ深．先将二縄三摺入一レ井．縄長二四尺一．後将二縄四摺入一レ井亦長二一尺一．問二井深及縄長各若干一．

答曰　井深八尺　縄長三丈六尺

仮如買レ田．取二銀三分之二一．盈二三両一．取二銀五分三一．不二足一両一．問二総銀及田価一．

答曰　総銀六十両　田価銀三十七両

昨日沽レ酒探二親朋一．路遠迢遙有二四程一．行過一程添二一倍一．却被三安童盗二六升一．行到二親家門裡面一．半点全無レ在二酒瓶一．借問高明能算者．幾何原酒要二分明一．

答曰　原酒五升六合二勺五抄

（算学啓蒙ノ問題ヲ作リカヘタモノデアル、詩ノ如ク書テ居ル所ハ面白イ．次ノモノモ亦ソウデアル．）

百兎縦横走入レ営．幾多男女闘来争．一人一個難二拿尽一．四隻三人始得レ停．来往聚処閙二縦横一．各人捉得往レ家行．英賢如果能明レ算．多少人家甚法評．

答曰　七十五人

(iii)　和算書ニ見エル盈朒術

徳川時代ノ初期ハ専ラ支那数学ノ輸入時代デアル．以上紹介シタヨウナ支那ノ数学書ガ我国ニ入ツテ来テ学者ハ之ヲ理解スルニ大ニ努力シタモノデアル．ソシテ又我国デモ邦人ノ著シタ数学書ガ次第ニ出版サレルヨウニナツタ．シカシ此頃ノ邦人ノ著シタ数学書ハ其ノ内容ガ殆ド以上ノ諸書ヲ出デナイ．ソレガ時ノ遷ルト共ニ進歩発展シテ遂ニハ全ク趣ヲカエ和算独特ノモノヲ生ズルヨウニナルノデアル．ケレドモ初歩ノ数学書即チ塵刧記式ノ日用算ノ書物ニハ猶何時迄モ以上諸書ノ名残ガ認メラレル．過不足算ニ就テ見テモ全ク同様デアル．以上之ヲ検討スル．先ズ解法ヲ簡単ニ眺メテ見ヨウ．

吉田光由ノ**塵劫記**（寛永四年，1627）

十，きぬ盗人をしる事

さる盗人，はしの下にてきぬをわけとるを見れば，八たんづつわくれば七たんたらず，七たんづつわくれば八たんあまるといふ．これを聞てぬす人のかずも，きぬのかずもしれ申候．

ぬす人十五人有，きぬは百十たん有也．

法に八たんに七たんをくはへるとき十五になる．是をぬす人の数としるべし．何れも此心もちにてしるべし．

此ノ盗人算ハ諸書ニ出テ居ル．

今村知商ノ**因帰算歌**（寛永十七年，1640）ニハ七端宛分ケルト四端余リ九端宛分ケルト八端不足スルト云ウ過不足算ノ解法ヲ次ノヨウナ長イ歌ニ読ンデ居ル．

多く分る　数の内にて　すくなくぞ　わくる数引　残る数目安と知りて　又も又　あまりし数と　たらざると　合せ置てや　目安にて　われば人数　又も又　人数置きて　おほくぞや　分くる数かけ　数の内　足らざる数を　引てこそ　残りを端の数と知るなり．

算法ノ歌ハ塵劫記ヤ其ノ他初歩ノ算書ニモ出テ居ル．

磯村吉徳ノ**算法闕疑抄**（万治三年，1660）二巻盈朒法ノ所ニハ次ノ問題ガアル．

今買物有，銀四拾五匁に買は五匁不足．又四拾目に買は拾匁余る．買物数何程と問．

答云　買物数三つ　有銀百三拾目

法に云拾匁と五匁と合右に置，左にて四拾五匁の内四拾匁引残り五匁有，是にて右を割申時買物数としる也，買物数へ四拾目を懸百弐拾目と成，是に拾匁加て百卅目と知，又云く買物数へ四拾五匁を懸百三拾五匁と成，内五匁引いても知る也．

銀百目にて鯉四喉と鯛三枚と買とすれば鯉半喉程不足，又鯛四枚と鯉三喉と買とすれば鯛半枚の価程余る各値段何程づつぞと問．

答云　鯉壱喉に付銀廿二匁二分二厘二毛

鯛一枚に付銀七匁四分〇七毛四糸

法に云，先二色二組に作る．鯉三喉半鯛三枚代銀百匁，又鯉三喉鯛四枚半代銀百目，扨前の鯉三喉半と後の鯛四枚半と懸合一五七五と成，又前の鯛三枚と後の鯉三喉かけ合九と成．是を右の内より引残り六七五を為ㇾ法，別に前の鯛三枚を後の代銀百目にかけ三百目と成，又後の鯛四枚半を前の代銀百目に懸四百五十匁と成　此内右の三百目を引残百五十目を右の法六七五にて割鯉一喉の代廿二匁二分二厘二毛と知也．

沢口一之ノ**古今算法記**（寛文十年，1670）巻三，第二盈朒ノ条ニハ次ノ四問ヲ解イテ居ル．

寄相て銀を分に其人数も銀高もしれず，ただ三人に二貫目づつわくれば三貫五百目あまる．又五人に四貫目づつわくれば二貫五百目たらぬと云．然は此人数銀高何程ぞといふ．

答曰　人数四十五人　銀高三十三貫五百目

術曰，あまるとたらぬと合て六貫目に三人と五人とをかくれば九十貫と成る．是を右に置きて二貫目に五人をかくれば拾貫目となる左に置．又四貫目に三人をかくれば十二貫目となる．此内左の拾貫目を引残り二貫目を法にして右の九十貫目をわれば人数四十五人としるるなり．さて此の人数に四貫目をかくれば百八十貫目となる．是を五人にわれば三十六貫目と成る．此内たらぬ二貫五百目を引残り銀高三十三貫五百目としるるなり．

寄合て米と大豆とをわくるに其数も人数もしれず．但し米五升づつわくれば三斗たらず，又大豆六升づつわくれば三斗あまる．又米豆合て一斗二升づつわくれば四斗たらぬと云．然ば右米大豆人数各々何程ぞととふ．

答曰　米一石二斗　大豆二石　人数三十人

之等ノ解法ヲ見ルト支那式ノ維乗法ヲトツテ居ラヌカラ初心ノモノニハ理解

シ易イノデアル．シカシ中ニハ維乗法ニヨツテ居ルノモ稀ニハアリ，又次ニ示スヨウニ天元術ニヨツテ居ルノモアル．

和漢算法大成ハ元禄八年（1695）宮城清行ノ撰デアル．其ノ二巻第七ハ盈朒デアル．三問ヲノセテ居ル．

人あつまりて銀を分るに其の数を知らず．人ごとに百六拾匁づつわくれば盈事四百八拾目，又弐百八十目づつわくれば不足事弐貫四百目なり．分銀高人数なにほどと問．

答曰　分銀高四貫三百弐拾目　惣人数弐拾四人

術曰，依レ図布レ算．右の分銀百六拾目に不足弐貫四百目をかけ右の上に三十八万四千と成，又左の分銀弐百八十匁に盈四百八十匁をかけ左の上に十三万四千四百と成，二口合五十一万八千四百と成を分銀の実として別に盈不足合弐貫八百八十目を人数の実として百六十匁と二百八十目とを置き内少きを減じて残百弐拾目と成を法として分銀の実をわれば分銀の惣高四貫三百弐拾目と成，又人数の実を割ば人数廿四人としるなり．

之レハ九章算術ナドノ解法ト全ク同様デアル．猶次ニ天元術ニヨリ方法ノ由来ヲ記ス．

求ニ分銀ノ惣数一ヲ之得ル二実ト与レトノ方理ヲ一術ニ曰、立ニ天元一一為ニ分銀惣数一．内減ニ盈銀一四百八十目余為下因ニ前分銀一百六十目惣人数上．以ニ後分銀一二百八十目相乗為下因ニ前分銀与ニ後分銀一惣人数上．寄レ左．再列ニ分銀惣数一内加ニ入不足数一二貫四百目共得数為下因ニ後分銀一惣人数上．以ニ前分銀一百六十目相乗為下因ニ後分銀与ニ前分銀一惣人数上．与レ寄レ左相消得レ式．以レ商除レ之得ニ商分銀惣数一合レ問．

之レヲ式デ示スト次ノヨウニナル．分銀惣数ヲ x トスルト（人数ノ方ヲ y デアラワスト云ウコトハ書イテナイガ便宜上カク表ワスコトトスル）

$$x-480=160y$$

$$\therefore\ 280(x-480)=280\times160y \qquad (1)$$

又　$$x+2400=280y$$

$$\therefore\quad 160(x+2400)=280\times160y \qquad (2)$$

(1)ト(2)トカラ

$$280(x-480)=160(x+2400)$$

$$\therefore\quad x=\frac{160\times2400+280\times480}{280-160}$$

仍テ先ノヨウニ計算シテ分銀惣数ヲ出スト云ウノデアル．惣人数ニ就テモヤツテアルガ之ハ省ク．（此ノヨウニ維乗法ハ代数的ニ考エヌト理解シニクイ．）

算法天元録ハ正徳四年（1714）西脇利忠ノ編輯ニカカルモノデソノ巻中盈朒門ニ七問ヲトイテ居ル．

仮如古き糸あり，長さを知らず．今新しき糸を以て六折にして古き糸に比ぶれば長きこと六寸，又七折にして古き糸に比ぶれば短きこと四寸．問二各糸長若干一．

答曰　新糸長四丈二尺　古糸長六尺四寸

術曰．立二天元一一為二古糸長一．加二入長数一六寸六レ之為二新糸長一寄レ左．列二古糸長一内減二短数一四寸余七レ之為二新糸長一．与レ寄レ左相消得二帰除式一．九帰法除レ之得二古糸長一．加二入長数一六レ之得二新糸長一各合レ問．

（六レ之ハ六倍スルコト，帰除式ハ一次方程式，九帰法ハ除法デアル．和算デハ除クト云ウ語ヲ割リ算ノトキノミナラズ平方ニ開イタリ方程式ヲ解クヨウナトキニモ使ウ．故ニ九帰法デ除クト云ツテ居ル．）

古糸ノ長サヲ x 寸トスレバ

$6(x+6)$ 及ビ $7(x-4)$ ハ新糸ノ長サ

$$\therefore\quad 6(x+6)=7(x-4)$$

之ヲトケバ古糸長ガ得ラレ，コレニ六寸ヲ加エ六倍スレバ新糸長ガ得ラレルト云ウノデアル．本書ニハ猶此ノ次ニ術文ノ解説トモ見ルベキ左ノ文ガ添エテアル．

【立天元一……】 是れ古き糸より立る，又新しき糸よりも立るなり．長き数を加へて六因すれば新糸の長さとなる．是れ新糸を六皈して古き糸の長さにくらぶれば古糸より六寸長き故古き六寸を加へて六因すれば即新糸の長さなり．又新糸を七皈して古糸にくらぶれば古糸より四寸短きなり．故に減じて七因すれば即新糸の長さとなる故相消するなり．

【按古法】 長数六因三尺六寸短数七因二尺八寸二数相併テ六尺四寸為レ実．六七相減て余り一数為レ法．皈レ之古糸の長を居る．

天元術ニヨル法ハ従来ノ法ニ比シテ新シイ方法デアルカラ従来ノ法ヲ古法ト呼ンデ居ル．

仮如納る米あり其数を知らず．只云甲五人乙七人をして納れば盈ること八石，甲三人乙八人をして納れば不レ足こと十三石，又甲より乙は毎レ人に少きこと六石問ニ総数及甲乙各若干一．

答曰　納米百三十石　甲毎レ人十五石　乙毎レ人九石

山路主住（？—1777）編述ノ**一算盈朒**（年代不明）ハ過不足算ヲ全ク代数的ニ取扱ツタ書物デアル．八問中ノ第一ト第五ヲ次ニ記ス．

今有レ物．不レ知ニ惣数一．只云毎レ人五箇宛取レ之不ニ足六箇一．又云毎レ人三箇宛取レ之盈ニ四箇一．問ニ人数及惣数若干一．

答曰　人数五人　惣数十九

術曰依レ図布レ算

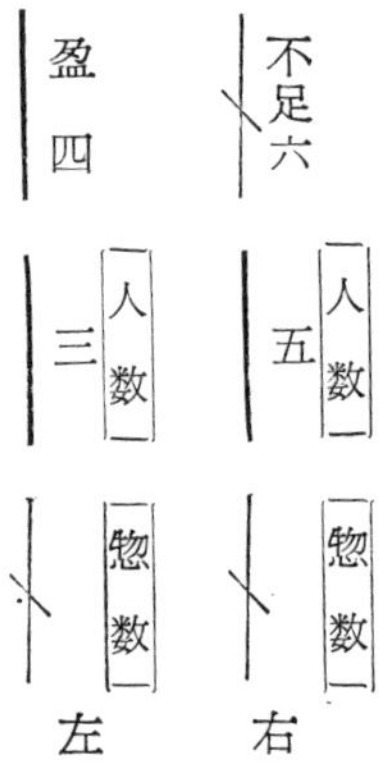

	右	左
	不足六	盈四
人数	五	三
惣数	一	一

左右直減而得レ式

	十○
人数	二

上級為レ実．下級為レ法．実如レ法而一得ニ人数五人一．又曰右ノ中級ヲ乗ニ左式一．左ノ中級ヲ乗ニ右式一得．

最上級ヲ惣数ノ実トス．中級ヲ人数ノ実トス．

人数ヲ x 惣数ヲ y トスレバ

$$-6+5x-y=0 \qquad (1)$$

$$4+3x-y=0 \qquad (2)$$

(1)−(2) $-10+2x=0$

$\therefore\ x=5$

(1)×3 $-18+15x-3y=0$ (3)

(2)×5 $20+15x-5y=0$ (4)

(3)−(4) $-38+2y=0$

$\therefore\ y=19$

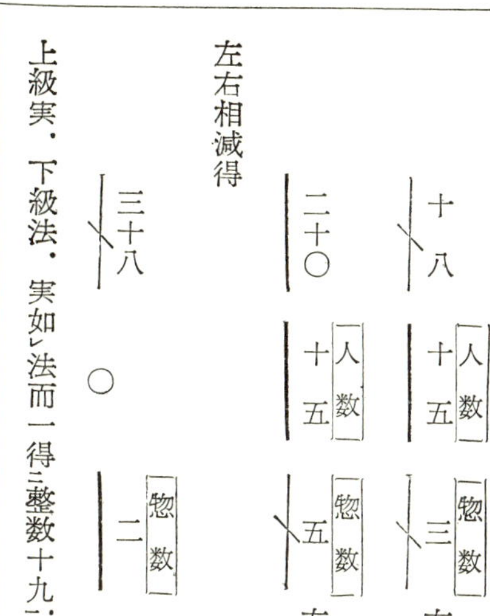

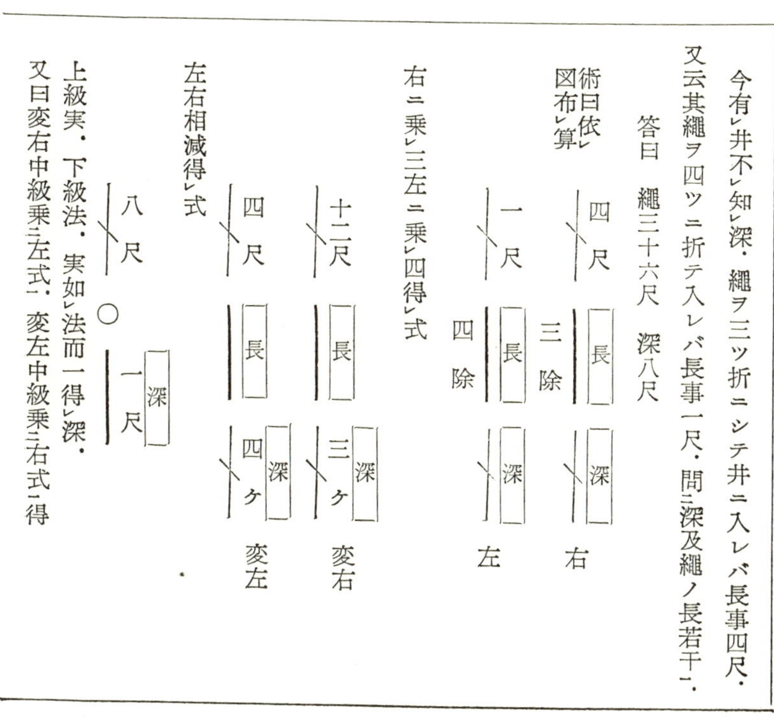

今有レ井不レ知レ深．縄ヲ三ツ折ニシテ井ニ入レバ長事四尺．又云其縄ヲ四ツニ折テ入レバ長事一尺．問ニ深及縄ノ長若干一．
答曰　縄三十六尺　深八尺
術曰依レ図布レ算
右ニ乗レ三左ニ乗レ四得レ式
左右相減得レ式
上級実．下級法．実如レ法而一得レ深．
又曰変右中級乗ニ左式一．変左中級乗ニ右式一得
右
左
変右
変左
長
深
三除
四除

右
四十八尺　長 四ケ　深 十二ケ

左
一十二尺　長 三ケ　深 十二ケ

三十六尺　長 一ケ

左右相減得

上級実．下級法．実如レ法而一得ニ縄長ニ

(iv) 統　術

既ニ第二節デ述ベタヨウニ一次方程式デ解キ得ル問題ヲ過不足算トシテ解ク場合ト二次以上ノ方程式ニナル問題ヲ過不足算デ解ク場合トハ趣ヲ異ニシテ居ル．此ノ点ニ着眼シテ其ノ解法ヲ詳説シタモノニ松永良弼編次山路主住全校，絳老余算統術総括ガアル．次ニ之ヲ紹介スルコトトスル．

（イ） 皈除常式及ビ変格

求メル数ガ一次方程式ノ根トナル時方程式ヲ

$$f(x)=ax+b=0$$

トスレバ　$$x=\frac{x_2 f(x_1)-x_1 f(x_2)}{f(x_1)-f(x_2)} \cdots\cdots\cdots\cdots(1)$$

ガ其ノ根トナルコトハ既ニ述ベタ．本書ニハ此ノコトヲ次ノヨウニ常式ト変格トニ分ケテ論ジテ居ル．

(1)　皈除常式

甲術得一　乙術得二

題辞に随て先づ一を何某とす．術に依て其較を得て甲と名付．又二を以て何某とす．術に依て其較を得て乙と名付．

甲を倍し内乙を減じて余りを実とす．乙の内甲を減じて 却て減じて負を得るを可とす 余りを法とす．実を除て求むる所を得る．

$x_1=1$, $x_2=2$ ノ場合ヲ常式ト呼ンデ居リ，$f(x_1)$ ヲ甲，$f(x_2)$ ヲ乙ト名付ケテ居ルノデアル．{較ハ差ノコトデアル甲ヤ乙ノ計算ガ差ノ計算デアルコトハ次ノ実例デワカル仍テ較ト云ツタノデアル，又実法ハ割算ノ実法デハナク方程式ノ実法デアル，即チaガ方bガ実デアル}

(2)　変　格

甲術得二　乙術得四

題辞に随て甲術得一にては快からざる事あらば二を以て何某とす．其較を得て甲と名付く．四を以て何某とす．其較を得て乙と名付．

甲を倍し内乙を減じて余りに二を乗じて実とす．乙の内甲を減じて余りを法とす．実を除て何某を得る．

右二を甲術得数に用ひかたくば三或は四或は五を用ゆ是を倍して乙術得数とす．其実数には甲術数を乗ずべし．

$x_1=2,\ x_2=4$ トスレバ (1) ガ

$$x=\frac{2[2f(2)-f(4)]}{f(2)-f(4)}\cdots\cdots\cdots\cdots\cdots\cdots(2)$$

トナルコトハ容易ニ知ラレル．

若シ $x_1=2$ デハ都合ノ悪イコトガアレバ x_1 ヲ 3 トカ 4 トカ 5 トカトシテモヨイ．但シソノ時ハ x_2 ハ何時デモ x_1 ノ二倍ニトレバ (2) ト同様ノ計算デ根ガ求メラレル．即チ

$$x=\frac{k[2f(k)-f(2k)]}{f(k)-f(2k)}$$

トナルト云ウノデアル．此ノ式ノ成立スルコトモ容易ニ知ラレル．

(3)　変　格

甲術得二　乙術得三

題辞に随て或は先づ二を以て甲を得る三を以て乙を得，或は三を以て甲を得る四を以て乙を得，又或は四を以て甲を得五を以て乙を得る．数は一を増して乙を求むる数とす．

甲を倍して乙を減じて余り実とす．乙の内甲を減じて余り実順減する時は爰に逆減す実逆減するときは爰に順減す．法とす．実を除て得る数に甲術得数を加へ内定一を減じて何某を得るなり．

x_1 ヲ 2 トスレバ x_2 ハ 3, x_1 ヲ 3 トスレバ x_2 ハ 4,…… 一般ニ x_1 ヲ k トスレバ x_2 ハ之レヨリ常ニ 1 大キク $k+1$ ニトル．ソシテ

$$x=\frac{2f(k)-f(k+1)}{f(k)-f(k+1)}+k-1$$

トスルト云ウノデアル．コレガ $\dfrac{(k+1)f(k)-kf(k+1)}{f(k)-f(k+1)}$ ニ等シイコトモ亦

容易ニ知ラレル.

斯様ニ常式，変格共 x_1, x_2 ニ特種ノ値ヲ与エタノハ何時モ同一ノ計算形式 $\dfrac{2f(k)-f(k+1)}{f(k)-f(k+1)}$ ニヨラントシタタメデアル.

次ニ実例ヲアゲテ其ノ解法ヲ示シテ居ル.

常式解

鶏兎共に百有，足数併て弐百七拾弐.

答曰　鶏六十四

術曰，甲兎一を得る.以て百を減じて余り鶏九拾九羽とす.鶏兎各其足数を得て 乃兎一疋足数四なり鶏九十九羽足数百九十八なり 相併て二百〇弐，共の足数とす．題辞に比すれば少きこと七拾也．是を甲と名付．次に乙兎二を得る．以て百を減じて余り鶏九拾八羽とす．鶏兎の足数併て弐百〇四，共の足数とす．題辞に比し少き事六拾八乙と名付.

甲七拾を倍して百四拾内乙六拾八を減じて余り七拾弐実とす．乙の内甲を減じて余り負二を法とす．実を除て兎三十六を得る.

兎ノ数ヲ x デ表ワセバ鶏ノ数ハ $100-x$ トナル，題意ニヨリ

$$4x+2(100-x)=272$$

即チ　$f(x)=4x+2(100-x)-272=0$

$\therefore$　$f(1)=4+198-272=-70$…………甲

（272 トノ差ヲ作ル故ニ較ト云ウ）

$f(2)=8+196-272=-68$…………乙

$\dfrac{2f(1)-f(2)}{f(1)-f(2)}=36$………………兎

猶変格解ヲ示シテ居ルガ大差ナイカラ省ク.

(ロ)　平方常式及ビ変格

求メル数ガ二次方程式ノ根デアルトキノ計算法デアル.

(1)　平方常式

甲術得一　乙術得二　丙術得三

題辞に随て先づ一を何某とす，術に依て其較を得て甲と名付．次に二を何

某とす，術に依て其較を得て乙と名付．又三を何某とす，術に依て其較を得て丙と名付．其較に盈朒有，盈を正とし朒を負とす．正負の変化常の例に随ふ．

甲の内乙を減じて余りを左とす．乙の内丙を減じて余りを右とす．左の内右を減じて廉とす．右三段内左五段を減じて方とす．甲を倍し内方と廉とを減じて実とす．相減に規に依れば正也 規に反すれば負なり 平方に開て何某を得る．

二次方程式ヲ

$$fx)=ax^2+bx+c=0$$

トスル．c ガ実，b ガ方，a ガ廉デアル．

$f(1)=a+b+c$ ……………………………………甲

$f(2)=4a+2b+c$ ……………………………………乙

$f(3)=9a+3b+c$ ……………………………………丙

$f(1)-f(2)=-3a-b$ ……………………………………左

$f(2)-f(3)=-5a-b$ ……………………………………右

左－右$=f(1)-2f(2)+f(3)=2a$ ……………………………廉

3右－5左$=8f(2)-5f(1)-3f(3)=2b$ ……………………方

2甲－方－廉$=6f(1)-6f(2)+2f(3)=2c$ ………………実

故ニ此等左辺ノ計算ニヨツテ得タ三ツノ数ヲ係数トスル二次方程式ヲ作ツテ之ヲ解ケバ求メル数ガ得ラレルノデアル．

常式解

直有，積六拾三寸，長平差二寸．

（直ハ矩形，長ハ長辺，平ハ短辺デアル．）

答曰　平七寸　長九寸

術曰平に差を加へ長とす，平を乗じて積とす．

先づ平一寸とす．

平一寸　長三寸　朓積六十寸を甲とす．（朓ハ不足ノ意）

平二寸　長四寸　朓積五十五寸を乙とす．

平三寸　長五寸　眺積四十八寸を丙とす.

甲の内乙を減じて余り五寸左とす. 乙の内丙を減じて七寸右とす. 左の内右を減じて負二寸廉とす. 右三段の内左五段を減じて負四寸方とす, 甲二段の内方廉を併せ減じて余り正百弐拾六寸実とす. 平方に開く, 平方七寸を得.

平ヲ x 寸トスレバ長ハ $x+2$ 寸, 故ニ

$$x(x+2)=63$$

$$f(x)=63-x(x+2)=0$$

$f(1)=63-3=60$ ……………………………甲

$f(2)=63-8=55$ ……………………………乙

$f(3)=63-15=48$ ……………………………丙

$f(1)-f(2)=5$ ……………………………左

$f(2)-f(3)=7$ ……………………………右

左−右$=-2$ ……………………………廉

3右−5左$=21-25=-4$ ……………………………方

2甲−(方＋廉)$=120+6=126$……………………………実

$$\therefore\quad -2x^2-4x+126=0$$

$$x^2+2x-63=0$$

之レヨリ正根ヲ得テ求メル平トスル.

(2) 変　格

甲術得二　乙術得四　丙術得六

題辞に随て先づ二を何某とす, 或は三或は四常なし 其較を甲と名付. 次に四を何某とす 前に三を何某とすれば爰は六を用ゆ 前に四を用ゆれば爰は八を何某とす丙術是にならへ 其較を乙と名付. 又六を何某とす其較を丙と名付.

実, 方, 廉を求事皆常式の如し. 開除て得る商に二甲術得数なりを乗じて定商也.

常式ニ於ケル 1, 2, 3 ノ代リニ $k, 2k, 3k$ ヲ使ウト先ノ計算ノ a ノ所ハ ak^2, b ノ所ハ bk トナリ従テ

$$左-右=2ak^2$$

$$3右-5左=2bk$$

$$2甲-方-廉=2c$$

トナル．之ヲ夫々廉，方，実ニスル方程式

$$ak^2y^2+bky+c=0 \quad\cdots\cdots(1)$$

ノ根ハ　$ax^2+bx+c=0 \quad\cdots\cdots(2)$

ノ根ノ$\dfrac{1}{k}$デアル．仍テ（1）ノ根ヲ求メテk倍スルノバ（2）ノ根ガ得ラレル．

（3）変　格

甲術得二　乙術得三　丙術得四

題辞に随て甲乙丙を求め実方廉を得ること皆前術の如し．開除し得る数に甲術得数を加へ内定一を減じて定商とす．

或は甲術得三者乙に四丙に五又甲術得四者乙に五丙に六逐て一を増して求むべし．

今度ハ常式ノ 1,2,3 ノ代リニ $k, k+1, k+2$ ヲ使ウ．スルト

$$左-右=2a$$

$$3右-5左=2[2a(k-1)+b]$$

$$2甲-方-廉=2[a(k-1)^2+b(k-1)+c]$$

トナリ，之ヲ夫々廉，方，実トスル方程式ハ

$$ay^2+[2a(k-1)+b]y+a(k-1)^2+b(k-1)+c=0$$

即チ　$a(y+k-1)^2+b(y+k-1)+c=0 \quad\cdots\cdots(\mathrm{i})$

此ノ根ハ　$ax^2+bx+c=0 \quad\cdots\cdots(\mathrm{ii})$

ノ根ヨリ $k-1$ ダケ小デアル．仍テ（i）ノ根ヲ求メ $k-1$ ヲ加エテ（ii）ノ根トスル．

変格（2）ハ一次ノ場合デモ二次ノ場合デモ共ニ k 倍スル．変格（3）ハ共ニ $k-1$ ヲ加エルト云ウ同様ノ結果ニ導キ得タ所ハ面白イ．

猶一次ノ場合ニ x_1，x_2 ガ任意ニエラベタ如ク二次ノ場合ニモ三数ヲ任意ニエランデ論ズルコトガ可能デアル．

サテ此ノ二次ノ場合ノ統術ヲ見ルト斯様ニ計算ヲ進メルコトハ結局二次方程

式ヲ作ルタメニ外ナラヌコトガ知ラレル．従テ簡単ニ方程式ガ作リ得ル場合ニ斯様ナ方法ヲトルコトハ愚ノ至リデアル．例エバ前例矩形ノ場合ニ容易ニ

$x(x+2)=63$ 即チ $63-2x-x^2=0$

ガ作リ得ルノニ態々上ノ如キ方法デ $a=-1,\ b=-2,\ c=63$ ヲ求メルコトハ無用ノ労デアル．即チ此ノ方法ヲ用ウルノハ方程式ガ容易ニ立テ得ナイトキニ限ルノデアル．例エバ既ニ述ベタ九章算術ノ問題(八)ノ如キ場合ニ若シ級数ノ公式ヲ知ラヌモノトスレバ此ノ方法デ次ノ如ク方程式ガ得ラレル．

一日デハ　6000−(193+97)=5710 里余ル……………………………甲

二日デハ　6000−(193×2+13+97×2−0.5)=5407.5 里余ル……乙

三日デハ　6000−(193×3+13×3+97×3−-0.5×3)=5092.5 里余ル……丙

故ニ　左=甲−乙=302.5

右=乙−甲=315

左−右=−12.5……………………………………………廉

3右−5左=−567.5 ……………………………………方

2甲−方−廉=12000……………………………………実

$\therefore\ 12000-567.5x-12.5x^2=0$

即チ $4800-227x-5x^2=0$

算藪漫録第十一坤ノ終リニ藤田定資ノ述ベタト云ウ一題十五解ガアル．ソノ第十四解ハ統術ニヨル解法デアルガ之レナドハ計算ノ途中ニ使ツテ居ルコトカラ容易ニ方程式ガ得ラレルノデアルガソレニモ拘ラズ態々上ノ如ク係数ヲ求メル計算ヲヤツテ得ル．尤モコレハ同題ヲ異レル十五種ノ方法デトクト云ウノデアルカラ多少恕スベキ点モアル．

(ハ) 立方常式及ビ変格

求メル数ガ三次方程式ノ根トナルトキノ計算法デアル．

(1) 立方常式

甲術得一　乙二　丙三　丁術得四

甲の内乙を減じて余り子とす．乙の内丙を減じて余丑とす．乙の内丁を減

じて余り寅とす．

子の内丑を減じて余り左とす．丑の内寅を減じて余りを右とす．右の内左を減じて隅とす．左三段の内隅六段を減じて廉とす．右拾壱段の内左弐拾段と子六段とを減じて方とす．甲六段の内方と廉とを減じて実とす．

隅ハ三次方程式ノ三次ノ係数ヲ云ウ．二次ノ場合ノ如ク上ノ計算ヲヤツテ見ルト隅，廉，方，実トシテ夫々 $6a, 6b, 6c, 6d$ ヲ得ルノデアル． 仍テ之等ヲ係数トスル三次方程式ヲ作ツテ解ケバ求メル数ガ得ラレルノデアル．

(2) 変 格

変格の式平方に準ず，再解せず．トテ省略シテ居ル．

最後ニ統術秘トシテ均差式ヲ論ジテ居ル．之ハ以上ノ議論ヲ更ニ一般的ニシタモノデアル．ソレニヨレバ一次ノ場合ニハ前ノ如ク

$$2f(x_1)-f(x_2)=\text{実},\qquad f(x_2)-f(x_1)=\text{方}$$

トシソシテ $\dfrac{2f(x_1)-f(x_2)}{f(x_1)-f(x_2)}(x_2-x_1)+2x_1-x_2$ ………………(i)

ヲ求メル数トスル．茲ニ x_1, x_2 ハ任意ニ択ンダ数デアル． 之ハ計算スレバ恰度

$$\frac{x_2f(x_1)-x_1f(x_2)}{f(x_1)-f(x_2)}$$ トナルノデアル．

二次ノ場合ニハ x_1, x_2, x_3 ハ

$$x_2-x_1=x_3-x_2$$

ノ如ク択ブ．夫故コノ差ヲ均差ト云ウ．ソシテ前ノ如ク

$f(x_1)-2f(x_2)+f(x_3)$ ヲ廉，

$-5f(x_1)+8f(x_2)-3f(x_3)$ ヲ方，

$6f(x_1)-6f(x_2)+2f(x_3)$ ヲ実

トシテ二次方程式ヲ作リ之ヲ解ク．此ノ根ヲ α トスレバ

$\alpha(x_2-x_1)+2x_1-x_2$ ………………………………(ii)

ヲ求メル数トスル．

三次ノ場合ニハ x_1, x_2, x_3, x_4 ヲ

$$x_2-x_1=x_3-x_2=x_4-x_3$$

ノ如ク択ミソシテ前ノ如ク実，方，廉，隅ヲ作ツテ三次方程式ヲトク．此ノ根ヲ α トスレバ

$$\alpha(x_2-x_1)+2x_1-x_2 \cdots\cdots\cdots\cdots\cdots\cdots\cdots\cdots\cdots\cdots(\mathrm{iii})$$

ヲ求メル数トスル．

(i) (ii) (iii) ハ同一形式ノ式デアル．

之等ヲ証明スルコトハ余リニ煩ワシイカラ今ハ省略スル．

以上デ統術ノ説明ヲ一通リ終ツタ訳デアルガ玆ニ一寸困ルコトハ統術ニヨツテ問題ヲトカントスレバソレニ使ウ過不足ノ考エガ之ヲ方程式ニ表ワスト何次ニナルカト云ウコトノ洞察ガ出来ヌト統術ノ何次ノ場合ヲ使ツテヨイカワカラヌコトデアル．二次方程式ニナルモノヲ一次ノ方法デ解イタノデハ求メル数ハ得ラレナイ．三次ニナルモノヲ二次モシクハ一次ノ方法デ解イテモダメデアル（但シ低次ニナルモノヲ高次ノ方法デ解イタ場合ハ結果ハ得ラレル．此ノ時ハ最高次ノ係数ガ0トナツテ結局低次ノ方程式ニナル．即チ低次ノ場合ハ高次ノ場合ニ含マレテ居ルノデアル．)所デ何次方程式ニナルカノ洞察ガ誤リナク出来ルヨウナ問題ナラバ方程式ヲ立テルコトモサシテ困難デハ先ズナカロウ．従テ態々統術デ係数ヲ決定スル要ガナイト云ウコトニナルノデアル．此ノ点ハ統術ノ欠点デアル．

猶統術ハ四次以上ノ場合ニモ発展セシメルコトハ容易デアル．例エバ四次ノ場合ナラバ方程式ヲ $f(x)=ax^4+bx^3+cx^2+dx+e=0$ ト仮定スレバ

$$f(1)=a+b+c+d+e$$
$$f(2)=2^4a+2^3b+2^2c+2d+e$$
$$f(3)=3^4a+3^3b+3^2c+3d+e$$
$$f(4)=4^4a+4^3b+4^2c+4d+e$$
$$f(5)=5^4a+5^3b+5^2c+5d+e$$

$f(1), f(2)$ ……ハ過不足ニヨツテ定メタ数デアルカラ此ノ連立方程式ヲトイテ $a, b, c,$ …… ヲ決定スルコトガ出来ル．ソレヲ計算ニ都合ノヨイヨウナ形ニ

直シテ法則的ニ述ベレバ前ノヨウニナル訳デアル．唯計算ハ前ヨリ一層複雑ニナルコトヲ覚悟セネバナラヌ．

〔**附言**〕 同ジク統術ト云イナガラ上記ノモノトハ全ク趣ヲ異ニシテ居ルモノガアル．藤田貞資校正ノ統術秘伝（寛政二年，1792）ガソレデアル．誰ノ書ヲ校正シタカ記サレテ居ラヌガ年賦金ノ問題ヲ七題取扱ツテ居ル．ソコニ用イラレタ術ハ後ニ述ベル中根彦循ノ開方盈朒術（享保十四年，1729）ト全ク同ジデ，盈朒ヲ巧ミニ利用シタ反復法ニヨル方程式解法デアル．夫故之ハ後ニ反復法ニヨル解法（第六章）ヲ説ク時ニ譲ル．（p. 384〔附言〕参照）

第四章　関孝和ノ方程式論

1　序　　　説

和算ノ総テノ部門ガ関孝和ニ至ツテ一大飛躍ヲナシ，又新シク発足進展シタコトハ是迄ニモ色々ノ場合ニ之ヲ示シタノデアルガ，和算ノ方程式論ニ就テモ亦同様ノコトガ云エルノデアル．此ノ頃ハ支那カラ伝来シタ方程式ノ解法（天元術）ガヤツト我ガモノニナツテ漸クソレガ使イコナセルヨウニナツタト云ツタ様ナ状勢デアツタ．所ガ関ノ卓越シタ独創力ハ遂ニ此ノ分野ヲモ開拓シテ一大発展ヲナサシメタノデアル．

関ノ方程式論ハ其ノ著解隠題，解伏題，開方飜変，開方算式，題術弁議，病題明致，大成算経等ニ見ラレ，相当広汎ナモノデアル．以下コレラニ就テ解説スル．

2　解隠題之法

解隠題之法ハ唯方程式ノ解法ヲ述ベタダケノ小冊子デ，至ツテ簡単ナモノデアル．立元第一，加減第二，相乗第三，相消第四，開方第五ノ五条カラ成ツテ居ル．整式ノ加減乗ト寄左相消ノ法ヲ述ベ，次デ方程式ノ解法ニ及ンデ居ル．此ノ方程式解法ニ於テ注目スベキ点ハ，其ノ方法ガ全ク現今ノ Horner ノ方法ト同一デアルコト，立テタ商ガ小サ過ギテ実ノ余リガ大キ過ギルトキハ再ビ同位ノ商ヲ立テテ同様ニ進ムコト，又商ガ不尽数デアルトキノ最後ノ処理法等デアルガコレハ既ニ第一章デ述ベタトコロデアル．後ニ述ベル大成算経．開方飜変，開方算式ニハ更ニ之ヲ詳説シテ居ルノデアル．

3　解伏題之法

連立方程式ニ於ケル未知数ノ消去法ヲ説イタモノデ，ココデ始メテ行列式ガ用イラレテ居ルコトハ既ニ点竄術ニ於テ述ベタ所デアル．コレニ就テハ一部分ハ先ニモ述ベタガ猶詳シクハ拙著「和算ノ研究，行列式及ビ円理」ニ就テ見ラレタイ.

4　大成算経ニ見エル高次方程式解法

大成算経ハ関ノ研究ヲ纒メ上ゲタ大部ノ書物デアル．従テ上記関ノ著書ハ悉ク収録サレテ居ル．本書ノ編纂ニハ建部兄弟ノ助力ガアリ，長イ日子ガ費サレテ居ル．方程式ノ解法ニ就テハ巻一五技中ノ開方ノ条ニ$\sqrt{a}$, $\sqrt[3]{a}$, $\sqrt[4]{a}$, … ノ求メ方ガ記サレ，巻二雑技中ノ開方ノ条ニ古法（支那）ガ説カレテ居ルガ，此等ハ従来ノ方法ヲ詳シク解説シタモノデ，真ニ高次方程式解法ヲ一般的ニ述ベタモノハ巻三変技ノ開方ノ条デアル．大体此ノ条ハ次ニ述ベル開方飜変ト開方算式トヲ融合シテ整然トシタモノデアルガ，其ノ開出総法ノ所ヲ摘記スルト次ノヨウデアル.

凡開出総法者考二量商数一自レ下至レ上毎相命悉同加異減法之法
也、其所二除尽一者徒非二実級一階一、従レ方至レ下諸級皆開尽而
悉視レ商 乃於二実級開出之時一若諸級中正負相反者 曰二飜法一及レ開二佗級一雖レ反無二其論一也 其数互雖レ有二
正負多少之異一於二開出一必無二先後之論一仍所レ得之諸商逓同一
加一異一減レ之得二各定商一、是故置二得式一 先諸級数依二遍約法一悉 約レ之而後宜レ開レ之、否
則依レ数有二開出 繁冗之弊一矣、 先立二正員初商一自レ隅命レ之依二正員一加二減于
隅上級一 命者因也、同名相因為レ正、異名相 因為レ負、加者同加也、減者異減也 以レ商命二其数一加二減
于次上級一、逐上如レ此至レ実加二減之一、又以レ商自レ隅命レ之加二
減于隅上級一以レ商命二其数一加二減于次上級一逐上如レ此至レ方
加二減之一、復以レ商自レ隅命レ之加二減于隅上級一以レ商命二其数一
加二減于次上級一逐上如レ此至二初廉一加二減之一逐下命レ之至二隅
上級一加二減之一畢、立二次商一自レ隅命レ之加二減于隅上級一、逐上
如レ前至レ実加二減之一、又以二次商一自レ隅命レ之加二減于隅上級一
逐上至レ方加二減之一、復以二次商一自レ隅命レ之加二減于隅上級一、
逐上至二初廉一加二減之一逐下命レ之至二隅上級一加二減之一畢、
毎レ立レ商如レ此開二尽之一得二実級商及一変式一、置二其式一 実尽 故以レ
方擬レ実以二初廉一擬レ方開二尽之一、後又以二初廉一 擬レ実以二次廉一擬レ方開二尽之一也、毎レ変倣レ此 立二正員商一命加減
如レ前開二尽之一得二方級商及二変式一、置二其式一又立二正負商一
如レ前開二尽之一得二初廉級商及三変式一、逐下至二隅上級一開二尽
之一 若至二其級一不レ能二開尽一者従二 其級一下皆為レ空者並無レ商也、 仍以二開出実級商一即為二第一
定商一以レ之依二正負一加二減于方級商一為二第二定商一以レ之亦
加二減于初廉級商一為二第三定商一、逓如レ此得二諸定商一也、

此ノ中ニ記サレタ計算法ヲ例デ示シテ見ルト

$$x^3+6x^2+11x+6=0 \qquad (1)$$

$$(x=-1,\ -2,\ -3)$$

ノ根ヲ求メルノニ次ノヨウニスル.

1	6	11	6	−1	
	−1	−5	−6		
1	5	6	0		
	−1	−4			
1	4	2			
	−1				
1	3	2	−1		(2)
	−1	−2			
1	2	0			
	−1				
1	1		−1		(3)
	−1				
1	0				

始メノ商 -1 ヲ実級商ト云イ, (2) 即チ $y^2+3y+2=0$ ヲ第一変式ト云ウ. 第一変式ニ就テ又同法デ進ミ, 方級商 -1, 及ビ第二変式 (3), 即チ $z+1=0$ ヲ得ル. 次デ第二変式ヲ解イテ初廉級商, 及ビ第三変式……ヲ得ル. ソシテ実級商ヲ第一定商, 第一定商ニ方級商ヲ加エテ第二定商. 第二定商ニ初廉級商ヲ加エテ第三定商, ……トスル. コレガ (1) ノ根デアル. 従テ本例デハ $-1, -2, -3$ ヲ得ルノデアル.

コレニ依テ見レバ (2) ナル変式ハ (1) ニ $y=x+1$ ナル変換ガ施サレタモノ, (3) ナル式ハ (2) ニ $z=y+1$ ナル変換ガ施サレタモノデアルコトガ了解サレテ居ルコトハ明カデアル.

猶次ニ述ベル開方飜変ノ第一条開出商数ニ於テハ上ノヨウナ根ヲ開出スルニハ次ノ六通リアルコトヲ示シテ居ル.

−3	−3	−2	−2	−1	−1
1	2	1	−1	−2	−1
1	−1	−2	2	1	−1

5 開方算式

先ズ第二方程式（開方式）ノ次数（乗数）ノ定メ方ヲ述ベテ居ル．

> 開方者随二命レ商之乗数一号レ之、所謂得二一級式一者直命レ商而除レ之、故模レ状則為二一綫形一、是以号二商除一、得二三級式一者以二商一次一相命而除レ之、故一乗也、模レ状則為二平形一是以号二平方一、得二四級式一者以二商二次一相命而除レ之故二乗也、模レ状則為二立形一、是以号二立方一、得二五級式一者以二商三次一相命而除レ之、故三乗也、無二状之可一レ模、是以号二三乗方一 凡謂レ除者非二減数一編之称一、蓋其理本雖レ加正負相尅而数自損也、然古者以為二減実之法一太誤也 逐乗如レ此随二得式級数一以レ商相二命之一以二其次数一即為二開方乗数一也、或置二式級数一内減レ二余為二乗数一也、

註　開方算式大成算経共ニ級数カラ一ヲ減ジテ乗数トナストアレドコレハ二ヲ減ズルノ誤デアルカラ訂正シテ置イタ．

級ハ項デアル．二級式ハ$ax-b=0$ヲ云ウ．之ヲ解クニハ直チニ商（根）ト方トヲ掛ケテ実カラ引ク．之ヲ「直チニ商ニ命ジテ之ヲ除ク」ト云ツテ居ル．

三級式（$ax^2+bx-c=0$）ハ商αト廉aトヲ掛ケテ方ニ加エ，ソレニαヲ掛ケタ$b\alpha+a\alpha^2$ヲ実カヲ引ク．即チ商αヲ二度掛ケテ実カラ除ク．之ヲ「商一次ヲ以テ相命ジテ之ヲ除ク」ト云ツテ居ル．（大成算経ノ注ニ命者因也トアル．掛ケルコトデアル）

此ノ商ヲ掛ケル度数ニヨツテ開方式ヲ商除式（又ハ帰除式），平方式，立方式，三乗式……ト名ズケルノデアル．

又除ト云ウモ必ズシモ減ノミデハナイ．同加異減デアル．除之ハ支那ノ古語ヲ其ノ儘使用シタニ過ギナイ．

開方乗数ハ結局方程式ノ次数デアル．

次ニ所謂十商ヲ説ク．十商トハ課商，窮商，通商，畳商，冪商，乗除商，増損商．加減商，報商，反商ヲ云ウ．

(i) 課　　商

商位ハココデハ商ノ大サデアル．（位ハ色々ノ意味ニ使ウ．桁ノ意ニモ，項ノ意ニモ）商位ヲ考ウトハ商ノ適数ヲ見付ルコトデアル．之ヲ課商ト云ウ．

課　商

是考二商位一也、凡量二最初之商一有レ難乙考二得甲適数于一般一、故或先起二於一箇数一或属二題数一而窺二其位一、皆立二商数一従レ下命而除レ之実余則商不レ及、故逐増二其数一多乃少不レ定任レ意而増レ之開レ之若誤而商大過則諸級反覆而難レ得二同名之後商一、故立二異名商一是又随レ時斟二酌其数一也開レ之俟三各級正負復二于旧一亦立二同名商一開レ之、雖三実首已除去一其数未レ尽則以レ方仮約レ実視二次位一逓視二末商之位一者皆倣レ此、若依レ数偶有二過不及一者宜二増損而用一レ之也、立二其数于次商一開レ之逐如レ此開二尽実級一而後併二所レ立之同名商一又併二異名商一而相減余為二実級定商一毎変式皆如レ此開二尽之一也、

凡ソ初商ハ其ノ適数ヲ一般ニ考エ得難イコトガアル．夫故先ズ1カラ始メテ試ミタリ，或ハ題数カラ考エテ其ノ大サヲ定メテ試ミタリスル．其ノ時実ノ余リガ大キ過ギルトキハソレハ商ガ小サ過ギタノデアルカラ，更ニ同位ノ商ヲ立テテ計算スル．此ノ時ノ計算ハ前ノ計算ヲヤリカエルノデハナク，前ノモノニ続イテヤル．若シ又誤ツテ商ヲ大キク立テ過ギルト，各項ノ符号ガカワツテ同名ノ次商ガ立タナクナル．カカルトキハ異名ノ商ヲ立テテ進ム．実ガ相当小サクナツテモ未ダ其ノ数ガ尽キナイトキハ，方ヲ以テ実ヲ割リ，次位ノ商ノ大サヲ量ツテ次商ヲ立テテ計算ヲスル．逐テ此ノヨウニシテ実ガ尽キタナラバ立テタ商ノ代数和ヲ求メテ商トスルノデアル．

コレヲ本書ノ第二例デ示スト，

$$-x^3+22.75x^2-192.1875x+578.640625=0 \cdots\cdots(1)$$

デ正商5ヲ立テテ計算ヲ進メルト(1)ハ

$$-x^3+7.75x^2-39.6875x+61.453125=0 \cdots\cdots\cdots(2)$$

トナリ，実ノ余リガ多イ．仍テ更ニ正商5ヲ立テテ計算スルト(2)ハ

$$-x^3-7.25x^2-37.1875x-68.234375=0 \cdots\cdots\cdots(3)$$

トナリ，各項ノ符号ガ皆負トナリ，正商ガ立タナクナツタ．コレハ後ニ立テタ商ガ多過ギタタメデアル．仍テ今度ハ負商 −1ヲ立テテ開クト

$$-x^3-4.25x^2+25.6875x-37.296875=0 \cdots\cdots\cdots(4)$$

トナル．マダ負商ノ絶対値ガ小サ過ギタノデアルカラ更ニ -2 ヲ立テテ開クト

$$-x^3+1.75x^2-20.6875x+5.078125=0 \cdots\cdots\cdots\cdots(5)$$

コレデ諸級ノ符号ガ旧ニ復シタカラ方 20.6875 デ実 5.078125 ヲ割ツテ見ルト約 0.2 ヲ得ル．仍テ次ノ商トシテ 0.2 ヲ立テ

$$-x^3+1.15x^2-20.1075x+1.002225=0 \cdots\cdots\cdots\cdots(6)$$

ヲ得ル．又方 20.1075 デ実 1.002225 ヲ割ツテ見ルト約 0.05 ヲ得ル．仍テ 0.05 ヲ三商トシテ計算スルト実ハ 0 トナリ

$$-x^3+x^2-2x+0=0$$

トナル．即チ第一変式トシテ

$$-y^2+y-2=0$$

ヲ得ル．此ノ方程式ニハ根ハナイ(虚根)．カクシテ

	四個ノ正商ノ和	5+5+0.2+0.05=10.25
ト	二個ノ負商ノ和	1+2=3

トノ差ヲ求メ正商 7.25 ヲ以テ定商トスル．

(ii)　窮　　商

窮　商

是究ニ商数畸零之微一也、開ニ実数一有ニ不尽一者随ニ開出位数一以レ方除レ実（乃同名除者定得ニ負数一、異名除者定得ニ正数一也）以ニ其数一依ニ正負一加ニ減于開商一為ニ次商一、以レ之自ニ原式隅一命レ之至レ実加ニ減之一、又自レ隅至レ方加ニ減之一以ニ其方一随ニ次商位数一除ニ其実一以ニ得数一加ニ減于次商一為ニ三商一、（或依レ数有下至ニ尾位一而生ニ微差一者上、是故為ニ定商一則略ニ末一位一而用レ之）次第如レ此得ニ各級定商一也、

仮如平方　┤　Ⅲ　|

先立ニ負商一個一開レ之得

| ||| |
| 丅 |
| \| |

| ○= Ⅲ |
| ||| 丄 |
| \| |

次立ニ負商七分一開レ之得如レ此有ニ不尽一、故随ニ開商位数一以ニ正方（四箇六分）一除ニ正実（二分九厘）一得レ（負六厘三毛）併ニ開商一得レ（負一箇七分六三）為ニ次商一命レ廉至レ方相減余（正四箇四七四）以レ之随ニ次商位数一除ニ実（正四毛一六九）一得レ（負九絲三一八）併ニ次商一得レ（負一箇七分六三九三一八）為ニ三商一、即命ニ

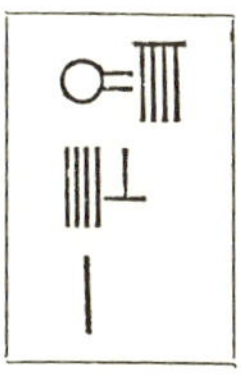

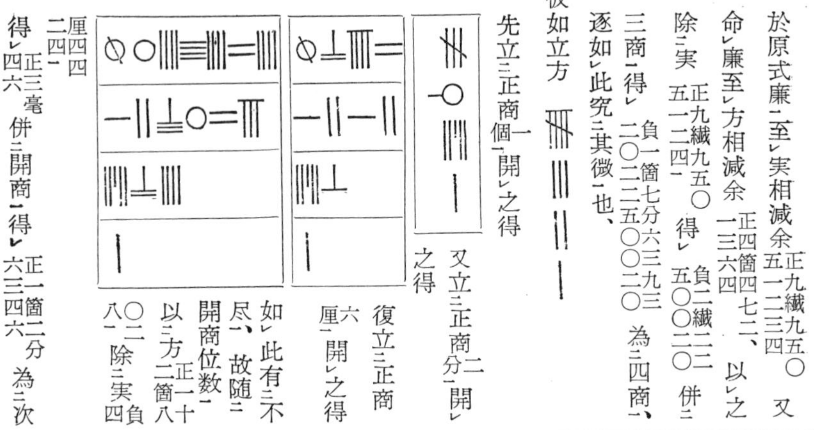
於原式廉ニ至レ実相減余正九繊九五〇五一二三四 又命レ廉至レ方相減余正四箇四七二一三六四、以レ之除ニ実正九繊九五〇五一二二四一得レ負二繊二〇五〇二〇 併ニ三商一得レ負一箇七分六三九三二〇二二五〇〇二〇 為ニ四商一、逐如レ此究ニ其徴一也、

仮如立方

先立ニ正商一個一開レ之得

又立ニ正商二分一開レ之得

復立ニ正商六厘一開レ之得

如レ此有ニ不尽一、故随ニ開商位数一以ニ方正一箇八十〇二八一除ニ実負四厘四四二四一得レ正三毫四六 併ニ開商一得レ正一箇二分六三四六 為ニ次

商ガ不尽数等デ多位ノ場合ノ微小ナル部分ヲ究メルコトヲ窮商ト云ウ．即チ其ノ微数ヲ成可ク多位早ク求メル方法デアル．

商一、即自ニ原式隅一命レ之至レ実相減余負五忽七〇七四七三〇二六四 又命ニ於隅一至レ方相加得レ正一十二箇八四二一八三三五一四八 以レ之除ニ実負五忽七〇七四七二〇二六四一得レ正四微四四四〇九 併ニ次商一得レ正一個二分六三四六四四〇九 為ニ三商一、逐如レ此究ニ其微一也、

例エバ　$x^2+8x+11=0$

1	8	11	−1
	−1	−7	
1	7	4	
	−1		
1	6	4	−0.7
	−0.7	−3.71	
1	5.3	−0.29	
	−0.7		
1	4.6	−0.29	

カクシテ商 −1.7 ヲ得タガ実ハ尽キナイ．ソコデ

$$0.29 \div 4.6 = 0.063 \quad (負)$$

開商（−1.7）ハ位数ガ二デアル．ソレニ従テ割算ノ商ハ二位出ス．カクシテ次商ヲ

$$-1.7+(0.063)=-1.763$$

トスル．次ニコレヲ商トシテ前ノ如ク計算ヲ進メ，実 0.004169，方 4.474 ヲ得ル．（改メテ始メテカラヤラナクテモ前ノ計算ニ連続スレバヨイ）

仍テ　　0.004169÷4.474＝0.0009318　（負）

（次商ハ四位，仍テ此ノ商モ四位出ス．）

カクシテ三商ハ

$$-(1.763+0.0009318)=-1.7639318$$

次ニコレヲ商トシテ前ノヨウニ計算ヲ進メ，実 0.000000995051234，方 4.4721364 ヲ得，

実÷方＝0.00000022250020

（三商ハ八位，仍テコレモ八位出ス）故ニ

$$\text{四商}=-(1.7639318+0.00000022250020)$$
$$=-1.76393202250020$$

次第ニ此ノヨウニ進ンデ商ノ微数ヲ究メルノデアル．

（割算ノトキトル位数ハ尾位ニ至ツテ微差ヲ生ズルコトガアルカラ定商（最後ノ答）トナストキハ末一位ヲ略シテ之ヲ用ウト云ツテ居ル．）

ココデ初商 −1.7 ヲ α トスレバ 0.29 ハ開方飜変ノ適尽法デ示スヨウニ $f(\alpha)$ ニ相当シ，4.6 ハ同ジク $f'(\alpha)$ ニ相当スル．ソシテ初商ヲ −1.7 トシタカラ変換方程式ノ根ハ相当ニ小サイモノデアル．夫故ソレハ大体 $-\dfrac{f(\alpha)}{f'(\alpha)}$ ニ近イモノデアル．仍テ変換方程式ノ近似根ヲ $-\dfrac{f(\alpha)}{f'(\alpha)}$ トシ原方程式ノ次商（之ヲ β トスル）ヲ

$$\beta=\alpha-\frac{f(\alpha)}{f'(\alpha)}$$

トスル．初商ノ代リニ次商ヲ以テ同様ニ考エルト第三商 γ ハ

$$\gamma=\beta-\frac{f(\beta)}{f'(\beta)}$$

之レヲ繰返シテ根ノ真値ヲ究メルノガ上ノ算法デアル．従テ此ノ方法ハ Newton ノ近似法ト全ク同一ノモノデアル．

此ノ窮商ガ Newton ノ近似法ト全ク同一ナコトヲ指摘サレタノハ藤原博士デアル．（東北数学雑誌，第四十七巻 P. 56）シカシナガラ博士ハ「之ハにうとんノ近似法ニ外ナラヌ．唯カカル形ニ書ケルコトヲ意識シナイダケデアル」

ト云ツテ居ラレル．ケレドモ次ニ述ベル開方飜変適尽法ノ $f'(\alpha), f''(\alpha)\cdots\cdots$ ニ相当スル式ガ如何ニシテ考エ出サレタカト云ウコトヲ想起シ．更ニ又本書ノ内容等カラ推ストキハ，関ハ此ノ計算形式ヲ充分意識シテヤツタモノト見ルコトガ妥当デアルト信ズルノデアル．ノミナラズ此ノ計算形式デハ次ノ商ヲ定メテ計算ヲ進メル際改メテ始メカラヤラナクテモ前ノ計算ニ連続シテ行ケバヨイ点ナドハ，にうとんノ公式使用上ノ簡便法ヲ確立シタモノト云ツテモ敢テ過言デハナイノデアル．尤モにうとんノ公式ハカカル整函数ノ場合ニノミ限ラレタモノデハナイガ，整函数ニ関スル限リハ関ノ研究ノ方ガにうとんノヨリモ一歩前進シテ居タモノト見ルコトガ出来ルノデアル．

和算書ニにうとんノ近似法ヲ用イテ高次方程式ノ解法ヲ試ミテ居ルモノニハ此ノ外久留島義太ノ久氏弧背草，会田安明ノ重乗算顆術，川井久徳ノ開式新法等ガアルガ，之等ハ何レモ関ノ流ヲ汲ンダモノト思ワレル．猶之等ノ書ニハ

$$f(\alpha)=a+b\alpha+c\alpha^2+d\alpha^3+e\alpha^4+f\alpha^5 \quad ヲ$$

$$f(\alpha)=a+[b+\{c+(d+(e+f\alpha)\alpha)\alpha\}\alpha]\alpha$$

ノヨウニ表ワシテ居ルガコレハ計算上ノ便ヲ考エタモノデ同時ニ又 $f(\alpha)$ ノ考エ出サレタ筋道ヲ物語ルモノルデア．（開方飜変参照）

猶之ニ就テハ拙著「和算に用ひられた Newton の近似法は如何にして導出されたか」（東京物理学校雑誌第六百六号）ヲ参照サレタイ．

(iii) 通　　商

商ガ不尽数トナル場合ニ其ノ処理法ヲ述ベタモノデアル．

（例一）

$$3x^2+9x-33=0\cdots\cdots\cdots\cdots(1)$$

3	9	−33	2
	6	30	
3	15	−3	
	6		
3	21	−3	

変式　$3y^2+21y-3=0$

通商

是開商命不尽数也、蓋古開分子方是也、或曰開方通分（乃自方通至下余数皆相併為一等之分母）以実余為分子命之、若式中或本帯数或具負者用此法而後続求之則諸級数相混、故難別加減亦不能復余数於其旧、是此古法之誤也、若実数不能開尽而命分者従実至隅（或起於隅至実者亦同）、余数依遍約法各約之以実為分子自方逐下諸級正負数相通而各為分母命之也、

仮如平方

先立正商二開之得　此数不能開尽、故命不尽者依遍約法先実三与方二十一互減得等数三以之与廉三互減得等数三為約法、即約実得負一為分子約方得正七約廉得正一各為分母両数相通命之曰商二箇正方七正廉一分箇之負実一也、

仮如立方

先立正商三箇開之得　此数命不尽者依遍約法如前得等数二約諸級数得実負三為分子得方正六廉負二隅正一各為分母三数相通命之曰商三箇正方六負廉二正隅一分箇之負実三也、

係数ノ等数（G. C. M.）3 デ約シ

$$y^2+7y-1=0 \quad \cdots\cdots(2)$$

コレヨリ

$$y=\frac{1}{7+y} \quad \cdots\cdots\cdots\cdots(3)$$

又　$y=x-2$

$$\therefore \quad x=2+\frac{1}{7+y} \cdots(4)$$

此ノ商ヲ二個正方七正廉一分個之負実一ト云ツテ居ル.

（例二）　$2x^3-22x^2+90x-132=0$

2	−22	90	−132	3
	6	−48	126	
2	−16	42	−6	
	6	−30		
2	−10	12		
	6			
2	−4	12	−6	

遍ク 2 デ約シ変式

$$y^3-2y^2+6y-3=0$$

$$y=\frac{3}{6-2y+y^2}$$

$$\therefore\quad x=3+\frac{3}{6-2y+y^2}$$

之ヲ商三個正方六負廉二正隅一分箇之負実三ト云ツテ居ル.

玆ニ古ノ開分子方或ハ開方通分ト云ツテ居ル方法ハ，支那ノ古算書張邱建算経ヤ五経算術，周髀算経ノ甄鸞ノ注ニモ見エ，降ツテハ算法統宗等ニモ記サレテ居ル方法デ（第一章天元術参照）

$$\sqrt{a^2+r}=a+\frac{r}{2a+1},\qquad \sqrt[3]{a^3+r}=a+\frac{r}{3a^2+3a+1}$$

トスルコトヲ指ス.（但シ立方ノ場合ハ算法統宗ダケニ見エル.）

例エバ $\sqrt{67}$，$\sqrt[3]{30}$ ヲ求メルニハ

1	0	−67	8
	8	64	
1	8	−3	
	8		
1	16	−3	

$$\therefore\quad 8+\frac{3}{1+16}=8\frac{3}{17}$$

$$\left(8+\frac{3}{y+16}\text{トハシナイ}\right)$$

1	0	0	−30	3
	3	9	27	
1	3	9	−3	
	3	18		
1	6	27		
	3			
1	9	27	−3	

$$\therefore\quad 3+\frac{3}{1+9+27}=3\frac{3}{37}$$

$$\left(3+\frac{3}{y^2+9y+27}\text{トハシナイ}\right)$$

所ガ関ハ此ノ方法ハ不可ダトシ，上記ノヨウナ処理法ヲトツテ居ルノデアル．其ノ理由ハ，平方根ヤ立方根ヲ求メル場合ニハ方ヤ廉ニ数ガナイガ，一般ノ方程式ノ場合ニハ係数ガアリシカモソレハ正デモアレバ負デモアル．従ツテ其ノ結果相併セテ分母トスルモノニモ正モ負モ出テ来ル．夫故此ノヨウニ結果ヲ表示スルト，更ニ続テ商ノ尾数ヲ求メントスルトキ，変式ノ各項ノ係数ガ如何ナル数デアルカ，或ハ又正デアルカ負デアルカワカラヌ．夫故変式ノ原形ヲ見付ケルコトガ出来ズ，従テ尾数ヲ求メルコトガ不可能トナル訳デアル．之レガ関ガ古法ヲトラヌ理由ノヨウデアル.

要スル＝古法ハ唯商ノ近似値ヲ示シタ＝過ギナイ．所ガ本書ノ通商ハ不尽数ノ一種ノ表示法デアル．（本書ハ近似値＝就イテハ既＝窮商ノ所デ述ベテ居ル）夫故自然古法デハ関ノ意＝満タナイモノガアル訳デアル．

（註）　坂部ノ立方盈朒術ナドハ此ノ辺カラ暗示ヲ得テ考エ出シタモノデハナカロウカト思ワレル．（第六章参照）

(i)　疊　　　商

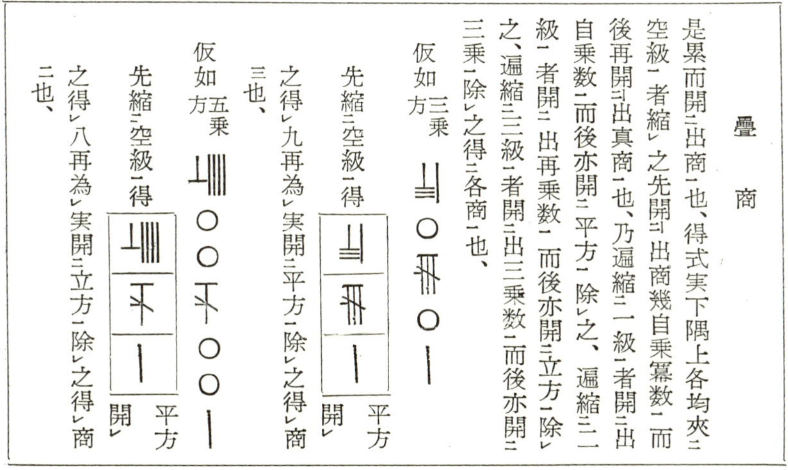

疊商

是累而開ニ出商ニ也、得式実下隅上各均夾ニ空級ニ者縮レ之先開ニ出商幾自乗冪数ニ而後再開ニ出真商ニ也、乃遍縮ニ一級ニ者開ニ出自乗数ニ而後亦開ニ平方ニ除レ之、遍縮ニ二級ニ者開ニ出再乗数ニ而後亦開ニ立方ニ除レ之、遍縮ニ三級ニ者開ニ出三乗数ニ而後亦開ニ三乗ニ除レ之得ニ各商ニ也、

仮如方三乗

先縮ニ空級ニ得　平方開レ之得レ九再為レ実開ニ平方ニ除レ之得レ商三也、

仮如方五乗

先縮ニ空級ニ得　平方開レ之得レ八再為レ実開ニ立方ニ除レ之得レ商二也、

$$81+0x-18x^2+0x^3+x^4=0$$

ノヨウニ均シク空級ヲ夾ムモノハ之ヲ縮メテ

$$81-18X+X^2=0$$

トシ，之レカラ

$$X=9$$

ヲ得，後之ヲ平方＝開イテ

$$x=3$$

又 $64-16x^3+x^6=0$ ナラバ

$$64-16X+X^2=0$$

トシ之ヲ解キ

$X=8$ ヲ得，後之ヲ立方ニ開イテ

$x=2$

トスル．カク累ネテ商ヲ開出スル故畳商ト云ウ．

(v) 羃 商

> 冪　商
>
> 是求二商幾自乗数一也、開二出商冪一者依二平方消長法一（載二于伏題篇中一）求レ之、自二原式実級一逐下隔二一級一而縮三布之一為二仮実一、又自二方級一逐下隔二一級一而縮二布之一為二仮方一、仮実自乗与三仮方自乗降二一級一而相二減之一得下開二出商冪一式上也、開二出商再乗冪一者依二立方消長法一求レ之、自二原式実級一逐下隔二二級一而縮二布之一為二仮実一、又自二方級一逐下隔二二級一而縮二布之一為二仮方一復自二初廉級一逐下隔二二級一而縮二布之一為二仮廉一、仍仮実再自乗（一段）仮方再自乗降二一級一者（一段）仮廉再自乗降二二級一者（一段）三位相併与下仮実仮方仮廉相乗降二一級一者三段上相二減之一得下開二出商再乗冪一式上也、開二出商三乗冪已上一準レ之、
>
> 仮如立方　-21　-5　1　1
>
> 此商三也、開二出商冪九一者自レ実逐下隔二一級一而縮二布之一為二仮実一　-21　1、自レ方逐下隔二一級一而縮二布之一為二仮方一　-5　1、仍仮実自乗　441　-42　1、仮方自乗降二一級一得二〇　25　-10　1　一相二減之一得下開二出商冪一式上　441　-67　11　-1、

商ノ幾自乗冪ヲ求ムル也ト云ツテ居ルガ記事ノ内容カラ見ルト商ノ何乗冪カヲ商ニモツ方程式ヲ作ルコトヲ云ウノデアル．

$$-21-5x+x^2+x^3=0$$

ノ商ハ3デアルガ商冪9ヲ商ニモツ方程式ヲ作ルニハ

$$-21+x^2=x(5-x^2)$$

$$441-42x^2+x^4=x^2(25-10x^2+x^4)$$

$$441-67x^2+11x^4-x^6=0$$

x^2 ヲ X カエ

$$441-67X+11X^2-X^3=0$$

一般ニ $f(x)=a+bx+cx^2+dx^3+ex^4+\cdots\cdots=0$ ……………(1)

ノ根ガ α デアルトキ α^2 ヲ根ヲモツ方程式ヲ作ルニハ先ズ

$$a+cx^2+ex^4+\cdots\cdots=(b+dx^2+\cdots\cdots)x$$

トシ，之ヲ自乗シテ x^2 ヲ X ト置イテ

$$(a+cX+eX^2+\cdots\cdots)^2=(b+dx^2+\cdots\cdots)^2X$$

之ヲ整理シタモノガ求メル方程式（開出商冪式）デアルト云ウノデアル．即チ(1)ニ　$x^2=X$ ナル変換ヲ行ウコトデアル．此ノ方法ヲ平方消長法ト云ウ．

同様ニ立方消長法ハ(1)ニ　$x^3=X$　ナル変換ヲ行ウコトデアル．

今(1)ヲ

$$a+bx+cx^2+a'x^3+b'x^4+c'x^5+a''x^6+b''x^7+c''x^8\cdots\cdots=0$$

トスレバ

$$a+bx+cx^2+a'X+b'Xx+c'Xx^2+a''X^2+b''X^2x+c''X^2x^2+\cdots\cdots=0$$

$$\therefore\ (a+a'X+a''X^2+\cdots\cdots)+(b+b'X+b''X^2+\cdots\cdots)x$$
$$+(c+c'x+c''X^2+\cdots\cdots)x^2=0$$

コレカラ

$$(a+a'X+a''X^2+\cdots\cdots)^3+(b+b'X+b''X^2+\cdots\cdots)^3X+(c+c'X$$
$$+c''X^2+\cdots\cdots)^3X^2=3(a+a'X+a''X^2+\cdots\cdots)(b+b'X$$
$$+b''X^2+\cdots\cdots)(c+c'X+c''X^2+\cdots\cdots)X$$

トナル．

此ノ方法ハ発微算法演段諺解，解伏題之法，大成算経等ニモ出テ居ルモノデアリ，関以後ノ諸書ニハ何乗冪演段ト云ウ名ニヨツテ見エルモノデアル．三乗冪演段以上ニナレバ消去ノ結果ハ甚ダ複雑ナモノトナル．中根元圭ノ七乗冪演段（元禄四年．1691）ハ $x^8=X$ ト(1)トカラ x ヲ消去スルモノデアルガ其ノ結果ハ之ヲ記載スルニ二巻ヲ要シテ居ル程デアル．

(vi)　乗　除　商

$$a_0+a_1x+a_2x^2+\cdots\cdots a_nx^n=0$$

ノ根ガ α デアルトキ $k\alpha$，$\dfrac{\alpha}{k}$ ヲ根トスル方程式ヲ作ルコトデアル．例エバ $k\alpha$ ヲ根トスル方程式ハ

$$a_0k^n+a_1k^{n-1}x+a_2k^{n-2}x^2+\cdots\cdots+a_{n-1}kx^{n-1}+a_nx^n=0$$

トスレバヨイ．

又 $\dfrac{\alpha}{k}$ ヲ根トスル方程式ハ

$$a_0+a_1kx+a_2k^2x^2+\cdots\cdots$$
$$+a_nk^nx^n=0$$

トスレバヨイト云ウノデアル．

(vii) 増　損　商

α ヲ根トスル方程式ヲ $\alpha\pm\dfrac{l}{m}\alpha$ 即チ $\dfrac{m\pm l}{m}\alpha$ ヲ根トスル方程式ニ変換スルコトデアル．ソレニハ

$$a_0(m\pm l)^n+a_1(m\pm l)^{n-1}mx$$
$$+a_2(m\pm l)^{n-2}m^2x^2+\cdots\cdots$$
$$+a_nm^nx^n=0$$

トスレベヨイト云ウノデアル．

(viii) 加　減　商

α ヲ根トスル方程式ヲ $\alpha\pm k$ ヲ根トスル方程式ニ変換スルコトデアル．

$\alpha-k$（減商）ヲ根ニモツ方程式ヲ作ルニハ，方程式ノ根ヲ算出スルトキノヨウニ商ニ k ヲ立テテ計算ヲ進メ，変換式ヲ求メレバヨイ．

$\alpha+k$（加商）ヲ根トスル方程式ヲ作ルニハ先ノ計算デ加エタノヲ

乗除商

是求二乗一除レ某之商一也、開二出乗商一者以二乗数一乗二原式隅上級一以二乗数冪一乗二次上級一以二乗数再乗冪一乗二又次上級一逐上至二実級一乗二乗数幾乗冪一得下開二出乗商一式上、開二出除商一者以二除数一乗二方級一以二除数冪一乗二初廉級一以二除数再乗冪一乗二次廉級一逐下至二隅級一乗二除数幾乗冪一得下開二出除商一式上也、

増損商

是求下取二分数一之商上也、開二出増商一者分母子相併為二増数一開二出損商一者分母子相減為二損数一、以二増損数一乗二隅上級一以二増損数冪一乗二次上級一以二増損数再乗冪一乗二又次上級一逐上至レ実乗二増損数幾乗冪一、却置二其式一以二分母一乗二方級一以二分母冪一乗二初廉級一以二分母再乗冪一乗二次廉級一逐下至二隅級一乗二分母幾乗冪一得下開二出増損商一式上也、

加減商

是求下加二減箇数一之商上也、以二加減数一如二開出法一自レ隅命レ之逐上至レ実加二減之一（加商者同減異加、減商者同加異減、）為二実数一、又自二原式隅一命レ之至レ方加二減之一為二方数一、逓如レ此至二隅上級一加二減之一畢、得下開二出加減商一式上也、

減ズレバヨイ．即チ負商ヲ立テタトキノ計算ニ従エバヨイト云ウノデアル．

(ix)　報　　商

α ヲ根トスル方程式ヲ $\dfrac{k}{\alpha}$ ヲ根トスル方程式ニ変換スルコトデアル．本文デハ k ヲ除数ト云ツテ居ル．

$$a_0+a_1x+a_2x^2+\cdots\cdots+a_nx^n=0$$

ノ根ガ α ナラバ，$\dfrac{k}{\alpha}$ ヲ根トスル方程式ハ

$$a_nk^n+a_{n-1}k^{n-1}x+a_{n-2}k^{n-2}x^2+\cdots\cdots$$
$$+a_1kx^{n-1}+a_0x^n=0$$

デアルト云ウ．

報　商

是求二以レ商除レ之所レ得数一也、以二除数一乗二方級一以二除数冪一乗二初廉級一以二除数再乗冪一乗二次廉級一逐下至二隅級一乗二除数幾乗冪一 各得数諸級顚倒而布レ之以レ実布レ隅、以レ方布二最下廉一、以二初廉一布二次上廉一逐如レ此以レ隅布レ実而得レ式也、

(x)　反　　商

α ヲ根トスル方程式ヲ $-\alpha$ ヲ根トスル方程式ニ変換スル．即チ

$$-a_0+a_1x-a_2x^2+\cdots\cdots=0$$

又ハ

$$a_0-a_1x+a_2x^2-\cdots\cdots=0$$

ノヨウニ一項置キニ符号ヲカエレバ開出反商式ヲ得ルト云ウノデアル．

反　商

是求二反覆原商一也、開出商反二正負一者置二原式一 起二於実級一 或有レ起二於方級一、或起二於隅級一、或起二於最下廉一者 各依レ時宜レ用レ之 逐下隔二一級一而反二正負・得下開二出反商一式上也、

カクシテ本書ニ於テモ数字方程式ノ解法ニハ Horner ノ方法ト同一ノ方法ガ用イラレテ居ルコトガ知ラレ，且ツ課商，窮商，通商ノ条ニ於テハ開方式ノ商ヲ適度ニ定メル方法，商ガ不尽数デアルトキ其ノ微数ヲ究メル方法，及ビ其ノ不尽ノ処理法等マデ遺憾ナク解説シテ居ル．又方程式ノ変換ニ就テハ

$$y=x^k,\qquad y=kx,\qquad y=\frac{x}{k}$$

$$y=x\pm k,\quad y=\frac{k}{x},\quad y=-x$$

等ガ取扱ワレテ居ルノデアル．之ヲ当時ノ和算ノ状態カラ見ルト誠ニ傑出シタ劃期的ノモノデアルト云ウコトガ出来ル．実ニ本書ハ関ノ遺書中ニ於テモ勝レタ作ノ一ツデアル．

（註）カカル変換ハ何レモ方程式解法ノ際一種ノ便法トシテ夫々用イラレタモノデアル．

6 開方飜変

此ノ書物ニハ方程式ガ正根ヲモツカ，負根ヲモツカ，或ハ其ノ何レヲモモタヌカ（無商）ヲ験シ若シ正根ヲモタネバ，方程式ノ或係数ヲ変エテ（絶対値ノミヲカエ符号ハカエヌ）正根ヲモツ方程式ニ改メル企ガ試ミラレテ居ル．ソシテ本書ハ次ノ五条カラ成ル．

開出商数第一　　験商有無第二　　適尽諸級第三
諸級替数第四　　視商極数第五

之等ガ極メテ簡単ニ記サレテ居ツテ甚ダ分リニクイ書物デアル．本書ノ解説ヲ試ミタ和算書ニハ

有馬頼僮　開方蘊奥（延享四年，1747）
石井雅頴　開方飜変詳解（安永二年，1773）
多植校　開方飜変五条解（安永五年，1776）
藤田嘉言編　開方飜変解（文化八年，1811）

等ガアルガ極メテ不充分ナモノデアル．和算家ノ間ニモ本書ハ充分理解サレテ居ナカツタヨウニ思ワレル．又最近ニハ

林博士　Seki's Kaiho-Hompen, Hojin-Ensan and Sandatsu-Kempu（東京数学物理学会記事第二期第三巻，1906）
〃　和算ニ於ケル方程式論ニ就テ（東北数学雑誌第二十四巻，1931）
三上義夫氏　関孝和ノ業績ト京坂ノ算家並ニ支那ノ算法トノ関

係及ビ比較（東洋学報第二十一巻，1934）

ノ論文中ニモ見エル.

以下自分ノ見ル所ヲ逐条詳記シテ見ル.

開出商数第一
凡開方式有二全変交無之四商一也、正負各開出商一件者謂二之全商式一也、正負各開出商数件者謂二之変商式一也、開出商正負相交者謂二之交商式一也、正負各不レ得二開出商一者謂二之無商式一（乃無商式者局二于隻級一也）

(i)　開出商数第一

関ハ開方式（方程式）ヲ次ノ四種ニ分ツ.

全商式，唯一ツノ根ヲ有スルモノ.（等根又ハ他ガ総テ虚根）

変商式，正根ノミ，又ハ負根ノミヲ二ツ以上有スルモノ.

交商式，正根負根ヲ相交エ有スルモノ.

無商式，虚根ノミヲ有スルモノ.（註ニ無商式者局于隻級也トアルノハ無商式ハ項数ガ奇数ナル場合即チ偶数次ノ方程式ニ限リ起ルト云ウ意デアル.）

（大成算経ニハ変商式，交商式ヲ合セテ変商式ト云ウ．即チ正負ニ拘ラズ根ガイクツモアル開方式ヲ変商式ト云ウ.）

次デ商ヲ開出スル方法ヲ述ベテ居ルガ之ハ既ニ述ベタ大成算経ノ開出総法ト全ク同法デアルカラ省ク.

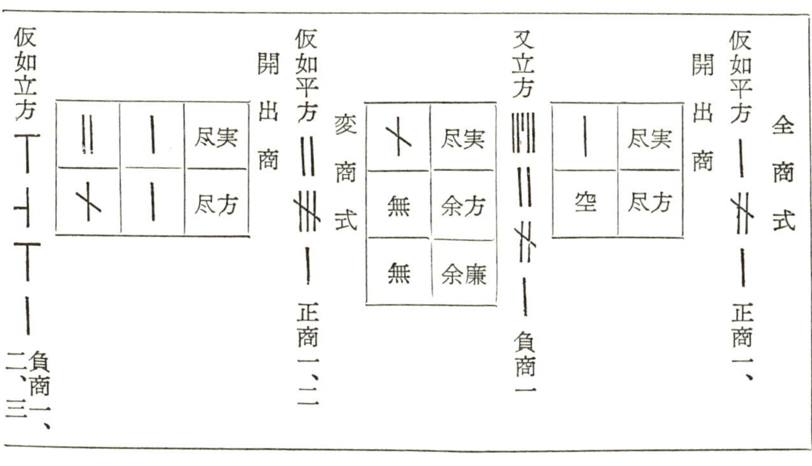

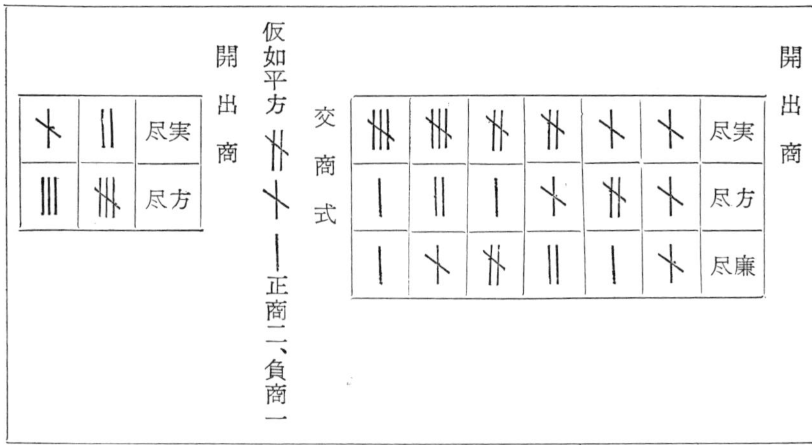

次ニコノ四種ノ開方式ヲ上ノヨウニ例ヲ以テ示シテ居ルガ，記事ガ簡単ナタメニ分リニクイ．シカシ大成算算経ノ開出総法ヲ読ンデカラ見レバ容易ニ理解スルコトガ出来ル．

$$x^2-2x+1=0$$

デハ実級商ハ１，方級商ハ０デアルコトヲ示ス．

$$x^3-2x^2+2x+5=0$$

デハ実級商ハ -1 デアルガ，方級商，廉級商ハ無イコトヲ示ス．ツマリ第一変式 $x^2-5x+9=0$ ハ最早ヤ何ヲ立テテモ開キ尽スコトガ出来ヌ．即チ何ヲ立テテモ方ニハ余リガ出来テ之ヲ尽スコトガ出来ヌ．従テ廉モ亦同様デアルコトヲ示ス．

1	−2	2	5	−1
	−1	3	−5	
1	−3	5	0	
	−1	4		
1	−4	9		(a)
	−1			
1	−5	9		

他ノ例モ同様ニ解釈スレバ理解出来ルノデアル．即チ開出法ガ Horner ノ方法ト同一デアルノミナラズ，方程式変換ノ考エマデ使用シテ居ルノデアル．

(ii)　験商有無第二

験二商有無一第二
仮立二正負商一算一従二其式之隅一命レ之（平方式者従レ廉命レ之）至二実級一而布レ之、原式之実与二所レ布之実一同名者其商無レ之、異名者其商有レ之、若雖二実同名一他級中有二異名者一以二適尽其級法一而替二原式各級数一而後為二其商有一レ之也、（如異名二級以上以二上級一為レ主、）
仮如原式平方 𝍡̸ 𝍠 𝍡
仮立二正商一算一従レ廉命レ之至二実級一而布レ之 𝍠 𝍠 𝍠原廉、与二原式一実異名、故正商有一レ之、仮立二負商一算一従レ廉命レ之至二実級一而布レ之 𝍠 𝍠̸ 𝍠原廉、与二原式一実異名、故負商有レ之、
又原式平方 𝍠 𝍠̸ 𝍠
仮立二正商一算一従レ廉命レ之至二実級一而布レ之 𝍠 𝍠 𝍠原廉、与二原式一実同名、故正商無レ之、雖レ然方異名、故以二適尽方級法一替二実数方数及廉数一而後為二正商有一レ之、
仮立二負商一算一従レ廉命レ之至二実級一而布レ之 𝍠 𝍠̸ 𝍠原廉 与二原式一実同名、故負商無レ之、
又原式立方 𝍤 𝍨̸ 𝍣 𝍠̸
仮立二正商一算一従レ隅命レ之至二実級一而布レ之 𝍠̸ 𝍠̸ 𝍠̸ 𝍠̸原隅、与二原式一実異名、故正商有レ之、
仮立二負商一算一従レ隅命レ之至二実級一而布レ之 𝍠 𝍠̸ 𝍠 𝍠̸原隅 与二原式一 実同名、故負商無レ之、
余倣レ之、

方程式ヲ見テ正根負根ノ有無ヲ験メス法デアル．例エバ

$$2x^2+x-2=0$$

ニ正根ガアルカナイカヲ験メスニハ此ノ方程式ノ廉級ハ正デアルカラ $+1$ ヲ廉トシ，正根 1 ヲ立テ (a) ノヨウニ掛上ゲテ見ル(前頁)．即チ廉 1 ト根 1 トヲ掛ケタ積 $+1$ ヲ方トシ，之レト根 1 トヲ掛ケタ $+1$ ヲ実トスル．

廉	方	実
$+1$	$+1$	$+1$

此ノ実ト原方程式ノ実トハ異符号デアル．夫故実際ニ正根 α ヲ立テテ例ノ如ク掛上ゲル計算ヲ行ツテモ原方程式ノ実ヲ 0 トスル可能性ガアリ，従テ α ヲ適当ニ選ベバ根トスルコトガ出来ル．故ニ正根ハ有ルトスル．所ガ此ノ実ト原方程式ノ実トガ同号デアルト正根 α ヲ立テテ掛上ゲテモ実ヲ 0 トスル可能性ガナイ（大体論デアル）夫故正根ハ無イトスル．

負根ノ有無ニ就テハ (1) ノ廉級ガ正デアルカラ $+1$ ヲ廉トシ，負根 -1 ヲ立

テ前ノヨウニ掛上ゲテ見ルト

廉	方	実
+1	−1	+1

トナル．此ノ実ト (1) ノ実トハ異号デアルカラ負根 −1 ノ代リニ $-\beta$ ヲ立テテ掛上ゲルト (1) ノ実ヲ 0 トスル可能性ガアリ，従テ β ヲ適当ニトレバ $-\beta$ ハ (1) ノ根トナリ得ル．夫故負根ハ有ルトスル．所ガ此ノ実ト (1) ノ実トガ同号デアルト $-\beta$ ヲ立テテ掛上ゲテモ実ヲ 0 トスル可能性ガナイカラ負根ハ無イトスルト云ウノデアル．

此ノ「無イ」ト云ウノハ絶対的ノモノデナク「マズ無イ」ト云ツタ程度ノモノデアルコトハ明カデアル．ソレハ後ニ述ベル適尽法ト云ウモノハ実同号デ根ノナイトキ，他級ニ異号ノモノガアレバ或係数ノ符号ハ変エナイデ絶対値ノミヲ変エテ根ヲアラシメル法デアルガ，カク改メタ方程式ニ於テモ各項ノ符号ハ前ノ儘デアルカラ実モ同号デアル（シカモ根ハアル）ト云ウコトカラデモ知ラレル．従テ此ノ方法ハ根ノ有無ヲ験メス法トシテハ誠ニ心モトナイモノデアル．本条ノ直グ前ニ出テ居ル変商式ノ例

$$x^2-3x+2=0 \qquad (\text{正根 } 1,2)$$

ニ正根ノ場合ヲ適用スルト

$$+1 \qquad +1 \qquad +1$$

実ハ同号デ正根ハナイコトニナルガ，之レハ係数ヲカエナクテモ其儘デ正根ガアルノデアル．此ノ場合ニハ方級ガ負デアルタメ掛上ゲタトキ方ハ必ズシモ正トナラズ，従テ原式ノ実ヲ 0 ニスルコトガ出来ルカラデアル．又交商式ノ例

$$x^3-7x-6=0 \qquad (\text{正根 } 3,\ \text{負根 } -1,\ -2)$$

ニ負根ノ場合ヲ適用シテ見テモ

$$+1 \qquad -1 \qquad +1 \qquad -1$$

トナリ実同号デ負根ハナイコトニナルガ，之レモ方級ガ負デアルタメ掛上ゲタトキノ方ハ必ズシモ正トナラズ，従テ実ガ 0 トナルカラデアル．

猶本文中「若雖ニ実同名一他級中有ニ異名一者以ニ適尽其級法一……」トア

ルノハ方級ガ異名ナラバ適尽方級法ニヨリ，上廉級ガ異名ナラバ適尽上廉級法ニヨル．……若シ二級以上異名ノモノガアレバ其ノ上級ノ方ノ適尽法ニヨルト云ウコトデアルガ，後ニ述ベルヨウニ上廉級法以上ハ何等意味ヲナサヌコトデアリ，且又如何ナル場合デモ方級法デ間ニ合ウノデアルカラ，上文ノ其級法ハ方級法ト改メ「異名二級以上……」ノ註ハ必要ガナイノデアル．（詳細ハ後ニ記ス）

大成算経ニハ此ノ験商法ハ全ク取除カレテソレニ相当スル部分ハ替数ノ所デ下記ノヨウニ簡単ニ述ベテ居ルニ過ギヌ．大成算経ハ関ノ業績ヲ殆ド全部収録シタモノデアルガ，其ノ編纂ニハ高弟建部兄弟ノ助力ガアリ．或ハ建部等ノ意ガ加エラレテアルカモ知レナイガ，兎ニ角関カ建部カガ此ノ験商法ノ有効デナイコトヲ認メテ斯様ニ書キ改メタモノト思ワレル．

先視二原式一仮立三正負商一算一従二其式下級一命レ之至二実級一布レ之、原式実与所レ布実異名者定有二其商一、同名者雖三本無二其商一 佗(他)級亦如レ此、異名者於二其級一定得二其商一、同名者於二其級一難レ得レ之也、依二数多少一自有レ之、故置二原式一開レ之不レ得二其商一者求二諸級極一而替二其数一 若所レ布式与諸級皆同名者偏不レ能レ替レ数、也、

之レニヨレバ原式ノ実ト布ク所ノ実トガ異名ナラバ必ズ根ガアル．同名ノモノハ本ト根ハナイ（他級ニ於テモ同様デ原式ノモノト布ク所ノモノト異名ナラバ其数ヲ替エルコトニ依テ必ズ根ヲ有ラシメ得レド同名ナラバ必ズシモ得ラレナイ．難得之ハ得ラレルトハ限ラヌ．得ラレヌコトガアルト云ウ程度ノモノカ．）ケレドモ係数ノ多少ニヨツテハ有ルコトガアル．夫故カカル場合ニハ実際方程式ヲ解イテ見テ根ガ得ラレナカツタナラバ適尽法ニヨツテ諸級ノ極数ヲ求メ，ソレニヨツテ其ノ数ヲ替エテ根ヲ有ラシメル（若シ原式ノ諸級ガ布ク所ノ式ト皆同号ナラバ諸級ヲ替エテモ根ヲ有ラシメルコトハ出来ヌ）ト云ウノデアル．

カクシテ理論ノ誤リハ免レ得タガ，此ノ験商法ガアマリ有効デナイト云ウ点ニ於テハ変リハナイ．

藤田ノ開方飜変解ニハ此ノ所ヲ次ノヨウニ説テ居ル．

$-3+x+2x^2=0$　　ニ就テハ

「原商正商有ヤ否ヤヲ糺スニハ原式廉級正ナルユヘ正一算ヲ廉トシテ正商一算ヲ命ジテ如レ左 ── ── ──（原本ハ縦書）如レ此実級ニ至テ原式実ト異名ナル故原式ノ廉級ニヨリ正商ヲ命ジテ実尽ルノ理アリ．故ニ正商有レ之ト定ム．又実級ニ至テ原式実ト同名ナルトキハ原式ノ廉級ヨリ正商ヲ命ジテモ実級ニ至テ同名トナルユヘ実尽ルノ理ナシ．故ニ正商無之ト云ベシ．……

原式負商アリヤ否ヲ糺スニハ原式廉級正ナルユヘ正一算ヲ廉トシ負一算ヲ命ジテ如レ左 ── ⟋ ── 如レ此実級ニ至テ原式実ト異名ナルユヘ原式廉級ヨリ負商ヲ命ジテモ実数尽ルノ理アリ故ニ負商有之ト定ム……」

又　$1-x+x^2=0$　　ニ就テハ

「原式正商有無ヲ糾スハ原式廉級正ナルユヘ正一算ヲ廉トシ正商一算ヲ命ジテ如レ左 ── ⟋ ── 如此実級ニ至テ原式実ト同名ナルユヘ原式廉級ヨリ正商ヲ命ジテモ同名ナルユヘ実尽ルノ理ナシ．故ニ正商無之ト云．雖レ然方級異名ナルユヘ方級数次第ニテ正商ヲ命ズルトキ実ニ至テ負算トナリ実尽ルコトアリ．故ニ適尽方級法ニ依テ実級廉級ノ極数ヲ見テ正商有之トスベシ．

原式負商有無ヲ糺スハ原式廉級正ナルユヘ正一算ヲ廉トシ負商一算ヲ命ジテ如レ左 ── ⟋ ── 如レ此実級ニ至テ原式実ト同名ナルユヘ原式廉級ヨリ負商ヲ命ジテモ同名ナルユヘ実尽ノ理ナシ．故ニ負商無之ト云．又方級モ同名ナルユヘマスマス負商無之式ナリ」

石井雅穎ノ開方飜変詳解ニハ之ヲ次ノ如ク簡単ニ説クノミデアル．「如レ此原式下級ヨリ命ジテ実級数ト同名ヲ無商トシテ異名ヲ商アリトス．若シ実級数ト同名ニテモ他級ニ異名アル者ハ商アリ．然レドモ其級数ニ極限アル故此極限ヲ超ルモノハ無商式ナリ．依テ適尽法ヲ以テ極数ヲ求メテ諸級数ヲ替テ商ヲ得ルナリ．」

又戸板ノ開方飜変五条解ニアル解釈ハ次ノヨウデアル．

「是ハ本式ノ下級ノ正負ニ随テ商ニ仮リニ正一算カ負一算ヲ立テ掛上テ本式ニ見合テ実ト掛上タル実ト正負異ルトキハ商有ルト知ル．同ナレバ無ト知也．但外ノ級ノ内正負異ルトキハ何レノ一級ニテモ数ヲ替レバ商有ト知也」

猶此ノ験商法ニ就テ岩波ノ数学講座中ニアル細井淙氏ノ和算ニハ別ナ考エ方ガシテアル．アレモ一応尤モノヨウニ思ワレル．関ノ開方算式ニ扱ワレテ居ル事柄等カラ推シテ関ガアノヨウナ考エ方ヲシタト見テモ決シテ無理トハ思ワレナイガ，シカシ立[二]正負商一算[一]従[二]其式之隅[一]命[レ]之[一]至[二]実級[一]而布[レ]之ト云ウ簡単ナ文句ノ中ニアノヨウニ繰返シ算法ヲ行ウコトガ含蓄サレテ居ルカ．開出商数第一ノ中ニ述ベラレテ居ル開出商法ノ文章ト対比シテモ布[レ]之ト云ウ語ハ簡単ナコトヲ表シテ居ル様ニ思ワレル．モツトモ周知ノコトハ簡単ナ言葉デ複雑ナ内容ヲ表ワスコトハ往々アルガ，コレハ周知ノコトデナク本書独特ノコトデアルカラ斯様ナ解釈ハ少シ無理ノヨウデアル．又細井氏ノ解釈ヲ本条ノ第三例ニ適用スルト結果ガ一致シナイ．

$$-x^3+4x^2-9x+5=0$$

−1	4	−9	5	1
	−1	3	−6	
−1	3	−6	−1	
	−1	2		
−1	2	−4		
	−1			
−1	1			

即チ　−＋−−　トナリ，本書ノ　−−−−　トハ一致シナイコトニナルノデアル．

大成算経ハタトエ建部ノ意ガ加エラレテアルニセヨ，建部ハ関ノ高弟デアリ数学ノ達士デアルカラ開方飜変ニアル関ノ意ヲ誤ツテ改悪シタト思ワレヌカラ先ノヨウニ解釈スル方ガ適当ト思ウノデアル．

(iii)　適盡諸級第三

与エラレタル方程式

$$f(x)=a_0+a_1x+a_2x^2+\cdots\cdots a_nx^n=0 \qquad (1)$$

ノ数係数ヲ縦ニ列ベタモノガ此ノ表ノ実行デアリ，

$$a_1x+2a_2x^2+3a_3x^3+\cdots\cdots+na_nx^n=0 \qquad (2)$$

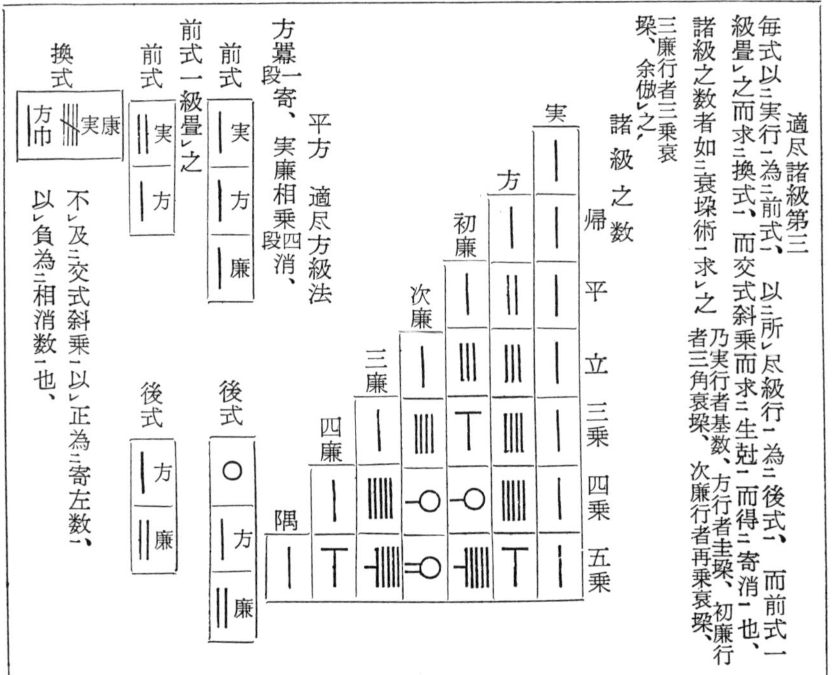

適尽諸級第三
毎式以ニ実行一為ニ前式一、以ニ所レ尽級行一為ニ後式一、而前式一級畳レ之而求ニ換式一、而交式斜乗而求ニ生尅一而得ニ寄消一也、
諸級之数者如ニ衰垜術一求レ之　乃実行者基数、方行者圭垜、初廉行者三角衰垜、次廉行者再乗衰垜、三廉行者三乗衰垜、余倣レ之、
諸級之数
実
方
初廉
次廉
三廉
四廉
隅
帰
平
立
三乗
四乗
五乗
平方　適尽方級法
方冪一段寄、実廉相乗四段消、
前式
実
方
廉
後式
方
廉
前式一級畳レ之
前式
実
方
後式
方
廉
換式
実康
方巾
不レ及ニ交式斜乗一以レ正為ニ寄左数一、以レ負為ニ相消数一也、

ノ数係数ヲ列ベタモノギ方行デアリ，

$$a_2x^2+3a_3x^3+6a_4x^4+\cdots\cdots+\frac{n(n-1)}{2}a_nx^n=0 \qquad (3)$$

ノ数係数ヲ列ベタモノガ初廉行デアル．……即チ之等ハ方程式トシテハ次ノモノヲ表ワス．

$$xf'(x)=0,\quad \frac{x^2}{2!}f''(x)=0,\quad \frac{x^3}{3!}f'''(x)=0,\cdots\cdots\cdots$$

$f(x)=0$ ヲ常ニ前式トシ，$xf'(x)=0$ ヲ後式トシテ此ノ両式カラ x ヲ消法スル方法ヲ適尽方級法，$\dfrac{x^2}{2!}f''(x)=0$ ヲ後式トシテ x ヲ消去スル方法ヲ適尽初廉級法，……ト云ウ．

消去ノ方法ハ先ズ前式ヲ一級畳ミ次数ヲ一次下ゲル．例エベ方級法ナラバ (1)×n−(2) ヲ作リ

$$na_0+(n-1)a_1x+(n-2)a_2x^2+\cdots\cdots+a_{n-1}x^{n-1}=0 \qquad (1)'$$

又 (2) ハ

$$a_1+2a_2x+3a_3x^2+\cdots\cdots+na_nx^{n-1}=0 \qquad (2)'$$

之レヲ新シク前式後式トシ，以下ハ解伏題之法ニアル行列式ノ方法デ消去ヲ行ウノデアル．前式，後式，畳，換式，交式，斜乗，生尅等ノ語ハ解伏題之法ニ使ワレテ居ル消去法ノ術語デアル（之レニ就テハ余ハ「和算ノ行列式展開ニ就テノ検討」東北数学雑誌　第四十五巻 1939，ニ於テ詳シク其ノ方法ヲ述べ，且ツ之レニ検討ヲ加エタノデアルカラ之ヲ参照サレタイ．或ハ拙著和算ノ研究，行列式及ビ円理ヲ参照サレタイ）

例エバ平方適尽方級法デハ

前式　$a+bx+cx^2=0$

後式　$bx+2cx^2=0$　（又ハ $b+2cx=0$）

カラ x ヲ消去スルノデアルガ先ズ x^2 ノ項ヲ消去シテ見ルト

前×2−後　$2a+bx=0$

此ノヨウニ前式ノ次数ヲ一次下ゲルコトヲ前式ヲ一級畳ムト云ウ．カクシテ

前式　$2a+bx=0$

後式　$b+2cx=0$　（Ⅰ）

ト変形シテ両式カラ x ヲ消去スル態勢ヲ整エルノデアル．

又立方適尽方級法ナラバ

前式　$a+bx+cx^2+dx^3=0$

後式　$bx+2cx^2+3dx^3=0$

カラ先ズ x^3 ノ項ヲ消去シ（前×3−後）

前式　$3a+2bx+cx^2=0$

後式　$b+2cx+3dx^2=0$　（Ⅱ）

トスルノデアル．

次ニ前式後式カラ換式ヲ求メル．換式トハ前後両式ニ換エル式ト云ウ意デアル．

（Ⅰ）ノ場合ニハ後式ニ b ヲカケ前式ニ $2c$ ヲカケテ相減ズル．

$$b^2-4ac=0$$

之レガ此ノ場合ノ換式デアル．此ノ時ハ交式モ斜乗モ要セズ換式ガ直チニ消去ノ結果ヲ与エルノデアル．

（Ⅱ） ノ場合ニハ 前$\times 3d-$後$\times c$ ヲ作ル．

$$(9ad-cb)+(6bd-2c^2)x=0 \cdots\cdots \text{一式}$$

又 (一式)$\times x+$前$\times 2c-$後$\times 2b$ ヲ作ル．

$$(6ac-2b^2)+(9ad-bc)x=0 \cdots\cdots \text{二式}$$

此ノ一式二式ガ（Ⅱ）ノ換式デアル．（Ⅱ）ヨリ x ヲ消去スル代リニソレヨリモ容易ナ此ノ両式カラ x ヲ消去スルノデアル．

ソシテ其ノ消去法ハ斜乗ニヨリ

$$(9ad-bc)^2-(6bd-2c^2)(6ac-2b^2)=0$$

即チ
$$27a^2d^2+4ac^3+4b^3d-18abcd-b^2c^2=0$$

此ノ場合ハ交式ヲ要セズ直チニ斜乗ニヨツテ消去ノ結果ヲ得ルノデアル．

斯様ニ方行ヲ利用シテ x ヲ消去スル法ガ適尽方級法デアル．

又三乗方適尽方級法ハ

$$a+bx+cx^2+dx^3+ex^4=0$$

$$bx+2cx^2+3dx^3+4ex^4=0$$

カラ x ヲ消去スルノデアルガ此ノ場合ニハ換式ハ三ツノ二次式トナリソレヨリ

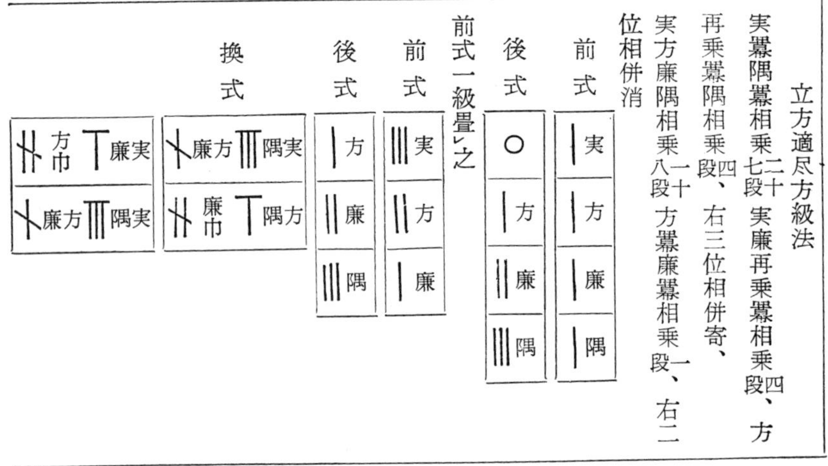

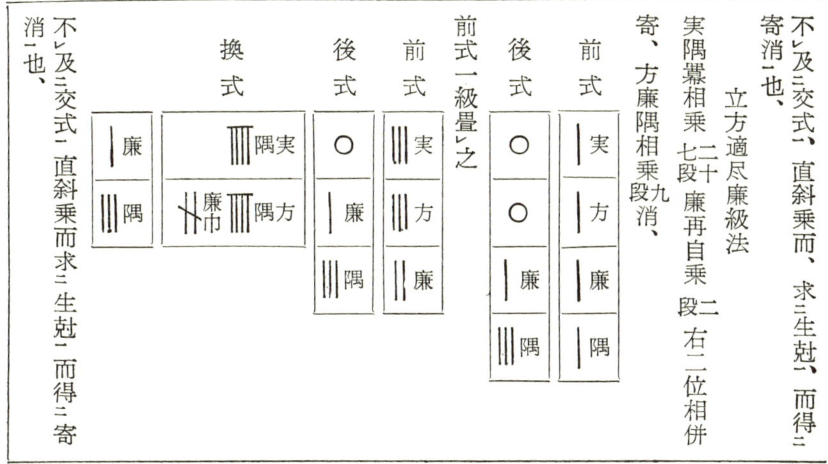
不レ及ニ交式ニ、直斜乗而、求ニ生尅ニ、而得ニ寄消ニ也、

立方適尽廉級法

実隅冪相乗二十七段廉再自乗二段右二位相併寄、方廉隅相乗九段消、

前式	後式
実 丨	〇
方 丨	〇
廉 丨	廉 丨
隅 丨	隅 丨丨丨

前式一級畳レ之

前式	後式
実 丨丨丨	〇
方 丨丨丨	廉 丨
廉 丨丨	隅 丨丨丨

換式	
隅実 丨丨丨丨丨丨丨丨丨	廉 丨
隅方 丨丨丨丨丨丨丨丨丨 廉巾 ⧸丨丨	隅 丨丨丨

不レ及ニ交式ニ直斜乗而求ニ生尅ニ而得ニ寄消ニ也、

x ヲ消去スルニハ交式ハ必要デナイガ斜乗ハ三次行列式ノ展開ヲ使用スルコトニナルノデアル.

更ニ高次ノ方程式ニ適尽方級法ヲ適用スルト今度ハ交式モ必要トナルノデアル.

方行ノ代リニ他ノ行ヲ使用シタ他級ノ適尽法モ全ク同様ニ論ゼラレル. 例エバ立方適尽廉級法ナラバ

$$a+bx+cx^2+dx^3=0$$

$$cx^2+3dx^3=0$$

カラ x ヲ消去スルノデアルガ先ズ最初ニ x^3 ノ項ヲ消去シ

前式　$3a+3bx+2cx^2=0$

後式　$cx+3dx^2=0$

之レカラ更ニ x^2 ノ項ヲ消去シ

$$9ad+(9bd-2c^2)x=0 \cdots\cdots \text{一式}$$

$$c+3dx=0 \cdots\cdots\cdots\cdots\cdots\cdots\cdots \text{二式}$$

直チニ斜乗ニヨリ　$27ad^2-c(9bd-2c^2)=0$

即チ　$27ad^2+2c^3-9bcd=0$

サテ方級法ハ $f(x)=0,\ f'(x)=0$ カラ x ヲ消去スルノデアルカラ判別式ヲ

D トスレバ消去ノ結果ハ

$$D=0$$

トナリ，$f(x)=0$ ガ等根ヲモツ条件トナルノデアル．所ガ初廉級法ハ $f(x)=0$ ト $f''(x)=0$ トカラ x ヲ消去シテ終結式ヲ作ルノデアルカラ得タ式ハ両式ガ共通根ヲモツ条件ニハナルガ $f(x)=0$ ガ等根ヲモツ条件ニハナラナイ．他級法ニ就テモ同様デアル．之レガ後ニ述ベルヨウニ方級法以外ハ無意義ニ終リ，之レヲ基トシテ行ツタ諸級替数ハ誤ツタ結果ニ到達スル所以デアル．コノコトハ後ニハ気付イタト見エ大成算経ニハ初廉級法……等ハ皆除カレ総テ方級法デ処理スルヨウニ云ツテ居ルノデアル．藤田モ亦

「本文中適尽其級法ト云フコト不詳，他級中異名者ハ何級ニ拘ラズ適尽方級法ニ依テ各級数ヲ替ヘルコトナルベシ．故ニ分註以ニ上級一為レ主ト云フコトニ及ブマジキヤ」

ト云ツテ居ルノデアル．（以ニ上級一為レ主ノ語ハ験商有無第二ヲ参照サレタイ）

サテ此ノヨウニ $f'(x)=0$, $f''(x)=0$, …… 等ニ相等スル式ヲ作ツテ之等ト $f(x)=0$ トカラ x ヲ消去シテ係数間ノ関係式ヲ求メルト云ウコトハ如何ナル意図カラ出テ居ルカ，之レハ次ノ諸級替数ノ条ヲ説カナケレバ充分其ノ意ヲ尽シ得ナイガ今其ノ大要ヲ云エバヤハリ $f(x)=0$ ノ等根ト云ウコトカラ発シテ居ルト思ワレル．（等根ト云ウ語ハナイガソレニ相当スル概念ハモツテ居タ．）$f(x)=0$ ノ或係数ヲ連続的ニ変化スレバ $f(x)=0$ ノ二根 α, β ガ次第ニ接近シ遂ニ其係数ノ或値ニ対シテ $\alpha=\beta$ トナリ，ソレヨリ更ニ其係数ガ変化ヲ続ケルト遂ニ此ノ二根ハ無商トナルト云ウ考エガ（事実カラ帰納シタモノ）其ノ根底ヲナスモノト思ワレル．

然ラバ $f'(x)=0$, $f''(x)=0$,…… ニ相当スル式ハ如何ニシテ得タモノカト云ウニ之レハ上ノ意図ノ下ニ方程式解法ヲ文字係数ノ儘デヤツテ見レバソコニ現ハレテ来ルコトガ認メラレル．（恰度乾坤之巻ヤ円理弧背術ニ行ワレテ居ル計算ノヨウニスル）即チ之ヲ示セバ次ノヨウデアル．

$$f(x)=fx^5+ex^4+dx^3+cx^2+bx+a$$

トスル.

(隅)(三廉)(次廉)　(上廉)　(方)　(実)　(商)

$$\begin{array}{llllll|l}
f & e & d & c & b & a & \alpha \\
 & f\alpha, & e\alpha+f\alpha^2, & d\alpha+e\alpha^2+f\alpha^3, & c\alpha+d\alpha^2+e\alpha^3+f\alpha^4, & b\alpha+c\alpha^2+d\alpha^3+e\alpha^4+f\alpha^5, & \\ \hline
f, & e+f\alpha, & d+e\alpha+f\alpha^2, & c+d\alpha+e\alpha^2+f\alpha^3, & b+c\alpha+d\alpha^2+e\alpha^3+f\alpha^4, & a+b\alpha+c\alpha^2+d\alpha^3+e\alpha^4+f\alpha^5 & \\
 & f\alpha, & e\alpha+2f\alpha^2, & d\alpha+2e\alpha^2+3f\alpha^3, & c\alpha+2d\alpha^2+3e\alpha^3+4f\alpha^4 & \text{(i)} & \\ \hline
f, & e+2f\alpha, & d+2e\alpha+3f\alpha^2, & c+2d\alpha+3e\alpha^2+4f\alpha^3, & b+2c\alpha+3d\alpha^2+4e\alpha^3+5f\alpha^4 & & \\
 & f\alpha, & e\alpha+3f\alpha^2, & d\alpha+3e\alpha^2+6f\alpha^3, & \text{(ii)} & & \\ \hline
f, & e+3f\alpha, & d+3e\alpha+6f\alpha^2, & c+3d\alpha+6e\alpha^2+10f\alpha^3 & & & \\
 & f\alpha, & e\alpha+4f\alpha^2 & \text{(iii)} & & & \\ \hline
f, & e+4f\alpha, & d+4e\alpha+10f\alpha^2 & & & & \\
 & f\alpha, & \text{(iv)} & & & & \\ \hline
f, & e+5f\alpha, & & & & & \\
\text{(v)} & & & & & &
\end{array}$$

之レハ $f(x)$ ヲ $x-\alpha$ デ割ルトキ，又ハ $f(x)=0$ ニ於テ根 α ヲ立テテ行ウ計算デアル．此ノヨウニ文字ノ儘デ計算ヲ書イテ見ルト (i) (ii) (iii)…… ハ夫々変式（変換方程式）ノ実，方，上廉……デアル．(i) ガモシ0ナラバ α ハ $f(x)=0$ ノ根トナリ，更ニ (ii) ガ0トナルトキハ α ハ又変式ノ根トナリ，従テ $f(x)=0$ ハ又 α ヲ根（等根）ニモツコトトナル．コノヨウナ考エ方ハ開出商数第一ニハ明ニ現ワレテ居ルコトデアル．又 (i) (ii) (iii)…… ノ係数ノ排列ハ和算ノ所謂衰垜デアツテ和算家ノヨク知ツテ居ル所デアル．

（註）上ノ変式ヲ $\varphi(y)=A+By+Cy^2+Dy^3+\cdots\cdots=0$

トスレバ $A=f(a)$, $B=f'(a)$, $C=\dfrac{f''(a)}{2!}$, $D=\dfrac{f'''(a)}{3!}$, $+\cdots\cdots$

又 $x=y+a$ デアルカラ

$$\varphi(y)=f(y+a)=f(a)+f'(a)y+\frac{f''(a)}{2!}y^2+\frac{f'''(a)}{3!}y^3+\cdots\cdots$$

カヨウニ書ケバ Taylor ノ級数展開デアル．

一体適尽トハ恰度零ニスルコトヲ意味スル．即チ変換方程式ノ方級ヲ0ニスルヨウ係数ヲ選ブコトガ適尽方級法デアル．上廉級ヲ恰度0ニスルヨウ係数ヲ選ブコトガ適尽上廉級法デアル．……此ノ辺ノ消息ヲ比較的ヨク表ワシテ居ルモノハ藤田ノ書デアル．

「開出商法前ニ云フ如ク本商ヲ立テ実尽ル逐下ニ本商ヲ命ジテ変式トス(本商ヲ立テ計算ヲ行ツテ実ガ0トナツテモ猶計算ヲ続ケ本商ダケ小サイ数ヲ根ニモツ方程式ヲ作ルコトヲ意味スル．変式ハ変換方程式デアル）其変式ニ商ヲ立テ開キ方尽ル．此変式ニ立商ハ本商変商ノ差ナルユヘ本商ニ変式ノ商ヲ加テ変商トナル（原方程式ノ或根ヲ本商ト云イ原方程式ノ他ノ根ヲ総テ変商ト云ツテ居ル）．然ルニ原式本商ヲ立テ実尽ル命ジテ方尽ルトキハ変式方級空ナルユヘ変式ノ商空ナリ．故ニ本商ニ準ズル変商本商ト同数ヲ得ル．故ニ其式ニ立商ノ極数ナリ．如此変式ノ方級空ヲ得ルヤウニ適当ヲ取ルコトヲ適尽方級法ト云．又変式上廉級ノ空ニナルヤウニ適当ヲ取ルコトヲ適尽上廉級法ト云．変式上廉級空ナルトモ商ヲ立ルニ妨ナキユヘ変式方尽ル商アリ．故ニ変商ヲ得ルユヘ商ノ極数ニモ非ズ．唯上廉級空トナル変式ヲ得ト云而已ノコトナリ．適尽下廉級法モ是ニ同ジ余傚.」

$$a_0+a_1x+a_2x^2+\cdots\cdots+a_nx^n=0 \cdots\cdots\cdots\cdots\cdots\cdots\cdots \ (1)$$

ノ根（本商）ヲ α トシ変換方程式（変式）ヲ

$$b_0+b_1x+b_2x^2+\cdots\cdots+b^nx^n=0\cdots\cdots\cdots\cdots\cdots\cdots\cdots\cdots(2)$$

トスレバ $b_0=0$ デアル．又此ノ変式ノ根ヲ β トスレバ $\alpha+\beta$ ガ (1) ノ根（変商）デアル．所ガ (2) ヲ作ル計算ノ際，実モ方モ0トナレバ (2) ニ於テ b_0 モ b_1 モ0トナルカラ β ハ0トナリ，変商 $\alpha+\beta$ ハ本商 α ト等シクナル．従テ α ハ (1) ノ根ノ極数デアル．カクノ如ク方級ガ0トナルヨウニ或係数ヲ選ブコトガ適尽方級法デアル（適当ハ方程式ノコトデアル．方級ヲ0ト置イタ方程式ヲ作リソレヲ満足スルヨウニ或係数ヲ定メルノデアル）．

又変式ノ上廉級 b_2 ガ0ニナルヨウニ選ブコトガ適尽上廉級法デアル．シカシナガラ b_2 ガ0トナツテモ b_1 ガ0デナケレバ (2) ノ根 β ハ0トハナラズ従テ変商 $\alpha+\beta$ ハ α トハ等シクナラヌカラ之レハ (1) ノ根ノ極数デハナイ．即チ上廉級法ハ唯上廉級ヲ0トスルト云ウダケノコトデアル．

即チ方級ガ0ニナルヨウニ或係数ヲ選べバソノ時 (1) ノ根ハ等根トナリ，之レガ其ノ根ノ極限デアツテ，係数ヲソレヨリ少シデモ大キク又ハ小サクトレバ

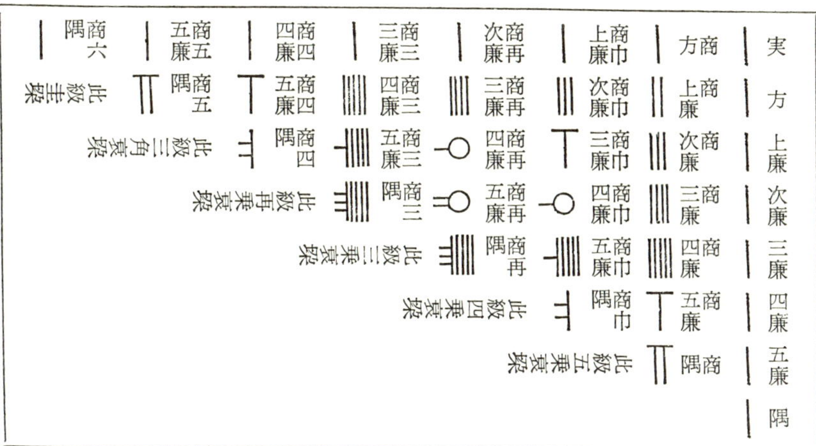

其ノ根ハ最早消失シテ(1)ハ無商式トナル．ソシテ此ノヨウナ根ノ極限ハ方級法ニ於テノミ考エラレ他ノ上廉級法等デハ考エラレナイコトヲ主張シテ得ルノデアル．

又「諸級之数」ヲ得ルコトニ就テハ次ノ如ク説明シテ居ル．

「開方式商ヲ立テ開キ命ジテ得^{二}変式^{一}傍書如^{レ}左（上掲枠内）．

此変式ニ依テ見ルニ実級ハ空ナルユヘ実級ヲ適当トシテ恒ニ前式トス．変式方級空ト為ントス欲スルトキハ方級ヲ又適当トシテ後式トシ如^{レ}法求^{二}換式^{一}維乗シテ相消シテ得ル処ノ適当ヲ用フレバ即チ変式ノ方級空トナル故是ヲ適尽方級法ト云．前ニ云如ク商ノ極数ニ協フナリ．

又変式ノ上廉級ヲ空ト為ントス欲スルトキハ変式ノ上廉級ヲ適当トシテ後式トス．如^{レ}法求^{二}換式^{一}維乗シテ相消テ得ル処ノ適当ヲ用ルトキハ即チ変式ノ上廉級空トナル．是ヲ適尽上廉級法ト云．諸級数図ハ変式傍書ノ段数ヲ記スモノナリ．」

トテ開方飜変ニ示シテ居ル「諸級之数」ハ変式ノ各項ノ係数デアルコトヲ明ニシテ居ル．

猶枠内ニ示シタ計算ハ先ニ $f(x)$ ヲ $x-\alpha$ デ逐次割ッテ (i) (ii) (iii) ……ナル変換方程式ノ係数ヲ得タモノト全ク同一内容ノモノデ唯先ノ計算ヲ縦ニ行

ツタト云ウ迄デアル.

カクシテ開方飜変ニハ三次方程式マデハ消去ノ方法モ結果モ示シ，四次方程式ニ就テハ結果ノミヲ示シテ居ル．大成算経ニハ五次方程式ノ結果ヲ示シテ居ル．今之等ノ結果ヲ記セバ次ノ通リデアル.

適盡方級法

$$a+bx+cx^2=0,\qquad b^2-4ac=0 \cdots\cdots(\text{I})$$

$$a+bx+cx^2+dx^3=0,\ 27a^2d^2+4ac^3+4b^3d-18abcd-b^2c^2=0 \cdots\cdots(\text{II})$$

$$a+bx+cx^2+dx^3+ex^4=0,$$

$$\begin{aligned}&256a^3e^3+144a^2cd^2e+144ab^2ce^2+18abcd^3+16ac^4e+18b^3cde\\&+b^2c^2d^2-192a^2bde^2-128a^2c^2e^2-27a^2d^4-6ab^2d^2e-80abc^2de\\&-4ac^3d^2-27b^4e^2-4b^3d^3-4b^2c^3e=0 \cdots\cdots(\text{III})\end{aligned}$$

$$a+bx+cx^2+dx^3+ex^4+fx^5=0$$

$$\begin{aligned}&3125a^4f^4+2000a^3ce^2f^2+2250a^3d^2ef^2+256a^3e^5+20a^2b^2df^3+50a^2b^2e^2f^2\\&+2250a^2bc^2f^3+160a^2bce^3f+1020a^2bd^2c^2f+825a^2c^2d^2f^2+510a^2c^2de^2f\\&+144a^2cd^2e^3+108a^2d^5f+160ab^3def^2+1020ab^2cd^2f^2+560ab^2cd^2f^2\\&+144ab^2ce^4+24ab^2d^3ef+24abc^3e^2f+356abc^2d^2ef+18abcd^3e^2+108ac^5f^2\\&+16ac^4e^3+16ac^3d^3f+256b^5f^3+144b^4de^2f+144b^3c^2df^2+18b^3cde^3+16b^3d^4f\\&+18b^2c^3def+b^2c^2d^2e^2-2500a^3bef^3-3750a^3cdf^3-1600a^3de^3f-2050a^2bcdef^2\\&-900a^2bd^3f^2-192a^2bde^4-900a^2c^3ef^2-128a^2c^2d^4-630a^2cd^3ef-27a^2d^4e^2\\&-1600ab^3cf^3-36ab^3e^3f-740ab^2cde^2f-6ab^2d^2e^3-630abc^3df^2-\underline{80abcde^3}\\&-72abcd^4f-72acd^4ef-4ac^3d^2e^2-192b^4cef^2-128b^4d^2f^2-27b^4e^4-6b^3c^2e^2f\\&-80b^3cd^2ef-4b^3d^3e^2-27b^2c^4f^2-4b^2c^3e^3-4b^2c^2d^3f=0 \cdots\cdots(\text{IV})\end{aligned}$$

（正項 31，負項 28，此ノ中一項ハ明ニ写字ノ誤）

五次ノ場合ノ正否ニ就テハ余ハマダ検討シテ居ラヌ．猶適尽上廉級法等ノ結果モ記サレテ居ルガ必要ガナイカラ省ク.

（iv）　諸級替数第四

諸級替数第四

依㆓験商有無法㆒視㆑有㆓異名級㆒而立㆓天元一㆒為㆓所㆑替各級数㆒、随㆓適尽其級法㆒得㆑式開㆓除之㆒得㆑商、若変商者実数隅数以㆓最多数㆒為㆓所㆑替数㆒、他級以㆓最少数㆒為㆓所㆑替数㆒、交商者随㆓原数㆒而開㆓出同名商㆒、無商者不㆑能㆑替㆑商、仍得商与㆓原級数㆒異名者不㆑用㆑之、同名者実数隅数乃平方式者実数廉数也従㆓得商㆒以下者原商有㆑之、以上者原商無㆑之、他級数従㆓得商㆒以下者原商無㆑之、以上者原商有㆑之也、

仮如原式平方　𝍣　𝍣̸　𝍠

依㆒験商有無法㆒視㆑之、雖㆓正負商各無㆒㆑之方級異名、故以㆓適尽方級法㆒替㆓実級方級及廉級㆒、而為㆓正商有㆒㆑之也、

立㆓天元一㆒為㆓実数㆒〇𝍠、以㆓廉数㆒相乗得数四㆑之〇𝍣寄㆑左、列㆓方数㆒自㆑之得𝍣、与㆑寄㆑左相消得㆓帰除式𝍣̸𝍣㆒、上実下法而一得㆓正二個二分五厘㆒、故実此数以下者原正商有㆑之、以上者原正商無㆑之、又立㆓天元一㆒為㆓方数㆒〇𝍠、自㆑之得〇〇𝍠、寄㆑左、列㆓実数㆒以㆓廉数㆒相乗得数四㆑之𝍥与㆑寄㆑左相消得㆓開方式𝍥̸〇𝍠㆒、平方開㆑之雖㆑得㆓正商㆒与㆓原式方㆒異名故不㆑用㆑之也得㆓負四個㆒、故負方此数以下者原正商無㆑之、以上者原正商有㆑之、又立㆓天先一㆒為㆓廉数㆒〇𝍠、以㆓実数㆒相乗得数四㆑之〇𝍥寄㆑左、列㆓方数㆒自㆑之得𝍣与㆑寄㆑左相消得㆓帰除式𝍣̸𝍥㆒、上実下法而一得㆓正五分六厘二毛五糸㆒、故正廉此数以下者原正商有㆑之、以上者原正商無㆑之、

験商有無法ニヨツテ実ガ同号トナリ商ガナイトノ結論ヲ得タ場合，若シ他ノ級ニ異号ノモノガアラバ其ノ級ニ対スル適尽法ヲ施シ何レカノ係数ヲ適当ニカエテ（符号ハカエヌ）有商ナラシメル．

今　$$f(x)=a+bx+cx^2+\cdots\cdots+rx^n=0 \quad\cdots\cdots\cdots\cdots\cdots(1)$$

ニ験商有無法ヲ施シ実ハ同号デアルガ方ガ異号ニナツタトシ適尽方級法ヲ行ツテ見ル．

$$f'(x)=b+2cx+3dx^2+\cdots\cdots+nrx^{n-1}=0 \quad\cdots\cdots\ (2)$$

(1) (2) ヨリ x ヲ消去シ

$$D=0 \quad\cdots\cdots\cdots\cdots\cdots\cdots\cdots\cdots\cdots\cdots\cdots(3)$$

ヲ得タトスル．D 中ニ含マレル a, b, c …… ノ中 a ノ外ハ与ヘラレタ儘トシ a ヲ変更シテ有商ニショウト思エバ (3) ニ於テ a ヲ未知数トシ之ヲ解ク．ソノ根ヲ a_1 トスル．a_1 ハ必ズ a ト同号ナルトキトリ異号ナルトキハ用イナイ．

但シ $a_1, a_2, a_3\cdots\cdots$ ノ如ク多クノ根ヲ得タトキハ $a_1, a_2\cdots\cdots$ ガモシ a ト皆同号ナラバ（変商）此ノ中ノ最大ナモノヲトツテ a_1 トシ，モシ異号ノモノヲ含ンデ居レバ（交商）a ト同号ノモノノ中ノ最大ナモノヲトツテ a_1 トスル．（此ノコトハ r ニ対シテモ同様デアルガ他ノ $b, c, \cdots\cdots$ ニ対シテハ最小ノモノヲトル）$D=0$ ガ虚根ノミヲ有スル場合ハダメデアル．

カクシテ得タ a_1 ハ替エル数 a ノ上限ヲ与エル．此ノコトハ r ニ対シテモ同様デアルガ $b, c, \cdots\cdots$ ニ対シテハ上限デハナク下限ヲ与エルト云ウノデアル．（之等ハ何レモ絶対値ニツイテデアル）

例.　　　$4-3x+x^2=0$

実ガ同号トナルカラ正根ハナイ（負根ヲシラベテモナイ）シカシ方級ガ異号デアルカラ適尽方級法ニヨリ，ドレカ係数ヲカエテ正根ノアル方程式ニ改メル．

今実 4 ヲカエテ正根ガアルヨウニシテ見ル．

$$b^2-4ac=0 \quad \text{カラ} \quad a=\frac{b^2}{4c}=\frac{9}{4}=2.25$$

$\therefore$　$a\leqq 2.25$　ニトレバ正根ガアル．（a ニ対シテハ上限）

次ニ b ヲ替エル数トスレバ

$$b^2=4ac=16, \qquad b=\pm 4$$

シカシ与エラレタ方程式ノ方級ハ負デアルカラ $b=-4$ ヲトル．ソシテ $|b|\geqq 4$ ナレバ正根ガアル．（b ニ対シテハ下限）

次ニ c ヲ替エル数トスレバ

$$c=\frac{b^2}{4a}=\frac{9}{16}$$

$\therefore$　$c\leqq\dfrac{9}{16}$　ナレバ正根ガアル．（c ニ対シテハ上限）

以上ノコトハ二次方程式ニ対シテハ確ニ成立スル．所ガ三次四次ノ方程式ニ対シテハ成立シナイノデアル．之ヲ例ニヨツテ示シテ見ル．

$$3-5x+2x^2+x^3=0\cdots\cdots\cdots\cdots\cdots\cdots\cdots\cdots\cdots(1)$$

験商有無法ニヨツテ調ベテ見ルト負商ハアルガ正商ハナイ．シカシ方級ノ符

号ガカワツテ居ルカラ適尽方級法ニヨリ

$$27a^2d^2+4ac^3+4b^3d-18abcd-b^2c^2=0 \cdots\cdots (2)$$

ヲ用イ $a=3,\ b=-5,\ d=1$ トシ x^2 ノ係数ヲカエテ正商ガアル ヨウニスル．(2) ハ

$$12c^3-25c^2+270c-257=0,$$

$$(c-1)(12c^2-13c+257)=0$$

実根ハ $c=1$ ダケデアル．

仍テ本書ニヨレバ $c\geqq 1$ ナレバ正商ガアリ．$0<c<1$ ナレバ正商ガナイトナルガ之レハイケナイ．何トナレバ

$$D=-27a^2d^2-4ac^3-4b^3d+18abcd+b^2c^2$$

$$=-(12c^3-25c^2+270c-257)\geqq 0$$

カラ　$(c-1)(12c^2-13c+257)\leqq 0$

$12c^2-13c+257$ ハ c ニ如何ナル実数ヲ与エテモ正トナルカラ

$$c-1\leqq 0,$$

$$c\leqq 1.$$

故ニ $0<c\leqq 1$ ナレバ正商ガアリ，$c>1$ ナレバ正商ガナイトナラネバナラヌノデアル．

（$D<0,\ c>0$ ノトキ (1) ノ唯一ツノ実根ガ負デアルコト，及ビ $D\geqq 0,\ c>0$ ノトキ一ツノ負根ト二ツノ正根ガアルコトハ (1) ノ符号ノ変化カラ容易ニ知ラレル）上ノコトヲグラフデ示スト次ノヨウニナル．$D=0$ ノトキ $c=1$，夫故今

$$y=3-5x+x^2+x^3=(x-1)^2(x+3)$$

ヲ考エルト此ノグラフハ右図ノヨウニナル．

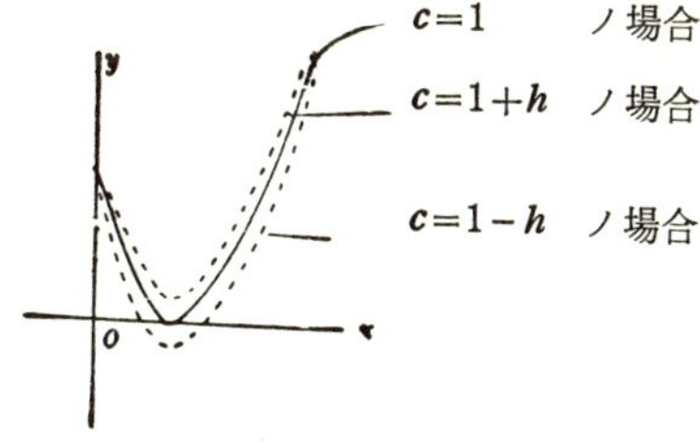

今 $c=1$ ヲ少シクカエテ $c=1+h$　$(h>0)$ トスルト

$$y=3-5x+x^2+x^3+hx^2$$

トナルカラ此ノ曲線ハ $x>0$ デハ最早ヤ x 軸トハ交ラヌ．$c=1-h$ トスレバ

$$y=3-5x+x^2+x^3-hx^2$$

トナルカラ今度ハ曲線ハ x 軸ト交ル．夫故

$$3-5x+cx^2+x^3=0$$

ハ $0<c\leqq1$ デ正根ガアリ，$c>1$ デハ正根ガナイコトガワカル．

同様ニ b ニ就テモ $-5+h$ トスレバ正根ガナク $-5-h$ トスレバ正根ガアルコトニナル．故ニ $|b|<5$ ナレバ正根ガナク $|b|\geqq5$ ナレバ正根ガアルコトニナル．仍テ此ノ場合ハ $|b|=5$ ガ正根ヲ与エル下限トナルノデアル．

a, d ニ就テ同様ニ考ウレバ $a=3$, $d=1$ ハ上限トナリ之等ハ本書ノ結果ト一致スル．

a ト d トガ異号ナレバ（従テ a ト布ク所ノ実級トガ異号）正根ハ必ズアルカラ a, d ガ同号（従テ a ト布ク所ノ実トガ同号）ノ場合ノミヲ考エルト上ノヨウニ定メタモノハ必ズ上限トナルカラ本書ノ記載ハ正シイ．シカシ乍ラ他級ニ就テハ布ク所ノモノト同号ナレバ上限，異号ナレバ下限トナルコトハ先ノヨウニ考エレバ容易ニ知ラレルカラ之レニ対スル本書ノ記載ハ正シクナイ．

猶 a ニ関スル方程式ヲ解イテ根ガ $a_1, a_2, a_3\cdots\cdots$ トイクツモ得ラレタトキ原式ノ実級ト同号ノモノノミヲ考エルノハ，元来諸級替数ハ方程式ノ係数ノ符号ヲ変エヌノガ本則デアルカラデアル，（符号ヲカエルコトハ多ク原問題ノ意味ヲ変エルコトニナルカラ避ケル）又 $a_1, a_2\cdots\cdots$ 中 a ト同号ナモノノ中ノ最大ナモノ（a_l トスル）ヲトルノハ上ニ述べタヨウニ実級ハ上限ヲ与エルコトカラ来ル．即チ

$$a_1<a_2\cdots\cdots<a_l$$

トスレバ原式ノ実級 a ハ大キ過ギタガ為メニ根ガナカツタノデアルカラ

$$a_1<a_2\cdots\cdots<a_l<a$$

仍テ替エル所ノ実級ハ a_l ヨリ小サケレバヨイコトガワカル．（右図）

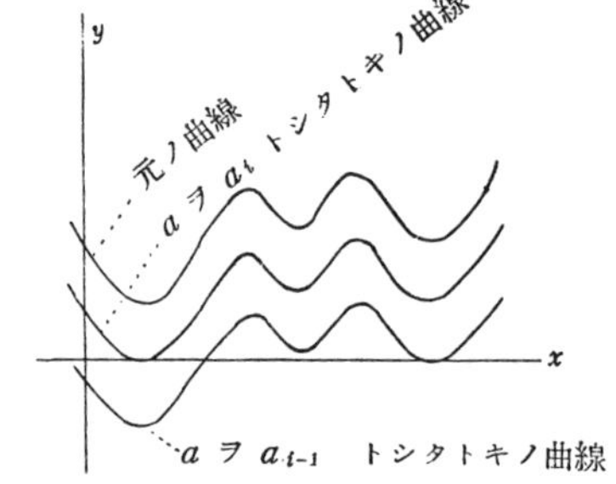

他ノ級ニ就テハ係数ヲカエル毎ニ曲線ノ形ハ変ルガ上ノ事実ニハ変リハナイ．

之レニ就キ藤田ノ開方飜変解ニハ次ノヨウニ述ベテ居ル．

「仮如 $x^4-4x^3+6x^2-4x+2=0$ (洋式ニ改記)如此開方式ヲ得ルトキ其商ヲ開出セント欲スルトキ其商ヲ得ルコト不能故依^{二}験商有無法^{一}正商有無ヲ試ルニ実級同名ナルユエ正商無^{レ}之雖^{レ}然方級下廉級異名ナルユエ実尽ル正商アル筈ナレドモ得ルコト不能ハ方級下廉級ノ負数少キカ実級上廉級隅級ノ正数多キカノ二叓(事ノ古字)ニテ適当セザル開方式ナルユエ正商ヲ不得ト云コトヲ知ル．故ニ依^{二}適尽方級法^{一}商ノ極数ヲ得ル諸級ヲ求ム．乃実級上廉級隅級ハ多極数ナリ方級下廉級ハ少極数ナリ．三乗方依^{二}適尽方級法之適等^{一}実級多極数正一ヲ得ル．然ルニ原式ノ実多極ヨリ多キ故商ヲ得ズ多極ヨリ少キ実ヲ用ルトキハ商ヲ得ルナリ．如^{レ}此極数ヲ試テ正商ノ立ヤウニ実数ヲ替ルコトヲ依^{二}適尽方級法^{一}而替^{二}実数^{一}ト云．他級数ヲ替ルモ此意ナリ．

本文ニ視^{レ}有^{二}異名級^{一}随^{二}適尽其級法^{一}ト云意アリトイエドモ不詳，異名級アルヲ視テ何ノ級ニテモ適尽方級法ニ随テ適当ヲ取リ諸級数ヲ替ルトキハ極数ニ協ウ．適尽他級法ハ向(サキ)ニ云如ク極数ニ非ルユエ諸級ヲ替ル適当ニ用イテモ極数ニ協ハス．

又本文ニ実数隅数従^{二}得商^{一}以下者原商有^{レ}之以上者原商無^{レ}之，他級数従^{二}得商^{一}以下者原商無^{レ}之以上者原商有^{レ}之ト云コト前理ニ依テ考レバ実数隅級従^{二}得商^{一}以下者原商有^{レ}之以上者原商無^{レ}之，他級数与^{二}実級^{一}同名級者従^{二}得商^{一}以下者原商有^{レ}之以上者原商無^{レ}之，与^{二}実級^{一}異名級者従^{二}得商^{一}以下者原商無^{レ}之以上者原商有^{レ}之ト云ヘシ実級ト同名ノ級ハ多極ヲ得又異名ナル級ハ少極ヲ得ル故右ノ如シ．乃実隅異名則依^{二}験商有無法^{一}正商有^{レ}之式ナルユエ極数ヲ試ルニ不^{レ}及．実隅同名則正商無^{レ}之式ナルユエ極数ヲ試ルナリ．故ニ極数ヲ試ル者ハ実隅同名ニ限ル．

又本文註ニ若変商者実数隅数以^{二}最多商^{一}為^{二}所^{レ}替数^{一}他級数以^{二}最少商^{一}為^{二}所^{レ}替数^{一}ト云コト前ノ理ヲ以テ考レバ左ノ如ク云ヘキカ若変商者実数隅数者以^{二}最多商^{一}為^{二}所^{レ}替之実隅数^{一}他級数則与^{二}実隅^{一}同名者以^{二}最多商^{一}為^{二}所^{レ}替之数^{一}又異名者以^{二}最少商^{一}為^{二}所^{レ}替之数^{一}．如此スベキカ」

上ノヨウナ方程式ニ験商有無法ヲ適用スルト実級ガ同名トナルカラ正商ハナイコトニナル．シカシ方級下廉級ガ異名デアルカラ之等ノ係数次第デハ正商ガアル筈デアル．然ルニ上ノ方程式ニ正商ノナイノハxカx^3カノ係数（負）ノ絶対値ガ小サイタメカ，他ノ係数（正）ガ大キイタメカノ何レカデアル．夫故適尽方級法ニヨツテ，商ノ極数ヲ得ル係数ノ値ヲ求メタトキ，実，上廉，隅（正）ニ対シテハソレガ上限デアリ，方，下廉ニ対シテハソレガ下限デアル．実際適尽法ニヨツテ実ヲ求メルト $+1$ トナル．之レガ実ノトリ得ル上限デアル．然ルニ原式ノ実ハ2デ之レヨリハ大デアル．夫故正商ガ得ラレナイ．1ヨリ小サイモノヲ実トスレバ正商ガ得ラレルノデアル．従テ本文中ニ「実ト隅トハ適尽法ニヨツテ得タ値ヨリ小サクトレバ原方程式ハ正商ヲ有スルヨウニナリ，大キクトレバ有セザルヨウニナル．他級ハ之レガ反対ニナル」トアルノハ「実，隅及ビ之レト同名ノ他級ハ上限トナリ，異名ノ他級ハ下限トナル」ト改ムベキデアル（実隅異名ノ方程式ハ始メカラ正商ガアリ係数ヲ替エルニ及バナイ．適尽法ニヨツテ係数ヲ替エル要ノアルモノハ実隅同名ノモノダケデアル）．

同様ニ本文注ニ適尽法ニヨツテ得タ根ガイクツカアル場合ハ実隅ニ対シテハ最大ナモノヲトリ他級ニ対シテハ最小ナモノヲトルトアルノハ実隅及ビ之レト同名ノ他級ニ対シテハ最大ヲトリ異名ノ他級ニ対シテハ最小ヲトルトスベキデアル．之レガ藤田ノ言ウ所デアル．

シカシナガラ之レハ前図ノ如ク，適尽法ニヨツテ得タ係数ガ原方程式ニ正ノ等根ヲモタシメル場合ニ限リ云エルノデアツテ負ノ等根ヲモタシメル場合ニ云エナイコトハ明カデアル．例エバ

$$y=(x+1)^2(3x^2-14x+19)+4=0$$

即チ
$$3x^4-8x^3-6x^2+24x+15=0 \qquad (1)$$

ハ正根ガナイカラ適尽方級法ニヨツテ実級ヲカエテ正根ヲアラシメヨウトスル．$D=0$ カラ

$$a^3+2a^2-295a-1976=0$$

$$(a-19)(a+8)(a+13)=0$$

$$a=19,\ -8,\ -13$$

(1) ノ実級ハ正デアルカラ $a=19$ トスル．然ラバ $0<a\leqq 19$ ナレバ正根ガアリ，$a>19$ ナレバ正根ガナイト云イ得ルカト云ウニソウハナラヌ．

$$y=3x^4-8x^3-6x^2+24x+19$$

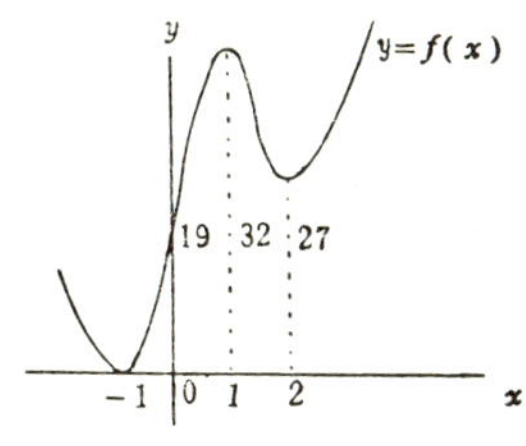

ヲ図示スレバ右ノヨウニナリ $x>0$ デハ x 軸ニ接シテ居ラヌ．従テ a ヲ少々小サクシテモ此ノ曲線ハ $x>0$ デハ x 軸ヲ截ラズ方程式ニ正根ヲモタセルコトハ不可能デアル．又図ヨリ明カナヨウニ a ヲ負ニトラナケレバ正根ヲモタセルコトハ出来ナイ．然ルニ係数ノ符号ヲ替エルコトハ許サレナイカラ結局 (1) ハ実級ヲ替エテ正根ガアルヨウニスルコトハ不可能デアル．

又　$y=(x+1)^2(3x^2-3x+1)=3x^4+3x^3-2x^2-x+1=0$

ニツイテヤツテ見ルト（此ノ場合ハ方級ハ異名デアル）$D=0$ カラ

$$6912a^3-9387a^2+2154a+321=0$$

$$(a-1)(6912a^2-2475a-321)=0$$

$$a=1,\quad \frac{13333}{13824},\quad \frac{5441}{13824}$$

今ハ実級デアルカラ此ノ中ノ最大ナルモノヲトリ $a=1$ トスル．$0<a\leqq 1$ ナレバ正商ガ有リ $a>1$ ナレバ正商ガナイトナラネバ前ノ主張ト一致シナイガ事実ハ之レニ反スル．

隅級ニツイテ考エテモ $D=0$ カラ

$$256e^3-251e^2-1236e-783=0$$

$$(e-3)(256e^2+517e+261)=0$$

$$e=3,\quad -1,\quad -\frac{261}{256}$$

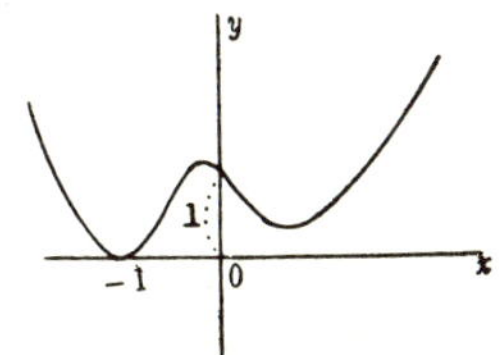

同名ヲトリ $e=3$ トスル．$0<e\leqq 3$ ナレバ正商ガアリ $e>3$ ナレバ正商ガナイトナルカト云ウニソウハナラヌノデアル．

此ノヨウニ藤田ノ改正ニヨルモ正商ノ範囲内ダケデハ成立タナイノデアル．

之等ノ方程式ニハ正商ガナイノミナラズ負商モナイノデアル．ソシテ上ノ結果ハ何レモ負商ヲ与エル限界トナルモノデアル．

然ラバ之等ノ結果ガ正商ヲ与エル限界ヲ与エルモノデアルカ負商ヲ与エル限界ヲ与エルモノデアルカヲ知ルニハ如何ニスレバヨイカト云ウニソレハ $f(x)=0$ カ $f'(x)=0$ カラ実際ニ解イテ見ナケレバナラナイノデアル．

猶関ハ験商有無法ニヨツテ正商ナシトノ結果ヲ得タ場合ニ若シ他級ニ異名ノモノガアレバ其ノ級ニ対スル適尽法ヲ行ツテ有商ナラシメルト云イ，異名ノ級ニ対スル適尽法ヲ用ウルコトヲ必要ナ条件ノヨウニ云ツテ居ルガ之レガ誤リデアルコトハ藤田ノ言ニモアル通リデアル．異名ノ級サエアレバ総テ方級法デ足ルノデアル．今之ヲ例ヲ以テ示シテ見ル．

$$y=1+x-2x^2-3x^3+4x^4=0$$

此ノ方程式ニハ正根ハナイ．ソシテ上廉ト下廉トハ異名デアルガ方ハ異名デハナイ．夫故関ニ従エバ上廉級法ニヨルベキデアルガ今之レヲ方級法デヤツテ見ルト次ノ通リデアル．

隅ヲ替エル場合ヲ考エルト$(D=0)$カラ

$$256e^3-251e^2-1236e-763=0$$

カクシテ又前ノヨウニ $e=3$ トナリ $0<e\leqq 3$ ナレバ正根ガアルコトニナル．之レハ正シイ．何トナレバ

$$y=1+x-2x^2-3x^3+3x^4=(x-9)^2(3x^2+3x+1)$$

故ニ $$y=1+x+2x^2-3x^3+(3-h)x^4 \quad (h>0)$$

トスレバ此ノグラフハ $x=1$ ノ前後ニ於テ確カニ x 軸ト交ルカラデアル．

適尽廉級法等ニヨツテ係数ヲ変更スル法ニ至ツテハ何等意味ヲナサヌコトハ先ニモ述ベタガ今本書ノ例ニヨツテ之ヲ示シテ見ル．（次ノ原文ハ先ノ続キデアル）

$$x^3-x^2+x+3=0$$

験商有無法ニヨツテ調ベルト負商ハアルガ正商ハナイコトガ知レル．シカシ後

又原式立方 𝍢 𝍠 𝍠̸ 𝍠

此式負商有レ之、雖ニ正商無一レ之廉級異名、故以ニ適尽廉級法一替ニ実数方数廉数及偶数一而為ニ正商有一レ之、

立ニ天元一一為ニ実数一 〇 𝍠、以ニ偶数冪一相乗二十七段 〇 𝍪𝍦、廉数再自乗二段 𝍡̸、右二位相併共得 𝍡 𝍪𝍦 寄レ左、列ニ方数一以ニ廉数一相乗、又以ニ偶数一相乗、得数九レ之 𝍨̸、与レ寄レ左相消、得ニ帰除式一 𝍦 𝍪𝍦、上実下法而一得ニ負二分五厘九毛二糸五九強一、与ニ原式実一異名、故不レ用レ之、又立ニ天元一一為ニ方数一 〇 𝍠、以ニ廉数一相乗、又以ニ偶数一相乗得数九レ之 〇 𝍨̸、寄レ左、実数偶数冪相乗二十七段 𝍪𝍦、廉数再乗冪二段 𝍡̸、右二位相併共得 𝍪𝍤、与ニ寄左一相消、得ニ帰除式一 𝍪𝍤 𝍨̸、上実下法而一得ニ負商一、与ニ原式方一異名故不レ用レ之、

又立ニ天元一一為ニ廉数一 〇 𝍠、再自乗レ之二段 〇〇〇 𝍡、実数隅数冪相乗二十七段 𝍪𝍦、右二位相併得 𝍪𝍦 〇〇 𝍡、寄レ左、列ニ方数一以ニ廉数一相乗、又以ニ隅数一相乗九レ之 〇 𝍨、与レ寄レ左相消得ニ開方式一 𝍪𝍦 𝍨 〇 𝍡、立方飜法開レ之得ニ負三個八分六厘八毛八糸七二弱一、故負廉此商以下者原正商無レ之、以上者原正商有レ之、又立ニ天元一一為ニ隅数一 〇 𝍠、自レ之以ニ実数一相乗二十七段 〇〇 𝍪𝍦、廉数再自乗二段 𝍡、右二位相併共得 𝍡 〇 𝍪𝍦、寄レ左、列ニ方数一以ニ廉数一相乗、又以ニ隅数一相乗得数九レ之 〇 𝍨̸、与レ寄レ左相消得ニ開方式一 𝍡̸ 𝍨 𝍪𝍦、平方開レ之（雖レ得ニ負商一与ニ原式隅一異名、故不レ用レ之、）得ニ正一分一厘一毛一糸一一強一、故正隅此数以下者原正商有レ之、以上者正商無レ之、

三乗方式以上倣レ之

ノ場合廉級ノミガ異号トナルカラ適尽廉級法ヲ用イテ係数変更ヲ試ミル．

$$a=3,\ b=1,\ c=-1,\ d=1$$

立方適尽廉級法ノ式ハ

$$27ad^2+2c^3-9bcd=0$$

先ズ a ヲカエル為メニ a ヲ未知数トシ他ノ値ヲ入レルト

$$27a-2+9=0$$

$$a=-\frac{7}{27}=-0.259259\cdots\cdots$$

之レハ原式ノ実ト異号故トラヌ．

次ニ b ヲ残シ他ノ値ヲ入レルト之レ又原式ノ方ト異号ノモノヲ得ル故ステル．次ニ c ニ就テ行ウト

$$2c^3-9c+81=0$$

コレカラ　$c=-3.868872\cdots\cdots$

之レハ原式ノ廉ト同号デアルカラトル．即 $|c|\geqq 3.8688\cdots\cdots$ ナラバ正根ガアリ，$|c|<3.8688\cdots\cdots$ ナラバ正根ハナイ．

之レガ関ノ解デアル．今之レヲ判別式デシラベテ見ルト

$$D=-27\times 9-12c^3-4+18\times 3c+c^2\geqq 0$$

$$12c^3-c^2-54c+247\leqq 0$$

$$(c+3.25)(12c^2-40c+76)\leqq 0$$

$c<0$ ナラバ $12c^2-40c+76$ ハ常ニ正，仍テ

$$c+3.25\leqq 0$$

$$c\leqq -3.25 \qquad |c|\geqq 3.25$$

即 3.25 ガ限界トナラネバナラヌ．

藤田ハ之レニ就テ「所求ノ負商以下三箇八分ヲ負廉ニシテ試之ニ正商三箇一分九厘二毛三糸八七弱ヲ得ル．如此以下ヲ用イテモ正商ヲ得ル．是レ適尽廉級法ハ極数ニ協ハザルナリ 又変正商一寸三一九七〇変 負商〇寸七一二〇八ヲ得ル」ト指摘シテ居ル．(a, b ニ就テハ D デ調ベテモ上ト同一ノ結果ニナル)．

次ニ d ヲ替ヘル場合ニモ本書ニヨレバ

$$81d^2+9d-2=0$$

$$d=\frac{1}{9},\ -\frac{2}{9}$$

原隅ト同名ヲトリ $0<d<0.111\cdots\cdots$ ナラバ正根アリ，$d>0.111\cdots\cdots$ ナラバ正商ナシトナツテ居ルガ之ヲ判別式ヲ作ツテ見ルト

$$243d^2+58d-13\leqq 0$$

$$0<d<0.14092\cdots\cdots$$

トナリ，本書ノ結果ガ誤デアルコトガワカル．

藤田モ亦「所求ノ正商以上一分二厘ヲ正隅ニシテ試之ニ正商 六寸四分三厘四毛三糸四八四，

三寸一分三厘七毛三糸九八六，ヲ得ル．如此以上ヲ用イテモ正商ヲ得ルナリ」ト云ツテ居ルノデアル．

猶藤田ハ本題ニ対シ適尽方級法ヲ用イテ

$$12c^3-c^2-54c+247=0$$

ヲ作リ $c=-3.25$ ヲ得，$|c|>3.25$ ナラバ正商ヲ得ヲガ $|c|<3.25$ ナラバ正商ヲ得ナイコトヲ具体的ニ示シ，又 d ニ対シテモ

$$243d^2+58d-13=0$$

カラ $d=0.140928$ ヲ得 d ガコレ以下ナラバ正商ヲ得，コレ以上ナラバ正商ヲ得ナイコトヲ具体的ニ示シテ得ル．

方級法ヨリモ上廉級法，下廉級法……ニヨル方ガ計算ガ簡単ニユクコトハ明カデアル．夫故之等デモ等根ノ条件ガ保タレテ居ルナラバ確カニ方級法ヨリハ便利デアル．関ハ恐ラク上廉級法，……ニ於テモ等根ノ条件ガ保タレテ得ルモノト誤解シテヤツタモノデハナカロウカト思ワレル．

以上ニヨツテ関ノ適尽法ニ対スル誤ヲ指摘スルト次ノヨウデアル．

方級法ニ於テ

(1) 上限下限ガ反対トナルコトガ起ル．

(2) 正根ヲ与エル限界トナラズニ負根ヲ与エル限界トナルコトガ起ル．

(3) 異号ノ級ニ対スル適尽法ヲ用ウルコトハ必要デナイ．

(4) 上廉級法以上ノモノハ役ニ立タヌ．

所ガ大成算経ニハ開方飜変ニ誤ノアルコトニ気付イテ次ニ記ス如ク書キ改メテ居ルノハ注目スベキコトデアル．

即チ原式ト布ク所ノ式トクラベ，同名ノ級ハソノ数ヲ0トシテ得ル方程式ヲトイテ見テ其ノ根ガ得ラレルナラバ其級ノ数ヲ替エテ根ヲアラシメルコトガ出来ル（同名級デハ極数ハ上限ヲ与エル．夫故カカル場合ニハ其級ニ適当ナ正数ヲ与エ原方程式ニ正根ヲアラシメルコトガ出来ルカラデアル．所ガ異名級デハ下限ヲ与エル．夫故其ノ絶対値ヲ大キクスレバ必ズ原方程式ニ根ヲアラシメル

> 是故従レ実至レ隅而同名級（異名級者本有二其商一、故止レ之、）互一級為レ空開レ之得二其商一者其空級可レ替レ数、不レ得者難レ替、故其級互二一級為レ空（異名者雖二同名一可レ替レ数者、皆止二其級一也）開レ之得二其商一者其空級各可レ替レ数、不レ得者亦難レ替、故逓増二一級一互為レ空開レ之、逐如レ此、随二商之有無一各験二替数難易一而後立二天元一一為二所レ替各級数一拠二適尽方級法一（若方級雖レ空拠レ之如レ上）随二原数正負一而得レ式開二除之一得二極数一、（乃得二負商一者不レ用レ之、有二変正商一者極数難レ定、故各用二其数一開レ之不レ得二原商一者不レ用レ之、有二原商一者原式与所レ布式同名則以二最多商一為二極数一、異名則以二最小商一為二極数一）実数隅数者定極数已下有二原商一、他級数原式与所レ布式同名者極数已下有二原商一、異名者極数已上有二原商一、若各級難レ替者止二一級一（乃異名級、雖二同名一得二其商一者皆止レ之）他級皆為レ空立二天元一一為二止級数一依二適尽方級法一得レ式開二除之一（得二負商一者不レ用レ之、有二変正商一者以二最多商一為二極数一也、後倣レ之、）視二極数一随二多少一而損二益其級数一、又立二天元一一為二他級数一如レ前得レ式開二除之一視二極数一損二益其級数一、逐如レ此而替二諸級数一也、

コトガ出来ルカラ特ニ其ノ級ヲ0トシテ方程式ヲ作リ之ヲトイテ見ル必要ガナイ）所ガ其級ヲ0トシテ得ル方程式ヲトイテ見テ根ガ得ラレナカツタラバ其級ノ数ダケヲ替エテ根ヲアラシメルコトハ出来ナイ．ソコデ其ノ時ハ更ニ他ノ一級（同名級）ヲ0トシテ得ル方程式ヲトイテ見ル．ソシテ根ガ得ラレルナラバ其級ノ各ハ（一所ニ）数ヲ替ヘルコトガ出来ル．得ラレネバ又替エルコトガ出来ヌ．（但シ二級ヲ0トスル時ハ異名ノモノヤ同名デモ単独デ数ヲ替エルコトノ出来ルモノハ残シテ置キ0トハシナイ．即チ単独デ替エラレナイモノノミニ就キソレラノイクツカヲ一所ニ替エテ原方程式ノ根ヲアラシメルノデアル）．

カクシテ替エルコトガ出来ルコトヲ見定メ又数ヲ替エル難易ヲ調ベタ後天元一ヲ立テテ替エル数トシ適尽方級法ニヨリ（方級ガ0デアツテモ方級法ニヨル）方程式ヲ作リ，之ヲ解イテ替エル数ノ極数ヲ求メル．（負商ヲ得タトキハステル．正根ヲイクツモ得タトキハ極数ヲ定メ難イ．夫故各其数ヲ用イテ原方程式ヲトイテ見ル．ソシテ根ガ得ラレネバステ，得ラレレバ同名ノトキハ最多ヲ以テ極数トスル．異名ノトキハ最小ヲ以テ極数トスル．）

此ノ註ト開方飜変ノ云イ方ト異ル点ハ実際ニ方程式ヲ解イテ見ル点ニアル．即チ先ニ述ベタヨウニ適尽法ニヨツテ得タモノハ必ズシモ正ノ等根ヲ与エルモノトハ限ラズ負ノ等根ヲ与エルカモシレナイカラ実際解テ見ル必要ガアル訳デアル．

カクシテ替エル数ノ極数ヲ得タナラバ，次ニコレハ上限デアルカ，下限デアルカヲ定メル．ソレニハ実数隅数ハ必ズ極数以下ナラバ原方程式ヲ根アラシメ，他級数ハ同名ノモノハ極数以下，異名ノモノハ極数以上ナラバ根ヲアラシメルトスル．カク此処ヲ正シク改メラレテ得ルノデアル．

サテ単独デハ替エラレナイガイクツカ一所ナラバ替エ得ルト云ウ場合ニハ其ノ中ノ一ツヲ残シ他ハ総テ0トシ（但シ異名ノモノヤ同名デモ単独デ数ヲ替エ得ル級ハ残シテ置ク）ソシテ天元一ヲ立テ残シタ数トシ適尽方級法ニヨツテ方程式ヲ作リ之ヲ解イテ極数ヲ求メ其ノ数ニ応ジテ其級数ヲ適当ニ増減スル．（カクシテ其級ハ定マル）次ニ又天元一ヲ立テ他級数トシ方級法ニヨツテ其級ノ極数ヲ求メ，其数ニ応ジテ其級ノ数ヲ適当ニ増減スル……カクノ如ク進ンデ諸級数ヲ替エルノデアル．

此ノコトヲ本書ノ第三例ニヨツテ一層明ニシテ見ヨウ．

$$x^4+2x^3-2x+3=0$$

一算ヲ立テ前ノヨウニ布クモ実同名トナツテ正負商共ニナイ（実際原式ヲ開イテ見テモ商ハナイ）但シ正商ノ場合方級ハ異名トナリ，又実級ハ同名デモ単独ニ数ヲ替エルコトガ出来ル．シカシ下廉ト隅トハ単独デハ数ヲ替エルコトガ出来ナイ．仍テ今下廉ヲ0トシ三乗方適尽方級法ニヨリ

$$7612e-432=0 \text{（}D=0= a=3,\ b=-2,\ c=0,\ d=0 \text{ トオク）}$$

$$e=0.0625$$

e ガ此数以下ナラバ下廉 d ヲ替エルコトガ出来ル．（ト云ウノミデ e, d ノ値ヲ実際ニ出シテ居ラヌガ例エバ $e=0.05$ 位ニトリソレニ応ズル d ヲ定メテ原方程式ノ根ヲアラシメルト云ウノデアル）．

次ニ d ヲ先ニ定メテ後 e ヲ定メルニハ $e=0$ トシテ適尽法ニヨリ

$$243d-32=0$$

$$d=0.13168\cdots\cdots$$

d ガ此数以下ナラバ隅 e ヲ替エルコトガ出来ル.

負商ノ場合モ同様ニヤツテ居ルガ省ク.

此ノヨウニシテ大成算経ニハ開方飜変ニ見エル誤ヲ訂正シテ居ルノデアル. 所ガ開方飜変ヲ解説スル何レノ書ヲ見テモ同書ニ見エル誤ヲ不可解ノ儘説イテ得ルカ或ハ其ノ誤ヲ指適シテ改メテ居テモ之レガ既ニ大成算経ニ於テ改訂サレテ居ルコトニ言及シテ居ルモノヲ見ナイノハ不思議デアル.

(v) 視商極数第五

視商極数第五

置二原式一依下前晳二諸級一数上而各得レ式随二適尽諸級法一而自二其級一逐下乗二其級数一（乃用二適尽方級法一則自レ方逐下乗二方級数一用二適尽初廉級法一則自二初廉一逐下乗二初廉級数一、余倣レ之、）其得式開二除之一得二商極数一、

仮如原式平方 𝍠 𝍠̸ 𝍠

此式依二適尽方級法一如レ前而替二実数一得二式 𝍣𝍪〇 𝍠̸ 𝍠一、是用二適尽方級法一、故自レ方逐下乗二方級数一（乃方乗レ一、廉乗レ二、後倣レ之）得二 𝍠̸ 𝍡一、実如レ法而一得二正商五分一、是替二実数一式商極数也、

又替二方級一得二式 𝍠 𝍡̸ 𝍠一、

自レ方逐下乗二方級数一得二 𝍡̸ 𝍡一、実如レ法而一得二正商一個一、是替二方数一式商極数也、

又替二廉級一得二式 𝍠 𝍡̸ 𝍣𝍪〇一、

自レ方逐下乗二方級数一得二 𝍠̸ 〇𝍢一、実如レ法而一得二正商二個一、是替二廉級一式商極数也、

又原式立方 𝍪𝍢 𝍥̸ 𝍡 𝍠

此式依二適尽方級法一如レ前而替二実級一得二式 𝍣 𝍥̸ 𝍡 𝍠一、是用二適尽方級法一、故自レ方逐下乗二方級数一（乃方乗レ一、廉乗レ二、隅乗レ三、後倣レ之、）得二 𝍥̸ 𝍣 𝍣一、平方開レ之得二正商一個一、是替二実数一式商極数也、

又替二方数一得二式 𝍣 〇̸𝍪 𝍡 𝍠一、

自レ方逐下乗二方級数一得二 〇̸𝍪 𝍣 𝍣一、平方開レ之得二正商二個一、是替二方数一式商極数也、

又替二廉級一則異名、故不レ用レ之、為二商極数無一レ之也、又替二隅数一則得二無商式一、故不レ能レ替二隅数一也、（所謂無商者言レ無二正商一也）

三乗方式以上準レ之

諸級替数ニヨリ $f(x)=0$ ニ根ガアルヨウニシタ時，其ノ替エタ係数ガ極数ヲトツタ時ノ $f(x)=0$ 根ヲ極商ト云ウ．本条ニ於テハ此ノ極商ヲ求メル方法ヲ述ベテ居ルノデアル．

$$f(x)=a_0+a_1x+a_2x^2+\cdots\cdots+a_nx^n=0$$

ノ実級 a_0 ヲ替エテ根ガアルヨウニシタ時，此ノ a_0 ノ極数ヲ a_0 トスレバ

$$a_0+a_1x+a_2x^2+\cdots\cdots+a_nx^n=0 \qquad (1)$$

ノ根ガ極商デアル．之ヲ求メルニハ (1) ヲ解イテモ得ラレルガ，ソレヨリ次数ノ低イ

$$f'(x)=a_1+2a_2x+\cdots\cdots+na_nx^{n-1}=0 \qquad (2)$$

ヲ解イテ得ヨト云ウノデアル．

之レハ適尽方数法ニヨツタ場合デアルガ，若シ廉級法ニヨツタノデアレバ $f''(x)=0$ ニ相当スル式ヲ解イテ得ルノデアル．

之ヲ本書ノ例ニヨツテ示スト次ノヨウデアル．

原式　$1-x+x^2=0$ 　(1)

コレハ正根ヲモタナイガ方級ガ異号トナルカ適尽方級法ニヨツテ先ズ実ヲ替エテ見ルト

$$0.25-x+x^2=0 \qquad (2)$$

実ガ 0.25 ヨリ小ナレバ正根ガアリ，大ナレバ正根ガナイコトニナル．此ノ実数ノ極値 0.25 ヲ与エルトキノ x ノ値ガ極商デアル．之ヲ求メルニハ今ハ適尽方級法ニヨツタノデアルカラ $f'(x)=0$ ニ相当スルモノヲ作レバ

$$-1+2x=0$$

$$\therefore \quad x=\frac{1}{2}$$

又 (1) ノ方ヲ替エテ正根ヲモツ方程式ニ改メルト

$$1-2x+x^2=0$$

トナル．此ノ極商ハ

$$-2+2x=0$$

$$x=1$$

又(1)ノ廉ヲ替エテ正根ヲモツ方程式ニ改メルト

$$1-x+0.25x^2=0$$

此ノ極商ハ

$$-1+0.5x=0$$

$$x=2$$

次ニ　原式　$24-7x+2x^2+x^3=0$

ガ正根ヲモツヨウニ係数ヲ替エル．前ト同様適尽方級法ニヨッテ先ズ実ヲ替エルト

$4-7x+2x^2+x^3=0$　（4ハ実ノ極数）

此ノ極商ハ　$-7+4x+3x^2=0$　ヲトキ

$x=1$　（正ノミヲトル）

次ニ方ヲ替エルト

$24-20x+2x^2+x^3=0$　（20ハ方ノ極数）

此ノ極商ハ　$-20+4x+3x^2=0$　ヲトキ

正商　$x=2$

次ニ廉ヲ替エントシテモ原式ト同号ノモノハ得ラレヌ．仍テ極商ハナイ．

次ニ隅ヲ替エントシテモ無商式ヲ得ルカラ隅ハ替エルコトガ出来ナイ．（ココデ云ウ無商式ハ正商ノ得ラレヌモノヲ云ウ）

以上デ本条ノ解説ヲ終ッタノデアルガ本条ニ就テ特ニ注目スベキ点ハ之レガ実ニ和算ノ**極大極小論ノ起原**ヲナスモノデアルト云ウコトデアル．

今 $f(x)$ ノ値ヲ k トシ

$$-k+a_0+a_1x+a_2x^2+\cdots\cdots+a_nx^n=0 \qquad (1)$$

ヲ考エ，$-k+a_0$ ヲ如何ナル数ニ選ベバ(1)ヲシテ実根ヲアラシメ得ルカ．換言スレバ k ヲ如何ニ選ベバ(1)ヲシテ実根ヲアラシメ得ルカ，其ノ k ノ極数ハイクラカ，又其ノ時ノ x ノ値（極商）ハイクラカト云ウコトヲ解決スルコトハ今ヤ本条ノ所論ニヨッテ明ニサレタ訳デアル．コレカラ $f(x)$ ヲ極数ニスル x ノ値及ビ $f(x)$ ノ極数ヲ求メル極大極小ノ問題ガ生ジテ来ルノデアル．和算ノ

極大極小論ハ以上ノ所論ニ簡単ナ判定法ガ加ツテ成立スルノデアル．

カクシテ微分学ノ力ヲ借ラズシテ今日我等ガ微分学デ行ウ方法ト殆ド同一ノ方法デ和算家ハ極大極小ノ問題ヲ取扱ツテ居ルノデアル．

極大極小ノ問題ハ支那ノ古算書ハ勿論関以前ノ和算書ニモ全ク見ラレナイモノデアルガ関以後ニハ次第ニ取扱ワレルヨウニナリ，徳川ノ末期ニハ一大発展ヲトゲテ所謂円理極数術ガ完成ノ域ニ達スルノデアル．吾々ハ本書ガ実ニ其ノ起原ヲナスモノデアルコトヲ銘記セネバナラヌ．

〔附〕 算法新書ノ適盡法ノ解釈

関ノ適尽法ハ和算家ニハ理解シニクカツタモノト見エテ之ヲ充分ニ釈キ明カシテ居ル書ヲ見ナイ．極大極小論ニ使ワレル方級法サエモ其ノ由テ来ル所以ヲ充分ニ解釈シテアルモノヲ殆ド見ナイ有様デアル．其中算法新書ノ解釈ハ不充分乍ラモトルベキモノガアルカラ之ヲ記シテ見ル．本書ノ編者ハ長谷川寛ノ門人千葉胤秀デ初版ハ文政十三年（1830）ニ出テ居リ爾来屢版ヲ重ネタ点竄術ノ良書デアル．

本書ハ五巻ヨリ成リ其ノ第三巻ノ終リノ所ニ適尽法ヲ説イテ得ル．

今適尽法ノ術ニヨツテ無商式ノ実級ヲ替テ極商ヲ得ル起原ヲ示ス．

（I）　$a-bx+cx^2=0$

$$\frac{a}{c}-\frac{b}{c}x+x^2=0 \qquad \text{（天）}$$

之レヲ開ケバ正商二件ヲ得ル．若シ得ザレバ題数ヲ虚偽トスル．ソシテ諸級ノ極数ヲ求メテ変更スル．

今二根ヲ α,β トシ，$\alpha>\beta$ トスレバ

$$\alpha+\beta=\frac{b}{c},\quad \alpha\beta=\frac{a}{c}$$

仍テ（天）ヲ変ジ

$$\alpha\beta-(\alpha+\beta)x+x^2=0 \qquad \text{（地）}$$

方級ハ $\alpha+\beta$ デアル．α ノ大ナル極ニ於テハ β ハ 0 トナル．仍テ $\alpha=\dfrac{b}{c}$ ヲ以テ α ノ多極トシ，$\beta=0$ ヲ以テ β ノ少極トスル．シカシ 0 トナルトキハ β ハ其ノ象ヲ失ウ．仍テ題意ニ背ク．故ニ α ニ多極ナク β ニ少極ハナイ．又 α ガ

少イトキハβハ多イ．αノ少極ハβ＝等シイ（$\alpha>\beta$ ナル故）故＝ $\alpha+\beta$ ハ極商ノ二倍トナル．此ノ理＝ヨツテ実級数ヲ替エル極商ヲ求メル．（以下 a ハ適当＝替エテ（天）ハ極商ヲ与エル方程式＝ナツタト考エル）

今極商ヲ $\bar{\alpha}$ トシ地式ノ実級ヲ棄テテ

$$0-(\alpha+\beta)x+x^2=0$$

上級ヲ替エテ

$$0-2\bar{\alpha}x+x^2=0 \qquad （人）$$

之レハ極商ノ二倍ヲ根＝モツ．上級ヲ2デ割リ $-\bar{\alpha}+x=0$ コレヲトケバ $\bar{\alpha}$ ヲ得ル．又人式ノ上級ハ天式ノ方級デアル．仍テ之ヲ還原シテ

$$0-\frac{b}{c}x+x^2=0$$

上級ヲ2デ割リ

$$0-\frac{b}{2c}x+x^2=0$$

之レ極商 α ヲ得ル式デアル．即チ

$$-b+2cx=0, \quad x=\frac{b}{2c} \quad （極商）$$

之レヲ以テ天式実級ノ極商ヲ求メル．天式ノ実級ハ $\alpha\beta$ デアルカラ

$$\frac{b}{2c}\cdot\frac{b}{2c}=\frac{b^2}{4c^2}$$

之レ天式実級ノ極デアル．

ソシテ $$\frac{a}{c}=\frac{b^2}{4c^2} \qquad \text{(i)}$$

即チ $$b^2-4ac=0$$

之レ＝ヨツテ毎級ノ極数ヲ得ル、即チ

$$a=\frac{b^2}{4c}, \qquad b^2=4ac, \qquad c=\frac{b^2}{4a}$$

a, c ハ之レ以上ナレバ無商，b ハ之レ以下ナレバ無商デアル，ト云ツテ居ル．

（之レヲ如何＝シテ定メタカ説明ハナイガ $\alpha+\beta$ ガ与エラレテ居テ実 $\alpha\beta$ ヲ定メルノデアルカラ $\alpha=\beta$ ノトキ最大デアルト考エ (i) ヲ $\frac{a}{c}\leqq\frac{b^2}{4c^2}$ ノヨウ＝見タモノノヨウデアル．此ノヨウナ幾何学的事実ハ和算家＝ハヨク知レテ居ルガ之レヲ表ワス記法ガナイノデアル）

（Ⅱ）　$$a-bx+cx^2-dx^3=0$$

$$\frac{a}{d}-\frac{b}{d}x+\frac{c}{d}x^2-x^3=0 \qquad （子）$$

三根ヲ α,β,γ トスレバ（子）ハ

$$\alpha\beta\gamma-(\alpha\beta+\beta\gamma+\gamma\alpha)x+(\alpha+\beta+\gamma)x^2-x^3=0$$

此ノ実級ヲ棄テ方，廉，隅ノ三級ヲ以テ極商ヲ求メル．今極商ヲ $\bar{\alpha}$ トスレバ

$$0-3\bar{\alpha}^2x+3\bar{\alpha}x^2-x^3=0 \qquad （丑）$$

玆デ極商ヲ得ル式ヲ探索スル．今上級$=\frac{1}{3}$，中級$=\frac{2}{3}$ヲカケルト

$$-\bar{\alpha}^2+2\bar{\alpha}x-x^2=0 \qquad (\mathrm{i})$$

トナリ，之レヲ解ケバ慥カニ $\bar{\alpha}$ ヲ得ル．

今丑式ノ係数ヲ還原スルト

$$0-\frac{b}{d}x+\frac{c}{d}x^2-x^3=0$$

仍テ（i）ハ

$$-\frac{b}{3d}+\frac{2c}{3d}x-x^2=0$$

即チ

$$-b+2cx-3dx^2=0 \qquad (\mathrm{ii})$$

之レ極商 $\bar{\alpha}$ ヲ得ル方程式デアル．

（Ⅲ）　$$a-bx+cx^2-dx^3+ex^4=0$$

$$\frac{a}{e}-\frac{b}{e}x+\frac{c}{e}x^2-\frac{d}{e}x^3+x^4=0$$

此ノ四根ヲ $\alpha,\beta,\gamma,\delta$ トスレバ

$$\alpha\beta\gamma\delta-\sum\alpha\beta\gamma x+\sum\alpha\beta x^2-\sum\alpha x^3+x^4=0$$

実級ヲ棄テ且ツ各級ヲ極商 $\bar{\alpha}$ ニ替エルト

$$-4\bar{\alpha}^3+6\bar{\alpha}^2x-4\bar{\alpha}x^2+x^3=0$$

始メノ3項$=\frac{1}{4}$，$\frac{2}{4}$，$\frac{3}{4}$ヲカケルト

$$-\bar{\alpha}^3+3\bar{\alpha}^2x-3\bar{\alpha}x^2+x^3=0 \qquad (\mathrm{i})$$

此ノ根ハ慥カニ極商ヲ与エル．

今此ノ係数ヲ還原スレバ

$$-\frac{b}{4e}+\frac{c}{2e}x-\frac{3d}{4e}x^2+x^3=0$$

即チ

$$-b+2cx-3dx^2+4ex^3=0 \qquad \text{(ii)}$$

之レ極商ヲ得ル方程式デアル.

カクシテ得タ，極商ヲ得ル式ヲ列ベテ見ルト

平方式	$b+2cx=0$
立方式	$b+2cx+3dx^2=0$
三乗方式	$b+2cx+3dx^2+4ex^3=0$
……………	…………………………

（此処デハ各項ノ符号ヲ皆正ニシテ居ル）

此ノ数係数ヲ見ルト 1,2,3…… 即チ圭垜デアル.

仍テ　$a+bx+cx^2+dx^3+\cdots\cdots=0 \qquad (f(x)=0)$

ノ極商ヲ得ルニハ

$$b+2cx+3dx+\cdots\cdots=0 \qquad (f'(x)=0)$$

ヲ解ケバヨイト云ウコトガ分ルト云ウノデアル.

之ニ依テ見ルト本書ノ極商ハ総テノ根ガ等シクナツタ極ヲ云ツテ得ルノデアルガ之レハ開方飜変ニ云ツテ居ルモノトハ大ニ異ルノデアル．ソレハ先ニ述べタ視商極数ノ例ヲ見テモ明デアル．又実級ノミヲ替エテ総テノ根ヲ等シクスルナドト云ウコトハ不可能デアリ，本書ノ解釈ハ不充分ナモノデアル.

次ニ上廉級法，次廉級法，……ニ就テハ次ノヨウニ述べテ居ル.

上ノヨウニ実級ヲ棄テテ* 得タ極商ヲ得ル式 ($f'(x)=0$) ガ無商式デアル時ハ更ニ方級ヲ棄テテ上廉以下ノ級数ニヨツテ極商ヲ求メル (a,b ヲ同時ニ替エルコトヲ意味シ又後ニ示スヨウニ之レハ $f''(x)=0$ ヲトクコトトナル) 之レヲ上廉級法ト云ウ．実，方ノ二級ヲ棄テテ得タ極商ヲ得ル式ガ猶無商式ノ時ハ更ニ上廉級ヲ棄テ下廉以下ノ級数ニヨツテ極商ヲ求メル式ヲ作ル．($f'''(x)=0$ ト

* ココノ文意原本明瞭ヲ欠ク，三上氏ノ前掲ノ論文中ニ見エルココノ解釈ハ誤リト思ウ.

ナル）之レヲ次廉級法ト云ウ．追テ此ノヨウニ有商ノ式ヲ得テ極商ヲ求メル．此ノ法ハ開方翻変ニ見エテ居ル．前理ヲ推シテ求メルトキハ解義自ラ明白デアルカラ繁説セズ，ト云ツテ居ル．

之レヲ実際ヤツテ見ルト次ノヨウニナル．

立方式．$\frac{a}{d}-\frac{b}{d}x+\frac{c}{d}x^2-x^3=0$

実ト方トヲ棄テ且ツ廉ヲ $\alpha+\beta+\gamma$ ニ替エ

$$(\alpha+\beta+\gamma)x^2-x^3=0$$

$$\therefore\quad 3\bar{\alpha}-x=0$$

茲デ極商ヲ得ル式ヲ探索スルト上級ニ$\frac{1}{3}$ヲカケ

$$\bar{\alpha}-x=0$$

ヲ作レバ極商ヲ得ル式デアル．仍テ還原シテ

$$\frac{c}{3d}-x=0$$

即チ
$$c-3dx=0$$

三乗式．$\frac{a}{e}-\frac{b}{e}x+\frac{c}{e}x^2-\frac{d}{e}x^3+x^4=0$

実ト方トヲ棄テ

$$\sum\alpha\beta x^2-\sum\alpha x^3+x^4=0$$

$$6\bar{\alpha}^2x^2-4\bar{\alpha}x^3+x^4=0$$

茲デ極商ヲ得ル式ヲ探索スルニ上級ニ$\frac{1}{6}$，中級ニ$\frac{3}{6}$ヲカケルト

$$\bar{\alpha}^2-2\bar{\alpha}x+x^2=0$$

之レ確カニ極商ヲ得ル式デアル．仍テ之レヲ還原シ

$$\frac{c}{6e}-\frac{3d}{6e}x+x^2=0$$

$$c-3dx+6ex^2=0$$

四乗方．$\frac{a}{f}-\frac{b}{f}x+\frac{c}{f}x^2-\frac{d}{f}x^3+\frac{e}{f}x^4-x^5=0$

実ト方トヲ棄テ

$$\sum\alpha\beta\gamma-\sum\alpha\beta x+\sum\alpha x^2-x^3=0$$

$$10\bar{\alpha}^3-10\bar{\alpha}^2x+5\bar{\alpha}x^2-x^3=0$$

上級カラ夫々 $\frac{1}{10}$, $\frac{3}{10}$, $\frac{6}{10}$ ヲカケルト

$$\bar{\alpha}^3-3\bar{\alpha}^2x+3\bar{\alpha}x^2-x^3=0$$

之ヲ還原シテ

$$\frac{c}{10f}-\frac{3d}{10f}x+\frac{6e}{10f}x^2-x^3=0$$

即チ $$c-3dx+6ex^2-10fx^3=0$$

之等ノ極商ヲ得ル式ヲ列ベテ見ルト

立 方 式	$c-3dx=0$
三乗方式	$c-3dx+6ex^2=0$
四乗方式	$c-3dx+6ex^2-10fx^3=($
…………	………………………………

此ノ数係数ヲ見ルト 1, 3, 6, 10, …… 之レハ三角衰垜デアル. 仍テ $f(x)=0$ ノ極商ヲ得ルニハ実, 方二級ヲ棄テ残リノ各々ニ順次 1, 3, 6, 10, ……ヲカケテ得ル式 $\left(\frac{1}{2!}f''(x)=0\right)$ ヲ解ケバヨイト云ウコトニナル.

同様ニ考エレバ適尽次廉級法ハ初メノ三項ヲ棄テ残リノ各ニ順次 1, 4, 10, 20, ……ヲカケ得ル式 $\left(\frac{1}{3!}f'''(x)=0\right)$ ヲ解ケバヨイト云ウコトガ知ラレル.

斯様ニ上廉級法以上ノ場合ニ $f''(x)=0$, $f'''(x)=0$…… ニ相当スル式ヲ作リ上ゲルコトヲ説イテ居ル. $f'(x)=0$ ガ無商デアルトキ $f''(x)=0$ ニ正商ガアレバソレガ極商ヲ与エ, 更ニ $f''(x)=0$ ガ無商デアルトキ $f'''(x)=0$ ニ正商ガアレバソレガ極商ヲ与エル……ト考エテ居ル辺ハ遂ニ上廉級法以上ノ適尽法ガ不可解ニ終ツテ居ルコトヲ物語ヲモノデアル.

(註) 石井ノ開方飜変詳解 (安永二年, 1773) ニハ之レト全ク同ジ解釈ガ書カレテ居ル. 恐ラク算法新書ハ此ノ写本ニヨツテ書カレタモノデアロウ.

7 題術弁議

病題第一, 邪術第二, 権術第三ノ三章ヨリ成ル.

(i) 病題第一

病題第一

病題有レ四、転・虚・繁・変是也、転謂下題辞不レ足而不レ能ニ施行一者上也、虚謂下或得ニ無商式一或得ニ負商式一或得商背ニ題図意一者上也、繁謂下題辞有レ余而得ニ数答一者上也、変謂下得ニ商数件一而得数的スル者上也、若遇ニ此等題一則転者添レ辞、虚者替レ数、繁者削レ辞、変者易レ数加レ辞、而後各宜レ施レ術也、

問題ガ適当デナイトキ之ヲ病題ト云ウ．病題ヲ分ツテ次ノ四種トスル．

転題．題辞ガ足ラナイタメニ術ヲ施スコトノ出来ヌモノ．

繁題．題辞ガ多過ギテ数答ヲ得ルモノ．（大成算経ニハ術理数条アルモノト云ウ）

虚題．無商式，負商式ヲ得ルモノ，或ハ得商ガ題意ニ背クモノ．

変題．商ガイクツモ得ラレ，ソレガ皆題意ニカナウモノ．

若シ之等ノ題ニ遇エバ，転ハ不足スル辞ヲ添ヘ，繁ハ過ギタル辞ヲ削リ，虚ハ問題ノ数ヲ替エ，変ハ数ヲ替エタリ辞ヲ加エテ正常ナ問題ニ改メ，然ル後術ヲ施ス（之ヲ解ク）ノデアル．

次デ各ニツキ実例ヲ挙ゲテ居ル．

転　題

㈠ 仮如有ニ 鈎股一．積六寸．只云弦与ニ 中股一 相乗得ニ 一十二寸一．問ニ 鈎股及中股各幾何一．

弦ト中股トノ相乗ハ積ノ二倍トナル．故ニ本問ハ二辞ヲ云ツテ居ルヨウデ実ハ一辞デアル．本題ニハ二辞ヲ要スル故一辞不足シテ居ル．

㈡ 仮如有ニ 方台一 積二百一十八尺．只云上下方和多ニ 於高一 六尺．問ニ 上下方及高各幾何一．

方台ノヨウナ問題ニハ三辞ヲ必要トスル．今ハ二辞ヲ云ウノミデアル．仍テ猶一辞ヲ加エルベキデアル．

虚　題

㈠ 仮如有レ 直．積二百三十寸．只云長平和三尺．問ニ 長平各幾何一．

平ヲx寸トスレバ

$$x(30-x)=230$$

之ハ無商式デアル.

(二) 仮如有二直堡壔一．積一百三十五寸．只云縦与レ高和四寸．又云横不レ及レ高一尺二寸．問二縦横高各幾何一．

コレハ高サハ四寸ヨリ小サク一尺二寸ヨリ大キクナケレバナラヌト云ウ不合理ナ問題デアル.

繁　題

(一) 仮如有レ棱．積二百四十寸．只云長濶和四尺六寸．又云毎面各一尺七寸．問二長濶各各幾何一．

本題ノ如キハ二辞ヲ限トスル．然ルニ今三辞ヲ云ウ．仍テ一辞ヲ削ルベキデアル.

(二) 仮如有二方錐一．積七十五寸．只云高多二於下方一四寸．又云高三分之一与二方五分之三一相等．問二下方及高各幾何一．

本題ハ二辞ヲ限トスル．仍ニ一辞余ル．

変　題

(一) 仮如有二三斜一．積一百二十六寸．只云小斜一尺三寸中斜二尺．問二大斜幾何一．

三角形ノ面積ニ就イテハ和算家ハ「ヘロン」ノ公式ニ相当スルモノヲ使ツテ居ルカラ本問モソレニヨツテ二答ヲ得タモノト思ワレル．大成算経ノ変題ノ所ニモ本問ハ出テ居リ.

「此題拠二云数一得レ式開レ之則得二下斜二斜一．其形雖レ有二屈伸一皆適二于積一也.」

ト云ツテ居ル.

(二) 仮如有二方堡壔一．只云積加二入五十四箇一高ト共ニ六百三十尺．又云方与レ高和共一十三尺．問二方高各幾何一．

方堡壔ハ底ガ正方形デアル直角壔デアル．正方形ノ一辺ヲxトスレバ

$$-72+54x-13x^2+x^3=0$$

ヲ得，之ヲ解ケバ

$$x=6,\quad 4,\quad 3.$$

従テ　　高$=7,\quad 9,\quad 10.$

和算家ハ此ノヨウナ問題ヲモ不適当ノモノトシテ居ル．従テ之等ハ適当ニ辞ヲ加エタリ，或ハ数ヲ易エテ唯一ツノ答ヲ得ルヨウニ改メルノデアル．

猶虚題及ビ変題ニ対スル処理法ハ次ニ述ベル「病理明致」ニ詳シク説テ居ルカラソコデ更ニ述ベルコトトスル．

(ii) 邪術第二

> 邪術第二
>
> 邪術有レ四、重・滞・攣・戻是也、術中過ニ乗数一繁ニ分数一者謂ニ之重一也、雖レ合ニ其題一遇ニ他題一則不レ合者謂ニ之滞一也、術理不レ正故所レ求数有レ差者謂ニ之攣一也、得到式毎級為レ空者謂ニ之戻一也、乃是拙学之所レ為而咸不正之術也、学者勉強而勿ニ軽忽一矣、

解法ガ適当デナイトキ其ノ術ヲ邪術ト云ウ．本書ニハ次ノ四種ヲアゲテ居ル．

重．方程式ヲ立テル方法ガ適当デナイタメニ二次ニナルモノヲ四次ニシテ解イタリ，三次ニナルモノヲ六次ニシテ解ク．又ハ関係ヲ徒ラニ複雑ニシテ解法ヲ行ウノ類デアル．

滞．其ノ問題ニハソレデ答ガ得ラレテモ，他ノ同種類ノ問題ニ対シテハダメデアル解法ヲ云ウ．

攣．術理不正ノタメ正シイ答ガ得ラレナイ解法ヲ云ウ．

戻．寄消ノ結果毎級（項）ガ皆零ニナツテシマウ術ヲ云ウ．

次ニ之等ニツキ実例ヲアゲテ居ル．

重．

(一)　仮如有レ直．積八十四寸．只云長平較五寸．問ニ長平各幾何一．

答曰，長一尺二寸，平七寸．

平ヲ x トスルト　　長ハ $x+5$

平巾ハ x^2　　長巾ハ $(x+5)^2$

$$x^2(x+5)^2=84^2$$

トシテ $x=7$ ヲ求メルガ如キデアル．徒ラ＝次数ヲ過シタノデアル．

㈢ 仮如有＝鈎股一．只云股弦和四尺五寸．又云鈎与＝中股一和二尺七寸．問＝鈎股各幾何一．

答曰，鈎一尺五寸，股二尺．

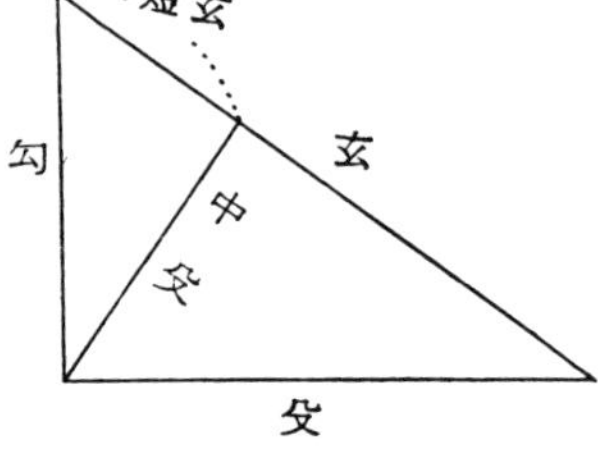

鈎ヲ x トスル．

$27x=$(鈎＋中殳)鈎＝(殳＋玄)短

$\therefore$ $27^2x^2=$(殳＋玄)^{2}短^2

又 $27-x=$中殳

$$x^2-(27-x)^2=\text{短}^2$$

$$45^2\{x^2-(27-x)^2\}=(\text{殳}+\text{玄})^2\text{短}^2$$

$$\therefore\quad 27^2x^2=45^2\{x^2-(27-x)^2\}$$

$$1576225-109350x+729x^2=0$$

コレヲ解キ　　$x=15$

然ル＝之レハ次ノヨウ＝解ケル．

勾(殳＋玄)＝(勾＋中殳)玄　デアルカラ

$$\text{玄}=\frac{\text{殳}+\text{玄}}{\text{勾}+\text{中殳}}\text{勾}=\frac{45}{27}x$$

$$\therefore\quad 3\text{玄}=5x$$

$$\therefore\quad \text{殳}=45-\frac{5}{3}x$$

$$3\text{殳}=135-5x$$

$$\therefore\quad (3x)^2+(135-5x)^2=(5x)^2$$

$$x^2-150x+2025=0$$

$$x=15$$

カクスレバ計算ガ簡単＝ユク．

滯．

(一)　仮如有^{二}鈎股^{一}．只云鈎弦和一尺六寸．股弦和一尺八寸．問^{二}鈎股弦各幾何^{一}．

答曰，鈎六寸，股八寸，弦一尺

$$\text{勾}+\text{玄}=16,\ \text{殳}+\text{玄}=18$$

$$\therefore\quad \text{勾}+\text{殳}+2\text{玄}=34$$

$$\therefore\quad \frac{34\times 3}{17}=6\ \cdots\cdots\cdots\text{勾}$$

$$\frac{34\times 4}{17}=8\ \cdots\cdots\cdots\text{殳}$$

$$\frac{34\times 5}{17}=10\cdots\cdots\cdots\text{玄}$$

トスルノ類デアル．此ノヨウナ解法ハ本題デハ恰度答数ガ得ラレルガ他ニハ通用セヌ．

(二)　仮如有^{二}四不等^{一}積三千二百六十七寸．只云甲斜九尺一寸．乙斜八尺五寸．丙斜五尺．丁斜二尺八寸．問^{二}大斜幾何^{一}．

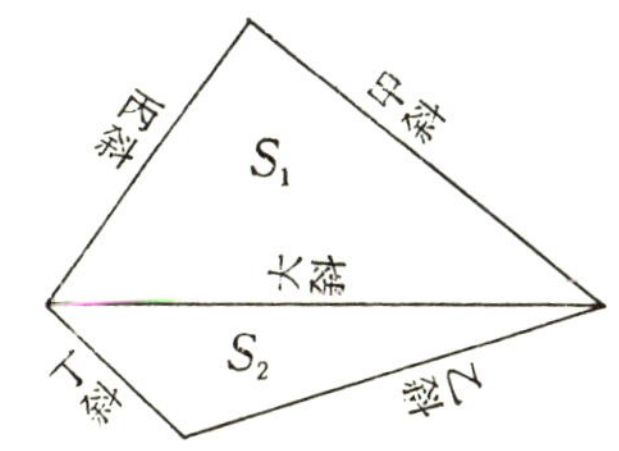

答曰，大斜一丈〇五寸．

$$4\text{大}^2(\text{丙}+\text{丁})^2-(2\text{大}^2+\text{丙}^2+\text{丁}^2-\text{甲}^2-\text{乙}^2)^2=16S^2 \qquad (S\text{ハ面積})$$

ノヨウナ式ニヨツテ大斜ヲ求メルノ類デアル．コノヨウナ式ハ成立セヌ．又大斜105寸ト云ウノモ正シイ答デハナイ．

$$4S_1=\sqrt{4\text{大}^2\text{丙}^2-(\text{大}^2+\text{丙}^2-\text{甲}^2)^2},\qquad 4S_2=\sqrt{4\text{大}^2\text{丁}^2-(\text{大}^2+\text{丁}^2-\text{乙}^2)^2}$$

$4S=4S_1+4S_2$　ヨリ

$$16S^2=4\text{大}^2(\text{丙}^2+\text{丁}^2)-(\text{大}^2+\text{丙}^2-\text{甲}^2)^2-(\text{大}^2+\text{丁}^2-\text{乙}^2)^2$$
$$+2\sqrt{4\text{大}^2\text{丙}^2-(\text{大}^2+\text{丙}^2-\text{甲}^2)^2}\sqrt{4\text{大}^2\text{丁}^2-(\text{大}^2+\text{丁}^2-\text{乙}^2)^2}$$

トナリ，上ノヨウナ簡単ナ式トハナラヌ．

攣．

(一)　仮如有^{二}五角^{一}．毎面一尺，問^{二}積幾何^{一}

答曰，積百七十三寸二分零五毛一糸弱

正五角形ノ一辺ガ一尺デアルトキ面積ヲ求メルノデアル．aヲ一辺トシSヲ面積トスレバ

$$S^2=3a^4$$

$$S=\sqrt{3}\,a^2=173.2051$$

トシテ求メタノデアル．シカシ斯様ニ簡単ニハ得ラレヌ．

$$S=5\left(\frac{a}{2}\right)^2\cot 36=1.25\times\frac{1+\sqrt{5}}{\sqrt{10-2\sqrt{5}}}a^2=172.05$$

トナルノデアル．

(二) 仮如有二三広一．積一百五十寸，中広五寸．只云下広不レ及レ長六寸，却多二於上広一四寸．問二上下広及長各幾何一．

答曰，上広八寸，下広一尺二寸，長一尺八寸．

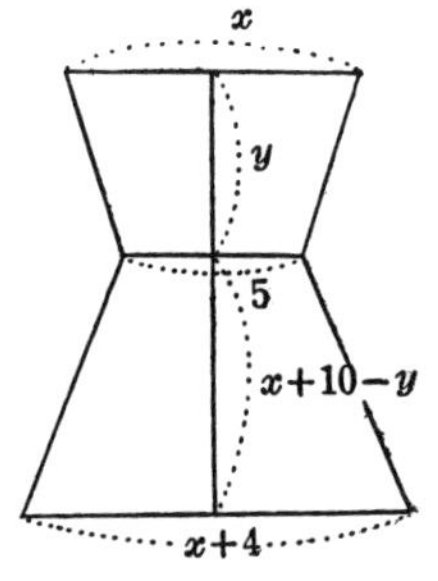

(上広＋中広＋下広)長＝3 積　トスル．

即チ　上広ヲxトスレバ

下広ハ　$x+4$

長ハ　$x+10$

$$(2x+9)(x+10)=450$$

$$2x^2+29x-360=0$$

$$x=8$$

トスル．コレハ不正ナ術デアル．

実際ハ　$y(x+5)+(x+9)(x+10-y)=30$

ナル不定方程式ノ解ヲ求メネバナラヌ．

戻.

(一) 仮如有二鈎股一．只云鈎弦較一尺八寸．又云股弦較一寸．問二鈎股弦各幾何一．

鈎ヲxトスレバ　弦＝$x+18$，股＝$x+17$

$$(股+鈎)(股-鈎)=17(2x+17)$$

$$股^2-鈎^2=34x+289$$

$$\therefore\quad 股^2=x^2+34x+289$$

$$\therefore\quad (x+17)^2=x^2+34x+289$$

$$\therefore\quad 0x^2+0x+0=0$$

トナルノ類デアル.

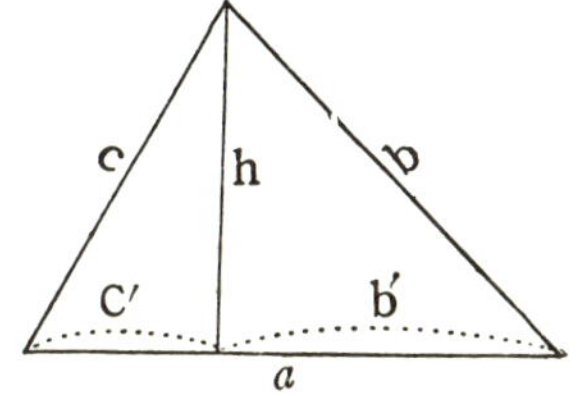

(二) 仮如有二三斜一積八十四寸．只云中斜与中股和二尺五寸．又云小斜与中股和一尺八寸．問二中股幾何一．

$$b=25-h$$

$$c=18-h$$

$$b^2-c^2=(25-h)^2-(18-h)^2=301-14h$$

$$\therefore\quad (b^2-c^2)h^2=301h^2-14h^3$$

$$a^2h^2=4S^2=28224$$

$$\therefore\quad (b^2-c^2)h^2+a^2h^2=(a^2+b^2-c^2)h^2=2ab'h^2$$

$$=28224+301h^2-14h^3$$

$$\therefore\quad 2a^2h^2-2ah^2b'=2ah^2(a-b')$$

$$=2ac'h^2=28224-301h^2+14h^3 \qquad (1)$$

一方

$$a^2h^2-(b^2-c^2)h^2=(a^2-b^2+c^2)h^2$$

$$=2ac'h^2=28224-301h^2+14h^3 \qquad (2)$$

(1) ト (2) トヲ相消スレバ各級皆 0 トナル.

(iii) 権術第三

解法ノ不完全ナモノヲ云ウ．シカシ学者ノ深浅ニ準ジ，又問ウ所ノ精粗ニ随テ，或ハトツテ捷径トシテ用ウルコトガアルト云ツテ居ル.

権術第三

権術有レ四、塞・断・疎・砕是也、所謂塞者以分交離立二毎級正負数一開除求レ所レ問、故術理不レ通也、断者先求二易レ得者一而後求二到所一レ問、故術意不レ続也、疎者収二去不尽一而求レ率或乗或除求レ所レ問、故的数不レ密也、砕者自レ遠至レ近数次而求レ所レ問、故其術不レ完也、此皆雖レ非二実術一準二学者之浅深一随二所レ問之精粗一或為二取捷径一而宜レ用レ之乎、故姑存レ之為二梗概一云、

塞．以分交離ノ意ガ明デナイガ，大成算経ニハ題中交ヲ分チ離ヲ合セテ諸級数ヲ考エ正負ヲ定メテ式ヲ作ルモノ，夫故其技速シト雖モ術理通ゼズト云ツテ居ル．次ノ例解ヲ見レバ，方程式ヲ立テルノニ最後ノ段階ノミヲ述ベタリ，或ハ其ノ題ニノミ通ズル陳述ヲシタリシテ術理ノ通ゼヌヲ云ウヨウデアル．

（註）　有馬ノ開方蘊奥ニハ「以分交離」ヲ「分合交離抔（ナド）ヲ以テ」トシテ居ル．恐ラク合ノ字ヲ脱字シタノデアロウ．

断．大成算経ニハ理暁リ易キニ従イ，乗除ノ先後ヲ争ワズ，錯乱シテ之ヲ求ム．或ハ数ノ得易キヲ択ビ，開法ノ本末ヲ論ゼズ，術数ヲ重ネテ求ムルモノヲ云ウ．故ニ術意続カズト云ツテ居ル．

疎．不尽ヲ取捨シテ簡単ナ率ヲ作リ，之ヲ以テ或ハ掛ケタリ，或ハ割ツタリシテ問ウ所ノ数ヲ求メルコトデ，従テ求メタ数ガ精密デナイヤリ方ヲ云ウ．

砕．逐次近似法ニヨツテ解クコトヲ云ウ．

次デ実例ヲ以テ之等ヲ示ス．

塞．

㈠　仮如有レ直，積一百七十寸．只云長平和二尺七寸．問二長平各幾何一．

答曰，平一尺

術曰，積一百七十寸為二正実一，和二尺七寸為二負従方一，一為二正廉一開平方除レ之得レ平，減レ和余即長．

即チ　　$170-27x+x^2=0$

ナル式ヲ述ベタノミデ，何故ニカクスルカ術理ガ通ラヌ．

㈡ 仮如有二方台一，積一百八十六尺．只云高不レ及二下方一一尺，却多二於上方一二尺．問二上下方及高各幾何一．

答曰，上方四尺，下方七尺，高六尺

術曰，列レ積三レ之得二五百五十八一為二負実一．列二不及一自レ之得二一尺一．多於自レ之得二四尺一．二位相併得二五尺一，内減下不及与二多於一相乗得中二尺上余三尺為二正従方一．列二多於一内減二不及一余三レ之得二三尺一為二負従廉一．三為二正隅法一．開二立方一除レ之得レ高，減二不及一余得二上方一．以二多於一加レ高得二下方一．

高ヲ h トスレバ上方 $h-2$，下方 $h+1$．

故ニ

$$3V=h\{(h-2)^2+(h-2)(h+1)+(h+1)^2\}$$

$$=h\{h^2-4h+4+h^2-h-2+h^2+2h+1\} \quad \cdots\cdots (1)$$

$$\therefore \quad -3\times185+3h-3h^2+3h^3=0 \quad \cdots\cdots (2)$$

術文ハ (1) カラ (2) ヲ得ル計算ヲ述ベテ居ルニ過ギヌ．夫故術文ヲ読ンデモ何故カクスルカ一向ワカラヌ．即チ術理ガ通ラヌ．

断．

㈠ 仮如有二三斜一．大斜四尺四寸，中斜三尺七寸，小斜一尺五寸．問二中股幾何一．

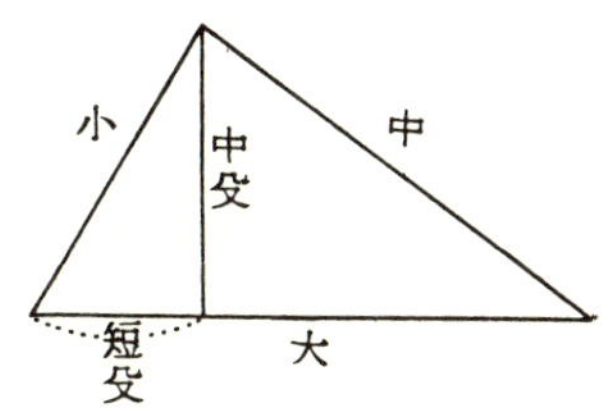

答曰，中股一尺二寸

$$短股=\frac{大^2+小^2-中^2}{2大}$$

トシテ短股 9 寸ヲ求メ，次デ

$$中股=\sqrt{小^2-短^2}=12$$

トスル．先ズ短股ヲ求メ然ル後中股ヲ求メル．故ニ断デアル．

㈡ 仮如有二鈎股一積二百一十寸．只云弦三尺七寸．問二鈎各幾何一．

答曰，鈎一尺二寸，股三尺五寸

$$股-勾=\sqrt{玄^2-2勾股}=\sqrt{37^2-210\times 4}=23$$

次ニ勾ヲ x トスレバ殳ハ $x+23$ トナリ

$$x(x+23)=210\times 2$$

$$-420+23x+x^2=0$$

$$x=12$$

先ズ　殳ー勾　ヲ求メ然ル後勾ヲ求メタノデアル．

此ノヨウニ先ズ得易キヲ求メ，次デ所要ノ数ヲ求メルコトヲ断ト云イ，之ハ術意続カズトテ不完全ナ解法ト見テ居ルノデアル．

疎.

(一) 仮如有ニ平方一自方一尺．問ニ斜幾何一．

答曰，斜一尺四寸

術曰，列ニ自方一以ニ斜率七一乗レ之得ニ七十寸一為レ実．以ニ方率五一為レ法，実如レ法而一得レ斜．

正方形ノ一辺ヲ a トスレバ $a\times\dfrac{7}{5}$ ヲ対角線トシタノデアル．即チ $\sqrt{2}$ ヲ $\dfrac{7}{5}$ トシテ扱ツタノデアル．夫故疎デアル．

(二) 仮如有ニ三角一，積八十四寸．問ニ毎面及中径各幾何一

答曰，毎面一尺四寸，中径一尺二寸

正三角形ノ面積ヲ知リ，其ノ辺及ビ高サヲ求メル問題デアル．

一辺ヲ a, 高サヲ h トシ

$$7h=6a$$

トスル．従テ

$$14S=7ha=6a^2$$

$$\therefore\quad a^2=\frac{14\times 84}{6}=14^2$$

$$a=14,\qquad h=12$$

即チ　$\dfrac{\sqrt{3}}{2}=\dfrac{6}{7}$ トシタノデアル．

碎.

(一) 仮如有ニ鈎股一，鈎三尺股四尺．只云如レ図従ニ鈎方一截ニ積二百十

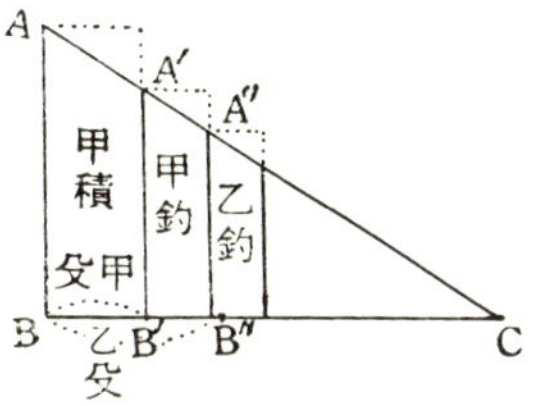

六寸㆒．問㆓截股幾何㆒．

答曰，截股八寸

直角三角形 ABC ノ鈎ニ平行ニ直線ヲ引キ，鈎ノ側カラ積二百十六寸ヲ截取ルノデアル．

$AB=30,\quad BC=40,$

截積$=216$

仍テ先ズ

$216\div 30=7.2$……甲殳トスル．

$40-7.2=32.8$……B′C

$\dfrac{32.8\times 30}{40}=24.6$……甲鈎

$(30+24.6)\times 7.2\div 2=196.56$……甲積

$216-196.56=19.44$……………不足分

之ト同様ニシテ，$\triangle A'B'C$ カラ 19.44 ニ近イ面積ヲ截取ル．即チ

$19.44\div 24.6=0.790244_-$

$7.2+0.790244=7.990244_-$………乙殳

$40-7.990244=32.009756_+$

$\dfrac{32.009756\times 30}{40}=24.007317_+$……乙鈎

$(30+24.007317)\times 7.9900244\div 2=215.765818_-$

$216-215.765818=0.234182_+$………不足分

更ニ

$0.234182\div 24.007317=0.009728_-$

$7.990244+0.009728=7.999972$………丙殳

此ノヨウニ進ンデ丁殳，戊殳……ヲ求ムレバ次第ニ求メル截殳ニ近迫スル．カカル近似法ニヨル術ヲ砕ト云ウ．（コレニ就テハ第七章ノ反復法ノ所デ更ニ詳説スル）

㈢ 仮如有㆓降真香一十両㆒．只云初日薫㆓一両㆒，日薫㆓自倍㆒．問㆓幾日而薫畢㆒．

答曰，三日八分日之三

初日　1両　$10-1=9$……………………初日ノ余リ

二日　2両　$10-(1+2)=7$ ……………二日ノ余リ

三日　4両　$10-(1+2+4)=3$…………三日ノ余リ

四日　8両　$10-(1+2+4+8)=-5$

即チ3日デハ3両余リ4日デハ5両不足スル．仍テ過不足算ニヨリ

$$\frac{3\times5+4\times3}{5+3}=3\frac{3}{8}\ (日)$$

トスル．

（註）（一）ノヨウナ反復法ハ算法関疑抄ニモ見エル．即チ円カラ与エラレタ面積ヲ有スル帯弧積ヲ截リトル場合ニ同法ガ使ワレテ居ル．之等ハ恐ラク和算ノ反復法ノ起原ヲナスモノデアロウ．

大成算経巻之十六　**題術弁**ハ本書ヲ一層詳シク述ベタモノデアル．今其ノ内容ヲ記シテ見ルト

全題第一　見題，隠題，伏題，潜題．

病題第二　転，繁，層，反，虚，変，○，散．

実術第三　問題ノ如何ナルモノヲ第一ニ求メルカ，又計算ハ如何ナル順序ニ行ウカヲ述べ，実例九問ノ術ヲ示シ之ヲ規範トスル．

権術第四　砕，揲（コレガ先ノ砕ニアタリ，本書ノ砕ハ目子算デアル），断，約，疎．

偏術第五　○，○，略，塞，○．

邪術第六　重，滞，攣，戻．

（○印ノ所ハ記シテナイ）

8　病題明致

題術弁議デハ病題ニ就テハ単ニ例ヲ挙ゲテ説明シタニ止マツタガ，本書ニ於テハ病題ノミヲ取上ゲ之ヲ詳細ニ論述シテ居ル．

本書ハ次ノ三条ヨリ成ル．

題辞添削第一	転，繁．
虚題増損第二	無商式，負商式，背題図意．
変題定究第三	加辞，易数．

(i) 題辞添削第一

題辞添削第一

凡題辞随二于形一有レ限矣、不レ足レ限者謂二転題一、余レ限者謂二繁題一也、如二正方正円諸角一者以二一辞一為レ限、云二二辞一則為二繁題一、故可レ削レ辞也、如二直或錐一者以二二辞一為レ限、云二一辞一則為二転題一宜レ添レ辞、云二三辞一則為二繁題一故可レ削レ辞也、如二梯或台一者以二三辞一為レ限、云二二辞一為二転題一宜レ添レ辞、云二四辞一則為二繁題一、故可レ削レ辞也、臨レ得レ題而可二思量一矣、

題辞ノ添削ヲ要スルハ転題ト繁題トデアル．

凡ソ題辞ハ問題ニ云ウ形ニ随テ限ガアル．正方形，円，諸正多角形ハ一辞ヲ以テ限トスル．故ニカカル題デ二辞ヲ云エバ繁題トナル．仍テ其ノ中ノ一辞ヲ削除スベキデアル．直ヤ錐ハ二辞ヲ以テ限トスル．故ニカカル題デ一辞ヲ云エバ転題トナル．仍テ更ニ一辞ヲ添加スベク，又三辞ヲ云エバ繁題トナル．仍テ一辞ヲ削除スベキデアル．梯形，台ノヨウナノハ三辞ヲ以テ限トスル．故ニ二辞ヲ云エバ転題トナルカラ一辞ヲ添エ，四辞ヲ云エバ繁題トナルカラ一辞ヲ削ル．此ノヨウニ題ヲ作ルニ臨ンデハ夫々思量スベキデアルトテ題術弁議デ挙ゲタヨウナ例ヲ夫々ニ題宛示シテ居ルガ殆ド前ト変リハナイカラ省ク．

虚題増損第二

凡虚題有二三品一、其一得二無商式一者、其二得二負商式一者、其三得二商背二題図ノ意一者也、得二無商式一者立二天元一一為二題中所レ替極数一如二適尽方級法一而得レ式開二除之一視二極数一也、得二負商式一者依二験商有無ノ法一視レ有二異名級一而立二天元一一為二題中所レ替極数一如二適尽其級法一而得レ式開二除之一視二極数一也、或諸級皆同名者随レ式而各級以二正負相反一視二極数一也 得商背二題図ノ意一者立二天元一一為二題中所レ替極数一随二変形極図一而得レ式開二除之一視二極数一也、各依二所レ得ノ極数一而宜レ増二損題数一焉、

(ii) 虚題増損第二

凡ソ虚題ニハ三種類アル．無商式，負商式及ビ得商ガ題意ニ背ク場合デアル．無商式ヲ得レバ天元ノ一ヲ立テ題中替ウル所ノ数ノ極数トシ，適尽方級法デ方程式ヲ得，之ヲ解イテ極数ヲ求メル．負商式ヲ得レバ験商有無法ニヨツテ調べ，若シ異名級アラバ天元ノ一ヲ立テテ題中替ウル所ノ数ノ極数トシ適尽其級法ニヨツテ方程式ヲ得，之ヲ解イテ其ノ極数ヲ求メル．（或ハ諸級皆同名ナラバ，題ニ従イ正負相反スルヨウニシテ後極数ヲ求メル．之等ハ何レモ既ニ述べタ開方飜変ニ詳シク記シテアル．）

得商ガ題意ニ背クモノハ，天元ノ一ヲ立テテ替エル所ノ数ノ極数トシ，極限ノ図形ニ随テ式ヲ得，之ヲ解イテ極数ヲ求メル．カク求メタ極数ニ従テ適宜ニ問題ノ数ヲ増損スルノデアル．

(1)　無商式ノ場合

（例一）　直積 230 寸，長平和 30 寸，平ヲ問ウ．

平ヲ x トシテ方程式ヲ作ルト

$$x(30-x)=230$$

$$-230+30x-x^2=0$$

コレハ無商式デアル．之ヲ傍書式ニ書ケバ

$$-\text{責}+\text{和}.\,x-x^2=0$$

今和 30 寸ヲ定メテ責ノ極数ヲ求メテ見ル．

$$a+bx+cx^2=0$$

ニ対スル適尽方級法ニヨレバ

$$b^2-4ac=0 \qquad (1)$$

ヲ得ル．故ニ今責ヲ y トスレバ (1) ハ

$$900-4y=0$$

トナリ　　$y=225$

コレ積ノ極数デ，積ヲ此ノ数以下ニスレバ有商トナリ，以上ニスレバ無商トナル．

積ヲ定メテ和ノ極数ヲ求メ，和ヲ替エルコトモ同様ニ出来ル．

（例二）　二等辺三角形デ積ト濶（高サ）トノ和ガ５寸．面（等辺）ト濶トノ和ガ４寸ノトキ濶ヲ問ウ．

濶ヲ x トスレバ　積$=5-x$,　面$=\dfrac{4}{x}$

$$\left(\frac{長}{2}\right)^2=\frac{16}{x^2}-x^2 \quad (長ハ底辺)$$

$$積^2=濶^2\left(\frac{長}{2}\right)^2=16-x^4=(5-x)^2$$

コレヨリ　$9-10x+x^2+x^4=0$　（無商式）

之ヲ傍書ニスレバ

$$(只^2-叉^2)-2只x+x^2+x^4=0$$

只云数５寸ヲ定メテ叉云数ノ極数ヲ求メテ見ル．

$$a+bx+cx^2+ex^4=0 \qquad (d=0)$$

ニ対スル適尽方級法ニヨレバ

$$256a^3e^3+144ab^2ce^2+16ac^4e-128a^2c^2e^2-27b^4c^2-4b^2c^3e=0 \cdots\cdots(1)$$

ココデ　$a=25-y^2$, $b=-10$,　$c=1$, $e=1$ トスレバ

$$4010000-484016y^2+14022y^4-256y^6=0 \cdots\cdots (2)$$

之ル解キ　$y=4.062208_+$

之ガ叉云数ノ極数デアル．ソシテ此ノ数以下ナレバ無商，以上ナレバ有商トナルト云ウノデアル．

（註）　適盡法ニヨレバ(1)ヲ満足スル a ノ値以下ナレバ有商，以上ナレバ無商トナルノデアル．然ルニ(2)ハ $a=25-y^2$ トシタノデアルカラ

$y>4.062208$　ナレバ有商

$y<4.062208$　ナレバ無商

トナルノデアル．

開方飜変ニ云ツテ居ル適盡法ニハ可ナリ誤リガアリ，上ノヨウニ求メタ極数ガ上限トナルカ下限トナルカヲ決定スル方法ニモ亦誤リガアルガ上ノ場合ハ正シイノデアル．之ニ就テハ既ニ述ベタ開方飜変ノ条ヲ参照サレタイ．

（叉云数ヲ定メテ只云数ヲ求メル術モコレト同様デアル．）

（2）　負商式ノ場合

（例一）　股ー鈎＝7寸，弦ー2鈎＝11寸，鈎ヲ求メル．

勾ヲ x 寸トスレバ　殳 $=7+x$，玄 $=11+2x$

$$x^2+(7+x)^2=(11+2x)^2$$

カラ

$$-72-30x-2x^2=0$$

$$x=-3 \text{ 又ハ } -12$$

験商有無法ニヨリ正商ノ有無ヲシラベルト

$$-1 \quad -1 \quad -1$$

実同名且ツ異名級ガナイカラ此ノ儘デハ数ヲ替エテモダメデアル．実級ノ符号ヲカエレバ正根ガアルコトニナル．今上ノ方程式ヲ傍書デ示セバ

$$(\text{差}^2-\text{只}^2)+(2\text{差}-4\text{只})x-2x^2=0$$

夫故　只≦差　ナレバ実級ノ符号ガカワル．差ハ７寸デアルカラ

只≦7　トナレバヨイト云ウノデアル．

只云数ヲ定メテ差ヲ求メル術モ同様デアル．

（例二）直堡壔積ガ120寸，縦＋高＝10寸，縦－横＝3寸，横ヲ求メル．

横ヲ x 寸トスレバ　縦 $=x+3$，　高 $=10-(x+3)=7-x$

故ニ

$$x(x+3)(7-x)=120$$

$$-120+21x+4x^2-x^3=0 \qquad (x=-5)$$

験商有無法ニヨリ正商ノ有無ヲシラベルト

$$-1 \quad -1 \quad -1 \quad -1$$

方級ト廉級トガ異名デアル．夫故先ズ適尽方級法ニヨツテ極数ヲ求メル．傍書デ上ノ方程式ヲ書ケバ

$$-\text{責}+(\text{差}\cdot\text{和}-\text{差}^2)x+(\text{和}-2\text{差})x^2-x^3=0$$

和１尺，差３寸ヲ定メテ責ノ極数ヲ求メテ見ル．

$$a+bx+cx^2+dx^3=0$$

ニ対スル適尽方級法ニヨレバ

$$27a^2d^2+4ac^3+4b^3d-18abcd-b^2c^2=0$$

$a=y$，$b=10\times3-3^2=21$，$c=10-6=4$，$d=-1$ ヲ入レルト

$$-44100+1768y+27y^2=0$$

$$y=-84.753138_-$$

$$(\text{責}=84.753138_-)$$

（正商モ得ルガ原方程式ノ実ガ負デアルカラソノ方ハトラヌ）

之ヲ積ノ極数トスル．ソシテ此数以下ナレバ正商ガアリ，此ノ数以上ナレバ正商ハナイ．（此ノ結果ハ正シイ．）

或ハ積ト和トヲ定メテ差ノ極数ヲ求メ，或ハ積ト差トヲ与エテ和ノ極数ヲ求メル術モ之ト同様デアル．

(3)　得商ガ題図ニ背ク場合．

（例一）　梯形積９寸．大小頭ノ差４寸，小頭＝長－10 ナルトキ

大頭ヲ求メヨ．

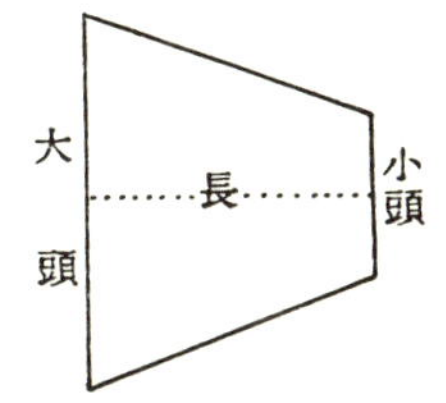

大頭ヲ x トスレバ

小頭$=x-4$

長$=x+6$

$(2x-4)(x+6)=9\times2$

$-42+8x+2x^2=0$

$x=3$

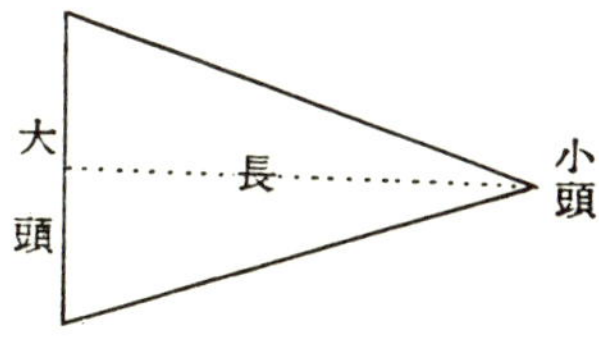

仍テ小頭ハ -1 寸トナリ題図ノ意ニ背ク．

今　積$=9$，長－小頭$=10$ トヲ定メテ大小頭ノ差ノ極数ヲ求メテ見ル．

小頭ガ０トナツタ極図ヲ考エルト

$$\text{大頭}=\text{差}=x.\qquad \text{長}=10$$

$$\therefore\quad 10x=9\times2$$

$$x=1.8$$

コレガ差ノ極数デアル．此ノ商以下ナレバ題図ノ意ニ背ク商ナク，以上ナレバアルト云ウノデアル．

〔小頭ヲ小ニスレバ　小頭＝長－10 ニヨリ長モ小ニナリ大頭ハ大ニナル（面積ガ一定デアルカラ）即チ小頭ガ０ノトキ大頭ハ最大デアル．即チ差

ハ最大デアル.〕

積ト差トヲ定メテ小頭ノ長ヨリ小ナル数ノ極数ヲ求メ，或ハ差ト小ナル数トヲ定メテ積ノ極数ヲ求メル術モ之ト同様デアル.

（例二）　方台積254寸，上下ノ方和13寸，上方＝高＋1 デアルトキ高ヲ求メル.

高ヲ x トスレバ　上方＝$x+1$，下方＝$12-x$.

$$x[(x+1)^2+(x+1)(12-x)+(12-x)^2]=254\times 3$$

即チ　$-762+157x-11x^2+x^3=0$……………(1)

コレヨリ　$x=6$

故ニ　上方＝7，下方＝6

コレハ上方ガ下方ヨリ大トナツテ題図ノ意ニ背ク.

今和13寸ト多於1寸（上方ガ高ヨリ多キ寸）トヲ定メテ積ノ極数ヲ求メテ見ル.

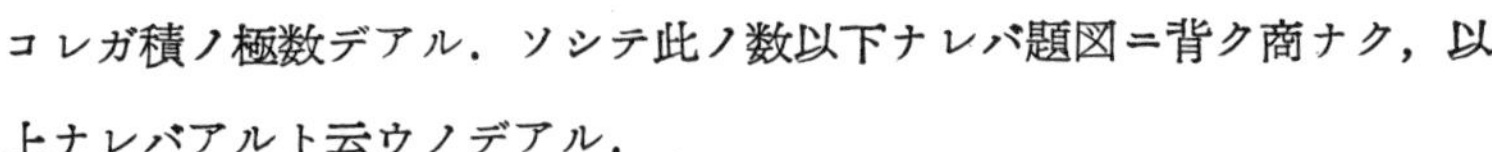

変形極図

上方ト下方トガ等シクナツタ極図ヲ考エルト

上方＝下方＝6.5

∴　高＝6.5−1＝5.5

∴　積＝$6.5^2\times 5.5$＝232.375

コレガ積ノ極数デアル. ソシテ此ノ数以下ナレバ題図ニ背ク商ナク，以上ナレバアルト云ウノデアル.

（註）　積 254 寸ノトキ題意ニ背キ232.375 寸ノトキ極数トナルカラ此数以下ナレバ題意ニ背カズ，以上ナレバ背クトシタモノカ.

$$3積＝高[上^2+下^2+上\cdot下]＝高[(上+下)^2-上\cdot下]$$

ニ於テ　上＋下＝13　デアルカラ，上ガ次第ニ大キクナリ　上＝下　トナラバ　上・下　ハ最大トナリ，従テ［$(上+下)^2-上\cdot下$］ハ最小トナル. シカシ高ハ　高＝上−1 デアルカラ，上ガ大ニナレバ高モ亦大ニナル. 故ニ上＝下　ノトキ積ガ最大トナルコトハ簡単ニハ云エヌ.

(1)カラ

$$3V=x^3-11x^2+157x$$

之ヲ $f(x)$ トシテ微分スレバ

$$f'(x)=3x^2-22x+157$$

コレハ常ニ正デアル．故ニ V ハ x ト共ニ増ス．故ニ V ハ x ノ最大ナトキ即チ上方 $(x+1)$ ガ最大ナトキ最大トナル．即チ

上＝下　ノトキ最大トナル．夫故上ニ求メタ 232.375 ハ積ノ最大値ナノデアル．

此ノ辺ノ所ヲ如何ニ考エタモノデアロウカ．

(iii)　変題定究第三

> 変題定究第三
>
> 凡変題者用二題数一而得二開方式一視二変商一、或得二負商一或正商背二題図意一者不レ為レ変也、以二加辞易数二法一可レ定二究之一矣、
>
> 加　　辞
>
> 加辞者以二分術一得レ式傍二書商名一而如下開二出商数一法上尽レ実変レ式、随二変商件数一従二変式之方級一逐下加レ辞、

方程式ノ根ガ幾ツモ得ラレ，ソレガ又イクツモ題意ニ添ウ如キ問題ガ変題デアル．和算家ハ此ノヨウナ問題ヲモ不適当ナモノデアルトシ，之ニ対シテハ加辞ト易数ノ二法ニヨツテ正常ノ問題ニ改メテ居ルノデアル．（負商ヲ得ル場合又ハ正商ノ題意ニ背ク場合ハ虚題トシ，変題トハセヌ）

(1)　加　　辞

分術ニヨツテ方程式ヲ得タラバ，其ノ商名ヲ立テ，商数ヲ開出スル時ノヨウニ算法ヲ進メテ変式ヲ得，変商ノ数ニヨツテ変式ノ方級カラ下ニ辞ヲ加エテ幾ツモガ商ニナラヌヨウ制限ヲ加エルノデアル．之ヲ例デ詳シク説イテ居ル．

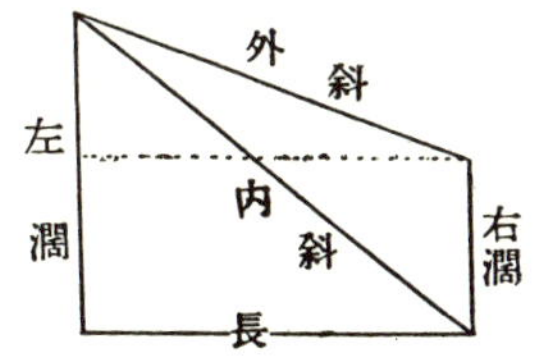

（例一）　半梯ノ外斜ガ16寸，内斜ガ19寸，

左右濶和18寸，右濶ヲ求メル．

右濶ヲ x トスレバ

左濶＝$18-x$，左濶－右濶＝$18-2x$

$$\therefore\quad 16^2-(18-2x)^2=19^2-(18-x)^2$$

$$-105+36x-3x^2=0$$

$$x=7,\quad 5$$

故ニ　初$\left\{\begin{array}{ll}\text{右濶} & 7\text{寸}\\ \text{左題} & 11\text{寸}\end{array}\right.$　　後$\left\{\begin{array}{ll}\text{右濶} & 5\text{寸}\\ \text{左濶} & 13\text{寸}\end{array}\right.$

分術．右濶ヲ x トスレバ

$$\text{左濶}=(\text{左}+\text{右})-x$$

$$\text{長}^2=\text{内}^2-\text{左}^2=\text{内}^2-\text{左}^2-\text{右}^2-2\text{左右}+(2\text{右}+2\text{左})x-x^2$$

$$=\text{長}^2-\text{右}^2-2\text{左右}+(2\text{右}+2\text{左})x-x^2 \quad \cdots\cdots(1)$$

$$\text{左濶}-\text{右濶}=(\text{左}+\text{右})-2x$$

$$\text{長}^2=\text{外}^2-(\text{左濶}-\text{右濶})^2$$

$$=\text{外}^2-(\text{左}+\text{右})^2+4(\text{左}+\text{右})x-4x^2$$

$$=\text{外}^2(\text{左}-\text{右})-4\text{左}\cdot\text{右}+4(\text{左}+\text{右})x-4x^2$$

$$=\text{長}^2-4\text{左右}+4(\text{左}+\text{右})x-4x^2 \quad \cdots\cdots(2)$$

(1) ト (2) トカラ

$$\text{右}^2-2\text{左右}+(2\text{左}+2\text{右})x-3x^2=0 \quad \cdots\cdots(3)$$

之ハ右濶ガ商デアルカラ右濶ヲ商ニ立テ，開出スルト

-3	$2\text{右}+2\text{左}$	$\text{右}^2-2\text{左右}$	右
	-3右	$-\text{右}^2+2\text{左右}$	
-3	$-\text{右}+2\text{左}$	0	
	-3右		
-3	$-4\text{右}+2\text{左}$		

即チ変式ハ

$$0+(-4\text{右}+2\text{左})x-3x^2=0 \quad \cdots\cdots(\text{i})$$

又ハ

$$x\{3x+(4\text{右}-2\text{左})\}=0 \quad \cdots\cdots(\text{i})'$$

変商ハ一ツデアルカラ変式 (i) ノ方級ニ就テ符号ヲシラベテ見ルト

初ノ右濶 7 寸，左濶11寸

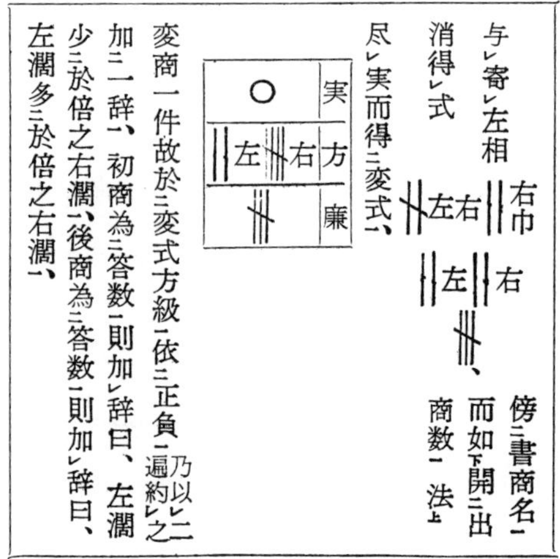
与レ寄レ左相右巾右傍ニ書商名一
消得レ式左右左而如下開ニ出
商数一法上
尽レ実而得ニ変式一
実　○
方　左　右
廉
変商一件故於ニ変式方級一依ニ正負一乃以レ二遍約レ之
加ニ一辞一、初商為ニ答数一則加レ辞曰、左濶
少ニ於倍之右濶一、後商為ニ答数一則加レ辞曰、
左濶多ニ於倍之右濶一

デハ

$$-2\text{右}+\text{左}<0 \qquad \text{(ii)}$$

後ノ右濶5寸，左濶13寸デハ

$$-2\text{右}+\text{左}>0 \qquad \text{(iii)}$$

夫故（ii）ナル条件ヲ加エテ置ケバ後ノ答ハ除カレ初ノミ答トナリ，

（iii）ナル条件ヲ加エテ置ケバ初ノ答ハ除カレ後ノミ答トナル．

（註）条件ハ一方ガ満足シ他方ガ満足シナイモノデアレバ上ノヨウナモノニ限ラズ何デモヨイ訳デアルガ，シカシ其ノ条件ヲ如何ニ択ムカガ問題デアル．上ノヨウナ方法ヲトツタノハ次ノヨウナ理由ニヨルモノト思ワレル．

$$(x-\alpha)(x-\beta)=0 \qquad \alpha>0,\ \beta>0$$

ニ於テ之ヲαダケ小サイ根ヲモツ方程式ニ変換スルト

$$x(x+a)=0 \qquad (a=\alpha-\beta)$$

ココデ　$a>0$ ナラバαハ大根

$a<0$ ナラバαハ小根

夫故問題ニ $a>0$ ナル条件（上ノ問題デハ 2右－左>0）ヲ加エテ置ケバ小根ハ之ヲ満足シナイカラ取除カレ，$a<0$ ナル条件ヲ加エテ置ケバ大根ハ之ヲ満足シナイカラ取除カレ，何レニシテモ一根ガ取除カレテ目的ヲ達スルコトガ出来ルノデアル．

（例二）方堡壔積＋54高＝630，　方面＋高＝13寸，

方面ヲ求メル．

方面ヲ x トスレバ　高＝$13-x$，積＝$630-54(13-x)$

$$\therefore\quad x^2(13-x)=630-54(13-x)$$

$$-72+54x-13x^2+x^3=0$$

コレカラ　$x=6,\quad 4,\quad 3.$

従テ　高＝7，　9，　10.

此ノ解答ノ組ヲ(始)(中)(終)トスル．

前ノヨウニシテ変式ヲ作ルト

$$0+(-2\text{高}\cdot\text{方面}+\text{方面}^2+54)x+(-\text{高}+2\text{方面})x^2+x^3=0$$

変商ガ2ツアル故，方級ト廉級トノ正負ヲ考エテ二辞ヲ加エル．（但シ一辞ヲ加エテ足ルトキハ二辞ヲ加エルニハ及バヌ）

始，中，終ノ値ヲ方，廉ニ入レテ符号ヲ調ベルト

	（方）	（廉）
始	＋	＋
中	－	－
終	＋	－

夫故　廉>0 ナル条件ヲ加エルト始ノミガ答トナリ，

方<0，廉<0 ナル条件ヲ加エルト中ノミガ答トナリ，

方>0 ナル条件ヲ加エルト終ノミガ答トナル．

之ヲ辞ニシタモノガ本書ノ加辞デアル．シカシ最後ノモノハ不可デアル．方>0 ヲ云ウノミデハ始ノ答モ入リ来リ，猶変商ヲ生ズルカラデアル．仍テ之ハ次ノヨウニ改メル，

用二題数一得二開方式一 𝍯𝍡 𝍭𝍣 𝍩𝍢 𝍠
開レ之得
始　方面六寸　高七寸
中　方面四寸　高九寸
終　方面三寸　高一尺

変式

実	○
方	𝍭𝍣 方巾 𝍠 高方 𝍡
廉	𝍡 方 𝍠 高
隅	𝍠

変商二件故於二変式一方廉二級依二正負一加二二辞一、乃加二一辞一而合二答数一者不レ及レ加二二辞一也、
始商為二答数一則加レ辞曰、倍之方面多二於高一、中商為二答数一則加レ辞曰、方面冪加二入五十四個一共得数少二於方面与レ高相乗二段数一、倍之方面少二於高一、終商為二答数一則加レ辞曰、方面冪加二入五十四個一共得数多二於方面与レ高相乗二段数一、

始ノ答ヲ得ルタメニハ　廉>0.

中ノ答ヲ得ルタメニハ　方<0.

終ノ答ヲ得ルタメ　方>0，廉<0.

ト加辞スル.

（註）　$$(x-\alpha)(x-\beta)(x-\gamma)=0$$

ヲ α ダケ小サイ根ヲモツ方程式ニ変換スルト

$$x(x+\alpha-\beta)(x+\alpha-\gamma)=0$$

$$\therefore\quad x^3+(2\alpha-\beta-\gamma)x^2+(\alpha-\beta)(\alpha-\gamma)x=0$$

(i)　$\alpha-\beta>0$, $\alpha-\gamma>0$ ナラバ α ハ最大根,

故ニ　廉>0, 方>0 トナルモノハ最大根,

(ii)　$\alpha-\beta$, $\alpha-\gamma$ ガ異符号ナラバ α ハ中根,

故ニ　方<0 トナルモノハ中根,

(コノトキ廉ノ符号ハ不明デアル．但シ本問デハ負トナル.)

(iii)　$\alpha-\beta<0$, $\alpha-\gamma<0$ ナラバ α ハ最小根,

故ニ　廉<0, 方>0 トナルモノハ最小根,

夫故変式ノ廉及ビ方ヲ正ナラシメルヨウナ条件ヲ附加シテ置ケバ最大根ノミガ答トナリ，方<0 ナル条件ヲ加エテ置ケバ中根ノミガ答トナリ，廉<0, 方>0 ナル条件ヲ加エテ置ケバ最小根ノミガ答トナル.

但シ本問ノヨウニ (ii) ノ場合ニ 廉<0 トナルカラ，最大根ヲ得ル条件ハ廉>0 ダケデヨイ.

(例三)　錐積75寸，$\sqrt{\text{高}}$＋下方＝8寸，下方ヲ求メル.

下方ヲ x トスレバ　　高$=(8-x)^2$

$$\therefore\quad x^2(8-x)^2=75\times3$$

$$-225+64x^2-16x^3+x^4=0$$

$$x=5,\qquad 3$$

従テ　　高$=9$,　　25

(初)　　(後)

前ノヨウニシテ変形ヲ作ルト

$$0+(2\text{下方}^2\cdot\text{高}-2\text{下方}\cdot\text{高}\sqrt{\text{高}})x$$

$$+(\text{下方}^2+\text{高}^2-4\text{下方}\cdot\text{高})x^2+(2\text{下方}-2\text{高})x^3+x^4=0$$

変商ガ一ツデアルカラ方級ノ正負ヲ考エ一辞ヲ加エル.

初，後ノ値ヲ方ニ入レテ符号ヲ調ベルト，初ノトキ正，後ノトキ負トナル.

故ニ

方>0 トナルヨウニ加辞スレバ後ノミ答トナリ，

方<0 トナルヨウニ加辞スレバスレバ後ノミ答トナル.

(2)　易　　数

> **易数**
>
> 易数者変式各級為レ空者、変式為ニ無商式ニ者、変商背ニ題図ノ意ニ者、依ニ此三品ニ而随時宜可レ易ニ題数ニ也、

変商ヲナクスルタメニ

（i）　変式ノ各級ガ0トナルヨウニ題数ヲ易エル．

（ii）　変式ヲ無商式トスルヨウニ題数ヲ易エル．

（iii）　変商ガ題図ノ意ニ背クヨウニ題数ヲ易エル．

此ノ三種類ヲ随時行ウノデアル．

（例一）　梯ノ上長 a, 内斜 b, 2外斜＋下長＝c（只云数）下長ヲ求メル．

下長ヲ x トスレバ

$$\text{外}=\frac{\text{只}-x}{2}$$

$$\therefore\quad \text{内}^2=\text{上}\cdot x+\frac{(\text{只}-x)^2}{4}$$

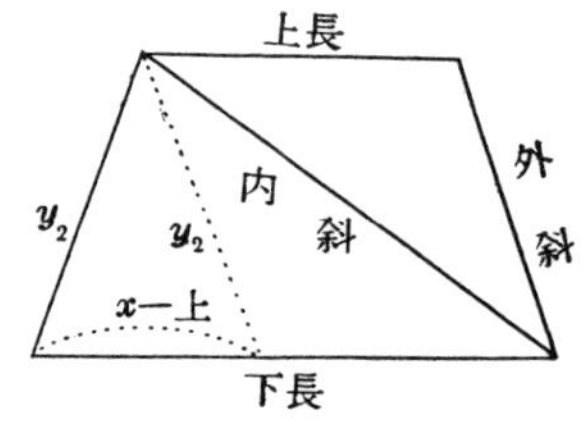

即チ　$(\text{只}^2-4\text{内}^2)+(4\text{上}-2\text{只})x+x^2=0$

ココデ　只＝2外＋下　トオケバ

$$\text{下}^2-4\text{下}(\text{上}-\text{外})-(2\text{下}-4\text{上}+4\text{外})x+x^2=0 \quad\cdots\cdots\cdots(1)$$

下長ヲ商ニ立テ，開出法ニヨツテ変式ヲ求メルト

$$0+(4\text{上}-4\text{外})x+x^2=0\cdots\cdots\cdots\cdots(2)$$

(i)　変式ノ方級ヲ0ニシテ変商ヲ除ク法．

上長ト外斜トヲ等シクスレバヨイ．即チ上長ヲ9寸トシタナラバ外斜モ亦9寸トスル．

〔(1)ガ等根ヲモツヨウニスルコトトナル．即チ　$\text{下}^2-2\text{下}x+x^3=0$〕

(ii)　変商ガ題図ノ意ニ背クヨウニスル法．

(1) ノ根ヲ x_1, x_2 トシ x_2 ヲ題意ニ背クヨウニスル．

上長ヲ9寸，下長ノ x_1 ヲ21寸ニ定メテ外斜 y_1 ヲ求メテ見ル．又 x_2 ニ対スル外斜ヲ y_2 トスル．変式 (2) カラ

$$x=x_2-21=4(\text{外}-\text{上})=4(y_1-9)$$

〔(1)ノ根ガ x_1, x_2 デアルカラ (2) ノ根ハ0ト x_2-x_1 即チ0トx_2-21〕

$\therefore\quad x_2=4y_1-15$

又　只$=2y_2+x_2=2y_1+21$

$\therefore\quad 2y_2=2y_1+21-(4y_1-15)=-2y_1+36$

ココデ図カラ $2y_2\leqq x_2-9$ ナラバ x_2 ガ題図ノ意ニ背ク．コレニ x_2, y_2 ノ値ヲ入レルト

$$-2y_1+36\leqq 4y_1-15-9\cdots\cdots\cdots(3)$$

$$y_1\geqq 10$$

即チ外斜ヲ10寸以上ニトレバヨイ．（従テ只云数ハ41寸以上ニトレバヨイ．）

（註）ココデ y_1 ガ負トナツタリ，(3)ガ y_1 ノ如何ニ拘ラズ不成立ノトキハ，数ヲ易エルコトガ出来ナイ．

又(3)ガ二次以上ニナツテ，変商 $a, b, c\cdots\cdots(a<c<c\cdots\cdots)$ ガアリ，且ツ最小商 a 以下デ(1)ノ変商ガナケレバ a—b 間デ一ツノ変商ガアリ，b—c 間デ第二ノ変商ガアリ，……カク $b, c,\cdots\cdots$ ニ至ル毎ニ一ツノ変商ヲ増ス．又最多商 c 以上デ変商ガナケレバ b—c 間デ一変ガアリ，a—b 間デ更ニ一変ガアリ，遂テ此ノヨウニ b, a ニ至ル毎ニ一変ヲ増ス，ト云ツテ居ルガコレハ誤リデアル．大成算経第十八巻二十丁裏デハ次ノヨウニ云ツテ居ル．

a 以下デ変商ガナケレバ a—b 間デ変ガアリ，b—c 間デハ変ガナク，次ニ c—d 間デ変ガアル．又 a 以下デ変ガアレバ a—b 間デ変ガナク，b—c 間デ変ガアリ，遂テ此ノヨウニ有変無変ガ相交ル．ト改メテ居ル．

$$(y_1-a)(y_1-b)(y_1-c)\cdots\cdots\geqq 0$$

ヲ満足スル所デ変ガナイ故此ノ改正ハ正シイ．

（例二）方台積 v，上方＋高$=a$（只云数），下方＋高$=b$（又云数），高ヲ求メル．

高ヲ x トスレバ

$$-(上^2+上\cdot下+下^2)高+[3高(上+下)+上^2+上\cdot下+下^2+3高^2]x$$
$$-3(上+下+2高)x^2+3x^3=0\cdots\cdots(1)$$

商ヲ立テテ変式ヲ求メルト

$$0+[上^2+上\cdot下+下^2-3高(上+下)]x+3(高-上-下)x^2+3x^3=0\cdots(2)$$

(i)　変式ノ方級ヲ0トシテ変商ヲ除ク．

上=6, 高=3.8 トシテ 下=9 ヲ得ル. 即チ方カラ

$$36+6下+下^2-3\times3.8(6+下)=0$$

$$32.4+5.4下-下^2=0$$

$$下=9 \qquad (-3.6 ハステル)$$

(註) コレハ(1)ヲ等根ニスルコトトナル. 即チ(1)ハ

$$x^3-22.6x^2+128.44x-3.8\times57=(x-3.8)^2(x-15)=0$$

此ノ時 $x=15$ ハ高ヲ負ニスル故商ニハナラヌガ, シカシ適スル場合モ起リ得ル. 夫故方ヲ 0 ニスルダケデハ二変商ヲ除クコトハ出来ヌ.

(ii) 変式ヲ無商式トシテ変商ヲ除ク.

上=2, 下=11 ト定メテ 高=1 ヲ得ル. ソシテ此数以下ナレバ, 変商ガナク, 以上ナレバアル.

何トナレバ(2)ニ 上=2, 下=11 ニ入レルト

$$(49-13高)+(高-13)x+x^2=0\cdots\cdots\cdots\cdots\cdots(3)$$

コレガ無商式ナルタメニハ

$$(高-13)^2-4(49-13高)<0$$

$$高^2+26高-27<0$$

$$(高-1)(高+27)<0$$

$$\therefore \quad 高<1 \quad ナレバヨイ.$$

若シ上ノ限界ガ共ニ負トナレバ変商ヲナクスルヨウニ高ヲ定メルコトハ出来ヌ. 従テ a, b ヲ易エルコトハ出来ヌ.

又若シ $高^2+26高-27=0\cdots\cdots\cdots\cdots\cdots\cdots(4)$

ガ虚根ヲモツナラバ

$$高^2+26高-27>0 \qquad (常ニ)$$

従テ (3) ヲ無商式ニスルコトハ出来ヌ. (高ニ如何ナル数ヲ与エテモ) 従テ又 a, b ヲ易エルコトハ出来ヌ.

又若シ (4) ガ

$$(高-k_1)(高-h_2)(高-h_3)\cdots\cdots=0 \qquad (h_1>h_2>h_3\cdots\cdots)$$

トナリ, $高<h_1$ デ変商ガナケレバ $h_1<高<h_2$ デ変ガアリ, $h_2<高<h_3$

デ変ガナク，h_3<高<h_4 デ変ガアリ，………………

又 高<h_1 デ変ガアレバ h_1<高<h_2 デ変ガナク，h_2<高<h_3 デ変ガアリ，………………

(上方ト高トヲ定メテ下方ヲ求メ，又下方ト高トヲ定メテ上方ヲ求メルコトモ亦同様デアル.)

(iii) 変商ヲ題図ノ意ニ背カシメル.

下方=16，高=3 ト定メテ 上=4 ヲ得ル.

何トナレバ高サヲ3及ビ x（変商）トシ之ニ対スル上方ヲ y 及ビ y_1 トスレバ

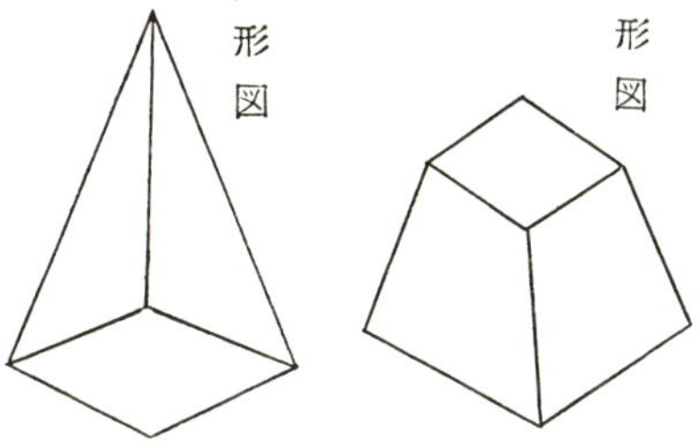

只$=y+3=y_1+x_1$

変形図ニ於テハ

$y_1=0$ （カクスレバ原方程式ニ変商ハ入ツテ来ヌ）

$$\therefore\quad y=x_1-3$$

変形図　全形図

然ルニ x_1-3 ハ変式(2)ノ根デアル．仍テ y ヲ(2)ノ正商ト倣セバ(2)ヨリ

$$y^2+16y+256-9(y+16)+3(3-y-16)y+3y^2=0$$

$$112-32y+y^2=0$$

$$(4-y)(28-y)=0$$

$y=4,\quad 28$　(28ハ下方ヨリ大デアルカラ捨テル.)

即チ上方ヲ4ニトレバ変商ニ対スル上方ハ0トナリ，従テ答ハ一ツヨリ得ラレヌ.

(註) $y_1\leqq 0$ ナレバ原方程式ニ変商ハ入ツテ来ヌ．即チ

$y\leqq x_1-3$ ニスレバ原方程式ニ変商ハナクナル.

故ニ上ノヨウニシテ得タ y ノ値ハ変商ノナイ上方ノ上限デアル.

故ニ本書ニ云ウヨウニ，此ノ数以下ナレバ変商ガナク，以上ナレバ変商ガ

アル.

カクシテ $a \leqq 3+4=7$, $b=16+3=19$, $v \leqq 336$ ト与エル.

今 $a=7$, $b=19$, $v=336$ ト与エレバ(1)ハ

$$-336+181x-26x^2+x^3=0$$

$$(x-16)(x-7)(x-3)=0$$

$$x=3,\ 7,\ 16$$

トナルガ　上方$=4,\ 0,\ -9$ トナツテーツヨリ適セヌ.

（例三） 銭形積 S, 径$-\sqrt{方面}=a$ (只云数), 径ヲ求メル.

$\sqrt{方面}$ ヲ商, 径ヲ x トスレバ

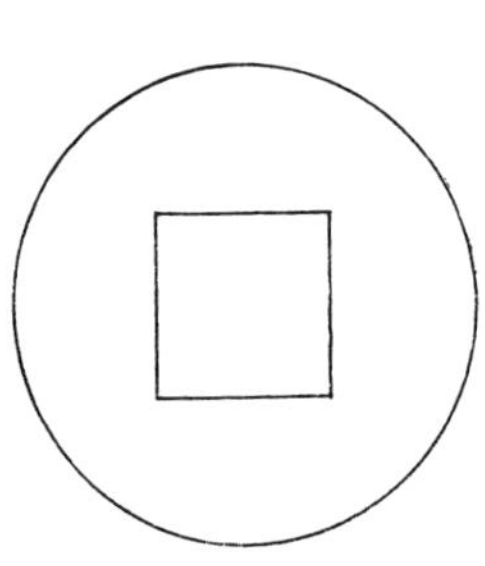

$$\pi_1径^2-商^4+(径-商)^4-4(径-商)^3x$$
$$+\{6(径-商)^2-\pi_1\}x^2-4(径-商)x^3$$
$$+x^4=0\cdots\cdots(1)$$

〔$S+a^4-4a^3x+(6a^2-\pi_1)x^2-4ax^3$

$+x^4=0$ ニ於テ $a=(径-商)$,

$S=\pi_1径^2-商^4$ トシタモノデアル.

ココニ $\pi_1=0.75$〕

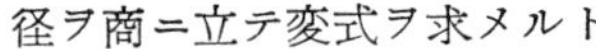
径ヲ商ニ立テ変式ヲ求メルト

$$0+(4商^3-2\pi_1径)x+(6商^2-\pi_1)x^2+4商x^3+x^4=0\cdots\cdots\cdots\cdots(2)$$

(i) 変式ノ方級ヲ 0 トシテ変商ヲ除ク.

商ヲ 3 寸トシテ円径 72 寸ヲ得ル.

$$\left(4\times27-2\times0.75径=0,\quad 径=\frac{4\times27}{1.5}=72\right)$$

（註） (2) ノ根ニハ此ノ外

$$35.25+12x+x^2=0$$

ノ根モアルガ, コレニハ正商ハナイ. 従テ変商ハ起ラヌ.

(ii) 変商ヲ題図ノ意ニ背カシメル.

円径 19 寸5分トシテ方面 3 寸ヲ得ル.

何トナレバ円径ヲ 195 及ビ x_1 トシ, 之ニ対スル商ヲ y 及ビ y_1 トスレバ

$$只=175-y=x-y_1$$

ココデ $y_1 \leqq 0$ トスレバ原方程式ノ変商ハ除カレル.

$$\therefore \quad y=-(x_1-195)$$

然ルニ x_1-195 ハ変式 (2) ノ根デアル. 仍テ y ヲ変式ノ負商ト做セバ (2) ヨリ

$$4y^3-2\times 0.75\times 19.5-(6y^2-0.75)y+4y^3-y^3=0$$

$$y^3+0.75y-29.25=0$$

$$(y-3)(y^2+3y+9.75)=0$$

$$y=3 \text{ (他ハ虚根)}$$

第五章　綴術ニヨル開方及ビ方程式解法

和算デハ開方並ニ開方式ノ商ヲ出ス算法ニ，無限級数ノ展開ヲ利用スル．無級限数展開ニ関スル算法ヲ総テ綴術ト云ウ．綴術ナル語ハ此ノ算法カラ由来シタモノデ次々ノ項ヲ綴リ行ク術ト云ウ意デアル．即チ前ノ項カラ次ニ来ル項ヲ探リ求メ，更ニソレカラ次ニ来ル項ヲ探リ求メテ次第々々ニ級数ヲ綴リ行クノデアル．

和算デ綴術ト云ウ語ヲ使イ始メタノハ建部賢弘ノヨウデアル．彼ノ著不休綴術(享保七年，1722)ノ序文ニ「綴術ハ綴リテ術理ヲ探会スル者也．凡ソ物数一件ニシテ術理ヲ不ㇾ会ハ二件ニシテ探ル．二件ニシテ不会ハ三件ニシテ探ル．若シ術理深ク潜伏ストモ探ルコトヲ数般ニスルトキハ，熟スル期到テ竟ニ不探会トイウコトナシ………」ト云ツテ居ル．彼ノ云ウ綴術ノ意義ハ非常ニ広イモノデ，単ニ無限級数ノ展開法ニ止マラズ，一般ニ術理ノ探会法ヲ指スノデアル．又「隋史ヲ按ズルニ祖沖之所ㇾ著之書名為㆓綴術㆒.学官莫㆔能究㆓其深奥㆒.是故廃而不ㇾ理ト云ヘリ．近歳吾適彼ノ綴ノ一字ヲ観テ豁然トシテ其旨ヲ解シ得タリ．嗚呼沖之ハ絶代ノ達人乎………」トアル．沖之ノ綴術ハカク隋史ニ其ノ名ハ記サレテ居ルガ早ク其ノ伝ヲ失イ，今デハ其ノ内容ヲ推測スルコトモ出来ヌ有様デアル．

和算ノ綴術ハ円弧ノ長サヲ求メル問題ニ由来スル．有名ナ乾坤之巻，円理弧背術，不休綴術ニ見エル弧長ヲ無限級数デ表ワス算法等ガ其ノ起源ヲナスノデアル．之ガ発達シテ遂ニ円理綴術トナル．円理綴術トハ円理ニ必要ナ綴術ヲ云ウノデアル．シカシナガラ乾坤之巻ヤ円理弧背術ニ使ワレタ綴術ハ Horner ノ方法ニヨリ二次方程式ノ根ヲ無限級数デ表ワスモノデアル．即チ二次方程式ノ一種ノ解法デアル．従テ後ニハ一般高次方程式ニモ此ノ解法ガ用イラレルヨウニナル．ノミナラズ平方根，立方根，三乗根………等ヲ求メル開方ニマデ綴術ハ使用サレルヨウニナルノデアル．仍テ本節ニ於テハ綴術ニヨル開方及ビ方程式解法ノ概略ヲ説クコトトスル．

1　乾坤之巻及ビ圓理弧背術

乾坤之巻ハ関流ノ祕書デ代々相伝エテ極メテ祕密ニシタモノデアル．関流二伝松水良弼ニヨツテ完成サレタモノダトモ云ワレルガ明カデナイ．著者名モ年記モナイ所ヲ見ルト関ノ遺法ヲ整頓シタモノデハアルマイカト思ワレル．本書ニハ仙台本ト水戸本トノ二種ガアリ，前者ハ後者ヨリ簡デアルト云ウ．以下ハ仙台本ニヨツタノデアル．

今円径一尺（d）ノ円ニ図ノ如ク二斜 BAC ヲ容レル．但シ矢 AF（h）ハ一寸デアル．之ヲ四斜，八斜，十六斜，ト次第ニ斜数ヲ二倍ニ増シテ行ク．ソシテ夫等ニ対スル矢ヲ夫々 $x_1, x_2, x_3 \cdots\cdots$ トシテ之ヲ求メル．次ニソレヲ使ツテ斜ノ和 $l_1, l_2, l_3 \cdots\cdots$ ヲ求メ，$\lim_{n\to\infty} l_n$ ヲ以テ求メル弧長トスルノガ本書ノ方法デアル．

サテ二斜ニ対スル矢x_1ハ，図カラ次ノ関係ヲ満足スルコトガ容易ニ知ラレル．

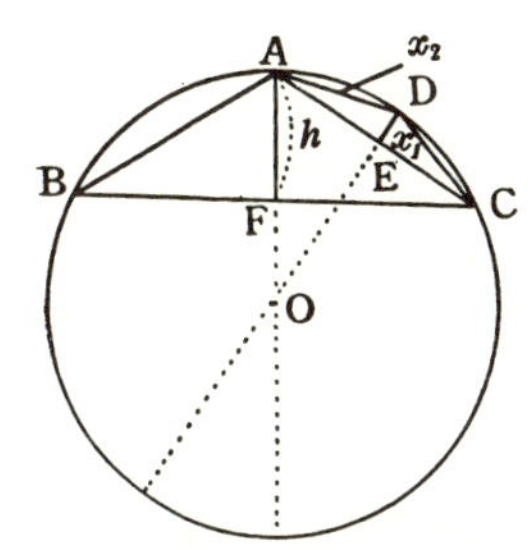

$$4x_1(d-x_1)=\mathrm{AC}^2=hd$$

$$\therefore\quad x_1{}^2-dx_1+\frac{1}{4}hd=0 \qquad (1)$$

此ノ方程式ヲ解イテ x_1 ヲ求メル．数字方程式ノ根ヲ求メル和算家ノ方法ハ現今洋算デ用イラレテ居ル Horner ノ方法ト全ク同一デアルコトハ既ニ述ベタ通リデアリ，且ツ d, h ガ数デ与エラレテ居ルノデアルカラ直ニ其ノ方法ニヨレルノデアルガ，今ハソウシナイデ之ヲ文字ノ儘デ次ニ示スヨウニ計算ヲ進メルノデアル．（方法ハ数係数ノ場合ト同様デアル）．点竄術ガ関孝和ニヨツテ発明サレ，文字ヲ含ンダ代数計算ガ盛ンニ使用サレルヨウニナツタ結果デアル．此ノヨウナ取扱ハ支那ニハ全クナカツタノデアル．

商	初商 矢	四分ノ一 二商 矢冪	径 十六分ノ一 三商 矢再	径冪 三十二分ノ一 四商 矢三	径再 二百五十六分ノ五 ……						
実	径 矢	四分ノ一 矢冪	十六分ノ一 矢再	径 三十二分ノ一 矢三	径冪 六十四分ノ一 矢三	径冪 二百五十六分ノ五 矢四	径再 五百十二分ノ五 矢四	径再 二百五十六分ノ一 矢五	径三 千〇二十四分ノ七 矢五	径三 二千〇四十八分ノ五 矢五	径三 千〇二十四分ノ一
方	径	二分ノ一 矢	二分ノ一 矢冪	径 八分ノ一 矢再	径冪 十六分ノ一 矢三	径再 百二十八分ノ五 ……					
廉											

之ハ算木ニヨル計算形式ヲ示シタモノデアル．従ツテ算木ニヨル計算法ヲ知ラヌト之ヲ見テモ計算ノ順序ヤ経過ガワカラナイ．

今之ヲ現代ノ方式ニ改メテ見ルト次ノヨウニナル．

廉	方	実	商
1	$-d$	$\frac{hd}{4}$	$\frac{h}{4}$
	$+\frac{h}{4}$	$-\frac{hd}{4}+\frac{h^2}{16}$	
1	$-d+\frac{h}{4}$	$\frac{h^2}{16}$	
	$+\frac{h}{4}$		
1	$-d+\frac{h}{2}$	$\frac{h^2}{16}$	$\frac{h^2}{16d}$
	$+\frac{h^2}{16d}$	$-\frac{h^2}{16}+\frac{h^3}{32d}+\frac{h^4}{16^2d^2}$	
1	$-d+\frac{h}{2}+\frac{h^2}{16d}$	$\frac{h^3}{32d}+\frac{h^4}{16^2d^2}$	
	$+\frac{h^2}{16d}$		

$$
\begin{array}{llll}
1 & -d+\frac{h}{2}+\frac{h^2}{8d} & \frac{h^3}{32d}+\frac{h^4}{16^2d^2} & \Big| \ \frac{h^3}{32d^2} \\
 & \qquad\qquad +\frac{k^3}{32d^2} & -\frac{h^3}{32d}+\frac{h^4}{64\,d^2}+\frac{h^5}{256d^3}+\frac{h^6}{32^2d^4} & \\
\hline
1 & -d+\frac{h}{2}+\frac{h^2}{8d}+\frac{h^3}{32\,d^2} & \frac{5h^4}{256d^2}+\frac{d^5}{256d^3}+\frac{h^6}{1024\,d^4} & \\
 & \qquad\qquad +\frac{h^3}{32d^2} & & \\
\hline
1 & -d+\frac{h}{2}+\frac{h^2}{8d}+\frac{h^3}{16\,d^2} & \frac{5h^4}{256d^2}+\frac{h^5}{256d^3}+\frac{h^6}{1024\,d^4} & \Big| \ \frac{5h^4}{256d^3}
\end{array}
$$

商$\frac{h}{4}$, $\frac{h^2}{16d}$……ハ実ノ始メノ項ヲ方ノ始メノ項デ割ツテ得ル商ヲ以テスル. カクシテ実ハ次第ニ小サクナツテ行ク.

斯様ニシテ二次方程式 (1) ノ根トシテ

$$x_1=\frac{h}{4}+\frac{h^2}{16d}+\frac{h^3}{32\,d^2}+\frac{5h^4}{256d^3}+\frac{7h^5}{512d^4}+\cdots\cdots \qquad (2)$$

ヲ得タノデアル. 之レハ公式ニヨツテ得ル (1) ノ根

$$x_1=\frac{1-\sqrt{1-\left(\frac{h}{d}\right)}}{2}\,d$$

ノ$\sqrt{1-\left(\frac{h}{d}\right)}$ヲ無限級数ニ展開シテ代入シテ得ラレルモノト一致スル.

和算デハ級数ノ初項ヲ原数（又ハ元数）ト云イ, 第二項, 第三項……ヲ夫々一差, 二差………ト云ウ.　ソシテ (2) ノ如キハ之ヲ次ノヨウニ表ワスノガ習慣デアル.

$$x_1=\text{原数}+(\text{原数})\times\frac{h}{4d}+(\text{一差})\times\frac{h}{2d}+(\text{二差})\times\frac{5h}{8d}+(\text{三差})\times\frac{7h}{10d}+\cdots$$

之ヲ更ニ整頓シ

$$x_1=\text{原数}+\frac{1\cdot3}{3\cdot4}(\text{原数})\frac{h}{d}+\frac{3\cdot5}{5\cdot6}(\text{一差})\frac{h}{d}+\frac{5\ 7}{7\ 8}(\text{二差})\frac{h}{d}+\cdots\cdots\cdots$$

$$(\text{但シ原数}=\frac{h}{4})$$

円理弧背術ニ於ケル解法モ之ト全ク同様デアル.

此等ノ書物ハ関流ノ秘書デアリ, 一般ニハ公開サレナカツタタメニ, 此ノ解法ハ其ノ後少頃ハ一般ノ算書ニハ見ラレナカツタガ, 後ニハ次第ニ巷間ニモ使用サレルヨウニナツタノデアル. 次ニ示ス坂部ノ点竄指南録, 千葉ノ算法新書等ノガソレデアル.

2　点竄指南録（坂部広胖，文化七年，1810）

本書巻之十一，番外綴術解ニハ$\sqrt{a^2+\gamma}$ヲ次ノヨウニ無限級数ニ表ワシ，之ヲ用イテ二次方程式ノ根ヲ無限級数デ示ス．

仮如天及地と名づくる数あり．只云天若干．地若干．天冪地相併平方に開くの商を得る術いかんを問．但開方を用ひすして是にこたへん事を乞

答曰　其法左の如し

但　天冪数は地数より必大なりとす．若是に反る則（トキ）は術なし．

算法ハ縦ニ記サレテ居ルガ便宜ノタメ横ニ洋式デ示ス．（a ハ天，γ ハ地デアル）$-x^2+(a^2+r)=0$ ノ解法デアル．

廉級	方級	実級	商
-1	0	$a^2+\gamma$	a
	$-a$	$-a^2$	
-1	$-a$	γ	
	$-a$		
-1	$-2a$	γ	$\frac{\gamma}{2a}$
	$-\frac{\gamma}{2a}$	$-\gamma\quad-\frac{\gamma^2}{4a^2}$	
-1	$-2a-\frac{\gamma}{2a}$	$-\frac{\gamma^2}{4a^2}$	
	$-\frac{\gamma}{2a}$		
-1	$-2a-\frac{\gamma}{a}$	$-\frac{\gamma^2}{4a^2}$	$-\frac{\gamma^2}{8a^3}$
	$+\frac{\gamma^2}{8a^3}$	$\frac{\gamma^2}{4a^2}+\frac{\gamma^3}{8a^4}-\frac{\gamma^4}{64a^6}$	
-1	$-2a-\frac{\gamma}{a}+\frac{\gamma^2}{8a^3}$	$\frac{\gamma^3}{8a^4}-\frac{\gamma^4}{64a^6}$	
	$+\frac{\gamma^2}{8a^3}$		
-1	$-2a-\frac{\gamma}{a}+\frac{\gamma^2}{4a^3}$	$\frac{\gamma^3}{8a^4}-\frac{\gamma^4}{64a^6}$	$\frac{\gamma^3}{16a^5}$
	$-\frac{\gamma^3}{16a^5}$	$-\frac{\gamma^3}{8a^4}-\frac{\gamma^4}{16a^6}+\frac{\gamma^5}{64a^8}-\frac{\gamma^6}{256a^{10}}$	
-1	$-2a-\frac{\gamma}{a}+\frac{\gamma^2}{4a^3}-\frac{\gamma^3}{16a^5}$	$-\frac{5\gamma^4}{64a^6}+\frac{\gamma^5}{64a^8}-\frac{\gamma^6}{256a^{10}}$	
	$-\frac{\gamma^3}{16a^6}$		

$$-1 \qquad -2a-\frac{\gamma}{a}+\frac{\gamma^2}{4a^3}-\frac{\gamma^3}{8a^5} \qquad -\frac{5\gamma^4}{64a^6}+\frac{\gamma^5}{64a^3}-\frac{\gamma^6}{256a^{10}} \qquad -\frac{5\gamma^4}{128a^7}$$

カクシテ

$$\sqrt{a^2+\gamma}=a+\frac{\gamma}{2a}-\frac{\gamma^2}{8a^3}+\frac{\gamma^3}{16a^5}-\frac{5\gamma^4}{128a^7}+\cdots\cdots\cdots\cdots$$

ココデ $\dfrac{\gamma}{2a^2}=$率 ト置ケバ

$$\sqrt{a^2+\gamma}=a+(\text{原数})\text{率}-\frac{1}{2}(\text{一差})\text{率}+\frac{3}{3}(\text{二差})\text{率}-\frac{5}{4}(\text{三差})\text{率}+\cdots \quad (1)$$

此ノ結果ヲ利用シテ二次方程式ヲ解ク．例エバ

$$x^2-2ax-\gamma=0$$

ナラバ

$$x=a\pm\sqrt{a^2+\gamma}$$

トナルカラ a ニ (1) ヲ加エテ多商トシ，a カラ (1) ヲ減ジテ少商トスルノデアル．

猶 $\sqrt{a^2-\gamma}$ ノ展開式ヲモ作リ置キ，他ノ形ノ二次方程式解法ニ使用スルノデアル．

3　算法新書（千葉胤秀，初刊文政十三年，1861）

巻四綴術ノ条デハ先ズ平方根，立方根………ノ求メ方ヲ述べ，次デ方程式解法ニ及ンデ居ル．次ノ計算ハ平方根ヲ求メル算法デアル．

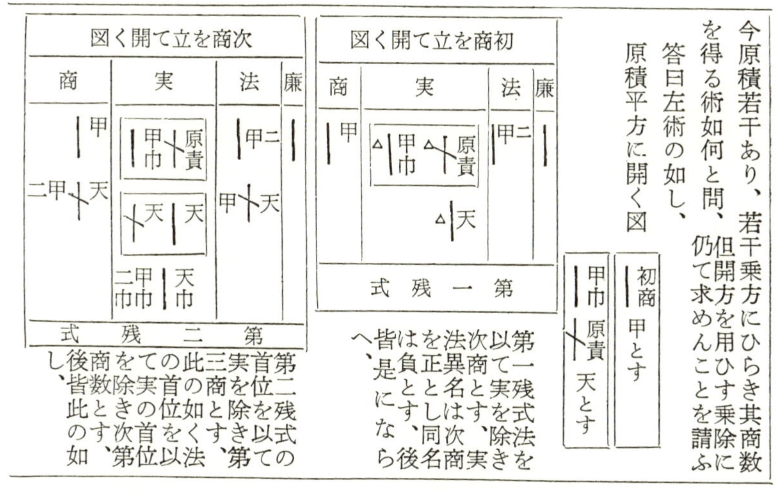
今原積若干あり、若干乗方にひらき其商数を得る術如何と問、但開方を用ひす乗除に仍て求めんことを請ふ

答曰左術の如し、

原積平方に開く図

初商 甲とす

甲巾 原責 天とす

第一残式法を以て実を除き次商とす、実法異名は次商を正とし同名は負とす、後皆是にならへ、

第二残式の首位を以て実を除き第三商とす、此の如く法の首位を以て実首位のを除き次第商数とす、後皆此の如し、

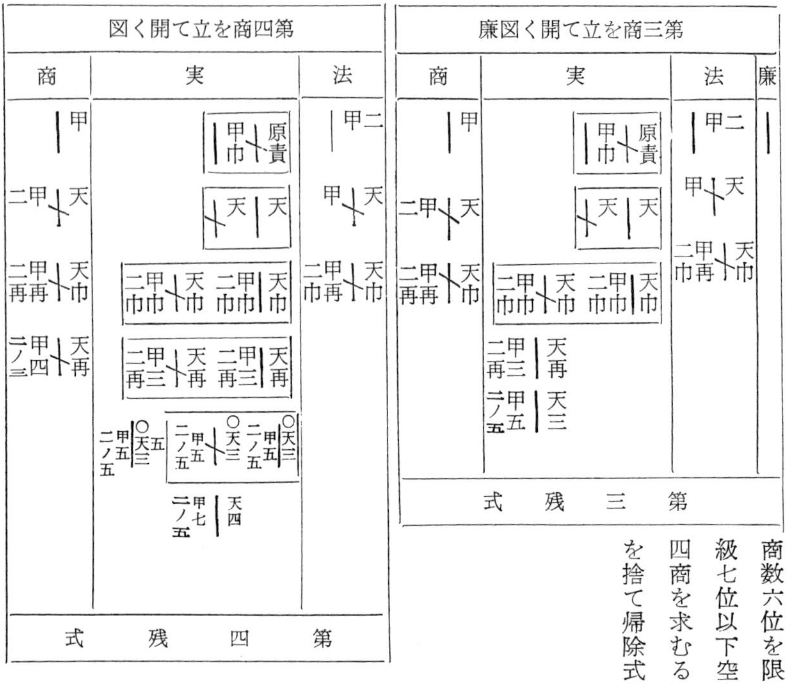

第三商を立て開く廉図

商	実	法	廉

第三残式

商数六位を限とす、故実級七位以下空とす、仍て四商を求むるに至て廉級を捨て帰除式とす、

第四商を立て開く図

商	実	法

第四残式

第五商を求るに至て法数上二位を用ひ下一位を捨る、

商ヲ六位(六項)求メントスルノデアルカラ実ノ七位 (第七項, 即天五ノ項) 以下ハ捨テテ記サズ, 又第四商ヲ立テ開ク時ハ廉級ハ実ノ七位以下ニシカ影響セヌ故之ヲ捨テ帰除式トスル.

此ノヨウナ省略算ヲ用イテ遂ニ

$$\sqrt{\text{原責}}=\text{甲}-\frac{\text{天}}{2\text{甲}}-\frac{\text{天}^2}{2^3\text{甲}^3}-\frac{\text{天}^3}{2^4\text{甲}^5}-\frac{5\text{天}^4}{2^7\text{甲}^7}-\frac{7\text{天}^5}{2^8\text{甲}^9}-\cdots\cdots$$

ココデ $\frac{\text{天}}{\text{甲}^2}=\text{因法}$ ト置ケバ

$$\sqrt{\text{原責}}=\text{甲}-\frac{1}{2}(\text{原数})(\text{因法})-\frac{1}{4}(\text{一差})(\text{因法})-\frac{3}{6}(\text{二差})(\text{因法})$$

$$-\frac{5}{8}(\text{三差})(\text{因法})-\cdots\cdots$$

斯様ニ形ヲ整ウレバ六項マデノ計算ニヨツテ以下ノ項ヲ推スコトガ出来，ココニ無限級数展開ガ成シ遂ゲラレルノデアル．

次デ立方根，四乗根ヲ無限級数ニ展開スル法ヲモ同様ニ掲ゲ，之等ノ結果カラ五乗根，六乗根………ノ場合ヲモ推シ測ツテ次ノヨウナ表ヲ作ル．

更ニ之ヲ整頓シテ各級ノ乗率，除率ヲ定メ逐差乗除率ノ表ヲ作ツテ掲ゲテ居ル．

カクシテ　$\sqrt[n]{a^n+r}$　即チ　$a\left(1+\frac{r}{a^n}\right)^{\frac{1}{n}}$　ノ無限級数展開ヲ成シ遂ゲテ居ルノデアル．

次ニ二三ノ実例ヲ示シテ居ル．例エバ　$\sqrt[3]{5}$　ヲ求メルニハ

原数＝1.71

因法＝ 0.0000421982192351482768 （正）

一差＝ 0.0000240529849640345177 （負）

二差＝ 0.0000000003383310442573 （負）

三差＝ 0.0000000000000079316486 （負）

開方乗数級	平方商	立方商	三乗商	四乗商	五乗商	
原数級	丨	丨	丨	丨	丨	此級遍く原数を乗す
一差級	丨̸ 二	丨̸ 三	丨̸ 四	丨̸ 五	丨̸ 六	此級遍く因法及原数を乗す
二差級	一 丨̸ 四	二 丨̸ 六	三 丨̸ 八	四 丨̸ 十	五 丨̸ 十二	此級遍く因法及一差を乗す
三差級	三 丨̸ 六	五 丨̸ 九	七 丨̸ 十二	九 丨̸ 十五	十一 丨̸ 十八	此級遍く因法及二差を乗ず
四級差	五 丨̸ 八	八 丨̸ 十二	十一 丨̸ 十六	十四 丨̸ 二十	十七 丨̸ 廿四	此級遍く因法及三差を乗す
五差級	七 丨̸ 十	十一 丨̸ 十五	十五 丨̸ 二十	十九 丨̸ 廿五	廿三 丨̸ 三十	此級遍く因法及四差を乗す

∴　$\sqrt[3]{5}=1.70997594667669698957 62$　（真数二十位合ウ）

次ニ応用題ニ入リ弧内ニ二等斜，三等斜………ヲ容レ，円径，弦ヲ与エテ等斜ヲ求メル問題，円径，等斜ヲ与エテ弦ヲ求メル問題等ヲ解イテ居ル．之等ノ中ニ現ワレル高次方程式ノ解法ニ於テハ何レモ前記ノヨウニ綴術ヲ用イテ居ル．今一例トシテ三等斜冪ヲ求メル解法ヲ示ス．

玄 AD ヲ c，径ヲ d，三等斜ヲ x トスル．

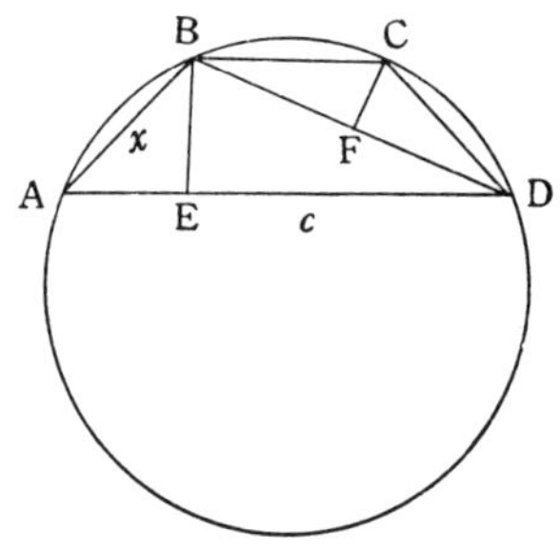

$$\mathrm{AE}=\frac{c}{2}-\frac{x}{2},\quad \mathrm{ED}=\frac{c}{2}+\frac{x}{2}$$

$$\therefore\quad \mathrm{BE}^2=x^2=\left(\frac{c}{2}-\frac{x}{2}\right)^2$$

$$\mathrm{BD}^2=\mathrm{BE}^2+\mathrm{ED}^2$$

$$=x^2-\left(\frac{c}{2}-\frac{x}{2}\right)^2+\left(\frac{c}{2}+\frac{x}{2}\right)^2$$

$$=x^2+cx$$

又 $$\mathrm{BD}^2=4\mathrm{CF}(d-\mathrm{CF})$$

$$\mathrm{CF}=\frac{x^2}{d}$$

$$\therefore\quad x^2+cx=\frac{4x^2}{d}\left(d-\frac{x^2}{d}\right)$$

$$d^2x+cd^2=4d^2x-4x^3$$

$$cd^2=3d^2x-4x^3$$

両辺ヲ自乗シテ

$$c^2d^4=9d^4x^2-24d^2x^4+16x^6$$

$$\therefore\quad \frac{c^2}{d^2}=9\left(\frac{x^2}{d^2}\right)-24\left(\frac{x^2}{b^2}\right)^2+16\left(\frac{x^2}{d^2}\right)^3$$

ココデ $\dfrac{x^2}{d^2}=X,\ \dfrac{c^2}{d^2}=a$ ト置ケバ

$$16X^3+24X^2+9X-a=0$$

之ヲ解クニ次ノヨウニスル．（前ニ示シタヨウニ縦ニ計算スルノデアルガ計算ノ順序ヲ明ニスルタメ横書ノ洋式デ示ス）

隅	廉	方	実	商
16	$-3\cdot 8$	9	$-a$	$\frac{a}{9}$
	$\frac{16}{9}$	$-\frac{8}{3}a+\frac{16}{9^2}a^2$	$a-\frac{8}{3\cdot 9}a^2+\frac{16}{9^3}a^3$	
16	$-3\cdot 8+\frac{16}{9}a$	$9-\frac{8}{3}a+\frac{16}{9^2}a^2$	$-\frac{8}{3\cdot 9}a^2+\frac{16}{9^3}a^3$	
	$\frac{16}{9}a$	$-\frac{8}{3}a+\frac{2\cdot 16}{9^2}a^2$		
16	$-3\cdot 8+\frac{2\cdot 16}{9}a$	$9-\frac{16}{3}a+\frac{16}{3\cdot 9}a^2$		
	$\frac{16}{9}a$			
16	$-3\cdot 8+\frac{16}{3}a$	$9-\frac{16}{3}a+\frac{16}{3\cdot 9}a^2$	$-\frac{8}{3\cdot 9}a^2+\frac{16}{9^3}a^3$	$\frac{8}{3\cdot 9^2}a^2$

之ヲ連続シテ

$$X=\frac{a}{9}+\frac{8}{3\cdot 9^2}a^2+\frac{7\cdot 16}{9^4}a^3+\frac{8\cdot 5\cdot 16}{9^5}a^4+\frac{13\cdot 11\cdot 16^2}{9^7}a^5+\frac{14\cdot 13\cdot 16^3}{3\cdot 9^8}a^6+\cdots\cdots$$

コレカラ

$$x^2=\frac{c^2}{9}+\frac{2\cdot 8}{6\cdot 9}(\text{原数})a-\frac{5\cdot 14}{9\cdot 15}(\text{一差})a+\frac{8\cdot 20}{12\cdot 21}(\text{二差})a+\frac{11\cdot 26}{15\cdot 27}a+\cdots\cdots$$

ヲ得テ居ル.

4　拾璣算法（有馬頼徸．明和三年，1766）

本書巻二綴術ノ条デハ二次方程式ノ解法ニ綴術ヲ用イテ居ル．今其ノ第一問ノ解法ヲ安島直円ノ拾璣解ニヨツテ記シテ見ル．

今有三鈎股弦内如レ図容二五角一、只云股一
十寸、問下得二五角面一術上、
答曰　五角面三寸四分一六四〇七八
六四九九八七三八一七八四五
五〇四二〇一二三八太強
術曰　別設二定法一 六百〇五一　置レ股一十四乗 四十一除　得数為二
原数一、置二原数一 八乗一百五十四除　得数以二一百一
除レ之得数為二一差一、置二一差一 八乗二百除
得数以二定法一除レ之為二一差一、置二一差一、
二十四乗三百除　得数以二定法一除レ之為二三差一、置二
三差一 四十乗四百除 得数以二定法一除レ之為二四差一、
置二四差一 五十六乗五百除　得数以二定法一　除レ之
為二五差一、逐如レ此求二逐差数一、置二原数一
累二加奇差一 一差三差五差七差皆倣レ之　共得内累二減
偶差一 二差四差六差八差他倣レ之　余為二五角面一合レ問、
原数、三寸四一四六三四一四六三四
一差加、〇〇〇一毛七七三八三五九
二
二差減、〇〇〇〇〇〇〇一纖一七二
七
三差加、〇〇〇〇〇〇〇〇〇〇一
渺
依二右四行数一所レ求角面以二真数一試レ之
九位合一、

直角三角形内へ図ノヨウ＝正五角形ヲ容レ，殳ガ10寸デアルトキノ一辺ヲ求メル問題デアル．

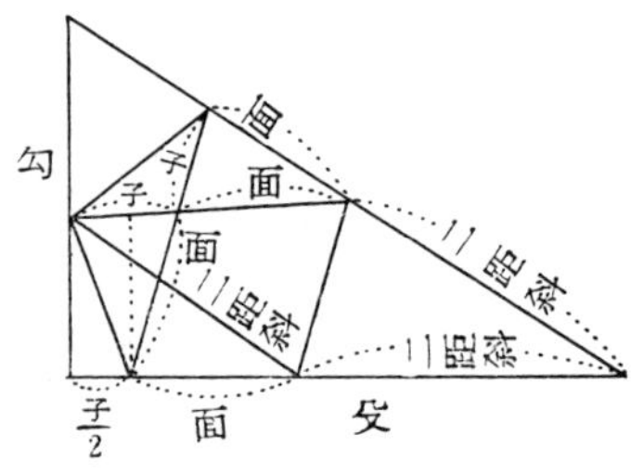

$$殳=面+\frac{子}{2}+(二距斜)$$

$$\therefore\quad 2殳=面+面+子+2(二距斜)$$

$$面+子=(二距斜)$$ デアルカラ

$$=面+3(二距斜)$$

$$\therefore\quad 2殳-面=3(二距斜)$$

$$2殳-4面=3[(二距斜)-面]=3子$$

$$(2殳-面)(2殳-4面)=9子(二距斜)$$

$$4殳^2-10殳面+4面^2=9子(二距斜) \tag{1}$$

然ル＝　$面:二距斜=子:面$

$$\therefore\quad 面^2=子(二距斜)$$

故＝(1)ハ

$$4殳^2-10殳面+4面^2=9面^2$$

$$4殳^2-10殳面-5面^2=0$$

ココデ殳ヲ a，面ヲ x デ表ワセバ

$$\frac{4}{5}a^2-2ax-x^2=0 \tag{2}$$

之ヲ解キ　　$x=0.341640\cdots\cdots a$

零約術＝ヨリ　　$0.341640\cdots\cdots\cdots\cdots \fallingdotseq \frac{14}{41}$

仍テ　$\frac{14}{41}a$ ヲ初商(原数ト名ズケル)トスル．ソシテ前条ノヨウ＝計算ヲ進メルト

第一残式　　$\frac{4}{8405}a^2-\frac{110}{41}ay-y^2=0$　　(3)

コレヲ解イテ其ノ根ヲ無限級数デ表ワスノデアル．即チ法ヲ以テ実ヲ除キ元数ト名ズケル．

$$元数=\frac{4a^2}{8405}\times\frac{41}{110a}=\frac{8}{15400}(原数).$$

又　$$一差=\frac{1}{4}(元数)\times\frac{4a^2}{8405}\div\left(\frac{110a}{41}\right)^2\times 4=-\frac{8}{12100}(元数)$$

$$二差=\frac{3}{6}(一差)\times\frac{4a^2}{8405}\div\left(\frac{110a}{41}\right)^2\times 4=\frac{3\cdot 8}{181500}(一差)$$

$$三差=-\frac{5}{8}(二差)\times\frac{4a^2}{8405}\div\left(\frac{110a}{41}\right)^2\times 4=-\frac{5\cdot 8}{242000}(二差)$$

………………………………………………………………

之等(3)ノ元数，一差，二差，………ハ夫々(2)ノ一差，二差，三差，………トシテ用イ，カクシテ

$$x=\frac{14}{41}a+\frac{8}{15400}(原数)-\frac{8}{12100}(一差)+\frac{3\cdot 8}{18500}(二差)$$
$$-\frac{5\cdot 8}{242000}(三差)+\cdots\cdots$$
$$=\frac{14}{41}a+\frac{8}{154}\cdot\frac{原数}{100}-\frac{8}{200}\cdot\frac{一差}{605}+\frac{24}{300}\cdot\frac{二差}{605}-\frac{40}{400}\cdot\frac{三差}{605}+\cdots\cdots$$

之レガ本書ノ術文ヲ式デ表ワシタモノデアル．

コレハ(3)ヲ　$A-By-y^2=0$　　(4)　　トスレバ，

$$y=\frac{A}{B}-\frac{1}{4}\frac{A^2}{B^3}\times 4+\frac{1\cdot 3}{4\cdot 6}\cdot\frac{A^3}{B^5}\times 4^2-\frac{1\cdot 3\cdot 5}{4\cdot 6\cdot 8}\cdot\frac{A^4}{B^7}\times 4^3+\cdots\cdots$$

トシタコトニアタル．今(4)ヲ解キ

$$y=\frac{-B+B\sqrt{1+\frac{4A}{B^2}}}{2}=\frac{B}{2}\left[\left(1+\frac{4A}{B^2}\right)^{\frac{1}{2}}-1\right]$$

之ヲ無限級数ニ展開スレバ

$$y=\frac{B}{2}\left(\frac{1}{2}\frac{4A}{B^2}-\frac{1}{8}\frac{4^2A^2}{B^4}+\frac{3}{48}\frac{4^3A^3}{B^6}-\frac{15}{384}\frac{4^4A^4}{B^8}+\cdots\cdots\right)$$
$$=\frac{A}{B}-\frac{1}{4}\cdot\frac{4A^2}{B^3}+\frac{1\cdot 3}{4\cdot 6}\cdot\frac{4^2A^3}{B^5}-\frac{1\cdot 3\cdot 5}{4\cdot 6\cdot 8}\cdot\frac{4^3A^4}{B^7}+\cdots\cdots$$

即チ上ノ結果ト一致スルノデアル．

5　藤田定資ノ綴術括法 (明和四年，1767)

本書ハ平方綴術ヲ取扱ツタモノデ，二次方程式ヲ種々ノ場合ニ就イテ綴術ニヨツテ解イテ居ルノデアル．下記ハ

$$-A+Bx+x^2=0$$

ノ解ノ術文デアル．之ヲ式デ示スト

$\dfrac{A}{B^2}$…………………因法

B・因法……………原数

$\dfrac{2\cdot1}{2}$(原数)(因法)……………一差

$\dfrac{2\cdot3}{3}$(一差)(因法)……………二差

$\dfrac{2\cdot5}{4}$(二差)(因法)……………三差

$\dfrac{2\cdot7}{5}$(三差)(因法)……………四差

………………………………………

$x=$原数$-$(一差)$+$(二差)$-$(三差)

$+$(四差)$-$………………

列ニ実数ニ以ニ方数冪ニ除レ之為ニ因法ニ、列ニ方数ニ乗ニ因法ニ為ニ原数ニ、列ニ原数ニ乗ニ因法ニ一乗ニ一乗ニ除為ニ一差ニ、列ニ一差ニ乗ニ因法ニ三乗ニ一乗三除為ニ二差ニ、列ニ二差ニ乗ニ因法ニ五乗ニ一乗四除為ニ三差ニ、列ニ三差ニ乗ニ因法ニ七乗ニ一乗五除為ニ四差ニ云々、列ニ併原数及陰差ニ内併ニ減陽差ニ余合レ問、

(遠藤利貞；増修日本数学史ニヨル)

即チ　$x=\dfrac{A}{B}-\dfrac{1}{2}\dfrac{2A^2}{B^3}+\dfrac{1\cdot3}{2\cdot3}\dfrac{2^2A^3}{B^5}-\dfrac{1\cdot3\cdot5}{2\cdot3\cdot4}\dfrac{2^3A^4}{B^7}+\cdots\cdots\cdots\cdots$

コレハ前ニ示シタ拾璣算法ノ展開ト同一デアル．

6　棄　簾　術

林博士ノ和算研究集録上巻 p. 325 ニ棄廉術ト云ウ写本ノ解説ガアル．コレ亦二次方程式ノ綴術ニヨル解法ヲ記シタモノデアルガ，廉級ヲ棄テテ計算ヲ進メル所カラ此ノ術名ガ由来シテ居ル．之ハ関孝知ノ窮商ト全ク同一ナ考エ方デ，Newton ノ近似法其ノ儘デアル．

(1) 今有ニ三角面一十寸ト問ニ不レ用ニ開方一而得ニ中股一術ト

正三角形ノ高サヲ求メル問題デアル．一辺ガ 10デアルカラ $10\times\dfrac{\sqrt{3}}{2}$ ヲ計算スレバヨイ．コレヲ次ノヨウナ級数デ出ス．

$a_1=8,\ a_2=\dfrac{1}{4}a_1{}^2-2,\ a_3=a_2{}^2-2,\ a_4=a_3{}^2-2,\ a_5=a_4{}^2-2,\cdots\cdots$

トスレバ

$$中股=a-\frac{原数}{a_1}-\frac{一差}{a_2}-\frac{二差}{a_3}-\frac{三差}{a_4}-\cdots\cdots\cdots\cdots$$

（a ハ正三角形ノ一辺）

今　中股$=a-d$ トシ　$4(中股)^2=3a^2$ ニ代入スレバ d ノ二次方程式

$$a^2-8ad+4d^2=0$$

ヲ得ル．ココデ $4d^2$（廉級）ヲ棄テテ d ヲ求メル．

$$d \fallingdotseq \frac{a}{8}=d_1 \text{ トスル．又 } a_1=8 \text{ ト置クト } \quad d_1=\frac{a}{a_1}$$

次ニ　中股$=a-d_1-d$ トシテ $4(中股)^2=3a^2$ ニ代入スレバ，

$$a^2-8a(d_1+d)+4(d_1+d)^2=0$$

即チ

$$a^2-8ad_1+4d_1{}^2-8(a-d_1)d+4d^2=0$$

所ガ　$a^2-8ad=0$

$$\therefore \quad d_1{}^2-2(a-d_1)d+d^2=0$$

再ビ廉級ヲ棄テテ d ヲ求メルト

$$d \fallingdotseq \frac{d_1{}^2}{2(a-d_1)} \quad \text{ココデ} \quad \frac{2(a-d_1)}{d_1}=2a_1-2=\frac{1}{4}a_1{}^2-2$$

コレヲ a_2 ト置クト

$$d \fallingdotseq \frac{d_1}{a_2} \quad (=d_2 \text{ トスル})$$

次ニ　中股$=a-d_1-d_2-d$　トシテ同様ニ進メバ

$$d \fallingdotseq \frac{d_2}{a_3}=d_3, \qquad a_3=a_2{}^2-2$$

……………………………………

カクシテ

$$中股=a-d_1-d_2-d_3-\cdots\cdots$$
$$=a-\frac{a}{a_1}-\frac{d_1}{a_2}-\frac{d_2}{a_3}-\cdots\cdots$$

(2) 今有ニ方面一尺・問下不レ用ニ開平一而得ニ方斜一術上

一辺一尺ノ正方形ノ対角線ヲ求メル問題デアル．前ト同法デ

$a_1=2,\ a_2=6,\ a_3=a_2{}^2-2,\ a_4=a_3{}^2-2,$………　トスレバ

$$方斜=2a-\frac{原数}{a_1}-\frac{一差}{a_2}-\frac{二差}{a_3}-\frac{三差}{a_4}-\cdots\cdots$$

7　丸山良玄ノ新法綴術詳解（寛政八年，1796）

此ノ解説モ和算研究集録上巻 P. 320 ニアル．本書ノ綴術ハ開方数ヲ無限乗積デ表ワソウトスルモノデ珍ラシイ方法デアル．解中ニハ前記ノ棄廉術ヲ使ッテ居ル．

$\sqrt{2}$ ヲ算出スルニ

$$a_1=6,\ a_2=a_1^2-2,\ a_3=a_2^2-2,\cdots\cdots\cdots\cdots$$

トスレバ

$$\sqrt{2}\fallingdotseq\frac{a_3}{4a_1a_2}\text{ 又ハ }\frac{a_4}{4a_1a_2a_3}\text{ 又ハ }\frac{a_5}{4a_1a_2a_3a_4},\text{ 又ハ}\cdots\cdots\cdots\cdots$$

トスルノデアル．

今　$-2+x^2=0$　(1)

ニ於テ原数 $a=2$, $x=2+h_1$ トシ (1) ニ代入スレバ

$$2+2ah_1+h_1^2=0 \qquad (2)$$

廉級ヲ棄テテ h_1 ヲ求メル．

$$h_1\fallingdotseq-\frac{1}{a}=d_1 \quad \text{トスル．}$$

次ニ　$h_1=-\dfrac{1}{a}+h_2$　トシテ(2)ニ代入スレバ

$$\frac{1}{a}+(2a^2-2)h_2+ah_2^2=0 \quad \text{ココデ } 2a^2-2=a_1 \text{ トスレバ}$$

$$-d_1+a_1h_2-\frac{1}{d_1}h_2^2=0 \qquad (3)$$

$$h_2\fallingdotseq\frac{d_1}{a_1}=-\frac{1}{aa_1}=d_2 \quad \text{トスル．}$$

次ニ　$h_2=d_2+h_3=-\dfrac{1}{aa_1}+h_3$　トシテ (3) 代入スレバ

$$-\frac{d_1}{a_1}+(a_1^2-2)\ h_3-\frac{a_1}{d_1}h_3^2=0 \quad \text{ココデ } a_1^2-2=a_2 \text{ トスレバ}$$

$$-d_2+a_2h_3-\frac{1}{d_2}h_3^2=0 \qquad (4)$$

$$h_3\fallingdotseq\frac{d_2}{a_2}=-\frac{1}{aa_1a_2}=d_3 \quad \text{トスル．}$$

次ニ　$h_3=d_3+h_4=-\dfrac{1}{aa_1a_2}+h_4$　トシテ (4) ニ代入スレバ

$$-\frac{d_2}{a_2}+(a_2{}^2-2)h_4-\frac{a_2}{d_2}h_4^2=0$$

$a_2{}^2-2=a_3$　トスレバ

$$-d_3+a_3h_4-\frac{1}{d_3}h_4{}^2=0 \qquad (5)$$

$$h_4 \fallingdotseq \frac{d_3}{a_3}=-\frac{1}{aa_1a_2a_3}=d_4 \quad \text{トスル.}$$

……………………………………………

カクシテ　$\sqrt{2}=a+d_1+d_2+d_3+\cdots\cdots\cdots\cdots$

$$=a-\frac{1}{a}-\frac{1}{aa_1}-\frac{1}{aa_1a_2}-\frac{1}{aa_1a_2a_3}-\cdots\cdots\cdots$$

今 d_4 デ止メ，分母ヲ払ツテ両辺ニ2ヲ掛ケレバ

$$2\sqrt{2}\,aa_1a_2a_3 \fallingdotseq 2a^2a_1a_2a_3-2a_1a_2a_3-2a_2a_3-2a_3-2$$

$$=a_1a_2a_3(2a^2-2)-2a_2a_3-2a_3-2$$

$$=a_1{}^2a_2a_3-2a_2a_3-2a_3-2$$

$$=a_2a_3(a_1{}^2-2)-2a_3-2$$

$$=a_2{}^2a_3-2a_3-2$$

$$=a_3{}^2-2$$

$$=a_4$$

$$\therefore \qquad \sqrt{2} \fallingdotseq \frac{a_4}{2aa_1a_2a_3}=\frac{a_4}{4a_1a_2a_3}$$

8　安島直円ノ綴術括法（天明四年，1784）

本書ハ綴術ニヨル数ノ開方ノ一般方法ヲ述ベタモノデ $(1\pm r)^{\frac{1}{n}}$, $(1\pm r)^{-\frac{1}{n}}$ ノ展開ヲ完全ニ成シ遂ゲテ居ルノデアル.

$A=a^n\pm b$　トシ　$\sqrt[n]{A}$　ヲ求メル.

第　一　術

a……………原数（汎商数），　　a^n……………定除法

b……………定乗法　（$+b$ ノトキ弱，$-b$ ノトキ強），　　n………増数

今有下起二於平方一而二乗三乗乃至乗方積上、名曰二原積一欲下不レ用二開方一依二帰除術一求中開方商数上、問二其術一、

答曰其術有二二品一

第一術曰、計二汎商数一名二原数一、置二原数一如二開方翼数一自乗レ之名二定除法一、定除法与原積相減余名二定乗法一（乃定除法少者為レ弱、定除法多者為レ強、）置二原数一乗二定乗法一以二定除法一除レ之得数以二一差除率一除レ之為二一差一、置二一差一乗二定乗法一以二定除法一除レ之得数乗二二差乗率一以二其除率一除レ之為二二差一、置二二差一乗二定乗法一以二定除法一除レ之得数乗二三差乗率一以二其除率一除レ之為二三差一、………（余倣レ之）

弱者置二原数一累二加陽差一得内累二減陰差一得二商数一、

強者置二原数一累二減逐差一得二商数一、

逐差乗除率列二于左一、

	号	一差	二差	三差	四差	五差	六差	七差
一乗方	乗率		一	三	五	七	九	一十一
	除率	二	四	六	八	一十〇	一十二	一十四
二乗方	乗率		二	五	八	一十一	一十四	一十七
	除率	三	六	九	一十二	一十五	一十八	二十一
三乗方	乗率		三	七	一十一	一十五	一十九	二十三
	除率	四	八	一十二	一十六	二十〇	二十四	二十八
四乗方	乗率		四	九	一十四	一十九	二十四	二十九
	除率	五	一十〇	一十五	二十〇	二十五	三十〇	三十五
七乗方	乗率		七	一十五	二十三	三十一	三十九	四十九
	除率	八	一十六	二十四	三十二	四十〇	四十八	五十六

求二逐差乗除率一者置二乗数一加二一箇一名二増数一、以二増数一為二一差除率一逐加二増数一為二次匕差除率一、乃以二差数一乗二増率一為二其差除率一亦同、以二増数一為二二差乗率一逐加二増数一為二次匕差乗率一、乃二差以下置二除率一内併二減増率一与二一個一余為二其差乗率一亦同、

$\frac{1}{n}\cdot\frac{b}{a^n}$(原数)………………一差

$\frac{n-1}{2n}\cdot\frac{b}{a^n}$(一差)……………二差

$\frac{2n-1}{3n}\cdot\frac{b}{a^n}$(二差)…………三差

$\frac{3n-1}{4n}\cdot\frac{b}{a^n}$(三差)…………四差

…………………………………

弱ノ時ハ原数ニ陽差ヲ累加，陰差ヲ累減スル．

強ノ時ハ原数ヨリ逐差ヲ累減スル．

即チ $\sqrt[n]{A}=(a^n\pm b)^{\frac{1}{n}}=a(1\pm\frac{b}{a^n})^{\frac{1}{n}}$

$=a\pm\frac{1}{n}\cdot\frac{b}{a^n}$(原数)$-\frac{n-1}{2n}\cdot\frac{b}{a^n}$(一差)$\pm\frac{2n-1}{3n}\cdot\frac{b}{a^n}$(二差)$-$ ………

第二術曰、計㆓汎商数㆒名㆓原数㆒、置㆓原数㆒如㆓開方冪数㆒自㆓乗之㆒得数与原積相減余名㆓定乗法㆒、乃原積多者為㆑弱原積少者為㆑強、以㆓原積㆒名㆓定除法㆒、於㆑是如㆓第一術㆒求㆓逐差㆒、

弱者置㆓原数㆒累㆓加逐差㆒得㆓商数㆒、

強者置㆓原数㆒累㆓加陰差㆒得内累㆓減陽差㆒得㆓商数㆒、

	号	一差	二差	三差	四差	五差	六差	七差
一乗方	乗率	一	三	五	七	九	一十一	一十三
	除率	二	四	六	八	一十	一十二	一十四
二乗方	乗率	一	四	七	一十〇	一十三	一十六	一十九
	除率	三	六	九	一十二	一十五	一十八	二十一
三乗方	乗率	一	五	九	一十三	一十七	二十一	二十五
	除率	四	八	一十二	一十六	二十〇	二十四	二十八
四乗方	乗率	一	六	一十一	一十六	二十一	二十六	三十一
	除率	五	一十〇	一十五	二十〇	二十五	三十〇	三十五
…… 七乗方	乗率	一	九	一十七	二十五	三十三	四十一	四十九
	除率	八	一十六	二十四	三十二	四十〇	四十八	五十六

求㆓逐差除率㆒者与㆓第一術㆒全同矣、求㆓乗率㆒者以㆓定一箇㆒為㆓一差乗率㆒逐加㆓増数㆒為㆓次七差乗率㆒、乃置㆓除率㆒内減㆓乗数㆒余為㆓其差乗率㆒亦同、

各汎商数命㆓分母子㆒則以㆓分母㆒如㆓開方冪数㆒自㆓乗之㆒乗㆓原積㆒為㆓変原積㆒、以㆓分子㆒為㆓汎商数㆒、

第　二　術

今度ハ a^n ノ代リニ A ヲ定除法トスル．ソシテ

$\frac{1}{n}\cdot\frac{b}{A}$（原数）…………………一差

$\frac{n+1}{2n}\cdot\frac{b}{A}$（一差）……………二差

$\frac{2n+1}{3n}\cdot\frac{b}{A}$（二差）…………三差

$\frac{3n+1}{4n}\cdot\frac{b}{A}$（三差）…………四差

……………………………………………

弱ノ時ハ原数ニ逐差ヲ累加スル．

強ノ時ハ原数ニ陰差ヲ累加，陽差ヲ累減スル．

即チ　$\sqrt[n]{A}=a\left(1\pm\frac{b}{A}\right)^{-\frac{1}{n}}$

$$=a\pm\frac{1}{n}\cdot\frac{b}{A}(\text{原数})+\frac{n+1}{2n}\cdot\frac{b}{A}(\text{一差})$$

$$+\frac{2n+1}{3n}\cdot\frac{b}{A}(\text{二差})+\cdots\cdots\cdots\cdots\cdots\cdots$$

例エバ $\sqrt[3]{5}$ ヲ求ムルニ　$a=\frac{17}{10}$ トシテ第一術ニヨレバ

$5\times10^3=5000$……………変原積　（$\sqrt[3]{5000}=\sqrt[3]{17^3+82}$ ヲ考エル）

$17^3=4913$……………定除数

$5000-4913=87$…………………定乗数

之ニヨツテ逐差ヲ求メルト

原数	1.7
一差加	0.010034602076
二差減	0.000059231310
三差加	0.000000582708
四差減	0.000000006879
五差加	0.000000000089

得商 ＝1.709975946684　（十一位真数ニ合ウ）

又　$a=\frac{171}{100}$　トシ第二術ニヨレバ

$5\times100^3=5000000$………変原積，之ヲ定除数トスル．

$171^3=5000211$………

$171^3-5\times100^3=211$……定乗数　（強）

之ニヨツテ逐差ヲ求メル．

原数	1.71
一差減	0.000024054
二差加	0.000000006767192
三差減	0.000000000000002221142796

得商 ＝ 1.70997594667669698857204　（十八位真数ニ合ス）

最後ニ「各視㆓所㆑求数㆒依㆓第一術㆒求㆑之者為㆑善也．然而依㆓題之員数㆒便㆓于乗除㆒則用㆓第二術㆒亦可也」ト結ンデ居ル．

9　帰除綴術

$-A+Bx=0$ ノ商，即チ $\frac{A}{B}$ ナル割算ノ商ヲ級数デ表ワソウトスルノガ帰除綴術デアル．松永良弼ノ算法綴術草（元文ノ頃）菅野元健ノ綴術起原（寛政十一年，1799）等ニ見エル．今後者ニ拠ツテ之ヲ紹介スル．

帰除

原式　実　方　得㆑某式、

術曰、置㆓級級㆒乗㆓元法㆒為㆓元数㆒、置㆓元数㆒乗㆓差法㆒為㆓一差㆒、置㆓一差㆒乗㆓差法㆒為㆓二差㆒、置㆓二差㆒乗㆓差法㆒為㆓三差㆒、逐如㆑此求㆑差、置㆓元数㆒併㆓入諸差㆒共得数為㆓所㆑求某㆒也、

解曰

置㆓定一箇㆒以㆓方級数㆒除㆑之得㆓商及不尽㆒、乃商為㆓元法㆒不尽為㆓差法㆒、

其理如㆑左、

置㆓一箇㆒以㆓法数㆒（即方級数）除㆑之得㆓商及不尽㆒、

商
不尽

置㆓不尽㆒視㆓因不尽一個㆒以㆓法数㆒除㆑之得㆓商及不尽㆒

商
商 不尽
不尽 不尽

置㆓不尽冪㆒視㆓因不尽冪一個㆒後皆準㆑之 以㆓法数㆒除㆑之

商
商 不尽
商 不尽巾
不尽 不尽巾

置㆓不尽再乗冪㆒以㆓法数㆒除㆑之得㆓商及不尽㆒、

商
商 不尽
商 不尽巾
商 不尽再
不尽 不尽再

逐如㆑此求㆑之毎位所㆑得併㆑之如㆑左、

不尽六 不尽	不尽六 商 位八	不尽五 商 位七	不尽四 商 位六	不尽三 商 位五	不尽再 商 位四	不尽巾 商 位三	 位二	商 位首

所レ得每位数相併者即以二法数一除二一箇一之数也、故以乗二実数一則必得三所レ問之某数一也、

此余無二際限一	不尽六 実数 商 是為七差	不尽五 実数 商 是為六差	不尽四 実数 商 是為五差	不尽三 実数 商 是為四差	不尽再 実数 商 是為三差	不尽巾 実数 商 是為二差	不尽 実数 商 是為一差	実数 商 是為元数

此即所レ求之某数也、察二此理一而後起レ術也、

仮如有二金三百二十匁一、換二之古金一、問二所レ換古金幾何一、

答曰、古金一百九十三匁九分三釐九毫三系九忽三微九繊四沙弱

術曰、置二有金一乗二元法六分一為二元数一、置二元数一乗二差法一厘一為二一差一、置二一差一乗二差法一厘一為二二差一、置二二差一乗二差法一厘一為二三差一、逐如レ此求レ差、

元数	一百九十二匁
一差	一匁九二
二差	〇匁〇一九二
三差	〇匁〇〇〇一九二
四差	〇匁〇〇〇〇〇一九二
五差	〇匁〇〇〇〇〇〇〇一九二

置二元数一併二入諸差一得三所レ換古金一百九十三匁九三九三九三九四弱一也、

求二元法及差法一者置二定一箇一以二通換率一箇六分五厘一（新金比二于古金一則為二増六割半一、故率如レ此、）為レ法除レ之得二商六分不尽一厘一以レ商為二元数一不尽為二差法一也、

$$\frac{A}{B}=A\left(\frac{1}{B}\right)=A\left[q+\frac{r}{B}\right]=A\left[q+r\left(\frac{1}{B}\right)\right]$$

$$=A\left[q+r\left(q+\frac{r}{B}\right)\right]=A\left[q+qr+r^2\left(\frac{1}{B}\right)\right]$$

$$=A\left[q+qr+r^2\left(q+\frac{r}{B}\right)\right]=A\left[q+qr+qr^2+r^3\left(\frac{1}{B}\right)\right]$$

$$=A\left[q+qr+qr^2+r^3\left(q+\frac{r}{B}\right)\right]$$

$$=A\left[q+qr+qr^2+qr^3+r^4\left(\frac{1}{B_9}\right)\right]$$

$$=\cdots\cdots\cdots\cdots\cdots\cdots$$

カクシテ　$$\frac{A}{B}=A\left[q+qr+qr^2+qr^3+\cdots\cdots\right]$$

トスルノデアル．ココデ q ガ元法，r ガ差法ト云ワレルモノデアル．

例題ハ新金 320 匁ヲ通換率 1.65デ割ツテ古金ノ目方ヲ求メルモノデアル．

$$1\div 1.65=0.6 \quad 余リ\ 0.01$$

故ニ元法ハ6分，差法ハ1厘デアル．

本書ニハ次デ二次方程式ノ綴術ニヨル解法ヲ示シテ居ルガ，之レハ既ニ述ベタモノト変リハナイ．

第六章　反復法ニヨル方程式ノ解法

同ジ方法ヲ繰返シ用イテ次第ニ根ニ接近セシメル法ヲ総テ反復法ト呼ブコトトスル．

1　初期ノ反復法

和算デハ諸書ニ色々ノ反復法デ方程式ヲ解イテ居ルノヲ見ル．之等反復法ガ行ワレルヨウニナツタノハ関孝和ノ頃カラデアル．最初ノ文献ハ村瀬義益ノ算法勿憚改（フツダンカイ）（算学淵底記トモ云ウ．延宝元年，1673）デアル（藤原博士，和算史ノ研究，東北数学雑誌第四十六巻，昭和十五年，参照）．次デ礒村吉徳ノ頭書算法関疑抄（内題増補算法関疑抄，貞享元年刊，1684）関孝和ノ題術弁議（貞享二年，1685，写本）ニ見エテ居ル．（題術弁議ノ反復法ニ就テハ三上義夫氏，関孝和の業績と京坂算家及び支那数学との関係，東洋学報第廿一巻，昭和九年参照）

今此ノ三者ニ就テ解説ヲ試ミヨウ．

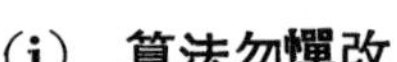

(i)　算法勿憚改

本書巻二第二十八，爐縁太さ知る事ニ次ノ問題ガ見エル．

寸秤百九十二坪あり．是を一尺四寸四方の爐縁にして太さ何程の方と問ふ．

答云　二寸四方

コレハ長サガ 14 寸デアル正方形ノ爐ノ枠ノ体積ガ 192 寸坪デアルトキ太サ(切口ハ正方形)ヲ求メル問題デアル．

切口ノ正方形ノ一辺ヲ x 寸トスレバ此ノ枠ハ長サ $14-x$ 寸ノ四本ノ直方体ニ分ケラレルカラ

$$4x^2(14-x)=192$$

即チ

$$x^3-14x^2+48=0$$

ヲ解ケバヨイ．之ニ対シ村瀬ハ次ノ二ツノ反復法ヲ掲ゲテ居ル．

(i) 法に曰ふ，百九十二坪を四つに割り四十八坪と成る．是を指渡一尺四寸にて割れば平歩三歩四二八と成る．是を開平に除き一寸八五と成る．是を二度掛け合せ六坪三一と成る．是を右の四十八坪に加へ五十四坪三一と成る．是を指渡一尺四寸にて割り平歩三歩八七九と成る．是を開平に除き一寸九七となる．是を二度掛け合せ七坪六四五三，是に四十八坪加へ五十五坪六四五三，是を指渡一尺四寸にて割り三歩九七四六と成る．是を開平に除き一寸九九三六と成る．如斯に幾度も術を用い詰て方二寸と知る．

方程式ノ根ヲ α（正）トスレバ

$$\alpha=\sqrt{\frac{1}{14}(\alpha^3+48)} \qquad (1)$$

$$\alpha_1=\sqrt{\frac{1}{14}\times 48}=1.85 \cdots\cdots\cdots\cdots (2)$$

$$\alpha_2=\sqrt{\frac{1}{14}(\alpha_1{}^3+48)}=1.97 \cdots\cdots\cdots\cdots (3)$$

$$\alpha_3=\sqrt{\frac{1}{14}(\alpha_2{}^3+48)}=1.9936 \cdots\cdots\cdots\cdots (4)$$

……………………………………………………

之ヲ反復シテ $\alpha=2$ ヲ得ルノデアル．

(ii) 原　文　略

$$\alpha=\sqrt{\frac{48}{14-\alpha}} \qquad (1)'$$

$$\alpha_1=\sqrt{\frac{48}{14}}=1.85 \cdots\cdots\cdots\cdots (2)'$$

$$\alpha_2=\sqrt{\frac{48}{14-\alpha_1}}=1.9876 \cdots\cdots\cdots\cdots (3)'$$

$$\alpha_3=\sqrt{\frac{48}{14-\alpha_2}}=1.999907 \cdots\cdots\cdots\cdots (4)'$$

……………………………………………………

斯様ニ求メタ後

「此時考て二寸と見一尺四寸の内より引，残り一尺二寸にて四十八坪を割，

四歩と成．之を開平法に除二寸と知也」

ト云ツテ居ル．2ガ方程式ノ根デアルコトヲ察シタ上之ヲ方程式ニ入レテ其ノ正シイコトヲ示シテ居ルノデアル．

$\alpha_1, \alpha_2, \alpha_3 \cdots\cdots$ ガ α ニ収斂スルコトハ次ノヨウニ容易ニ証明出来ル．

(1)ト(2)トカラ $\alpha_1<\alpha$

(1)ト(2)ト(3)トカラ $\alpha_1<\alpha_2<\alpha$

(1)ト(3)ト(4)トカラ $\alpha_2<\alpha_3<\alpha$

…………………………………………

$\therefore \quad \alpha_1<\alpha_2<\alpha_3<\cdots\cdots<\alpha$

故ニ $\lim_{n\to\infty} \alpha_n$ ハ必ズ存在スル．之ヲ β トスレバ

$$\beta=\sqrt{\frac{1}{14}(\beta^3+48)}$$

$$\therefore \quad \beta=\alpha$$

(ii) ノ場合モ全ク同様ニ証明スルコトガ出来ル．

(ii) 増補算法闕疑抄

算法闕疑抄ハ万治三年(1660)ニ出版サレタ良書デアル．殊ニ貞享元年(1684)ニ鼇頭ニ増補サレテ出サレタ本書ニハ更ニ新法，詳細ナ説明，改良サレタ率等ガ掲ゲラレタ居リ，其ノ一部ハ既ニ点竄術概説ニ於テモ紹介シタ所デアル．今述ベル反復法ハ其ノ巻四ノ鼇頭ニ記サタテ居ルモノデアル．

今径二百間の平円地を如図左右は一万坪づつ中は一万千四百十六歩に分る時各間数を問．

答ハ図中ニ示サレテ居ルガ之ヲ下ニ記セバ

弧AC ＝ 58.73 間	FG＝57.908 間
弧CHD＝255.43	EF＝91.046

弦CD＝191.435余

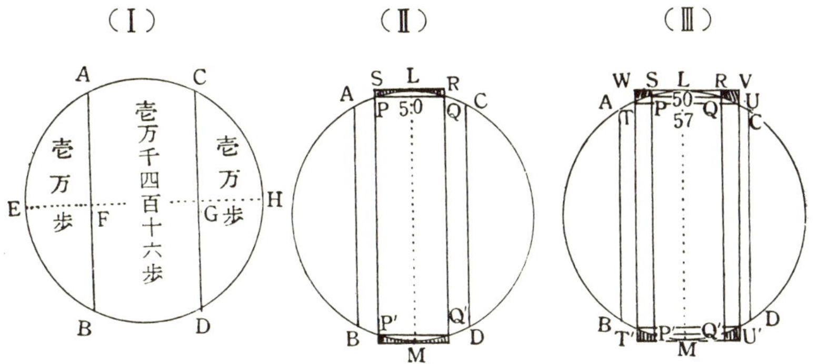

本書ニハ FG ノ求メ方ノミ記シテ居ルガ，ソコニ次ノ反復法ヲ使ツテ居ルノデアル．

術に云．好中の歩数一万千四百十六歩を実に置，円径二百間を為㆓帰法㆒実を一桁除く心にして五十間と見立，是を為㆑弦，径弧矢弦にして得㆓矢三間一七五四二 弧五十間〇五二五七㆒円闕の歩法にて得㆓百〇五歩六七〇五㆒別に今の矢三間一七五四二と弦五十間を相乗して得㆓百五十八歩七七一㆒，此内より右の歩法を減，止余五十三歩一分，倍㆑之而百〇六歩二分，実に加㆑之以㆓法二百間㆒除㆑之，定商五十間也，実に千五百二十二歩二分有，又以㆑法一桁除心にして二之商七間と見立，是に初商を加，供に五十七間を為㆑弦，径弧矢弦にして得㆓矢四間一分四七二五 弧五十七間七七八八三㆒也，円闕歩法にて得㆓百五十七歩一三八一二五㆒，別に今の矢四間一分四七二五と弦五十七間と相乗して得㆓二百三十六歩三九三二五㆒，此内より右の歩法を減，止余七十九歩二分五厘五一二五，又此内初加の五十三歩一分減，止余二十六歩一分五五一二五を倍し五十二歩三分一〇二五，実に加へ以㆓法二百間㆒除㆑之，定二の商七間也，実に百七十四歩五一〇二五有，又以㆑法一桁除く心にして三之商九分と見立是に初次の商を加へ，供に五十七間九分を為㆑弦，径弧矢弦にして得㆓矢四間二分八二二二 弧五十八間七二三三二也，円闕歩法にて得㆓百六十五歩一分三厘㆒…………

即チ　　全積＝11416　（実）　　(i)

径＝200　（法）

11416÷200≒50

弦≒50　ト見立テル　（初商）

之ニ対シテ次ノモノヲ求メル.

矢＝3.17542

弧＝50.05257　（実際ハ 50.53376）

円闕積PLQ＝105.6705

矢×弦＝158.771　（矩形 PQRS ノ面積）

故ニ　2(矢×弦－円闕積)＝53.1×2＝106.2 (SPLノ面積ノ4倍)

仍テ　積＝11416＋106.2－200×50＝1522.2　(ii)

(APP'B＋CQQ'D ノ面積)

即チ弦ヲ 50 間ト見立タノデハマダ 1522.2 歩ノ余リヲ生ズル. 依テ更ニ次商ヲ考エル.

1522.2÷200≒7 トシ, 次商ヲ 7, トスル.

弦≒57

之ニ対シテ又次ノモノヲ求メル.

矢＝4.14725

弧＝57.77883　（実際ハ 57.82608）

円闕積TLU＝157.138125

故ニ　2(矢×弦－円闕積－53.1)＝26.155125×2＝52.31025

(TPSW ノ面積ノ四倍)

仍テ　積＝1522.2＋52.31025－200×7＝174.51025　(iii)

(ATT'B＋CUU'D ノ面積)

即チ弦ヲ 57 間ト見立タノデハマダコレダケ余リヲ生ズル. 依テ更ニ三商ヲ考エル.

174.51025÷200≒0.9 トシ, 三商ヲ 0.9 トスル.

弦≒57.9

....

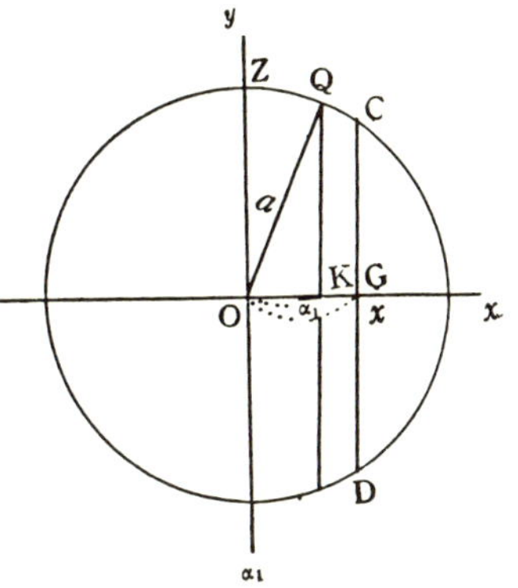

之ヲ続行シ，四商ニハ

0.008 ヲ得，仍テ

問
弦AC＝57.908

トシテ居ルノデアル．

サテ今ノ反復法ニ於テハ如何ナル函数ヲ使ツタコトニナルカ，又ドウシテ根ニ収斂スルカヲ考エテ見ヨウ．

$$\frac{11416}{4}=A$$

トシ第一象限ノミデ考エ，

OG＝x トスルト

$$\frac{1}{2}\left[x\sqrt{a^2-x^2}+a^2\sin^{-1}\frac{x}{a}\right]=A \qquad (1)$$

ノ根 α ヲ求メルコトデアル．今

$$f(x)=A-\frac{1}{2}\left[x\sqrt{a^2-x^2}+a^2\sin^{-1}\frac{x}{a}\right]$$

トシ (1) ノ近似根ヲ α_1 トスレバ

$$f(\alpha_1)=A-\frac{1}{2}\left[\alpha_1\sqrt{a^2-\alpha_1{}^2}+a^2\sin^{-1}\frac{\alpha_1}{a}\right]$$ 之ヲ B_1 トスレバ

$$\frac{B_1}{a}=h_1\text{…………次商}$$

第二近似根ヲ α_1+h_1 トシ，$f(\alpha_1+h_1)=B_3$ トスレバ

$$\frac{B_2}{a}=h_2\text{…………三商}$$

第三近似根　$a_1+h_1+h_2$

....

故ニ反復法ノ函数ハ

$$\varphi(x)=\frac{A-\frac{1}{2}\left[x\sqrt{a^2-x^2}+a^2\sin^{-1}\frac{x}{a}\right]}{a}+x$$

ソシテ α_n ト α_{n+1} トガ密合スルニ至ツテ止メレバ

$$\frac{A-\frac{1}{2}\left[\alpha_n\sqrt{a^2-\alpha_n{}^2}+a^2\sin^{-1}\frac{\alpha_n}{a}\right]}{a}+\alpha_n \risingdotseq \alpha_{n+1}$$

ヨリ
$$A-\frac{1}{2}\left[\alpha_n\sqrt{a^2-\alpha_n{}^2}+a^2\sin^{-1}\frac{\alpha_n}{a}\right]\risingdotseq 0$$

即チ α_n ハ求メル根ニ殆ド等シイ．

又此ノ反復法ガ收斂スルコトハ

$$\varphi'(x)=1-\frac{\sqrt{a^2-x^2}}{a}$$

$$0<\varphi'(x)<1$$

ナルコトカラ知ラレル．

(iii) 題術弁議

題術弁議ノ砕ノ条ガ反復法ニヨル解法デアルコトハ既ニ関孝和ノ方程式論ノ所（p.　　）デ述ベタノデアルガ，此処デハソレガ如何ナル反復法ノ函数ヲ用イタコトニナルカ，又如何ニシテ求メル根ニ収斂スルカヲ検討シテ見ヨウ．

問題ハ鈎三尺，股四尺ノ直角三角形ノ鈎ニ平行ニ直線ヲ引イテ鈎ノ側カラ面積二百十六寸ヲ截取ロウトスルノデアル．

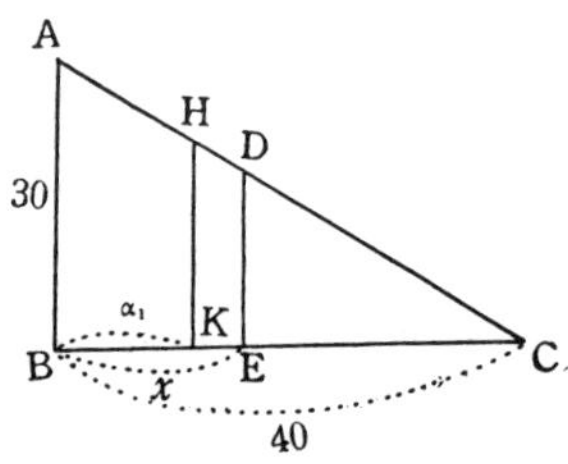

216÷30=7.2　　之ヲ初商トスル．

CK=40−7.2−32.8

$$\mathrm{HK}=\frac{32.8\times 30}{40}=24.6$$

ABKH=(30+24.6)×7.2÷2=196.56

KHDE=216−196.56=19.44

截取ル股長ヲ 7.2 トシタノデハ猶コレダケ面積ガ余ル．仍テ更ニ次商ヲ考エル．ソレニハ

19.44÷24.6=0.790244　　ヲ次商トシ

7.2+0.790244=7.990244　ヲ第二近似根トスル．

ソシテ今考エタト同ジヨウニ進ムノデアル．

サテ BE ヲ x トスレバ $\mathrm{DE}=\frac{3}{4}(40-x)$，故ニ

$$\left[\frac{3}{4}(40-x)+30\right]\frac{x}{2}=216 \qquad (1)$$

此ノ根ガ截取線 DE ヲ決スルノデアル．今

$$f(x)=216-\left[\frac{3}{4}(40-x)+30\right]\frac{x}{2}$$

トシ (1) ノ近似根ヲ α_1 トスレバ

$$f(\alpha_1)=216-\left[\frac{3}{4}(40-\alpha_1)+30\right]\frac{\alpha_1}{2}=\mathrm{HKED}$$

次ニ　$\dfrac{f(\alpha_1)}{\frac{3}{4}(40-\alpha_1)}=h_1$　トスレバ h_1 ハ次商デアリ，

α_1+h_1　ハ第二近似根デアル．夫故反復法ノ函数ハ

$$\varphi(x)=x+\frac{216-\left[\frac{3}{4}(40-x)+30\right]\frac{x}{2}}{\frac{3}{4}(40-x)}$$

$$=\frac{x}{2}+\frac{4(72-5x)}{40-x}$$

デアル．ソシテ α_n ト α_{n+1} トガ密合スルニ至レバ α_n ハ殆ド (1) ヲ満足スル．又

$$\varphi'(x)=\frac{1}{2}-\frac{128\times 4}{(40-x)^2}$$

トナリ，今考エテ居ル附近デハ $0<\varphi'(x)<\dfrac{1}{2}$ トナルカラ此ノ反復法ハ必ズ収斂スル．仍テ此ノ方法ハ目的ヲ達スルノデアル．

2　盈朒術カラ起ツタ反復法

( )　開方盈朒術

享保十四年(1729)中根彦循ハ開方盈朒術ヲ著ワス．彦循ハ中根元圭ノ子デアル．其ノ序文ニハ建部賢弘ガ幕府カラ下問サレタ暦術ノ問題ヲ元圭ニ解カセタガ，元圭ハ老年デ精思労慮ニ堪エヌ．ソコデ

> 東廷下二暦問一条建部先生一、先生使二家君奉対一、時家君年邁不レ堪二精思労慮一、循請レ代二其労一、家君許レ之、乃精思亙レ旬其術方成、但乗数甚貴難三以得二其密数一、於レ是又思二開方省レ功之法一乃得二一法一、名為二開方盈朒術一、以二此法一求レ之甚省二運籌之功一、其法雖レ曰二容易一亦前人之所レ未レ発也、凡術乗数繁多者以二此法一行レ之得二其密数一如レ反レ掌……

彥循ガ代ツテ解イタガ非常ニ次数ノ高イ方程式ヲ得タタメ精密ナ数ガ得難イ．依ツテ一法ヲ案出シタノガ即チ此ノ術デ大変計算ノ労ガ省ケテ而モ前人未発ノモノダト云ウ．盈朒術ヲ利用シ，反復法デ巧ミニ方程式ノ近似的解法ヲ試ミタモノデアル．

初メニ扱ツテ居ルノハ序ニ云ウ下問ノ暦術ノ問題デアル．次ニ類題四問ヲ解イテ居ル．コレハ純然タル数学ノ問題デアル．今之等ノ解法ヲ示シテ中根ノ反復法ヲ紹介シテ見ル．

南北両地ノ緯度（北極出地）ヲ知リ，或日ノ晷ノ長サカラ地球ト太陽トノ距離ノ二倍（日天全径）ヲ求メテ居ルノデアル．

仮如南地北極出地三十六度、北地北極出地四十度七十五分、某歳九月二日南地表高八寸之午中晷五寸九分、同歳同日北地表高八寸之午中晷六寸九分七厘、又南地春秋二分正午中日中心去天頂三十六度三十七分、問極星所在去地心辰高及地球全径各幾何右之外聊不可借他数北極出地及日景ハ皆地面ヨリ所側也、天旋地球及黄道皆同心ヲ用、

答曰、日天全径大於径三十九倍二八一

術曰、列四十度七十五分内減三十六度余得四度七十五分自之以周率冪乗之以周天率冪十三万三千四百〇七度五十六分二十五秒除之得数為半背冪、依術得弦八厘一六二〇六一五七及離径九分九六六、三四〇一三、列弦以離径除之得八厘一八九六二一九九名仁、列北地晷以八寸除之得数名義、列南地晷以八寸除之得数名礼、以一个為地球全径、立天元一為半日高、乃従日距地球心数也以数未備、故難相消、故又立天元一為丙丁相距数、而又難相消、故再立元元一為甲丁相距数加入五分以仁乗之為甲乙相距数、列丙丁相距数以礼乗之為日丙相距数、列甲丁相距数内減丙丁相距数余為甲丙相距数、列甲乙相距数加入日丙相距数自之加入甲丙相距巾数為日乙相距巾数、以減半日高巾二段余為半日高因巳心相距数二段、自之以減半日高三乗巾四段余為半日高巾因日己相距巾数四段寄左、列半日高因巳心相距数二段内減半日高余為半日高因巳庚相距数二段、以義乗之自之与寄左相消得三乗式為前式〇列甲丁相距数加入五分自之加入甲乙相距巾数為半日高巾寄左、列半日高自之与寄左相消得平方式為後式〇以右二式依雙擬術求適等而綴第二一為丙丁相距数之術得式又為前式〇列丙丁相距数以礼乗之為日丙相距数自之加入丙丁相距数与五分和巾為半日高巾寄左、列半日高巾与左相消為後式〇雖欲以右二式依雙擬術再求寄消起本術乗数繁多得商甚難、故別照前術依開方盈朒術得答術如左、

問下極星所レ在去二地心一辰高及地球全径各幾何上ノ文意明カデナイガ，求メテ居ルモノハ黄道ノ直径デアル．又南地春秋二分正午ニ於ケル日ノ天頂ヲ去ル 36 度 37 分ト云ウ数ハ唯太陽ノ位置ヲ示スノミデ解中何処ニモ使ワレテ居ラズ，又周天ハ 365 度 25 分トシテ居ルノデアル．（分，秒ハ今日ノモノトハ異ル．56 分 25 秒ハ 0.5625 度ノコトデアル）

地球ノ直径ヲ１トスル．又南地（丁）ト北地（庚）トガ地心デ張ル角ヲ α トスレバ（次図参照）

$$\alpha=40°75'-36°=4°75'$$

$$周天=365°25'$$

$$\therefore\quad \left(\frac{S}{2}\right)^2=\frac{4.75^2\pi^2}{365.25^2}$$ （半径ヲ１トシテ居ルガ $\tan\alpha$ ヲ出スタメニ弦，離径ヲ求メルノデアルカラ差支ナイ）

之ヲ使ツテ弦（$2\overline{甲乙}$）及ビ離径（$2\overline{甲心}$）ヲ求メ（弧背術ニヨル）

$$\frac{弦}{離径}=仁$$ トスル．従テ仁ハ $\tan\alpha$ デアル．図デハ四度七十五分ノ高配ト云ツテ居ル．又

$$\frac{北地晷}{表高}=義,\qquad \frac{南地晷}{表高}=礼$$

トスル．$\tan\beta$，$\tan\gamma$ デアル．

今　$\overline{日心}=x$，$\overline{丙丁}=y$，$\overline{甲丁}=z$　デ表ワセバ

$$\overline{甲乙}=\left(z+\frac{1}{2}\right)\tan\alpha,$$

（本書ニハコレヲ $z\tan\alpha$ トシテ居ルガコレハ誤リデアル．後ニモ猶一箇所同様ノ取扱ヲシテ居ル．値ハ大シテ違ワヌ）

$$\overline{日丙}=y\tan\gamma,$$

$$\overline{甲丙}=z-y.$$

$$\overline{日乙}^2=(\overline{甲乙}+\overline{日丙})^2+\overline{甲丙}^2$$

$$=\left[\left(z+\frac{1}{2}\right)\tan\alpha+y\tan\gamma\right]^2+(z-y)^2$$

又　$2x^2-\overline{日乙}^2=2x.\overline{巳心}$　カラ

$$\overline{巳心}=\frac{2x-\left[\left(z+\frac{1}{2}\right)\tan\alpha+y\tan\gamma\right]^2+(z-y)^2}{2x}\qquad(1)$$

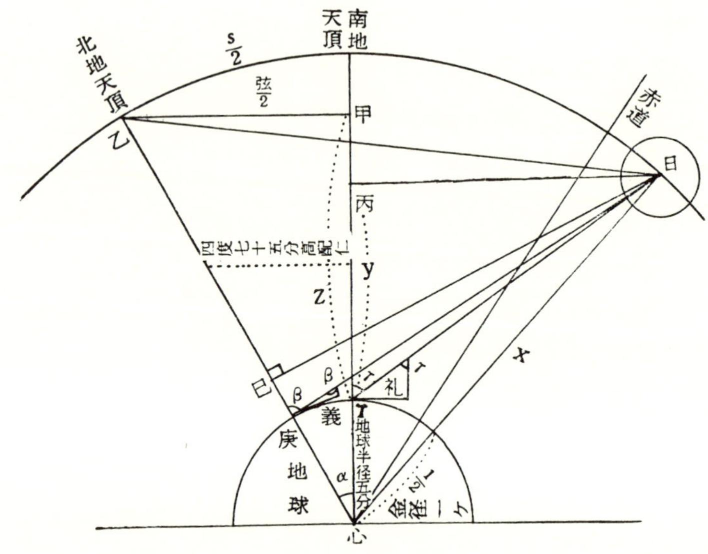

又　$x^2-\overline{巳心}^2=\overline{日巳}^2$　カラ

$$4x^4-4x^2\overline{巳心}^2=4x^2\overline{日巳}^2 \cdots\cdots\cdots\cdots \text{寄左}$$

又　$2x\left(\overline{巳心}-\dfrac{1}{2}\right)=2x.\overline{巳庚}$,　$\overline{巳庚}\tan\beta=\overline{日巳}$

$\therefore$　$4x^2\left(\overline{巳心}-\dfrac{1}{2}\right)^2\tan^2\beta=4x^2\overline{巳庚}^2\tan^2\beta=4x^2\overline{日巳}^2$

寄左ト相消シテ

$$4x^2\left(\overline{巳心}-\frac{1}{2}\right)^2\tan^2\beta=4x^4-4x^2\overline{巳心}^2 \cdots\cdots \text{前式}$$

ココデ$\overline{巳心}$ハ(1)デ与エラレルモノデアル.

次ニ　$\left(\overline{甲丁}+\dfrac{1}{2}\right)^2+\overline{甲乙}^2=x^2$　デアルカラ

$$\left(z+\frac{1}{2}\right)^2+\left(z+\frac{1}{2}\right)^2\tan^2\alpha=x^2 \cdots\cdots\cdots\cdots \text{後式}$$

前式後式カラ z ヲ消去シテ式ヲ得，之ヲ改メテ前式トスル.

(本書ニハ$\overline{甲乙}=z\tan\alpha$ トシテ居ルカラ此ノ消去ハ面倒ニナル．上ノヨウニスレバ $z=x\cos\alpha-\dfrac{1}{2}$ トナルカラ消去ハ比較的容易デアル)

次ニ又　$\overline{日丙}^2+\overline{丙心}^2=x^2$　カラ

$$y^2\tan^2\gamma+\left(y+\frac{1}{2}\right)^2=x^2 \cdots\cdots\cdots\cdots\cdots\cdots 後式$$

後デ得タ前式ト此ノ後式トカラ y ヲ消去スレバ x ノミノ方程式トナルカラ之ヲ解ケバヨイノデアルガ，消去ノ結果ハ次数ガ高クナツテ始末ニ困ル．仍ツテ以上ニ照シ之ヲ開方盈朒術デ次ノヨウニ解ク．

コレカラガ本書ノ所謂開方盈朒術デアル．

$\tan^2\beta+1$，$\tan^2\gamma+1$ ヲ作ルト数ガ大変複雑トナルカラ，ソレラノ代リニ

(北地晷)$^2+64=112.5809$…………坤　　(64($\tan^2\beta+1$) ニアタル)

(南地晷)$^2+64=98.81$ ……………乾　　(64($\tan^2\gamma+1$) ニアタル)

ヲ使ウ．

列義巾加入一算得数繁多、故別列北地晷自之加入六十四个得一百
一十二个五八〇九名坤、又列礼巾加入一算得数繁多、故別列南地晷
自之加入六十四个得九十八个八一名乾、
第一術曰、仮如日高為一百二十八个自之内減一算余如四而一以乾乗
之加入一十六个開平方得商内減四个余八之以乾除之為丙丁相距
数、以礼乗之為日丙相距数、列日高巾内減一算余如四而一以坤乗之
加入一十六个開平方得商内減四个余八之以坤除之為巳庚相距数、
列日高巾内減一算余以仁巾与一个和乗之加入一算開平方得商内
減一个余以仁巾与一个和二段除之為甲丁相距数、以仁乗之為甲乙相
距数、加入日丙相距数自之加入列甲丁相距数内減丙丁相距数余自乗
巾為日乙相距数巾、以減半日高巾二段余以日高除之得巳心相距数、

第一日高	一百二十八个
丙丁相距数	五十一个一八二九七九五三
日丙相距数	三十七个七四七四六六六
巳庚相距数	四十七个九六九六〇〇三六
甲丁相距数	六十三个二八九七八〇一二
甲乙相距数	五个一八三一九三七五
日乙相距数巾	一千九百八十九个六一四五三〇六
巳心相距数	四十八个四五六一三六四

列巳心相距数内減五分余又為巳庚相距数、当与前所求巳庚相距数同
則所設日高乃為真数、今不同、故列前巳庚相距数内減後巳庚相距数
余得正一厘三四六三八八為第一差、

第一術，例エバ $2x_1$（日高）ヲ 128 トスルト

$$\overline{\text{丙丁}}=\frac{\left(\sqrt{\frac{4x_1^2-1}{4}\text{乾}+16}-4\right)\times 8}{\text{乾}}=51.18297953$$

$\left[y^2\tan^2\gamma+\left(y+\frac{1}{2}\right)^2=x_1^2\right.$ ヲ y デ解イタモノ，コレヲ y_1 トスル$\left.\right]$

$$\overline{\text{日丙}}=y_1\tan\gamma=37.7474666$$

$$\overline{\text{巳庚}}=\frac{\left(\sqrt{\frac{4x_1^2-1}{4}\text{坤}+16}-4\right)\times 8}{\text{坤}}=47.96960036$$

$\left[\overline{\text{巳庚}}^2\tan^2\beta+\left(\overline{\text{巳庚}}+\frac{1}{2}\right)^2=x_1^2\right.$ ヲ解イタモノ$\left.\right]$

$$\overline{\text{甲丁}}=\frac{\sqrt{(4x^2-1)(\tan^2\alpha+1)+1}-1}{2(\tan^2\alpha+1)}=63.28978012$$

$\left[\overline{\text{甲丁}}\right.$ヲ $z^2\tan^2\alpha+\left(z+\frac{1}{2}\right)^2=x_1^2$ ノ根トシテ居ルガ前ニモ云ツタヨウニ $\left(z+\frac{1}{2}\right)^2\tan^2\alpha+\left(z+\frac{1}{2}\right)^2=x_1^2$ トセネバナラヌ．即チ $z=x_1\cos\alpha-\frac{1}{2}$ トスベキ所デアル$\left.\right]$

$$\overline{\text{甲乙}}=\left(z+\frac{1}{2}\right)\tan\alpha=5.18319375$$

$$\overline{\text{日乙}}^2=(\overline{\text{甲乙}}+\overline{\text{日丙}})^2+(\overline{\text{甲丁}}-\overline{\text{丙丁}})^2=1989.6145306$$

$$\overline{\text{巳心}}=\frac{2x_1^2-\overline{\text{日乙}}^2}{2x_1}=48.4561364$$

サテ $\overline{\text{巳心}}-\frac{1}{2}=\overline{\text{巳庚}}$ デアルカラ今得タ$\overline{\text{巳心}}$ト$\overline{\text{巳庚}}$トノ値ガ此ノ関係ヲ満足スルナラバ始メニ仮定シタ日高 128 ハ明カニ求メルモノデアルガ今ハ満足シナイ（日高ヲ適当ニ撰ンダノデアルカラ満足シナイノガ普通デアル）仍ツテ

$$\overline{\text{巳庚}}-\left(\overline{\text{巳心}}-\frac{1}{2}\right)=0.01346388$$

ヲ作リ之ヲ第一差トスル．

第二術，次ニ $2x_2=130$ トシテ前ノヨウニ$\overline{\text{巳心}}$ヲ求メルト，

$$\overline{\text{巳心}}=49.209817598$$

トナリ，コレカラ$\frac{1}{2}$ヲ減ジテモ，

第二術曰、仮如日高為㆓一百三十个㆒依㆓前術㆒得㆓各数㆒如㆑左、

第二日高	二百三十个
丙丁数	五十一个九八七七八九九五六
日丙数	三十八个三四〇九九五〇九
巳庚数	四十八个七二三五八六二三
甲丁数	六十四个二八六四四三八二
甲乙数	五个二六四八一六七三九六
日乙数巾	二千〇五二七二三七一二一
巳心数	四十九个二〇九八一七五九八

列㆓巳心数㆒内減㆓五分㆒余又為㆓巳庚数㆒、又復不㆑同、故列㆓前巳庚数㆒内減㆓後巳庚数㆒余得㆓正一厘三七六八七四㆒為㆓第二差㆒、与㆓第一差㆒相減（異名相従）余以㆓第一・二日高差㆒除㆑之得㆓一糸五二四三㆒、以除㆓第一差㆒得㆓八十八个三二五㆒、以減㆓第一日高㆒（若従㆓第一差㆒第二差少者復加㆑之）余得㆓三十九个六七五㆒収㆓不尽㆒得㆓四十ケ㆒為㆓第三日高㆒、依㆓前術㆒得㆓各数㆒如㆑左、

$\overline{巳庚}=48.72358623$

ト等シクハナラヌ. 仍ツテ又

$$\overline{巳庚}-\left(\overline{巳心}-\frac{1}{2}\right)=0.01376874$$

ヲ作リ之レヲ第二差トスル. ソシテ次ノモノヲ求メル.

$$2x_1-\frac{(\text{第一差})(2x_2-2x_1)}{(\text{第二差})-(\text{第一差})}=36.675 \qquad \left(\frac{2x_1(\text{第二差})-2x_2(\text{第一差})}{(\text{第二差})-(\text{第一差})}\right)$$

（若シ第二差ガ第一差ヨリ小ナラバ左辺第二項ハ加トスル）

之ヲ 40 トシ $2x_3=40$ トシテ又前ノ如ク進ム.

第三日高	四十个
丙丁数	一十五个七七〇四三二一七四
日丙数	一十一个六三〇六九三七二八
巳庚数	一十四个七九三二五〇〇五
甲丁数	一十九个四三六五五八八八
甲乙数	一个五九一七八〇七〇〇一
日乙数巾	一百八十八个二七四三一四〇二三
巳心数	一十五个二九三一四二一二四四二五

列㆓巳心数㆒内減㆓五分㆒余又為㆓巳庚数㆒、未㆑能㆓全同㆒、故列㆓前巳庚数㆒内減㆓後巳庚数㆒余得㆓正一糸〇七九三㆒為㆓第三差㆒、与㆓第一差㆒相減余以㆓第一・三日高差㆒除㆑之得㆓一糸五一七㆒以除㆓第三差㆒得㆓七分一一四㆒以減㆓第三日高㆒余得㆓三十九个二八八六㆒為㆓第四日高㆒依㆓前術㆒得㆓各数㆒如㆑左、

第四日高	三十九个二八八六
丙丁数	一十五个四八四二一二一八一
日丙数	一十一个四一九六〇六四八三四
巳庚数	一十四个五二五〇九九三〇九五
甲丁数	一十九个〇八二一四四六〇五九
甲乙数	一个五六二七五五一〇八
日乙数巾	一百八十一个四八六八四〇六八二一
巳心数	一十五个〇二五〇九七七八

列㆓巳心数㆒内減㆓五分㆒余又為㆓巳庚数㆒、大率合、故以㆓此差㆒又依㆓開方盈朒術㆒得㆑数乃為㆓答数㆒、欲㆑求㆓真数多位㆒者求数雖㆑至㆓百千位㆒唯其所㆑好、然日晷之数秒微之位未㆑可㆑得㆑審、故不㆑必㆓多位㆒也、

カクシテ

$$\text{第三差}=0.00010793$$

仍ツテ

$$2x_3-\frac{(\text{第三差})(2x_1-2x_3)}{(\text{第一差})-(\text{第三差})}=39.2886=2x_4$$ トスル.

コレヲ以テ又前ノヨウニ進ミ第四差ヲ求メルト大分小サクナル．仍ツテ

$$2x_4-\frac{(\text{第四差})(2x_3-2x_4)}{(\text{第三差})-(\text{第四差})}=39.281$$

ヲ以テ $2x$ トスル.

猶精密ナ数ヲ得ヨウト思エバ之ヲ続行スレバイクラデモ出セルガ問題ニ与エラレタ数ガソレ程精密デナイカラ多位ヲ求メル必要ハナイト云ツテ居ル.

サテ此ノ反復法ヲ解説スルト次ノヨウデアル.

今　$y=f(x)$,　　$z=\varphi(x)$,　　$\overline{\text{巳庚}}=F(x)$ トスレバ

$$\overline{\text{日乙}}^2=\left[\left(\varphi(x)+\frac{1}{2}\right)\tan\alpha+f(x)\tan\gamma\right]^2+\left[\varphi(x)-f(x)\right]^2$$

$$\overline{\text{巳心}}=\frac{2x^2-\overline{\text{日乙}}^2}{2x}$$

$$\overline{\text{巳心}}-\frac{1}{2}=\frac{2x_1^2-\left[\left(\varphi(x)+\frac{1}{2}\right)\tan\alpha+f(x)\tan\gamma\right]^2-\left[\varphi(x)-f(x)\right]^2}{2x}-\frac{1}{2}$$

第一差ヲ $\varDelta(x_1)$ トスレバ

$$\varDelta(x_1)=F(x_1)-\frac{2x_1^2-\left[\left(\varphi(x_1)+\frac{1}{2}\right)\tan\alpha+f(x)\tan\gamma\right]^2-\left[\varphi(x_1)-f(x_1)\right]^2}{2x_1}+\frac{1}{2}$$

第二差 $\varDelta(x_2)$ ハ x_1 ノ代リニ x_2 ト置イタモノデアル．ソシテ

$$2x_1-\frac{\varDelta(x_1)(2x_2-2x_1)}{\varDelta(x_2)-\varDelta(x_1)}=2x_3\qquad\left(\frac{2x_1\varDelta(x_2)-2x_2\varDelta(x_1)}{\varDelta(x_2)-\varDelta(x_1)}\right)$$

同様ニ

$$2x_3-\frac{\varDelta(x_3)(2x_1-2x_3)}{\varDelta(x_1)-\varDelta(x_3)}=2x_4$$

$$2x_4-\frac{\varDelta(x_4)(2x_3-2x_4)}{\varDelta(x_3)-\varDelta(x_4)}=2x_5$$

……………………………………

ト進ムノデアル.

次ニ類題四問ノ解ヲ掲ゲル.

〔第一例〕 中，小円ガ次ノ図ノヨウニ一ツノ大円ニ内接シテ居ル．外余積（大円ト中，小円トノ間ノ面積）ガ 120 平方寸，小径ハ中径ヨリ 5 寸短イ．各円ノ直径ヲ求メヨ．

(一)
今有ニ平円内如レ図平円空三個一、
外余寸積百二十歩、只云従ニ中
円径寸一而小円径寸者短五寸、
問ニ大中小円径幾何一、
答曰小円径七寸五分八六六余

各ノ半径ヲ夫々 R, r, r' トスル．

$$\mathrm{O'A}=\sqrt{(r+r')^2-r'^2}$$
$$=\sqrt{r^2+2rr'}$$
$$\mathrm{OA}=\sqrt{(R-r')^2-r'^2}$$
$$=\sqrt{R^2-2Rr'}$$

之ヲ $\mathrm{O'A}-\mathrm{O'O}=\mathrm{OA}$ ニ代入スレバ

$$\sqrt{r^2+2rr'}-(R-r)=\sqrt{R^2-Rr'}$$

之ヲ解イテ R ヲ出ス．

$$r^2+2rr'+R^2-2Rr+r^2-2(R-r)\sqrt{r^2+2rr'}=R^2-2Rr'$$
$$R\left[r-r'+\sqrt{r^2+2rr'}\right]=r^2+rr'+r\sqrt{r^2+2rr'}$$
$$2R=\frac{r^2+2rr'+2r\sqrt{r^2+2rr'}+r^2}{r-r'+\sqrt{r^2+2rr'}} \qquad (1)$$
$$=\frac{(\mathrm{O'A}+\mathrm{O'B})^2}{\mathrm{O'A}+5}$$

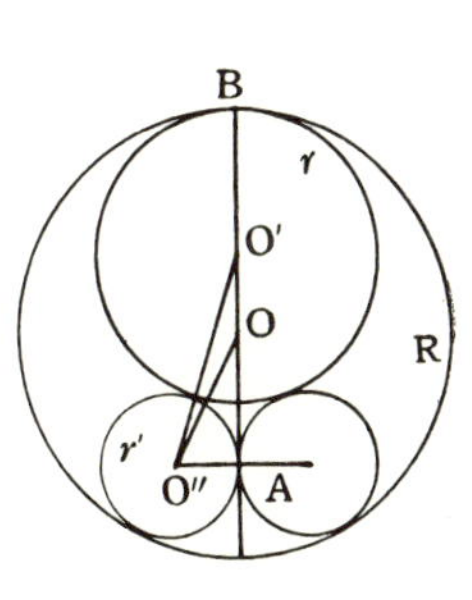

（以上ノ計算ハ本書ニハ示サレテ居ラヌガ，コノ結果ガ大円径ヲ求メル術文トシテ記サレテ居ル．）

此処デ $r'=x$ ト置ケバ $r=x+5$，之ヲ (1) ニ代入スレバ R ガ x デ表ワサレル．コレラヲ

$$\pi(R^2-r^2-2r'^2)=120 \quad \text{（外余積）}$$

ニ代入スレバ，x ニ関スル方程式ヲ得ル．今之ヲ

$$f(x)=0$$

トシ，コノ解法ヲ考エル．

今仮リニ $x_1=7.5$ トシテ $f(x_1)$ ノ値ヲ出シテ見，之ヲ y_1 トスルト之ハ正

トナル．

$$y_1=f(x_1)>0 \qquad \text{（之ヲ第一差トイウ．盈デアル）}$$

次ニ $x_2=7.5$ トシテ

$$y_2=f(x_2)<0 \qquad \text{（第二差，朒）}$$

之ヲ使ツテ次ノ計算ヲ行ウ．

$$\frac{f(x_1)-f(x_2)}{x_1-x_2}=31.0111$$

$$\frac{f(x_1)(x_1-x_2)}{f(x_1)-f(x_2)}=-0.0878$$

$$x_3=x_1-\frac{f(x_1)(x_1-x_2)}{f(x_1)-f(x_2)}=7.5878$$

コノ x_3 ニ対シ，$y_3=f(x_3)$ ヲ求メル．（第三差）

次ニ
$$x_4=x_2-\frac{f(x_2)(x_2-x_3)}{f(x_2)-f(x_3)}=7.5868$$

ヲ求メテ答トシテ居ル．

〔第二例〕 右ノ問題

(二) 今有㆓大立方小平方各一㆒只云平方積為㆑実開立方之見商寸与㆓立方積為㆑実開平方之見商寸二二数共相併一尺、別平方面寸与㆓立方面寸㆒和而七寸、問㆓平方面幾何㆒

立方体ノ一稜ヲ x 寸，正方形ノ一辺ヲ y 寸トスレバ

$$\begin{cases} \sqrt{x^3}+\sqrt[3]{x^2}=10 \\ x+y=7 \end{cases}$$

ヲ解クコトトナル．

今 $S=\sqrt{x^3}+\sqrt[3]{y^2}$ ト置キ $x_1=4$, $y_1=3$ トシテ見レバ

$$S_1=\sqrt{x_1{}^3}+\sqrt[3]{y_1{}^2}=10.008008$$

之ニ対シ $\qquad D_1=S_1-S=0.008008 \qquad$ （第一差，盈）

次ニ $x_2=3.9$, $y_2=3.1$ トシテ見レバ

$$S_2=\sqrt{x_2{}^3}+\sqrt[3]{y_2{}^2}=9.82793$$

$$D_2=S_2-S=-0.17207 \qquad \text{（第二差，朒）}$$

$$\therefore \quad \frac{D_1-D_2}{x_1-x_2}=2.5215, \quad \frac{D_1(x_1-x_2)}{D_1-D_2}=0.031758$$

$$x_3=x_1-\frac{D_1(x_1-x_2)}{D_1-D_2}=3.96824$$

x_3 ニ対シ y_3, S_3 ヲ求メ，又次ノ計算ヲスル．

$$x_4=x_2-\frac{D_2(x_2-x_3)}{D_2-D_3}=3.96838$$

之ヲ以テ答トスル．

〔解説〕 以上ノ例ニヨツテ，中根ノ反復法ハ大体ニ於テ Newton ノ方法ニ類似シテ居ルコトガ了解サレタコトト思ウガ，更ニ之ヲぐらふニ依ツテ示シテ見ヨウト思ウ．

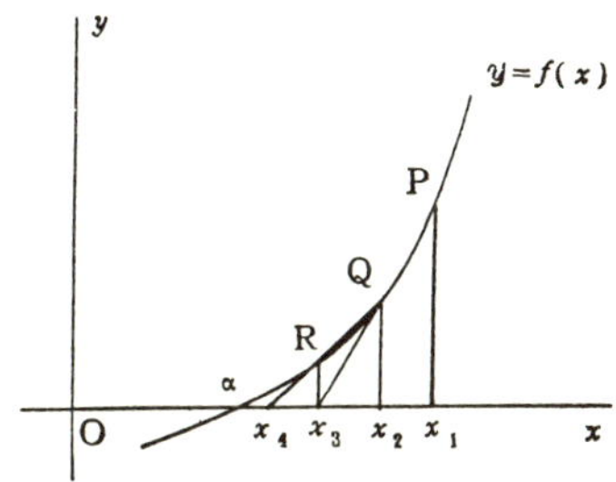

第二例ニ依ツテ説明スルコトトスル．今

$$f(x)=\sqrt{x^3}+\sqrt[3]{(7-x)^2}-10$$

ト置ケバ

$$f(x)=0$$

ノ根ヲ求メルコトガ本問題ヲ解クコトデアル．コノ根ヲ α トシ，$y=f(x)$ ノぐらふヲ考エテ見ル．α ニ近イ x ノ値ヲ x_1. x_2 トスルト

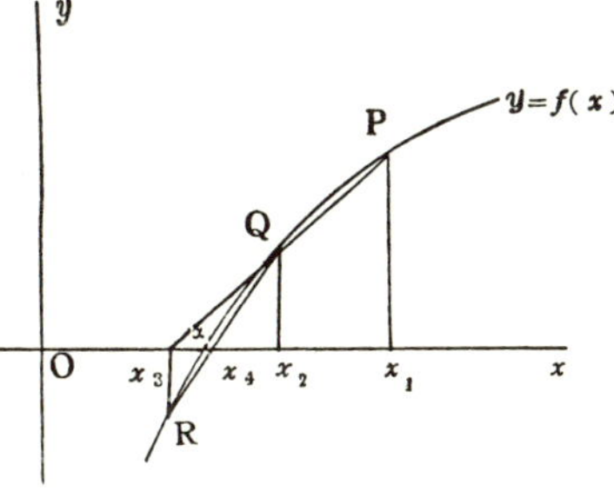

$$f(x_1)=S_1-S=D_1$$

$$f(x_2)=S_2-S=D_2$$

デアル．故ニ $\dfrac{D_1-D_2}{x_1-x_2}$ ハ弦 PQ ノ方向係数トナル．依ツテ PQ ノ方程式ハ

$$y-D_1=\frac{D_1-D_2}{x_1-x_2}(x-x_1)$$

ココデ $y=0$ ト置ケバ

$$x=x_1-\frac{D_1(x_1-x_2)}{D_1-D_2}=x_3$$

即チ x_3 ハ弦 PQ ト x 軸トノ交点ノ x 座標デアル．同様ニ x_4 ハ弦 QR ト x 軸トノ交点ノ x 座標デアル．コノ法ヲ反復スレバ次第ニ α ニ近イ値ヲ求メルコトガ出来ルノデアル．Newton ガ接線ガ用イタノニ対シ中根ハ弦ヲ用イタ

コトニナル.

〔第三例〕ハ $\sqrt[3]{x}+\sqrt[3]{x-3}+\sqrt[3]{x-10}+\sqrt[3]{x-33}=55$ ヲ解クコトトナル問題デアルガ，コノ解ハ前ト変リガナイカラ省略スル.

〔第四例〕 甲乙丙三ツノ立方体ガアル. 甲ト乙トノ体積ノ和ハ 137340 立方寸，乙ト丙トノ体積ノ和ハ 121750 立方寸，又甲稜ノ平方根ト乙稜ノ立方根ト丙稜ノ四乗根トノ和ハ 12.35 寸デアル. 各稜ヲ求メヨ.

各稜ヲ夫々 x 寸，y 寸，z 寸トスレバ

$$\begin{cases} x^3+y^3=137340 \\ y^3+z^3=121750 \\ \sqrt{x}-\sqrt[3]{y}+\sqrt[4]{z}=12.35 \end{cases}$$

之ヲ解クニ，先ズ $z_1=39$ トシテ上ノ二式カラ x, y ヲ求メテ見ルト

$$y_1+39.6704168,\quad x_1=42.1545799$$

又 $$S=\sqrt{x}+\sqrt[3]{y}+\sqrt[4]{z}$$

トスレバ， $$S_1=\sqrt{x_1}+\sqrt[3]{y_1}+\sqrt[4]{z_1}$$

$$=12.40218813$$

$$\therefore\quad D_1=S_1-S=0.05218813 \qquad \text{(第一差)}$$

同様ニ $z_2=38$ トシテ

$$D_2=S_2-S=-0.003702504 \qquad \text{(第二差)}$$

$$\therefore\quad z_3=z_2-\frac{D_2(z_1-z_2)}{D_1-D_2}=38.06624551$$

之ヲ以テ答トシ，反復ハ試ミテ居ナイ.

コレデ中根ノ解法ノ大体ヲ紹介シ終ツタノデアル. 猶コノ解法ノ最初ニ仮定スル未知数ノ値（例エバ第四例ノ $z_1=39$ ノ如キ）ヲ如何ニシテ定メルカニ就テハ何等言及シテ居ラヌノデアル.

〔附　言〕

統術ト云イナガラ本術ト全ク同一ノ方法ヲ述ベテ居ル書ノアルコトヲ附言スル. 藤田貞資校正ノ統術秘伝（寛政二年，1792）ハ年賦金ノ問題ヲ七題取扱ツ

テ居ルガ其ノ中ノ一ツヲ示スト，

仮令金三拾両貸シ五年賦ニシテ利ニ利ヲ加エテ 但金一分以下ハ利ヲ加ヘズ 毎年金九両ヅツ取リ皆済也．此年利何割ト問フ．

答云　年利一割五三〇六一強

術云先一割ニシテ試ミ六両六七五朒名甲，又二割ニシテ試ミ七両六朓名乙，甲ニ二割ヲ乗ズルト乙ニ一割ヲ乗ズルト相減シテ余二両〇九五ヲ得ル，実トス．甲乙相減シテ余拾四両二七五ヲ法トス．以テ実ヲ除テ一割四六七強ヲ得ル．故ニ一割四分ニシテ試ミ，一両八四朒名丙又一割五分ニシテ試ミ，〇両三七五朒名丁丙ニ一割五分ヲ乗ズルト丁ニ一割四分ヲ乗ズルト相減シテ余〇両二二三五ヲ実トスル．丙丁相減ジテ余一両四六五ヲ法トス．以テ実ヲ除テ一割五二五余ヲ得ル．故ニ一割五二ニシテ〇両一四二朒名戊又一割五三ニシテ〇両〇〇六朒名已戊ニ一割五三ヲ乗ズルト已ニ一割五二ヲ乗ズルト相減ジテ余〇両〇二〇八一四ヲ実トス．戊已相減ジテ余〇両一三六ヲ法トス．以テ実ヲ除ク一割五三〇四四余ヲ得ル．

故ニ一割五三ニシテ試ミ〇両〇〇六朒名庚又一割五三一ニシテ試ミ〇両〇〇三八朓名辛庚ニ一割五三一ヲ乗ズルト辛ニ一割五三ヲ乗ズルト相減ジテ余〇両〇〇一五ヲ得ル実トス．庚辛相減ジテ余〇両〇〇九八ヲ得ル法トス．以テ実ヲ除テ一割五三〇六強ヲ得ル．合問．

コレハ全ク中根ノ盈朒術ト同一デアル．先ニ述ベタ統術ガ単ニ方程式ヲ作ルコトノミヲ目標ニシタノニ対シ，此ノ方ハ同時ニソノ方程式ノ近似的解法ヲモ取扱イ而モ後者ガ其ノ主目標デアル．統術ニ対スル定義ラシイ語ハ何処ニモ見当ラヌガ大体過不足ヲ利用シテ上ノヨウニ問題ヲ解クコトヲ指シテ統術ト云ツタモノノヨウデアル．

（註）コノ逐次近似法ヲ又歩術トモ呼ンデ居ル．一歩一歩真数ニ近ズカセル法デアルカラデアル．

（ii）立方盈朒術

坂部広胖ハ其ノ著立方盈朒術（文化七年，1810）ニ於テ三次方程式ノ近似的解法ヲ試ミテ居ル．之ハ盈朒ヲ利用シタ計算法デハアルガ所謂過不足算ラシイ所ハ殆ドナク，全ク近代的ナ反復法ニヨル近似的解法デアル．今其ノ内容ヲ紹介スルト同時ニ之ガ正否ヲ検討シ併セテ前ノ開方盈朒術ナドト対比シテ之亦過不足算ニ其ノ源ヲ発シテ居ル所以ヲ述ベテ見ヨウト思ウ．

巻頭ニ三次方程式

$$ax^3+bx^2+cx+d=0$$

ヲ算盤（ソロバン）上デ解クニハ先ズ此ノ式ヲ $a=1$, $b=0$ ナル方程式

$$x^3+px+q=0$$

ニ変換セネバ此ノ術ガ行ハレヌコトヲ述べ，ソシテソレハ後ノ変式術ノ所デ記

変式術
𝍠̸実　𝍠方　𝍠̸廉　𝍠隅　名二甲原式一、
逐上乗二隅級三段一
𝍦̸隅再実　𝍨隅巾方　𝍢̸廉隅　𝍠隅
遍省二隅乗一
𝍦̸隅巾実　𝍨方隅　𝍢̸廉　𝍠　此式得商 𝍢隅定商 也、
立二商 𝍠廉 一開レ之（若廉隅同名則立レ負等）
𝍦̸隅巾実　𝍨方隅　○　𝍠　名二甲基式一
𝍨方廉隅　𝍢̸廉巾
𝍡̸廉再
此商或者 𝍢隅定商 𝍠廉 乎 𝍢隅定商 𝍠̸廉 也、名二汎商一
此商廉級之正負予難レ定
甲原式ノ正負ト員数トニ仍テ基式ニ至テ得二負商式一コトアリ、然ルトキハ実方隅ノ三級ノ内一級正負ヲ変ジ得二正商一ノ式ニ転ジ天地人ノ三式ト照合シテ其相当ノ術ニ仍テ求二汎商一加二減廉級一以二偶数三段一除レ之得二定商一ナリ、

ストアルガ今ハ先ズ此ノ変式術カラ説明ヲ始メルコトトスル．

方程式ノ変換ニ就テハ既ニ関孝和ガ其ノ著開方算式ノ中ニ於テ色々ト詳シク説テ居ルガ此処デハ唯三次方程式ニ就テ而モ上記ノ事項ノミヲ説イテ居ル．

$$-a+bx-cx^2+dx^3=0 \qquad \text{(甲原式)}$$

玆デ　$y=3dx$　即チ　$x=\dfrac{y}{3d}$　ト置ケバ

$$-a(3d)^3+b(3d)^2y-c(3d)y^2+dy^3=0 \qquad \text{(逐上禺級三段ヲ乗ズ)}$$

$$-27ad^2+9bdy-3cy^2+y^3=0 \qquad \text{(遍ク禺乗ヲ省ク)}$$

此ノ根ハ元ノ根ノ $3d$ 倍デアル．玆デ $z=y-c$ ト置ケバ（第三項ト第四項ガ同号ナラバ $z=y+c$ ト置ク）

$$(-27ad^2+9bcd-2c^3)+(9bd-3c^2)z+z^3=0 \qquad \text{(甲基式)}$$

又

丨実　○　丨̸廉　丨禺　名二乙原式一

原式反二覆之一　如二此式一方級空ナル式ハ如二甲原式一禺級三段ヲ乗ズルトキハ迂遠ナリ

丨禺　丨̸廉　○　丨実　此式得商　丨ケ　定商　也

逐上乗二実数一

丨禺実再　丨̸廉実巾　○　丨実　此式得商　丨実　定商　也

遍省二実数一

丨禺実巾　丨̸廉実　○　丨　名二乙基式一

此式得商　丨実　定商　也、名二汎商一

若基式ニ至テ負商式ヲ得ルトキハ甲基式ノ如ク一級正負ヲ変ジテ正商ヲ得式ヲ求メ天地人ノ三式ト照合シテ相当ノ術ニ仍テ求二汎商一以除レ実得二定商一ナリ、

（変式術終）

此ノ根ハ $3dx+c$ 又ハ $3dx-c$ デアル．（汎商）

原式ノ係数ノ正負及ビ絶対値ノ大小ニヨリ原式ノ正根ガ基式ニ至テ負根トナルコトガアル．カヽル場合ニハ三項ノ中ノ何レカ一ツノ符号ヲカエ正根ヲ得ル式トシ（此ノ云イ方ハ不可）天地人ノ三式（後ニ説明スル）ニ照合シテソノ相当術ニヨツテ根ヲ求メ廉級ヲ加エ又ハ減ジ隅級ノ三倍デ割ツテ求ムル根ヲ得ルト云ウノデアル.

（註）　負根ヲモツ方程式ヲ正根ヲモツ方程式ニ変換スル場合ノ云イ方ハ不可デアル. 今ノ場合ハ第一項ノ符号ヲカエルカ，第二項第三項ノ符号ヲ同時ニカエルカノ何レカデアル. 後ニ色々ノ例ヲ扱ツテ居ルガソノ中ニハカカル場合ニハ常ニ第一項ノ符号ヲカエテ居ルノデアル. 根ノ符号ヲカエルコトニ就テハ関孝和ノ開方算式ノ反商ノ所ニ正シク述ベラレテ居ルカラ間違ウ筈ハナイト思ウガ此ノ書方ハ兎ニ角正シクナイ.

最後ノ「汎商ヲ求メ……」ハ $3dx+c$, 又ハ $3dx-c$ カラ x ヲ求メル方法ヲ述ベタモノデ負根ヲ正根ニ直シテ根ヲ求メタ後ノ処理法デハナイ.

又 $b=0$ デ方程式ガ　$a-cx^2+dx^3=0$　　（乙原式）

ナラバ前ノ方法ハ迂遠デアル. 此ノ時ハ $y=\dfrac{1}{x}$ ト置キ

$$d-cy+ay^3=0$$

此ノ根ハ元ノ根ノ逆数デアル. 玆デ $z=ay$ ト置ケバ

$$a^3d-a^2cz+az^3=0 \quad （此ノ根ハ\frac{a}{x}）$$

$$a^2d-acz+z^3=0 \quad （乙基式）$$

此ノ根ヲ求メソレデ以テ a ヲ割リ原式ノ根ヲ得ルノデアル.

（乙基式ガ負根ヲモツ場合ノ処理法ヲ前ノヨウニ述ベテ居ルガ前ト同様不可デアル）以上ガ変式術デアル.

解　　法

サテ変式術デ得タ三次方程式 $x^3+px+q=0$ ガ必ズ正根ヲモツナラバ各項ノ符号ハ次ノ三ツノ場合ヨリ外ニアリ得ナイ.　但シ $a>0$, $b>0$ トスル.

$$-a+bx+x^3=0$$

$$a+bx-x^3=0$$

$$a-bx+x^3=0$$

仍テコレカラ此ノ三ツノ場合ニツキソノ正根ヲ求メル解法ヲ述ベル.

術例第一

$$-a+bx+x^3=0 \qquad (1)$$

正根ハ必ズ一ツデアル. 之ヲ α トスル.

術例第一

実　方

〆―○―　名ニ天式一

術曰、置レ実以レ方除レ之、自レ之加レ方以除レ実、自レ之加レ方以除レ実、自レ之加レ方以除レ実、逐レ如レ此、用レ除次数多則愈合ニ于真数一　得ニ立方商一合レ問、

此術立方商ヲ得ト雖実数多ク方数寡キトキハ真数ニ合コト至テ遅シ若速ニ立方商ヲ得ント欲セバ左術ノ如シ、

術曰、置レ実以レ方除レ之名ニ一商一、自レ之加レ方以除レ実加ニ一商一半レ之名ニ二商一、自レ之加レ方以除レ実加ニ二商一半レ之名ニ三商一、自レ之加レ方以除レ実加ニ三商一半レ之名ニ四商一逐レ如レ此、用ニ多商一則益親ニ于真数一　以ニ止商一為ニ立方商一合レ問、

先ズ　　$\dfrac{a}{b}=\alpha_1$　ト置キ

次ニ　　$\dfrac{a}{\alpha_1{}^2+b}=\alpha_2$

$$\frac{a}{\alpha_2{}^2+b}=\alpha_3$$

$$\frac{a}{\alpha_3{}^2+b}=\alpha_4$$

……………

トスレバ α_n ハ次第ニ正根 α ニ近ズクト云ウノデアル．（シカシコレハ $a^2-4b^3\leqq0$ ノ時ハ成立スルガ $a^2-4b^3>0$ ノ時ハ不可デアル．）

証　　$-a+b\alpha+\alpha^3=0$　ヨリ　$\alpha=\dfrac{a}{\alpha^3+b}$

$$\therefore\ \alpha_1=\frac{a}{b}>\alpha \qquad \alpha_2=\frac{a}{\alpha_1{}^2+b}<\alpha$$

・　　$\alpha_3=\dfrac{a}{\alpha_2{}^2+b}$　ヨリ　$\alpha_1>\alpha_3>\alpha$

$\alpha_4=\dfrac{a}{\alpha_3{}^2+b}$　ヨリ　$\alpha_2<\alpha_4<\alpha$

追テ此ノヨウニシテ

$$\alpha_1>\alpha_3>\alpha_5>\cdots\cdots>\alpha, \qquad \alpha_2<\alpha_4<\alpha_6<\cdots\cdots<\alpha$$

仍テ $\lim\limits_{n\to\infty}a_{2n+1}$　$\lim\limits_{n\to\infty}\alpha_{2n}$ ハ存在スル．之ヲ夫々 β,γ トスレバ $\beta\geqq\gamma$

又　　$\alpha_{2n+1}=\dfrac{a}{\alpha^2{}_{2n}+b}$，$\alpha_{2n}=\dfrac{a}{\alpha^2{}_{2n-1}+b}$　　カラ

$$\beta=\frac{a}{\gamma^2+b},\qquad \gamma=\frac{a}{\beta^2+b}\tag{1}$$

$$\therefore\qquad a=\beta\gamma^2+b\beta=\gamma\beta^2+b\gamma$$

$$\therefore\qquad \beta\gamma(\beta-\gamma)-b(\beta-\gamma)=0$$

$$(\beta-\gamma)(\beta\gamma-b)=0$$

$$\therefore\qquad \beta=\gamma\quad \text{カ}\quad \beta\gamma=b$$

β,γ ハ唯一意ニ定ル故此ノ中ノ何レカガ成立スル訳デアル.

$\beta\gamma=b$ ト (1) トカラ

$$b\gamma^2-a\gamma+b^2=0\qquad b\beta^2-a\beta+b^2=0\quad \text{ヲ得ル.}$$

即 β,γ ハ $bx^2-ax+b^2=0$ ノ根トナリ,

$$\beta=\frac{a+\sqrt{a^2-4b^3}}{2b}\qquad \gamma=\frac{a-\sqrt{a^2-4b^3}}{2b}\tag{2}$$

仍テ $a^2-4b^3<0$ ナラバ β,γ ハ虚数トナリ, $a^2-4b^3=0$ ナラバ $\beta=\gamma$ トナルカラ $a^2-4b^3\leqq 0$ ナラバ $\beta=\gamma$ ガ成立スルノデアル. 即チ $\lim\limits_{n\to\infty}\alpha_n=\alpha$.

次ニ $a^2-4b^3>0$ トシ α_i ハ(2)ニ収斂セズ α_{2k-1} ハ之ヲ越シテ (β',γ') 間ニ入リ込ムモノトスル. ((2)ノ値ヲ β',γ' トシ $\beta\gamma\fallingdotseq b$ トスル) 然ラバ

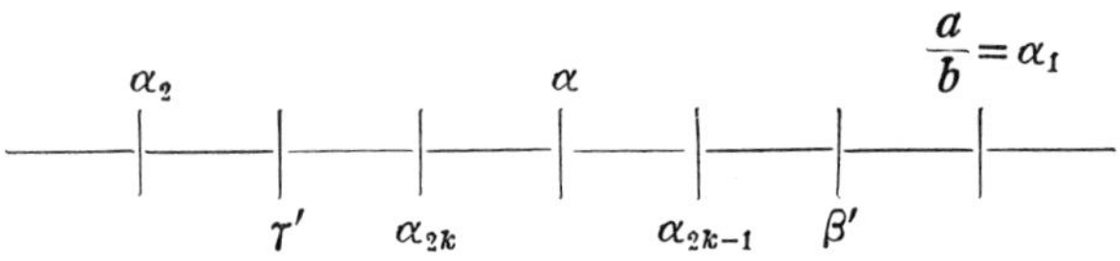

α_2　　α　　$\frac{a}{b}=\alpha_1$

γ'　α_{2k}　α_{2k-1}　β'

$$\alpha_{2k}=\frac{a}{\alpha^2_{2k-1}+b},$$

$$\alpha_{2k+1}=\frac{a}{\left(\dfrac{a}{\alpha^2_{2k-1}+b}\right)^2+b}=\frac{a(\alpha^2_{2k-1}+b)^2}{a^2+b(\alpha^2_{2k-1}+b)^2}<\alpha_{2k-1}$$

トナラネバナラヌ.

即チ　$b\alpha_{2k-1}(\alpha^2_{2k-1}+b)^2-a(\alpha^2_{2k-1}+b)^2+a^2\alpha_{2k-1}>0$　(3)

トナラネバナラヌ.

然ルニ　$\gamma'<\alpha_{2k-1}<\beta'$,　β',γ' ガ $bx^2-ax+b^2=0$ ノ根デアルカラ

$$b\alpha^2_{2k-1}-a\alpha_{2k-1}+b^2<0\quad \text{即チ}\quad b(\alpha^2_{2k-1}+b)-a\alpha_{2k-1}<0\tag{4}$$

又, $\alpha^3+b\alpha-a=0$,　$\alpha_{2k-1}>\alpha$　デアルカラ

$$\alpha^3_{2k-1}+b\alpha_{2k-1}-a>0 \quad 即チ \quad \alpha_{2k-1}(\alpha^2_{2k-1}+b)-a>0$$

之ト (4) ト掛合セルト

$$b\alpha_{2k-1}(\alpha^2_{2k-1}+b)^2-a(\alpha^2_{2k-1}+b)^2+a^2\alpha_{2k-1}<0$$

コレハ (3) ト矛盾スル

$$\therefore \quad \beta\gamma=b \qquad \therefore \quad \lim_{n\to\infty}\alpha_n\fallingdotseq\alpha$$

此ノヨウニ　$a^2-4b^3\leqq 0$　ノ時ハ　$\lim_{n\to\infty}\alpha_n=\alpha$　トナルガ

$a^2-4b^3>0$　ノ時ハ　$\lim_{n\to\infty}\alpha_{2n+1}=\beta'$

$\lim_{n\to\infty}\alpha_{2n}=\gamma'$

（但シ β', γ' ハ $bx^2-ax+b=0$ ノ根）

トナリ　$\lim_{n\to\infty}\alpha_n=\alpha$　トハナラヌノデアル．

坂部ハ此ノ点ニハ気附イテ居ラズ何レノ場合ニモ $\lim_{n\to\infty}\alpha_n=\alpha$ トナルト考エテ居ルヨウデアル．ソシテ取扱ツテ居ル実例モ皆 $a^2-4b^3<0$ ノ場合ノミデアル．

実際 $a=10$, $b=1$ 従ツテ $\alpha=2$, $\beta'=9.899$, $\gamma'=0.101$ ノヨウナ例ヲ取扱ツテ見ルト α_i ハ中々2ニ近ズキソウニハ見エズ，試ミニ α_{2k-1} ＝3トカ4トカヲ与エテ見ルト α_{2k+1} ハ3トカ4トカヨリ小サクハナラズニ却テ大キクナルコトヲ認メルノデアルガ，坂部ハカカル場合ハ単ニ α ニ収斂スルコトガ極メテ遅イモノトノミ思ツタヨウデアル．ソレデカカル場合ニ処スル方法トシテ次ノ算術平均ニヨル方法ヲ工夫シタノデアル．此ノ方法ニヨレバ収斂ガ速イノミナラズ何時デモ必ズ根ニ収斂スルノデアル．

即チ　$\dfrac{a}{b}=\alpha_1$　　$\dfrac{a}{\alpha_1{}^2+b}=\alpha_1'$　　$\dfrac{\alpha_1+\alpha_1'}{2}=\alpha_2$

$\dfrac{a}{\alpha^2_2+b}=\alpha_2'$　　$\dfrac{\alpha_2+\alpha_2'}{2}=\alpha_3$

$\dfrac{a}{\alpha^2_3+b}=\alpha_3'$　　$\dfrac{\alpha_3+\alpha_3'}{2}=\alpha_4$

………………　………………

トスレバ，n ヲ大キクシタ時 α_n ハ α ニ近ズクト云ウノデアル．

証． $\alpha<\alpha_1$, $\alpha_1'<\alpha$,　α_2 ハ (α_1', α_1) ノ間ニアル．但シ (α_1', α), (α, α_1)

ノ何レニアルカハ定マラヌ．

α_2 ガ (α, α_1) ノ間ニアリトセバ $\alpha<\alpha_2<\alpha_1$

$$\therefore \quad \alpha_1'<\alpha_2'<\alpha$$

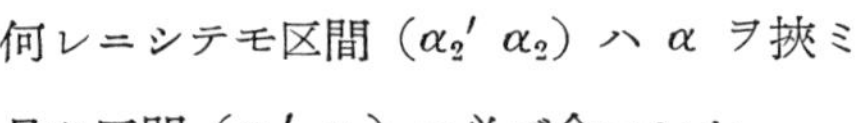

α_2 ガ $(\alpha_1'\alpha)$ ノ間ニアルトセバ

$\alpha_1'<\alpha_2<\alpha$

$$\therefore \quad \alpha<\alpha_2'<\alpha_1$$

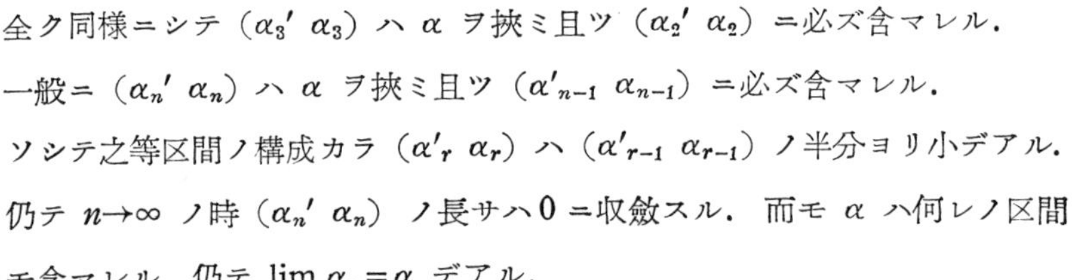

何レニシテモ区間 $(\alpha_2'\ \alpha_2)$ ハ α ヲ挟ミ且ツ区間 $(\alpha_1'\ \alpha_1)$ ニ必ズ含マレル．

全ク同様ニシテ $(\alpha_3'\ \alpha_3)$ ハ α ヲ挟ミ且ツ $(\alpha_2'\ \alpha_2)$ ニ必ズ含マレル．

一般ニ $(\alpha_n'\ \alpha_n)$ ハ α ヲ挟ミ且ツ $(\alpha'_{n-1}\ \alpha_{n-1})$ ニ必ズ含マレル．

ソシテ之等区間ノ構成カラ $(\alpha'_r\ \alpha_r)$ ハ $(\alpha'_{r-1}\ \alpha_{r-1})$ ノ半分ヨリ小デアル．

仍テ $n\to\infty$ ノ時 $(\alpha_n'\ \alpha_n)$ ノ長サハ0ニ収斂スル．而モ α ハ何レノ区間ニモ含マレル．仍テ $\lim\limits_{n\to\infty}\alpha_n=\alpha$ デアル．

以上ノ証明ハ自作デアルガ本書ノ後ノ方ニ立方盈朒術解ト云ウ所ガアリ其ノ第一術解ノ所ニ次ノヨウナコトガ書イテアル．

「実＝方×定商＋定商^3　(1)

$$(a=bx+x^3)$$

故ニ　$\dfrac{実}{方}$＝定商＋㋑$\dfrac{定商^3}{方}$

盈一商ト名ク．

実ヲ置キ方ヲ以ツテ之ヲ除シ内㋑ノ数ヲ減ズルトキハ定商ナリ．然ルニ㋑ノ数ヲ減ズルコト不能ユエ直チニ定商トスルユエ立方商ニ比スレバ㋑ノ数ホド多シ故ニ盈一商ト名ク．

実四個五一二　方五　定商○個八

商			
盈一商	○ケ九○二四	子	五ケ八一四三二五七六
朒二商	○ケ七七六○一三	丑	五ケ六○二一六八二三
盈三商	○ケ八○五三九八一三	寅	五ケ六四八六六六六一四
朒四商	○ケ七九八七九二六五	卯	五ケ六三八○二七七五
盈五商	○ケ八○○二七八四二	辰	五ケ六四○四四三五六
朒六商	○ケ七九九三六八一	巳	五ケ六三九八九八九○
盈七商	○ケ八○○○一四二四	午	五ケ六四○○二二九四
朒八商	○ケ七九九九九六七五	未	五ケ六三九九九九四八一
盈九商	○ケ八○○○○○○七三		

方＋(盈一商)^2＝子　ト置キ，

$\dfrac{\text{実}}{\text{子}}$ ハ朒二商

(1) ニ依リ定商冪ト方ト相併セ以テ実ヲ除スルトキハ定商ヲ得ルナリ $\left(\dfrac{a}{x^2+b}=x\right)$ 然ルニ定商ヨリ多キ (盈一商)^2 ト方ト相併シテ以テ実ヲ除スル故定商ニ比スレバ寡キ理ナリ．故ニ朒二商ト号ク．盈朒ノ名爰ニ起ル他皆之ニ傚フ．」

コレダケノ説明デ，何故ニ根ニ近ズクカト云ウ説明ハナイ．シカシ「挙^{レ}数示^{レ}之」トテ二例ヲ挙ゲ次第ニ根ニ近ズク模様ヲ示シテ居ル．其ノ中ノ一ツヲ掲ゲル(前頁)．$\left(\begin{array}{l}\text{子丑……ハ}\alpha_1{}^2+b\\ \text{ノ値デアル.}\end{array}\right)$

「此ノ如ク実数少ク方数多キトキハ必ズ定商分位以下ニアリ．

実数少ク方数多キ中ニモ其差多キトキハ真数ニ合フコト速カナリ少キトキハ遅シ．

又曰ク実数多キコト方数ノ一倍以上ニ至ルトキハ真数ニ合フコト甚ダ遅シ乃チ左ノ如シ」

トテ実十八，方五，定商二ノ場合ノ盈商朒商ヲ掲ゲ，十三商ニ至ツテヤツト二位合ウコトヲ示シ，仍テ之ニ後ノ算術平均ヲ用ウル方法ヲ適用スレバ強五商ニ至ツテ既ニ五位合ウコトヲ夫々表ニ依テ示シテ居ルガ此ノ表ハ省ク．

此ノ後ノ算術平均ヲ用ウル場合ノ説明ノ中ニ　$\alpha_1\ \alpha_2\ \alpha_3\cdots\cdots$　ハ皆強商デアリ，$\alpha_1'\ \alpha_2'\ \alpha_3'\cdots\cdots$ ハ皆弱商デアルヨウニ見テ居ルヨウデアルガ之レハ必ズシモソウデハナイ．何トナレバ

$\alpha_n=\alpha+\varepsilon\quad(\varepsilon>0)$ トスレバ

$\alpha'_n=\dfrac{a}{(\alpha+\varepsilon)^2+b}$　　又　$\alpha=\dfrac{a}{\alpha^2+b}$

$$\alpha-\alpha'_n=\frac{a}{\alpha^2+b}-\frac{a}{(\alpha+\varepsilon)^2+b}=\frac{a(2\alpha+\varepsilon)\varepsilon}{(\alpha^2+b)[(\alpha+\varepsilon)^2+b]}$$
$$=\frac{\alpha(2\alpha+\varepsilon)\varepsilon}{(\alpha+\varepsilon)^2+b}$$

α'_n　　α　　$\alpha_n=\alpha+\varepsilon$

之レハ必ズシモεヨリ小トハ限ラヌ.

$$\alpha(2\alpha+\varepsilon)>(\alpha+\varepsilon)^2+b$$

ナラバεヨリ大トナル. 即チ

$$2\alpha^2+\alpha\varepsilon>\alpha^2+2\alpha\varepsilon+\varepsilon^2+b$$

$$\alpha^2>\varepsilon(\alpha+\varepsilon)+b \cdots\cdots\cdots\cdots(1)$$

ナラバεヨリ大トナル. 従テ

$$\alpha'_n<\alpha-\varepsilon,\quad \alpha_n=\alpha+\varepsilon$$

$$\therefore\quad \alpha_{n+1}=\frac{\alpha_n+\alpha'_n}{2}<\alpha \quad \text{（弱商）}$$

トナル. 又　$\alpha^2<\varepsilon(\alpha+\varepsilon)+b \cdots\cdots\cdots\cdots(2)$

ナラバ　$\alpha_{n+1}>\alpha$　　（強商）

トナルノデアル. 本書ノ例ハ $\alpha=2$, $b=5$ デ n ノ如何ニ拘ラズ常ニ (2) ノ成立スル場合デアルガ $\alpha=2$, $b=1$ (従テ $a=10$) ナラバ ε ハ n ト共ニ次第ニ小トナルカラ (1) ガ必ズ成立シ $\alpha_{n+1}<\alpha$ トナルコトガ起ルノデアル.

次ニ上ノ解法ヲ実際ニ適用シテ下ノヨウナ問題ヲ解イテ居ル.

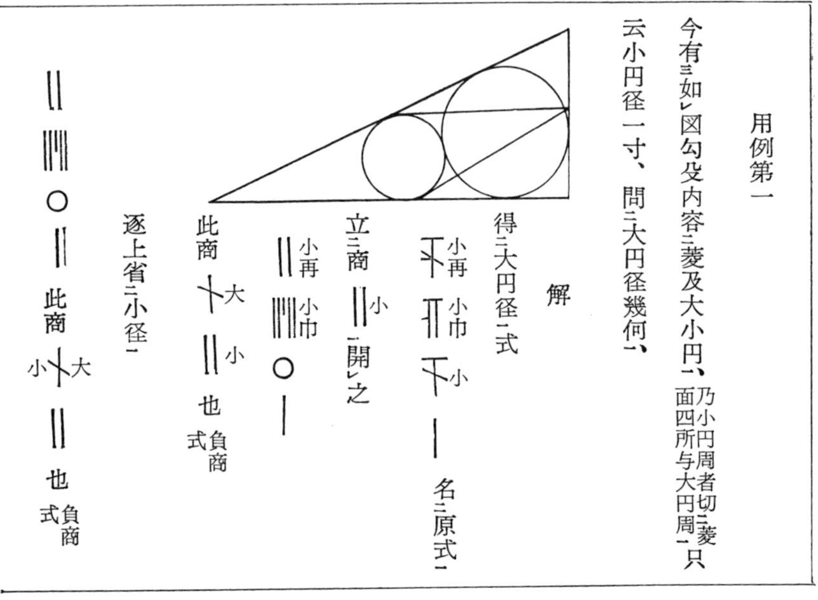

用例第一
今有如図勾殳内容菱及大小円、乃小円周者切菱面四所与大円周只
云小円径一寸、問大円径幾何、
解
得大円径式
小再
小巾
小
名原式
立商
小
開之
小再
小巾
此商
大
小
也
負商式
逐上省小径
此商
小
大
也
負商式

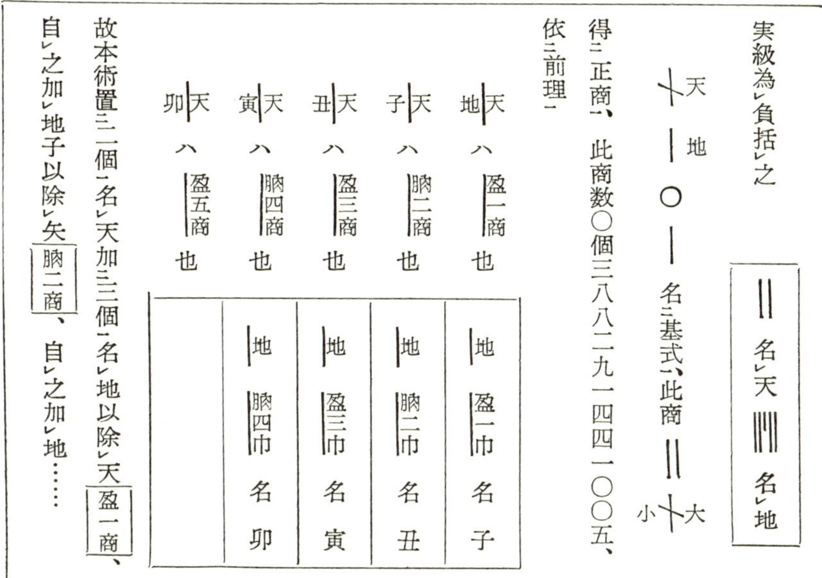

大円径ヲ x，小円径ヲ d デ表セバ

$$x^3-6dx^2+17d^2x-16d^3=0 \qquad \text{(原式)}$$

（此ノ方程式ヲタテル説明ハ本書ニハ省カレテアル）

$$y=x-2d \quad \text{ト置キ}$$

$$y^3+6d^2y+2d^3=0$$

此ノ根ハ $x-2d$ ナレド負根トナルカラ答トシテハ $2d-x$ デアル．（上記ノ云イ方ハ少シ変デアルガコウ云ウ意味デアルト思ウ．）

次ニ　$z=\dfrac{y}{d}$ ト置キ

$$z^3+5z+2=0 \qquad \text{此ノ根ハ } \frac{x}{d}-2,$$

ヨツテ　$z^3+5z-2=0$　（基式）

ノ根ハ $2-\dfrac{x}{d}$ デアル．根ヲ必ズ正トシテ計算ヲ運ンデ居ルノデアルカラ此ノヨウナ変形ヲ行ウノデアル．此ノ方程式ニ対シ盈商朒商ノ計算ヲ行イ，朒六商 0.388291433 マデ出シ，コレデ七位合ウト云ツテ居ル．

猶用例第二ガアルガ之ハ省ク，次ニ術例第二ニ移ル．

> 術例第二
>
> ｜実　｜方　○　十　名ニ地式一
>
> 術曰、置レ方開ニ平方一、以除レ実加レ方開ニ平方一、以除レ実加レ方開ニ平方一、逐如レ此、用ニ平方一次数多則益親ニ于真数一、得ニ立方商一、合レ問、

術例第二

$$a+bx-x^3=0 \quad （地式）$$

此ノ正根モ唯一ツデアル．今之ヲ α トスレバ

$$a+b\alpha=\alpha^3 \qquad \therefore \quad \frac{a}{\alpha}+b=\alpha^2$$

$b=\alpha_1{}^2$ トスルト $\alpha_1<\alpha$

次ニ　$\dfrac{a}{\alpha_1}+b=\alpha_2{}^2$ トスレバ $\alpha_2>\alpha$

同様ニ　$\dfrac{a}{\alpha_2}+b=\alpha_3{}^2$ トスレバ $\alpha_1<\alpha_3<\alpha$

$\dfrac{a}{\alpha_3}+b=\alpha_4{}^2$ トスレバ $\alpha_2>\alpha_4>\alpha$

……………　　　……………

追テ此ノヨウニ進メバ

$$\alpha_1<\alpha_3<\alpha_5<\cdots\cdots<\alpha, \quad \alpha_2>\alpha_4>\alpha_6>\cdots\cdots>\alpha$$

仍テ $\lim\alpha_{2n}$ $\lim\alpha_{2n+1}$ ハ存在スル．之ヲ夫々 β, γ トスレバ

$$\beta^2=\frac{a}{\gamma}+b, \qquad \gamma^2=\frac{a}{\beta}+b,$$

$$\therefore \quad \beta^2\gamma=a+b\gamma, \qquad \beta\gamma^2=a+b\beta$$

$$\therefore \quad \beta\gamma(\beta-\gamma)+b(\beta-\gamma)=0$$

$$(\beta-\gamma)(\beta\gamma+b)=0$$

β, γ, b ハ皆正デアルカラ

$$\beta\gamma+b\neq 0 \qquad \therefore \quad \beta=\gamma$$

仍テ　$\lim\limits_{n\to\infty}\alpha_n=\alpha$

以上ノ証明ハ自作デアルガ本書ノ第二術解ニハ次ノコトガ記サレテ居ル．

「　実＝定商^3－方×定商

此形ヲ視ルニ実数ハ定商冪内方ヲ減ジ余ニ定商ヲ乗ジタルモノナリ．

故ニ商冪ヨリ方ハ寡キコト明白ナリ．故ニ

方ハ（朒一商）^{2} 也　平方ニ開キ朒一商ト名ク．

前文ノ如ク定商冪ハ方数ヨリ多シ．然ルニ方ヲ以テ直ニ商冪ト視ルユヘ朒一商冪ト名ク．

実ヲ置キ朒一商ヲ以テ之ヲ除シ方ヲ加ウ $\left(\dfrac{\text{実}}{\text{定}}=\text{定商}^2-\text{方}\right)$ $\dfrac{\text{実}}{\text{朒一商}}-\text{方}$ ハ盈二商冪也，平方ニ開キ盈二商ト名ク．

実ヲ定商ニ除ク数ニ方ヲ加フルトキハ定商ナリ．然ルニ定商冪ヨリ寡キ朒一商ニテ実ヲ除キ方ヲ加フユヘニ定商冪ニ比スレバ多シ．故ニ盈二商冪ト云フ．三商以下コレニ倣フベシ．」

実一二ケ方一三ケ　真商四ケ
朒一商　三ケ六〇五五一二七六
盈二商　四ケ〇四〇八一六八九四
朒三商　三ケ九九六二一〇三七四
盈四商　四ケ〇〇〇三五九六〇七
朒五商　三ケ九九九九六六六六五
盈六商　四ケ〇〇〇〇〇三一二五
至二六商一試レ之六位合、

盈朒ノ起ル理由ヲコレダケ述べ次ニ「設レ数示レ之」トテ右ノヨウナ実例ヲ三例アゲ根ニ近ズクコトヲ示シテ居ル．

猶此ノ解法ヲ実際ニ適用シテ応用問題ヲ解イテ居ルガ之ハ省ク，

次ニ術例第三ニ移ル．

術例第三
実　方
— ╳ 〇 —　名二人式一
此式有二正商二件一、
得二多商一術如レ左
術曰、置レ方開二平方一、以除レ実用減レ方余開二平方一、以除レ実用減レ方余開二平方一、
逐如レ此、開二平方一次数多則益親二于真数一　得二立方商一合レ問、
得二少商一術如レ左
術曰、置レ実以レ方除レ之、自レ之用減レ方余以除レ実、自レ之用減レ方余以除レ実、
逐如レ此、用レ除次数多則益親二于真数一　得二方商一合レ問、

$$a-bx+x^3=0 \qquad (\text{人式})$$

此ノ方程式ニハ正根ガ二ツアル．但シ $D=4b^3-27a^2\geqq 0$ ナルコトヲ要スル．

(i)　大キイ根(α)ヲ得ルニハ

$$b=\alpha_1{}^2, \qquad b-\frac{a}{\alpha_1}=\alpha_2{}^2,$$

$$b-\frac{a}{\alpha_2}=\alpha_3{}^2,\ b-\frac{a}{\alpha_3}=\alpha_4{}^2,$$

……………………………

トシテ進メバ α_n ハ α ニ次第ニ近ズク．何トナレバ

$$b-\frac{a}{\alpha}=\alpha^2$$

$$b=\alpha_1{}^2 \qquad \therefore\ \alpha<\alpha_1$$

又
$$b-\frac{a}{\alpha_1}=\alpha_2{}^2 \qquad \therefore\ \alpha<\alpha_2<\alpha_1$$
$$b-\frac{a}{\alpha_2}=\alpha_3{}^2 \qquad \therefore\ \alpha<\alpha_3<\alpha_2<\alpha_1$$
……………………………………………

$$\therefore\quad \alpha<\cdots\cdots<\alpha_5<\alpha_4<\alpha_3<\alpha_2<\alpha_1$$

仍テ $\lim_{n\to\infty}\alpha_n$ ハ存在スル．之ヲ γ トスレバ $b-\dfrac{a}{\alpha_n}=\alpha^2{}_{n+1}$ ヨリ
$$\gamma^2=b-\frac{a}{\gamma} \qquad \therefore\ \gamma=\alpha$$
$$\therefore\quad \lim_{n\to\infty}\alpha_n=\alpha$$

(ii)　小サイ根(β)ヲ求メルニハ
$$\frac{a}{b}=\beta_1, \qquad \frac{a}{b-\beta_1{}^2}=\beta_2, \qquad \frac{a}{b-\beta_2{}^2}=\beta_3, \quad \cdots\cdots$$
ト進メバ β_n ハ次第ニ β 近ズク．何トナレバ
$$\frac{a}{b-\beta^2}=\beta \qquad \frac{a}{b}=\beta_1 \qquad \therefore\ \beta_1<\beta$$
$$\frac{a}{b-\beta_1{}^2}=\beta_2 \qquad \therefore\ \beta_1<\beta_2<\beta$$
$$\frac{a}{b-\beta_2{}^2}=\beta_3 \qquad \therefore\ \beta_1<\beta_2<\beta_3<\beta$$
……………………………………………

カクシテ　$\beta_1<\beta_2<\beta_3<\beta_4<\cdots\cdots<\beta$

故ニ $\lim_{n\to\infty}\beta_n$ ハ存在スル．之ヲ δ トスレバ $\dfrac{a}{b-\beta_n{}^2}=\beta_{n+1}$ ヨリ
$$\frac{a}{b-\delta^2}=\delta \qquad \therefore\ \delta=\beta$$
$$\therefore\quad \lim_{n\to\infty}\beta_n=\beta$$

此ノ解法ニ対シ本書ニハ前ノ如ク第三術解，及ビ用例解ヲヤツテ居ルガ前ト同ジ調子ノモノ故今ハ之ヲ省ク．

猶以上ノ証明ニ於テハ解析的ノ方法ニヨツタモノデアルガ之ヲ幾何学的ニ図デ収斂ノ模様ヲ示スコトモ出来ルノデアル．

開方盈朒術トノ比較．

開方盈朒術デハ

$$f(x)=\varphi(x)-A=0$$

ノ根ヲ求メルニ先ズ $\varphi(x_1)$ ヲ求メ之ヲ

$$\varphi(x_1)=A+\ {}_1$$

トスレバ $\varepsilon_1>0$ ノトキ盈，$\varepsilon_1<0$ ノトキ朒ト云イ，ε ヲ 0 ニ近ズカセテ根ノ近似値ヲ求メル．ソシテ ε ヲ 0 ニ近ズカセルニハ

$$\frac{x_{i+1}f(x_i)-x_if(x_{i+1})}{f(x_i)-f(x_{i+1})} \cdots\cdots\cdots\cdots\cdots\cdots\cdots\cdots (1)$$

ニヨル．

立方盈朒術デハ

$$f(x)=\varphi(x)-x=0 \quad \left(\begin{array}{l}\text{方程式ヲ}\dfrac{a}{x^2+b}=x\ \text{ノ如キ形即チ}\\ \quad\varphi(x)-x=0\ \text{ノ形ニ変形スル}\end{array}\right).$$

ノ根ヲ求メルニ先ズ　$\varphi(x_1)=x_2$ ヲ求メ之ヲ

$$\varphi(x_1)=x_1+\varepsilon_1$$

トスレバ $\varepsilon_1>0$ ノトキ盈，$\varepsilon_1<0$ ノトキ朒ト云イ，ε ヲ 0 ニ近ズカセテ根ノ近似値ヲ求メル．而シテ ε ヲ 0 ニ近ズカセルコトハ $\varphi(x)$ ノ性質上自ラ出来テ居ル．即チ (1) ノ如キモノニヨラズ始メカラ $\varepsilon\to 0$ ナル様ニ $\varphi(x)$ ガ選ンデアル．

両者ハ何レモ反復法デ次第ニ根ニ近ズケル方法デアル．此ノ点ハ所謂過不足算ト趣ヲ異ニシテ居ル．

又開方盈朒術デハ所謂過不足算ノ公式ヲ使ツテ ε ヲ 0 ニ近ズケルノデ過不足算ノ嗅味ハマダ多分ニアルガ立方盈朒術デハ盈朒ト云ウ語コソ使ツテ居ルガ所謂過不足算カラハ殆ド脱却シテ居ルト云ツテヨク，ソシテ極メテ近代的ナヤリ方デアル．ケレドモ此ノ考ノ元ハヤハリ過不足算ニ発シテ居ルコトハ和算ノ内容カラ推シテ殆ド疑イノナイ所デアル．

猶前者デハ x_1 ノ選定方ニツイテハ何等言及シテ居ラヌ（所謂過不足算ナラバ何デモヨイガ此処デハ根ニ近イ値ヲトルコトガ必要デ，若シソウシナイト根ニ収斂シナイコトモ起ル．）ノニ対シ後者ノ x_1 ハキチント定メラレテ居リ且ツ収斂モ確実デアル．シカシ此ノ方ニハ同ジ三次方程式ニ色々ノ計算形式ヲ使イ

且ツ平方根ヲ求メルト云ウヨウナ複雑ナ計算モ含マレテ居ルガ前者ニハソレガナイ．而モ次数ニ無関係ニ適用出来ルト云ウ大ナル特徴ヲモツテ居ルノデアル．

3 Newton ノ近似法ト同一ノ反復法

既ニ関孝和編開方算式ノ窮商ハ Newton ノ近似法ト全ク同一デアルコト，及ビ久留島義太ノ久氏弧背草，会田安明ノ重乗算顆術，川井久徳ノ開式新法等ニ見エル反復法モ，恐ラク関ノ流ヲ汲ンダモノデアロウト述ベテ置イタガ，本節ニ於テハ之等ノ内容ヲ詳説シテ見ヨウト思ウ．

（久留島ノ方法ハ超越方程式ノ解法ニ使ツタ反復法デアルカラ次節デ述ベル方ガ適当ノヨウデアルガ，今ハ同一方法ヲ纏メルト云ウ立場カラ本節デ述ベルコトトスル．

(i) 久留島義太ノ久氏弧背草

久氏弧背草ハ久留義太（1757 歿）ノ遺書デアル．久留島ハ奇行ニ富ム大数学者デアルガ生前ノ著書ハ一ツモナク本書ノ如キモ氏ノ歿後門弟ノ蒐録シタモノデアル．甚ダ雑然タルモノデアルガ而モ其ノ内容ハ当時ニアツテハ嶄然頭角ヲアラワシタモノデアル．本書ハ其ノ名ノ示スヨウニ弧背術ニ関スルモノデアルガ其ノ中ニ極背ヲ求メル一問ガアル．此ノ解ニ所謂円理極数術ヲ使ツテ居ル．円理極数術トハ極大極小ノ問題ニ円理綴術ヲ使用シテ解クコトデアル．此ノ術ハ円理発達ノ結果徳川末期ニ盛ンニ行ワレタモノデアルガ其ノ元ハ久留島ヤ松永等ニヨツテ始メラレタモノデアル．恐ラク此ノ問題ナドガ，其ノ濫觴ヲナシタモノノヨウデアル．

今円径ヲ d，矢ヲ h，ソレニ対スル弧背ヲ a デ表ワセバ

$$4hd=a^2-\frac{1}{3\cdot4}\frac{a^4}{d^2}+\frac{1}{3\cdot4\cdot5\cdot6}\frac{a^6}{d^4}-\frac{1}{3\cdot4\cdot5\cdot6\cdot7\cdot8}\frac{a^8}{d^6}+\cdots\cdots$$

（コノ級数ハ本書ノ初ノ方ニモ出テ居リ，又他ノ和算書ニモヨク見ルモノデ

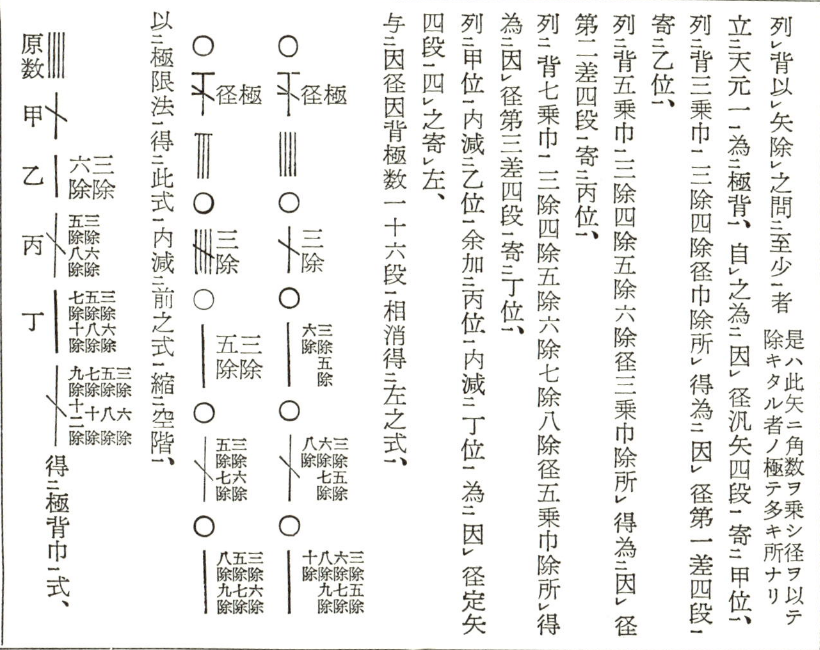
列レ背以レ矢除レ之問ニ至少ニ者（是ハ此矢ニ角数ヲ乗シ径ヲ以テ除キタル者ノ極テ多キ所ナリ）
立ニ天元一ニ為ニ極背ー自レ之為ニ因レ径汎矢四段ニ寄ニ甲位ー
列ニ背三乗巾ニ三除四除径巾除所レ得為ニ因レ径第一差四段ニ寄ニ乙位ー
列ニ背五乗巾ニ三除四除五除六除径三乗巾除所レ得為ニ因レ径第二差四段ニ寄ニ丙位ー
列ニ背七乗巾ニ三除四除五除六除七除八除径五乗巾除所レ得為ニ因レ径第三差四段ニ寄ニ丁位ー
列ニ甲位ニ内減ニ乙位ニ余加ニ丙位ニ内減ニ丁位ニ為ニ因レ径定矢四段ニ四レ之寄レ左、
与ニ因径因背極数一十六段ニ相消得ニ左之式ー
径極　三除　三除五除　六除七除　三除五除六除七除九除十除
径極　三除　三除五除　三除六除五除七除　三除五除六除七除八除九除
以ニ極限法ニ得ニ此式ニ内減ニ前之式ニ縮ニ空階ー
原数　甲　乙　三除六除　丙　三除五除六除八除　丁　三除五除六除七除八除十除　三除五除六除七除八除九除十除十二除
得ニ極背巾ニ式、

アル）

玆デ $d=1$, $\dfrac{h}{a}=y$ ト置キ，一辺ニ集メ，且ツ4倍スレバ

$$-16ay+4a^2-\frac{1}{3}a^4+\frac{1}{3\cdot5\cdot6}a^6-\frac{1}{3\cdot5\cdot6\cdot7\cdot8}a^8+\cdots\cdots=0 \qquad (1)$$

コノ y ヲ最大ナラシメル a ノ値ヲ求メレバヨイノデアル．

適尽法ニヨツテ

$$-16y+8a-\frac{4}{3}a^4+\frac{1}{3\cdot5}a^5-\frac{1}{3\cdot5\cdot6\cdot7}a^7+\cdots\cdots=0 \qquad (2)$$

〔$f(a,y)=0$　カラ　$\dfrac{\partial f}{\partial a}=0$　ヲ出シタコトニアタル〕

(2) ニ a ヲ掛ケ (1) ヲ引ケバ

$$4a^2-a^4+\frac{1}{3\cdot6}a^6-\frac{1}{3\cdot5\cdot6\cdot8}a^8+\frac{1}{3\cdot5\cdot7\cdot6\cdot8\cdot10}a^{10}-\cdots\cdots=0$$

$a^2=x$（背巾）ト置キ，且ツ x デ割レバ

$$4-x+\frac{1}{3\cdot6}x^2-\frac{1}{3\cdot5\cdot6\cdot8}x^3+\frac{1}{3\cdot5\cdot7\cdot6\cdot8\cdot10}x^4-\cdots\cdots=0 \qquad (3)$$

之ヲ極背法尽式トイツテ居ル．コノ超越方程式ノ解法ニ久留島ガ採ツタ反復法ガ今紹介ショウトスル要点デアル．

極背無尽式

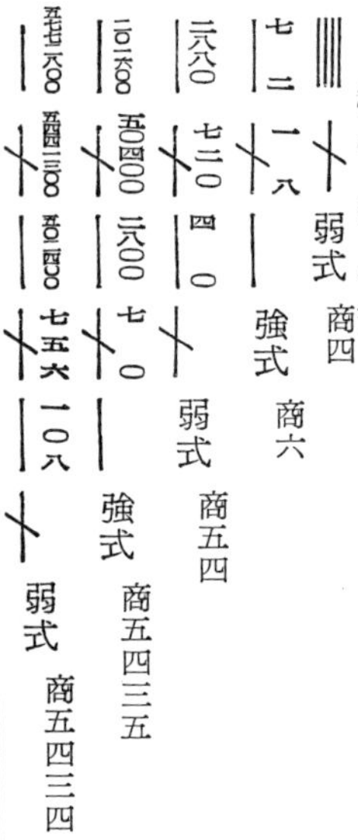

|||| ┼ 弱式 商四
|七二 ┼一八 | 強式 商六
|二八八〇 ┼七二〇 |四〇 ┼ 弱式 商五四
|二〇一六〇〇 ┼五〇四〇〇 |二八〇〇 ┼七〇 | 強式 商五四三五
|二一七七二八〇〇 ┼五四四三二〇〇 |三〇二四〇〇 ┼七五六 |一〇八 ┼ 弱式 商五四三四

如レ此開レ之則弱式商増、強式商損、而上位漸定焉、名二之清数下位淤濁遼遠而求二至難一見、謂二之酌レ清之法一、愈委開二除之一則下位淤濁殆不レ有矣、依レ之謂レ酌レ清一恰如二濁水之温而清一、故謂レ酌レ清、以二五四一為レ元、九除十二除レ之得レ五厘以減二一个一得レ九分五厘七除十除レ之以レ元乗レ之得レ七厘三二八五七以減二一个一余九分二六七一四二五除八除レ之以レ元乗レ之得レ一分二五一〇六四三以減二一个一余八分七四八九三五六三除六除レ之以レ元乗レ之得レ二分六二四六八以減二一个一余七分三七五三二一除四除レ之以レ元乗レ之得レ九分九五六六八二以減二一个一余四毛三三一八為レ実、列レ元五レ之九除十二除レ之得レ二分五厘以減二四个一余三个七五七除十除レ之以レ元乗レ之得二分八厘九二以減二三个一余二个七一〇八五除八除レ之以レ元乗レ之得三分六五九以減二二个一余一个六三四一三除六除レ之以レ元乗レ之得レ四分九〇二以減二一个レ余五分〇九八一除四除レ之得レ一分二七四為レ法、実如レ法而一得三厘四毛以レ之続二五四一、五四三四為レ元、十三除十六除レ之得レ二厘六五二以減二一个一余九分七三八七五以レ元乗レ之十一除十四除レ之得三厘四三六三八七五以減二一个一余九分六五六三六一二五以レ元乗レ之九除十二除レ之得レ四厘八五八五八〇二以減二一个一余九分五一四一四一九八以レ元乗レ之七除十除レ之……

先ズ次ノ方程式ヲ解ク．

$$4-x=0 \qquad x=4$$

$$4-x+\frac{x^2}{3\cdot6}=0 \qquad x=6$$

$$4-x+\frac{x^2}{3\cdot6}-\frac{x^3}{3\cdot5\cdot6\cdot8}=0 \qquad x=5.4$$

$$4-x+\frac{x^2}{3\cdot6}-\frac{x^3}{3\cdot5\cdot6\cdot8}+\frac{x^4}{3\cdot5\cdot7\cdot6\cdot8\cdot10}=0 \qquad x=5.435$$

$$4-x+\frac{x^2}{3\cdot6}-\frac{x^3}{3\cdot5\cdot6\cdot8}+\frac{x^4}{3\cdot5\cdot7\cdot6\cdot8\cdot10}-\frac{x^5}{3\cdot5\cdot7\cdot9\cdot6\cdot8\cdot10\cdot12}=0$$

$$x=5.434$$

コレカラ $x\fallingdotseq5.4$ ヲ得ル (5.43マデハトレルノ＝5.4デトメテ居ル. 5.4デトメルナラバ最後ノ方程式ハ解カナクトモヨイ訳デアル.)

次ニコノ5.4ヲ元ニシテ下ノ計算ヲスル. 術文ハ著シク長イモノデアルガ結局式デ表ワセバ下ノモノニナル. 但シ α ト書イタノハ5.4デアル.

$$\frac{1-\left(1-\left[1-\left\{1-\left(1-\frac{\alpha}{9\cdot12}\right)\frac{\alpha}{7\cdot10}\right\}\frac{\alpha}{5\cdot8}\right]\frac{\alpha}{3\cdot6}\right)\frac{\alpha}{1\cdot4}}{\left(1-\left[2-\left\{3-\left(4-\frac{5\alpha}{9\cdot12}\right)\frac{\alpha}{7\cdot10}\right\}\frac{\alpha}{5\cdot8}\right]\frac{\alpha}{3\cdot6}\right)\frac{\alpha}{1\cdot4}}=0.034 \qquad (4)$$

之ヲ α ニ加エ, $5.434=\beta$ トシテ次ノ計算ヲスル.

$$\frac{4-\left[1-\left\{1-\left(1-\left[1-\left\{1-\left(1-\frac{\beta}{13\cdot16}\right)\frac{\beta}{11\cdot14}\right\}\frac{\beta}{9\cdot12}\right]\frac{\beta}{7\cdot10}\right)\frac{\beta}{5\cdot8}\right\}\frac{\beta}{3\cdot6}\right]\beta}{1-\left\{2-\left(3-\left[4-\left\{5-\left(6-\frac{7\beta}{13\cdot16}\right)\frac{\beta}{11\cdot14}\right\}\frac{\beta}{9\cdot12}\right]\frac{\beta}{7\cdot10}\right)\frac{\beta}{5\cdot8}\right\}\frac{\beta}{3\cdot6}}$$

$$=0.00013 \qquad (5)$$

之ヲ β ニ加エ $5.43213=\gamma$ トシテ同様ノ計算ヲ進メル.

サテ(4)ノ分子ヲ書キ改メルト

$$1-\frac{\alpha}{1\cdot4}+\frac{\alpha^2}{1\cdot3\cdot4\cdot6}-\frac{\alpha^3}{1\cdot3\cdot5\cdot4\cdot6\cdot8}+\frac{\alpha^4}{1\cdot3\cdot5\cdot7\cdot4\cdot6\cdot8\cdot10}$$
$$-\frac{\alpha^5}{1\cdot3\cdot5\cdot7\cdot9\cdot4\cdot6\cdot8\cdot10\cdot12}$$

分母ヲ書キ改メルト

$$\frac{1}{1\cdot4}-\frac{2\alpha}{1\cdot3\cdot4\cdot6}+\frac{3\alpha^2}{1\cdot3\cdot5\cdot4\cdot6\cdot8}-\frac{4\alpha^3}{1\cdot3\cdot5\cdot7\cdot4\cdot6\cdot8\cdot10}$$
$$+\frac{5\alpha^4}{1\cdot3\cdot5\cdot7\cdot9\cdot4\cdot6\cdot8\cdot10\cdot12}$$

依ツテ(3)ヲ x^5 マデトリ

$$f_1(x)=1-\frac{x}{1\cdot4}+\frac{x^2}{1\cdot3\cdot4\cdot6}-\cdots\cdots-\frac{x^5}{1\cdot3\cdot5\cdot7\cdot9\cdot4\cdot6\cdot8\cdot10\cdot12}=0 \quad (6)$$

トスレバ, (4)ノ分子ハ $f_1(\alpha)$, 分母ハ $-f_1'(\alpha)$ デ表ワサレル. 故ニ

$$\beta=\alpha-\frac{f_1(\alpha)}{f_1'(\alpha)}$$

トナルノデアル. コレハ方程式(6)ニ Newton ノ方法ヲ用イタコトニ外ナラナイノデアル. 次ニ

$$f_2(x)=1-\frac{x}{1\cdot 4}+\frac{x^2}{1\cdot 3\cdot 4\cdot 6}-\cdots\cdots+\frac{x^7}{1\cdot 3\cdots\cdots 13\cdot 4.\,6\cdots\cdots 16}=0 \quad (7)$$

トスレバ，(5) ノ分子ハ $f_2(\beta)$，分母ハ $-f_2'(\beta)$ デアリ

$$\gamma=\beta-\frac{f_2(\beta)}{f_2'(\beta)}$$

トナルノデアル．

カク方程式ノ次数ヲ次第ニ高メツツ（本書ノハ二次宛），Newton ノ方法ヲ繰返シテコノ超越方程式ノ根ニ次第ニ近ズカシメルノデアル．

本書ニハ γ ヲ使ツテ 0.0000015 ヲ得，最後ハ $\delta=5.4341315$ トシテ 0.000000004304 マデ出シ，$x=5.434131504304$ トシテ居ル．ソシテ之ヲ平方ニ開キ，$a=2.331122370083$ ヲ得テ求メル極背トシテ居ル．

此ノヨウニ超越方程式ノ解法ニ Newton ノ近似法ト同一方法ヲ用イルコトハ関孝和ノ方法ヲ更ニ前進セシメタモノト云ウコトガ出来ル．

$f_1(\alpha)$，$f_1'(\alpha)$ ヲ態々 (4) ノ分子，分母ノヨウナ形ニ表ワシテ居ルノハ既ニ述ベタヨウニ全ク計算上ノ便宜カラデ和算家ノ常ニトル手段デアル．

(ii) 会田安明ノ重乗算顆術 （寛政十年，1798）

本書ハ高次方程式ノ解法ヲ珠算デ行ワントスルモノデ，コレガ本書名ノ拠ツテ来ル以所デアル．本術ハ既ニ述ベタヨウニ全ク Newton ノ近似法ト同一デアル．序文ニヨレバ会田ノ創案ニカカルモノノヨウデアルガ，此ノ考エノ起リハヤハリ関孝和ノ窮商カラ来タモノト思ワレル．今本書ノ序文ヲ記シテ会田ガ本術ヲ得タトキノ喜ヲ窺ツテ見ヨウ．

「抑算法立方式ニ起リ数万乗方ノ開方式ヲ得ルトキハ，算顆術ヲ施シ難キモノトシテ算木ヲ用ヒテ開クコトトセリ．往古ヨリ今ニ至テ算顆術ノ通術アルコトヲ知ルモノナシ．尤諸算書ハ固ヨリ諸家ノ秘書ニモ見聞セズ．予モ此通術ニ数年意ヲ寄ルトイヘドモ容易ニ得難キ術ナレバ終ニ得ズシテ止ンヌ．爰ニ寛政十戊午年四月二十九日勃然トシテ其通術ヲ得タリ．此日又世ニ珍ラシキ事アリ．江戸ノ海ハ内海ニシテ大魚住ムコトナキ海ナリシニ，品川ノ駅ニ於テ鯨ヲ得タリ．其丈ケ一十二間アリトイヘリ．漁人ノ喜悦大方ナラズ．見物ノ人群集

セリ．時ノ将軍家齊公五月三日浜御殿ニ於テ叡覧アリ．予ハ独リ此通術ヲ得テ鯨ヲ取リシ想ヲナセリ．故ニ此巻中ニ定則ヲ記ス……」

本書ハ上中下巻カラ成リ上巻デ此ノ定則ヲ記ス．平方式カラ始メ，九乗方式ニマデ及ビ更ニ最後ニ通術ヲ記ス．何レモ皆同法同文デアルニモ拘ラズ，ヨクモ繰返シ同ジコトヲ記シタモノデアル．（各項ノ符号ニヨリ平方式ノ場合ハ三ツ，立方式ノ場合ハ七ツニ分ケテ一々述ベテ居ル）

次ニ記シタモノハ其ノ中ノ三乗方式ト最後ノ通術トデアル．

今三乗方式（四次方程式）ヲ

$$-A+Bx+Cx^2+Dx^3+Ex^4=0$$

トシ此ノ両辺ヲ E デ割ツテ得ル方程式ヲ

$$f(x)=-a+bx+cx^2+dx^3+x^4=0$$

トスル．次ニ $\sqrt[4]{a}$ ノ概数一桁ヲ求メコレヲ α トシ，之ヲ前式ノ x ニ代入シ

$$-f(\alpha)=a-b\alpha-c\alpha^2-d\alpha^3-\alpha^4 \cdots\cdots\cdots\cdots \text{次実}$$

三乗方式

十 実　｜ 方　｜ 廉　｜ 隅　｜ 三乗

積　丙　乙　甲

三乗方式

如レ此求二三乗方式一則以二下級一遍除レ之名二甲乙丙及積一、列レ積見レ位設二首数一三乗方一意名レ天、用求二次実一（乃一桁開二）

乃次実者至少為レ要也

｜ 積　十 天丙　十 天巾乙　十 天再甲　十 天三　実次余　於レ是無レ余則、以レ天為二答数一

｜ 丙　‖ 天乙　||| 天巾甲　||| 天再　法次　次実 次法　｜ 天　地、

｜ 積　十 地丙　十 地巾乙　十 地再甲　十 地三　実三余　於レ是無レ余則、以レ地為二答数一

｜ 丙　‖ 地乙　||| 地巾甲　||| 地再　法三　三実 三法　｜ 地　人、

｜ 積　十 人丙　十 人巾乙　十 人再甲　十 人三　実四　於レ是無レ余則、以レ人為二答数一

｜ 丙　‖ 人乙　||| 人巾甲　||| 人再　法四　四実 四法　｜ 人　乾、

｜ 積　十 乾丙　十 乾巾乙　十 乾再甲　十 乾三　実五　於レ是無レ余則、以レ乾為二答数一

逐如レ此得二答数一

通　術

術曰先求二三乗方式一而隅級数名レ甲廉級数名レ乙方級数名レ丙、実級数名二元積一、見レ位設二首数一名レ天、加レ甲乗レ天加レ乙乗レ天加レ丙乗レ天以減二元積一

於是無余則以天為答数、余以下天四段加甲三段乗天加乙二段乗天加丙一段得数上一桁除之加天名地、加甲乗地加乙乗地加丙乗地以減元積（於是無余則以地為答数）余以下地四段加甲三段乗地加乙二段乗地加丙一段得数上一桁除之加地名人、加甲乗人加乙乗人加丙乗人以減元積（於是無余則以人為答数）余以下人四段加甲三段乗人加乙二段乗人加丙一段得数上一桁除之加人名乾、加甲乗乾加乙乗乾加丙乗乾以減元積（於是無余則以乾為答数）逐如此得答数合問、

起平方式至数万乗方算顆術之通術

術曰、先求其開方式（仮図九乗方式）而以最下級数遍除之后従最下次級至方級名甲乙丙、而実級数名元積、見位設首数名天、加甲乙丙乗天（乃如左図）

積	壬	辛	庚	巳	戊	丁	丙	乙	甲	九乗方式
十	丨	丨	丨	丨	丨	丨	丨	丨	丨	丨

以減元積余（無余則以天為答数）為実以法（如左求之）一桁除之

積	壬天	辛天巾	庚天再	巳天三	戊天四	丁天五	丙天六	乙天七	甲天八	天九	実
丨	十	十	十	十	十	十	十	十	十	十	

壬	辛天	庚天巾	巳天再	戊天三	丁天四	丙天五	乙天六	甲天七	天八	法
𝍠	𝍡	𝍢	𝍣	𝍤	𝍥	𝍦	𝍧	𝍨	〇	

加天名地、如前求実（乃以地換天耳、得空以地為答数）以法（如前乃以地換天耳）一桁除之加地名人、如前求実（乃以人換天耳、又得空則以人為答）以法（如前乃以人換天耳）一桁除之加人名乾、如前求実（乃以乾換天耳、得空則以乾為答数）逐如此求答真数合問、

此ノ時若シ $f(\alpha)=0$ トナラバ α ヲ以テ答数トスル．次ニ

$$b+2c\alpha+3d\alpha^2+4\alpha^3\quad(=f'(\alpha))\cdots\cdots\cdots\cdots\text{次法}$$

トシ
$$\frac{\text{次実}}{\text{次法}}+\alpha=\beta.\quad\left(\beta=\alpha-\frac{f(\alpha)}{f'(\alpha)}\right)$$

トスル．次デ之ヲ繰返ス．

$$a-b\beta-c\beta^2-d\beta^3-\beta^4\quad(=-f'(\beta))\cdots\cdots\cdots\text{三実}$$

此ノ時若シ $f(\beta)=0$ トナラバ β ヲ以テ答数トスル．

$$b+2c\beta+3d\beta^2+4\beta^3\quad(=f'(\beta))\cdots\cdots\cdots\cdots\text{三法}$$

$$\frac{\text{三実}}{\text{三法}}+\beta=\gamma\qquad\left(\gamma=\beta-\frac{f(\beta)}{f'(\beta)}\right)$$

$$\cdots\cdots\cdots\cdots\cdots\cdots\cdots\cdots\cdots\cdots\cdots\cdots$$

カクシテ得タ $\alpha, \beta, \gamma\cdots\cdots$ ハ次第ニ所要ノ根ニ近ズクト云ウノデアル.

通術ニ於テハ上ノ式ヲ次ノヨウニ云ツテ居ル.

次実ナラバ　$a-[b+\{c+(d+\alpha)\alpha\}\alpha]\alpha$

次法ナラバ　$b+\{2c+3(d+4\alpha)\alpha\}\alpha$

……………………………………………

此ノヨウナ形ニ態々云イ換エテ居ルノハ全ク計算上ノ便宜カラデアルガ, 殊ニ本書ハ方程式ヲ珠算デ解クコトヲ標榜シテ居ルノデアル故, 此ノヨウナ形ニシテ加減乗除ヲ行ウコトガ上ノ計算ニ於テハ最モ便利デアル. 加減乗除ノミノ計算ナラバ珠算ガ最モ便利ナコトハ云ウ迄モナイ.（特ニ算木ニ比シテハ）珠算ヲ常用スル和算家ガ此ノヨウナ計算形式ヲ尙ブ以所デアル.

中巻下巻デハ種々ノ問題ヲ解イテ居ルガ, ソコヘ出テ来ル方程式ヲ解クニハ必ズ此ノ法ヲ使用シテ居ル. 今下巻カラ二例ヲ抽テ記シ参考トスル.

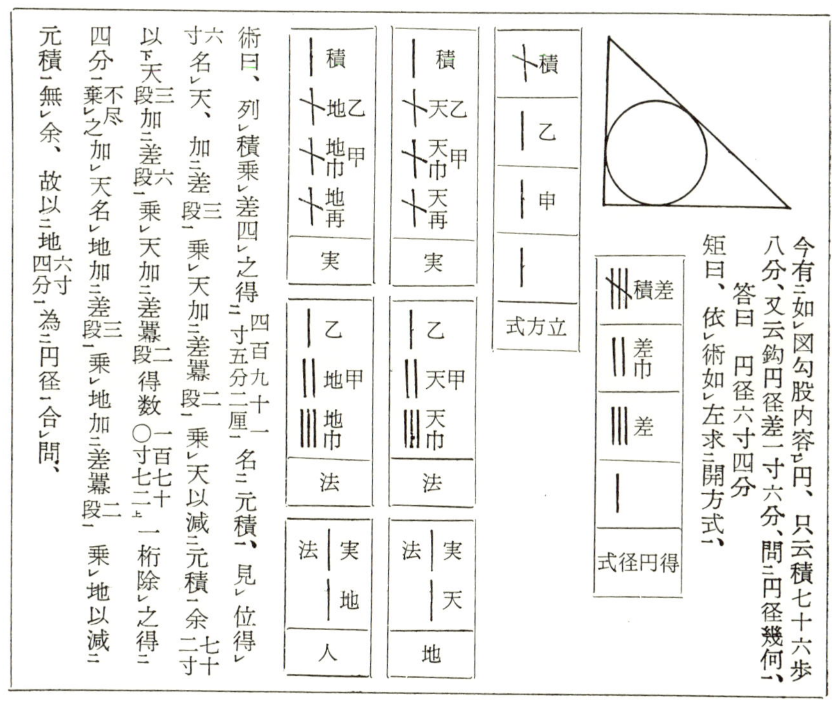

今有如図勾股内容円、只云積七十六歩八分、又云鈎円径差一寸六分、問円径幾何、

答曰　円径六寸四分

矩曰、依術如左求開方式、

術曰、列積乗差四之得四百九十一寸五分二厘名元積、見位得六寸名天、加差三段乗天加差冪二段乗天以減元積余七十二寸以下天三段加差六段乗天加差冪二段得数一百七十〇寸七二上一桁除之得不尽四分棄之加天名地加差三段乗地加差冪二段乗地以減元積無余、故以地六寸四分為円径合問、

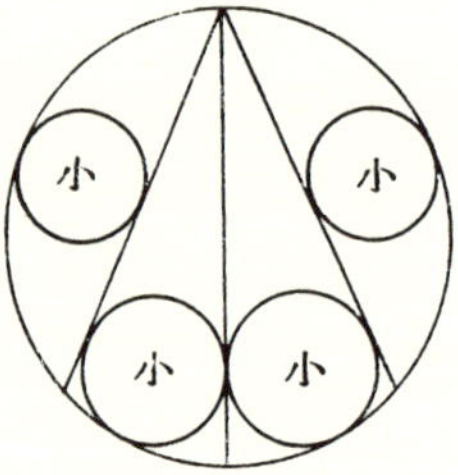

今有ニ如レ図円内隔レ斜容ニ小円四箇一、只云外円径一寸、問ニ小円径幾何一、

答曰 小円径三分一二九〇六有奇

矩曰依レ術如レ左求ニ立方式一而如ニ定則一得ニ小円径一如レ左、

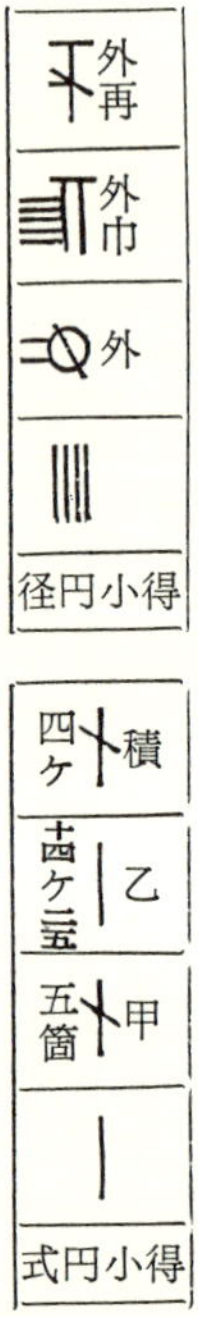
外再
外巾
外
得小円径
積
四ケ
乙
甲
五箇
得小円式

術曰、五箇名レ甲、一十四（二分五厘）名レ乙、置ニ四箇一見レ位得レ（三分）名レ天、以減レ甲余乗レ天以減レ乙余乗レ天得レ（三箇八分五二）以減ニ四箇一余（一分四八）以下天（三段）以減レ甲（二段）余乗レ天以減レ乙余（一十一箇五二上）一桁除レ之名レ地（一分）余（三厘二八）、加下甲内減ニ地及天（三段一）余乗ニ地冪一得（四〇糸九上）得レ（三厘三毛二糸〇九）以下天地和（三段）以減レ甲（二段）余乗ニ天地和一以減レ乙余（一十箇四分三九三上）一桁除レ之名レ人（二毛）余（一厘〇三、糸二二四）加下甲内減ニ天地和（三段）及人一余乗ニ人冪一得（一忽八七四四上）得レ（一厘二毛二糸〇六八）逐如レ此求ニ天地人乾坤一各併レ之為ニ小円径一合レ問、

(iii) 川井久徳ノ開式新法

（享和三年，1803）

虚問上

仮如有ニ原積若干一問ニ若干乗方開レ之商幾何一、

答曰 依ニ左術一得ニ開出商一、

術曰、別求ニ蒈商一置ニ蒈商一（一乗方者直用、二乗方者自乗、三乗方者再自乗逐如レ此、）如ニ乗数一自レ之以除ニ原積一加下因ニ乗数一（一乗方者一、二乗方者二逐如レ此、）蒈商上以ニ乗数一箇和一除レ之名ニ次商一於レ是以ニ次商一換ニ蒈商一求ニ三商一、四商以上倣レ之、終商為ニ開出商一合レ問、

川井久徳ノ開式新法竝ニソコニ用イラレタ反復法ニ就テハ後ニ改メテ評論スルコトトシ，玆ニハ虚問上ノ条ニ見エル n 乗根ヲ求メル方法（$a-x^n=0$ ノ解法）ニ用イラレテ居ル反復法ニ就テノミ述べ，ソレガ Newton ノ近似法ト全ク同一デアルコトヲ示スニ止メル．

上記ニアルヨウニ先ズ第一近似根（之ヲ莟商ト云ウ）ヲ適当ニ求メ，之ヲα_1トスル．α_1ヲ使ツテ第二近似根α_2（之ヲ次商ト云イ．以下三商四商……ト呼ブ）ヲ求メルニ次ノ式ニヨル．

$$\left\{\frac{a}{{\alpha_1}^{n-1}}+(n-1)\,\alpha_1\right\}\div n=\alpha_2$$

同様ニ

$$\left\{\frac{a}{{\alpha_2}^{n-1}}+(n-1)\,\alpha_2\right\}\div n=\alpha_3$$

之ヲ反復シテ四商五商……ヲ求メ，次第ニ真商ニ近イ値ヲ得ルノデアル．

之ハ真商ヲ $\alpha_1+\varepsilon$ トスレバ

$$a-(\alpha_1+\varepsilon)^n=0$$

$$a-{\alpha_1}^n-n\varepsilon{\alpha_1}^{n-1}\fallingdotseq 0$$

$$\varepsilon\fallingdotseq\left\{\frac{a}{{\alpha_1}^{n-1}}-\alpha_1\right\}\div n$$

$$\therefore\quad \alpha_1+\varepsilon\fallingdotseq\left\{\frac{a}{{\alpha_1}^{n-1}}+(n-1)\alpha_1\right\}\div n=\alpha_2$$

トシタノデアル．

或ハ又之ハ　$f(x)=a-x^n$

ト置ケバ　$f'(x)=-nx^{n-1}$

$$\therefore\quad \alpha_1-\frac{f(\alpha_1)}{f'(\alpha_1)}=\alpha_1+\frac{a-{\alpha_1}^n}{n{\alpha_1}^{n-1}}=\frac{1}{n}\left\{\frac{a}{{\alpha_1}^{n-1}}+(n-1)\,\alpha_1\right\}=\alpha_2$$

即チ　$\alpha_2=\alpha_1-\dfrac{f(\alpha_1)}{f'(\alpha_1)}$　トシ，之ヲ反復シテ次第ニ真商ニ近ズケルノデアル．依ツテ之モ Newton ノ近似法ト全ク一致スル．

術例トシテ平方根，三乗根……等種々ノ場合ヲ示シテ居ル．今其ノ中ノ二三ヲ掲ゲル．

（i）　$5-x^2=0$

$\alpha_1=2$ トスレバ　$\alpha_2=2.25$，　$\alpha_3=2.2361$，　$\alpha_4=2.2360679777$

（十位真数ニ合ウ）

（ii）　$\dfrac{2}{3}-x^2=0$

$\alpha_1=0.8$ トスレバ　$\alpha_2=0.8166$，　$\alpha_3=0.81649658$，

$\alpha_4=0.8164963809277260332$ （十九位真数ニ合ウ）

(iii) $3375-x^3=0$

$\alpha_1=16$ トスレバ $\alpha_2=15.06$, $\alpha_3=15.0002$,

$\alpha_4=15.000000004$ （十位真数ニ合ウ）

4 開式新法ノ反復法

享和三年（1803）夏，川井久徳ハ開式新法上下二巻ヲ著ワス．久徳ハ幕府ノ旗本デ従五位下越前守デアル．又坂部広胖ノ高弟デ，和田寧ニモ円理ヲ学ンダト云ウ．本書ハ専ラ高次方程式ノ解法ヲ論ジタモノデ，其ノ序文ノ一節ニハ右ノヨウナコトヲ記シテ居ル．文中子顕トアルハ坂部ノ号デアル．ヤハリ珠盤デ解法ヲ行ウタメニ創案サレタモノデアル．一般高次方程式ニ就イテ此ノヨウニ広汎ニ論ジタモノハ他ニ類ヲ見ナイ．今本書ノ順序其ノ儘デハ多少話シニクイ点ガアルカラ適当ニ順序ヲカエテ説明スルコトトスル．

> 予既厭二開方之迂煩一思レ得二捷術於類盤上一叩二之子顕一、子顕曰、変二開方一為二九帰一者古今頗有レ之而未レ尽二其底一、他海舶所レ致漢蛮諸術雖レ博無レ要我未レ聞三別有二通術一、予退而思レ之、不敏之質加以二官事如一レ襲不レ能レ専二心於茲一、一曙忽然如レ有レ得、乃記レ術而質二之子顕一、子顕拍レ掌曰、有レ是哉寔古賢所レ未レ発也、以レ是恵二于海内一豈特省二運籌之労一哉、……

(i) 方程式ノ根ノ数

方程式ノ根ノ数ニ就テハ，既ニ第三章ニ於テモ述ベタヨウニ，虚問下トイウ条ニ．n 次方程式ニハ根ガ n 個存在スルコトヲ述ベテ居ル．但シ必ズ n 個アルトハイワズ，無商トナツテ n 個ヨリ少イコトモアルトイツテ居ル．和算デハ虚根ハ取扱ワズ，之ヲ無商トイウ．之ニ就テハ無商起原トイウ条ニ，無商ハ必ズ偶数個デ起ルコトヲ述ベ，且ツ之ヲ正無商ト負無商トニ区別スル．

例エバ

$$a-bx+cx^2=0 \quad (a, b, c \text{ ハ正})$$

ハ正根ガ二ツアルカ無商デアルカデアルガ，無商デアルトキハ之ヲ正無商トイウ．

$$a+bx+cx^2=0$$

ハ負根ガ二ツアルカ無商デアルカデアルガ，無商デアルトキハ之ヲ負無商トイウ．何レノ場合デモ

$$\left(\frac{b}{2}\right)^2-ac>0 \quad \text{ノトキハ二根ガアリ，}$$

$$\left(\frac{b}{2}\right)^2-ac<0 \quad \text{ノトキハ無商デアル．}$$

トイツテ居ル．

三次以上ノ方程式ニ就テハ次ノ如クイウ．例エバ

$$702-249x+28x^2-x^3=0$$

ハ x^3 ノ係数ト x^2 ノ係数トガ異符号故第一根ハ正デアリ，又 x^2 ノ係数ト x ノ係数トモ異符号故第二根モ正デアリ，又 x ノ係数ト絶対項トモ異符号故第三根モ正デアル．（実際ハ 13, 9, 6）又

$$-60+64x+7x^2-10x^3-x^4=0 \qquad (1)$$

ハ同様ニ第一根ハ負，第二根ハ正，第三負ハ負，第四根ハ正デアル．（実際ハ -10, 2, -3, 1）

第一，第二トイウ番号ハ，正根ダケデハ大キノ順序，負根ダケデハ絶対値ノ大サノ順序ニヨツテツケタモノデアル．本書デハ之ヲ一枝商，二枝商．……ト呼ブ．勿論コレラノ根ノ中ニハ虚トナルモノモアルガ，ソレハ二次方程式ノ場合ノヨウニ (1) ノ第一根ガ無商デアルトキハ負無商，第二根ガ無商デアルトキハ正無商トイウ．

斯様ニ無商ニ対シテモ正負ヲ区別シ，従ツテ総ベテノ根ヲ正負二種ニ分ツテ居ルカラ，所謂 Descartes ノ法則ハ「符号変化ノ数ハ正根ノ数ヲ与エ，符号連続ノ数ハ負根ノ数ヲ与エル」コトトナル．依ツテ上ノヨウナ根ノ符号ヲ決定スル方法モ生ズル訳デアル．（之ヲ葉術トイウ）

方程式ノ或係数ガ 0 デアル場合ニ就テハ何等言及シテ居ラズ，又取扱ツテイ

ル例題ニモカカルモノハ一ツモナイ．従ツテ斯様ナ場合ヲ如何ニ考エタカ全ク不明デアル．下巻応用題ノ解法中ニハ此ノヨウナ方程式モ見受ケラレルガ，シカシソコデハ正根ヲ求メテ居ルダケデアルカラ上述ノコトハヤハリ明カデナイ．

（i） n 乗根ノ求メ方（$a-x_n=0$ ノ解法）

之ニ就テハ既ニ前節ニ於テ述ベタ．

（ii） 一般高次方程式ノ根ノ求メ方

仮ニ五次方程式

$$a-bx+cx^2+dx^3-ex^4+fx^5=0 \quad (a,b,c\cdots\cdots>0)$$

ヲトツテ説明シテ見ル．先ズ各項ヲ夫々

梢級，五級，四級，三級，次級，株級

ト名ズケル．ソシテ第一根(一枝)，第二根(二枝)……ヲ求メルニ下記ノヨウニ計算ヲ行ウ．各枝術ニ於ケル加減ハ最後ノ説明(ハ)ニアルヨウニ正根ノ場合ハ異名（異符号）ハ相減シ同名（同符号）ハ相加エ，負根ノ場合ハ之ト反対ニ行ウ

虚問　下

仮如依二天元及演段等ノ法一得下自二平方一至二数万乗一之開方式上者則正負錯綜難三輙得二商数一、問下不レ用二開除一而直求二商数一通術如何上、

答曰　依二左術一得二開出商一

仮挙二四乗方式一明二術意一　乃全式名二幹式一而隅級名二株級一自レ其向二上級一次級三級四級逐名レ之至二于方級一止、実級名二梢級一、

幹		式
実	丨	梢級
方	丨̸	五級
初廉	丨	四級
次廉	丨	三級
三廉	丨̸	次級
隅	丨	株級

一枝術曰　別求二蒼商一　置二梢級数一　以上数ノ字略レ之　以二蒼商一除レ之加二減二五級一以二蒼商一除レ之加二減二四級一以二蒼商一除レ之加二減二三級一以二蒼商一除レ之加二減二次級一為レ実○置二株級一為レ法以除レ実名二次商一、於レ是以二次商一換二蒼商一求二三商一其法如レ初、四商以上倣レ之、

終商為二開出商一、

> 二枝術曰（別求蒼商）置梢級以蒼商除之（加減）五級以蒼商除之（加減）四級以蒼商除之（加減）三級為実○置株級乗蒼商（加減）次級為法以除実名次商（於是以次商換蒼商求三商其法如初、四商以上傚之、）終商為開出商、
>
> 三枝術曰（別求蒼商）置梢級以蒼商除之（加減）五級以蒼商除之（加減）四級為実○置株級乗蒼商（加減）次級乗蒼商（加減）三級為法以除実名次商（求三商以上術傚前例）終商為開出商、
>
> 四枝術以上傚之
>
> 逐次如此、実止次級則法止株級、実止三級則法止次級、実止四級則法止三級、乃以法所止之級数為枝術之名○(イ)較比一枝商二枝商少焉、比二枝商三枝商又少焉、逐次如此、然正商与負商相交式者正商与負商別為逐衰也（此解在葉術中）○(ロ)求正商則実終与法終必用異名、又求負商則用同名（此解在葉術中）○(ハ)術中加減之法者求正商則異名相減同名相加、求負商則反之而已○(ニ)又曰依各枝術雖得真商然依其員数得遅、故兼用条法則速得真商、（此解在条法解中）

ノデアル．相減相加ハ絶対値ニ就テデアル．相減ノ場合ハ後ノ術例等ヲ調査シテ見ルト，途中デ負ノ起ラヌヨウ $A-B$ トヤツタリ，$B-A$ トヤツタリシテ居ルガ，結局次ノ様ニ計算ヲ行ウモノデアルコトガワカル．

〔一枝術〕

x^4 ノ係数ト x^5 ノ係数トハ異符号デアルカラ第一根ハ正デアル．此ノ第一近似値（蒼商）ヲ α_1 トスレバ（此ノ値ノ定メ方ハ後デ述ベル）第二近似値（次商）α_2 ハ

$$\cfrac{\cfrac{\cfrac{\cfrac{a}{\alpha_1}-b}{\alpha_1}+c}{\alpha_1}+d}{\alpha_1}-e=-f\cdot\alpha_2$$

即チ

$$a-b\alpha_1+c\alpha_1{}^2+d\alpha_1{}^3-e\alpha_1{}^4=-f\alpha_1{}^4\alpha_2$$

トシテ計算スルノデアル．α_1 ノ代リニ α_2 ヲ以テスレバ第三近似値（三商）α_3 ガ得ラレ，又 α_3 ヲ以テスレバ α_4 ガ得ラレ，…… 追テ之ヲ反復スレバ次第ニ真商ニ近キ値ガ得ラレルト云ウノデアル．

モシ x^4 ノ係数ト x^5 ノ係数トガ同符号デ例エバ

$$a-bx+cx^2+dx^3+ex^4+fx^5=0$$

デアレバ，此ノ時ハ第一根ハ負デアル．此ノ第一近似値ノ絶対値ヲ α_1 トスレバ第二近似値ノ絶対値 α_2 ハ

$$\cfrac{\cfrac{\cfrac{\cfrac{a}{\alpha_1}+b}{\alpha_1}+c}{\alpha_1}-d}{\alpha_1}+e=f\alpha_2 \quad \text{又ハ} \quad \cfrac{\cfrac{\cfrac{\cfrac{a}{-\alpha_1}-b}{-\alpha_1}+c}{-\alpha_1}+d}{-\alpha_1}+e=f\alpha_2$$

即チ　$$a+b\alpha_1+c\alpha_1^2-d\alpha_1^3+e\alpha_1^4=f\alpha_1^4\cdot\alpha_2$$

トシテ計算スルノデアル．換言スレバ

$$f(-x)=0$$

ヲ作リ，正根トシテ計算スルノデアル．此ノコトハ既ニ述ベタ関孝和編開方算式ノ反商ノ条ニアリ，和算家ノヨク知ツテ居ルコトデアル．

〔二枝術〕

x^3 ノ係数ト x^4 ノ係数トハ異符号デアルカラ第二根（β）ハ正デアル．此ノ第一近似値ヲ β_1 トスレバ第二次近似値 β_2 ハ

$$\left(\cfrac{\cfrac{\cfrac{a}{\beta_1}-b}{\beta_1}+c}{\beta_1}+d\right)\div(-f\beta_1+c)=\beta_2$$

即チ　$$a-b\beta_1+c\beta_1^2+d\beta_1^3=(-f\beta_1^4+e\beta_1^3)\beta_2$$

トシテ計算シ，β_3 β_4……ハ之ヲ反復シテ求メルノデアル．

〔三枝術〕

x^2 ノ係数ト x^3 ノ係数トハ同符号デアルカラ第三根ハ負デアル．（之ヲ $-\gamma$ トスル）仍ツテ

$$a+bx+cx^2-dx^3-ex^4-fx^5=0$$

ノ第三根（γ）ヲ求メル．ソレニハ

$$\left(\cfrac{\cfrac{a}{\gamma_1}+b}{\gamma_1}+c\right)\div[(f\gamma_1+e)\gamma_1+d]=\gamma_2$$

即チ　$$a+b\gamma_1+c\gamma_1^2=(f\gamma_1^4+e\gamma_1^3+d\gamma_1^2)\gamma_2$$

トシ，之ヲ反復シテ γ_3 γ_4…… ヲ求メルノデアル．

四枝術以下モ同様デアル.

結局与方程式ヲ

$$f(x)=a_n+a_{n-1}x+a_{n-2}x^2+\cdots\cdots+a_2x^{n-2}+a_1x^{n-1}+a_0x^n=0$$

トスレバ, 正根ノ場合ハ

一枝術ハ $x=\dfrac{a_n+a_{n-1}x+\cdots\cdots+a_1x^{n-1}}{-a_0x^{n-1}}=x-\dfrac{f(x)}{a_0x^{n-1}}=\varphi_1(x)$　トスレバ

$$\alpha_2=\varphi_1(\alpha_1),\quad \alpha_3=\varphi_1(\alpha_2),\quad \cdots\cdots\cdots\cdots\cdots\cdots$$

二枝術ハ $x=\dfrac{a_n+a_{n-1}x+\cdots\cdots+a_2x^{n-2}}{-(a_0x+a_1)x^{n-2}}=x-\dfrac{f(x)}{(a_0x+a_1)x^{n-2}}=\varphi_2(x)$　トスレバ

$$\beta_2=\varphi_2(\beta_1),\quad \beta_3=\varphi_2(\beta_2),\quad \cdots\cdots\cdots\cdots\cdots\cdots$$

三枝術ハ $x=\dfrac{a_n+a_{n-1}x+\cdots\cdots+a_3x^{n-3}}{-(a_0x^2+a_1x+a_2)x^{n-3}}=x-\dfrac{f(x)}{(a_0x^2+a_1x+a_2)x^{n-3}}=\varphi_3(x)$

トスレバ　$\gamma_2=\varphi_3(\gamma_1),\quad \gamma_3=\varphi_3(\gamma_2),\quad \cdots\cdots\cdots\cdots\cdots\cdots$

斯様ニ反復法ヲ行ウノデアル.

負根ノ場合ハ $f(-x)=0$ ヲ作ツテ後上ノ反復法ヲ行ウノデアル.

又本書ノ説明(1)ニヨレバ, カクシテ得タ根 $\alpha,\beta,\gamma,\delta,$ …… ハソレガ皆正ナラバ

$$\alpha>\beta>\gamma>\delta\cdots\cdots$$

トナリ, 正負相交ツテ例エバ $\alpha,\gamma\cdots\cdots$ ハ正, $\beta,\delta\cdots\cdots$ ハ負ナラバ

$$\alpha>\gamma>\cdots\cdots$$

$$|\beta|>|\delta|>\cdots\cdots$$

トナルト云ウノデアル.

又本書説明ノ㈡ハ此ノ反復法ダケデハ速ク真商ニ収斂シナイカラ, 条法ト云ウモノヲ使用シテ速ク収斂セシメルト云ウノデアル. 之ハ本解法デハ最モ重要ナコトデ上ノ反復法ダケデハ時ニ真商ニ近ズカズニ却テ遠カルコトガアルガ, 条法ヲ使用スレバソレガ防ゲ, 且ツ早ク目的ヲ達スルコトガ出来ルノデアル. 之ニ就テハ後ニ詳シク述ベル.

(iv)　第一近似値(蓍商)ノ求メ方

探蓍商

此法先考幹式員数多少、計其大抵、以命甲、如一、如十、如百千万、依而得之乙、据其甲乙之多少増減、乃察次甲設之、術中所云甲者即如本術所云蓍商、乙者即如所云次商、其第一甲多乙少、第二甲少乙多、或第一甲少乙多、第二甲多乙少是謂互反、此為探蓍商的、他在一和一帰、二和二帰、三和三帰等之小枝、此不贅、後詳之、

仮如

	梢級	三級	次級	株級
幹式	三三六〇個	二一七四個	二四九個	一個

此　一枝正二四〇個　二枝正　七個
商　三枝正　二個

一枝法曰、置梢級以甲除之減三級余以甲除之以減次級余為正実○置株級為負法、以除実名乙、

	甲	乙	
第一	一〇個	六五個二	察商多於此乙乃設次甲
第二	一〇〇個	二二七個	如前
第三	二三〇個	二三九個六	如前
第四	二五〇個	二四〇個三	至是甲乙多少互反故止之

第三第四甲乙四和而四帰之得二三九個九七五不尽収之得二四〇個為一枝蓍商、

二枝法曰、置梢級以甲除之以減三級余為負実○置株級乗甲以減次級余為正法以除実名乙、

	甲	乙	
第一	一〇個	七個六九	察商少於此乙乃設次甲
第二	五個	六個一五	至是甲乙多少互反故止之

第一第二甲乙四和而四帰之得七個二一不尽棄之以七個為二枝蓍商、

三枝法曰、置梢級為正実○置株級乗甲以減次級余乗甲以減三級余為負法以除実名乙、

	甲	乙	
第一	一個	一個七	察商多於此乙乃設次甲
第二	二個	二個	至是甲乙吻合乃直為真商

凡甲乙吻合者或有得隣商、観其一二三枝其商不衰少者可知是隣商、

第一根 α ノ第一近似値（晝商）ヲ求メルニハ方程式（幹式）ノ係数ヲ眺メテ先ズ大体ノ値ヲトリ，之ヲ x_1（甲）トスル．ソシテ一枝術デ $\varphi_1(x_1)$ ヲ求メ，之ヲ x_1'（乙）トスル．（此ノ時 $x_1=x_1'$ ナラバ $\alpha=x_1$ トナルコトハ勿論デアル．従テ x_1 ト x_1' トノ差ガ小サイコトガ望マシイ）x_1 x_1' カラ察シテ次ニ又大体ノ値 x_2（次甲）ヲトル．（之レニ就テハ具体的ニハ何モ述ベテ居ラヌ）ソシテ $\varphi_1(x_2)$ ヲ求メ，之ヲ x_2'（次乙）トスル．

斯様ナコトヲシテ居ルトキ

$$x_i>x_i' \qquad x_{i+1}<x'_{i+1}$$

又ハ

$$x_i<x_i' \qquad x_{i+1}>x_i'{}_{+1}$$

ガ起レバ之ヲ互反ト云ウ．ソシテ真商 α ハ x_i ト $x_i'{}_{+1}$ トノ間ニアル．何トナレバ

$$\varphi_1(x_i)=x_i-\frac{f(x_i)}{a_0x_i^{n-1}}=x_i'$$

カラ

$$x_i-x_i'=\frac{f(x_i)}{a_0x_i^{n-1}}$$

同様ニ

$$x_{i+1}-x_{i+1}'=\frac{f(x_{i+1})}{a_0x_{i+1}^{n-1}}$$

$\therefore$ $x_i\gtrless x_i'$ ノトキ $x_{i+1}\lesseqgtr x_i'{}_{+1}$ トナラバ $f(x_i)$ ト $f(x_{i+1})$ トハ異符号デアル．即チ

$$f(x_i)\gtrless 0 \quad ナラバ \quad f(x_{i+1})\gtrless 0 \quad デアル．$$

故ニ真商 α ハ x_i ト x_{i+1} トノ間ニアル．此ノ逆モ亦成立スル．

夫故第一近似値 α_1 トシテハ $\dfrac{x_i+x_{i+1}+x_i'+x_i'{}_{+1}}{4}$ ヲトル．時ニハ

$$\frac{x_i+x_{i+1}}{2},\ \frac{x_i'+x_i'{}_{+1}}{2},\ \frac{x_i+x_i'}{2},\ \frac{x_i+x_i'+x_i'{}_{+1}}{3} \quad 等ヲトル．$$

猶 $\varphi_1(x_1)$ ノ計算ハ本書前記ノモノハ次ノヨウニナツテ得ル．

$$\left(249-\frac{2174-\dfrac{3360}{10}}{10}\right)\div 1=62.5 \qquad (x_1')$$

シカシ結局ハ前ニ述ベタ $\varphi_1(x_1)$ ノ計算ト同ジニナル．φ_2，φ_3 ノ場合ニ就テモ同様デアル．

又三枝法ノ時ニ甲乙吻合シテ 2 ヲ真商トシタノデアルガ，之ハ時ニヨルト三

枝ノ真商デナク隣ノ枝ノ真商デアルコトガアルカラ注意ヲ要スル．今ノヨウニ一枝二枝三枝ガ 240, 7, 2 ト次第ニ小サク得ラレタ場合ハヨイガ，之ガ例エバ二枝莟商ト略等シイヨウナ時ニハ，2ハ二枝ノ真商カモ知レナイノデアル．

上ノ例ノヨウニ互反ヤ吻合ガ容易ニ起ル場合ハヨイノデアルガ時ニヨルト之ガ容易ニ起ラヌ場合ガ生ズル．ソレニ就テハ術例ノ中ニ次ノ様ニ扱ツテ居ル．

〔第三例〕 $174720-9392x+168x^2-x^3=0$ （コノ根ハ 60, 56, 52）

ノ二枝法ノ所デ

$x_1=50$ ノトキ $x_1'=49.9$, 　$x_2=40$ ノトキ $x_2'=39.2$,

$x_3=30$ ノトキ $x_3'=25.8$, 　$x_4=20$ ノトキ $x_4'=4.43$,

$x_5=10$ ノトキ $x_5'<0$

此ノヨウニ x_i モ x_i' モ共ニ減少シテ行ツテ互反ガ起ラズ遂ニ x_i' ガ負トナルトキ，之ヲ「隣商ヲ跨グ」ト云ウ．此ノ場合ハ x_i ヲ改メテ大キクシテ行ツテ見ル．

$x_6=55$ ノトキ $x_6'=55.002$, 　$x_7=58$ ノトキ $x_7=57.99$,

玆ニ至ツテ互反ガ起ル．仍テ $\dfrac{55+55.002+58+57.99}{4}=56.498$ 即チ56ヲ以テ莟商トスル（x_6 デ x_1 ト比較スレバ互反ガアル．シカシ此分ハ第三枝デアル．コレヲ如何ニ判別スルカ（此ノ故ニ隣商ヲ跨グト云ウノカ））

〔第四例〕 $-3+11x-x^2+x^3=0$ （此ノ根ハ一枝二枝ハ正無商 三枝ハ0.27779…………）

一枝法

$x_1=1$ ノトキ $x_1'<0$, 　$x_2=10$ ノトキ $x_2'<0$

$x_3=20$ ノトキ $x_3'=0.45$, 甲乙ノ差多イトキハ商ハ猶此ノ甲ヨリ大キイト察シ，

$x_4=30$ トシ $x_4'=0.63$, 甲乙ノ差ガ却テ大キクナルトキハ商ハ1以下ト察シ，

$x_5=0.2$ トシ $x_5'=21$, 　商ハ此ノ甲ヨリ大キイト察シ，

$x_6=0.3$ トシ $x_6'<0$

此ノヨウニ甲ヲ増スモ減ズルモソレニ対シ適当ナ乙ガ得ラレナイ．仍テ第一根ハ正無商デアル．（二枝法モ同様）

（$x_6=0.278$ トスレバ $x'_6=0.019284$ トナリ互反ヲ生ズル．コレハ第三枝ノ

分デアル．シカシ之ガ第三枝ノ分デアツテ第一枝ガ無商デアルコトハ如何ニシテ判別スルカ）

三枝法

$x_1=1$　$x_1'=0.272,$　$x_2=0.5$　$x_2'=0.279$

$x_3=0.3$　$x_3'=0.278,$　$x_4=0.2$　$x_4'=0.76$　（互反）

斯様ニ x' ノ値ガ相似ルモノハ x ト x' トノ差ノ一番小サイ乙ヲトリ直チニ畨商トスル．即チ三枝畨商ハ 0.278 トスル．

（x' ノ値ガ似テ居テモ x ト x' ノ差ガ大キイトキハ無商トスル．）

〔第五例〕 $343-196x+35x^2-2x^3=0$　（コノ根ハ 7, 7, 3.5）

一枝法

x	10	9	8	6	5	4	3
x'	9.4	8.7	7.9	5.9	4.76	3.71	3.88 （互反）

斯様ニ甲ヲ減ズルト乙モ減ジ，且ツ初メノ甲乙ノ差ハ多ク，中頃ニ至ツテ減ジ，末ニナルト又多クナツテ互反ヲ生ズル．即チ互反ガ差ノ少ナイトキニ起ラズ差ガ大キクナツテ起ル．此ノヨウナ場合ニハ此商ノ外ニ此商ト同ジ商ガモ一ツアル(等根)カ，又ハ此商ニ近イ商ガアルカデアル．仍テ次枝術ニヨツテ次商ヲ試ミルガヨイ．

二枝法

x	3	4	5	6	8	9	10
x'	2.816 （互反）	4.08	5.096	6.036	8.059	9.28	10.78

コレ又甲ガ増セバ乙モ次第ニ増シテ行ツテ先デハ互反ヲ生ジナイ．前ノ場合ト照合セテコレハ必ズ至近商ガ二ツアツテ甲乙ノ差ノ甚ダ近イ甲乙二件ノ間（6ト8トノ間）ニ夾マツテ居ルコトガ知ラレル．始メニ互反ノ起ルノハソコニ三枝商ヲ夾ムカラデアル．仍テ一枝二枝ノ商ハ共ニ6ト8トノ間ニアル．

（v） 反復法ニ用ウル函数ノ適否ニ就テ

本書ノ反復法ニ於テハ第一根 α ヲ求メルニハ $\varphi_1(x)$ ヲ，第二根 β ヲ求メ

ルニハ $\varphi_2(x)$ ヲ, ………使用スルモノトシテ居ル, 巻頭ノ例七則ノ第二ニ右記ノヨウニ述ベテ居ル. シカシナガラ何故ニ第一根ニハ $\varphi_1(x)$ ヲ用ウルカ, ……ノ理由ハ何処ニモ述ベテ居ラヌカラ其ノ根拠ヲ知ルコトハ出来ナイガ一般ニ斯様ナ反復法ニ使ウ函数ハ考ウル所（例ヘバ $x=\alpha$）ニ於テ変化ノ著シクナイモノガ適当デアル. 従テ $x=\alpha$ ニ於テ $\varphi_1(x)$, $\varphi_2(x)$,……ノ中, 導函数 $\varphi_1'(\alpha)$, $\varphi_2'(\alpha)$,…… ノ絶対値ノ小サイモノヲ選ムコトガ適切デアル. 此ノ見地カラ見ルト $x=\alpha$ ニ於テハ $\varphi_1(x)$, $x=\beta$ ニ於テハ $\varphi_2(x)$…… ガ一番適切デアルトハ一般ニハ云イ得ナイノデアル. 今之ヲ実例ニ就イテ示シテ見ヨウ.

> 仮如相当可下用二一枝二枝術一求上之者、反求二於三枝四枝術一、或当レ用二三枝四枝術一者、反求二之一枝二枝術一、如レ是之類雖三偶得二其商一亦幾二乎誤中一、猶レ激二水於高陵一、非二理所一レ然也、

(i)　$a_2+a_1x+x^2=0$

此ノ二根ヲ α,β トシ, $\alpha>\beta>0$ デアルトスル.

$$\varphi_1(x)=x-\frac{f(x)}{x},\qquad \varphi_2(x)=x-\frac{f(x)}{x+a_1},$$

コレカラ

$$\varphi_1'(\alpha)=1-\frac{\alpha-\beta}{\alpha}=\frac{\beta}{\alpha},\qquad \varphi_2'(\alpha)=1-\frac{\alpha-\beta}{\alpha+\alpha_1}=\frac{\alpha}{\beta},$$

$$\therefore\quad \varphi_1'(\alpha)<\varphi_2'(\alpha)\qquad \left(\begin{array}{l}\alpha+\beta=-a_1\\ f'(\alpha)=\alpha-\beta\\ f(\alpha)=0\end{array}\right)$$

仍ツテ $x=\alpha$ デハ $\varphi_1(x)$ ノ方ガ $\varphi_2(x)$ ヨリ適当デアル.

同様ニシテ $\varphi_1'(\beta)>\varphi_2'(\beta)$ ヲ得ル.

仍ツテ $x=\beta$ デハ $\varphi_2(x)$ ノ方ガ $\varphi_1(x)$ ヨリモ適当デアル.

コレハ本書ノ云ウ所ト一致スル.

(ii)　$a_3+a_2x+a_1x^2+x^3=0$

此ノ三根ヲ α,β,γ トシ $\alpha>\beta>\gamma>0$ トスル.

$$\varphi_1(x)=x-\frac{f(x)}{x^2},\quad \varphi_2(x)=x-\frac{f(x)}{x(x+\alpha_1)},\quad \varphi_3(x)=x-\frac{f(x)}{x^2+a_1x+a_2},$$

$$\therefore\quad \varphi_1'(\alpha)=1-\frac{(\alpha-\beta)(\alpha-\gamma)}{\alpha^2}\qquad (f'(\alpha)=(\alpha-\beta)(\alpha-\gamma),\ f(\alpha)=0)$$

$$=\frac{\alpha(\beta+\gamma)-\beta\gamma}{\alpha^2}>0$$

$$\varphi_2'(\alpha)=1-\frac{(\alpha-\beta)(\alpha-\gamma)}{\alpha(\alpha+\alpha_1)}=1+\frac{(\alpha-\beta)(\alpha-\gamma)}{\alpha(\beta+\gamma)}\quad(\alpha+\beta+\gamma=-a_1)$$

$$=\frac{\alpha^2+\beta\gamma}{\alpha(\beta+\gamma)}>0$$

$$\varphi_3'(\alpha)=1-\frac{(\alpha-\beta)(\alpha-\gamma)}{a_2+a_1\alpha+\alpha^2}=1-\frac{(\alpha-\beta)(\alpha-\gamma)}{\beta\gamma}=\frac{\alpha(\beta+\gamma-\alpha)}{\beta\gamma}$$

故ニ　　$\beta+\gamma>\alpha$　ナラバ　$\varphi_3'(\alpha)>0$

　　　　$\beta+\gamma<\alpha$　ナラバ　$\varphi_3'(\alpha)<0$

$$\therefore\quad \varphi_2'(\alpha)-\varphi_1'(\alpha)=\frac{\alpha^2+\beta\gamma}{\alpha(\beta+\gamma)}-\frac{\alpha(\beta+\gamma)-\beta\gamma}{\alpha^2}$$

$$=\frac{(\alpha+\beta+\gamma)(\alpha-\beta)(\alpha-\gamma)}{\alpha^2(\beta+\gamma)}>0$$

又 $\beta+\gamma>\alpha$ トスレバ

$$\varphi_3'(\alpha)-\varphi_1'(\alpha)\quad=\frac{\alpha(\beta+\gamma-\alpha)}{\beta\gamma}-\frac{\alpha(\beta+\gamma)-\beta\gamma}{\alpha^2}$$

$$=\frac{(\alpha^2-\beta\gamma)(\alpha-\beta)(\gamma-\alpha)}{\alpha^2\beta\gamma}<0$$

故ニ $x=\alpha$ デハ φ_1 ハ φ_2 ヨリ適当デアルガ φ_3 ヨリハ適当デナイ.

又 $\beta+\gamma<\alpha$ トスレバ

$$|\varphi_3'(\alpha)|-\varphi_1'(\alpha)=\frac{\alpha(\alpha-\beta-\gamma)}{\beta\gamma}-\frac{\alpha(\beta+\gamma)-\beta\gamma}{\alpha^2}$$

コレハ $\alpha=4,\ \beta=2,\ \gamma=1$ トスレバ $|\varphi_3'(4)|-\varphi_1'(4)=2-\frac{5}{8}>0$

$\alpha=12,\ \beta=6,\ \gamma=5$ トスレバ $|\varphi_3'(12)|-\varphi_1'(12)=\frac{2}{5}-\frac{17}{24}<0$

即チ α,β,γ ノ値ニヨリ φ_1 ガ適スルコトモアリ，φ_2 ガ適スルコトモアル．他ノ場合ニ就イテ調査シテモ必ズシモ本書ノ主張ノ如クハナラヌノデアル．

(vi)　条　　法

上記ノ反復法ダケデハ速カニ真商ニ収斂シナイカラ (3) 節ノ方法デ $\alpha_1,\alpha_2,\alpha_3,\alpha_4$，ヲ求メタナラバ，条法トイウモノヲ使用シテ速カニ収斂セシメヨウトスルノデアル．之ハ本解法デハ最モ重要ナコトデ，上ノ反復法ダケデハ時ニ真商ニ近ズカズ却ツテ遠ザカルコトガアルノデアルガ，条法ヲ使用スレバソレモ防ゲ，且ツ早ク目的ヲ達スルコトガ出来ルノデアル．結局上ノ数個ノ近似根ヲ使イ，条法ニ述ベル反復法ヲ使用シテ速カニ目的ヲ達シヨウトスルノガ本解法ノ要旨デアル．

条法解竝逐盛逐衰順盈朒逆盈朒

凡依二毎枝術一求二真商一雖レ得或遅、故兼二用此法一、但逆盈朒必須レ兼二用此法一、否則不レ得二真商一、

条法曰 別依二其相当枝術一求二商四件一、但三件以上随意、四商三商相減余以除二三商次商差一名レ率 尾数加減拠二時宜一、以下依二盛衰順逆一異二其術一、故其法立二三格一而明レ之、

逐盛逐衰之格

置二四商一乗レ率内減二三商一余以下率与二一個一差上除レ之名二定四商一、於レ是別依二其相当枝術一求二五商一、置二五商一乗レ率内減二定四商一余以下率与二一個一差上除レ之名二定五商一、逐如レ此求レ之、

順盈朒及逆盈朒之格

置二四商一乗レ率加二三商一以下率与二一個一和上除レ之名二定四商一、於レ是別依二其相当枝術一求二五商一、置二五商一乗レ率加二定四商一以下率与二一個一和上除レ之名二定五商一、逐如レ此求レ之、

α ヲ真商，$\alpha_1, \alpha_2, \alpha_3, \alpha_4$，ヲ夫々苔商，次商，三商，四商トスル．

$\alpha_1<\alpha_2<\alpha_3<\alpha_4<\alpha$ ヲ逐盛ノ格，

$\alpha_1>\alpha_2>\alpha_3>\alpha_4>\alpha$ ヲ逐衰ノ格，

$\alpha_1<\alpha_3<\alpha<\alpha_4<\alpha_2$

又ハ $\alpha_1>\alpha_3>\alpha>\alpha_4>\alpha_2$ ヲ順盈朒ノ格，

$\alpha_3<\alpha_1<\alpha<\alpha_2<\alpha_4$

又ハ $\alpha_3>\alpha_1>\alpha>\alpha_2>\alpha_4$ ヲ逆盈朒ノ格トイウ．

$$\frac{\alpha_3-\alpha_2}{\alpha_4-\alpha_3}=R \tag{1}$$

ヲ率ト名ズケル．

（イ） 逐盛，逐衰ノ格

$$\frac{\alpha_4 R-\alpha_3}{R-1}=x_4 \tag{2}$$

トシテ之ヲ定四商トイウ．

又 $\varphi_1(x_4)=x_4-\dfrac{f(x_4)}{a_0 x_4{}^{n-1}}=\alpha_5$ トシ（五商），$\dfrac{\alpha_5 R-x_4}{R-1}=x_5$

トスル．之ヲ定五商トイウ．

同様ニ $\varphi_1(x_5)=x_5-\dfrac{f(x_5)}{a_6x_5^{n-1}}=\alpha_6$,　$\dfrac{\alpha_6R-x_5}{R-1}=x_6$ トシ定六商トイウ.
之ヲ反復シテ次第ニ真商ニ近ズカセルノデアル.

（ロ）**順盈朒，逆盈朒ノ格**

$\dfrac{\alpha_4R+\alpha_3}{R+1}=x_4$　トシ之ヲ定四商トイウ.

又 $\varphi_1(x_4)=\alpha_5$　$\dfrac{\alpha_5R+x_4}{R+1}=x_5$　トシ之ヲ定五商トイウ．之ヲ反復シテ次第ニ真商ニ近ズカセルノデアル.

サテ斯様ニ x_4 ヲ定メルコトハ逐盛ノ場合ニ於テハ $\alpha_1, \alpha_2, \alpha_3, \cdots\cdots$ ヲ無限等比級数

$$\alpha_1=\alpha_1,\ \alpha_2=\alpha_1+\alpha_1\gamma,\ \alpha_3=\alpha_1+\alpha_1\gamma+\alpha_1\gamma^2,\cdots\cdots\cdots\cdots\cdots$$

ト見テ $\lim\limits_{n\to\infty}\alpha_n=x_4$ トシタコトデアル．但シ $\gamma=\dfrac{1}{R}$

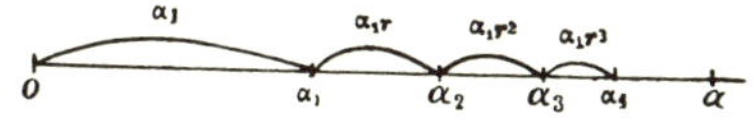

何トナレバ (1) カラ

$$\gamma=\frac{\alpha_4-\alpha_3}{\alpha_3-\alpha_2}$$

トナリ，之ヲ (2) ニ代入スレバ

$$x_4=\frac{\alpha_4R-\alpha_3}{R-1}=\frac{\alpha_4-\alpha_3\gamma}{1-\gamma}=\frac{\alpha_1}{1-\gamma}=\lim_{n\to\infty}\alpha_n$$

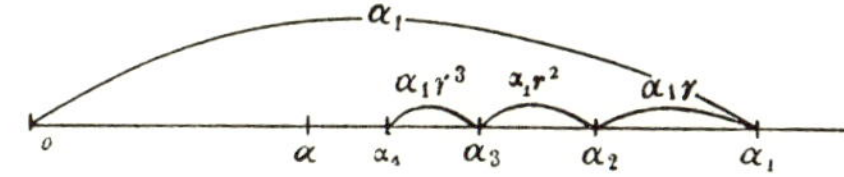

トナルカラデアル.

但シ逐衰ノ場合ハ

$$\alpha_n=\alpha_1-\alpha_1\gamma-\alpha_1\gamma^2-\cdots\cdots-\alpha_1\gamma^{n-1}$$

トスル．カクスレバ

$$x_4=\frac{\alpha_4-\alpha_3\gamma}{1-\gamma}=\frac{\alpha_1-2\alpha_1\gamma}{1-\gamma}=\lim_{n\to\infty}\alpha_n$$

（和算デハ前ノヨウナ極限値ヲ求メルコトヲ増約トイイ，後ノヨウナ極限値ヲ求メルコトヲ損約トイウ）

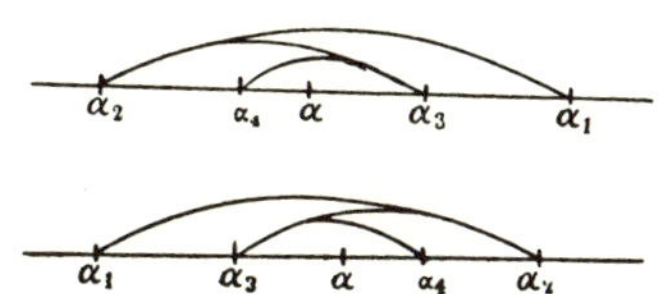

又順盈朒ノ場合ハ

$$\frac{\alpha_4-\alpha_3}{\alpha_3-\alpha_2}=-\gamma\qquad\left(\gamma=\frac{1}{R}\right)$$

トシ，上図ナラバ

$$\alpha_n=\alpha_1-\alpha_1\gamma+\alpha_1\gamma^2-\alpha_1\gamma^3+\cdots\cdots+(-1)^{n-1}\alpha_1\gamma^{n-1}$$

トスレバ，ヤハリ

$$x_4=\frac{\alpha_4R+\alpha_3}{R+1}=\frac{\alpha_4+\alpha_3\gamma}{1+\gamma}=\frac{\alpha_1}{1+\gamma}=\lim_{n\to\infty}\alpha_n$$

下図ナラバ

$$\alpha_n=\alpha_1+\alpha_1\gamma-\alpha_1\gamma^2+\alpha_1\gamma^3-\alpha_1\gamma^4+\cdots\cdots+(-1)^n\alpha_1\gamma^{n-1}$$

トスレバ

$$x_4=\frac{\alpha_4+\alpha_3\gamma}{1+\gamma}=\frac{\alpha_1+2\alpha_1\gamma}{1+\gamma}=\lim_{n\to\infty}\alpha_n$$

又逆盈朒ノ場合ハ

$$\frac{\alpha_3-\alpha_2}{\alpha_4-\alpha_3}=-R$$

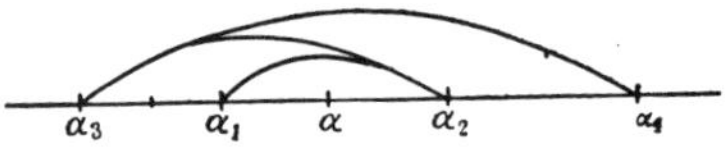

α_3 α_1 α α_2 α_4

トシ，上図ナラバ無限等比級数

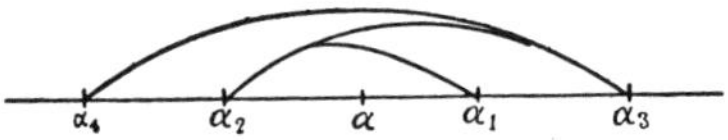

α_4 α_2 α α_1 α_3

$$S_1=\alpha_4$$

$$S_2=\alpha_3=\alpha_4-\alpha_4R$$

$$S_3=\alpha_2=\alpha_4-\alpha_4R+\alpha_4R^2,\cdots\cdots\cdots\cdots\cdots$$

ヲ考エレバ

$$x_4=\frac{\alpha_4R+\alpha_3}{R+1}=\frac{\alpha_4}{R+1}=\lim_{n\to\infty}S_n$$

下図ナラバ

$$S_n=\alpha_4+\alpha_4R-\alpha_4R^2+\alpha_4R^3-\cdots\cdots+(-1)^n\alpha_4R^{n-1}$$

トスレバ

$$x_4=\frac{\alpha_4R+\alpha_3}{R+1}=\frac{\alpha_4+2\alpha_4R}{R+1}=\lim_{n\to\infty}S_n$$

以上ノコトヲ幾何学的ニ考察シテ見ヨウ．先ズ一例トシテ

$$f(x)=-6+11x-6x^2+x^3=0 \quad (\text{三根ハ } \alpha=3,\beta=2,\gamma=1)$$

ヲトレバ

$$\varphi_1(x)=x-\frac{f(x)}{x^2}=\frac{6-11x+6x^2}{x^2}$$

$$\varphi_2(x)=x-\frac{f(x)}{x(x-6)}=\frac{6-11x}{x(x-6)}$$

$$\varphi_3(x)=x-\frac{f(x)}{x^2-6x+11}=\frac{6}{x^2-6x+11}$$

トナリ，ソノぐらふハ第1図ノヨウニナル．

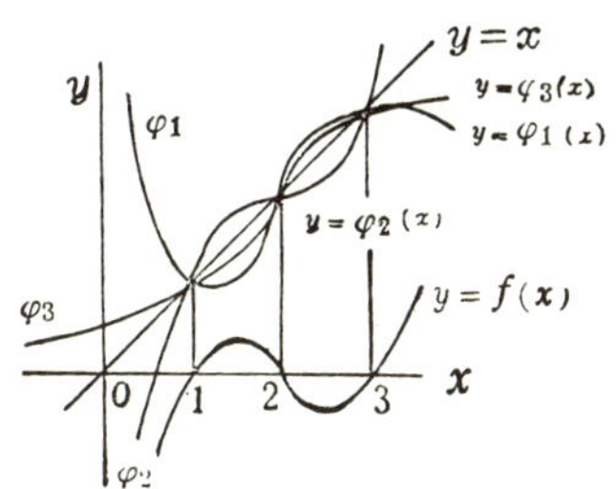

第1図

コレラノ函数ハ $f(x)=0$ ノ根 α ニ対シテハ $\varphi(\alpha)=\alpha$ トナルカラ，曲線 $y=\varphi(x)$ ハ何レモ直線 $y=x$ ト根 α ニ対応スル点デ交ル．ソシテ $\alpha_1, \alpha_2, \alpha_3 \cdots\cdots$ ハ第2図ニ見ルヨウニ α ニ収斂スル．

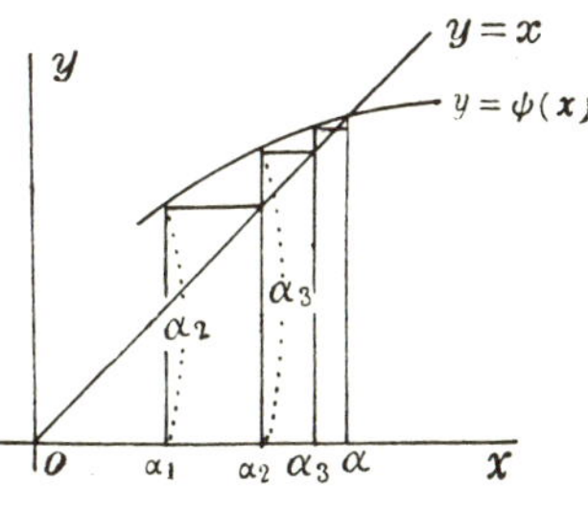

第2図

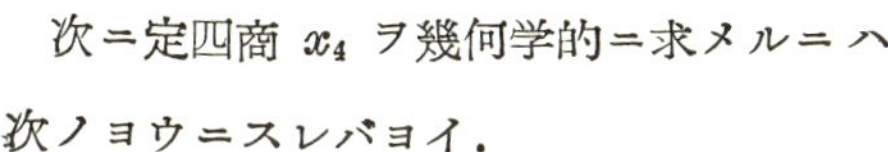

次ニ定四商 x_4 ヲ幾何学的ニ求メルニハ次ノヨウニスレバヨイ．

（イ）逐盛逐衰ノ場合

$\alpha_1, \alpha_2, \alpha_3, \cdots\cdots$ ニ対応スル $y=\varphi_1(x)$ 上ノ点ヲ下図ノ如クスルト

$$\frac{\alpha_4-\alpha_3}{\alpha_3-\alpha_2}=\gamma$$

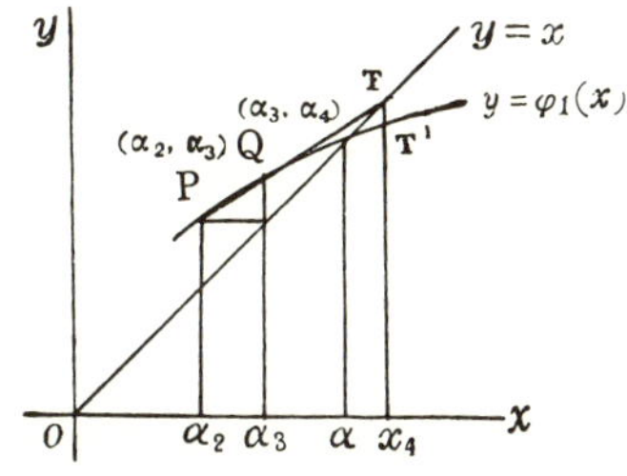

ハ直線 PQ ノ方向係数デ，PQ ノ方程式ハ

$$y-\alpha_4=\gamma(x-\alpha_3)$$

之ト直線 $y=x$ トノ交点 T ノ座標ハ

$$x=y=\frac{\alpha_4-\alpha_3\gamma}{1-\gamma}=x_4$$

即チ x_4 ハ PQ ト OT トノ交点ノ x 座標トナルノデアル．結局曲線 $y=\varphi_1(x)$ ト直線 OT トノ交点ヲ求メル代リニ，直線 PQ ト OT トノ交点ヲ求メタ訳デアル．

（ロ）順盈朒，逆盈朒ノ場合

PQ ノ方向係数ハ

$$\frac{\alpha_4-\alpha_3}{\alpha_3-\alpha_2}=-\gamma$$

（順盈朒ノ場合ハ $0<\gamma<1$，逆盈朒ノ場合ハ $\gamma>1$）

依ツテ，

$$\text{PQ};\quad y-\alpha_4=-\gamma(x-\alpha_3)$$

故ニ T ノ座標ハ

$$x=y=\frac{\alpha_4+\alpha_3\gamma}{1+\gamma}=x_4$$

即チ前ト同様ノ結論ヲ得ル．

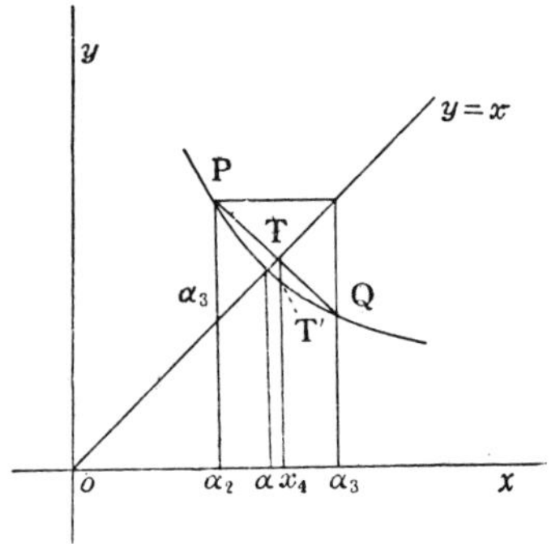

x_4 カラ x_5 ヲ求メルニハ曲線上ノ点 $\text{T}'(x_4, \varphi(x_4))$ ヲ通リ QT ニ平行ニ直線 T′S ヲ引キ，ソレト OT トノ交点ノ x 座標ヲ求メレバヨイ(下図)．即チ

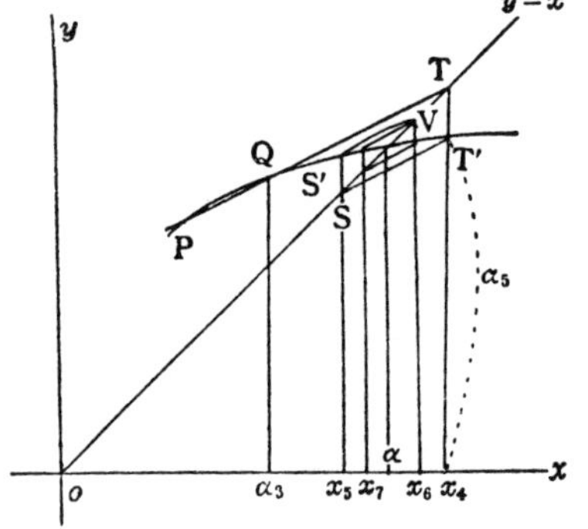

$$\begin{cases} y-\varphi(x_4)=\pm\gamma(x-x_4) \\ y=x \end{cases}$$

ヨリ，

$$x=\frac{\varphi(x_4)\mp\gamma x_4}{1\mp\gamma}=\frac{\alpha_5\mp\gamma x_4}{1\mp\gamma}$$

之ガ x_5 デアル．結局之ヲ反復シテ $x_6, x_7, \cdots\cdots$ ヲ求メルノデアル．

仍テ条法ニ於ケル反復法ニハ

$$\Psi(x)=\frac{\varphi(x)\mp\gamma x}{1\mp\gamma}\qquad\begin{pmatrix}-\text{ハ逐盛衰}\\+\text{ハ盈朒}\end{pmatrix}$$

ヲ使ウコトトナル．

之ヲ Newton ノ接線ヲ用イル反復法ニ較ベルト誠ニヨク似テ居ルコトガ知ラレル．Newton ノ方法ハ

$$\varphi(x)=x-\frac{f(x)}{f'(x)}$$

トシテ反復法ヲ行ウノデアルガ，$y=\varphi(x)$ ノぐらふヲ画イテ見レバ，ヤハリ前ノ第2図ノ如ク $\alpha_1, \alpha_2, \cdots\cdots$ ガ α ニ収斂シテ行クノデアル．又 Newton ノ方法デハ収線ヲ使ウガ，コノ方法デハ相接近スル二点ヲ結ブ弦ヲ使ウ．微係数ノ代リニ階差係数ヲ用イルノデアル．又 Newton ノ方法デモ一々 $f'(\alpha_1)$,

$f'(\alpha_2),\cdots\cdots$ ヲ使ワズ常ニ $f'(\alpha_1)$ ヲ用イテスルコトガアル．即チ最初ノ接線ニ平行ナ直線ヲ引イテ x 軸トノ交点ヲ求メルノデアル．斯様ニシテモ反復ノ回数ハ大シテ違ワズ，計算ハ大ニ労力ガ省ケルノデアル．斯クシテコノ反復法トNewton ノ反復法トハ誠ニヨク似テ居ルコトガ知ラレル．

猶逐盛逐衰ハ $y=\varphi(x)$ ガ増加函数ノ時起リ，盈朒ハ減少函数ノ時起ル．又同ジク増加函数デモ $0<\varphi'(x)<1$ ノ時ハ第2図ノヨウニナツテ $\alpha_1, \alpha_2, \cdots\cdots$ ハ α ニ収斂スルガ，$\varphi'(x)>1$ ノ時ハ左図ノヨウニナツテ決シテ α ニ収斂シナイ．斯様ナトキデモ条法ヲ使エバ収斂セシメルコトハ可能デアル．シカシ斯様ナ計算ニハ $|\varphi'(x)|$ ガ成可ク小サクナルヨウナ $\varphi(x)$ ヲ選ブコトガヨイ．

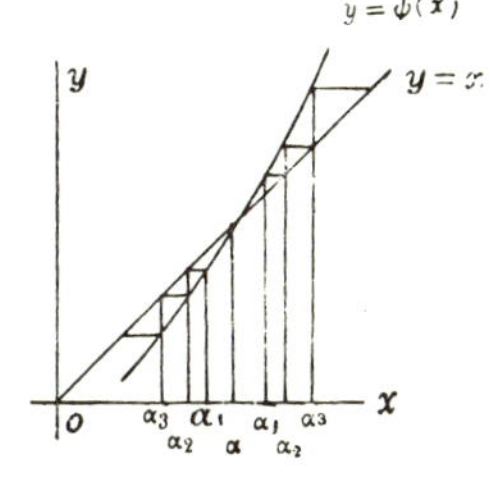

$\varphi'(x)<0$ ノ時ハ，$\varphi'(x)>-1$ ノトキ順盈朒トナリ，$\varphi'(x)<-1$ ノトキ逆盈朒トナル．逆盈朒ノ場合ハ $\alpha_1, \alpha_2, \cdots\cdots$ ハ α カラ次第ニ遠ザカルカラ必ズ条法ヲ使ワネバナラヌ．

$|\varphi'(x)|<1$ ナラバ $\alpha_1, \alpha_2, \cdots\cdots$ ガ α ニ収斂スルコトハ以上ノ図ニヨツテモ明カデアルガ，式ヲ以テスレバ次ノヨウニイエル．

$$\alpha=\varphi(\alpha),\quad \alpha_2=\varphi(\alpha_1)$$

$$\therefore\quad \alpha-\alpha_2=\varphi(\alpha)-\varphi(\alpha_1)=\varphi'(\xi_1)(\alpha-\alpha_1)$$

$$(\alpha_1<\xi_1<\alpha \text{ 又ハ } \alpha<\xi_1<\alpha_1)$$

$$\therefore\quad |\alpha-\alpha_2|=|\varphi'(\xi_1)|\cdot|\alpha-\alpha_1|$$

同様ニ，$|\alpha-\alpha_3|=|\varphi'(\xi_2)|\cdot|\alpha-\alpha_2|=|\varphi'(\xi_1)|\cdot|\varphi'(\xi_2)\cdot|\alpha-\alpha_1|$

$\cdots\cdots\cdots\cdots\cdots\cdots\cdots\cdots\cdots\cdots\cdots\cdots\cdots\cdots\cdots\cdots\cdots\cdots\cdots\cdots\cdots$

今 $|\varphi'(\xi_1)|, |\varphi'(\xi_2)|, \cdots\cdots$ ノ最大値ヲ M トスレバ

$$|\alpha-\alpha_n|\leqq M^n|\alpha-\alpha_1|$$

故ニ $M<1$ ナレバ必ズ収斂シ，且ツ M ガ小サイ程速ク収斂スル．

次ニ条法ヲ使ツタ場合ヲ考エルト

逐盛衰デハ，$\Psi'(x)=\dfrac{\varphi'(x)-\gamma}{1-\gamma}$，　$\varphi'(x)>0,\ \gamma>0$

盈朒デハ，　$\Psi'(x)=\dfrac{\varphi'(x)+\gamma}{1+\gamma}$，　$\varphi'(x)<0,\ \gamma>0$

γ ハ階差係数ノ絶対値デアルカラ，$|\varphi'(x)|\fallingdotseq\gamma$，依ツテ γ ガ1ニ近イ値デナケレバ $\Psi'(x)$ ハ $\varphi'(x)$ ニ比シテ小サクナルカラ収斂ガ速クナル．且ツコノ場合ハ $|\varphi'(x)|>1$ デモカマワヌ訳デアル．依ツテ逆盈朒ノ場合デモ条法ヲ使エバ収斂スル．ノミナラズコノ場合ハ $\gamma>1$ ナル故却ツテ他ノ場合ヨリ速ク収斂スルコトトナル．考ウル区間内デ $\varphi'(x)$ ガ1トナツタリ，変曲点ガアツタリスルト困ルコトハ，Newton ノ場合ト同様デアル．

(vii) 開方式転商

本条デハ方程式変換ヲ述べテ居ル．

此所レ出則尋常之例，世学者所ニ素能ー者，然新法亦有レ所レ用レ之．故挙ニ其大抵ー以便ニ初学ー．

ト云ツテ居ルヨウニ以下ノ変換ハ和算家ノ普通事トスルコトデアル．

(i)　$$a^4-a^3x+a^2x^2+ax^3-x^4=0 \tag{1}$$

逐上 a ヲ省キ

$$1-x+x^2+x^3-x^4=0 \tag{2}$$

(1) ノ根ヲ α トスレバ (2) ノ根ハ $\dfrac{\alpha}{a}$ デアル．

例エバ

$$-250+75x-25x^2+x^3=0 \tag{3}$$

逐上之ヲ五除シ

$$-2+3x-5x^2+x^3=0 \tag{4}$$

トスレバ (4) ノ根ハ (3) ノ根ノ $\dfrac{1}{5}$ デアル．

(ii)　$$-7a^3b+3a^3x-27abx^2+216x^3=0 \tag{5}$$

逐上 a ヲ省キ逐下三除シ

$$-7b+ax-3bx^2+8x^3=0 \tag{6}$$

トスレバ，(5) ノ根ガ β ナレバ (6) ノ根ハ $\dfrac{3\beta}{a}$ デアル．

(iii) $$a-bx+cx^2+dx^3=0 \tag{7}$$

之ヲ顚倒シ

$$d+cx-bx^2+ax^3=0 \tag{8}$$

トスレバ，(7) ノ根ガ γ ナレバ (8) ノ根ハ $\dfrac{1}{\gamma}$ デアル．

(iv) $$1020-679x+110x^2+7x^3-2x^4=0$$

ノ根ハ，一枝 5，二枝 -8.5，三枝 4，四枝 3 デアル．之ニ次ノ計算ヲ行エバ

−2	7	110	−679	1020	4
	−8	−4	424	−1020	
−2	−1	106	−255	0	

$$-255+106x-x^2-2x^3=0$$

ノ根ハ，一枝　-8.5，二枝 5，三枝 3 デアル．

若シ最後ガ 0 トナラヌ場合ハ次ノヨウニナル．例エバ

$$420-256x+7x^2+10x^3-x^4=0$$

ノ根ハ，一枝 7，二枝　-5，三枝 6，四枝 2 デアルガ

−1	10	7	−256	420	5
	−5	25	160	−480	
−1	5	32	−96	−60	
	−5	0	160		
−1	0	32	64		
	−5	−25			
−1	−5	7			
	−5				
−1	−10				

$$-60+64y+7y^2-10y^3-y^4=0$$

ノ根ハ，一枝　-10，二枝 2，三枝　-3，四枝 1 デアル．

又，術例其五，縮**式格**ニ於テハ，一根ヲ求メテハ次第ニ次数ヲ下ゲテ解ク法ヲ次ノヨウニヤツテ得ル．

「$11040000-40398800x+11599610x^2+1349329x^3-3505x^4+244x^5+20x^6=0$

逐テ之ヲ開キ遍ク正商ト負商トヲ求メ尽サント欲ス．其ノ商及ビ其ノ術如何．」

此ノ題ノヨウニ悉ク根ヲ求メヨウト思エバ一枝，二枝……ニ拘ラズ先ズ最モ求メ易イ根ヲ求メル．即チ問ウ者ノ好ミガナケレバ或ハ第一枝カラ或ハ第六枝

カラ求メル.

先ズ全体ヲ 20 デ割リ，次ニ逐上5デ割リ

$$35.328-64.3808x+927.9688x^2+539.7316x^3-187.01x^4+2.44x^5+x^6=0 \qquad \text{（幹式）}$$

此ノ根ハ元ノ根ノ$\frac{1}{5}$デアル．之ニ就キ一枝菩商ヲ探ル法ニヨリ，16(負)ヲ得ル．之ハ直チニ次商ト吻合スル（即チ負商 16 ヲ得）仍ツテ幹式ヲ $x+16$ デ割リ

$$2.208-40.5368x+60.5316x^2+29.95x^3-13.56x^4+x^5=0 \qquad \text{（第二幹式）}$$

同様ニ一枝菩商ヲ探ル法ニヨリ正商 10 ヲ得，之ヲ $x-10$ デ割リ

$$-0.2208+4.0316x-5.65x^2-3.56x^3+x^4=0 \qquad \text{（第三幹式）}$$

今度ハ一枝菩商ニ 4.2 ヲ得，之ヲ使ヒ正商 4.6 ヲ得ル．仍ツテ更ニ $x-4.6$ デ割リ

$$0.048-0.866x+1.04x^2+x^3=0 \qquad \text{（第四幹式）}$$

一枝菩商 1.6(負）ヲ得ル．之レハ直チニ次商ト吻合スル．仍ツテ之ヲ $x+1.6$ デ割リ

$$0.03-0.56x+x^2=0 \qquad \text{（第五幹式）}$$

一菩枝商0.52，之ヨリ進ミ十商ガ 0.50000000002 トナル．或ハ一枝菩商ヲ0.5トスレバ直チニ次商ト吻合スル．仍ツテ $x-0.5$ デ割リ $x-0.06$ ヲ得，最後ノ商 0.06 ヲ得ル．

カクシテ得タ根ヲ5倍シテ求メル定商トスル．即チ−80, 50, 23, −8, 2.5, 0.3 ガ求メル根デアル．

(v) 術例其七 **長虵格**ハ相反方程式ニ類スルモノデアル．偶数次ノ方程式デ中央項ヨリ左右同位ニアル係数ガ相等シイ時ハ（正負ニ拘ラズ）枝毎ニ術ヲ用ウルニ及バナイ．例エバ

$$4-5x+7x^2+18x^3-7x^4-5x^5+4x^6=0$$

ニ於テハ一枝，三枝，五枝，六枝ハ正商，二枝，四枝ハ負商デアリ，

一枝商 α ヲ得タラバ 六枝商ハ $\frac{1}{\alpha}$ トスル．

二枝商 $-\beta$ ヲ得タラバ　五枝商ハ $\dfrac{1}{\beta}$ トスル.

三枝商 γ ヲ得タラバ　四枝商ハ $-\dfrac{1}{\gamma}$ トスル.

ト云ツテ居ルガ之ハ誤デアル. x^6 ノ係数ガ -4 ナラバ, α, $-\beta$, γ ガ根デアルトキ $-\dfrac{1}{\alpha}$, $\dfrac{1}{\beta}$, $-\dfrac{1}{\gamma}$ モ根トナルガ上ノヨウナコトハ成立シナイ.

又　$$1+8x+2x^2-8x^3+x^4=0$$

ハ第一枝, 第二枝ガ α, β ナラバ, 第三枝, 第四枝ハ $-\dfrac{1}{\beta}$, $-\dfrac{1}{\alpha}$ デアルト云ツテ居ルガ之ハ正シイ. 根ノ符号ヲ変エル変換ト, 逆数ニスル変換トヲ続イテ行エバ恰度元ノ方程式ニ帰ルカラデアル.

本書ノ下巻ハ専ラ実問ヲ扱イ, ソレニ以上ノ方程式解法ヲ適用シテ居ル. 此ノ中ニハ等根ノ例モ見エルノデアル.

第七章　超越方程式ノ解法

既ニ久氏弧草ノ極背ヲ求メヲ解中ニ極背無尽式（超越方程式）ノ解法ガ見エテ居リ，ソコニハ Newton ノ近似法ト同一ノ反復法ガ用イラレテ居ルコトヲ述ベタノデアルガ，弧背ニ関スル問題特ニソレガ極大極小ニ関スルモノデアルト其ノ解法中ニハ屢久氏弧背草ニ見ルヨウナ超越方程式ヲ解カネバナラヌヨウナ術路ニ立チ至ルノデアル．和算家ハ此ノ解法ニハ余程苦心シタモノノヨウデアル．三角函数ヤ逆三角函数或ハ対数函数ノヨウナモノヲ少シモ使ワズ只無限級数ダケデ切抜ケヨウト努力シタノデアル．其ノ長々シイ計算ノ跡ヲ見ルニツケテモ全ク苦心ノ程ガ察セラレルノデアル．ソレダケニ又色々ノ工夫モ凝ラサレテ居ルノデアル．

此ノヨウナ問題ハ久留島ヤ松永ニヨツテ始メラレタノデアルガ，既ニ久留島ニハ前記ノ反復法ノ外ニモ同所別解中ニ用イラレテ得ル無限級数ノ反転法ニヨル解法ノ如キ立派ナ成果ガアガルノデアル．又同ジ頃ノモノト思ワレル著者不明ノ円理綴術中ニモ此ノ反転法ハ見ラレルノデアル．一方安島直円（1733—1800）ノ拾璣解ノ如キハ無尽式ヲ其ノ初メノ数項ヲトツテ五次トカ六次トカノ方程式ニシテ簡単ニ扱ツテ居ルヨウナモノモアル．降ツテハ和田寧（1787—1840）ノ勾殳容背極数術解中ニ見ルヨウナ相当手際ノヨイ解法モアルシ，又斎藤宜義ノ著算法円理鑑（天保五年，1834）中ニ使ワレテ居ル還累術ノ如キモノモアル．還累術ハ其ノ名ノ示スヨウニ一種ノ反復法デ，専ラ超越方程式ノ解法ニ使ワレタモノデアルガ，之ハ斎藤ニヨツテ創メラレタモノデハナク既ニ僧忍澄ノ著弧矢弦叩底（文政元年，1818）中ニ，術名ハナイガ之ト同法ガ使ワレテ居ルノデアル．ソシテ斎藤以後ノ算書ニハ還累術ノ名ヲ以テ時々見受ケラレル方法デアル．以下之等ノ諸術ヲ説イテ和算家ノ超越方程式解法ノ一班ヲ窺ウコトトスル．

1　反復法ニヨルモノ

円理真術 弧矢弦叩底（釈忍澄，文政元年，1818）

鹿園先生著 円理真術 弧矢弦叩底上下二巻ハ美濃国鹿埜郷緑林精舎ノ住職忍澄ノ作デアル．本書ハ弧背術ニ関スル書物デ弧，矢，弦，径，積ノ五ツヲ以テ悉ク題ヲ尽シ其ノ総テニ答術ヲ施シテ公開シタモノデアル．弧背術ノ秘蘊ヲ余ス所ナク囊底ヲ叩イテ発表シタト云ウ所ガ本書名ノ起ル所以デアル．当時此ノヨウナ術ハ極秘トサレテ容易ニ公ニセラレナカツタノニ僧籍ニアル著者ガ之ヲ敢テシテ世ヲ啓発シタコトハ和算ノ発達上誠ニ慶賀スベキコトデアル．

> 第十三　矢若干積若干問レ弦
> 術云以レ矢除レ積名レ角自レ之除レ矢加レ矢名レ子以除レ矢名レ率開ニ平方一乗ニ矢与子一四因三帰為レ原乗レ率（空因三因二除五除）為ニ一差一乗レ率（一因五因四除七除）為ニ二差一乗レ率（三因七因六除九除）為ニ三差一（如例列）レ原減ニ諸差一加レ積以除ニ積因角一倍レ之名レ亢（已下以レ角換レ亢而求ニ丑及底一）自レ之除レ矢加レ矢名レ丑以除レ矢名レ率開ニ平方一乗ニ矢与丑一四因三帰為レ原乗レ率（空因三因二除五除）為ニ一差一乗レ率（一因五因四除七除）為ニ二差一乗レ率（三因七因六除九除）為ニ三差一（如例列）レ原減ニ諸差一加レ積以除ニ積因亢一倍レ之名レ底（已下以レ亢換レ底而求ニ寅及房一）逐如レ此求ニ星名一則次第密ニ合於半弦一故倍レ之得ニ弦合レ問、

上巻ニハ問題ト術ノミヲ載セ下巻ニ於テ其ノ解義ヲ試ミテ居ルノデアルガ其ノ中ニ超越方程式ノ解法ヲ必要トスルモノガ出テ来，之ヲ解クニ次ニ示スヨウナ反復法ヲ用イタノデアル．

第十三及ビ十四番ノ問題ハ矢ト弧積トヲ知ツテ弦及ビ径ヲ求メルモノデアル．（以下径ヲ d，矢ヲ h，弦ヲ c，弧背ヲ s，弧積ヲ S デ表ワス）

$$S=\frac{4}{3}\sqrt{\frac{h}{d}}hd-\frac{3}{2.5}(\text{原})\frac{h}{d}-\frac{1.5}{4.7}(\text{一})\frac{h}{d}-\frac{3.7}{6.9}(\text{二})\frac{h}{d}-\cdots\cdots\cdots(1)$$

$$d=\left(\frac{c}{2}\right)^2\div h+h \qquad (2)$$

カラ d 及ビ c ヲ求メルノデアルガ，直チニ得難イカラ次ノヨウナ反復法ヲ使ウ．

$\frac{S}{h}=$角，　$\frac{\text{角}^2}{h}+h=$子，　$\frac{h}{\text{子}}=$率　トシ

$$S_1=\frac{4}{3}\sqrt{率}\ h子-\frac{3}{2.5}(原)率-\frac{1.5}{4.7}(一)率-\frac{3.7}{6.9}(二)率-\cdots\cdots$$

トスル．次ニ

$$\frac{2S\cdot角}{S+S_1}=亢,\quad \frac{亢^2}{h}+h=丑,\qquad \frac{h}{丑}=率\ トシ$$

$$S_2=\frac{4}{3}\sqrt{率}h\ 丑-\frac{3}{2.5}(原)率-\frac{1.5}{4.7}(一)率-\frac{3.7}{6.9}(二)率-\cdots\cdots$$

トスル．次ニ

$$\frac{2S\cdot亢}{S+S_2}=底,\qquad \frac{底^2}{h}+h=寅,\qquad \frac{h}{寅}=率\quad トシ$$

$$S_3=\frac{4}{3}\sqrt{率}h.\ 寅-\frac{3}{2.5}(原)率-\frac{1.5}{4.7}(一)率-\frac{3.7}{6.9}(二)率-\cdots\cdots$$

此ノヨウニ進メバ，角，亢，底…………ハ次第ニ半玄$\frac{c}{2}$ニ近ズク．仍テ之ヲ二倍シテ c トスル．

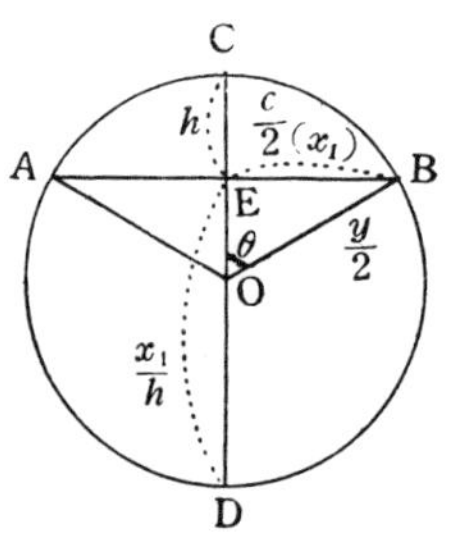

之レニ対シテ本書ニハ次ノヨウニ説明シテ居ル．「案ズルニ直チニ弦ヲ得ガタシ．故ニ本術矢ヲ以テ弧積ヲ除キ角ト名ルハ汎弦半ナリ．角ニ依テ子ヲ求ム．子ハ汎径ナリ．先ヅ汎数ヲ求メ，汎数ニ依テ汎積ヲ得テ真積ト併テ法トシ，以テ真積ノ因ル角ヲ除キ，之ヲ倍シテ亢ト名ルハ又汎弦半ナリ．逐テ汎術ヲ累ネ施セバ真数ヲ得ルノ理知ルベシ」

今此反復法ヲ証明シテ見ル．

証明　$\frac{S}{h}=x_1$ トシ，玄半$\left(\frac{c}{2}\right)$ノ近似値トスル．(汎玄半)

又　$\frac{x_1{}^2}{h}+h=y_1$，(径ノ近似値)　　$\frac{h}{y_1}=率_1$　トシ

之レヲ以テ弧積ヲ求メ，S_1（汎積）トスレバ

$$S_1=\frac{4}{3}\sqrt{率_1}\ hy_1-\frac{3}{2.5}(原)率_1-\frac{1.5}{4.7}(一)率_1-\cdots\cdots\cdots\cdots\cdots\cdots\cdots\cdots\text{(i)}$$

之レハ x_1 ノ函数デアルカラ $f(x_1)$ デ表ワス．　　　　（六番ニヨル）

$$S_1=f(x_1)$$

次ニ求メル玄半ヲ a トスレバ，$S=f(a)$ ハ与エラレテ居ル．

仍テ　　$x_2=\dfrac{2f(a)x_1}{f(a)+f(x_1)}$　トスル．之ヲ反復セバ $x_1\ x_2\ x_3\cdots\cdots$ ハ a ニ近迫スルト云ウノデアル．

今　$$F(x)=\frac{2f(a)\cdot x}{f(a)+f(x)} \qquad \text{(ii)}$$

ト置ケバ，$F(x_1)=x_2$，$F(x_2)=x_3$，…………デアル．即チ（ii）ハ此ノ反復法ノ函数デアル．

$f(x)$ ヲ $\sin^{-1}$ ヲ使ツテ表ワシ見ルト

$$S=\text{扇形OAB}-\triangle\text{OAB}=\frac{y^2}{4}\theta-\left(\frac{y}{2}-h\right)x \qquad (y\text{ハ直径})$$

$$\sin\theta=\frac{2x}{y},\quad \theta=\sin^{-1}\frac{2x}{y},\quad \text{但シ}\quad y=\frac{x^2+h^2}{h}$$

$$\therefore\quad f(x)=\frac{y^2}{4}\sin^{-1}\frac{2x}{y}-\left(\frac{y}{2}-h\right)x$$

$$=\frac{(x^2+h^2)^2}{4h^2}\sin^{-1}\frac{2hx}{x^2+h^2}-\frac{x(x^2-h^2)}{2h} \qquad \text{(i)}'$$

又　$$F'(x)=2f(a)\frac{f(a)+f(x)-xf'(x)}{[f(a)+f(x)]^2}=\frac{2f(a)}{f(a)+f(x)}\cdot\frac{f(a)+f(x)-xf'(x)}{f(a)+f(x)} \qquad \text{(iii)}$$

$$f'(x)=\frac{x(x^2+h^2)}{h^2}\sin^{-1}\frac{2hx}{x^2+h^2}-\frac{2x^2}{h}$$

$$\therefore\quad f(x)-\frac{x}{2}f'(x)=\frac{x(x^2-h^2)}{2h}\left[\frac{x^2+h^2}{x^2-h^2}-\frac{x^2+h^2}{2hx}\sin^{-1}\frac{2hx}{x^2+h^2}\right]$$

所ガ　$$\sin^{-1}\frac{2hx}{x^2+h^2}=\theta,\quad \frac{2hx}{x^2+h^2}=\sin\theta,\quad \frac{x^2-h^2}{x^2+h^2}=\cos\theta$$

$$\therefore\quad f(x)-\frac{x}{2}f'(x)=\frac{x(x^2-h^2)}{2h}\left[\frac{1}{\cos\theta}-\frac{\theta}{\sin\theta}\right]>0 \qquad \text{(iv)}$$

$$\left(\because\quad h<x,\quad \cos\theta<\frac{\sin\theta}{\theta}<1\right)$$

サテ（iii）ニ於テ

$f(a)+f(x)-xf'(x)>0$ ナレバ $0<F'(x)<1$

$f(a)+f(x)-xf'(x)<0$　ナレバ

$\frac{1}{2}xf'(x)<f(a)+f(x)$……(v)　　ノトキ $|F'(x)|<1$

（弓形ガ半円ヨリ小ナラバ $f(x)$ ハ増加函数デアルカラ $f'(x)$ ハ正デアル．半円ヨリ大ナル場合ハ $d-h$ ヲ h トシ，円積$-S$ ヲ S トシ，半円ヨリ小ナル場合ニ直オセル．）

然ルニ (v)ハ（iv）ニヨツテ明カニ成立スル．故ニ何レニシテモ $|F'(x)|<1$ 仍テ此ノ反復法ハ収斂スル．

第十六，第十七ノ問題ハ，c　S ヲ知ツテ h 及ビ d ヲ求メル問題デアル．コレ又先ノ (1)，(2) ノ関係ヲ使ツテ出スノデアルガ，直チニ，h, d ヲ求メ難イカラ次ノ如キ反復法ニヨル．

$\frac{S}{a}=x_1$ トシ，矢ノ近似値（汎矢）トスル．

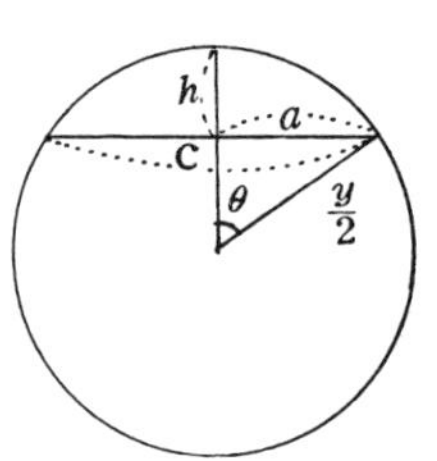

又　$\frac{x_1^2}{a^2+x_1^2}=$率$_1$　トシ

$$S_1=\frac{4\sqrt{\text{率}_1}}{3}(x_1^2+a^2)-\frac{3}{2.5}(\text{原})\text{率}_1$$

$$-\frac{1.5}{4.7}(\text{一})\text{率}_1-\cdots\cdots \text{トスル(汎積)}$$

之ヲ　$S_1=f(x_1)$　デ表ワス．

又求メル矢ヲ h トスレバ $S=f(h)$ トナリ

之ハ与エラレテ居ル．仍テ

$$x_2=\frac{2f(h)\cdot x_1}{f(h)+f(x_1)}\qquad \text{トスル．}$$

之ヲ反復スレバ x_1 x_2 x_3……………ハ次第ニ h ニ近迫スルト云ウノデアル．

コレニ対シテ本書ニハ次ノヨウニ説明シテ居ル．

「案スルニ直ニ弦ヲ得カタシ．故ニ本術矢ヲ以テ弧積ヲ除キ角ト名ルハ汎弦半ナリ．角ニ依テ子ヲ求ム．子ハ汎径ナリ．先ツ汎数ヲ求メ汎数ニ依テ汎積ヲ得テ真積ト併テ法トシ，以テ真積ノ因ル角ヲ除キ，之ヲ倍シ亢ト名ルハ又汎弦半ナリ．逐テ汎術ヲ累ネ施セハ真数ヲ得ルノ理知ルベシ」

証明

反復法ノ函数ハ

$$F(x)=\frac{2f(h)x}{f(h)+f(x)}$$

今　函数 $f(x)$ ヲ $\sin^{-1}$ デ表ワシテ見ルト十三番ト同様ニシテ

$$f(x)=\frac{(x^2+a^2)^2}{4x^2}\sin^{-1}\frac{2ax}{x^2+a^2}-\frac{a(a^2-x^2)}{2x}$$

$$f'(x)=\frac{(x^2+a^2)(x^2-a^2)}{2x^3}\sin^{-1}\frac{2ax}{x^2+a^2}$$

$$\therefore\quad f(x)-\frac{x}{2}f'(x)=\frac{a^3}{x}\left[\frac{x^2+a^2}{2ax}\sin^{-1}\frac{2ax}{x^2+a^2}-\frac{a^2-x^2}{2a^2}\right]$$

所ガ　$\dfrac{a^2-x^2}{2a^2}=\dfrac{1}{2}\left(1-\dfrac{x^2}{a^2}\right)=\dfrac{1}{2}\left(1-\tan^2\dfrac{\theta}{2}\right)=\dfrac{\cos\theta}{1+\cos\theta}$

$$\therefore\quad f(x)-\frac{x}{2}f'(x)=\frac{a^3}{x}\left[\frac{\theta}{\sin\theta}-\frac{\cos\theta}{1+\cos\theta}\right]$$

然ルニ　$\dfrac{\theta}{\sin\theta}>1\quad 0<\dfrac{\cos\theta}{1+\cos\theta}<1$

$$\therefore\quad f(x)-\frac{x}{2}f'(x)>0$$

故ニ前ノヨウニシテ $|F'(x)|<1$

仍テ此ノ反復法ハ収斂スル.

c, S ヲ知リ d ヲ求メルニハ，今求メタ h ヲ使イ

$d=h+\dfrac{c^2}{4h}$　トスル.

次ニ十九，二十ハ，c, s ヲ知リ，d, h ヲ求メル問題デアル.

$$s=2d\sqrt{\frac{h}{d}}+\frac{1^2}{2.3}(\text{原})\frac{h}{d}+\frac{3^2}{4.5}(\text{一})\frac{h}{d}+\frac{5^2}{6.7}(\text{二})\frac{h}{d}+\cdots\cdots \qquad (3)$$

$$\frac{c^2}{4}=h(d-h) \qquad (4)$$

カラ，d, h ヲ求メルノデアルガ，コレヲ次ノ反復法ニヨル（但シ先ズ h ヲ求メルモノト考ウ）

$\sqrt{\dfrac{s^2}{4}-\dfrac{c^2}{4}}=x_1$　（矢ノ近似値デ所要ノモノヨリ大）

$\dfrac{c^2}{4x_1}+x_1=y_1$　（径ノ近似値），　$\dfrac{x_1}{y_1}=\text{率}_1$

$$s_1=2y_1\sqrt{\text{率}_1}+\frac{1^2}{2.3}(\text{原})\text{率}_1+\frac{3^2}{4.5}(\text{一})\text{率}_1+\cdots\cdots\cdots\cdots\cdots\cdots\cdots \quad (\text{i})$$

トシ，又 (i) ヲ $s_1=f(x_1)$ デ表ワス．但シ $y_1=x_1+\dfrac{c^2}{4x_1}=\dfrac{x^2+a^2}{x_1}$　$(c=2a)$

又　$s=f(h)$ ハ与エラレテ居ル.

仍テ　$x_2=\dfrac{2f(h)x_1}{f(h)+f(x_1)}$

トシ，之ヲ反復スルト $x_1\ x_2\ x_3\cdots\cdots\cdots\cdots$ ハ h ニ近迫シ，

$y_1\ y_2\ y_3\cdots\cdots\cdots\cdots\cdots$ ハ d ニ近迫スル.

証明

今度ハ　$f(x)=\dfrac{x^2+a^2}{x}\sin^{-1}\dfrac{2ax}{x^2+a^2}$　トナリ

$$f'(x)=\frac{x^2-a^2}{x^2}\sin^{-1}\frac{2ax}{x^2+a^2}+\frac{2a}{x}$$

$$f'(x)-\frac{x}{2}f'(x)=\frac{x^2+3a^2}{2x}\sin^{-1}\frac{2ax}{x^2+a^2}-a$$

然ルニ　明ニ　$f(h)>a$

$\therefore\quad f(h)+f(x)-\frac{x}{2}f'(x)>0$

$\therefore\quad |F'(x)|<1$ トナリ，此ノ反復法ハ収斂スル．

二十二ハ d, S ヲ知リ h ヲ求メル問題デアル．先ノ (1) カラ h ヲ求メレバヨイ訳デアル．

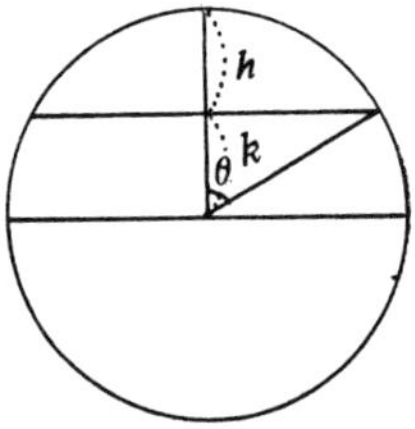

今 $\frac{d}{2}-h=k$ トスル．

$\frac{半円積-S}{d}\fallingdotseq k$　（k ヨリハ小デアル）

$\therefore\quad \frac{d}{2}-\frac{半円積-S}{d}\fallingdotseq h$　（h ヨリハ大デアル）

$$S=\frac{ch}{2}+\frac{1}{3}(原)+\frac{4}{5}(一)\frac{h}{d}+\frac{6}{7}(二)\frac{h}{d}+\cdots\cdots$$

デ $c=d,\ h=\frac{d}{2}$ ト置ケバ

$$半円積=\frac{d^2}{4}+\frac{d^2}{12}+\frac{d^2}{30}+\frac{d^2}{70}+\cdots\cdots$$

$$=\frac{d^2}{2}\left[\frac{1}{2}+\frac{1}{2.3}+\frac{1}{3.5}+\frac{1}{5.7}+\cdots\cdots\right]$$

$$\therefore\quad \frac{d}{2}-\frac{半円積-S}{d}=\frac{d}{2}-\frac{d}{2}\left[\frac{1}{2}+\frac{1}{2.3}+\frac{1}{3.5}+\frac{1}{5.7}+\cdots\cdots\right]+\frac{S}{d}$$

$$=\frac{d}{4}-\frac{d}{4}\left[\frac{1}{3}+\frac{2}{3.5}+\frac{2}{5.7}+\cdots\cdots\right]+\frac{S}{d}$$

$$=\frac{d}{4}-\frac{1}{3}(元)-\frac{2}{5}(一名)-\frac{3}{7}(二名)-\cdots\cdots+\frac{S}{d}$$

（原ヲ元，差ヲ名トスル）

之ヲ x_1 トスル．汎矢デアル．

$\frac{x_1}{d}=率_1$ トスレバ (1) カラ

$$S_1=\frac{4}{3}dx_1\sqrt{率_1}-\frac{3}{2.5}(原)率_1-\frac{1.5}{4.7}(一)率_1-\frac{3.7}{6.9}(二)率_1-\cdots\cdots$$

之ヲ　$S_1=f(x_1)$　ト表ワセバ　$S=f(h)$　ハ既知

仍チ　$x_2=\dfrac{2f(h)x_1}{f(h)+f(x_1)}$　トシ，之ヲ反復スル.

証明

今度ハ　$f(x)=\dfrac{d^2}{4}\sin^{-1}\dfrac{2\sqrt{x(d-x)}}{d}-\left(\dfrac{d}{2}-x\right)\sqrt{x(d-x)}$

$$f'(x)=2\sqrt{x(d-x)}$$

$$f(x)-\frac{x}{2}f'(x)=\frac{d^2}{4}\sin^{-1}\frac{2\sqrt{x(b-x)}}{d}-\frac{d^2}{4}\frac{2\sqrt{x(d-x)}}{d}$$

$$=\frac{d^2}{4}[\theta-\sin\theta]>0$$

∴　$|F'(x)|<1$　トナリ，此ノ反復法ハ収斂スル.

二十五.　s,h ヲ知リ d ヲ求メル.

$\dfrac{s}{h}>\pi$　ナラバ小弧形(劣弧)トナリ，$\dfrac{s}{h}<\pi$　ナラバ大弧形(優弧)トナル.
大弧形ニ就テハ s, h ヲ同ジクシ，d ヲ異ニスル二ツノ弧ガアル．即チ h ヲ矢トスル弧ヲ考エルトキ弧長ノ極短（極小）ナル場合ガアル．図ノ $\overset{\frown}{ACB}$ ガソレデアル．此ノ前後ニ於テハ弧長相等シク d ヲ異ニスル二ツノ弧ガアル．之レヲ大弧径長，大弧径短ト云ウ．

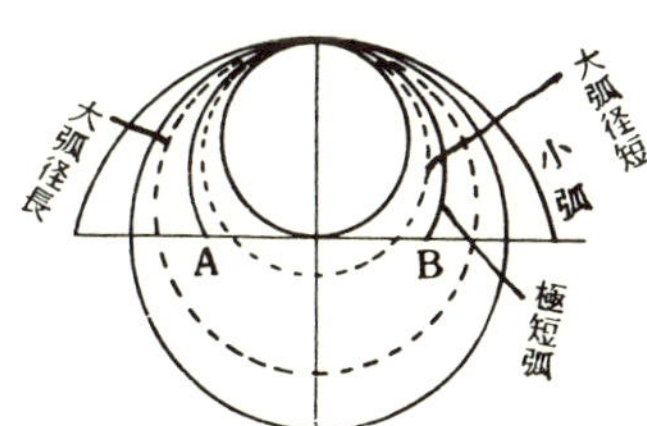

本題ハ此ノヨウニ一問ニ対シテ三答ヲ具ウ．故ニ題数ニ応ジ小弧術又ハ大弧術ヲ用ウ.

小弧及ビ大弧径長ノトキハ　$率_1=\dfrac{1}{2}$,

大弧径短ノトキハ　$率_1=1$　トスル　$\left(率=\dfrac{矢}{径}\right)$

即チ　汎径ヲ x_1 トスレバ，前者デハ $x_1=2h$, 後者デハ $x_1=h$ ニトル.

ソシテ (3) カラ

$$s_1=2\sqrt{率_1}\,x_1+\frac{1^2}{2.3}(原)率_1+\frac{3^2}{4.5}(一)率_1+\frac{5^2}{6.7}(二)率_1+\cdots\cdots$$

之ヲ　$s_1=f(x_1)$　デ表ワス．　$s=f(d)$　ハ既知.

仍テ　　$x_2=\frac{2f(d)\cdot x_1}{f(d)+f(x_1)}$　　$\left(\text{大弧径短デハ}\ x_2=\frac{2f(x_1)\cdot x_1}{f(d)+f(x_1)}\right)$

トシテ反復スル.

証明　　$f(x)=x\sin^{-1}\frac{2\sqrt{h(x-h)}}{x}$

$$f'(x)=\sin^{-1}\frac{2\sqrt{h(x-h)}}{x}-\frac{h}{\sqrt{h(x-h)}}$$

$$\therefore\quad f(x)-\frac{x}{2}f'(x)=\frac{x}{2}\sin^{-1}\frac{2\sqrt{h(x-h)}}{x}+\frac{hx}{2\sqrt{h(x-h)}}>0$$

∴　$|F'(x)|<1$ トナリ，此ノ反復法ハ収斂スル.

大弧径短ノトキモ同様ニ証明サレル.

二十八. s, S ヲ知リ d ヲ求メル.

以下三題（二十八，二十九，三十）ハ題言数ニ限度ガアル. 若シ過不及ガアレバ虚題トナル. 術中求メル甲数ニ対シ，$\frac{S}{\text{甲}}$ヲ試数ト名ズケル.

若シ大弧形ヲ好ムモノハ $0.5<$試数<1 ナラバヨイガソウデナケレバ虚題トナル.

小弧形ヲ好ムモノハ，試数 <1 ナレバヨイガソウデナケレバ虚題トナル.

$A=1+\frac{1}{3}(\text{元})+\frac{2}{5}(\text{一名})+\frac{3}{7}(\text{二名})+\cdots\cdots$　　（コレハ$\frac{\pi}{2}$デアル）

$\frac{s}{A}=x_1$　　$\frac{s^2}{4A}=S_1$　（甲数）トシ，

小弧形デハ　　$x_2=\frac{2S_1x_1}{S+S_1}$

大弧形デハ　　$x_2=\frac{2Sx_1}{S+S_1}$　　トスル.

サテ与エラレタ s ヲ半円周トスル半円ヲ作レバ（次図(1)）其ノ面積ハ S_1（甲数）トナル. 与エラレタ S ガモシ $S>S_1$ ナラバ本題ハ虚題トナル. 其ノ訳ハ S_1 ヨリ大キイ面積ハ弧 s ヲ以テ囲ムコトガ出来ヌカラデアル.（s デ

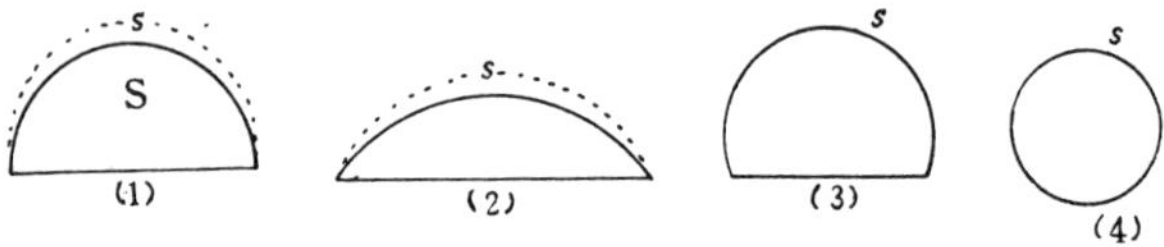

囲ム面積ハ半円ノトキ極大デアル）

$S<S_1$ ナレバ大小弧形トナル．半円ヨリ舒ルトキハ小弧形 (2) トナリ，カガムトキハ大弧形(3) トナル．舒ビテモカガンデモ面積ハ S_1 ヨリ小トナル．但シ大弧形ノ方ハ弧背ガ次第ニカガンデ円満 (4)ニナレバ面積少キ極トナリ，之レヨリ面積ノ小サイモノハ存在シナイ．故ニ大弧形ハ $\frac{1}{2}<\frac{S}{S_1}<1$ デナケレバナラヌ．

小弧形ノ方ハ面積ハイクラデモ小サクナルカラ，唯 $\frac{S}{S_1}<1$ ナレバヨイ．夫故試数ガ$\frac{1}{2}$ヨリ小ナレバ，他ニ加辞ガナクトモ小弧形ニ限ラレルガ，$\frac{1}{2}<$試数<1 ナレバ，他ニ加辞ガナイト小弧形モ大弧形モ考エラレ，術ガ定マラナイ．故ニコノ場合ハ，問題ハ更ニ辞ヲ加エテ置クノデアルト述ベテ居ル．ヨク行届イタ吟味デアル．

サテ反復法ハ次ノヨウニスル．

$$S=\frac{s^3}{6d}-\frac{1}{2.5}(\text{原})\text{率}-\frac{1}{3.7}(\text{一})\text{率}-\cdots\cdots\cdots\left(\text{率}=\frac{2s^2}{d^2}\right)$$

ニヨリ

$$S_2=\frac{s^3}{6x_2}-\frac{1}{2.5}(\text{原})\text{率}_2-\frac{1}{3.7}(\text{一})\text{率}_2-\frac{1}{4.9}(\text{二})\text{率}_2+\cdots\cdots\left(\text{率}_2=\frac{2s^2}{{x_2}^2}\right)$$

之ヲ　$S_2=f(x_2)$　デ表ワスト $S=f(d)$．

仍テ
$$x_3=\frac{2f(x_2)x_2}{f(d)+f(x_2)}\qquad(\text{小弧形})$$
$$x_3=\frac{2f(d)x_2}{f(d)+f(x_2)}\qquad(\text{大弧形})$$

トシ之ヲ反復スルノデアル．

証明　図カラ　$S=f(x)=\frac{x}{4}\left(s-\frac{x}{2}\sin\frac{2s}{x}\right)$

トナル．　$\left(\frac{s}{x}=\theta\right)$

$$F(x)=\frac{2f(x)\cdot x}{f(d)+f(x)}$$

$$\therefore\quad F'(x)=\frac{2f(d)\left[xf'(x)+f(x)\right]+2f(x)^2}{[f(d)+f(x)]^2}$$

又　$$f'(x)=\frac{s}{4}+\frac{s}{4}\cos\frac{2s}{x}-\frac{x}{4}\sin\frac{2s}{x}$$

$$=\frac{s}{4}\left[1+\cos2\theta-\frac{s}{x}\sin2\theta\right]$$

$$=\frac{s\cos\theta}{2}\left[\cos\theta-\frac{\sin\theta}{\theta}\right]$$

小弧形デハ $0<\theta<\frac{\pi}{2}$，$\cos\theta<\frac{\sin\theta}{\theta}$ デアルカラ $f'(x)<0$ トナル．

（半円ノ時極大トナルコトガ本書ニ述ベラレテ居ルガ，ソレハココデ $f'(x)=0$ ト置ケバ $\theta=\frac{\pi}{2}$ ガ容易ニ得ラレル）

故ニ $f(x)$ ハ減少函数デアルカラ $x<d$ ナル x ニ対シテハ $f(x)>f(d)$．

故ニ　$F'(x)$ ノ分子ヲ N トスレバ

$$N>2f(d)\left[xf'(x)+2f(x)\right]=\left[\frac{3sx}{2}+\frac{sx}{2}\cos\frac{2s}{x}-x^2\sin\frac{2s}{x}\right]f(d)$$

$$=\frac{sx}{2}\left[3+\cos2\theta-\frac{2}{\theta}\sin2\theta\right]f(d)$$

$$=\frac{sx}{1}\left[1-2\cos\theta\frac{\sin\theta}{\theta}+\cos^2\theta\right]f(d)$$

$$>sx[1-2\cos\theta+\cos^2\theta]f(d)=sx[1-\cos\theta]^2f(d)>0$$

$$\therefore\quad F'(x)>0$$

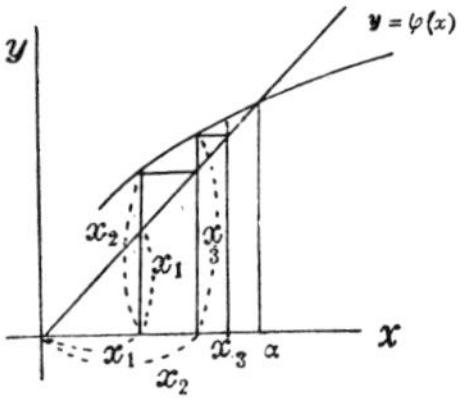

故ニ $F(x)$ ハ増加減数デアル．シカモ曲線 $y=F(x)$ ハ $x<d$ デハ直線 $y=x$ ノ上ニアル．$\left(\frac{2f(x)\cdot x}{f(d)+f(x)}>x\right.$ トナルカラ$\left.\right)$

仍テ図ノヨウニ $x_1\ x_2\ x_3\cdots\cdots$ ハ d ニ収斂スル．

大弧形ノ場合ハ

$$f(x)=\frac{x}{4}\left(s-\frac{x}{2}\sin\frac{2s}{2}\right)$$

$$\frac{\pi}{2}<\theta<\pi$$

$$f'(x)=\frac{s\cos\theta}{2}\left(\cos\theta-\frac{\sin\theta}{\theta}\right)>0$$ トナル．

又　$F(x)=\frac{2f(d)x}{f(d)+f(x)}$ デアルカラ

$f(x)-\frac{x}{2}f'(x)$ ヲシラベルト

$$=\frac{sx}{8}-\frac{sx}{8}\cos\frac{2s}{x}>0$$

故ニ $|F'(x)|<1$ トナリ，ヤハリ収斂スル．

勾股容背極数術解（和田寧，年記ナシ）

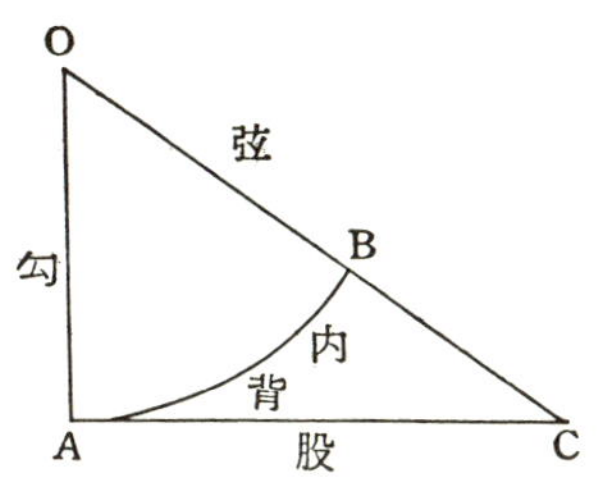

今有ニ如レ図勾股内容ニ弧背一、乃勾弦角為ニ円心一、為ニ円半径一設レ之也、弦若干、問下欲レ使ニ背至多一、得レ勾術如何上、

弦ガ与エラレタ直角三角形ヘ，図ノヨウニ勾弦角ヲ中心トシ勾ヲ半径トシテ円ヲ画キ，三角形内ニ出来ル $\widehat{AB}$ ヲ至多ナラシメルニハ勾ヲ何程ニトツタラバヨイカト云ウ問題デアル．此ノ解ノ中デ和田ハ超越方程式ノ解法ヲ試ミテ居ルノデアル．

$OC=a$,　$OA=x$ トスルト

$$\overline{AB}^2=2x^2\left(1-\frac{x}{a}\right)$$ （此ノ証明ハ記サレテ居ラヌガ容易デアル）

$$\therefore\quad \left(\frac{AB}{2x}\right)^2=\frac{1}{2}\left(1-\frac{x}{a}\right)$$

之ヲ率トシ弧背術ニヨツテ

$$\widehat{AB}=\overline{AB}\left[1+\frac{1}{2.3}\text{率}+\frac{3}{5.8}\text{率}^2+\frac{15}{7.48}\text{率}^3+\frac{105}{9.384}\text{率}^4+\cdots\cdots\right]$$

$$=\sqrt{2}\,x\sqrt{1-\frac{x}{a}}\left[1+\frac{1}{2.3}\cdot\frac{1}{2}\left(1-\frac{x}{a}\right)+\frac{3}{5.8}\cdot\frac{1}{2^2}\left(1-\frac{x}{a}\right)^2\right.$$

$$\left.+\frac{15}{7.48}\,\frac{1}{2^3}\left(1-\frac{x}{a}\right)^3+\cdots\cdots\cdots\right]$$

$\sqrt{1-\dfrac{x}{a}}$ ヲ八象表ニヨツテ展開スレバ

$$\sqrt{1-\frac{x}{a}}=1-\frac{1}{2}\,\frac{x}{a}-\frac{1}{8}\left(\frac{x}{a}\right)^2-\frac{5}{48}\left(\frac{x}{a}\right)^3-\frac{15}{384}\left(\frac{x}{a}\right)^4-\cdots\cdots\cdots\cdots$$

$$\therefore\quad \widehat{AB}=\sqrt{2}\left[x\left\{1+\frac{1}{2.3}\cdot\frac{1}{2}+\frac{3}{5.8}\cdot\frac{1}{2^2}+\frac{15}{7.48}\cdot\frac{1}{2^3}+\cdots\cdots\right\}\right.$$

$$-\frac{x^2}{2a}\left\{1+\frac{1}{2.3}\cdot\frac{3}{2}+\frac{3}{5.8}\cdot\frac{5}{2^2}+\frac{15}{7.48}\cdot\frac{7}{2^3}+\cdots\cdots\right\}$$

$$+\frac{x^3}{8a^2}\left\{-1+\frac{1}{2.3}\cdot\frac{3}{2}+\frac{3}{5.8}\cdot\frac{15}{2^2}+\frac{15}{7.48}\cdot\frac{35}{2^3}+\cdots\cdots\right\}$$

$$-\frac{x^4}{48a^3}\left\{3-\frac{1}{2.3}\cdot\frac{3}{2}+\frac{3}{5.8}\cdot\frac{15}{2^2}+\frac{15}{7.48}\cdot\frac{107}{2^3}+\cdots\cdots\right\}$$

$$+\cdots\cdots\cdots\cdots\cdots\cdots\cdots\cdots\cdots\cdots\cdots\cdots\Big]$$

{　}　内ノ級数ヲ上ヨリ順次甲，乙，丙……ト名ズケル．ソシテ較極法ニヨツテ矩合ヲ求メルト（適尽法ニ同ジ．微分シテ 0 ト置イタコトニナル）

$$\{\text{甲}\}-\frac{2x}{2a}\{\text{乙}\}+\frac{3x^2}{8a^2}\{\text{丙}\}-\frac{4x^3}{48a^3}\{\text{丁}\}+\cdots\cdots=0 \qquad (1)$$

次ニ級数甲，乙，丙……ノ和ヲ考エル．

先ズ甲ノ形ヲ視レバコレハ径１ナル円周ノ$\frac{1}{4}$ニ相当スルトテ之ヲ$\frac{\pi}{4}$トシテ居ル．コレハ誤リデ$\sqrt{2}\cdot\frac{\pi}{4}$トスベキデアル（以後訂正シテ使ウ）

$$\text{甲}=\sqrt{2}\cdot\frac{\pi}{4}$$

乙ハ　$1+\frac{1}{2}\cdot\frac{1}{2}+\frac{3}{8}\cdot\frac{1}{2^2}+\frac{15}{48}\cdot\frac{1}{2^3}+\cdots\cdots\cdots\cdots$

八象表ヲ検スレバコレハ$\dfrac{1}{\sqrt{1-\frac{1}{2}}}$ノ展開デアルコトガ知ラレル．故ニ

$$\therefore \qquad \text{乙}=\sqrt{2}$$

丙ハ　$-1+\frac{1}{2}\cdot\frac{1}{2}+\frac{3}{8}\cdot\frac{3}{2^2}+\frac{15}{48}\cdot\frac{5}{2^3}+\cdots\cdots$

之レヲ二ツニ分チ

$$=-\left(1+\frac{1}{2}\cdot\frac{1}{2}+\frac{3}{8}\cdot\frac{1}{2^2}+\frac{15}{48}\cdot\frac{1}{2^3}+\cdots\cdots\right)$$

$$+\frac{1}{2}\left(1+\frac{3}{2}\cdot\frac{1}{2}+\frac{15}{8}\cdot\frac{1}{2^2}+\frac{105}{48}\cdot\frac{1}{2^3}+\cdots\cdots\right) \qquad (4)$$

前者ハ (2) ト同ジデアルカラ$-\sqrt{2}$ デアル．後者ノ級数ハ八象表ニヨリ$\frac{1}{2}\dfrac{1}{\sqrt{1-\frac{1}{2}}^3}$ デアルコトヲ知ル．依テ後者ハ$\frac{1}{2}\sqrt{2}^3=\sqrt{2}$

$$\therefore \qquad \text{丙}=0$$

次ニ丁ハ

$$3-\frac{1}{2}\cdot\frac{1}{2}+\frac{3}{8}\cdot\frac{1.3}{2^2}+\frac{15}{48}\cdot\frac{3.5}{2^3}+\frac{105}{384}\cdot\frac{5.7}{2^4}+\cdots\cdots$$

$$=3\left[1-\frac{1}{2}\cdot\frac{1}{2}-\frac{3}{8}\cdot\frac{3}{2^2}-\frac{15}{48}\cdot\frac{5}{2^3}-\frac{105}{384}\cdot\frac{7}{2^4}-\cdots\cdots\right]$$

$$+\frac{1}{2}\left[1+\frac{3}{2}\cdot\frac{3}{2}+\frac{15}{8}\cdot\frac{5}{2^2}\cdot\frac{105}{48}\cdot\frac{7}{2^3}+\frac{945}{384}\cdot\frac{9}{2^4}+\cdots\cdots\right]$$

此ノ前式ハ丙ト同ジデアルカラ0デアル．後式ハ更ニ二ツニ分チ

$$後式=\frac{1}{2}\left[1+\frac{3}{2}\cdot\frac{1}{2}+\frac{15}{8}\cdot\frac{1}{2^2}+\frac{105}{48}\cdot\frac{1}{2^3}+\frac{945}{48}\cdot\frac{1}{2^4}+\cdots\cdots\right]$$

$$+\frac{1}{4}\left[3+\frac{15}{2}\cdot\frac{1}{2}+\frac{105}{8}\cdot\frac{1}{2^2}+\frac{945}{48}\cdot\frac{1}{2^3}+\frac{10385}{384}\cdot\frac{1}{2^4}+\cdots\cdots\right]$$

此ノ前式ハ（4）ト同ジデ$\sqrt{2}$デアル．後式ハ八象表ヲ検シテ

$$\frac{3}{4}\frac{1}{\sqrt{1-\frac{1}{2}}^{5}}=3\sqrt{2}$$

$$\therefore\quad 丁=4\sqrt{2}$$

斯様ニ級数ヲ適当ニ分解シテ次々ノ値ヲ見出シテ居ル．ソシテ戊，巳，庚……ト進ムニ従テ分解ノ度数ハ次第ニ増シテ居リ如何ニ苦心シテヤツタモノカト云ウコトガ窺ワレル．カクシテ

$$戊=0$$

$$巳=144\sqrt{2}$$

$$庚=0$$

故ニ（1）ハ

$$\sqrt{2}\cdot\frac{\pi}{4}-\sqrt{2}\cdot\frac{x}{a}-4\sqrt{2}\cdot\frac{1}{12}\cdot\frac{x^3}{a^3}-144\sqrt{2}\cdot\frac{1}{640}\cdot\frac{x^5}{a^5}-\cdots\cdots\cdots=0$$

之ヲ整エルト

$$\frac{\pi}{4}-\left(\frac{x}{a}\right)-\frac{1}{2}\cdot\frac{2}{3}\left(\frac{x}{a}\right)^3-\frac{1.3}{2.4}\cdot\frac{3}{5}\left(\frac{x}{a}\right)^5-\frac{1.3.5}{2.4.6}\cdot\frac{4}{7}\left(\frac{x}{a}\right)^7-\cdots\cdots\cdots=0 \quad (5)$$

（角 AOB$=\theta$ トスレバコレハ $\theta-\cot\theta=0$ ニ相当スル）

此ノ超越方程式ヲ解イテ極値ヲ与エル勾ノ長サヲ求メルノデアル．此ノ解法ヲ和田ハ次ノヨウニシテ居ル．

今（5）ヲ　$a_0-a_1x-a_2x^3-a_3x^5-\cdots\cdots=0$　トスレバ

$$a_0=a_1x+a_2x^3+a_3x^5+\cdots\cdots$$

$$x=\frac{a_0}{a_1+a_2x^2+a_3x^4+\cdots} \qquad (6)$$

ココデ　$x_1=a_0$,　$x_2=\dfrac{a_0}{a_1+a_2x_1^2}$.　$x_3=\dfrac{a_0}{a_1+a_1+a_2x_2^2+a_3x_2^4}$,　.........

$$x_{n+1}=\frac{a_0}{a_1+a_2x_n^2+a_3x_n^4+\cdots\cdots+a_{n+1}x_n^{2n}}$$

トスレバ $\lim\limits_{n\to\infty}x_{n+1}$ ハ求メル根デアルトシテ居ル.

今コレガ (5) ノ根ニ収斂スルコトヲ示シテ見ヨウ.

$$\varphi(x)=1+\frac{1}{2}\cdot\frac{2}{3}x^2+\frac{1.3}{2.4}\cdot\frac{3}{5}x^4+\frac{1.3.5}{2.4.6}\cdot\frac{4}{7}x^6+\cdots\cdots\cdots\cdots$$

ト置ケバ (6) ハ

$$x=\frac{a_0}{\varphi(x)} \qquad (7) \qquad \left(\text{但シ(5)ノ}\frac{x}{a}\text{ヲ新シク}x\text{ト置ク}\right)$$

之ヲ反復法ノ函数トシテ

$$x_1=a_0 \quad \left(a_0=\frac{\pi}{4}\right), \qquad x_2=\frac{a_0}{\varphi(x_1)}, \qquad x_3=\frac{a_0}{\varphi(x_2)}, \ \cdots\cdots\cdots$$

トシタトスルト $\lim\limits_{n\to\infty}x_n$ ハ (7) ノ根デアルコトヲ先ズ証明シテ見ル.

$$\psi(x)=\frac{a_0}{\varphi(x)}$$

トスルト

$$\psi'(x)=\frac{-a_0\varphi'(x)}{\varphi(x)^2}$$

$$\varphi'(x)=\frac{1}{2}\cdot\frac{2}{3}\cdot 2x+\frac{1.3}{2.4}\cdot\frac{3}{5}4x^3+\cdots\cdots\cdots\cdots$$

然ルニ

$$\frac{1}{\sqrt{1-x^2}}=1+\frac{1}{2}x^2+\frac{1.3}{2.4}x^4+\frac{1.3.5}{2.4.6}x^6+\cdots\cdots\cdots\cdots$$

$$\therefore \qquad \left(\frac{2}{3}\cdot\frac{1}{\sqrt{1-x^2}}\right)'=\frac{1}{2}\cdot\frac{2}{3}\cdot 2x+\frac{1.3}{2.4}\cdot\frac{2}{3}4x^3+\cdots\cdots$$

$$\frac{2}{3}>\frac{n+1}{2n+1} \qquad (n>1)$$

$$\therefore \qquad \varphi'(x)<\left(\frac{2}{3}\cdot\frac{1}{\sqrt{1-x^2}}\right)'=\frac{2}{3}\ \frac{x}{(1-x^2)^{\frac{3}{2}}}$$

又

$$\frac{1}{2}\left(\frac{1}{\sqrt{1-x^2}}+1\right)=1+\frac{1}{2}\cdot\frac{x^2}{2}+\frac{1.3}{2.4}\cdot\frac{x^4}{2}+\cdots\cdots<\varphi(x)$$

$$\left(\because \quad \frac{1}{2} < \frac{n+1}{2n+1}\right)$$

$$\therefore \quad |\Psi'(x)| < a_0 \cdot \frac{2}{3} \frac{x}{(1-x^2)^{\frac{3}{2}}} \cdot \frac{4(1-x^2)}{(1+\sqrt{1-x^2})^2} = \frac{\pi}{6} \frac{x}{\sqrt{1-x^2}} \cdot \frac{4}{(1+\sqrt{1-x^2})^2} \tag{1}$$

（x ノ増加函数）

$x \leqq 0.7$ ナレバ慥＝ $|\Psi'(x)| < 1$ トナル.

サテ

$$\alpha_1 = a_0 = \frac{\pi}{4} = 0.785$$

$$\alpha_2 = \frac{a_0}{a_1 + a_2\alpha_1^2} = \frac{0.785}{1.205} = 0.654$$

$$\alpha_3 = \frac{a_0}{a_1 + a_2\alpha_2^2 + a_3\alpha_2^4} < 0.7$$

	α_2		α_3		α_1
x_2	0.654	α（根）		x_3	$x_1 = 0.785$

夫故 $x_3 = 0.7$ トシテ

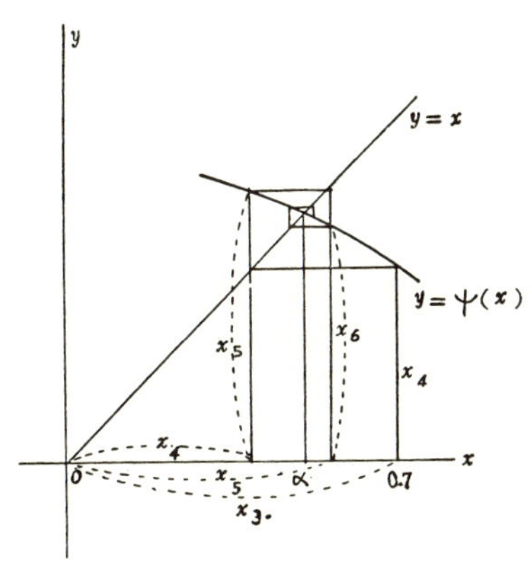

$$x_4 = \frac{a_0}{\varphi(x_3)}, \quad x_5 = \frac{a_0}{\varphi(x_4)}, \quad \cdots\cdots$$

ト繰返スト $\Psi'(x)$ ハ負デ $\dfrac{a_0}{\varphi(0.7)} < 0.7$ 且ツ $x \leqq 0.7$ ナラバ $|\Psi'(x)| < 1$ デアルカラ此ノ反復法ハ確カ＝根 α ＝収斂スル.

次＝本書ノ反復法ヲ見ルト

$$\alpha_1 = a_0 = 0.785, \quad \alpha_2 = \frac{a_0}{a_1 + a_2\alpha_1^2},$$

$$\alpha_3 = \frac{a_0}{a_1 + a_2\alpha_2^2 + a_3\alpha_2^4}, \quad \cdots\cdots$$

トシテ居ルガ実際 α_2 α_3 $\alpha_4 \cdots\cdots$ ハ何レモ x_2 ト x_3 トノ間＝落チ，ソシテ i ガ大キクナレバ α_i ノ分母ノ項数ハ増シテ省略シタ部分ノ影響ハ極メテ小トナルカラ x_i ヲ以テスルト同様ノ結果ヲ得 $\lim\limits_{n\to\infty} \alpha_n = \alpha$ トナル.

($x<0.785$ ニ於テ $|\Psi'(x)|<1$ ナルコトガ云エレバ奇麗ニ証明サレルノデアルガソコマデ得ラレナイ．実際 $x=0.785$ デハ $|\Psi'(x)|\fallingdotseq 0.740\cdots\cdots$ デアル)．

(iii) 還 累 術

林博士ハ「円理八題ト円理還累術トニ就テ」（東京物理学校雑誌第480号，和算研究集録上巻 837頁）ト題スル論文中ニ円理鑑中ノ問題ハ難問デアルコトヲ述ベラレ，且ツ斎藤及ビ他ノ和算家ガソノ解義ヲ作ツタノヲ見ナイトテ，先生ノ考デソノ解釈ヲ試ミテ居ラレルノデアルガ，帝国学士院ノ蔵書中ニ法道寺善ノ算法円理鑑極数解（万延元年 1860） トイウ書ガアリ，之ガ沢村寛氏刊行（謄写版刷）ノ和算叢書中ニ出テ居ルノデアル．以下ハ其ノ法道寺ノ解法ノ紹介デアル．

（二）今有ニ如レ図欠円其弧背最短也矢若干問下得ニ円径一幾何上

一番ハ円理鑑ノ三番ノ解デアルガ之ハ和算研究集録上巻 219頁ノ脚註ニ，柳原氏モ云ツテ居ラレルヨウニ誤レル問題デ且ツココニハ還累術ハ用イラレテ居ラヌ．二番以下ハ円理鑑ノ円理極数ノ所ニ掲ゲラレテ居ル五問題ノ解デ還累術ニヨツテ居ルノデアル．

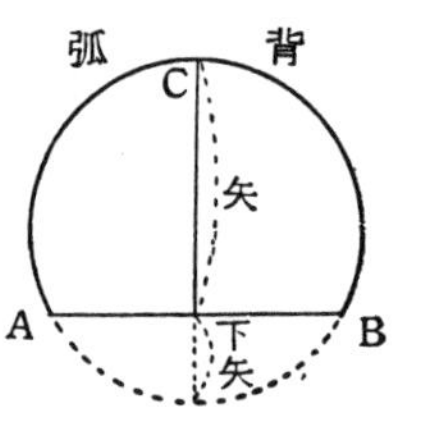

（二） 弓形ノ矢ヲ与エ，ソノ弧ヲ最小ニスル円径ヲ求メル問題デアル．

矢ヲ h, 弧ヲ a, 円径ヲ d トスル．a ヲ h, d デ表ワス式ハ通常

$$a=2\sqrt{hd}\left\{1+\frac{1}{2.3}\left(\frac{h}{d}\right)+\frac{3}{5.8}\left(\frac{h}{d}\right)^2+\frac{15}{7.48}\left(\frac{h}{d}\right)^3+\frac{105}{9.384}\left(\frac{h}{d}\right)^4+\cdots\cdots\right\} \quad (1)$$

ヲ使ウガ，d デ微分スルコト(適尽法)ガ困難ナタメ次ノヨウニ変形シタ式ヲ使ツテ居ル下矢ヲ x デ表ワシ $\dfrac{x}{h}$ ＝率，1＋率＝地 ト名ズケル．即チ

$$率=\frac{d-h}{h},\quad 地=\frac{d}{h}$$

従ツテ

$$\sqrt{hd}=h\sqrt{\frac{d}{h}}=h\sqrt{地}$$

故ニ（1）ハ

$$a=2h\sqrt{地}\left(1+\frac{1}{2.3地}+\frac{3}{5.8地^2}+\frac{15}{7.48地^3}+\frac{105}{9.384地^4}+\cdots\cdots\right)$$

$$=2h\left(\sqrt{地}+\frac{1}{2.3\sqrt{地}}+\frac{3}{5.8\sqrt{地^3}}+\frac{15}{7.48\sqrt{地^5}}+\cdots\cdots\right)$$

$$\frac{1}{\sqrt{地^{2n+1}}}=\frac{1}{\sqrt{(1+率)^{2n+1}}}$$

ヲ地商表ニヨツテ展開スレバ

（コノ $n=1,2,3,\cdots\cdots$ ノトキノ展開ヲ表ワシタモノガ地商表デアル）

$$a=2h\left[\left(1+\frac{率}{2}-\frac{率^2}{8}+\frac{3率^3}{48}-\frac{15率^4}{384}+\cdots\cdots\right)\right.$$

$$+\frac{1}{2.3}\left(1-\frac{率}{2}+\frac{3}{8}率^2-\frac{15}{48}率^3+\frac{105}{384}率^4-\cdots\cdots\right)$$

$$+\frac{3}{5.8}\left(1-\frac{3}{2}率+\frac{15}{8}率^2-\frac{105}{48}率^3+\frac{945}{384}率^4-\cdots\cdots\right)$$

$$+\frac{15}{7.48}\left(1-\frac{5}{2}率+\frac{35}{8}率^2-\frac{315}{48}率^3+\frac{3465}{384}率^4-\cdots\cdots\right)$$

$$+\frac{105}{9.384}\left(1-\frac{7}{2}+率\frac{63}{8}率^2-\frac{693}{48}率^3+\frac{9009}{384}率^4-\cdots\cdots\right)$$

$$\left.+\cdots\cdots\cdots\cdots\cdots\cdots\right]=0$$

$率=\dfrac{x}{h}$　ト置キ一辺ニ集メルト

$$-\frac{a}{2h}+\left(1+\frac{x}{2h}-\frac{x^2}{8h^2}+\frac{3x^3}{48h^3}-\cdots\cdots\right)$$

$$-\frac{1}{2.3}\left(1-\frac{x}{2h}+\frac{3x^2}{8h^2}-\frac{15x^3}{48h^3}+\cdots\cdots\right)$$

$$+\frac{3}{5.8}\left(1-\frac{3x}{2h}+\frac{15x^2}{8h^2}-\frac{105x^3}{48h^3}+\cdots\cdots\right)$$

$$+\frac{15}{7.48}\left(1-\frac{5x}{2h}+\frac{35x^2}{8h^2}-\frac{315x^3}{48h^3}+\cdots\cdots\right)$$

$$+\cdots\cdots\cdots\cdots\cdots\cdots=0$$

適尽法ニヨリ（x デ微分スルコトニアタル）

$$\left(\frac{1}{2h}-\frac{x}{4h^2}+\frac{3x^2}{16h^3}-\cdots\cdots\cdots\cdots\right)$$

$$+\frac{1}{2.3}\left(-\frac{1}{2h}+\frac{3x}{4h^2}-\frac{15x^2}{16h^3}+\cdots\cdots\cdots\right)$$

$$+\frac{3.3}{5.8}\left(-\frac{1}{2h}+\frac{5x}{4h^4}-\frac{35x^2}{16h^3}+\cdots\cdots\cdots\cdots\cdots\cdots\right)$$
$$+\frac{5.15}{7.48}\left(-\frac{1}{2h}+\frac{7x}{4h^2}-\frac{63x^2}{16h^3}+\cdots\cdots\cdots\cdots\cdots\cdots\right)$$
$$+\cdots\cdots\cdots\cdots\cdots\cdots\cdots\cdots\cdots\cdots\cdots\cdots\cdots\cdots=0$$

全体ニ $2h$ ヲ乗ジ, $\frac{x}{h}$ ヲ率ニモドセバ

$$\left(1-\frac{1}{2}率+\frac{3}{8}率^2-\frac{15}{48}率^3+\frac{105}{384}率^4+\cdots\cdots\right)$$
$$+\frac{1}{2.3}\left(-1+\frac{3}{2}率-\frac{15}{8}率^2+\frac{105}{48}率^3-\frac{945}{384}率^4+\cdots\cdots\right)$$
$$+\frac{3.3}{5.8}\left(-1+\frac{5}{2}率-\frac{35}{8}率^2+\frac{315}{48}率^3-\frac{3465}{384}率^4+\cdots\cdots\right)$$
$$+\frac{5.15}{7.48}\left(-1+\frac{7}{2}率-\frac{63}{8}率^2+\frac{693}{48}率^3-\frac{9009}{384}率^4+\cdots\cdots\right)$$
$$+\cdots\cdots\cdots\cdots\cdots\cdots\cdots\cdots\cdots\cdots\cdots\cdots\cdots\cdots=0$$

コノ各級数ハ $\frac{1}{\sqrt{地^{2n+1}}}$ ノ展開デアル. 依ツテ之ヲ改メレバ

$$\frac{1}{\sqrt{地}}-\frac{1}{2.3\sqrt{地^3}}-\frac{3.3}{5.8\sqrt{地^5}}-\frac{5.15}{7.48\sqrt{地^7}}-\frac{7.105}{9.384\sqrt{地^9}}-\cdots\cdots=0$$

(之ハ (a) ヲ地デ微分スレバ直チニ得ラレルノデアルガ, 微分法ノ発達シテ居ナカツタ当時ニ於テハ斯様ニ手数ヲ要シタモノデアル)

即チ

$$1-\frac{1}{2.3地}-\frac{3.3}{5.8地^2}-\frac{5.15}{7.48地^3}-\frac{7.105}{9.384地^4}-\cdots\cdots=0 \qquad (2)$$

之ヲ地ニ就テトケバ d ガ得ラレルノデアル$\left(地=\frac{d}{h}\right)$. ソコデコノ解法ヲ如何ニスルカ, 以下ガ紹介ショウトスル要点デアル.

(2) ヲ二ツノ級数ニ分ケテ見ル.

$$2\left(1+\frac{1}{2.3地}+\frac{3}{5.8地^2}+\frac{15}{7.48地^3}+\frac{105}{9.384地^4}+\cdots\cdots\right)$$
$$-\left(1+\frac{1}{2地}+\frac{3}{8地^2}+\frac{15}{48地^3}+\frac{105}{384地^4}+\cdots\cdots\right)=0$$

初メノ級数ハ (1) ニヨリ $\frac{a}{\sqrt{hd}}$ ニ等シイ. 次ノハ $\frac{1}{\sqrt{1-\frac{1}{地}}}$ ノ展開デアルカラ $\sqrt{\frac{地}{率}}$ ニ等シイ. 故ニ (2) ハ

$$\frac{a}{\sqrt{hd}}-\sqrt{\frac{地}{率}}=0$$

之ニ　$\frac{地}{率}=\frac{d}{x}$　ヲ入レルト

$$a\sqrt{x.\ h}-hd=0$$

$\sqrt{xh}=\frac{\overline{\mathrm{AB}}}{2}$　デアルカラ

$$h=\frac{a}{2d}\overline{\mathrm{AB}} \qquad (2)'$$

即チ条件ニ適スル弓形ニ於テハ　a, d, h, AB 間ニ此ノヨウナ関係ガ存在セネバナラヌ．ソコデ (2) ノ代リニコノ関係ヲ利用スルノデアル．

サテ斯様ナ関係ヲ満足シテ居ル弓形ハ沢山アルガ，（今ハ h ガ与エラレテ居ルケレドモシバラクソレハ念頭ニ置カヌ）ソノ中 $d=1$ ナルモノニ於テハ h ガ何程ニナルベキカヲ考エテ見ル．$\frac{\mathrm{AB}}{2}=c$ ト置ケバ (2)′ ハ

$$h=a.\,c \qquad (3)$$

トナル．今カリニ $h_1=0.9$ トシテ，（円理鑑ニハ 0.6 トアル）之ニ対スル a_1, c_1 ヲ求メテ見ル．（之ハ弧背術ニヨル．(3) ニハ無関係）コレラノ値ハ (3) ヲ満足シナイ．ソコデ

$$a_1\cdot c_1=\overline{h_1},\quad \frac{h_1+\overline{h_1}}{2}=h_2$$

トスル．

h_2 ニ対シテ同様ニ a_2, c_2 ヲ求メ

$$a_2.\,c_2=\overline{h}_2,\quad \frac{h_2+\overline{h_2}}{2}=h_3$$

トスル．之ヲ繰返シ（還累スルト云ウ），h_k ガ h_{k-1} ト密合スルニ至ツテ止メル．ソシテ之ヲ直径１ノトキノ h ノ値トスル．

之ガワカレバ，与エラレタ矢 h ニ対スル直径ハ比例ニヨリ $\frac{h}{h_k}$ トスレバヨイノデアル．下記ノ円理鑑ノ術文ハ以上ノコトニ述ベテ居ルノデアル．

猶 $h_1=0.9$ ヲ見付ケル方法トシテ次ノ二ツヲアゲテ居ル．

(i)　方程式 (2) ヲ凡ソ五乗ノ辺マデトツテソレヲ解イテ大体キメル．但シ省略シタ部分ハ皆負デアルカラ (2) ノ根ハコノ値ヨリ小サイ．

術曰以三個二円径一（擬二通）以二六分一矢一（擬二初）拋二弧術一求二初背及初弦一置二初背一半レ之乗二初弦一加二初矢一半レ之（擬二次矢一）又拋二弧術一求二次背及次弦一置二次背一半レ之乗二次弦一加二次矢一半レ之（擬二三矢一）逐如レ此（又三矢如二初矢一而求二四矢一逐如二初矢一而求二終矢一密二合其前矢数一以為二真数一后皆倣レ之）還二累之一求二終矢一以除二題矢一得二円径一合レ問、

(ii) 図カラ視察ニヨツテ大体察スルコトガ出来ルトテ，一ツノ矢ニ対シ種種ノ弧ヲ画イテ示シテ居ル．

サテ今ノ反復法ニ於テハ如何ナル函数ヲ使ツタコトニナルカ，又コノ法デ果シテ根ニ収斂スルカ，次ニ之ヲ考察シテ見ヨウ．

$$h_2=\frac{h_1+\overline{h_1}}{2}=\frac{h_1+a_1c_1}{2}$$

然ルニ　　　$c_1{}^2=h_1(1-h_1)$　　$\therefore\ c_1=\sqrt{h_1(1-h_1)}$

又　　　$\sin\theta_1=2c_1$（直径ガ１デアルカラ）

$a_1=\theta_1=\sin^{-1}2\sqrt{h_1(1-h_1)}$（コノ h_1 カラ θ_1 ヲ求メル所ガ弧背術デアル）

$$\therefore\qquad h_2=\frac{1}{2}\left[h_1+\sqrt{h_1(1-h_1)}\sin^{-1}2\sqrt{h_1(1-h_1)}\right]$$

即チ

$$\varphi(h)=\frac{1}{2}\left[h+\sqrt{h(1-h)}\sin^{-1}2\sqrt{h(1-h)}\right]$$

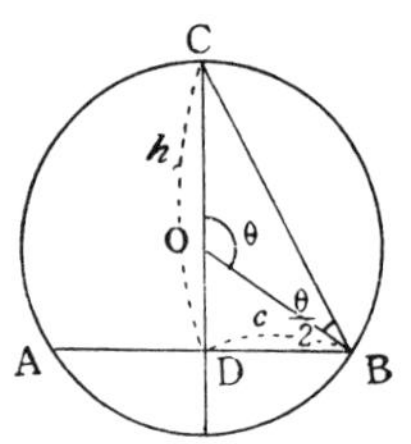

トシテ反復法ヲ行ツタコトニナル．故ニ

$$\varphi'(h)=\frac{1}{2}\left[1+\frac{1-2h}{2\sqrt{h(1-h)}}\sin^{-1}2\sqrt{h(1-h)}+1\right]$$

（$\sin^{-1}2\sqrt{h(1-h)}$ ハ第二象限ノ角トスル）

$$=1-\frac{2h-1}{4\sqrt{h(1-h)}}\sin^{-1}2\sqrt{h(1-h)}$$

$$=1-\frac{\theta(2h-1)}{4c}$$

コレカラ $\varphi(0.9)=0.825$，$\varphi'(0.9)=-0.67$ ヲ得ル．故ニ根ハ 0.9 ト 0.825 トノ間ニアル．ソシテコノ間デハ

$$0<\frac{\theta(2h-1)}{4c}=\frac{\theta(2h-1)}{2\sin\theta}=\left(h-\frac{1}{2}\right)\frac{\theta}{\sin\theta}<\frac{1}{2}\cdot\frac{\pi}{2}<1\qquad\therefore\ |\varphi'(h)|<1$$

故ニコノ反復法ハ収斂スル．実際計算シテ見レバ $h=0.845\cdots\cdots$ デアル．

〔附記〕 コノ問題ヲ現今ノ方法デヤレバ $\theta=\tan\frac{\theta}{2}$ トイウ超越方程式ヲ解ク

コトニナルガ，コレガ (2) ニ相当スルノデアル．

（三） 弦ガ与エラレテ居ル直角三角形 ABC ノ A ヲ中心トシ AC ヲ半径トシテ円ヲ画キ弦トノ交点ヲ D トシ CD ヲ最大ナラシメル問題デアル．

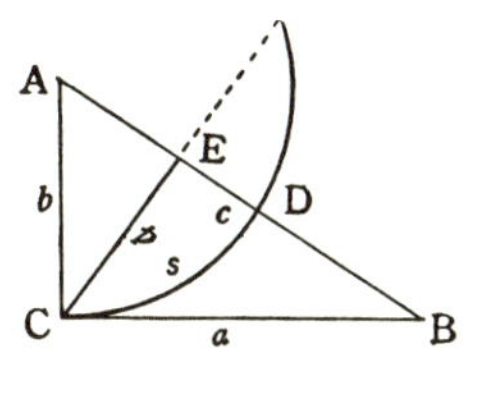

（三）
今有ヨ如レ図勾殳内画ニ弧背一、其円心為ニ勾玄交処一弦若干、問下得ニ最多弧背一術如何上、

$$c^2-b^2=a^2 \quad \text{カラ} \quad a=c\sqrt{1-\left(\frac{b}{c}\right)^2}$$

又

$$p=b\sqrt{1-\left(\frac{b}{c}\right)^2}$$

$\left(\frac{b}{c}\right)^2=$率，$1-\left(\frac{b}{c}\right)^2=$天 ト名ズケレバ，天$=\frac{p^2}{b^2}$，弦ト直径トヲ知ツテ弧ヲ求メル公式カラ

$$s=b\sqrt{天}\left[1+\frac{1}{2.3}天+\frac{3}{5.8}天^2+\frac{15}{7.48}天^3+\frac{105}{9.384}天^4+\cdots\cdots\right] \qquad (1)$$

天商表ニヨツテ各項ヲ展開シ，適尽法ヲ行イ，得タ級数ヲ色々分ケタリ併セタリシテ((二)ノヨウニ行ウ．長キニ亘ル故省略スル拙著「行列式及円理」P. 268 参照)

$$\sqrt{天}\left(1+\frac{1}{2.3}天+\frac{3}{5.8}天^2+\frac{15}{7.48}天^3+\frac{105}{9.384}天^4+\cdots\cdots\right)$$
$$-\frac{率}{\sqrt{天}}\left(1+\frac{1}{2}天+\frac{3}{8}天^2+\frac{15}{48}天^3+\frac{105}{384}天^4+\cdots\cdots\right)=0 \qquad (2)$$

コノ初メノ項ハ (1) カラ$\frac{s}{b}$ニ等シク，次ノハ括弧内ガ$\frac{1}{\sqrt{1-天}}$ノ展開デアルカラ

$$\frac{率}{\sqrt{天}}\cdot\frac{1}{\sqrt{1-天}}=\frac{率}{\sqrt{天}\sqrt{率}}=\frac{\sqrt{率}}{\sqrt{天}}=\frac{b}{c\sqrt{1-\left(\frac{b}{c}\right)^2}}=\frac{b}{a}$$

故ニ (2) ハ

$$\frac{s}{b}-\frac{b}{a}=0 \qquad \text{即チ} \qquad s=\frac{b^2}{a} \qquad (2)'$$

コノ条件ヲ満足スルモノノ中 $b=1$ ナルモノヲ考エテ見ルト

$$s=\frac{1}{a}=\frac{\sqrt{1-p^2}}{p}$$

$$\therefore \qquad p^2=\frac{1-p^2}{s^2} \qquad (3)$$

今カリニ $p_1{}^2=0.57$ (円理鑑ニハ 0.6) トシ弧背術ニヨリ之ニ対スル $s_1{}^2$ ヲ求メテ見ルト，コレラノ値ハ必ズシモ (3) ヲ満足シナイ．ソコデ

$$\frac{1-p_1{}^2}{s_1{}^2}=\bar{p}_1{}^2,\quad \frac{p_1{}^2+\bar{p}_1{}^2}{2}=p_2{}^2$$

トスル．($p_1{}^2$ ヲ初弦巾，$p_2{}^2$ ヲ次弦巾トイウ)

$p_2{}^2$ ニ対シテハ又 $s_2{}^2$ ヲ求メ

$$\frac{1-p_2{}^2}{s_2{}^2}=\bar{p}_2{}^2,\quad \frac{p_2{}^2+\bar{p}_2{}^2}{2}=p_3{}^2$$

トスル．

術曰以二一個一擬二円径一通以二六分一擬二初弦冪一依レ術求二背冪一以除二初弦冪一個差一加二初弦冪一半レ之擬二次弦冪一逐如二初弦冪一還二累之一求二終弦冪一平方開レ之以除二終弦冪一個差一乗レ弦得二弧背一合レ問、

之ヲ繰返シテ行イ，p_k ガ p_{k-1} ニ密合スルニ至ツテ止メル．ソシテ之ヲ $b=1$ ノトキノ p ノ値トスル．之ヲ p' トスレバ求ムル s ノ値ハ

$$s=\frac{1-p'^2}{p'}\times c$$

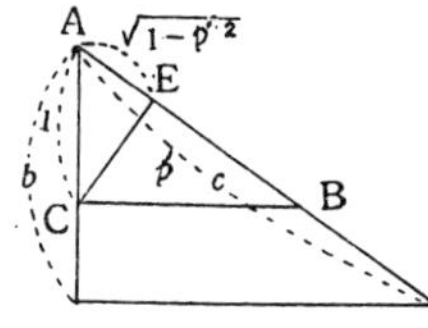

デアル．何トナレバ

$$\text{AC}=1 \text{ ノトキ} \qquad s'=\frac{\sqrt{1-p'^2}}{p'}$$

故ニ　$\text{AC}=b$ ノトキハ　$s=\dfrac{b\sqrt{1-p'^2}}{p'}$

然ルニ

$$b:c=\sqrt{1-p'^2}:1 \qquad \therefore \ b=c\sqrt{1-p'^2}$$

$$\therefore \quad s=\frac{c(1-p'^2)}{p'}$$

トナルカラデアル．

コノ反復法ヲ考エルト

$$s_1=\theta_1,\ p_1=\sin\theta_1 \text{ カラ } s_1=\sin^{-1}p_1$$

又
$$\bar{p}_1{}^2=\frac{1-p_1{}^2}{s_1{}^2}=\frac{1-p_1{}^2}{(\sin^{-1}p_1)^2}$$

$$\therefore \quad p_2{}^2=\frac{p_1{}^2+\bar{p}_1{}^2}{2}=\frac{1}{2}\left[p_1{}^2+\frac{1-p_1{}^2}{(\sin^{-1}p_1)^2}\right]$$

依ツテ $p=\sqrt{x}$ ト置ケバ，反復法ノ函数ハ

$$\varphi(x)=\frac{1}{2}\left[x+\frac{1-x}{(\sin^{-1}\sqrt{x})^2}\right]$$

トナル．ソシテ

$$\varphi'(x)=\frac{1}{2}\left[1+\frac{-\sin^{-1}\sqrt{x}-\sqrt{\dfrac{1-x}{x}}}{(\sin^{-1}\sqrt{x})^3}\right]$$

$$=\frac{1}{2}\left[1-\frac{\theta+\cot\theta}{\theta^3}\right]$$

$$=\frac{1}{2}-\frac{1}{2\theta^2}\left(1+\frac{\cot\theta}{\theta}\right)$$

$$\varphi(0.57)=0.579\cdots\cdots,\quad \varphi'(0.57)=-0.879\cdots\cdots$$

$\dfrac{1}{2\theta^2}\left(1+\dfrac{\cot\theta}{\theta}\right)$ ハ $x=0.57$ ノ辺デハ $\dfrac{3}{2}$ ヨリ小デ且ツ θ ガ大ニナレバ小ニナルカラ $0.57<x<0.58$ デハ $|\varphi'(x)|<1$，依ツテ根ハ 0.57 ト 0.58 ノ間ニアリ，且ツコノ反復法ハ収斂スル．

〔附記〕コノ問題ヲ現今ノ方法デヤレバ，$\theta=\cot\theta$ ヲトクコトトナル．

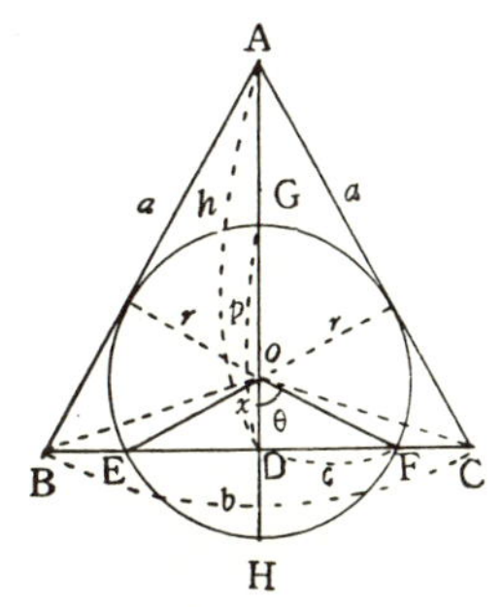

（四）
今有ニ如レ図圭内容ニ欠円、上斜若干下斜若干欠円積欲レ使ニ最多一、問下得レ矢術如何上。

（四）二等辺三角形 ABC 内ニ欠円ヲ容レ面積ヲ最大ニスルトキ矢ハ何程カト云ウ問題デアル．

上斜 a，　下斜 b，　高サ h，

欠円積 S，　半径 r，　角FCD$=\theta$

GD$=p$　トスル．（$a=30$，$b=18$ ダケガ与エラレテ居ル）

OD ヲ x トスレバ

$$x=p-r \qquad bx=b(p-r)=2\triangle \mathrm{OBC}$$

$$2ar=2(\triangle \mathrm{ABO}+\triangle \mathrm{ACO}) \qquad \therefore\quad 2\triangle \mathrm{ABC}=b(p-r)+2ar$$

$$\therefore\quad hb=b(p-r)+2ar=bp+2r\left(a-\frac{b}{2}\right)$$

$$d=2r=\frac{b(h-p)}{a-\dfrac{b}{2}}=h\text{甲天}$$

ココデ　$\dfrac{b}{a-\dfrac{b}{2}}=$甲，　$\dfrac{p}{h}=$率，　$1-$率$=$天　トスル．

$$S=\frac{4}{3}pd\sqrt{\frac{p}{d}}-\frac{4}{2.5}p^2\sqrt{\frac{p}{d}}-\frac{4}{7.8}\frac{p^3}{d}\sqrt{\frac{p}{d}}-\frac{4.3}{9.48}\frac{p^4}{d^2}\sqrt{\frac{p}{d}}-\frac{4.15}{11.384}\frac{p^5}{d^3}\sqrt{\frac{p}{d}}-\cdots\cdots$$

$$=4h\sqrt{dp}\left[\frac{1}{3}\frac{p}{h}-\frac{1}{2.5}\left(\frac{p}{h}\right)^2\frac{1}{\text{甲天}}-\frac{1}{7.8}\left(\frac{p}{h}\right)^3\frac{1}{\text{甲}^2\text{天}^2}-\frac{3}{9.48}\left(\frac{p}{h}\right)^4\frac{1}{\text{甲}^3\text{天}^3}-\cdots\cdots\right]$$

所ガ　$h\sqrt{dp}=h\sqrt{h\text{甲天}.\ h\text{率}}=h^2\sqrt{\text{甲天率}}$

$$=4h^2\sqrt{\text{甲天率}}\left[\frac{\text{率}}{3}-\frac{1}{2.5}\frac{\text{率}^2}{\text{甲天}}-\frac{1}{7.8}\frac{\text{率}^3}{\text{甲}^2\text{天}^2}-\frac{3}{9.48}\frac{\text{率}^4}{\text{甲}^3\text{天}^3}-\cdots\right]\qquad(\text{I})$$

$\sqrt{\text{天}}$，$\sqrt{\text{天}^{-1}}$，$\sqrt{\text{天}^{-2}}$……ヲ$\sqrt{1-\text{率}}$，$\sqrt{1-\text{率}}^{-1}$，$\sqrt{1-\text{率}}^{-2}$，……トシテ展開シ，(1) ニ入レルト

$$S=4h^2\sqrt{\text{甲率}}\left[\frac{\text{率}}{3}\left\{1-\frac{\text{率}}{2}-\frac{\text{率}^2}{8}-\frac{3}{48}\text{率}^3-\frac{15}{384}\text{率}^4-\cdots\cdots\right\}\right.$$
$$-\frac{\text{率}^2}{2,5\text{甲}}\left\{1+\frac{\text{率}}{2}+\frac{3}{8}\text{率}^2+\frac{15}{48}\text{率}^3+\frac{105}{384}\text{率}^4+\cdots\cdots\right\}$$
$$-\frac{\text{率}^3}{7.8\text{甲}^2}\left\{1+\frac{3}{2}\text{率}+\frac{15}{8}\text{率}^2+\frac{105}{48}\text{率}^3+\frac{945}{384}\text{率}^4+\cdots\cdots\right\}$$
$$-\frac{\text{率}^4}{9.48\text{甲}^3}\left\{1+\frac{5}{2}\text{率}+\frac{35}{8}\text{率}^2+\frac{315}{48}\text{率}^3+\frac{3465}{384}\text{率}^4+\cdots\cdots\right\}$$
$$\left.-\cdots\cdots\cdots\cdots\right]$$

$\sqrt{\text{率}}$ヲ x ト見テ適尽法ヲ行エバ

$$\frac{1}{3}\left\{3-\frac{5}{2}\text{率}-\frac{7}{8}\text{率}^2-\frac{3.9}{48}\text{率}^3-\frac{15.11}{384}\text{率}^4-\cdots\cdots\right]\qquad(1)$$

$$-\frac{\text{率}}{2.5\text{甲}}\left\{5-\frac{7}{2}+\frac{3.9}{8}\text{率}^2+\frac{15.11}{48}\text{率}^3+\frac{105.13}{384}\text{率}^4+\cdots\cdots\right\}\qquad(2)$$

$$-\frac{\text{率}}{7.8\text{甲}^2}\left\{7+\frac{3.9}{2}\text{率}+\frac{15.11}{8}\text{率}^2+\frac{105.13}{48}\text{率}^3+\frac{945.15}{384}\text{率}^4+\cdots\cdots\right\}\qquad(3)$$

$$-\frac{\text{率}}{9.48\text{甲}^3}\left\{9+\frac{15.11}{2}\text{率}+\frac{105.13}{8}\text{率}^2+\frac{945.15}{48}\text{率}^3+\cdots\cdots\right\}\qquad(4)$$

$$-\cdots\cdots\cdots\cdots\cdots\cdots=0\qquad(\text{II})$$

然ルニ

$$(1)=1-\frac{率}{2}-\frac{率^2}{8}-\frac{3}{48}率^3-\frac{15}{384}率^4-\cdots\cdots$$

$$-\frac{率}{3}\left(1+\frac{率}{2}+\frac{3}{8}率^2+\frac{15}{48}率^3+\frac{105}{384}率^4+\cdots\cdots\right)$$

$$=\sqrt{天}-\frac{率}{3}\cdot\frac{1}{\sqrt{天}}$$

$$(2)=-\frac{率}{2甲}\left(1+\frac{率}{2}+\frac{3}{8}率^2+\frac{15}{48}率^3+\frac{105}{384}率^4+\cdots\cdots\right)$$

$$-\frac{率^2}{2.5甲}\left(1+\frac{3}{2}率+\frac{15}{8}率^2+\frac{105}{45}率^3+\frac{945}{384}率^4+\cdots\cdots\right)$$

$$=-\frac{率}{2甲}\cdot\frac{1}{\sqrt{天}}-\frac{率^2}{2.5甲}\cdot\frac{1}{天\sqrt{天}}$$

$$(3)=-\frac{率^2}{8甲^2}\left(1+\frac{3}{2}率+\frac{15}{8}率^2+\frac{105}{48}率^3+\frac{945}{384}率^4+\cdots\cdots\right)$$

$$-\frac{3率^3}{7.8甲^2}\left(1+\frac{5}{2}+\frac{35}{8}率^2+\frac{315}{48}率^3-\frac{3465}{384}率^4+\cdots\cdots\right)$$

$$=-\frac{率^2}{8甲^2}\frac{1}{天\sqrt{天}}-\frac{3率^3}{7.8甲^2}\cdot\frac{1}{天^2\sqrt{天}}$$

$$(4)=-\frac{3率^3}{48甲^3}\left(1+\frac{5}{2}率+\frac{35}{8}率^2+\frac{315}{48}率^3+\frac{45045}{384}率^4+\cdots\cdots\right)$$

$$-\frac{3.5率^4}{9.48甲^3}\left(1+\frac{7}{2}率+\frac{63}{8}率^2+\frac{693}{48}率^3+\frac{9009}{384}率^4+\cdots\cdots\right)$$

$$=-\frac{3率^3}{48甲^3}\cdot\frac{1}{天^2\sqrt{天}}-\frac{3.5率^4}{9.48甲^3}\cdot\frac{1}{天^3\sqrt{天}}$$

故ニ（Ⅱ）ハ

$$\sqrt{天}-\frac{率}{2甲}\frac{1}{\sqrt{天}}-\frac{率^2}{8甲^2}\cdot\frac{1}{天\sqrt{天}}-\frac{3率^3}{48甲^3}\cdot\frac{1}{天^2\sqrt{天}}-\cdots\cdots\cdots$$

$$-\frac{率}{3}\cdot\frac{1}{\sqrt{天}}-\frac{率^2}{2.5甲}\cdot\frac{1}{天\sqrt{天}}-\frac{3率^3}{7.8甲^2}\cdot\frac{1}{天^2\sqrt{天}}-\frac{3.5率^4}{9.48甲^3}\cdot\frac{1}{天^3\sqrt{天}}$$

$$-\cdots\cdots\cdots=0\qquad(\text{Ⅲ})$$

然ルニ

$$玄=2\sqrt{dp}-\frac{p\sqrt{p}}{\sqrt{d}}-\frac{p^2\sqrt{p}}{4\sqrt{d^3}}-\frac{p^3\sqrt{p}}{8\sqrt{d^5}}-\frac{p^4\sqrt{p}}{64\sqrt{d^7}}-\cdots\cdots$$

$$=2h\sqrt{率甲天}\left(1-\frac{率}{2甲天}-\frac{率^2}{8甲^2天^2}-\frac{3率^3}{48甲^3天^3}-\frac{15率^4}{384甲^4天^4}-\cdots\cdots\right)$$

故ニ（Ⅲ）ノ第一行ハ　$\dfrac{玄}{2h\sqrt{率甲}}$　ニ等シイ.

又（Ⅰ）カラ

$$\frac{S}{h\sqrt{甲率}}=4h\sqrt{天}率\left[\frac{1}{3}-\frac{1}{2.5}\frac{率}{甲天}-\frac{1}{7.8}\frac{率^2}{甲^2天^2}-\frac{3}{9.48}\frac{率^3}{甲^3天^3}-\cdots\cdots\right]$$

即チ $\dfrac{S}{hp\sqrt{率甲}}=4\sqrt{天}\left[1-\dfrac{1}{2.5}\dfrac{率}{甲天}-\dfrac{1}{7.8}\dfrac{率^2}{甲^2天^2}-\dfrac{3}{9.48}\dfrac{率^3}{甲^3天^3}-\cdots\cdots\right]$

故ニ $\dfrac{玄}{2h\sqrt{率甲}}-\dfrac{S}{hp\sqrt{甲率}}=\sqrt{天}\left[\dfrac{1}{3}+\dfrac{1}{2.5}\dfrac{率}{甲天}+\dfrac{3}{7.8}\dfrac{率^2}{甲^2天^2}+\dfrac{15}{9.48}\dfrac{率^3}{甲^3天^3}\right.$

$\left.+\dfrac{105}{11.384}\dfrac{率^4}{甲^4天^4}+\cdots\cdots\right]$

仍テ（Ⅲ）ノ第二行ハ

$$\frac{\left(玄+\dfrac{-2S}{p}\right)率}{2h\sqrt{甲率天}}\qquad トナル。$$

即チ（Ⅲ）ハ

$$\frac{玄}{2h\sqrt{率甲}}+\frac{\left(玄-\dfrac{2S}{p}\right)率}{2h\sqrt{甲率天}}=0$$

$$\therefore\qquad 天玄+玄率-\frac{2S}{p}率=0$$

然ルニ　天＋率＝1,　$\dfrac{率}{p}=\dfrac{1}{h}$

$$\therefore\qquad 玄-\frac{2S}{h}=0$$

$$S=\frac{h\ 玄}{2}\qquad\text{（Ⅳ）}$$

コレヲ現代式ニ出セバ

$$bx+2a\gamma=hb$$

$$\gamma=\frac{b(h-x)}{2a},\qquad \gamma'=\frac{-b}{2a}\qquad\text{（i）}$$

又　扇形 $OEF=\gamma^2\theta$

$\triangle OEF=x\sqrt{\gamma^2-x^2}$

$\therefore$　弓形 $EHF=\gamma^2\theta-x\sqrt{\gamma^2-x^2}$

$\therefore\quad S=\pi\gamma^2-\gamma^2\theta+x\sqrt{\gamma^2-x^2}$

所ガ　$\cos\theta=\dfrac{x}{\gamma},\quad \theta=\cos^{-1}\dfrac{x}{\gamma}$

$$\therefore\quad S=\gamma^2\left(\pi-\cos^{-1}\frac{x}{\gamma}\right)+x\sqrt{\gamma^2-x^2}\qquad\text{(ii)}$$

$$\frac{dS}{dx}=2\gamma\gamma'\left(\pi-\cos^{-1}\frac{x}{\gamma}\right)+\frac{\gamma(\gamma-\gamma'x)}{\sqrt{\gamma^2-x^2}}+\sqrt{\gamma^2-x^2}+\frac{x(\gamma\gamma'-x)}{\sqrt{\gamma^2-x^2}}$$

(i), (ii) ヲ使イ

$$=-\frac{b}{a}\left(\frac{S-x\sqrt{x^2-\gamma^2}}{\gamma}\right)+2\sqrt{\gamma^2-x^2}$$

$$\frac{dS}{dx}=0 \quad \text{カラ}$$

$$S-x\sqrt{\gamma^2-x^2}=\frac{2a\gamma}{b}\sqrt{\gamma^2-x^2}$$

$$S=\frac{\sqrt{\gamma^2-x^2}}{b}(2a\gamma+bx)$$

(i) ニヨリ

$$=h\sqrt{\gamma^2-x^2}=hc \qquad \text{(iii)}$$

即チ (Ⅳ) ヲ得タ.

術曰別求中勾乗半下斜以上斜除之擬初矢置上斜内減半下斜乗中勾初矢差擬円径依術求弧積及弦中勾弦相乗以除弧積加五分以除初矢擬次矢逐如初矢還累之求終矢与其矢為適等止真矢合問.

サテ此ノ式ヲ使ツテ次ノヨウナ反復法ヲ行ウ.

$$\frac{S}{2hc}=\frac{1}{2} \qquad \therefore \quad \frac{S}{2hc}+\frac{1}{2}=1$$

$$\therefore \quad p\div\left(\frac{S}{2hc}+\frac{1}{2}\right)=p \qquad \text{(iv)}$$

(p ハ求メル矢デアル)

今 p ノ近似値トシテ欠円ガ半円トナル場合ヲトル. 此ノ時

$$p:h=\frac{b}{2}:a$$

$$p=\frac{bh}{2a} \quad \text{之ヲ } p_1 \text{ トスル.} \qquad \text{(初矢)}$$

p_1 ニ対スル, S, c ヲ求メ之ヲ S_1, c_1 トスル. ソシテ

$$p_1\div\left(\frac{S_1}{2hc_1}+\frac{1}{2}\right)=p_2 \qquad \text{(次矢)}$$

p_2 ニ対シ, S, c ヲ求メ之ヲ S_2, c_2 トスル. ソシテ

$$p_2\div\left(\frac{S_2}{2hc_2}+\frac{1}{2}\right)=p_3 \qquad \text{(三矢)}$$

之ヲ還累シ, p_k, p_{k+1} ガ密合スルニ至ツテ止メ終矢トシ, 之ヲ以テ答トスル.

(五) 扇長 AB ガ与エラレタトキ図ノ黒積ヲ最大ニスル問題デアル.

コノ場合ニハ極値ノ条件トシテ

(五) 今有ミ如レ図扇面隔レ斜設ニ黒積ヽ扇長若干、問下得ニ最多黒積一術如何上、

$$2s=a \quad (2\theta=\tan\theta)$$

ヲ得ル．何トナレバ

(三)ト全ク同様ニシテ(三)ニ於ケル（1）ヲ出シ天商表ニヨリ

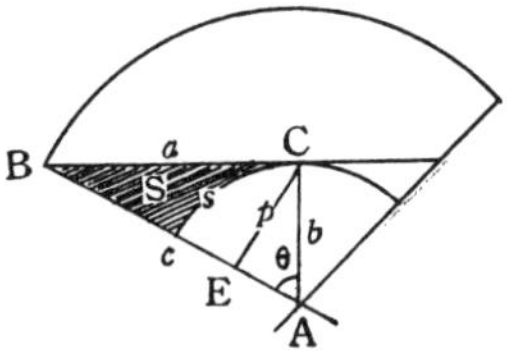

$\sqrt{\text{天}}$, $\sqrt{\text{天}^3}$, $\sqrt{\text{天}^5}$, …………ヲ展開スレバ

$$\begin{aligned}
\mathrm{s}=b\Big[&\Big\{1-\frac{\text{率}}{2}-\frac{\text{率}^2}{8}-\frac{3\text{率}^3}{48}-\frac{15\text{率}^4}{384}-\cdots\cdots\Big\}\\
&+\frac{1}{2.3}\Big\{1-\frac{3\text{率}}{2}+\frac{3\text{率}^2}{8}+\frac{3\text{率}^3}{48}+\frac{3.3\text{率}^4}{384}+\cdots\cdots\Big\}\\
&+\frac{3}{5.8}\Big\{1-\frac{5\text{率}}{2}+\frac{5.3\text{率}^2}{3}-\frac{5.3\text{率}^3}{48}-\frac{5.3\text{率}^4}{384}-\cdots\cdots\Big\}\\
&+\frac{15}{7.48}\Big\{1-\frac{7\text{率}}{2}+\frac{7.5\text{率}^2}{8}-\frac{7.5.3\text{率}^3}{48}+\frac{7.5.3\text{率}^4}{384}+\cdots\cdots\Big\}\\
&+\cdots\cdots\cdots\cdots\Big] \qquad \left(\text{率}=\frac{b^2}{c^2}\right)
\end{aligned}$$

$$\begin{aligned}
=&\Big\{b-\frac{b^3}{2c^2}-\frac{b^5}{8c^4}-\frac{3b^7}{48c^6}-\frac{15b^9}{384c^8}-\cdots\cdots\Big\}\\
&+\frac{1}{2.3}\Big\{b-\frac{3b^3}{2c^2}+\frac{3b^5}{8c^4}+\frac{3b^7}{48c^6}+\frac{3.3b^9}{384c^8}+\cdots\cdots\Big\}\\
&+\frac{3}{5.8}\Big\{b-\frac{5b^3}{2c^2}+\frac{5.3b^5}{8c^4}-\frac{5.3b^7}{48c^6}-\frac{5.3b^7}{384c^8}-\cdots\cdots\Big\}\\
&+\frac{15}{7.48}\Big\{b-\frac{7b^3}{2c^2}+\frac{7.5b^5}{8c^4}-\frac{7.5.3b^7}{48c^6}+\frac{7.5.3b^9}{384c^8}+\cdots\cdots\Big\}\\
&+\cdots\cdots\cdots\cdots\cdots\cdots \qquad (1)
\end{aligned}$$

次ニ黒積ヲ S デ表ワセバ

$$sb+2S-ab=0 \qquad (2)$$

又 $ab=bc\sqrt{1-\text{率}}$

$$=bc\Big\{1-\frac{\text{率}}{2}-\frac{\text{率}^2}{8}-\frac{3\text{率}^3}{48}-\frac{15\text{率}^4}{384}-\cdots\cdots\Big\}$$

故ニ (2) ハ

$$\begin{aligned}
2S-\ c&\Big\{b-\frac{b^3}{2c^2}-\frac{b^5}{8c^4}-\frac{3b^7}{48c^6}-\frac{15b^9}{384c^8}-\cdots\cdots\Big\}\\
&+\Big\{b^2-\frac{b^4}{2c^2}-\frac{b^6}{8c^4}-\frac{3b^8}{48c^6}-\frac{15b^{10}}{384c^8}-\cdots\cdots\Big\}\\
&+\frac{1}{2.3}\Big\{b^2-\frac{3b^4}{2c^2}+\frac{3b^6}{8c^4}+\frac{3b^8}{48c^6}+\frac{3.3b^{10}}{384c^8}+\cdots\cdots\Big\}
\end{aligned}$$

$$+\frac{3}{5.8}\left\{b^2-\frac{5b^4}{2c^2}-\frac{5.3b^6}{8c^4}-\frac{5.3b^8}{48c^6}-\frac{5.3b^{10}}{384c^8}-\cdots\cdots\right\}$$

$$+\frac{15}{7.48}\left\{b^2-\frac{7b^4}{2c^2}+\frac{7.5b^6}{8c^4}-\frac{7.5.3b^8}{48c^6}+\frac{7.5.3b^{10}}{384c^8}+\cdots\cdots\right\}$$

$$+\cdots\cdots\cdots\cdots\cdots\cdots\cdots\cdots\cdots=0$$

c ハ一定デアルカラ　b　ニ就テ適尽法ヲ施シ且ツ 2 デ割レバ

$$-\frac{c}{2}\left\{1-\frac{3b^2}{2c^2}-\frac{5b^4}{8c^4}-\frac{3.7b^6}{48c^6}-\cdots\cdots\right\}$$

$$+b\left\{1-\frac{2b^2}{2c^2}-\frac{3b^4}{8c^4}-\frac{3.4b^6}{48c^6}-\cdots\cdots\right\}$$

$$+\frac{b}{2.3}\left\{1-\frac{3.2b^2}{2c^2}+\frac{3.3b^4}{8c^4}+\frac{3.4b^6}{48c^6}+\cdots\cdots\right\}$$

$$+\frac{3b}{5.8}\left\{1-\frac{5.2b^2}{2c^2}-\frac{5.3.3b^4}{8c^4}-\frac{5.3.4b^6}{48c^6}-\cdots\cdots\right\}$$

$$+\cdots\cdots\cdots\cdots\cdots\cdots\cdots\cdots\cdots=0$$

即チ

$$-\frac{c}{2}\left\{1-\frac{3}{2}率-\frac{5}{8}率^2-\frac{3.7}{48}率^3-\cdots\cdots\right\} \qquad \text{(i)}$$

$$+b\left\{1-\frac{2}{2}率-\frac{3}{8}率^2-\frac{3.4}{48}率^3-\cdots\cdots\right\} \qquad \text{(ii)}$$

$$+\frac{b}{2.3}\left\{1-\frac{3.2}{2}率+\frac{3.3}{8}率^2+\frac{3.4}{48}率^3+\cdots\cdots\right\} \qquad \text{(iii)}$$

$$+\frac{3b}{5.8}\left\{1-\frac{5.2}{2}率-\frac{5.3.3}{8}率^2-\frac{5.3.4}{48}率^3-\cdots\cdots\right\} \qquad \text{(iv)}$$

$$+\cdots\cdots\cdots\cdots\cdots\cdots\cdots\cdots=0$$

(i) ヲ二ツニ分テバ

$$-\frac{c}{2}\left\{1-\frac{1}{2}率-\frac{1}{8}率^2-\frac{3}{48}率^3-\cdots\cdots\right\}$$

$$+\frac{c}{2}率\left\{1+\frac{1}{2}率+\frac{3}{8}率^2+\frac{3.5}{48}率^3+\cdots\cdots\right\}=-\frac{c}{2}\sqrt{天}+\frac{c}{2}\frac{率}{\sqrt{天}}$$

(ii) ヲ分テバ

$$b\left\{1-\frac{1}{2}率-\frac{1}{8}率^2-\frac{3}{48}率^3-\cdots\cdots\right\}$$

$$-\frac{b}{2}率\left\{1+\frac{1}{2}率+\frac{3}{8}率^2+\frac{3.5}{48}率^3+\cdots\cdots\right\}=b\sqrt{天}-\frac{b率}{2\sqrt{天}}$$

同様ニ

(iii) ヲ分テバ　$\dfrac{c}{2.3}天\sqrt{天}-\dfrac{b}{2.2}率\sqrt{天}$

(iv)　ヲ分テバ　　$\dfrac{3b}{5.8}天^2\sqrt{天}-\dfrac{3b}{2.8}率\sqrt{天}天$

………………………………………………………

故ニ上式ハ

$$\sqrt{天}\left[-\frac{c}{2}+b\left\{1+\frac{天}{2.3}+\frac{3天^2}{5.8}+\cdots\cdots\cdots\cdots\right\}\right]$$

$$+\frac{率}{\sqrt{天}}\left[\frac{c}{2}-\frac{b}{2}\left\{1+\frac{天}{2}+\frac{3}{8}天^2+\cdots\cdots\cdots\cdots\right\}\right]=0$$

所ガ第一項ノ｛　｝ハ$\dfrac{s}{b\sqrt{天}}$，　第二項ノ｛　｝ハ$\dfrac{1}{\sqrt{1-天}}$デアルカラ

$$-\frac{c}{2}\sqrt{天}+s+\frac{率}{\sqrt{天}}\left[\frac{c}{2}-\frac{b}{2}\frac{1}{\sqrt{1-天}}\right]=0 \qquad (3)$$

又　$\sqrt{天}=\dfrac{a}{c}$，　$\dfrac{率}{\sqrt{天}}=\dfrac{b^2}{c^2}\times\dfrac{c}{a}=\dfrac{b^2}{ac}$　デアルカラ　(3)ハ

$$s=\frac{a}{2}-\frac{b^2}{ac}\left[\frac{c}{2}-\frac{b}{2}\times\frac{c}{b}\right]=\frac{a}{2}$$

即チ　$2s=a$　トナルカラデアル．

（コレヲ(2)ニ入レルト　$S=\dfrac{ab}{4}$　即チ三角形ノ面積ノ半分トナル）

> 術曰以二一個一（擬二通円径一）以二八分五厘一（擬二初弦冪一）依二弧術一求二弧背冪一乗三初弦冪与二一個差一倍レ之加二初弦冪半段一（擬二次弦冪一）逐如二初弦冪一還二累之一求二終弦冪一以減二一個一乗二終弦冪一開二平方一乗二扇長冪一四除レ之得二黒積一合レ問、

今 AC=1 ナル場合ヲ考エルト

$$2s^2=\frac{a^2}{2},\quad a^2=\frac{p^2}{1-p^2}$$

$$\therefore\quad 2s^2=\frac{p^2}{2(1-p^2)}$$

$$\therefore\quad p^2=4s^2(1-p^2)$$

$p_1^2=0.85$（円理鑑ニハ 0.8）トシテ弧背術ニヨリ s_1^2 ヲ求メ

$$4s_1^2(1-p_1^2)=\bar{p}_1^2,\quad \frac{p_1^2+\bar{p}_1^2}{2}=p_2^2$$

トスル．之ヲ還累シテ　p　ノ値ヲ得，之ヲ　p'　トスル．次ニ

$$2S=ab-bs=2bs-bs=bs$$

然ルニ前題ニ於ケルヨウニ

$$s=\frac{bp'}{2\sqrt{1-p'^2}},\quad b^2=c^2(1-p'^2)$$

$$\therefore\quad S=\frac{c^2p'(1-p'^2)}{4\sqrt{1-p'^2}}=\frac{c^2p'\sqrt{1-p'^2}}{4}$$

カクテ黒積ガ求メラレルノデアル．

コノ場合ノ反復法ハ$p=\sqrt{x}$ト置ケバ

$$p_2{}^2=\frac{p_1{}^2+\bar{p}_1{}^2}{2}=2s_1{}^2(1-p_1{}^2)+\frac{p_1{}^2}{2}\quad カラ,$$

$$\varphi(x)=2(\sin^{-1}\sqrt{x})^2(1-x)+\frac{x}{2}$$

$$\therefore\quad \varphi'(x)=2\left[\sin^{-1}\sqrt{x}\sqrt{\frac{1-x}{x}}-(\sin^{-1}\sqrt{x})^2\right]+\frac{1}{2}$$

$$=2[\theta\cos\theta-\theta^2]+\frac{1}{2}$$

$$\therefore\quad \varphi(0.85)=0.838\qquad \varphi'(0.85)=-1.268$$

$$\varphi'(0.838)=-1.158$$

即チコノ附近デハ $|\varphi'(x)|>1$，故ニコノ反復法ハ開式新法ノ逆盈朒ノ場合デアツテ収斂シナイ筈デアル．実際ヤツテ見ルト

$$\varphi(0.85)=0.838,\qquad \varphi(0.838)=0.872$$

$$\varphi(0.872)=0.897,\qquad \cdots\cdots\cdots\cdots\cdots\cdots$$

真ノ値ハ 0.846 位デアルカラ真ノ値カラ次第ニ遠ザカツテ行クノデアル．法道寺ノ解ニハ単ニ術ヲ述ベテ居ルノミデアルガ，斎藤ノ円理鑑ニハ $c=9.4$ 寸トシ，$S=8.00338\cdots\cdots$ トシテ居ル．コノ結果ハ大体正シイ．コノ反復法デコノ結果ガ得ラレタトハドウモ考エラレナイガ，或ハコノ答ハ他ノ方法ニヨツテ得タモノカモ知レナイ．

今有ニ如レ図弧一、円径若干、欲レ使下円径矢差与ニ弧背一相乗数至多上、問下得ニ矢及弧背一術如何上、

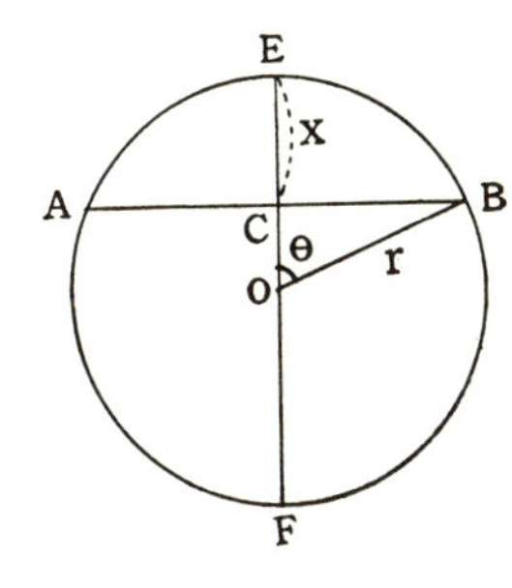

（六）　円径dヲ与エ$\overset{\frown}{AB}\cdot(d-x)$ヲ至多ナラシメル時ノ矢$x$ヲ求メル問題デアル．

$\overset{\frown}{AB}=s,\quad 率=\dfrac{x}{d}$トスレバ

$$s=2d\sqrt{率}\left(1+\frac{率}{2.3}+\frac{3率^2}{5.8}+\frac{15率^3}{7.48}+\frac{105率^4}{9.384}+\cdots\cdots\right)$$

$$y=(d-x)s$$

$$=2d(d-x\sqrt{率}\left(1+\frac{率}{2.3}+\cdots\cdots\cdots\cdots\cdots\right)$$

$$\therefore\quad -\frac{y}{2d^2}+\sqrt{率}+\frac{\sqrt{率}^3}{2.3}+\frac{3\sqrt{率}^5}{5.8}+\frac{15\sqrt{率}^7}{7.48}+\cdots\cdots\cdots\cdots$$

$$-\left(\sqrt{率}^3+\frac{3\sqrt{率}^5}{2.3}+\frac{3\sqrt{率}^7}{5.8}+\frac{15\sqrt{率}^9}{7.48}+\cdots\cdots\right)=0$$

適尽法ニヨリ

$$1+\frac{率}{2}+\frac{3率^2}{8}+\frac{15率^3}{48}+\frac{105率^4}{384}+\cdots\cdots\cdots\cdots\cdots$$

$$-率\left(3+\frac{5率}{2.5}+\frac{3.7率^2}{5.8}+\frac{15.9率^3}{7.48}+\frac{105.11率^4}{9.384}+\cdots\cdots\right)=0$$

此ノ第一行ハ

$$\frac{1}{\sqrt{1-\frac{x}{d}}}\quad 即チ\quad \frac{d}{\sqrt{d}\sqrt{d-x}}\quad デアル.$$

第二行ハ之ヲ二ツニ分テバ

$$-率\left(1+\frac{率}{2}+\frac{3率^2}{8}+\frac{15率^3}{48}+\frac{105率^4}{384}+\cdots\cdots\right)$$

$$-2率\left(1+\frac{率}{2.3}+\frac{3率^2}{5.8}+\frac{15率^3}{7.48}+\frac{105率^4}{9.384}+\cdots\right)$$

$$=-\frac{\frac{x}{d}}{\sqrt{1-\frac{x}{d}}}-\frac{s\sqrt{率}}{d}$$

$$=-\frac{x}{\sqrt{d}\sqrt{d-x}}-\frac{s\sqrt{x}}{d\sqrt{d}}$$

$$\therefore\quad \frac{d}{\sqrt{d}\sqrt{d-x}}-\frac{x}{\sqrt{d}\sqrt{d-x}}-\frac{s\sqrt{x}}{d\sqrt{d}}=0$$

即チ

$$\sqrt{d-x}=\frac{s\sqrt{x}}{d}$$

$$d^2(d-x)=s^2x$$

$$\frac{d}{x}-1=\frac{s^2}{d^2} \qquad (1)$$

$d-1$ トシ $s_1{}^2=1.7$（初背巾）ノトキノ x ヲ求メ之ヲ x_1 トスル．ソシテ

$$\bar{s}_1{}^2=\frac{1}{x_1}-1 \qquad \frac{s_1{}^2+\bar{s}_1{}^2}{2}=s_2{}^2 \qquad トスル．（次背巾）$$

次ニ $s_2{}^2$ ニ対スル x ヲ求メ之ヲ x_2 トシ

$$\bar{s}_2{}^2=\frac{1}{x_2}-1 \qquad \frac{s_2{}^2+\bar{s}_2{}^2}{2}=s_3{}^2$$ トスル．（三背巾）

……………………………………………

術曰以二一個一擬二通円径一以二一個七分一擬二初背冪一依レ術求レ矢以除二一個一内減二一個一加二初背冪一半レ之擬二次背冪一逐如二初背冪一還二累之一、求二終背一乗二円径一得二弧背一求レ矢各合レ問、

カクシテ終背巾ヲ s^2 トシ $d{\cdot}s$ ヲ求メル．　ソシテソレニ対スル矢ヲ求メソレヲ所要ノ矢トスル．

之ヲ現代式ニ出セバ次ノヨウデアル．

$$\widehat{\mathrm{AR}}=2\gamma\theta$$

$$y=2\gamma\theta(2\gamma-x)$$

之ヲ極大ニスル x ヲ求メル．

$$x=\gamma-\gamma\cos\theta$$

$$\therefore \quad y=2\gamma^2\theta(1+\cos\theta)$$

$$y'=2\gamma^2[1+\cos\theta-\theta\sin\theta]=0$$

ヨリ
$$\theta=\frac{1+\cos\theta}{\sin\theta}=\cot\frac{\theta}{2} \qquad (2)$$

即チ此ノ超越方程式ヲ解クノデアル．(2) ヲ変形スレバ

$$\frac{\widehat{\mathrm{EB}}}{\gamma}=\frac{1+\frac{\mathrm{CO}}{\gamma}}{\frac{\mathrm{BC}}{\gamma}}=\frac{\gamma+\mathrm{CO}}{\mathrm{BC}}=\frac{\mathrm{CF}}{\mathrm{BC}}$$

$$\therefore \quad \frac{s^2}{d^2}=\frac{\mathrm{CF}^2}{\mathrm{BC}^2}=\frac{\mathrm{CF}^2}{\mathrm{EC}\cdot\mathrm{CF}}=\frac{\mathrm{CF}}{\mathrm{EC}}=\frac{d-x}{x}$$

即チ (1) ヲ得タノデアル．

又反復法ノ函数ハ

$$F(x)=\frac{1}{2}\left[\frac{2}{1-\cos\sqrt{x}}-1+x\right] \qquad \text{但シ} \quad x=\left(\frac{s}{2}\right)^2$$

トナリ，此反復法ガ収斂スルコトモ証明出来ル．

2　級数ノ反転法ニヨルモノ

（i）　圓理綴術

本書ハ円理ニ関スル無限級数 20 個ヲ取扱ツタモノデ初期ノ円理ニ使ワレテ

居ル無限級数ハ殆ド網羅シテイル．ソノ上他ノ和算書トハ異リ解義ガ詳シク施サレテアルノデ，我々ニハ誠ニ都合ノヨイ書物デアル．著者名モ年記モ序文モナイ写本デアル．何レ関流ノ秘書デアツタロウト思ワレル．

今有ニ如レ図弧一、只云円径若干、
弧背若干、問ニ求レ矢術一、
答曰　仍ニ左術一求レ之
解曰…………………

本書ノ第七問ニ次ノヨウナモノガアル．

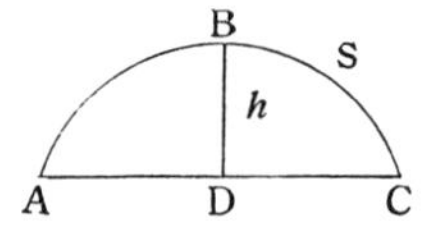

弓形 ABC ノ直径 d，弧 s ヲ与エテ矢 h ヲ求メルコト．

之ヲ解クニ次ノヨウニスル，

第三問カラ，

$$s^2=4hd+\frac{4}{3}h^2+\frac{32}{45}\frac{h^3}{d}+\frac{16}{35}\frac{h^4}{d^2}+\frac{512}{25.63}\frac{h^5}{d^3}+\frac{512}{63.33}\frac{h^6}{d^4}+\cdots\cdots$$

コレカラ，

$$-\frac{s^2}{4d}+h+\frac{h^2}{3d}+\frac{8}{45}\frac{h^3}{d^2}+\frac{4}{35}\frac{h^4}{d^3}+\frac{128}{25.63}\frac{h^5}{d^4}+\frac{128}{63.33}\frac{h^6}{d^5}+\cdots\cdots=0$$

コノ h ニ関スル超越方程式ヲ解クニ，次ニ述ベルヨウナ級数ノ反転法ヲ用イテ

$$h=\frac{s^2}{4d}-\frac{s^4}{48d^3}+\frac{s^6}{30.48d^5}-\frac{s^8}{30.48.56d^7}+\frac{s^{10}}{30.48.56.90d^9}-\cdots\cdots$$

即チ

$$h=\frac{s^2}{4d}-\frac{1}{3.4}(\text{原数})\text{率}+\frac{1}{5.6}(\text{一差})\text{率}-\frac{1}{7.8}(\text{二差})\text{率}+\frac{1}{9.10}(\text{三差})\text{率}-\cdots$$

トスル．　$\left(\text{ココデ 率}=\dfrac{s^2}{d^2}\right)$

又第八問ハ同ジク d ト s トヲ与エテ弧 AC(c) ヲ求メル問題デアルガ，之ヲ解クニハ次ノヨウニスル．

第一問カラ，

$$s^2=c^2+\frac{c^4}{3d^2}+\frac{8}{45}\cdot\frac{c^6}{d^4}+\frac{4}{35}\cdot\frac{c^8}{d^6}+\frac{128}{25.63}\cdot\frac{c^{10}}{d^8}$$

$$+\frac{128}{33.63}\cdot\frac{c^{12}}{d^{10}}+\cdots\cdots$$

コノ c ＝関スル超越方程式＝反転法ヲ用イテ，

$$c^2=s^2+\frac{1}{3.4}(\text{原})\times 4\text{率}-\frac{1}{5.6}(\text{一})\times 4\text{率}-\frac{1}{7.8}(\text{二})\times 4\text{率}$$
$$+\frac{1}{9.10}(\text{三})\times 4\text{率}+\cdots\cdots$$

トスル． $\left(\text{率}=\frac{s^2}{d^2}\right)$

次＝本書＝用イラレテ居ル此ノ反転法ヲ説明スル．

今与エラレタ x ＝関スル超越方程式ヲ

$$y=x+a_2x^2+a_3x^3+a_4x^4+\cdots\cdots\cdots\cdots\cdots\cdots$$

トシ，之ヲ解イテ，

$$x=b_1y+b_2y^2+b_3y^3+b_4y^4+\cdots\cdots\cdots\cdots\cdots\cdots$$

ヲ求メル．（ココデ $a_1=1$ トスルモ一般性ヲ失ワヌ）

現今ノ未定係数法＝ヨレバ，後者ヲ前者＝代入シ，

$$y=(b_1y+b_1y^2+\cdots\cdots)+a_2(b_1y+b_2y^2+\cdots\cdots)^2+a_3(b_1y+b_2y^2+\cdots\cdots)^3+\cdots$$
$$=b_1y+(b_2+a_2b_1{}^2)y^2+(b_3+2a_2b_1b_2+a_3b_1{}^3)y^3$$
$$+(b_4+a_2b_2{}^2+2a_2b_1b_3+3a_3b_1{}^2b_2+a_4b_1{}^4)y^4+\cdots\cdots\cdots\cdots$$

コレカラ，

$$b_1=1,\quad b_2+a_2b_1{}^2=0,\quad b_3+2a_2b_1b_2+a_3b_1{}^3=0,\cdots\cdots\cdots\cdots$$
$$\therefore\ b_1=1,\quad b_2=-a_2,\quad b_3=2a_2{}^2-a_3,\cdots\cdots\cdots\cdots$$

トスルノヲ次ノヨウナ方法＝ヨツテ居ル．

先ズ次表ノ如ク方程式ノ係数 $-y$, 1, a_2, a_3, ……（之ヲ実，方，廉，隅，……トイウ）ヲ縦＝列ベル．ソシテ実ガ $-y$ デアルカラ初商＝ハ y ヲ立テル．（カクシテ $b_1=1$ ハ決定サレタ．依ツテ以下ノ計算＝ハ $b_1=1$ トシテ扱ワレル）ソシテ (1), (2), (3),……ノ番号ノ順序＝計算ヲ進メル．

即チ，

(1) ハ　1, a_2, a_3 , a_4 ……＝ y, y^2, y^3 ……ヲ掛ケテ列ベル．（方ハ一次

故 y ヲ，廉ハ二次故 y^2 ヲ，……カケル）

(2) ハ　$a_2,\ a_3,\ a_4\cdots\cdots$＝，$2y,\ 3y^2,\ 4y^3\cdots\cdots\cdots$ ヲ掛ケテ列ベル.

(3) ハ　$a_3,\ a_4\cdots\cdots$＝，$3y,\ 6y^2,\ 10y^3\cdots\cdots$　〃

(4) ハ　$a_4,\ a_5\cdots\cdots$＝，$4y,\ 10y^2,\ 20y^3\cdots\cdots$　〃

………………………………………………………………

（コノ係数ハ衰垜ヲナシテ居ル）

商	（初商） y	（次商） b_2y^2					
実	$-y$						
	y	a_2y^2,	a_3y^3,	a_4y^4,	a_5y^5,	a_6y^6,	………………(1)
		b_2y^2,	$2a_2b_2y^3$,	$3a_3b_2y^4$,	$4a_4b_2y^5$,	$5a_5b_2y^6$,	………………(7)
				$a_2b_2^2y^4$,	$3a_3b_2^2y^5$,	$6a_4b_2^2y^6$,	………………(9)
						$a_3b_2^3y^6$,	$4a_4b_2^3y^7$,……(12)
方	1	$2a_2y$,	$3a_3y^2$,	$4a_4y^3$,	$5a_5y^4$,	$6a_6y^5$,	………………(2)
			$a_2b_2y^2$,	$3a_3b_2y^3$,	$6a_4b_2y^4$,	$10a_5b_2y^5$,	………………(8)
					$a_3b_2^2y^4$,	$4a_4b_2^2y^5$,	………………(11)
							$a_4b_2^3y^6$,……(15)
廉	a_2		$3a_3y$,	$6a_4y^2$,	$10a_5y^3$,	$15a_6y^4$,	………………(3)
				$a_3b_2y^2$,	$4a_4b_2y^3$,	$10a_5b_2y^4$,	………………(10)
						$a_4b_2^2y^4$,	$5a_5b_2^2y^5$,…(14)
隅	a_3			$4a_4y$,	$10a_5y^2$,	$20a_6y^3$,	………………(4)
					$a_4b_2y^2$,	$5a_5b_2y^3$,	………………(13)
							$a_6b_2^2y^4$,……(17)
三乗	a_4				$5a_5y$,	$15a_6y^2$,	………………(5)
						$a_6b_2y^2$,	$6a_6b_2y^3$,……(16)
四乗	a_5					$6a_6y$,	………………(6)
五乗	a_6						

（註）コノ計算ノ形式ヲ右カラ左ニ向ツテ書イテ居ル．又本書デハ項ヲ六次マデトリ商モ亦六次マデ求メテ居ルカラ上ノ最後ノ行ハ記サレテヲラヌガ，今ハ計算ノ順序ヲ示ス便宜上之ヲ附加シタ．猶列ノ番号ハ勿論著者ノ附加シタモノデアル．

次ニ,

(7) ハ方ノ (2) ニ次商 b_2y^2 ヲ掛ケテ実ノ同羃ノ所ニ列ベタモノ				
(8) ハ廉ノ (3) ニ	〃 〃	方ノ	〃	〃
(9) ハ (8) ニ	〃 〃	実ノ	〃	〃
(10) ハ隅ノ (4) ニ	〃 〃	廉ノ	〃	〃
(11) ハ (10) ニ	〃 〃	方ノ	〃	〃
(12) ハ (11) ニ	〃 〃	実ノ	〃	〃

……………………………………………………………

実ノ y^2 ヘハ a_2y^2, b_2y^2 ノ外ハ来ヌ．依ツテ

$$a_2+b_2=0$$

$$\therefore\ b_2=-a_2$$

b_2 ハカヨウニ決定シ，ソレヲ上ノ計算ニ使ウ．

以上デ次商ニ対スル計算迄ハ終ツタノデアル．ソコデ方以下ノ同類項ヲ一度整理スル．次表ノ方，廉，隅……ノ第一列ガソレデアル．コノ整理ノ仕方ハ，方ニ於テハ第一列ニ1ヲ掛ケ，第二列ニ2ヲ掛ケ，第三列ニ3ヲ掛ケ，……テ加エル．廉ニ於テハ第一列ニ1ヲ掛ケ，第二列ニ3ヲ掛ケ，第三列ニ6ヲ，……掛ケテ加エル．コノ掛ケル数モ亦衰垜デアル．従ツテ次ノ隅ニハ夫々 1, 4, 10, 20, 35, …… ヲ掛ケテ加エルノデアル．(今ハ隅以下ニ及ブ必要ハナイガ)

次ニ三商ヲ立テ次商ト全ク同様ニ計算ヲ進メル．但シ b_3 ハ $a_3+2a_2b_2+b_3=0$ (次表ノ実ノ y^3 ノ係数ヲ0ト置イタモノ) カラ決定シテ之ヲ用イル．

商	y	b_2y^2	b_3y^3			
実	$-y$					
	y	a_2y^2	a_3y^3	a_4y^4	a_5y^5	a_6y^6
		b_2y^2	$2a_2b_2y^3$	$3a_3b_2y^4$	$4a_4b_2y^5$	$5a_5b_2y^6$
				$a_2b_2^2y^4$	$3a_3b_2^2y^5$	$6a_4b_2^2y^6$
						$a_3b_2^3y^6$
			b_3y^3	$2a_2b_3y^4$	$(3a_3+2a_2b_2)b_3y^5$	$(4a_4+6a_3b_2)b_3y^6$
						$a_2b_3^2y^6$

方	$1, 2a_2y, (3a_3+2a_2b_2)y^2, (4a_4+6a_3b_2)y^3, (5a_5+12a_4b_2+3a_3b_2^2)y^4, (6a_6+20a_5b_2+12a_4b_2^2)y^5$ $a_2b_3y^3$　$3a_3b_3y^4$　$(6a_4+3a_3b_2)b_3y^5$
廉	a_2　$3a_3y$　$(6a_4+3a_3b_2)y^2$　$(10a_5+12a_4b_2)y^3$　$(15a_6+3a_5b_2+6a_4b_2^2)y^4$
隅	a_3 （此処カラ実迄行クニハa_3y^9トナツテシマウ．依ツテコレ以下ハ考エナイデヨイ）

此処デ亦前ノヨウニ整理ヲスル（実ノ前カラアル項ハ一々記サヌコトトスル）

商	y	b_2y^2	b_3y^3	b_4y^4	b_5y^5	b_6y^6
実				b_4y^4	$2a_2b_4y^5$ b_5y^5	$(3a_3+2a_2b_2)b_4y^6$ $2a_2b_5y^6$ b_6y^6
方	1　$2a_2y$, $(3a_3+2a_2b_2)y^2$, $(4a_4+6a_3b_2+2a_2b_3)y^3$					
廉	a_2 （此処カラ実迄行クニハ四商ニ対シテモ a_4y^8 トナツテシマウ．依ツテコレ以下ハ考エナイデヨイ．					

五商，六商ニ対シテハ方ノ第一列ダケ考エレバヨイ．依ツテ別ニ整理ヲ行ワズ直チニ上ノヨウニスル．（実ノ第一列ハ四商ニ対スル計算，第二列ハ五商ニ対スルモノ，第三列ハ六商ニ対スルモノデアル）

カクシテ前表ノ実ノ所ニアル項ト今得タ実ノ項トデ総テノ項ガ得ラレタカラ，ソノ係数ノ和ガ0トナルナウニ順次 b_4, b_5, b_6 ヲ決定スルノデアル．

斯様ニシテ求メル根ノ級数ノ第六項マデガ得ラレルノデアル．a_1 a_2 a_3……ハ数デ与エラレテ居ルカラ，整理ヲシタトキニ上ノヨウニ複雑ナ式トナラズ，案外簡単ニ計算サレルノデアル．

（ii） 久氏弧背草

久留島ハ久氏弧背草ニ於テ極背無尽式

$$4-x+\frac{1}{3.6}x^2-\frac{1}{3.5.6.8}x^3+\frac{1}{3.5.7.6.8.10}x^4-\cdots\cdots=0 \qquad (1)$$

ノ解法ヲ二通リ示シテイル．ソノ第一ハ Newton ノ反復法ト全ク同様ノ方法

デアツテ之ニ就テハ既ニ前章ニ於テ詳シクソノ解法ヲ示シタ．第二ハ無限級数ノ反転法ニヨル方法デ別解トモ見ルベキモノデアル．今コノ方法ヲ示シテミル．

本書ニハ説明ハ少シモナク，唯次ノ表ト長イ術文トガ記サレテ居ルノミデアル．

甲 巾背	第五 𝍠	第四 𝍠	第三 𝍠	第二 𝍠	第一 𝍠	原数 𝍠
乙 三乗背	第四原 𝍡　第二第一 𝍡　第二巾 𝍠	第三原 𝍡　第二第一 𝍡	第二原 𝍡　第一巾 𝍠	第一原 𝍡	原巾 𝍠	三除 六除
丙 五乗背	第三原巾 𝍢̸　第二第一原 𝍥̸　第一再 𝍠̸	第二原巾 𝍢̸　第一原巾 𝍢̸	第一原巾 𝍢̸	原再 𝍠̸	三除 五除 六除 八除	
丁 七乗背	第二原再 𝍣　第一原巾巾 𝍥	第一原再 𝍣	原三 𝍠	三除 五除 七除 六除 八除 十除		
戊 九乗背	第一原三 𝍣̸	原四 𝍠̸	三除 五除 七除 九除 六除 八除 十除 十二除			
己 十一乗背	原五 𝍠	三除 五除 七除 九除 十一除 六除 八除 十除 十二除 十四除				

コノ表ハ次ノコトヲ示シテ居ル．

今（1）ヲ

$$y=x-a_2x^2+a_3x^3-a_4x^4+\cdots\cdots \tag{2}$$

$$\left(y=4,\quad a_2=\frac{1}{3.6},\qquad a_3=\frac{1}{3.5.6.8},\cdots\cdots\right)$$

ト表ワシ，

$$x=b_1y+b_2y^2+b_3y^3+\cdots\cdots\cdots\cdots\cdots\cdots\cdots \tag{3}$$

ヲ代入スレバ（(3) ノ第一項ガ原数，第二，第三……ガ夫々第一差，第二差，……デアル）．

$$y=(b_1y+b_2y^2+\cdots\cdots)-a_2(b_1y+b_2y^2+\cdots\cdots)^2+a_3(b_1y+b_2y^2+\cdots)^3-\cdots \tag{4}$$

右辺ヲ次ノヨウニ配列スル．（第二項以下ハ符号ヲ反対ニシテ列ベル）

第一項	b_1y,	b_2y^2	b_3y^3	b_4y^4	b_5y^5	b_6y^6	
第二項		$b_1{}^2y^2$,	$2b_1b_2y^3$,	$(b_2{}^2+2b_1b_3)y^4$,	$(2b_2b_3+2b_1b_4)y^5$,	$(b_3{}^2+2b_2b_4+2b_1b_5)y^6$, ……	$\times a_2$
第三項			$-b_1{}^3y^3$,	$-3b_1{}^2b_2y^4$,	$-(3b_1b_2{}^2+3b_1{}^2b_3)y^5$,	$-(b_2{}^3+6b_1b_2b_3+3b_1{}^2b_4)y^6$,	$\times a^3$
第四項				$b_1{}^4y^4$,	$4b_1{}^3b_2y^5$,	$(6b_1{}^2b_2{}^2+4b_1{}^3b_3)y^6$,…	$\times a_4$
第五項					$-b_1{}^5y^5$	$-5b_1{}^4b_2y^6$,…………	$\times a_5$
第六項						$b_1{}^6y^6$, …………	$\times a_6$

コレガ先ノ表デアル．但シ先ノ表ハ右カラ順次書カレテアル．

第一項ハ x 即チ s^2 即チ背冪デアル． 本書ニハコレニ甲トイウ記号ガツケテアルカラ，之ヲ甲背冪トイウ．

第二項ハ x^2 即チ s^4 即チ背三乗デアル． 之ニ乙トイウ記号ガツケテアルカラ乙背三乗トイウ．………………

サテ (4) カラ b_1y ハ y ニ等シイコトハ明カデアルカラ，

$$b_1y=4$$

之ヲ使ツテ，

$$b_2y^2=a_2b_1{}^2y^2=\frac{4^2}{3.6}=\frac{8}{9}$$

同様ニ，$b_3y^3=2a_2b_1b_2y^3-a_3b_1{}^3y^3=\dfrac{2\times4^3}{3^2.6^2}-\dfrac{4^3}{3.5.6.8}=\dfrac{124}{405}$

$$b_4y^4=[(b_2{}^2+2b_1b_3)a_2-3a_3b_1{}^2b_2+a_4b_1{}^4]y^4=\left(\frac{8^2}{9^2}+2\times4\times\frac{124}{405}\right)\times\frac{1}{3.6}$$

$$-\frac{3\times4^2\times\frac{8}{9}}{3.5.6.8}+\frac{4^4}{3.5.7.6.8.10}=\frac{16048}{127575}$$

$$b_5y^5=[(2b_2b_3+2b_1b_4)a_2-(3b_1b_2{}^3+3b_1{}^2b_3)a_3+4b_1{}^3b_2a_4-b_1{}^5a_5]y^5$$

$$=\frac{9332}{164025}$$

$$b_6y^6=[(b_3{}^2+2b_2b_4+2b_1b_5)a_2-(b_2{}^3+6b_1b_2b_3+3b_1{}^2b_4)a_3+(6b_1{}^2b_2{}^2$$

$$+4b_1{}^3b_3)a_4-5b_1{}^4b_2a_5+b_1{}^6a_6]y^6$$

$$=\frac{36257464}{1326142125}$$

カクシテ

$$x=4+\frac{8}{9}+\frac{124}{405}+\frac{16048}{127575}+\frac{9332}{164025}+\frac{36257464}{1326142125}+\cdots\cdots\cdots\cdots$$

$$\left[\text{或ハ}\quad x=4+\frac{2}{9}(\text{原数}+)\frac{31}{90}(\text{一差})+\frac{4012}{9765}(\text{二差})+\frac{16331}{36108}(\text{三差})+\cdots\cdots\right]$$

$$=4+0.8888888+0.3061728+0.1257926+0.05689376+0.0273405$$

$$=5.43037796$$

$$\therefore\quad s=2.330317_{+}$$

此ノヨウナ無限級数ノ反転法ニヨル解法ハ和算ニハ極メテ稀デアル.

第八章　三次及ビ四次方程式ノ代数的解法

二次方程式ノ根ノ公式ガ諸書ニ散見スルコト及ビ之等ハ多ク算顆術トシテ案出サレタモノデアルコト等ハ既ニ述ベタ所デアル．三次以上ノ高次方程式ニ就テモ Horner ノ解法ト同法以外ニ算顆術トシテ考案サレタ根ノ近似値ヲ求メル諸種ノ法ガアルコトハコレ亦既ニ紹介シタ所デアル．シカシナガラ三次及ビ四次方程式ノ代数的解法ニ至ツテハ次ニ掲ゲルモノ以外ニハ未ダ知ラレテ居ラヌノデアル．

東京物理学校雑誌第四十八巻566号（昭和14年）ニ三上義夫氏ノ「信州算家ノ三次四次方程式解法」ト題スル長沼安順ノ立方算顆術及ビ竹内先生編二三乗方算顆術ノ紹介ガアルガ，ソレハ三次及ビ四次方程式ヲ解クニ今日行ワレテ居ル Cardan 及ビ Ferrari ノ方法ト云ワレルモノト殆ド同様ナ方法ニヨツテ居リ，正シク三次及ビ四次方程式ノ代数的解法ト称スベキモノデアル．

長沼ノ稿本ハ立方算顆術雑解ト題シ朧山（長沼ノ号）稿ト署名シテアルト云ウ．巻首ニ孟山先生立方綴術解題ト題シテ二問題ガアリ其ノ始メノモノハ図ノヨウナ外円内ニ大円三箇ト小円三箇トヲ容レ小円径ヲ一寸トシテ大円径ヲ求メルモノデアル．ソシテ此ノ答ヲ

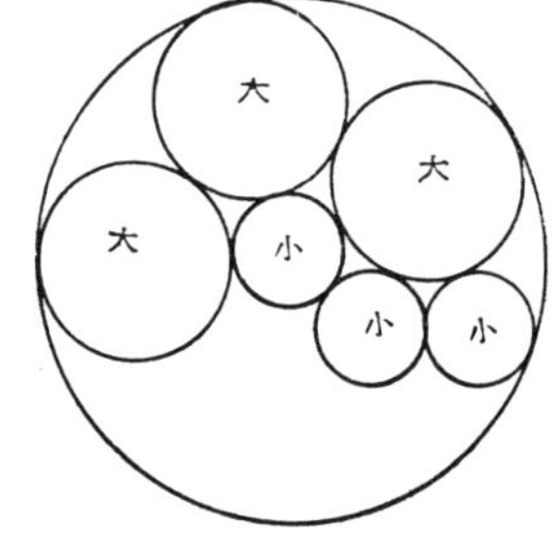

$$大=\left(\frac{13}{定}+定-2\right)\frac{小}{3}$$

$$但シ\quad 定=\sqrt[3]{\sqrt{3132}+73}$$

トシテ居ル．コレハ図カラ

$$-8小^3-3小^2大+2小大^2+大^3=0$$

即チ

$$-8-3x+2x^2+x^3=0 \qquad (1)$$

$$\left(x=\frac{大}{小}\right)$$

ヲ作リ，コレヲ x^2 ノ項ガ消失スルヨウ変換スルト（$y=3x+2$ トスル）

$$-146-39y+y^3=0$$

之ヲ　$-実-方y+y^3=0 \qquad (2)$

トスレバ　$実^2-4天^3=21316-8788=4\times3132 \quad \left(\frac{方}{3}=天\ トスル\right)$

$$\frac{1}{2}\left(実+\sqrt{実^2-4天^3}\right)=\sqrt{8132}+73 \quad (之レヲ地トスル)$$

$$y=\frac{天}{\sqrt[3]{地}}+\sqrt[3]{地}=\frac{3大}{小}+2$$

$$\therefore \quad 大=\left(\frac{天}{\sqrt[3]{地}}+\sqrt[3]{地}-2\right)\frac{小}{3}$$

トシタモノデアル．

今 (2) ヲ

$$q+3py+y^3=0 \qquad (2)'$$

トスルト　$q=-実,\ p=-天$

$$実^2-4天^3=q^2+4p^3$$

デアルカラコレハ (2)′ ノ判別式デアリ

$$地=\frac{1}{2}\left(実+\sqrt{実^3-4天^3}\right)=\frac{-q+\sqrt{q^2+4p^3}}{2}$$

ハ　$z^2+qz-p^3=0 \qquad (3)$

ノ一根(α)デアル．他ノ根(β)ハ

$$\beta=\frac{-q-\sqrt{q^2+4p^3}}{2}=\frac{q^2-(q^2+4p^3)}{2(-q+\sqrt{q^2+4p^3})}=\frac{-p^3}{\alpha}$$

$$\therefore \quad y=\frac{天}{\sqrt[3]{地}}+\sqrt[3]{地}=\sqrt[3]{\beta}+\sqrt[3]{\alpha} \qquad (4)$$

且ツ　$\sqrt[3]{\alpha}\sqrt[3]{\beta}=-p$

故ニ (4) ハ慥カニ (2)′ ノ根デアル．

和算家ハ虚数ハ取扱ワヌ故上ノ計算ニ於テハ　$q^2+4p^3>0$　ノ場合ノミヲトル．従テ上ノ解法デハ一根実，二根虚ナル三次方程式(和算ノ所謂全題ノ場合)ノ実根ヲ求メ得タノデアル．

カク見レバ此ノ解法ハ殆ド Cardan ノ解法ト同様デアルコトガ知ラレル.

(2) ヲトクタメニ如何ニシテ (3) ヲ考エタカ. 之ニ就キ三上氏ハ次ノヨウニ述ベテ居ル.

今　$y=t+\dfrac{k}{t}$　ト置ケバ

$$y^3=t^3+\frac{k^3}{t^3}+3k\left(t+\frac{k}{t}\right)$$

故ニ　$3p+3k=0$　即チ　$k=-p=$天　トスレバ (2)′ハ

$$q+t^3+\frac{k^3}{t^3}=0$$

即チ　$t^6+qt^3-p^3=0$　(3)′

コレカラ　$t^3=\dfrac{1}{2}\left(-q+\sqrt{q^2+4p^3}\right)=$地

$$\therefore \quad y=\sqrt[3]{地}+\frac{天}{\sqrt[3]{地}}$$

次ニ　$-2+3x+x^3=0$

即チ　$-実+方x+x^3=0$　ヲ解クニハ

$$\frac{方}{3}=乾,\ \sqrt{乾^3+\left(\frac{実}{2}\right)^2}+\frac{実}{2}=中,\ \sqrt[3]{中}=後\quad トスレバ$$

$$x=後-\frac{乾}{後}$$

トシテ居ルト云ウ. 之モ前ト同法デアル.

次ニ日下誠ノ新選綴術ノ一題トシテ図ノヨウニ正八辺形内ニ円ヲ容レ, 面即チ辺ノ長サヲ知ツテ円径ヲ求メル問題ガアル. 之ヲ次ノヨウニ解イテ居ル.

$$2-\sqrt{2}=定,\quad \sqrt{定}=函$$

$$円径=\left(1-\sqrt{(2函+定)定+1}\right)\times\frac{面}{函}$$

(コレデハ円径ガ負トナル. 符号ヲカエル要ガアル)

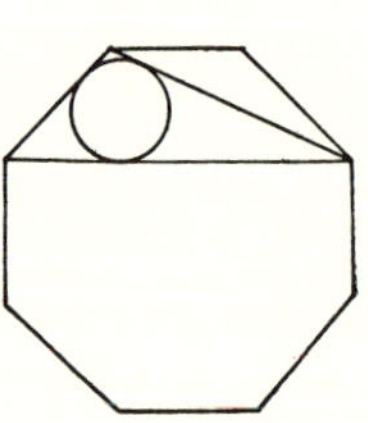

コレハ　四次方程式

$$2面^4-8面^3円+8面^2円^2-円^4=0$$

(円ハ円径)

ノ商デアル. 此ノ解法ヲ次ノ如クスル.

$$2-8x+8x^2-x^4=0 \qquad (1)$$

$$\left(x=\frac{\text{円}}{\text{面}}\right)$$

計式 $k-x^2$ ヲ自乗シテ (1) ノ両辺ニ加エルト

$$(2+k^2)-8x+(8-2k)x^2=(k-x^2)^2 \qquad (2)$$

左辺ヲ完全平方ニスルタメニハ

$$(2+k^2)(8-2k)-16=0$$

$$(16-4k+8k^2-2k^3)-16=0$$

コレハ一般ニハ k ノ三次方程式トナルガ今ハ絶対項ガ消エテ二次方程式トナリ

$$2-4k+k^2=0$$

$$k=2-\sqrt{2}$$ トナル.

之ヲ (2) ニ入レテ

$$8-4\sqrt{2}-8x+(4+2\sqrt{2})x^2=(2-\sqrt{2}-x^2)^2$$

$$(2\sqrt{2-\sqrt{2}}-\sqrt{2}\sqrt{2+\sqrt{2}}x)^2=(2-\sqrt{2}-x^2)^2$$

$$x^2+\sqrt{2}\sqrt{2+\sqrt{2}}x-\{2\sqrt{2-\sqrt{2}}+(2-\sqrt{2})\}=0$$

$$\sqrt{2-\sqrt{2}}x^2+2x-(2-\sqrt{2})(2+\sqrt{2-\sqrt{2}})=0$$

$$x=\frac{-1+\sqrt{1+\sqrt{2-\sqrt{2}}(2-\sqrt{2})(2+\sqrt{2-\sqrt{2}})}}{\sqrt{2-\sqrt{2}}}$$

$$=\frac{-1+\sqrt{1+(2-\sqrt{2})\{2\sqrt{2-\sqrt{2}}+(2-\sqrt{2})\}}}{\sqrt{2-\sqrt{2}}}$$

$$=\frac{\sqrt{(2\text{函}+\text{定})\text{定}+1}-1}{\text{函}}$$

此ノ解法ハ Ferrari ノ解法ト全ク同一デアル.

前ノ解ハ安政二年 (1855), 後ノ解ハ同三年ニ得タモノデアル. 猶跋文ニヨレバ之等ノ解法ハ信州上田藩ノ算家竹内武信, 同門人植村重遠, 小林忠良 (長沼ノ師, 小林, 長沼ハ小諸ノ藩士) ノ三師ニヨツテ既ニ使用サレテ居タモノダト云ウ.

次ニ竹内先生編$\frac{二}{三}$乗方算顆術ト題スル稿本ニモ之等ノ解法ガ下ノヨウニ記サレテ居ルト云ウ.

$$実+方x+x^3=0$$

$$乾=\frac{方}{3},\quad 初=実^2\pm 4乾^3$$ （他実加，他隅減）

但シ他隅ノ時ハ此ノ初ガ正トナルモノハ術行ワレ，負トナルモノハ術行ワレズト註ス．

$$中=\frac{1}{2}(\sqrt{初}+実)$$ 常ニ加

$$後=\sqrt[3]{中}\pm\frac{乾}{\sqrt[3]{中}}$$ （他実減，他隅加）

此ノ後ガ即チ求メル根デアル．

又他方式ハ隔級正負ヲ変ジ他隅式ニシテソノ負商ヲ求メソノ符号ヲ変ジタモノヲ根トスル．

（他実式トハ実ノミ負ナルモノ，他方式，他隅式モ亦之ニモ準ズル）

即チ

他実式　$-q+3px+x^3=0,\quad (p>0, q>0)$ デハ

$$z^2-qz-p^3=0,\quad z=\frac{1}{2}(\sqrt{q^2+4p^3}+q)$$

他隅式　$q+3px-x^3=0$

即チ　$-q-3px+x^3=0$ デハ

$$z^2-qz+p^3=0,\quad z=\frac{1}{2}(\sqrt{q^2-4p^3}+q)$$

即チ　他実加，他隅減デ実ハ常ニ加トナル．

他隅ノトキ若シ $q^2-4p^3<0$ ナラバ（即チ三根トモ実数ナル場合）此ノ解法デハ処理出来ナイ．故ニ術行ワレズト云ツテ居ル．$q^2-4p^3>0$ ノ時（二根ガ虚デ一根ノミ実ナル場合）ノミ術ガ行ワレルノデアル．

又　$x=\sqrt[3]{z}\pm\frac{p}{\sqrt[3]{z}}$　デハ他実式ノトキハー，他隅式ノトキハ＋ヲトレバ恰度ヨイ訳デアル．

他方式

$$q-3px+x^3=0 \qquad (1)$$

デハ隔級符号ヲ変ジ

$$q+3px-x^3=0 \qquad (2)$$

トスレバ他隅式トナリ (1) ノ正根ハ (2) ノ負根トナルカラ (2) ノ負根ヲ上ノ方法デ求メ其ノ符号ヲ変ジテ正トシ (1) ノ根トスレバヨイト云ウノデアル．

四次方程式デハ例エバ

$$(天^2-地^2)-(2天\sqrt{天}-2地\sqrt{人})x+(3天-人)x^2-2\sqrt{天}x^3+x^4=0$$

ナラバ，之ヲ変形シテ

$$天^2-2天\sqrt{天}x+3x^2-2\sqrt{天}x^3+x^4-(地^2-2地\sqrt{人}x+人x^2)=0$$

$$(天-\sqrt{天}x+x^2)^2-(地-\sqrt{人}x)^2=0$$

カク自乗ノ差ニ分ケ得レバ直チニ二次方程式ノ解法ニ帰着セシメ得ルガ一般ニハソノヨウニ簡単ニハ行カナイ．其ノ場合ニハ次ノヨウニスル．例エバ

$$16-4\times 8x-4\times 4x^2+2x^3+x^4=0 \qquad (1)$$

ナラバ 計式 $k+x+x^2$ ヲ作ル．コレハ此ノ自乗ト上式ノ左辺トノ差ヲ作ツタトキ x^3 ト x^4 トノ項ガ消失スルヨウ x 及ビ x^2 ノ係数ヲ適当ニエラブノデアル．カクシテ

$$k^2+2kx+(2k+1)x^2+2x^3+x^4=(k+x+x^2)^2$$

ノ両辺カラ (1) ノ両辺ヲ減ジ

$$(k^2-16)+(32+2k)x+(2k+17)x^2=(k+x+x^2)^2 \qquad (2)$$

此ノ左辺ヲ完全平方ナラシメルヨウニ k ヲ選ム．即チ

$$(k^2-11)(2k+17)-(16+k)^2=0$$

$$-264-32k+8k^2+k^3=0$$

コレカラ　　$k=5.708$

之ヲ(2)ニ代入シ二次方程式ヲ作リ之ヲ処理シテ(1)ノ根ヲ得ルノデアル．之レハ全ク Ferrari ノ解法其ノ儘デアル．

本書ノ附録ニハ更ニ五次方程式ニ言及シ

$$(a^5-a^4b)+5a^4x+10a^3x^2+10a^2x^3+5ax^4+x^5=0$$

ノ根ハ　　$x=-a+a\sqrt[5]{\dfrac{b}{a}}$　　デアルトシ

「依レ 是考レ 之則雖ニ 四乗方一 有下 可レ 施ニ 算顆術一 者上 以備ニ 後生之考一 」

ト記シテ居ルト云ウ．之ヲ以テ見レバ，五次方程式デモ三次四次ノ場合ノヨウニ解ケルモノガアルカラ，ソノ一般公式ヲ得ヨウト試ミタガ，遂ニ得ラレナカツタタメニ後生ニ其ノ解ヲ託シタモノト思ワレル．

以上ノ解法ハ他ノ和算書ニハマダ発見サレナイモノデアル．当時我ガ国ニ於テハ西洋ノ数学ハ多少入ツテ来テ居ツタカラ或ハ信州ノ算家モ其ノ影響ヲ受ケテ居タノデハナイカトノ疑念モ起ランコトハナイガ三上氏ノ所説ニモアルヨウニ他ノ和算書ニハ此ノヨウナ方法ヲ見ズ，又支那ニ此ノ種ノモノガ西洋カラ輸入サレタノハ竹内ノ在世以後デアルカラ，コレヲ之等和算家ノ研究ノ結果ト見ルコトハ恐ラク当ヲ得タモノデアロウ．

猶，林博士和算研究集録下巻 84 章，85 章ニヨレバ鈴木央ノ数学秘訣（明治六年，1873）ニハ三次方程式ノ Cardan ノ公式ガ記サレ，又原田保孝ノ雑録帖（明治二十二年 1889）ニハ原田四次方程式解法ト題スル一節ガアツテソコニ Ferrari ノ方法ニ頗ル類似シタ方法ガ記サレテ居ルト云ウ．シカシ此ノ頃ハ我ガ国デハ西洋数学ガ盛ンニ行ワレテ居リ且ツ前者ニハ明カニ「右西洋算書所載之術也」トアル．後者ニハソコニ用ヒラレテ居ル誘帰三次方程式ノ形ガ Ferrari ノモノト全ク同ジデアルコトカラタトエ原田法式デアリ，彼ノ考エガ加エラレタモノデアルトシテモ洋算ノ影響ガ深ク及ンデ居ルコトハ確カデアル．

本書は、昭和32年に日本学術振興会より刊行された
『和算ノ研究　方程式論』の復刻版である。

【著者】加藤平左エ門（かとう・へいざえもん）
1891 年愛知県生まれ。1923 年東北帝国大学理学部数学科卒。同年松江高等学校教授。1927 年台北高等学校教授。1944 年台北帝国大学予科長。1945 年台湾大学教授。1949 年名城大学理工学部教授。1964 年和算史の研究によって紫綬褒章受章。1966 年勲三等瑞宝章受章。1976 年死去。主要著書：『和算ノ研究　行列式及円理』（開成館、1944）、『和算ノ研究　整数論』（日本学術振興会、1964）、『日本数学史』上・下（槇書店、1967 & 68）、『算聖関孝和の業績』（槇書店、1972）、『趣味の和算』（槇書店、1974）。

【解説者】佐々木　力（ささき・ちから）
1947 年宮城県生まれ。東北大学大学院理学研究科修了（数学専攻）。プリンストン大学 Ph. D.（歴史学専攻）。科学史・科学哲学、とくに数学史専攻。2010 年 3 月まで東京大学大学院総合文化研究科教授（数理科学研究科兼担）。現在、日本オイラー研究所名誉所長。東北大学数学教室同窓会副会長。主要著書：『近代学問理念の誕生』（岩波書店、1992）、『科学論入門』（岩波新書、1996）；*Introdução à Teoria da Ciência*（Editora da Universidade de São Paulo, 2010）、『デカルトの数学思想』（東京大学出版会、2003）；*Descartes's Mathematical Thought*（Kluwer Academic Publishers, 2003）、『数学史入門――微分積分学の成立』（ちくま学芸文庫、2005）、『数学史』（岩波書店、2010）。

復刻版　和算ノ研究　方程式論

2011 年 2 月 10 日　第 1 刷発行

発行所：㈱海鳴社　http://www.kaimeisha.com/
〒101-0065　東京都千代田区西神田 2 - 4 - 6
E メール：kaimei@d8.dion.ne.jp
電話：03-3262-1967　ファックス：03-3234-3643

発行人：辻　信行
組　版：海鳴社
印刷・製本：シナノ印刷

出版社コード：1097
ISBN 978-4-87525-276-4